全国电力行业"十四五"规划教材

JIXIE ZHITU

机械制图（附习题集）

· 机械制图 ·

主　编　袁训东
副主编　陈　伟　谢洪德　蒋积良
参　编　高红莉　刘　明　贾德凯
　　　　高　彤　王　波
主　审　尹开勤

中国电力出版社
CHINA ELECTRIC POWER PRESS

内 容 提 要

本书贯彻《国家职业教育改革实施方案》文件精神，根据最新颁布的《技术制图》《机械制图》及有关国家标准编写。全书共分10个项目，30个工作任务，每个工作任务皆是企业生产制造中的典型案例，如垫片、短轴、轴承盖、法兰盘、旋塞阀等，包括任务分析、学习目标、相关知识、任务实施、拓展训练五个环节，教学内容将“课、岗、赛、证”有机融合。主要内容包括抄画零件图、绘制平面体的三视图、绘制曲面立体的三视图、绘制组合体三视图、绘制轴测图、绘制零件图样、绘制标准件与常用件、标注零件的技术要求、绘制零件图、绘制装配图。本书附有习题集，可配套使用。

本书可作为高职高专机械类及近机类专业制图教材，也可供相关工程技术人员参考。

图书在版编目（CIP）数据

机械制图：附习题集/袁训东主编．—北京：中国电力出版社，2024.8

ISBN 978-7-5198-8925-8

Ⅰ.①机…　Ⅱ.①袁…　Ⅲ.①机械制图—高等职业教育—教材　Ⅳ.①TH126

中国国家版本馆CIP数据核字（2024）第105442号

出版发行：中国电力出版社

地　　址：北京市东城区北京站西街19号（邮政编码100005）

网　　址：http：//www.cepp.sgcc.com.cn

责任编辑：周巧玲（010－63412539）

责任校对：黄　蓓　常燕昆　于　维

装帧设计：郝晓燕

责任印制：吴　迪

印　　刷：廊坊市文峰档案印务有限公司

版　　次：2024年8月第一版

印　　次：2024年8月北京第一次印刷

开　　本：787毫米×1092毫米　16开本

印　　张：26.75

字　　数：597千字

定　　价：82.00元

前言

工程图样是工程技术人员的通用“技术语言”，工程图样的绘制与阅读能力是工程类专业人员必备的基本素养。为贯彻和落实《国家职业教育改革实施方案》《高等学校课程思政建设指导纲要》文件精神，教材采用项目引领、任务驱动模式，将**思政育人**贯穿教材建设的始终。全书共分10个项目，30个工作任务，每个工作任务皆是企业生产制造中的典型案例，如垫片、短轴、轴承盖、法兰盘、旋塞阀等，包括任务分析、学习目标、相关知识、任务实施、拓展训练五个环节，教学内容将“课、岗、赛、证”有机融合。

经过本书编写团队多年的实践探索，具有如下的特色与创新：

(1) **校企双元**开发教材，根据机械设计技术人员就业岗位要求设置教学任务，将教学标准对接“**CAD技能等级考评**”标准，通过各级各类“**竞赛**”，达到“**以赛促教，以赛促学**”的目的。

(2) **课岗赛证有机融合**，根据工程技术人员岗位要求设置工作任务，并将各类竞赛试题、考证试题引入教材，皆以综合训练模式呈现。

(3) 每个任务均有**课程思政元素**，从工程创新、科技强国和科教兴国等角度，讲述思政故事，弘扬工匠精神。

(4) 每个任务均以可实施的**典型企业生产实际案例为载体**，以完成任务所需知识和技能为体系，尤其注重“**任务实施**”的撰写，均以分步作图或分步叙述的方式呈现，充分展示了完成工作任务的思路与过程，利于学生学习和模仿。

(5) 教材**一书一码版权保护**，读者扫码可获得正版**配套数字资源**，可网络在线或手机扫码学习，上述数字资源可联系主编袁训东索取，邮箱 yuanxundong@163.com。

(6) 每个任务均有**知识目标**、**能力目标**和**素质目标**，利于学生明确完成任务需要掌握的新知识、需达到的技能标准和对标的职业素质养成规范。

(7) 教材相关内容全面采用《技术制图》《机械制图》及其他相关的**最新国家标准**，同时紧密**对接企业实际需求**。

本书由山东科技职业学院袁训东任主编，山东科技职业学院陈伟、谢洪德以及山东光大机械制造有限公司蒋积良任副主编，参加编写的还有山东科技职业学院高红莉、刘明、贾德凯、高彤、王波。具体分工如下：袁训东编写项目一、六、九，高红莉编写项目二，刘明编写项目三，陈伟编写项目四，谢洪德编写项目五，蒋积良编写项目七，贾德凯、高彤、王波共同编写项目八、项目十。

本书由青岛滨海学院尹开勤副教授审稿，审稿老师提出了许多宝贵的意见和建议，在此表示衷心的感谢。

由于编者水平有限，书中难免有不妥或疏漏之处，恳请广大读者批评指正。

编者

2024 年 3 月

目 录

抄 画 零 件 图

机械图样是工程图样的一种，包括零件图与装配图，是机械制造过程中重要的技术文件，是组织生产、制造零件和装配机器的依据。

单个零件的图样称为零件图，本项目通过抄画零件图，让学生掌握尺规作图的基本方法及国家标准的基本规定，初步培养标准化意识。

任务一　抄画垫片零件图

知识目标：

掌握制图国家标准的几个基本规定。

掌握尺规作图常用工具的使用方法。

掌握绘图的基本方法与步骤。

能力目标：

能遵循国家标准有关图纸幅面、绘图比例、线型、字体等有关规定。

能够正确使用常见尺规作图工具。

素质目标：

培养标准化意识，践行精益求精的工匠精神。

培养全局意识，合理布局图样内容。

培养严谨敬业精神，确保图样内容正确、齐全。

任务分析

零件图中，零件的图样、尺寸标注、技术要求、标题栏是零件图中必不可少的重要内容。本任务是抄画垫片零件图（见图 1-1），抄画过程中，应遵照国家标准对图纸幅面和格式、比例、字体、图线和尺寸注法的有关规定；了解尺规绘图常用的工具和使用方法，分析图形，并拟订合理的作图步骤，初步养成良好的绘图习惯和工作作风。

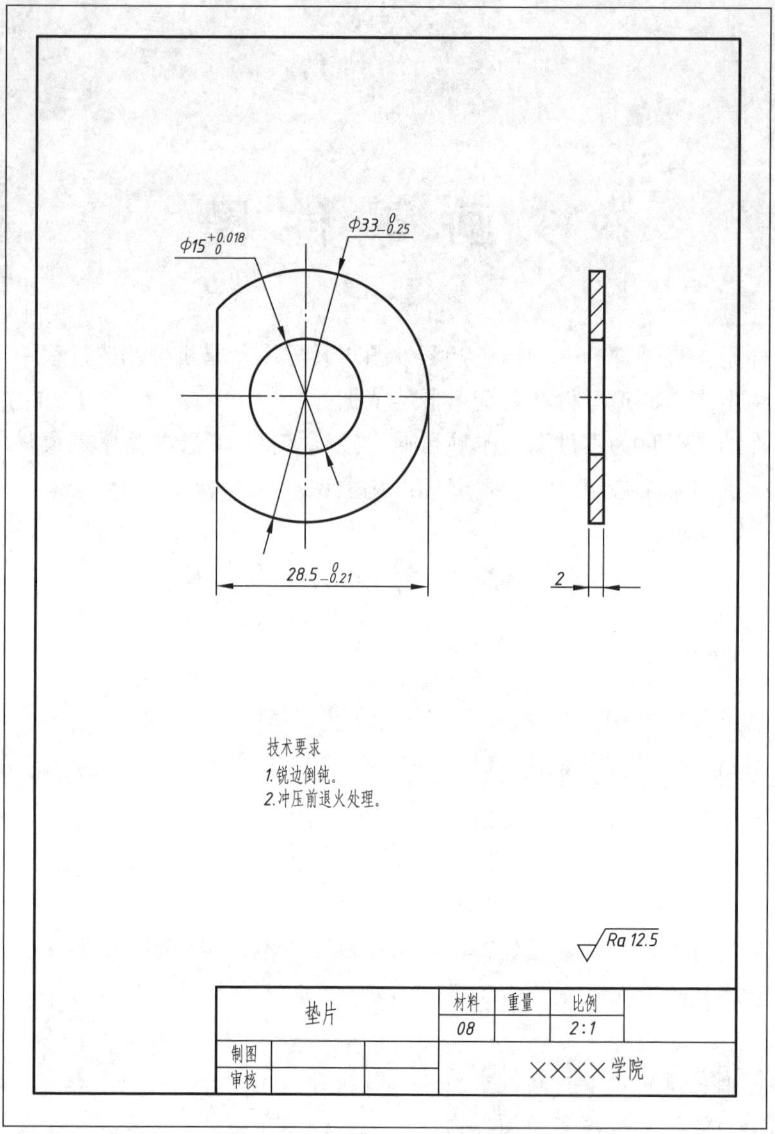

图 1-1　垫片零件图

相关知识

一、国家标准的基本规定

机械图样是机械制造过程中的重要技术文件，为了便于生产和技术交流，国家对图样画法、尺寸注法等作了统一的规定。国家标准《技术制图》涵盖了机械、电气、建筑、水力等行业，国家标准《机械制图》是机械领域的制图标准。

（一）图纸幅面和格式（GB/T 14689—2008）

1. 图纸幅面

为了合理利用图纸，便于装订、保管，国家标准规定了从 A0 到 A4 五种基本图纸幅面，具体的规格尺寸见表 1-1。

表 1-1　　图纸幅面的尺寸规格

幅面代号	A0	A1	A2	A3	A4
$B\times L$	841×1189	94×841	420×594	297×420	210×297
a	25				
c	10			5	
e	20		10		

基本幅面的尺寸关系如图 1-2 所示。必要时，可以选用加长幅面规格尺寸。加长幅面按基本幅面的短边呈整数倍增加。

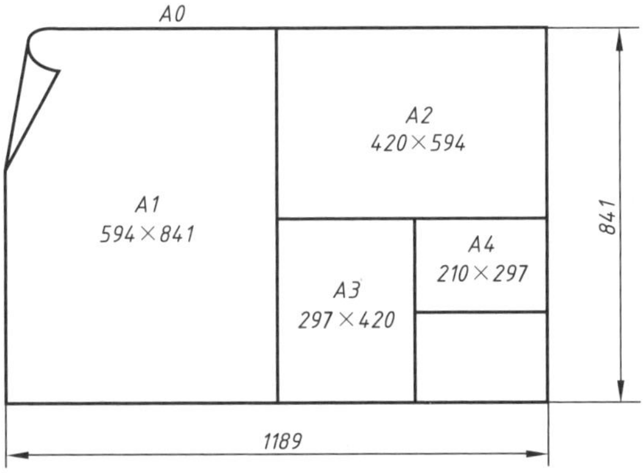

图 1-2　图纸幅面尺寸关系

2. 图框格式（GB/T 14689—2008）

图纸可以横放或竖放。无论图样是否装订，均应用粗实线画出图框和标题栏的框线。带装订边的图样，其图框格式如图 1-3 所示，周边尺寸见表 1-1。不带装订边的图

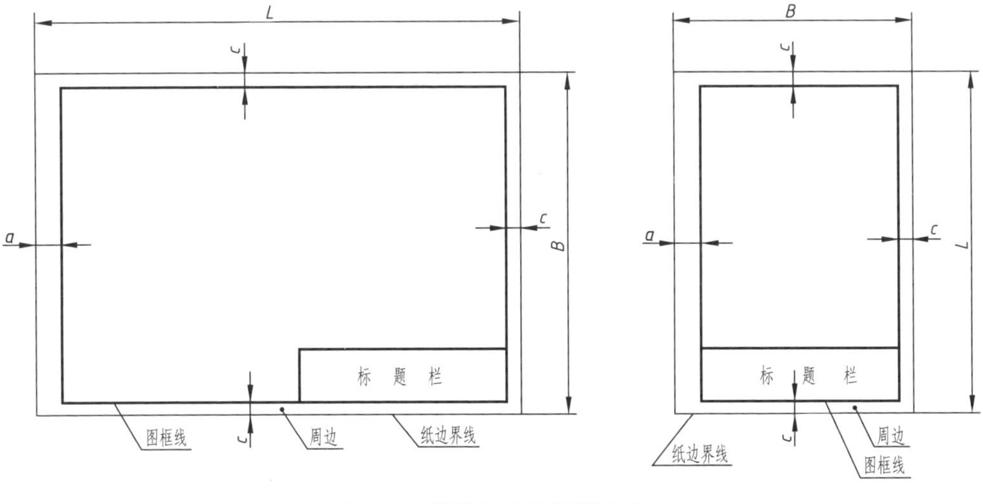

图 1-3　带装订边的图框格式

样，其图框格式如图 1-4 所示，周边尺寸见表 1-1。

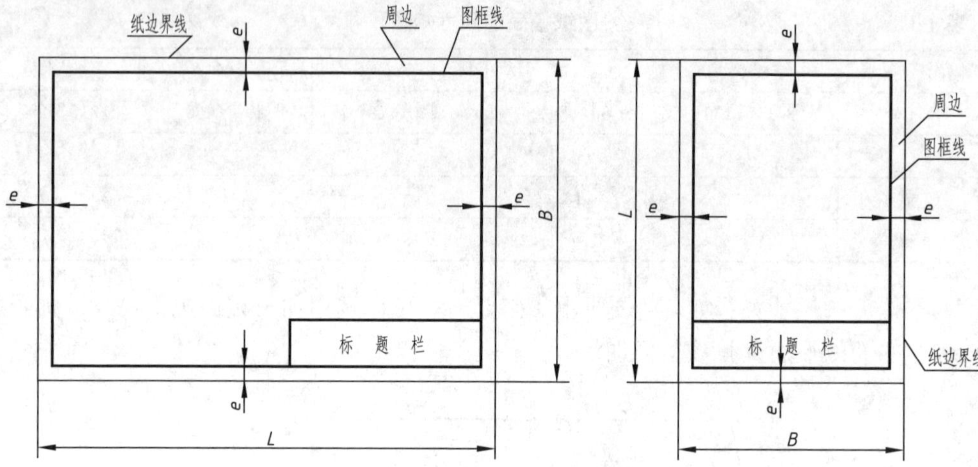

(a)　　(b)

图 1-4　不带装订边的图框格式

3. 标题栏（GB/T 10609.1—2008）

每张图纸中都应画出标题栏，用来填写图样的综合信息。国家标准推荐的标题栏格式与尺寸如图 1-5 所示。

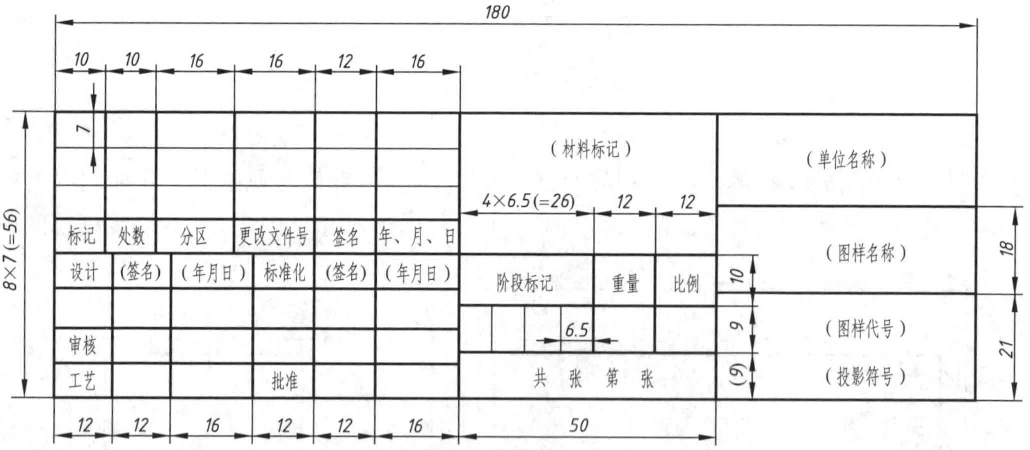

图 1-5　标准标题栏

标准标题栏比较复杂，学生制图作业可采用简易标题栏（与明细栏），如图 1-6 所示。

标题栏通常位于图纸的右下角。

（二）比例（GB/T 14690—1993）

图样中图形与其实物相应要素的线性尺寸之比称为比例。比值为 1 的比例称为原值比例；比值大于 1 的比例称为放大比例；比值小于 1 的比例称为缩小比例。绘图时，优

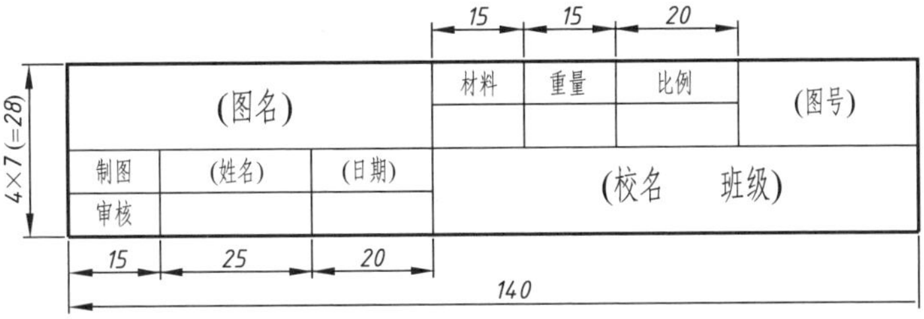

(a) 学校常用的零件图标题栏

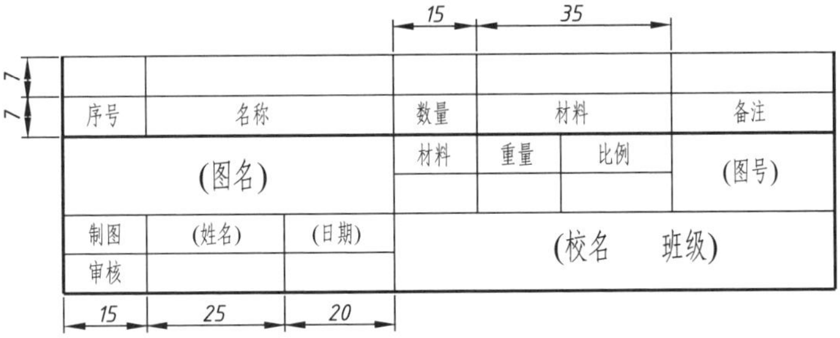

(b) 学校常用的装配图标题栏与明细表

图 1-6 简易标题栏与明细表

先选用原值比例，必要时，也可以选用放大或缩小比例。绘图比例见表 1-2。

表 1-2　　绘图比例

种类	比例（n 为正整数）	
	第一系列（优先选用）	第二系列（允许选用）
原值比例	1∶1	
放大比例	2∶1　5∶1 1×10^n∶1　2×10^n∶1　5×10^n∶1	2.5∶1　4∶1 2.5×10^n∶1　4×10^n∶1
缩小比例	1∶2　1∶5 1∶10^n　1∶2×10^n　1∶5×10^n	1∶1.5　1∶2.5　1∶3　1∶4　1∶6 1∶1.5×10^n　1∶2.5×10^n　1∶3×10^n　1∶4×10^n 1∶6×10^n

（三）字体（GB/T 14691—1993）

1. 一般规定

在图样中书写汉字、字母、数字时必须做到：字体工整、笔画清楚、间隔均匀、排列整齐。

字体高度的公称尺寸系列：1.8、2.5、3.5、5、7、10、14、20（单位为 mm）。

字体笔画宽度为 A 型和 B 型，B 型为粗体。

字母与数字可写成斜体和直体，斜体字字头向右倾斜，与水平基线呈 75°。

2. 字体示例

(1) 汉字——长仿宋体示例。

10 号字

字体工整笔画清楚间隔均匀排列整齐

7 号字

横平竖直注意起落结构均匀填满方格

5 号字

技术制图机械电子汽车航舶土木建设矿山井坑港口纺织服装

3.5 号字

螺纹齿轮端子接线飞行指导驾驶舱位挖填施工引水通风闸阀坝棉麻化纤

（2）拉丁字母示例。

ABCDEFGHIJKLMNO

PQRSTUVWXYZ

abcdefghijklmnopq

rstuvwxyz

（3）阿拉伯数字 A 型斜体示例。

0123456789

（四）图线（GB/T 17450—1998、GB/T 4457.4—2002）

表 1-3 列出了机械制图采用的 9 种基本线型及其应用。

表 1-3　　机械制图线型及其应用

序号	代码 No.	线型	应用
1	01.1	细实线	过渡线
			尺寸线和尺寸界线
			指引线和基准线
			剖面线
			弯折线
2		波浪线	断裂处的边界线；
3		双折线	视图与剖视图的分界线
4	01.2	粗实线	可见轮廓线
			相贯线
			模样分型线
			剖切符号用线
5	02.1	细虚线	不可见轮廓线
6	02.2	粗虚线	允许表面处理的表示线
7	04.1	细点画线	轴线和对称中心线
			剖切线

续表

序号	代码 No.	线型	应用
8	04.2	粗点画线	限定范围表示线
9	05.1	细双点画线	相邻辅助零件的轮廓线
			极限位置的轮廓线
			轨迹线
			中断线

图线宽度应根据图样的尺寸、类型、比例等要求，在下列数列中选取：0.13、0.18、0.25、0.35、0.5、0.7、1、1.4、2mm。

机械图样中只采用粗细两种线宽，它们之间的线宽比例为 2∶1。粗线宽度 d 优先采用 0.5mm 或 0.7mm。

各种图线的应用示例如图 1-7 所示。

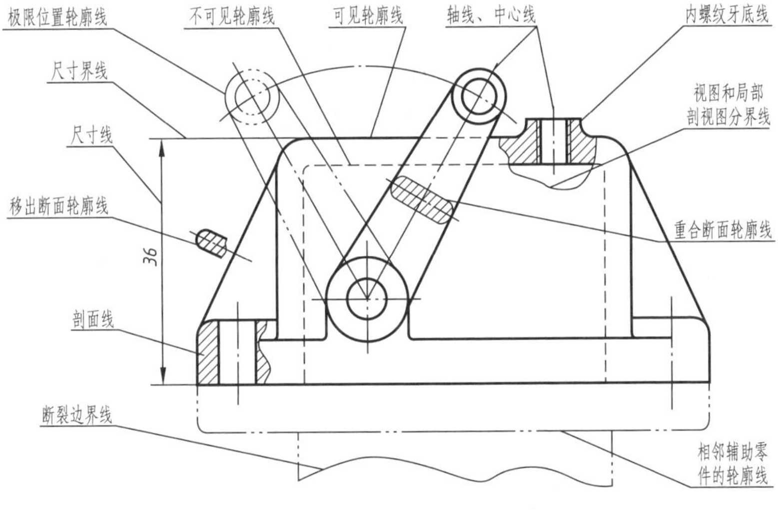

图 1-7　各种图线的应用示例

绘制图线时应注意以下几点（见图 1-8）：

（1）同一图样中，同类图线的线宽应基本一致。虚线、点画线与双点画线的线段长与间隔应各自大致相同。

（2）绘制圆的对称中心线时，圆心应为长画的交点，而不应该在短画或间隔处相交。圆的中心线应超出轮廓 2～5mm。点画线与双点画线的首尾两端应是长画。

（3）绘制较小的图形时，若绘制细点画线有困难，可用细实线来代替。

（4）细虚线、细点画线或细双点画线相交时，

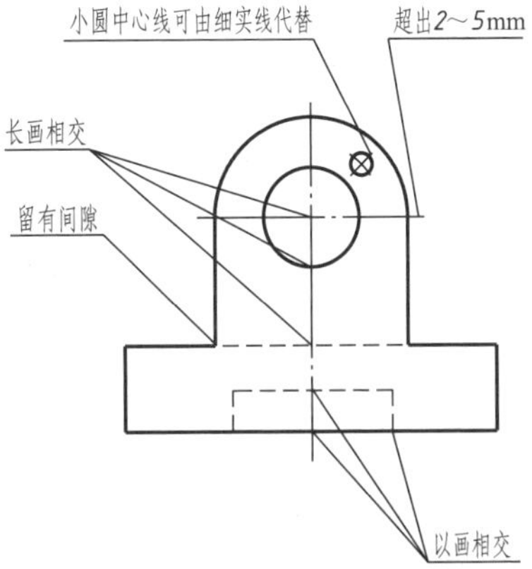

图 1-8　图线画法的注意事项

应该是画相交。当细虚线是粗实线的延长线时，连接处应留有空隙。

（五）尺寸注法（GB/T 4458.4—2003、GB/T 16675.2—2012）

图形只能表示物体的形状、结构，而其大小由图样中标注的尺寸确定。尺寸是图样中的重要内容之一，是产品加工和装配时的重要依据。因此，标注尺寸时，必须严格遵守国家标准的有关规定，做到“正确、完整、清晰、合理”。

1. 基本规则

（1）机件的真实大小应以图样上所注的尺寸数值为依据，与图形的大小及绘图的准确度无关。

（2）图样中的尺寸凡以毫米（mm）为单位时，不需要标注其计量单位的代号或名称；若采用其他单位，则必须注明相应计量单位的代号或名称。

（3）图样中所注的尺寸，为该图样所示机件的最后完工尺寸，否则应另加说明。

2. 尺寸界线、尺寸线、尺寸线终端和尺寸数字

一个完整的尺寸包括尺寸界线、尺寸线、尺寸线终端和尺寸数字。

（1）尺寸界线表示尺寸的范围。尺寸界线用细实线绘制，一般由图形的轮廓线、轴线或对称中心线处引出，也可以直接利用这些线作为尺寸界线，如图 1-9 所示。

尺寸界线一般应与尺寸线垂直，但必要时可倾斜。在光滑过渡处标注尺寸时，必须用细实线将轮廓延长，从它们的交点处引出尺寸界线，如图 1-10 所示。

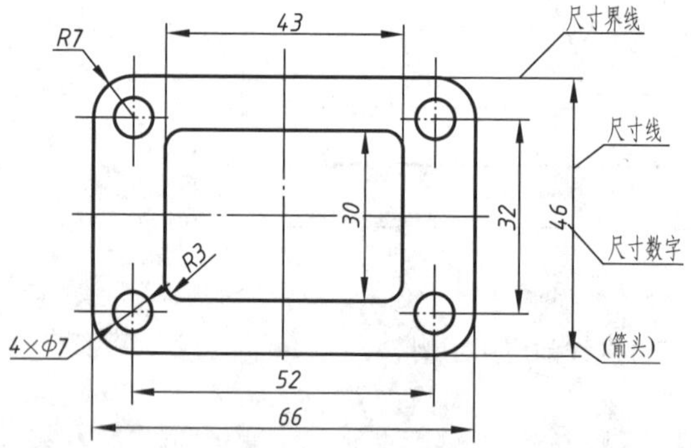

图 1-9　尺寸标注示例

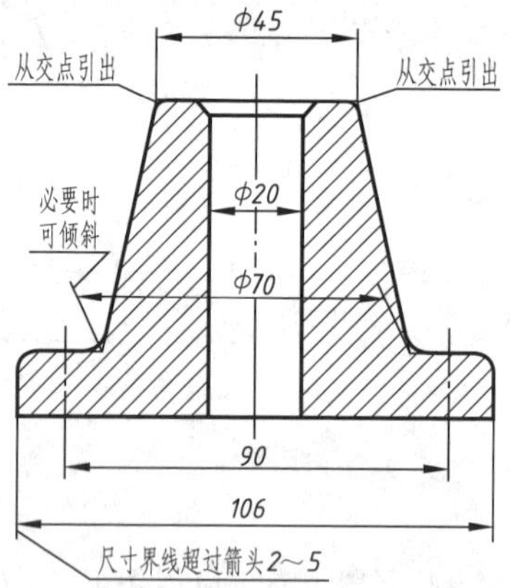

图 1-10　尺寸界线

尺寸界线应超出尺寸线终端 2～5mm。

（2）尺寸线表示尺寸度量的方向。尺寸线用细实线绘制。尺寸线必须单独画出，不能用其他图线代替或者与其他图线重合，也不能画在其他图线的延长线上。线性尺寸的尺寸线应与所标注尺寸线段平行。尺寸线与尺寸线之间或尺寸线与尺寸界线之间应尽量避免相交，如图 1-11 所示。

（3）尺寸线终端形式。尺寸线终端有箭头和斜线两种形式，如图 1-12 所示。箭头适用于各种类型的图样，机械图样一般采用箭头作为尺寸线终端；斜线多用于金属结构件的土木建筑图。

（4）尺寸数字。线性尺寸的数字通常注写在尺寸线的上方或中断处。

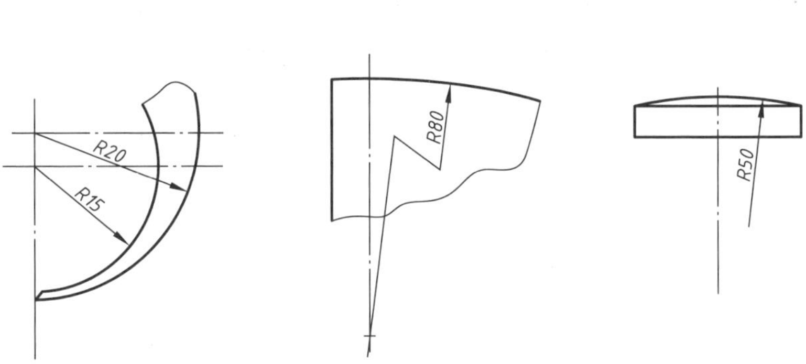

(a)　　(b)　　(c)

图 1-16　半径标注

（2）角度、弧度和弦长的标注方法。

角度尺寸的界线应沿径向引出，尺寸线画成圆弧，圆心是角的顶点。尺寸数字一律水平书写，一般注写在尺寸线的中断处，必要时也可按图 1-17 所示的形式标注。

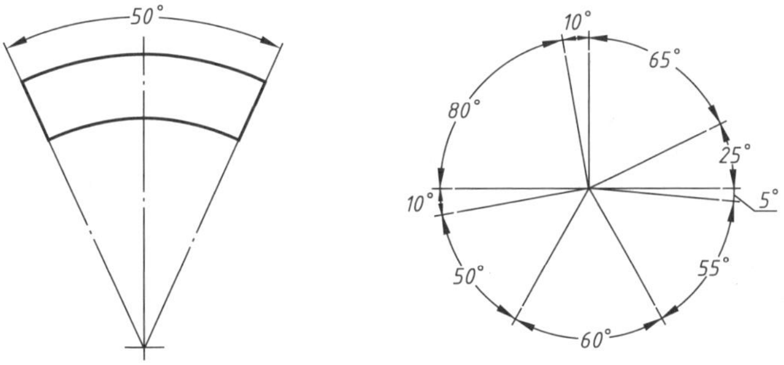

图 1-17　角度标注

标注弧长和弦长时，尺寸界线应平行于弦的垂直平分线，弧长的尺寸线为同心弧，并应在尺寸数字前加注符号“⌒”，如图 1-18 所示。

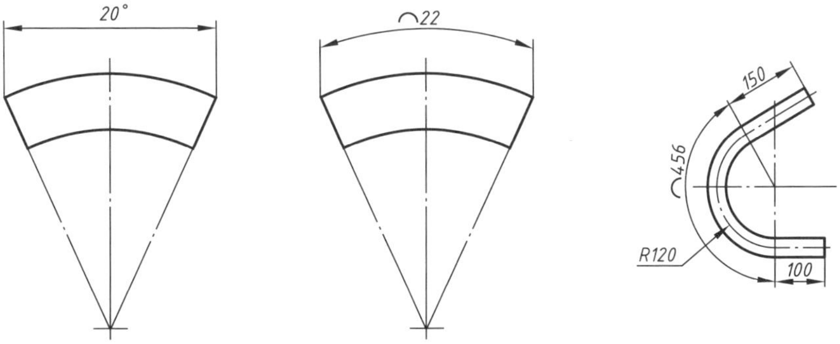

图 1-18　弦长与弧长标注

（3）板型零件厚度和对称图形的尺寸标注方法。标注板状零件的厚度时，在尺寸数字前加注符号“*t*”，如图 1-19 所示。

对称图形中只有一侧尺寸界线的情形，可按图 1-20 所示半标注的形式标注。

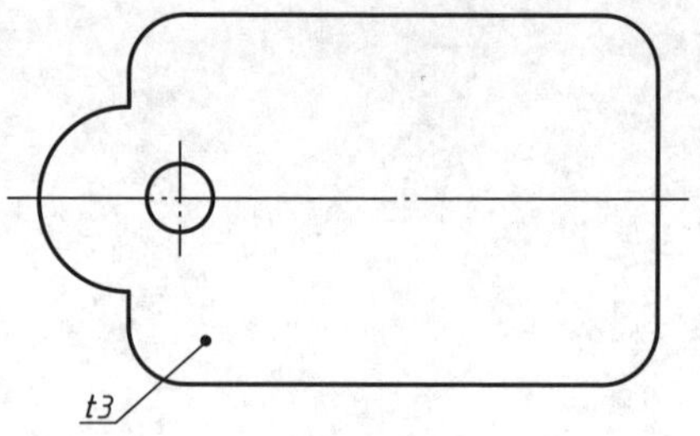

图 1-19　板状零件厚度标注

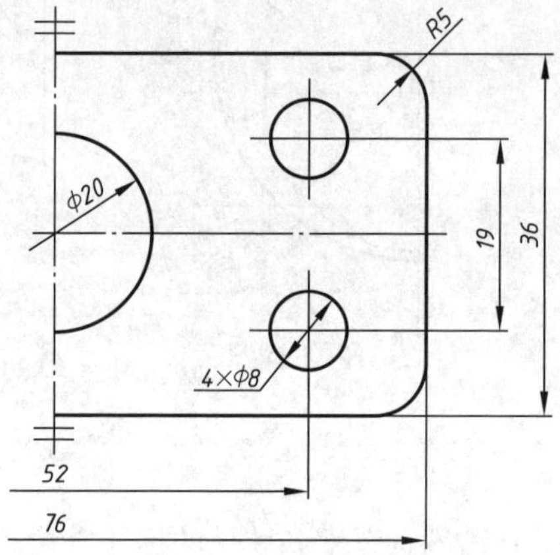

图 1-20　对称图形的尺寸标注

（4）小尺寸的标注方法。在没有足够位置画箭头或注写数字时，可按图 1-21 所示的形式标注。此时，允许用圆点或斜线代替箭头。

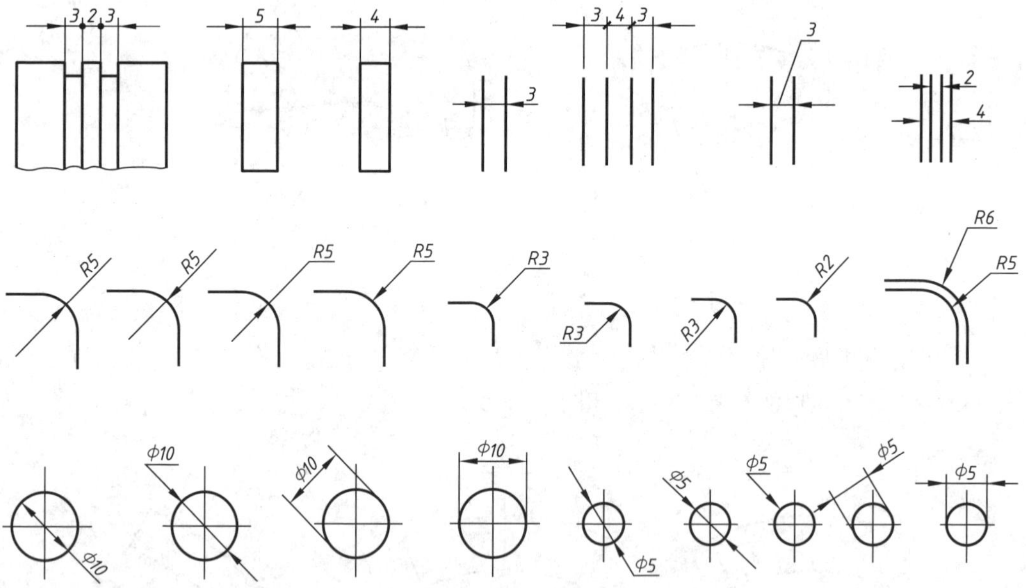

图 1-21　小尺寸标注

（5）正方形结构尺寸标注方法（见图 1-22）。

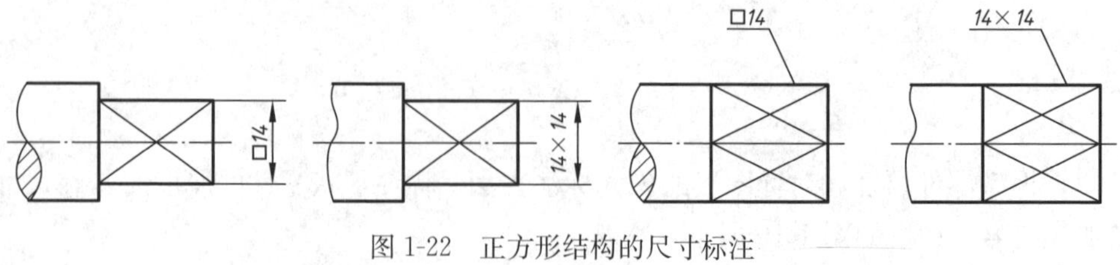

图 1-22　正方形结构的尺寸标注

二、绘图工具的使用

常用的绘图工具有图板、丁字尺、三角板、圆规、分规、铅笔、比例尺、曲线板、擦图片、绘图橡皮、胶带纸、削笔刀等。

（一）图板、丁字尺和三角板

图板是供画图时使用的垫板，要求表面平坦光洁，左右两侧的导边必须平直。

丁字尺由尺头和尺身组成，它是用来画水平线的长尺。使用时，应使尺头紧靠图板左侧的导边，沿尺身的工作边自左向右画出水平线。

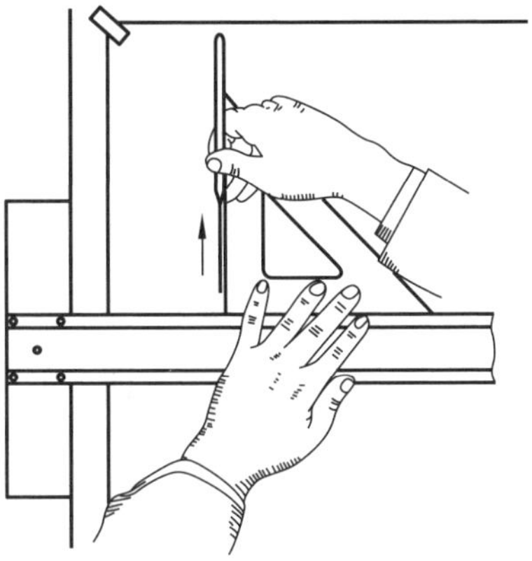

图 1-23　图板、丁字尺、三角板的使用

三角板除了直接用来画直线外，也可配合丁字尺画铅垂线（见图 1-23）及多种角度的倾斜线（见图 1-24）。

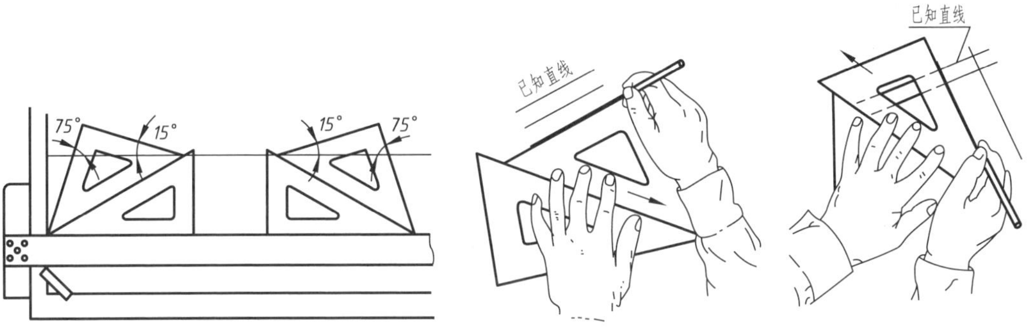

图 1-24　三角板与丁字尺配合画多种角度的倾斜线

（二）圆规与分规

圆规用来画圆与圆弧，圆规及其附件见图 1-25（a）。

使用圆规时应先调整针尖与插脚的长度，使针尖略长于铅芯，见图 1-25（b）。画图时，圆规的两个插脚都应基本垂直于纸面，见图 1-25（c）。画大圆时使用延长杆，见图 1-25（d）。

分规是用来等分和量取线段的，分规两脚均为钢针，两脚并拢后，应能对齐，如图 1-26 所示。

（三）铅笔

铅笔是绘图时最基本的工具之一，绘图铅笔按笔芯的软硬程度分为 B、HB、H 型等多种标号。B 型前面前数字越大，表示铅笔芯越软；H 型前面的数字越大，表示铅笔芯越硬；HB 型铅笔芯软硬适中。画粗实线选用 HB 或 B 型铅笔，写字、画箭头时选用 HB 型铅笔，打底稿和画细实线及各类点画线时用 H 型铅笔。

削铅笔时也要注意从不带标号的一端削制（保留标号），笔芯应磨削成锥形或矩形断面两种形状，锥形用于写字和打底稿，矩形用于加粗和描深。铅笔的削法如图 1-27 所示。

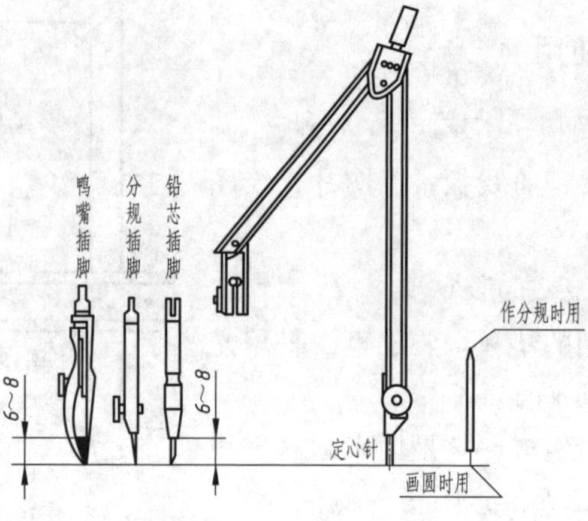

(a)

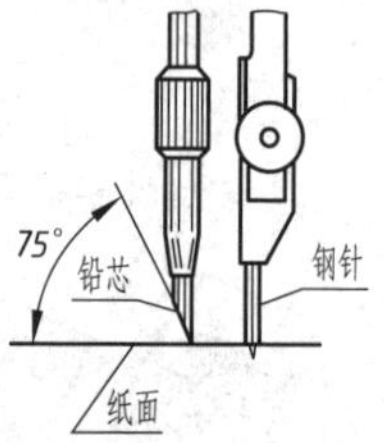

(b)

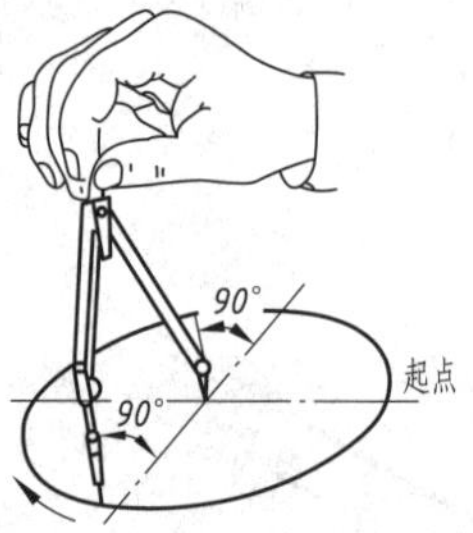

(c)

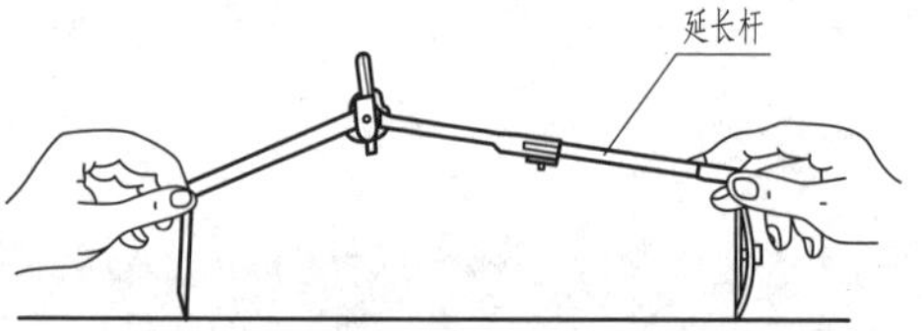

(d)

图 1-25　圆规及其使用

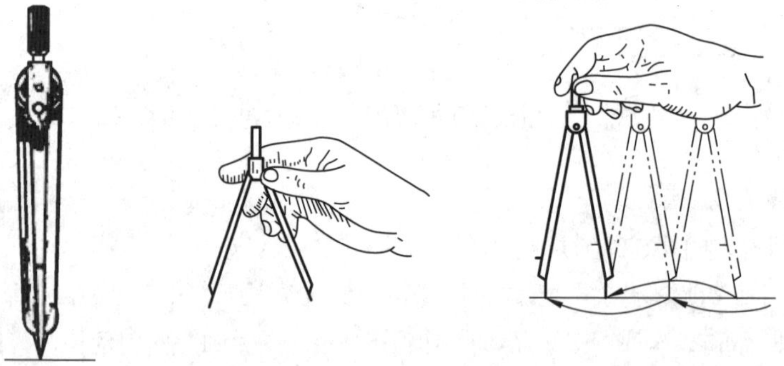

图 1-26　分规的使用

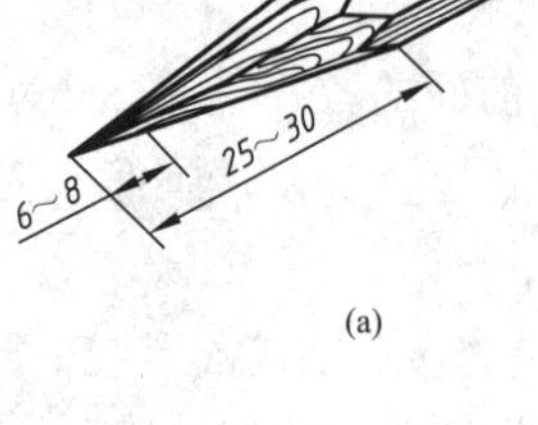

(a)

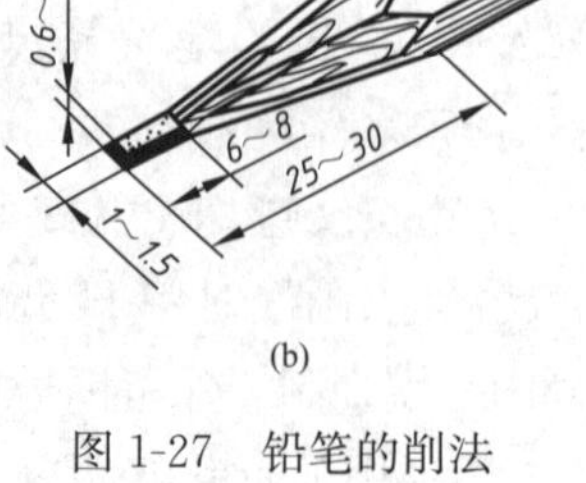

(b)

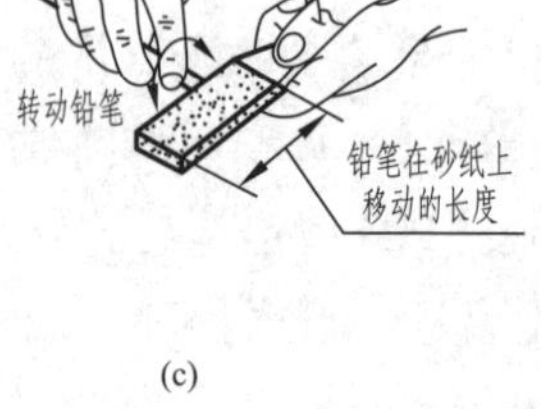

(c)

图 1-27　铅笔的削法

（四）其他用品

绘图时，还需要橡皮、小刀、擦图片、量角器、胶带纸和修磨铅笔芯的细砂纸等。

三、尺规绘图的方法与步骤

1. 绘图准备

（1）准备绘图工具：图板、丁字尺、三角板、铅笔、圆规、橡皮等。

（2）根据图形大小与选定比例，确定图纸幅面。

2. 画底稿

（1）绘制图框与标题栏。

（2）根据图形内容，合理布局，绘制基准线（轴线、对称中心线等），确定图形位置。

（3）绘制图形轮廓。

（4）检查、修正错误，擦除多余线段。

3. 描深图线

描深图线时应注意以下几点：

（1）先细后粗。先用 HB 型铅笔描深细线（细实线、细点画线、细虚线等），再用 B 型（或 HB 型）铅笔描深粗线（粗实线等）。

（2）先曲后直。在加深同一种线型时，应先画圆或圆弧（圆规中的笔芯应比画直线的铅芯软 1～2 挡），后画直线，以保证连接光滑。

（3）先水平后垂斜。加深直线的顺序应是先横后竖再斜，横线从上到下、竖线从左到右，斜线从上到下的顺序依次完成。

4. 标注尺寸、填写标题栏

（1）绘制尺寸界线与尺寸线（及箭头），最后填写尺寸数字。

（2）全面检查，填写标题栏及文字说明。

任务实施

一、绘图准备

1. 工具准备

（1）基本绘图工具：图板、丁字尺、三角板、圆规等。

（2）图纸：根据零件图的大体尺寸，可选用 A4 图纸绘图。

（3）铅笔：可准备 H 型、HB 型、B 型三种型号绘图铅笔。

2. 图形分析

垫片零件图由两个视图组成（视图的概念在后续内容中介绍），如图 1-28 所示，主视图接近两个同心圆，左视图外轮廓为一矩形，整个图形结构及尺寸关系比较简单。

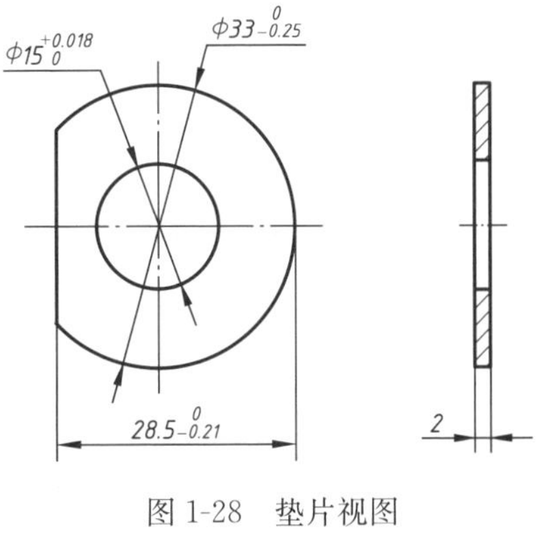

图 1-28 垫片视图

3. 绘制图框与标题栏

按图 1-29 绘制图框、标题栏，用 H 型铅笔先画底稿，暂不描深。

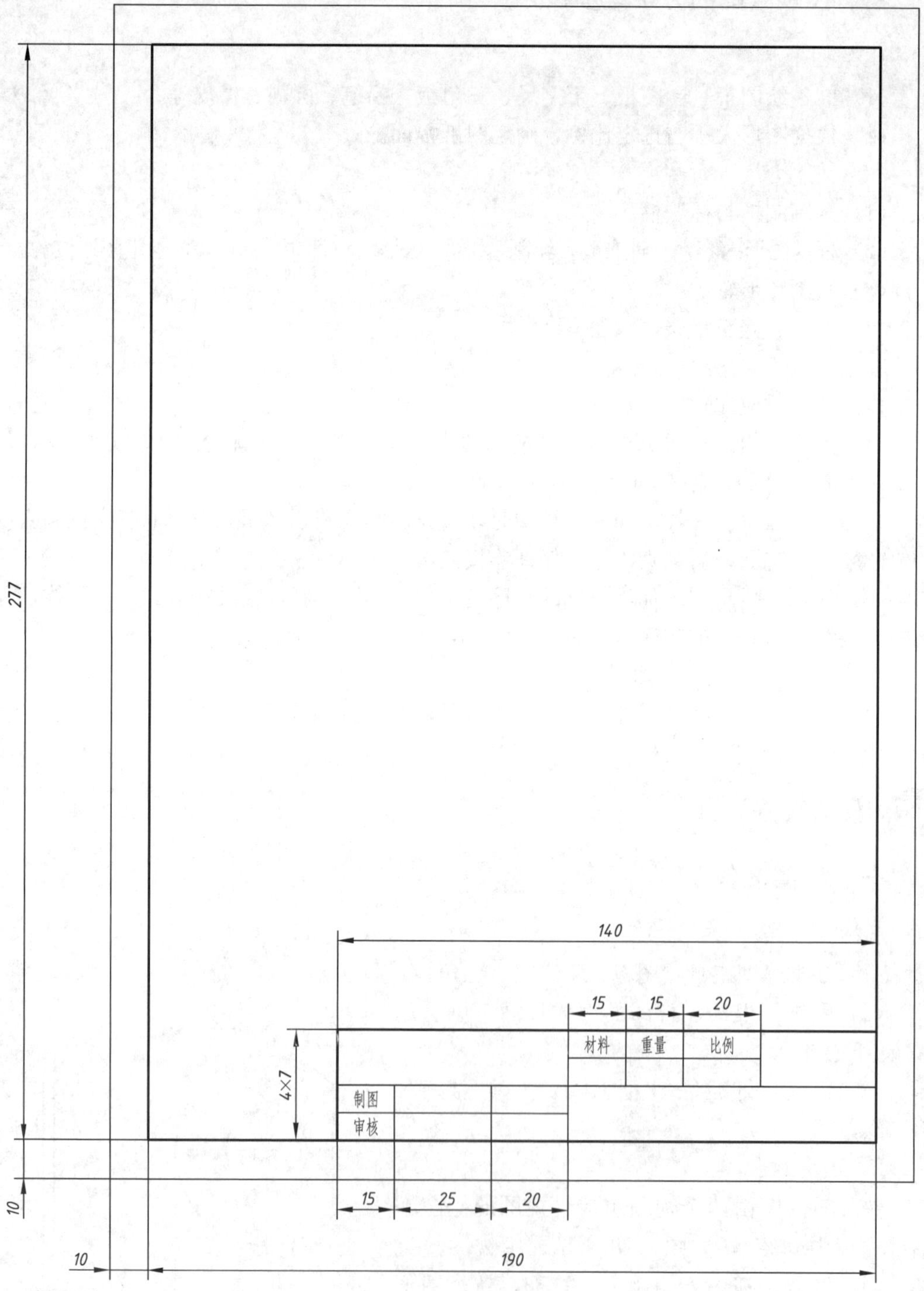

图 1-29 画图框标题栏

二、绘制底稿

1. 布局、画基准线

根据图样大小、内容，绘图比例及图纸空间，大体确定图样在图面的位置，绘制基准线（轴线、中心线等），如图 1-30 所示。注意本零件图绘图比例为 2∶1（图样尺寸为标注尺寸的 2 倍）。

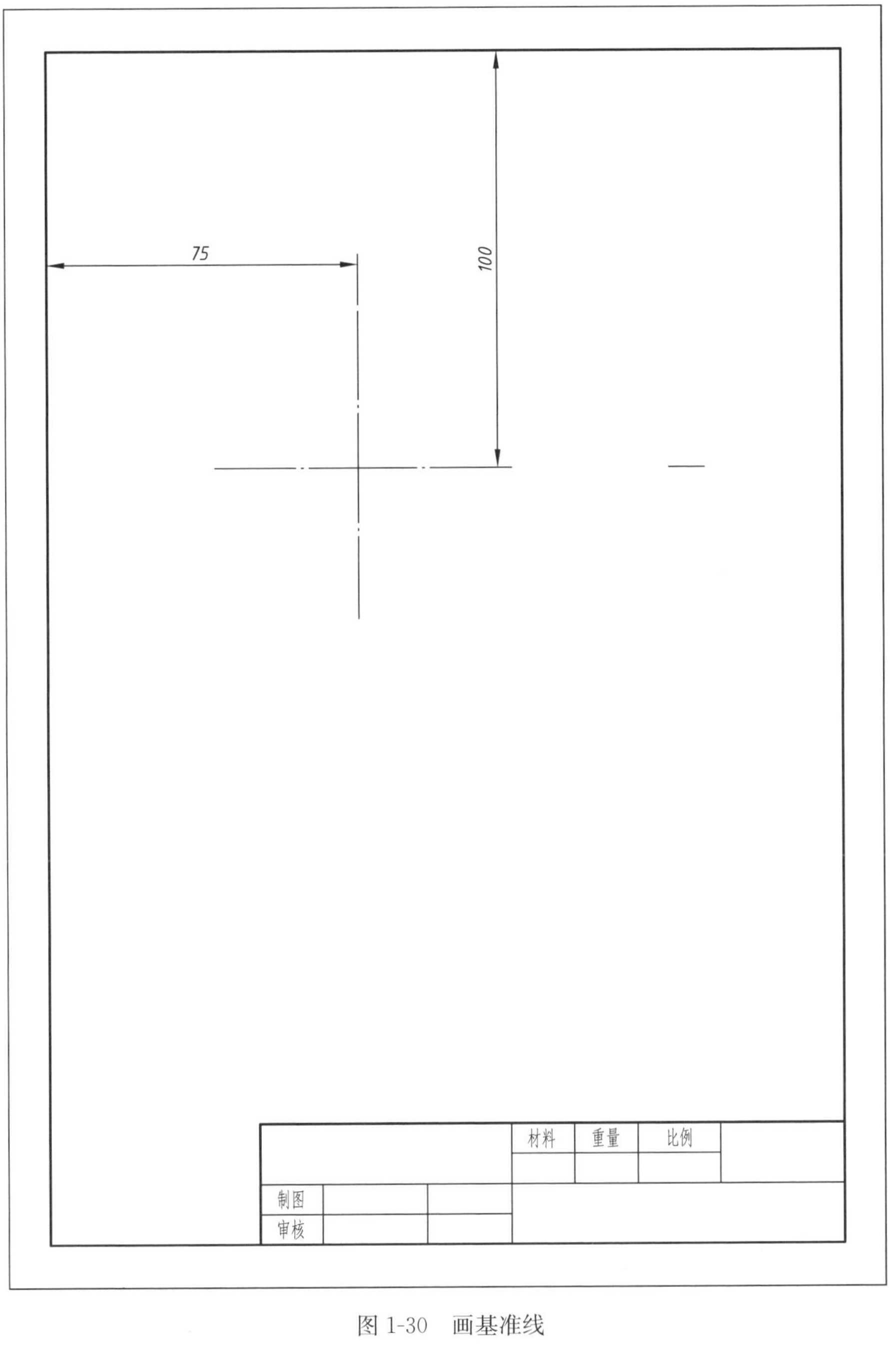

图 1-30　画基准线

2. 绘制主视图

先用圆规绘制两个同心圆，再量取尺寸，用三角板直角边配合丁字尺绘制主视图中垂直线，如图 1-31 所示。（以下绘图步骤中，图框和标题栏不再重复展示）

3. 绘制左视图

参照主视图，利用视图间的投影对应关系，用丁字尺绘制左视图中的四条水平线（可画长一些）；用三角板直角边，配合丁字尺绘制左视图中在左侧垂直线，再量取尺寸（注意比例），绘制右侧垂直线，如图 1-32 所示。

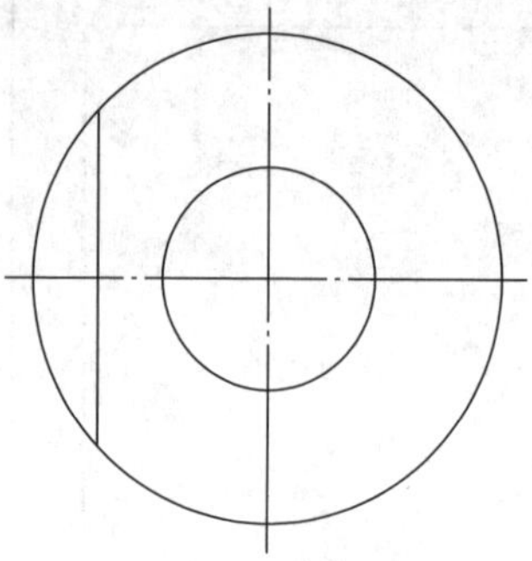

图 1-31　画主视图

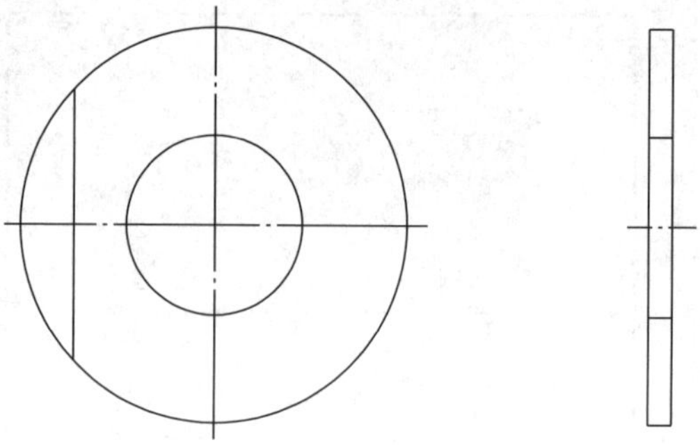

图 1-32　画左视图

4. 擦除多余图线

检查图形，擦除多余图线，如图 1-33 所示。

三、描深图线

按“先细后粗，先曲后直，先水平后垂斜”的原则，描深图线。

先描深中心线及标题栏中的细实线，再使用 45°三角板配合丁字尺绘制左视图中的剖面线（要注意间隔均匀）。

描深主视图中的圆与圆弧；从上到下，描深图框、标题栏及视图中的所有水平线，再从左到右，描深上述内容中的所有垂直线，如图 1-34 所示。

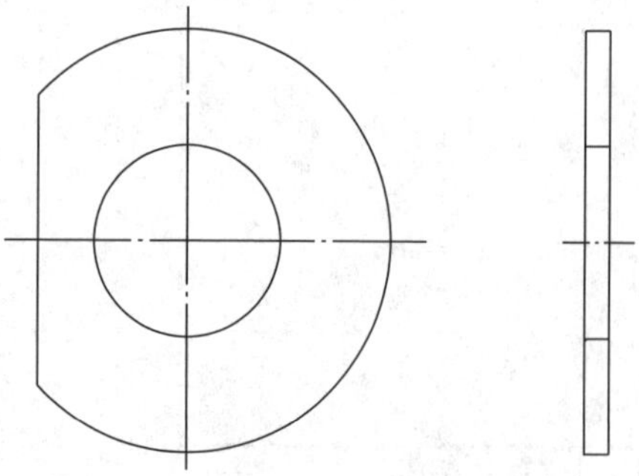

图 1-33　擦除多余图线

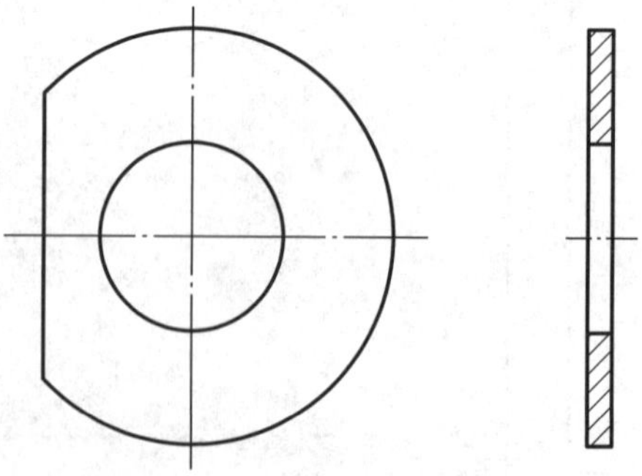

图 1-34　描深图线

四、标注尺寸、填写标题栏及文字说明

按国家标准规定，绘制尺寸界线、尺寸线及箭头，注写尺寸数字；填写标题栏及技

术要求的文字说明，完成如图 1-1 所示的垫片零件图。

拓展训练

拓展 1-1：

（1）抄绘垫板零件图，如图 1-35 所示垫板零件图。

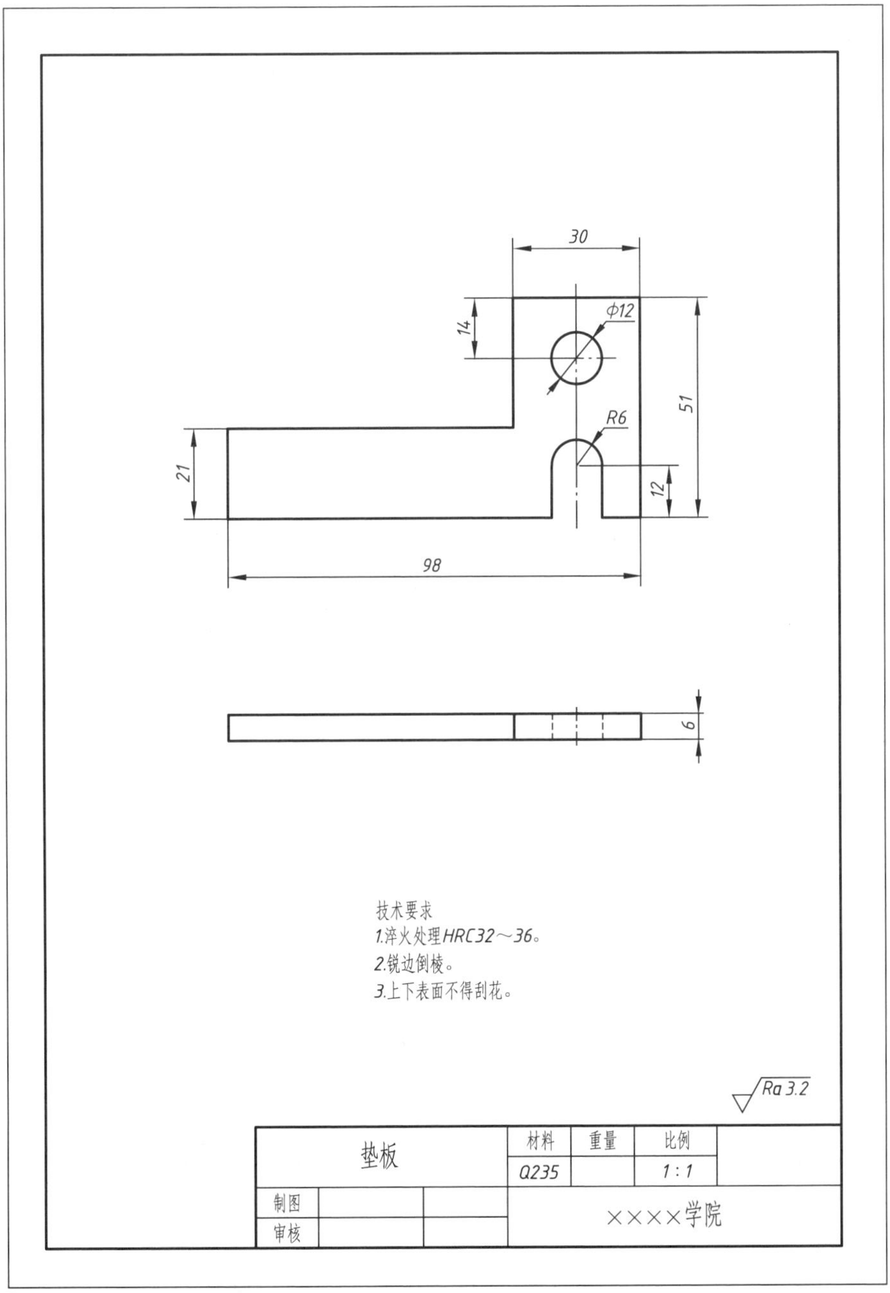

图 1-35 垫板零件图

(2) 抄绘钳工实训样板零件图，如图 1-36 所示钳工实训样板零件图。

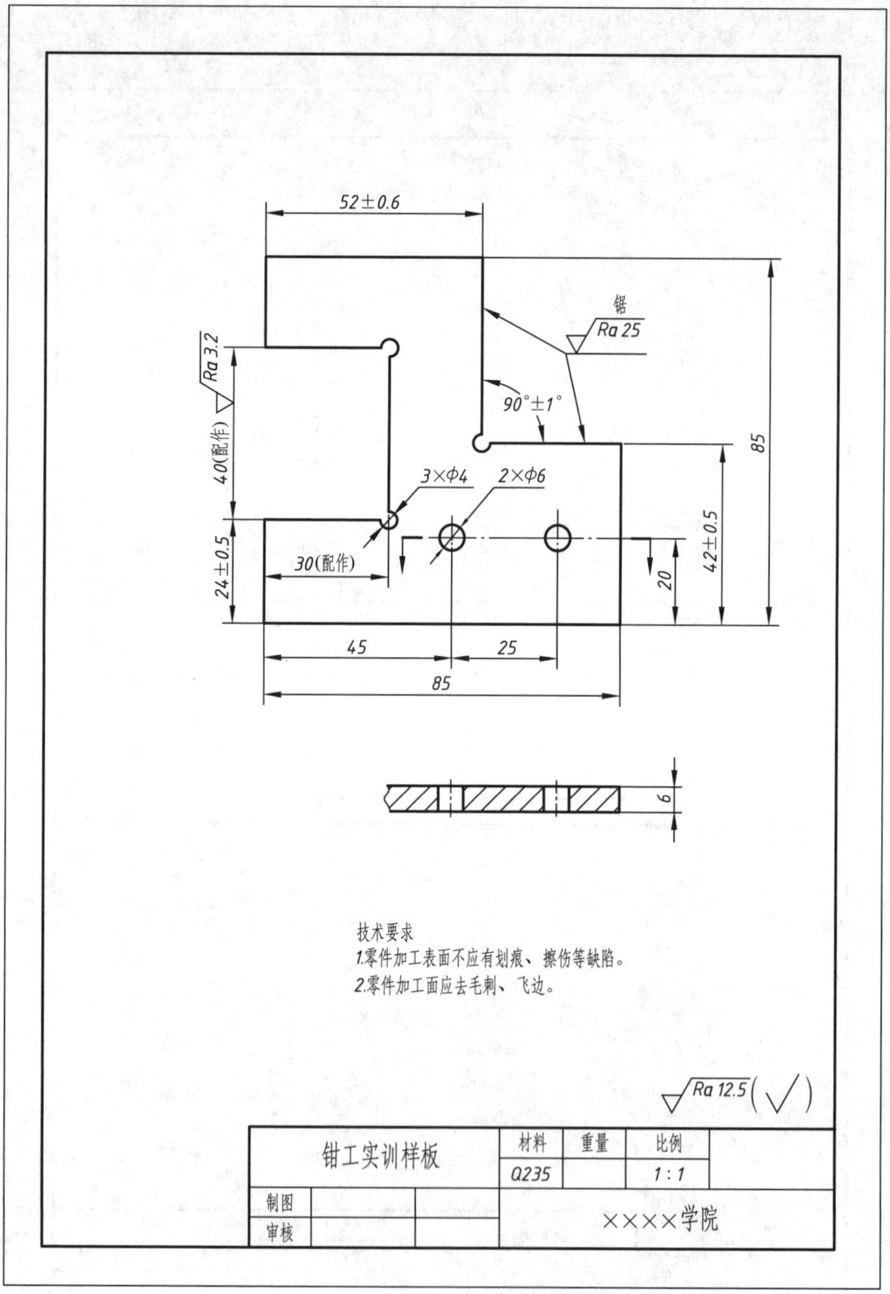

图 1-36　钳工实训样板零件图

任务二 抄画固定板零件图

知识目标：

掌握平面图形的尺寸分析与线段分析。

掌握圆弧连接的基本作图方法。

能力目标：

能够分析平面图形的尺寸与连接关系。

能够完成一般平面图形的绘制。

素质目标：

培养标准化意识，践行精益求精的工匠精神。

培养综合分析与解决问题的能力。

培养严谨认真的敬业精神，确保图样内容正确、齐全。

任务分析

如图 1-37 所示的固定板零件图，只有一个主视图组成，视图中含有多段圆弧连接。

本任务通过对平面图形的尺寸分析与线段分析，明确平面图形中各线段的位置与连接关系，以确定绘图顺序，并正确标注尺寸。

相关知识

在平面图形中，有些线段可以根据所给定的尺寸直接画出；而有些线段则需利用线段连接关系，找出潜在的补充条件才能画出。要处理好这方面的问题，就必须首先对平面图形中各尺寸的作用、各线段的性质以及它们的相互关系进行分析，在此基础上确定正确的画图步骤及正确、完整地标注尺寸。下面以图 1-38 所示的手柄轮廓图为例，介绍平面图形的分析与画法。

一、平面图形的尺寸分析

平面图形中的尺寸，按其作用可分为定形尺寸和定位尺寸两类。在标注尺寸和尺寸分析时，首先应确定基准。

（1）尺寸基准。基准是标注尺寸的起点。平面图形由水平和垂直两个方向的坐标确定，基准也有这两个方向的基准。常选择图形的轴线、对称中心线或较长的轮廓直线作为尺寸基准。如图 1-38 所示手柄图形的尺寸基准是水平轴线和较长的铅垂轮廓线。

（2）定形尺寸。确定图形中各组成部分大小的尺寸称为定形尺寸，如直线的长度、圆及圆弧的直径或半径、角度尺寸等。图 1-38 中，15、$\phi20$、$\phi5$、$R15$、$R12$、$R50$、$R10$、$\phi30$ 等均为定形尺寸。

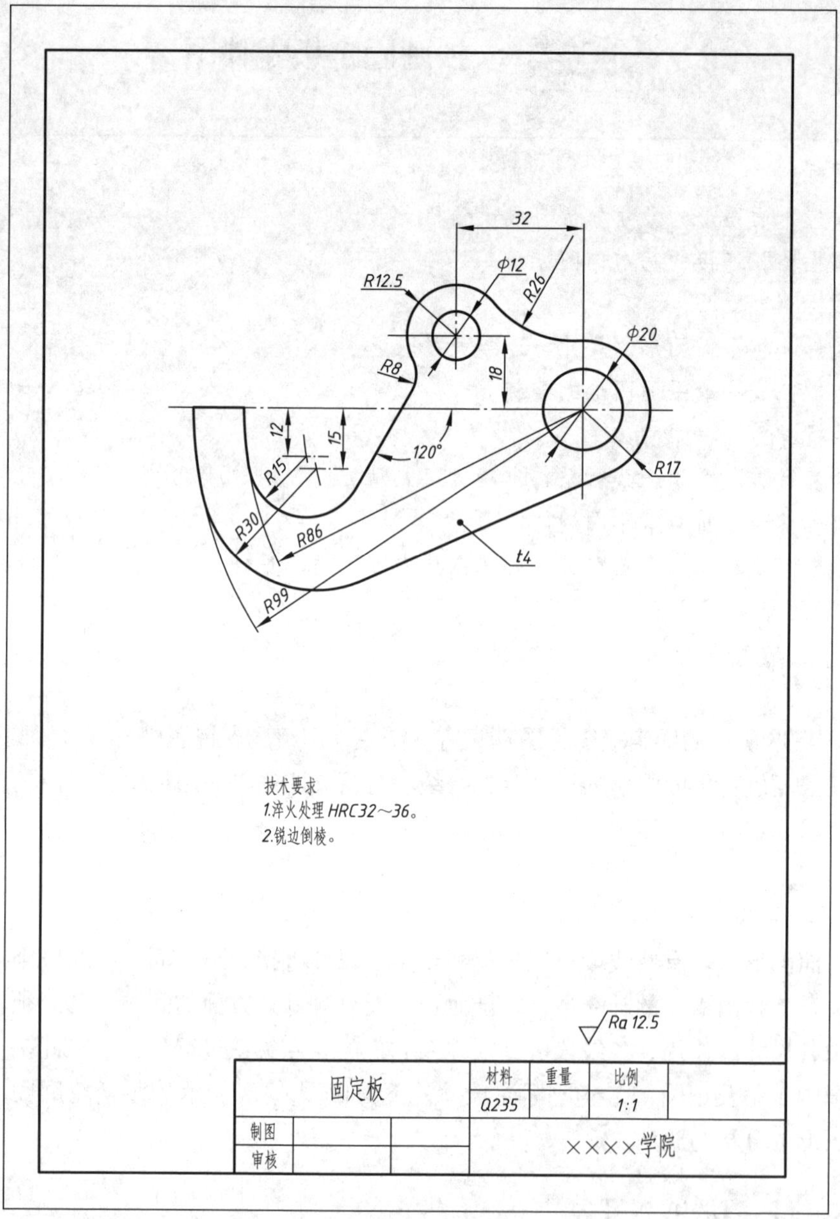

图 1-37　固定板零件图

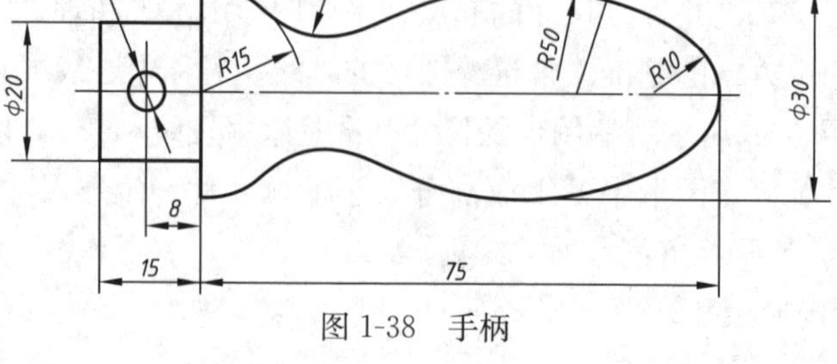

图 1-38　手柄

（3）定位尺寸。确定图形中各部分之间或基准之间相对位置的尺寸称为定位尺寸。图 1-38 中，8 就是确定 $\phi 5$ 小圆位置的定位尺寸。

分析尺寸时，常会见到同一尺寸既有定形尺寸的作用又有定位尺寸的作用。如图 1-38 所示，75 既是决定手柄长度的定形尺寸，又是 $R10$ 圆弧的定位尺寸。

二、平面图形的线段分析

平面图形的线段（直线、圆弧），根据其尺寸的完整程度，可分为三种：

（1）已知线段：尺寸完整（有定形、定位尺寸），能直接画出的线段，如图 1-38 中的 $\phi 5$、$\phi 20$、$R15$、$R10$ 等。

（2）中间线段：有定形尺寸，但定位尺寸不齐全，必须依赖附加的一个几何条件才能画出来的线段。如图 1-38 中 $R50$ 的圆弧，只有一个定位尺寸 $\phi 30$，另一个定位尺寸必须根据与 $R10$ 已知圆弧相内切的几何条件求出。

（3）连接线段：只有定形尺寸，而没有定位尺寸的线段。如图 1-38 中的 $R12$ 圆弧，没有圆心的定位尺寸，画图时要根据它与 $R15$ 和 $R50$ 圆弧相外切的条件，求出圆心和连接点才能画出，故此圆弧属于连接线段。

三、圆弧连接

圆弧连接是指在绘制零件轮廓图形时，用一已知半径的圆弧光滑地连接相邻已知线段（直线或圆弧）的作图过程。圆弧连接的实质是圆弧与直线相切或圆弧与圆弧相切，因此，圆弧连接的关键是正确求作连接圆弧的圆心及其与已知线段的切点。

（一）用圆弧连接两直线

图 1-39 所示分别是圆弧与相交为直角、锐角、钝角的两直线相切的情况，它们的作图步骤如下：

（1）分别作已知直线 AC 和 BC 的平行线，使之与 AC 和 BC 的距离各为已知半径 R，所作两平行线的交点 O 即为待作圆弧的圆心。

（2）自圆心 O 分别向已知直线 AC 和 BC 作垂线，得垂足 1 和 2。

（3）以 O 为圆心，R 为半径，在点 1 和 2 之间画出连接弧（1、2 两点为切点）。

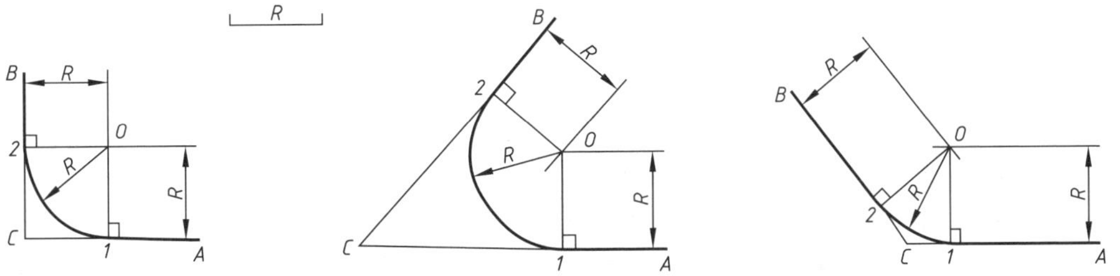

图 1-39 用圆弧连接两相交直线

（二）用圆弧连接已知两圆弧

1. 外连接（外切）

外连接（外切）作图步骤如下（见图1-40）：

（1）以 O_1、O_2 为圆心，画已知半径 R_1、R_2 的两圆弧。

（2）分别以 O_1 为圆心，$R+R_1$ 为半径，O_2 为圆心，$R+R_2$ 为半径画弧，两弧相交于 O，O 即圆心。连 OO_1、OO_2 交两已知弧于 T_1、T_2，即得切点。

（3）以 O 为圆心，R 为半径作弧 T_1T_2 即为所求。

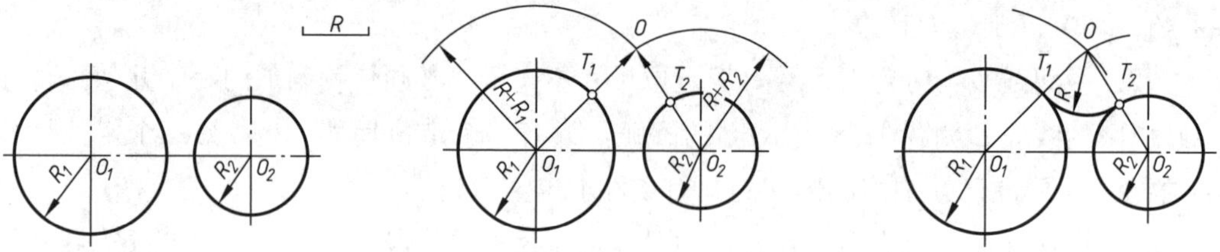

图1-40　用圆弧连接两圆弧——外切

2. 内连接（内切）

内连接（内切）作图步骤如下（见图1-41）：

（1）以 O_1、O_2 为圆心，画已知半径 R_1、R_2 的两圆弧。

（2）分别以 O_1 为圆心、$R-R_1$ 为半径，O_2 为圆心，$R-R_2$ 为半径画弧，两弧相交于 O，O 即圆心。连接 OO_1、OO_2 并延长，交已知弧于 T_1、T_2，即得切点。

（3）以 O 为圆心，R 为半径作弧 T_1T_2 即为所求。

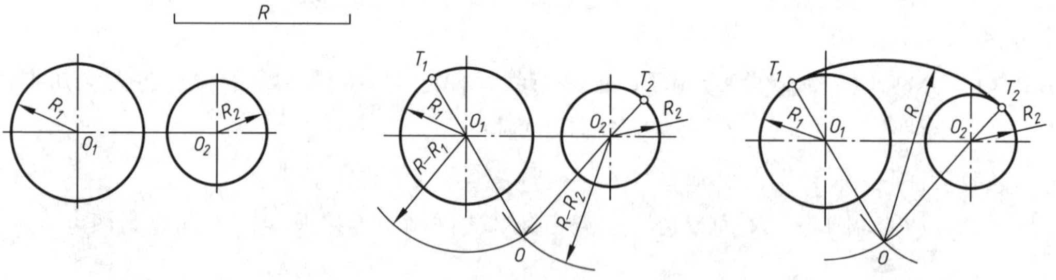

图1-41　用圆弧连接两圆弧——内切

3. 内外连接（内外切）

内外连接（内外切）作图步骤如下（见图1-42）：

（1）以 O_1、O_2 为圆心，画已知半径 R_1、R_2 的两圆弧。

（2）分别以 O_1 为圆心，$R+R_1$ 为半径，O_2 为圆心，$R-R_2$ 为半径画弧两弧相交于 O，O 即圆心。连接 OO_1、OO_2 并延长，交已知弧于 T_1、T_2，即得切点。

（3）以 O 为圆心，R 为半径作弧 T_1T_2 即为所求。

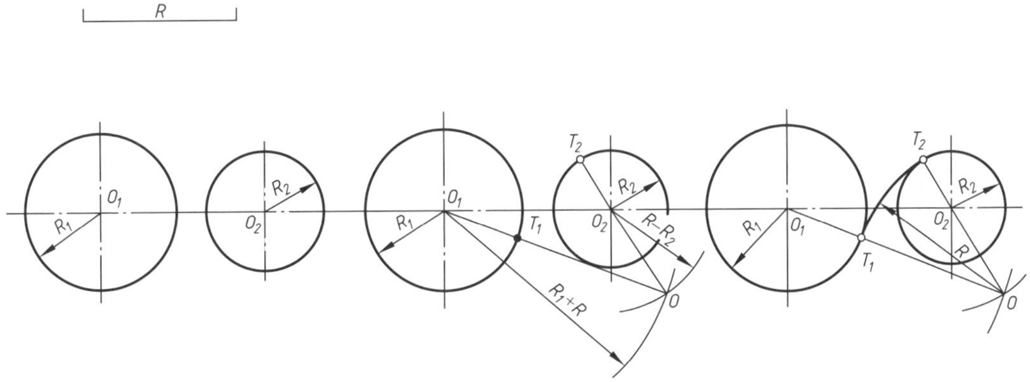

图 1-42 用圆弧连接两圆弧——内外切

任务实施

一、绘图准备

1. 工具准备

图板、丁字尺、三角板、圆规、铅笔等；选用 A4 图纸。

2. 图形分析

固定板视图只由一个主视图组成，如图 1-43 所示。

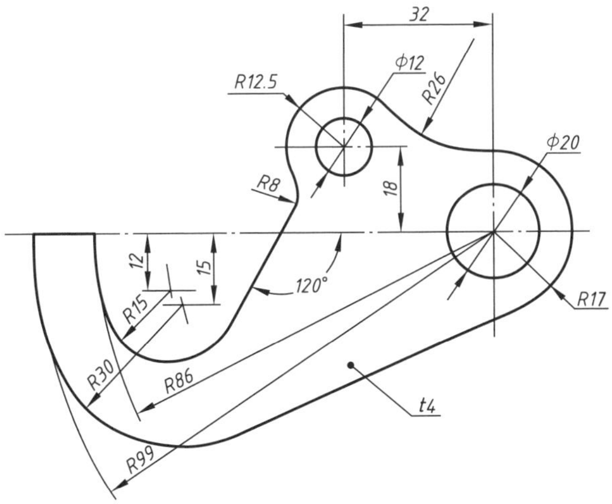

图 1-43 固定板视图

通过对图形分析，确定视图中已知线段、中间线段、过渡线段。

3. 绘制图框与标题栏

按图 1-44 所示尺寸，用 H 型铅笔绘制图框、标题栏底稿，暂不描深。

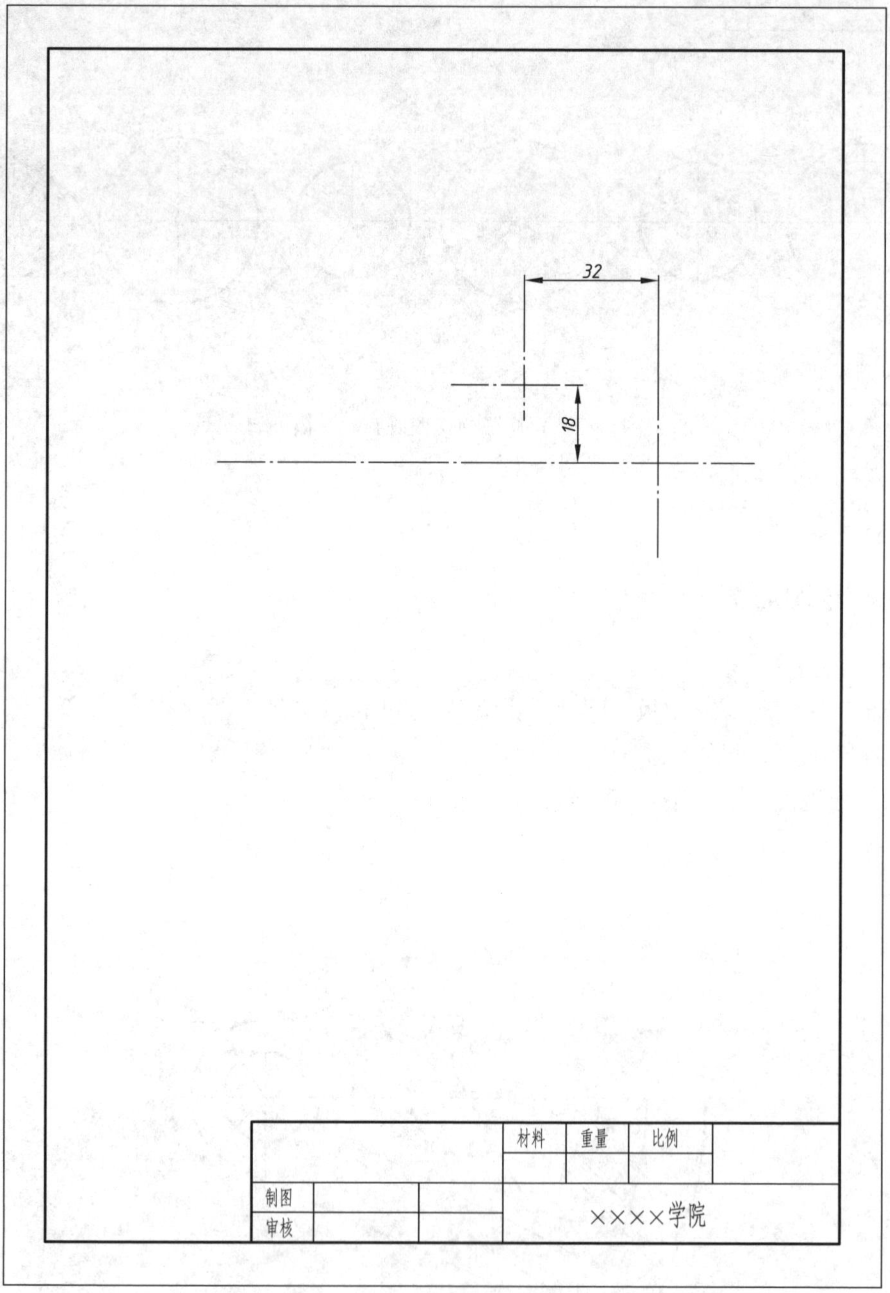

图 1-44　画基准线

二、绘制底稿

1. 布局、画基准线

合理布局图形，画基准线，如图 1-44 所示。

2. 绘制已知线段

先按尺寸绘制大小、位置都全部确定的已经线段（两个圆、四段圆弧），如图 1-45 所示。(以下绘图步骤中，图框和标题栏不再重复展示)

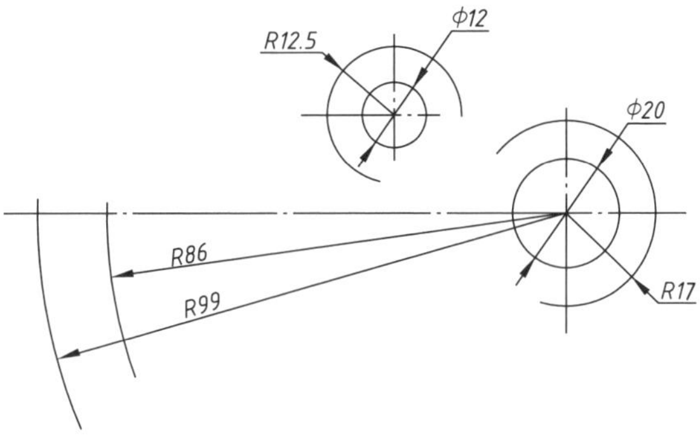

图 1-45　画已知线段

3. 绘制中间线段

先作图确定两中间线段（圆弧）的圆心，见图 1-46；再绘制两中间线段，见图 1-47。

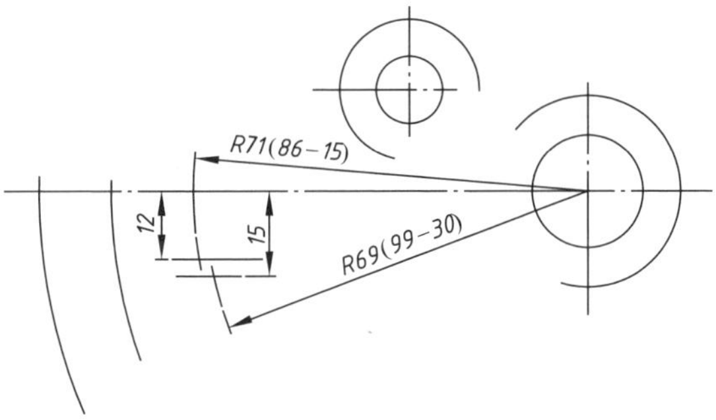

图 1-46　作图确定两中间线段（圆弧）的圆心

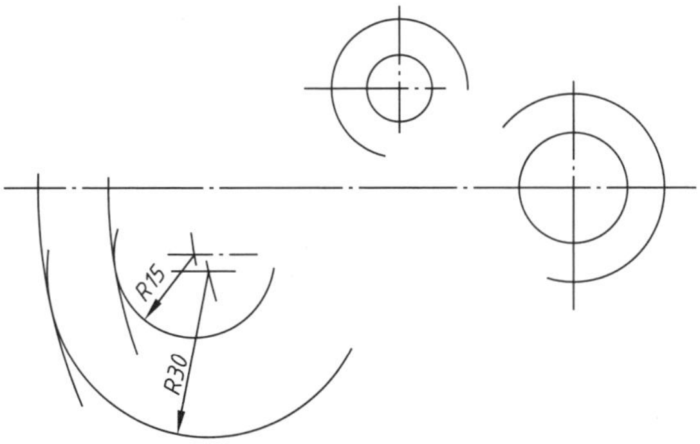

图 1-47　绘制两中间线段（圆弧）

4. 绘制连接线段

(1) 画两条圆的切线，如图 1-48 所示。

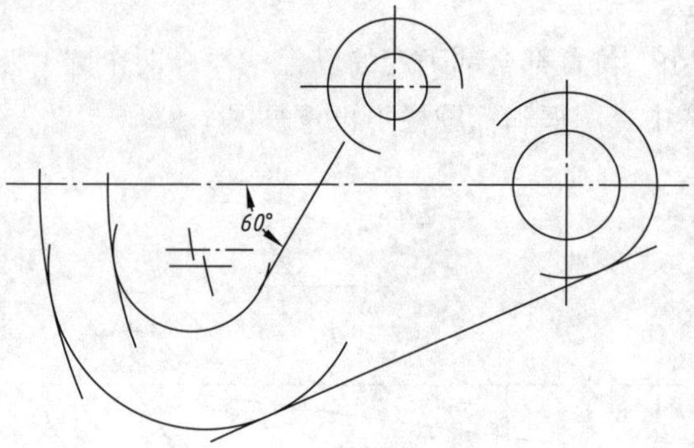

图 1-48　绘制连接线段中的两条直线

（2）先作图确定两连接圆弧的圆心，见图 1-49；再绘制两连接圆弧，见图 1-50。

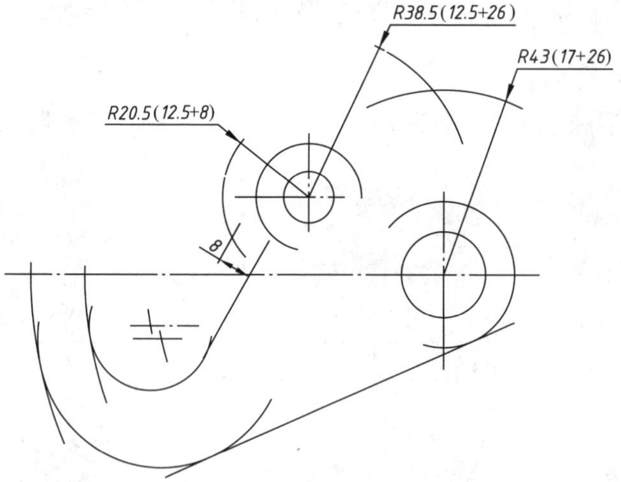

图 1-49　作图确定两条连接圆弧的圆心

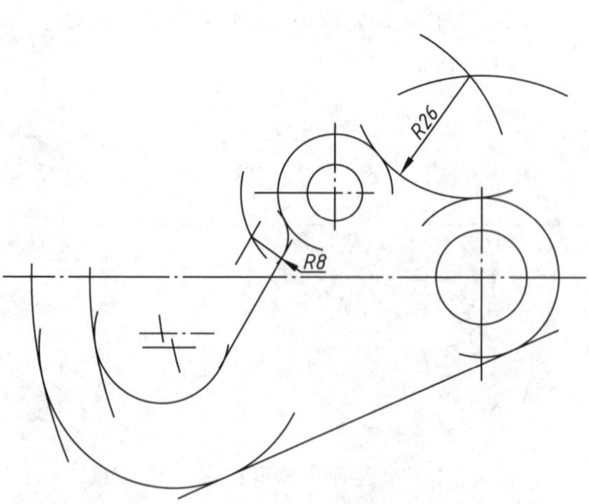

图 1-50　绘制两条连接圆弧

5. 擦除多余图线

检查图形，擦除多余图线，如图 1-51 所示。

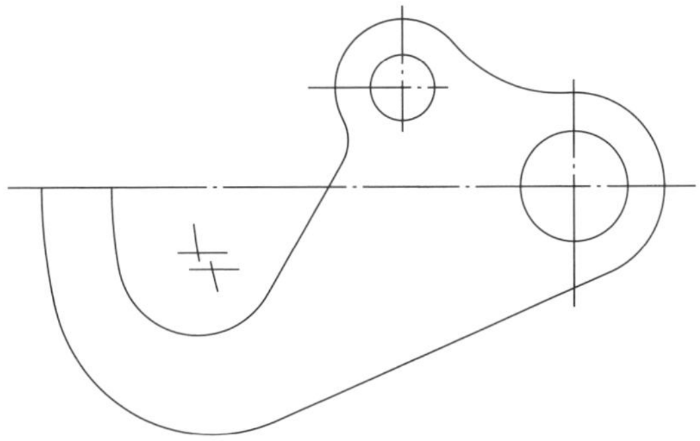

图 1-51 擦除多余线段

三、描深图线

依据 GB/T 17450—1998《机械制图 图线》和 GB/T 4457.4—2002《机械制图 图样画法 图线》规定，对照图 1-37 所示描深图线（包括图框、标题栏中的图线）。

四、标注尺寸、填写标题栏及文字说明

依据 GB/T 4458.4—2003《机械制图 尺寸注法》和 GB/T 19096—2003《技术制图 图样画法 未定义形状边的术语和注法》规定，对照图 1-37 所示标注尺寸；按照 GB/T 14691—1993《技术制图 字体》规定，填写尺寸数字，以及标题栏与技术要求中的文字说明，完成如图 1-37 所示的固定板视图。

拓展训练

拓展 1-2：抄画如图 1-52 所示的转动导架视图。

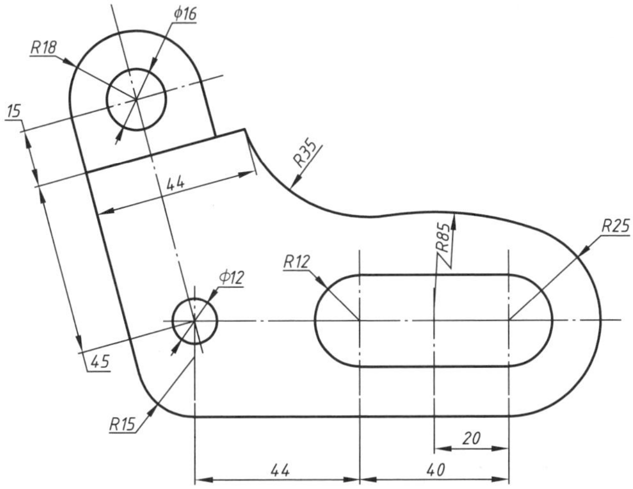

图 1-52 转动导架视图

任务二 抄画短轴零件图

知识目标：

掌握等分线段、等分圆周作正多边形的方法。

掌握斜度与锥度的画法与标注方法。

能力目标：

能够等分线段、圆周，画正多边形。

能够绘制斜度与锥度，并正确标注。

素质目标：

培养标准化意识，践行精益求精的工匠精神。

培养综合分析与解决问题的能力。

培养严谨认真的敬业精神，确保图样内容正确、齐全。

任务分析

绘制如图 1-53 所示的短轴零件图。本零件图由一个主视图和一个 A 向局部视图组成。短轴中段是一个 1∶2.5 锥度的锥面，右端是一个正六棱柱，A 向局部视图用来表达正六棱柱的端面形状。

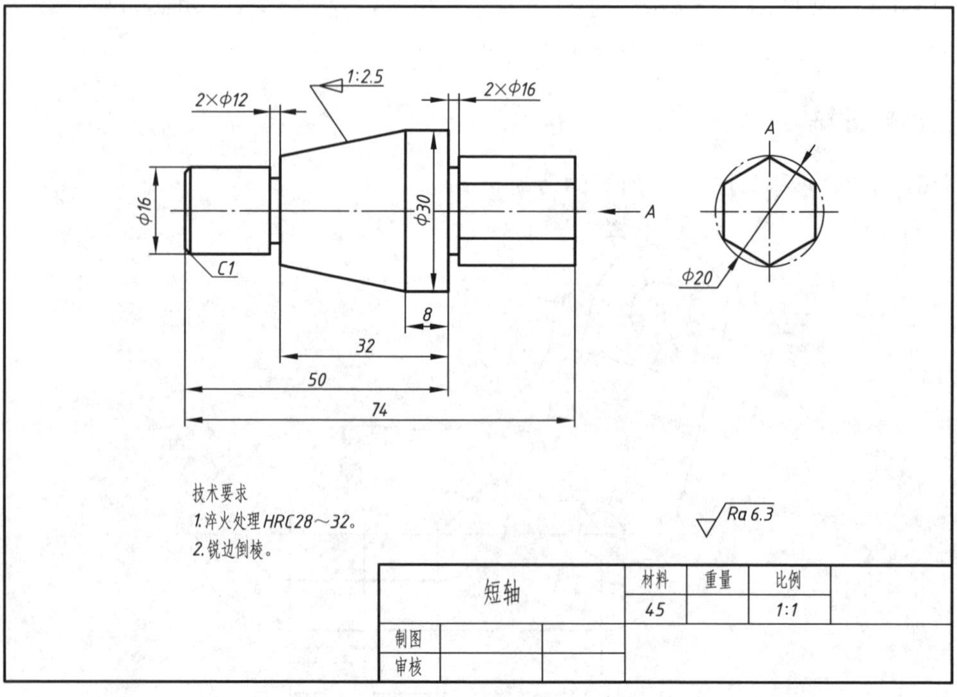

图 1-53　短轴零件图

本任务通过短轴零件图的绘制，重点训练学生绘制锥度与正多边形的技能，进一步强化学生绘制一般平面图形的能力。

相关知识

机械零件的轮廓形状虽然是多种多样的，但基本上都是由直线、圆、圆弧或其他的一些曲线所组成的几何图形。因此，我们应当掌握这些图形的作图方法。

一、任意等分线段

1. 试分法

如图 1-54 所示，欲将线段 AB 四等分，先将分规取约 $AB/4$ 进行试分。若有剩余（或不足），将针尖间的距离张大（或缩小）$e/4$（e 为剩余量或不足量），再进行试分，直到满意为止。

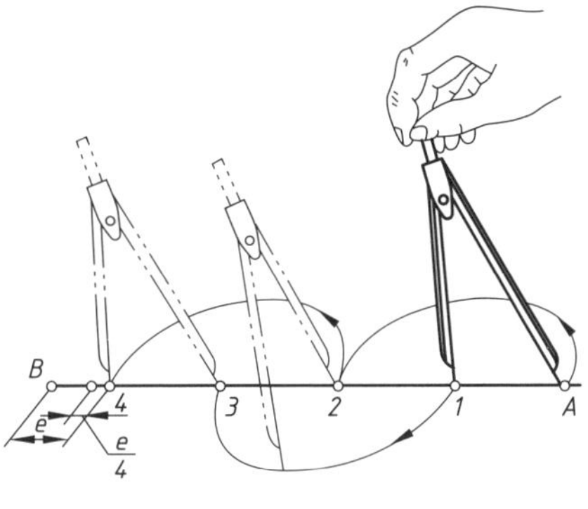

图 1-54　试分法等分线段

用试分法也可等分圆或圆弧。

2. 平行线法

如图 1-55 所示，将 AB 线段任意等分（如四等分），具体作法如下：

（1）过点 A 作任意直线 AB_0，使 $A1_0=1_02_0=2_03_0=3_04_0$，并连接 $B4_0$。

（2）过点 1_0、2_0、3_0 作 $B4_0$ 的平行线，与 AB 相交，即得等分点 1、2、3。

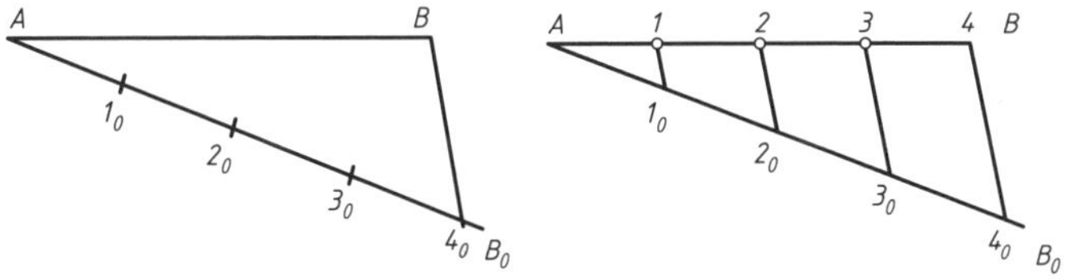

图 1-55　平行线法等分线段

二、等分圆周作正多边形

1. 三、六等分圆周

用圆规等分圆周，如图 1-56 所示。

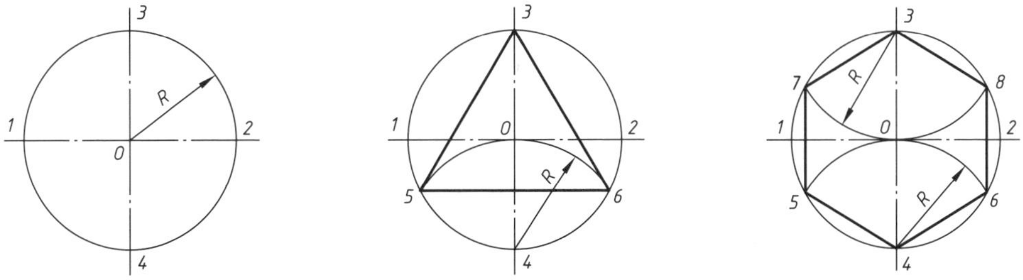

(a) 已知半径为R、圆心为0点的圆周和互相垂直的直径12、34

(b) 以R为半径，4点为圆心画弧，交圆周于5、6点，则3、5、6点将圆周三等分，连各点得圆的内接正三角形

(c) 分别以3、4点为圆心，R为半径画弧，交圆周于7、8、5、6点，则3、7、5、4、6、8点将圆周六等分，连各点得圆的内接正六边形

图 1-56　三、六等分圆周（一）

用三角板、丁字尺三、六等分圆周，如图 1-57 所示。

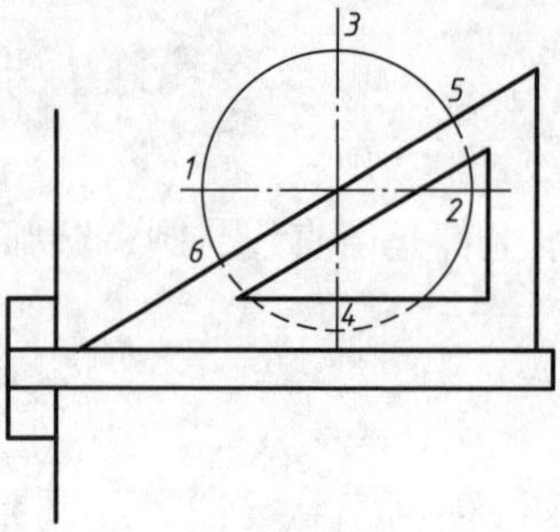

(a) 已知互相垂直的直径12、34和圆周，过圆心作30°的斜线与圆周交于5、6点

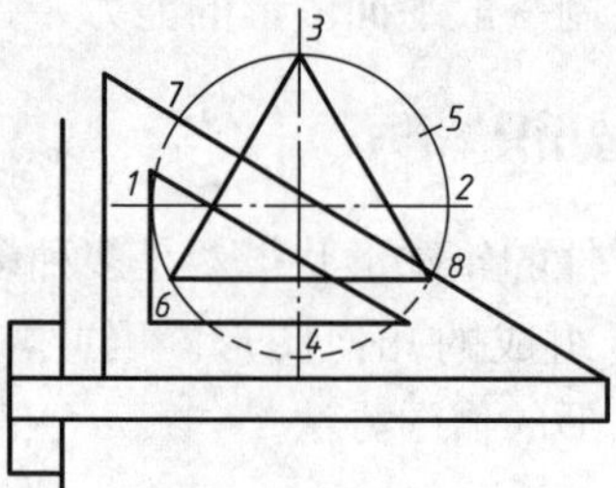

(b) 将三角板翻转180°，过圆心作30°的斜线与圆周交于7、8点，则3、6、8点将圆周三等分，连接各点得圆的内接正三角形

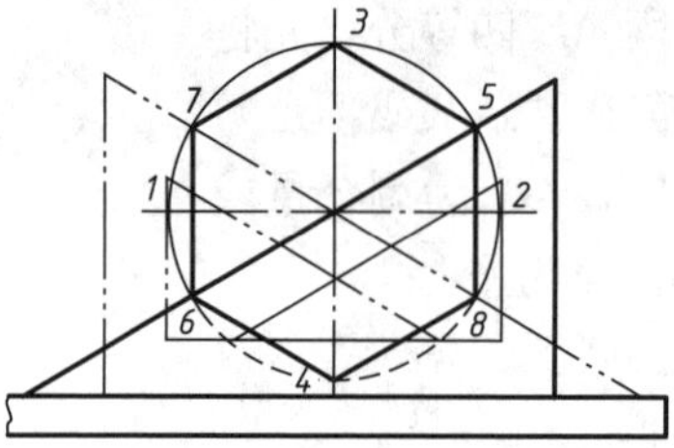

(c) 点3、7、6、4、8、5将圆周六等分，连接各点得圆的内接正六边形

图 1-57　三、六等分圆周（二）

此外，作内接正六边形时，将丁字尺和三角板放在如图 1-58 所示的位置，作图更简便。

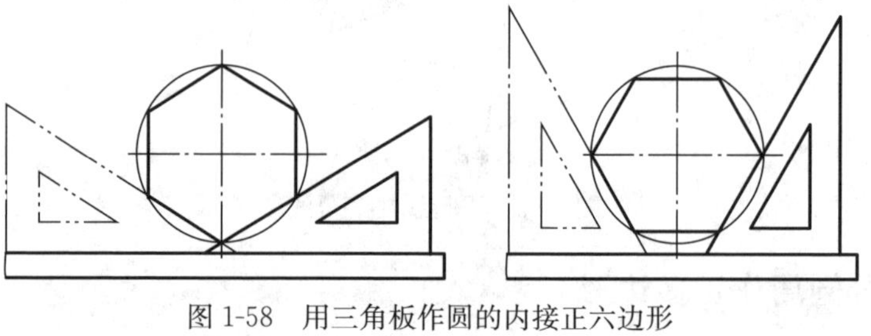

图 1-58　用三角板作圆的内接正六边形

2. 五等分圆周

五等分圆周的作图步骤如图 1-59 所示。

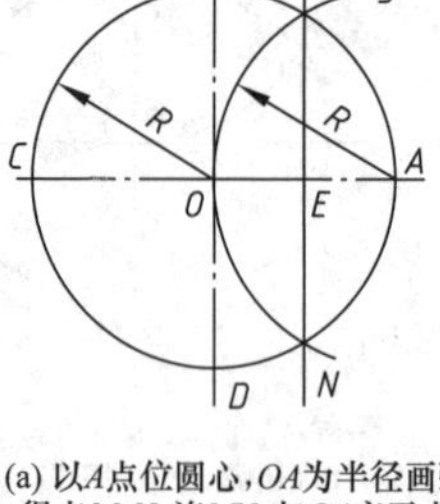

(a) 以A点位圆心，OA为半径画弧，得点M、N，连MN，与OA交于点E

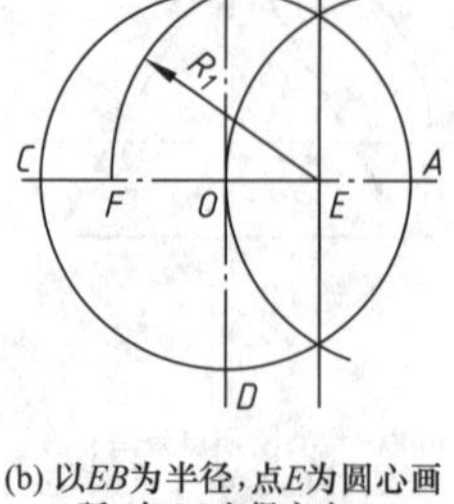

(b) 以EB为半径，点E为圆心画弧，在OC上得交点F

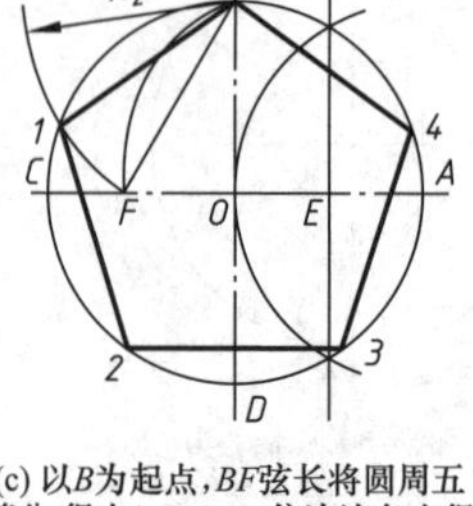

(c) 以B为起点，BF弦长将圆周五等分，得点1、2、3、4，依次连各点得圆的内接正五边形

图 1-59　五等分圆周与作圆的内接正五边形

三、斜度与锥度

1. 斜度

斜度是指一直线对另一直线或一平面对另一平面的倾斜程度。其大小用它们之间夹角的正切值表示，如图 1-60（a）所示，即斜度 $\tan\alpha=\frac{H}{L}$。在图样中，习惯以 1∶n 的形式标注，在前面加注符号“∠”，如图 1-60（b）所示。斜度符号的画法如图 1-60（c）所示。符号的斜线方向与斜度方向一致。

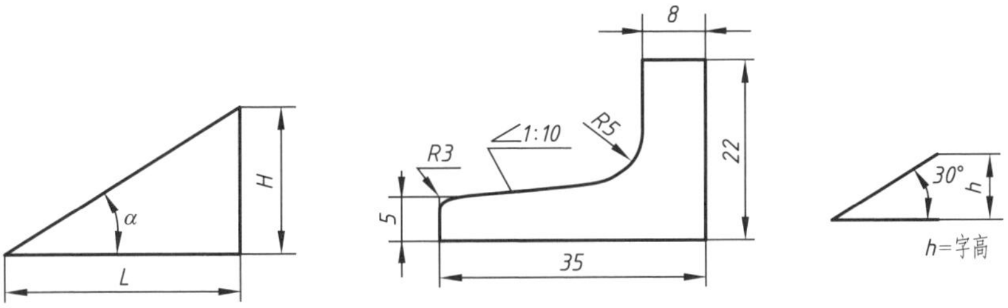

(a)　(b)　(c)

图 1-60　斜度及其符号

斜度可以直接画出，也可以根据互相平行的直线斜度相同的原理进行作图，如图 1-61 所示。

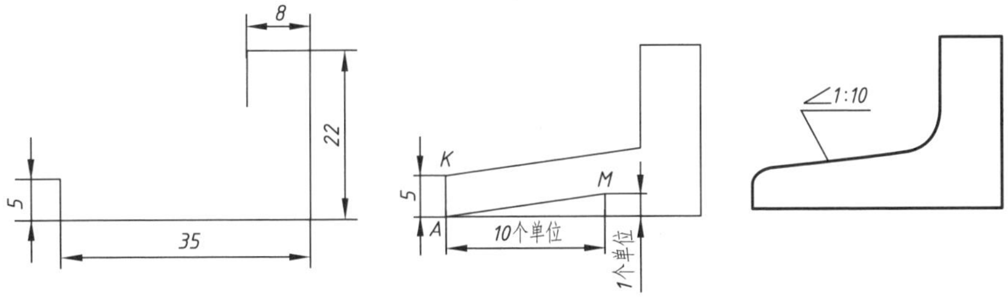

(a) 按已知尺寸作图　(b) 作AM为1:10的斜度，过K作直线平行AM　(c) 画圆弧并描深

图 1-61　斜度的作法

2. 锥度

锥度是指正圆锥底直径与圆锥高之比。如果是圆台，则为上、下底圆直径差与圆台高之比。

如图 1-62（a）所示，锥度 $=\frac{D}{L}=\frac{D-d}{l}=2\tan\alpha$。

在图样上标注锥度时，习惯以 1∶n 的形式，并在前加符号“◁”表示。符号画法如图 1-62（b）所示。符号的尖端指向应与锥度方向一致，如图 1-63 所示。

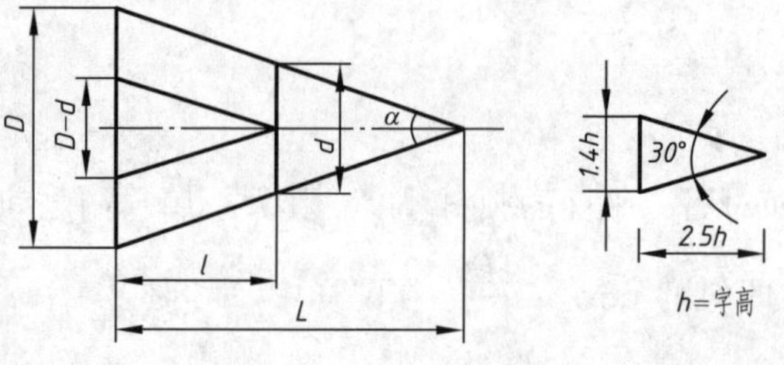

(a) (b)

图 1-62　锥度及其符号

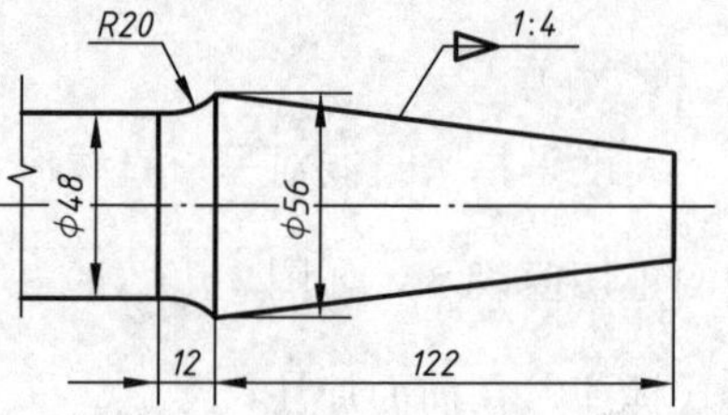

图 1-63　锥度的标注

锥度的作法如图 1-64 所示。

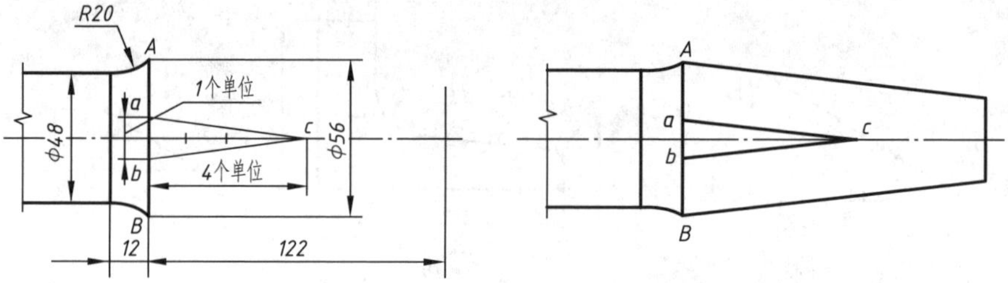

(a) 作圆锥底AB与锥度为1:4的圆锥abc

(b) 过A点作直线平行ac，过B点作直线平行bc，即完成1:4的锥度

图 1-64　锥度的作法

四、画椭圆

椭圆的画法有很多，这里仅介绍两种常用的椭圆近似画法。

1. 四心法

用四心法作椭圆的作图步骤如下（见图 1-65）：

（1）作椭圆长、短轴 AB 与 CD，连 AD。以 O 为圆心、OA 为半径作弧交 OD 延长线于 F，以 D 为圆心，DF 为半径作弧交 AD 于 E。

（2）作 AE 的垂直平分线并与 OA（长轴）交于 O_1，与 OC（短轴）延长线交于 O_3。

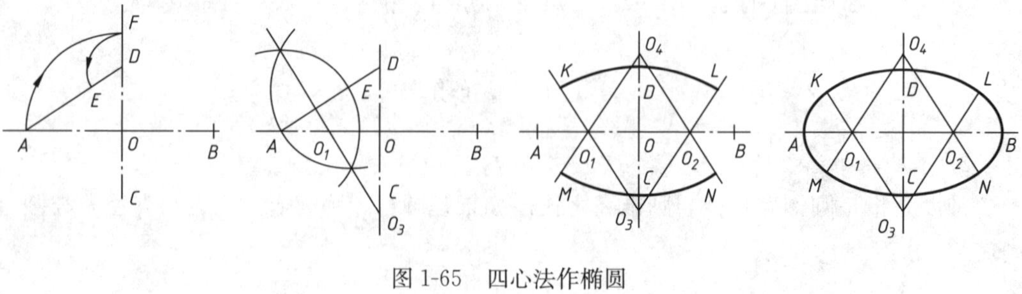

图 1-65　四心法作椭圆

（3）因图形有对称性，由作图求出 O_1、O_3 的对称点 O_2、O_4。分别以 O_3、O_4 为圆心，以 O_3D 为半径作弧 KL 和 MN。

（4）以 O_1、O_2 为圆心，O_1K 为半径作弧 KM 和 LN 即得出所求椭圆。

2. 同心圆法

已知椭圆的长、短轴 AB、CD，用同心圆法作椭圆的作图步骤如下（见图 1-66）：

（1）以 O 为圆心，OA 与 OC 为半径作两个同心圆。

（2）由 O 作圆周 12 等分的放射线，使其与两圆相交，各得 12 个交点。

（3）由大圆上的各交点作短轴的平行线，再由小圆上的各交点作长轴的平行线，每两对应平行线的交点即为椭圆上的一系列点。

（4）依次光滑连接各点，即得椭圆。

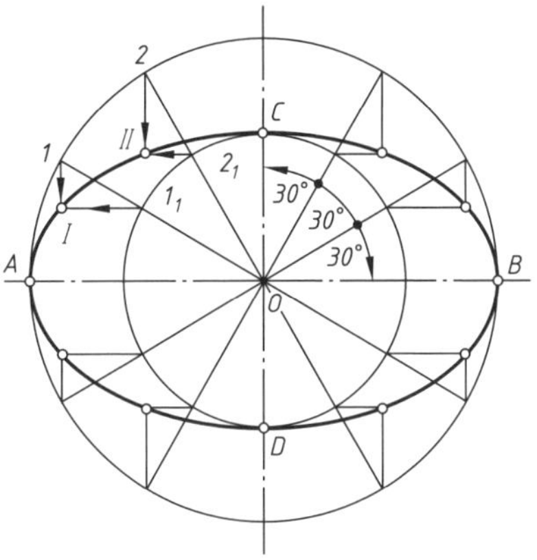

图 1-66 同心圆法画椭圆

任务实施

一、绘图准备

1. 工具准备

图板、丁字尺、三角板、圆规、铅笔等；选用 A4 图纸。

2. 图形分析

（1）尺寸基准。短轴零件图，由一个主视图和一个局部视图组成，主视图尺寸基准如图 1-67 所示。

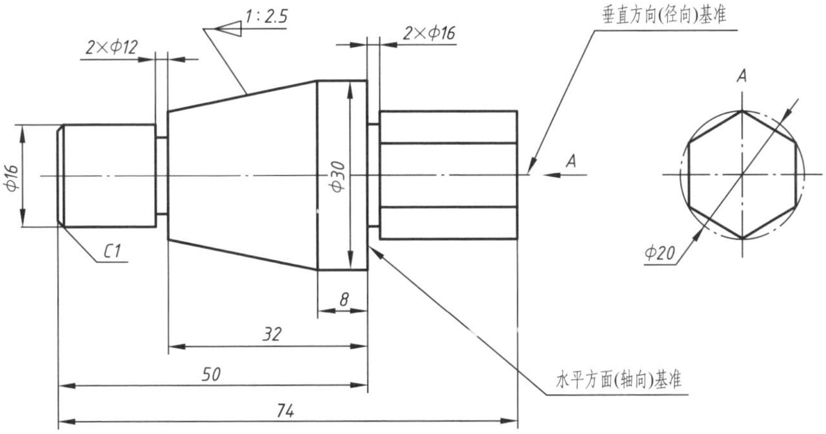

图 1-67 短轴视图尺寸基准

（2）定形尺寸与定位尺寸。图中所有尺寸，除长度尺寸 74、50、32 外，其余均为定形尺寸（部分尺寸既是定形尺寸，也是定位尺寸）。

3. 绘制图框与标题栏

按图 1-29 所示尺寸，用 H 型铅笔绘制图框、标题栏底稿，暂不描深。

二、绘制底稿

1. 布局、画基准线

合理布局图形，画基准线，如图 1-68 所示。

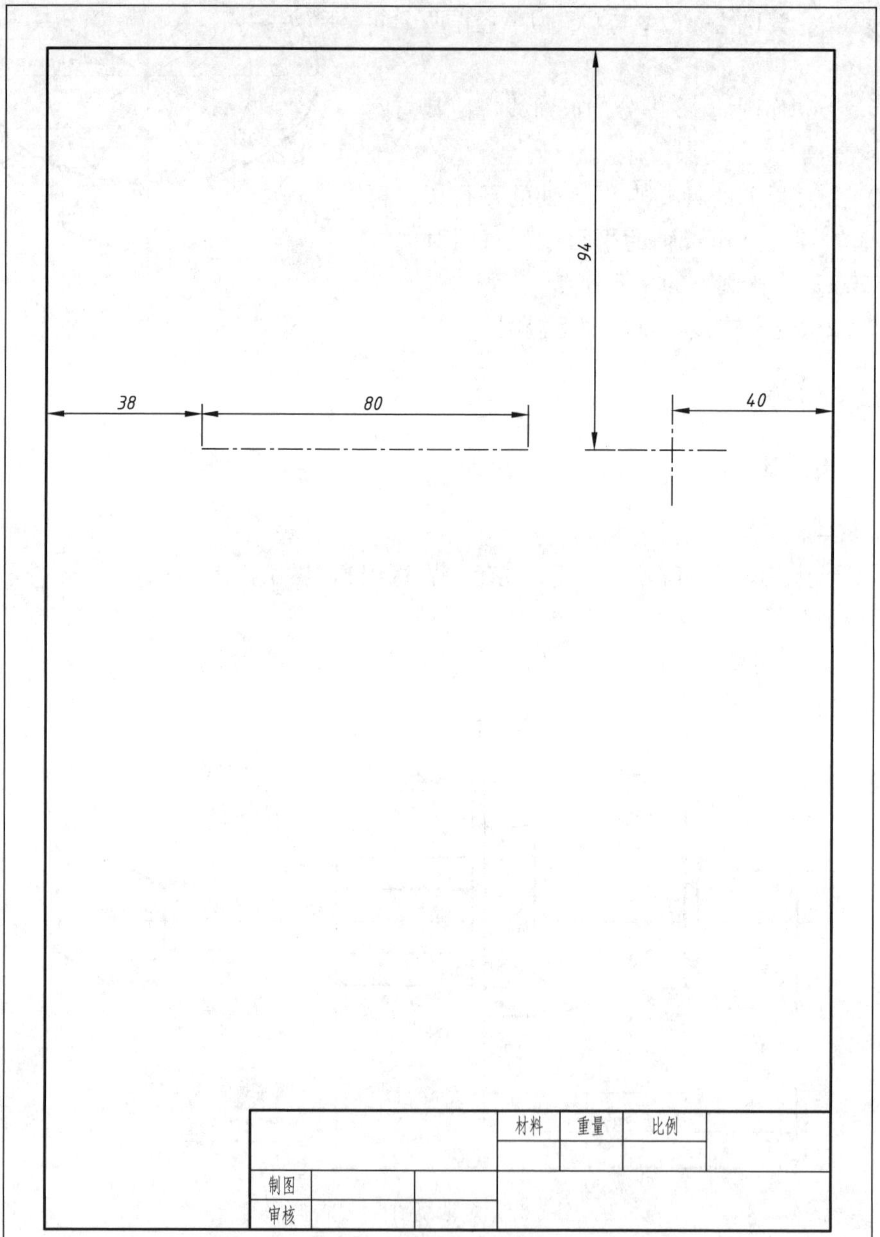

图 1-68　画基准线

2. 绘制主视图中主要轮廓

（1）绘制主视图轴向定位线，如图 1-69 所示。

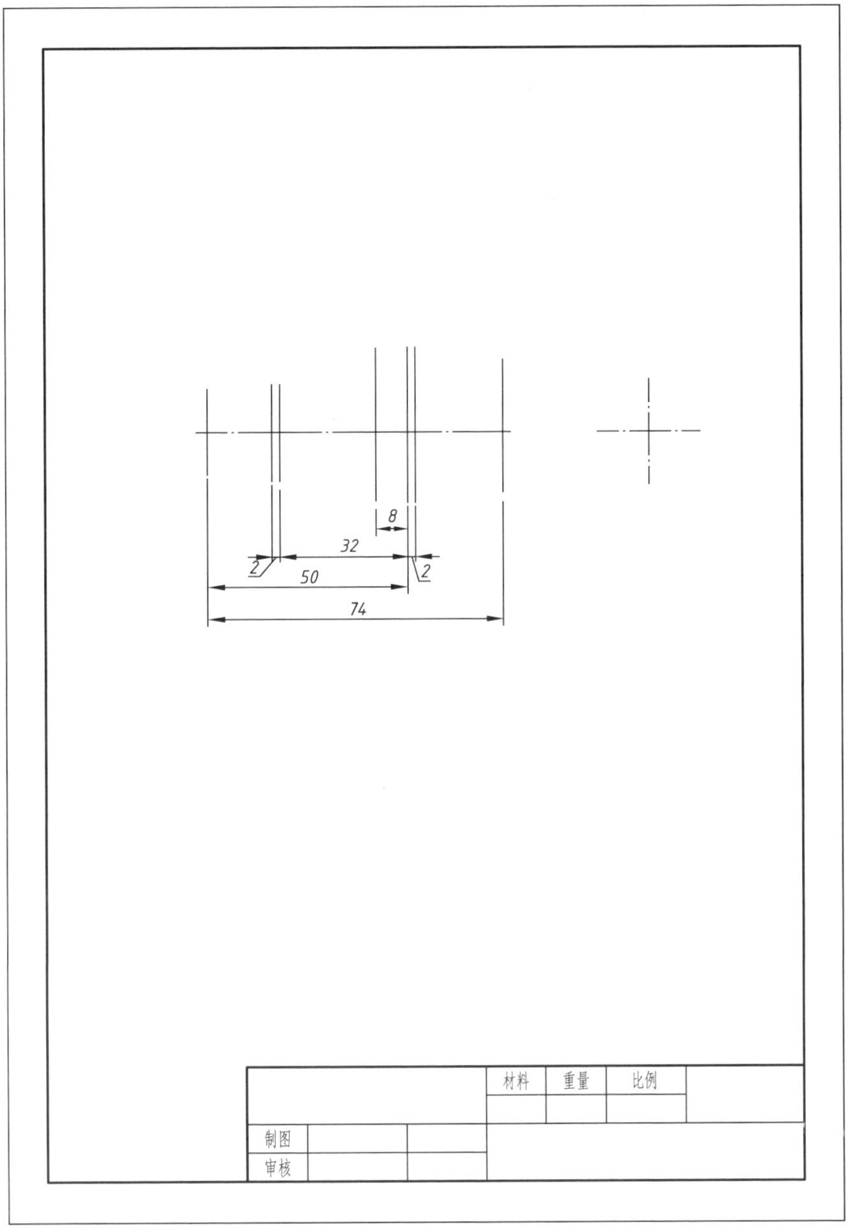

图 1-69 绘制主视图轴向定位线

（2）绘制主视图中，除六棱柱段外的水平轮廓线，如图 1-70 所示。（以下绘图步骤中，图框和标题栏不再重复展示）

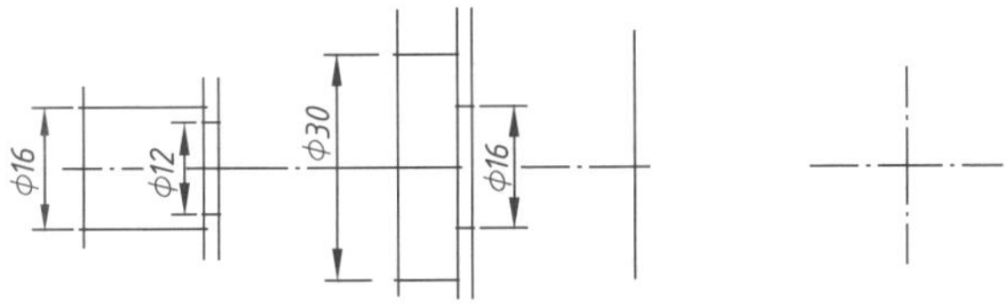

图 1-70 绘制主视图中水平轮廓线（不包括六棱柱段）

(3) 绘制 1∶2.5 锥度轴段的倾斜轮廓线，如图 1-71 所示。

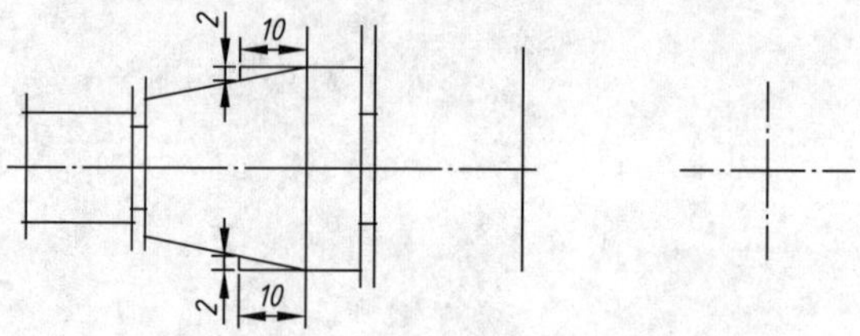

图 1-71　绘制主视图中锥度斜线

3. 绘制局部视图的正六边形

(1) 画局部视图中正六边形的辅助圆，并按六等分圆周的方法确定六边形顶点，如图 1-72 所示。

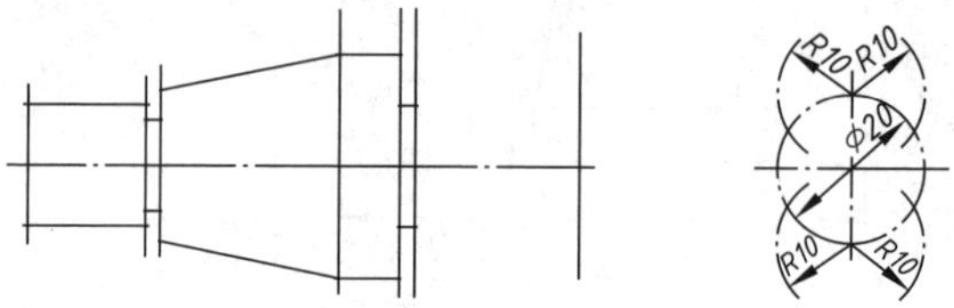

图 1-72　画六边形辅助圆并确定顶点

(2) 连接各顶点，绘制正六边形，如图 1-73 所示。

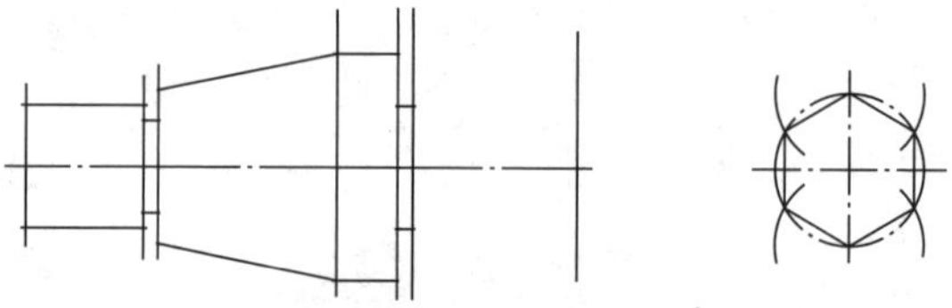

图 1-73　绘制六边形

4. 完成主视图中其余轮廓

(1) 根据视图的投影对应关系（投影的概念见项目二任务一），参照局部视图中六边形的顶点，绘制主视图中六棱柱的棱线，如图 1-74 所示。

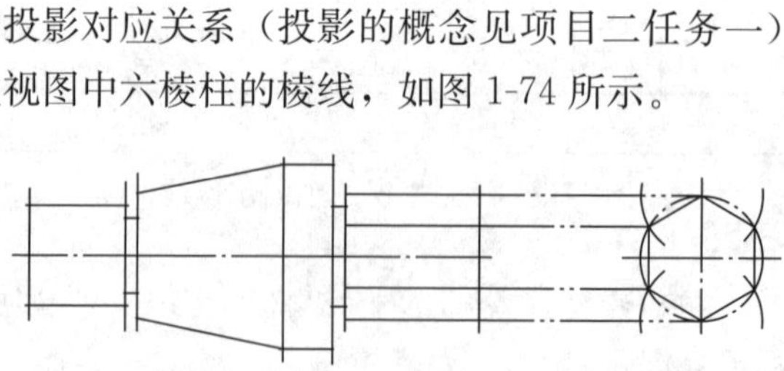

图 1-74　绘制主视图中六棱柱的棱线

(2) 画倒角。用 45°三角板绘制 *C*1 倒角，如图 1-75 所示。

5. 擦除多余图线

检查图形，擦除多余图线，得到如图 1-76 所示的短轴零件图底稿。

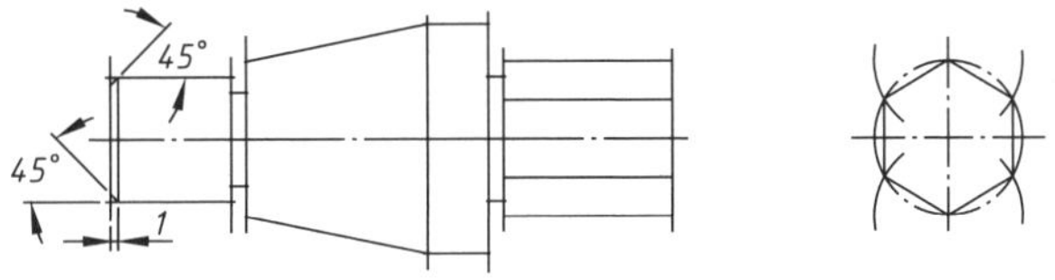

图 1-75　画倒角

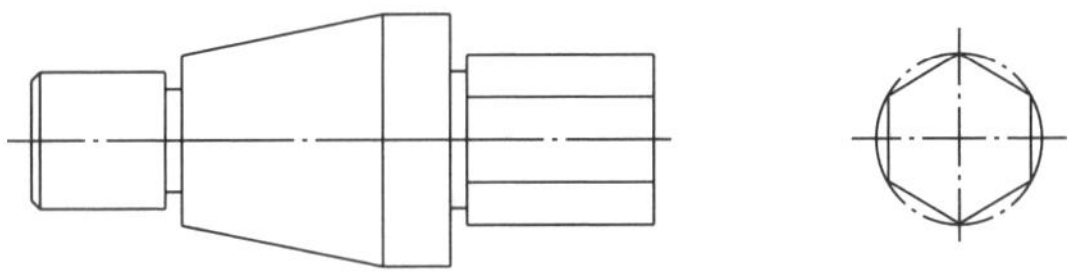

图 1-76　短轴零件图底稿

三、描深图线

依据 GB/T 17450—1998 和 GB/T 4457.4—2002 规定，对照图 1-53 描深图线（包括图框、标题栏中的图线）。

四、标注尺寸、填写标题栏及文字说明

依据 GB/T 4458.4—2003 和 GB/T 19096—2003 规定，对照图 1-53 所示标注尺寸；按照 GB/T 14691—1993 规定，填写尺寸数字，以及标题栏与技术要求中的文字说明，完成如图 1-53 所示的短轴零件图。

拓展训练

拓展 1-3：抄画如图 1-77 所示的摆杆视图。

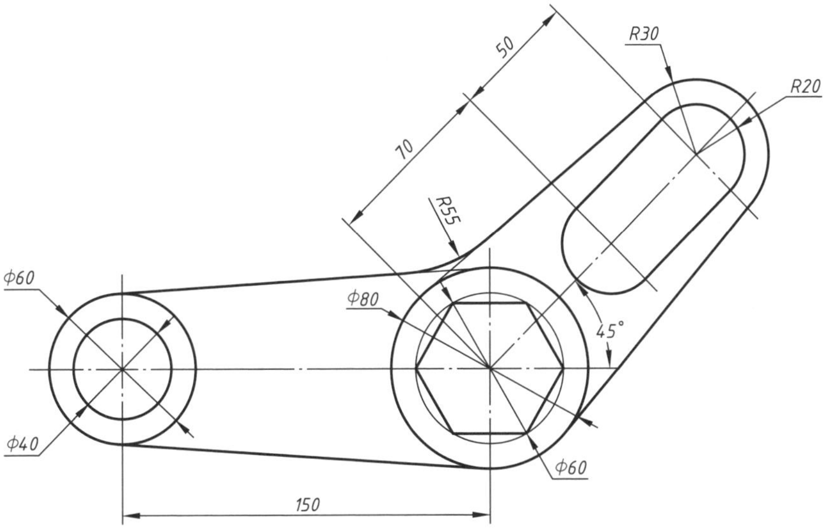

图 1-77　摆杆视图

绘制平面体的三视图

棱柱、棱锥、圆柱、圆锥、球、圆环等基本几何形体称为基本立体，简称基本体。其中，棱柱、棱锥等表面均为平面的立体，称为平面体；圆柱、圆锥、球、圆环等表面为曲面或曲面加平面的立体，称为曲面体，如图 2-1 所示。

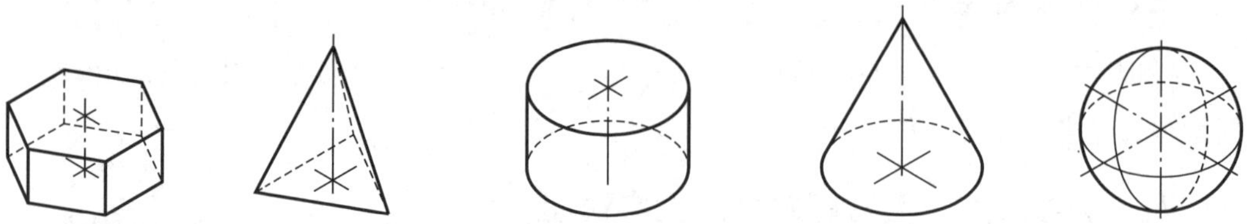

图 2-1　基本体

机械零件形状多样，但都可以看成是由不同的基本体通过一定的组合形式组合而成的。因此，掌握基本体的三视图绘制方法非常关键。本项目将学习平面体的三视图。

任务一　绘制正五棱柱三视图

知识目标：

掌握投影作图的基本原理及投影法的分类。

掌握三视图的形成及配置关系。

能力目标：

能正确理解正投影的投影原理与特性。

能够掌握三视图的形成及投影规律。

能够绘制简单几何体的三视图。

素养目标：

基于投影理论，初步构建图学思维，提高空间构思能力。

多角度观察、分析，提高多方位决策能力。

布局视图，强化综合决策能力。

任务分析

绘制如图 2-2 所示正五棱柱的三视图。根据三视图的形成原理，将正五棱柱选定一合适位置，置于三投影面体系中，分别向三个投影面作正投影，得到正五棱柱的三视图。完成该任务，需要掌握正投影法、三视图的形成及投影规律。

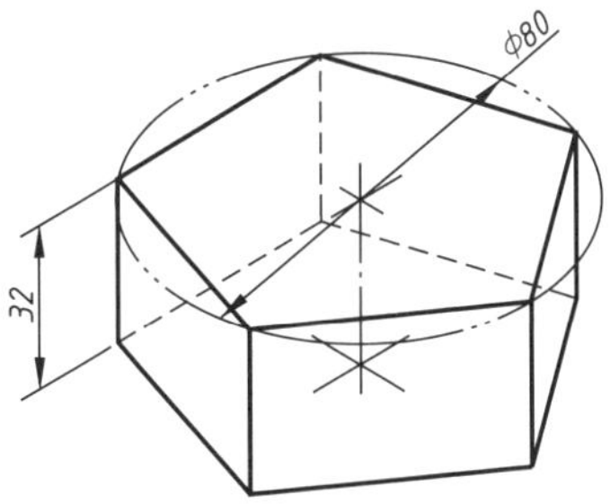

图 2-2 正五棱柱

相关知识

一、投影的基本知识

（一）投影的概念（GB/T 16948—1997）

空间物体在光线的照射下，在地上或墙上产生物体的影子，这种现象就是投影。根据这种自然现象，经过科学总结，形成了各种投影法，用来将具有长、宽、高三维空间的物体表达在只有二维平面的图纸上。

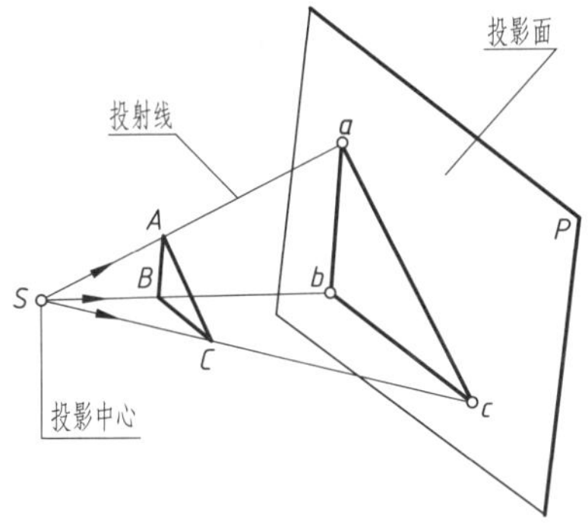

图 2-3 中心投影法

如图 2-3 所示，将光源用点 S 表示，称为投射中心，光线如 SA、SB、SC 称为投射线，墙面称为投影面 P。过投射中心 S 和△ABC 各顶点作投射线 SA、SB、SC 并延长与投影面 P 分别相交于 a、b、c 三点，这三点称为空间点 A、B、C 在投影面 P 上的投影，并可得出△ABC 在该投影面上的投影 abc。这种将投射线通过物体，向选定的面投射，并在该面上得到图形的方法称为投影法。

（二）投影法的分类

投影法一般分为中心投影法和平行投影法两类。

1. 中心投影法

设投射线都从投射中心出发，在投影面上作出物体投影的方法，称为中心投影法，如图 2-3 所示。工程上常用中心投影法画建筑透视图。

2. 平行投影法

若将投射中心 S 移至无穷远处，则所有投射线相互平行。用相互平行的投射线在投影面上作出物体投影的方法，称为平行投影法，如图 2-4 所示。

在平行投影法中，按投射线是否垂直于投影面又分为两种。

（1）斜投影法：投射线与投影面相倾斜的平行投影法，如图 2-4（a）所示。

（2）正投影法：投射线与投影面相垂直的平行投影法，如图 2-4（b）所示。

正投影法能准确地表达物体的形状结构，而且度量性好，因而在工程上得以广泛应用。机械图样主要是用正投影法绘制的，所以正投影法是本课程学习的主要内容。

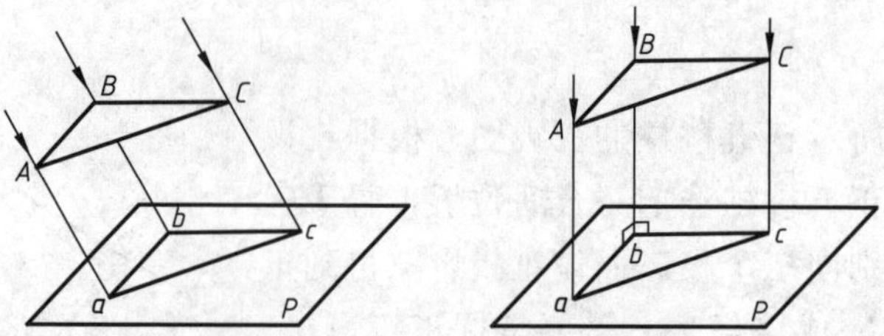

(a) 斜投影　　(b) 正投影

图 2-4　平行投影法

（三）正投影的特性

1. 真实性

平行于投影面的直线段或平面图形，在投影面上的投影能反映实长或实形，这种性质称为真实性，又称全等性，如图 2-5（a）所示。

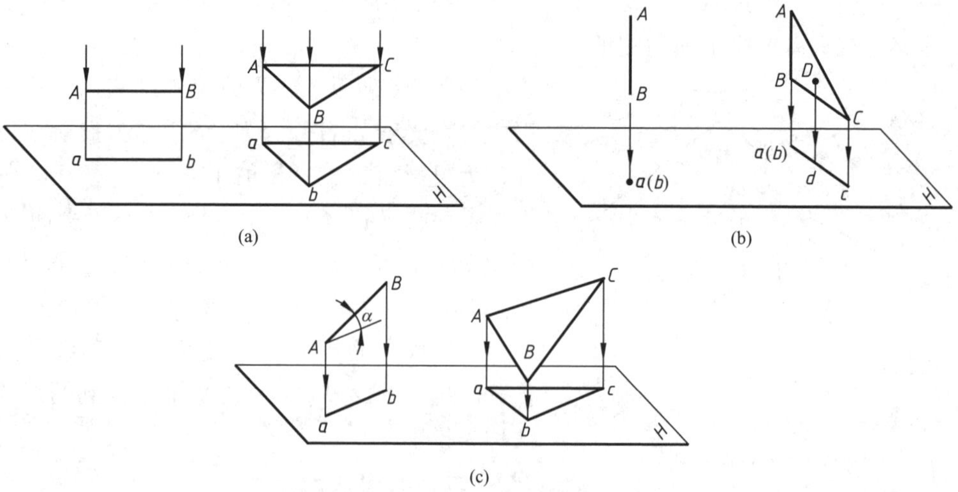

图 2-5　正投影的特性

2. 积聚性

垂直于投影面的直线段或平面图形，在投影面上的投影积聚为一点或一条直线，这种性质称为积聚性。

直线上的点，或面上的点、线、图形等，其投影分别落在直线或平面的积聚性投影上。

直线 AB 在投影面上的投影重叠为一点 a（b），该点称为重影点，在投射方向上，B 点被 A 点遮挡，B 点投影（b）不可见，通常将不可见的投影加（　）以示区别，如图 2-5（b）所示。

3. 类似性

倾斜于投影面的直线段或平面图形，其投影短于实长或小于实形（但与空间中，直线或平面的形状类似），如图 2-5（c）所示。

二、三视图的形成

由水平面（H 面）、正面（V 面）、侧面（W 面）三个相互垂直的投影面所包围的空间称为三投影面体系，三个投影面两两相交所产生的交线（OX、OY、OZ）称为投影轴，如图 2-6（a）所示。

点、线、面、体等几何元素在三投影面体系中的投影，称为三面投影。将物体向投影面投射所得的投影称为视图，物体在三投影面体系中的投影称为三视图，即主视图（V 面投影）、俯视图（H 面投影）、左视图（W 面投影），如图 2-6 所示。

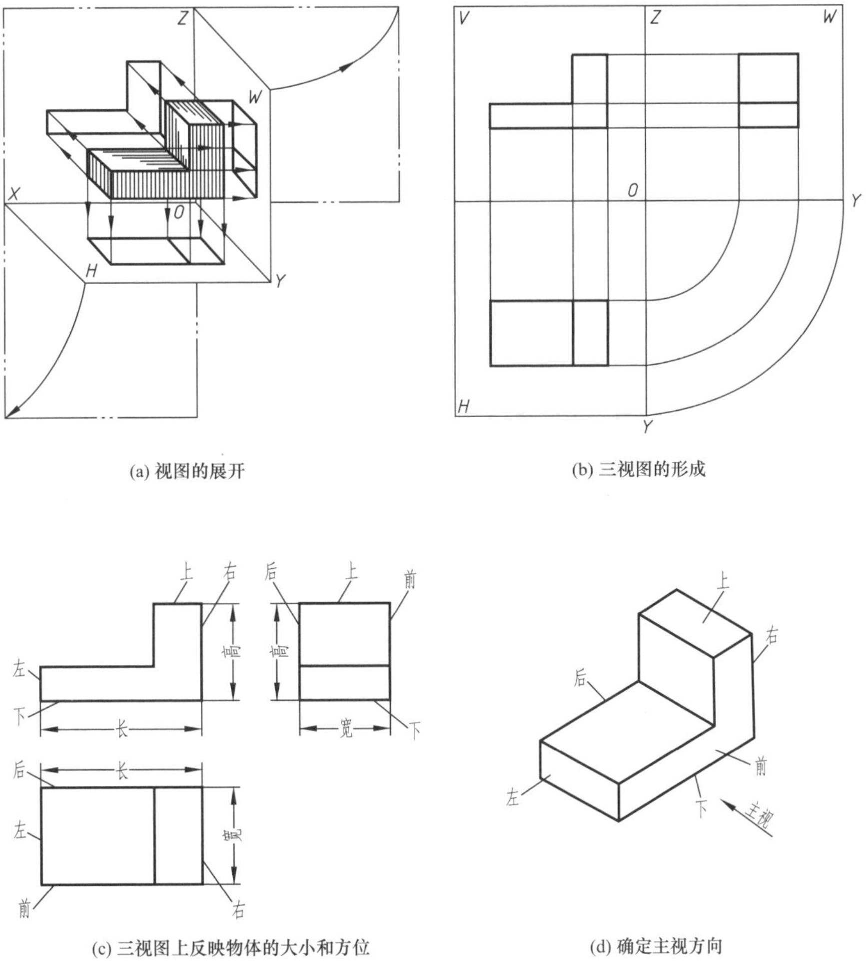

(a) 视图的展开　(b) 三视图的形成

(c) 三视图上反映物体的大小和方位　(d) 确定主视方向

图 2-6　三视图的形成

为了便于画图和看图，通常要将物体正放（即与投影面平行或垂直），尽量使物体的表面、对称平面或回转体轴线相对于投影面处于特殊位置（平行或垂直），并将 OX、OY 和 OZ 轴的方向分别设为物体的长度方向、宽度方向和高度方向。

三投影面如图 2-6（a）所示展开后，三视图也随之展开，其配置位置见图 2-6（b）。由于用多面正投影图表示物体的形状和大小与其离投影面的远近无关，所以画物体的三视图时，不必画投影轴和投影连线，如图 2-6（c）所示。

（一）三视图的配置

如图 2-6（b）所示，由投影面的展开规则可知，主视图不动，俯视图在主视图正下方，左视图在主视图正右方。按此规定配置时，不必标注视图名称。

（二）三视图的投影规律

1. 三视图之间的投影关系

物体有长、宽、高三个方向的大小，从图 2-6（c）可以看出，每个视图只能反映物体两个方向的尺寸。主视图反映物体的长度和高度，俯视图反映物体的长度和宽度，左视图反映物体的高度和宽度。三视图所反映物体的长、宽、高三个方向大小与其投影的关系可以概括如下：主、俯视图长对正，主、左视图高平齐，俯、左视图宽相等。或者简述为长对正、高平齐、宽相等。

2. 三视图与物体位置的对应关系

物体有上、下、左、右、前、后六个方位，左右为长、上下为高、前后为宽。从图 2-6（c）、（d）可以看出，每个视图只能反映物体的空间四个方位；主视图反映物体的上、下和左、右方位；俯视图反映物体的左、右和前、后方位；左视图反映物体的上、下和前、后方位。且俯、左视图的外侧和内侧（对主视图而言）分别为物体的前、后方位。

3. 三视图与物体形状的对应关系

一般情况下，物体有六面（上、下、左、右、前、后）外形和三个方向上的内形，每个视图只能反映物体的两面外形（迎、背）和一个方向上的内形。主视图反映物体的前、后外形和主视方向上的内形；俯视图反映物体的上、下外形和俯视方向上的内形；左视图反映物体的左、右外形和左视方向上的内形。

由上述三视图的投影规律可知，物体的大小和方位有两个视图就能确定，而物体的形状一般需要三个视图才能确定。

物体的内形和背面的外形都是不可见的，在三视图上，它们的轮廓线应以虚线表示。

任务实施

一、绘图准备

1. 工具准备

图板、丁字尺、三角板、圆规、铅笔等，选用 A4 图纸。

2. 图形分析

正五棱柱的投影关系如图 2-7 所示。

3. 绘制图框与标题栏

按图 1-29 所示尺寸，用 H 型铅笔绘制图框、标题栏底稿，暂不描深。

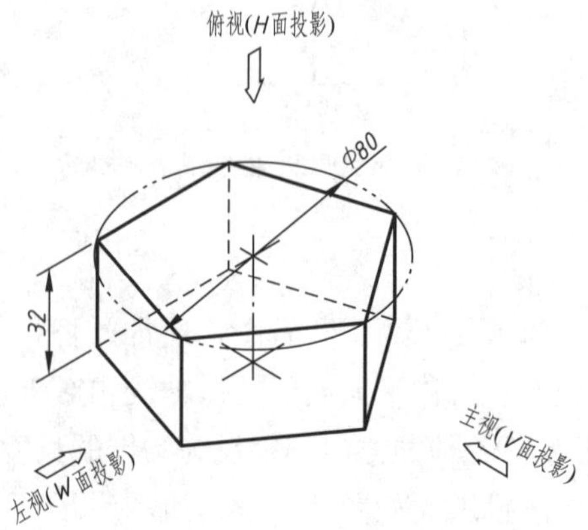

图 2-7 正五棱柱的投影关系

二、绘制底稿

1. 布局、画中心线

结合图纸幅面及五棱柱尺寸大小，合理布局图形。如图 2-8 所示，按图中推荐尺寸画投影轴、中心线，按尺寸画俯视图中正五边形的外接圆。

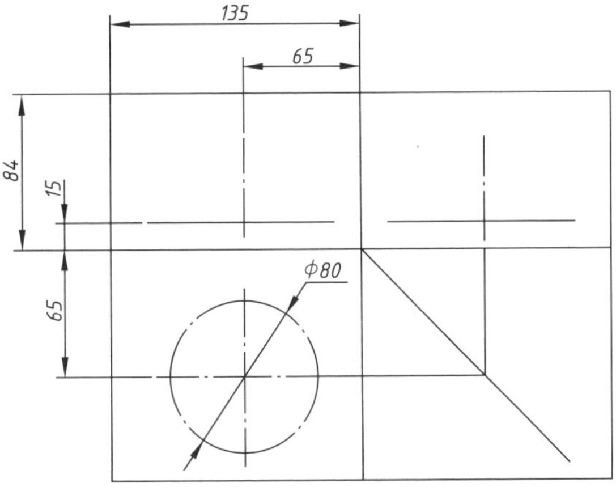

图 2-8 绘制投影轴、中心线、外接圆

2. 五等分圆周、画正五边形

按五等分圆周的方法，五等分 ϕ80 外接圆（作图步骤略）；用直线依次连接五等分点，得到正五边形（可及时擦除作图辅助线），如图 2-9 所示。

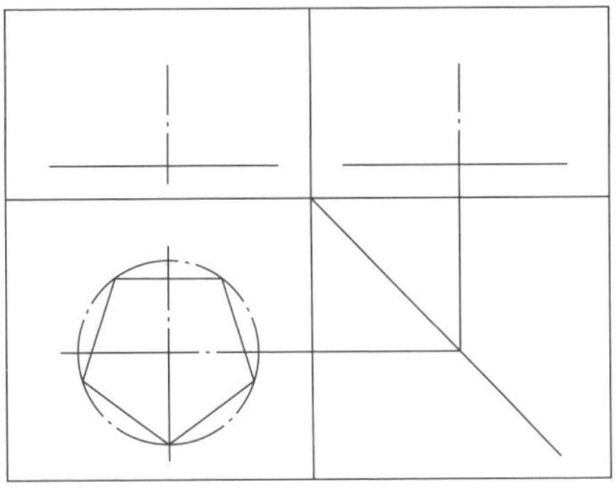

图 2-9 等分圆周、画正五边形

3. 绘制主视图

按“长对正”的投影对应关系，结合五棱柱高度 32mm，在 V 面绘制五棱柱主视图，如图 2-10 所示。

4. 绘制左视图

按“高平齐”的投影对应关系，参照主视图，在 W 面上绘制正五棱柱左视图中的上、下两底面线；再借助 45°线，按“宽相等”的投影对应关系，参照俯视图，绘制左视图中的三条棱线。擦除多余图线后，如图 2-11 所示。

三、描深图线、标注尺寸

依据 GB/T 17450—1998 和 GB/T 4457.4—2002 规定，描深图线，如图 2-12 所示。擦除投影轴及投影连线，标注尺寸后，得到正五棱柱三视图，如图 2-13 所示。

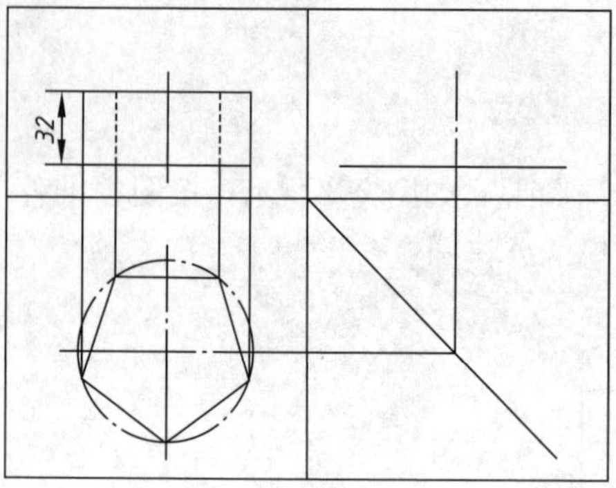

图 2-10　绘制主视图

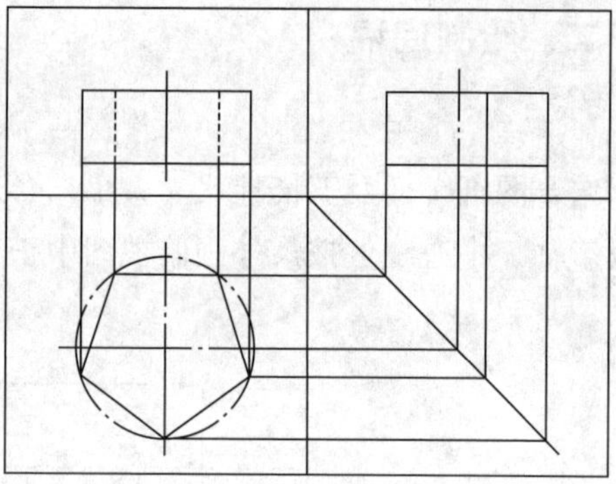

图 2-11　绘制左视图

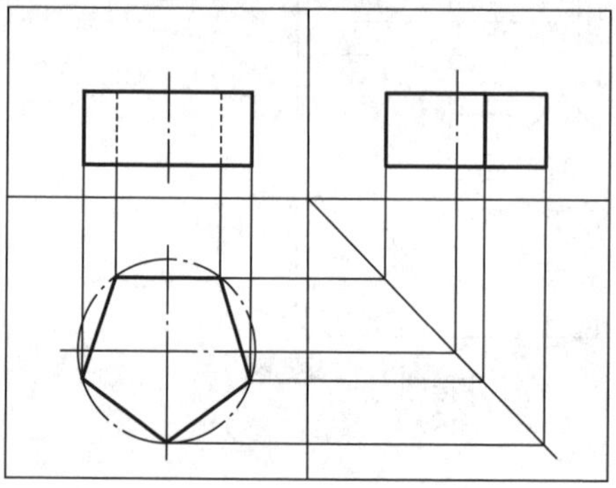

图 2-12　描深图线

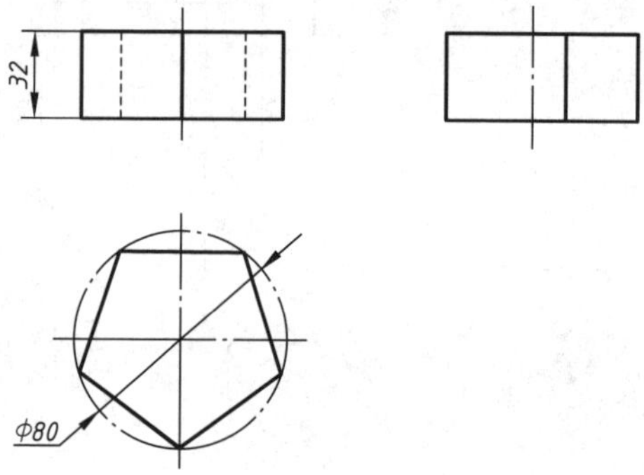

图 2-13　正五棱柱三视图

拓展训练

拓展 2-1：绘制图 2-14（a）所示六棱柱的三视图，并标注尺寸。立体投影关系如图 2-14（b）所示。

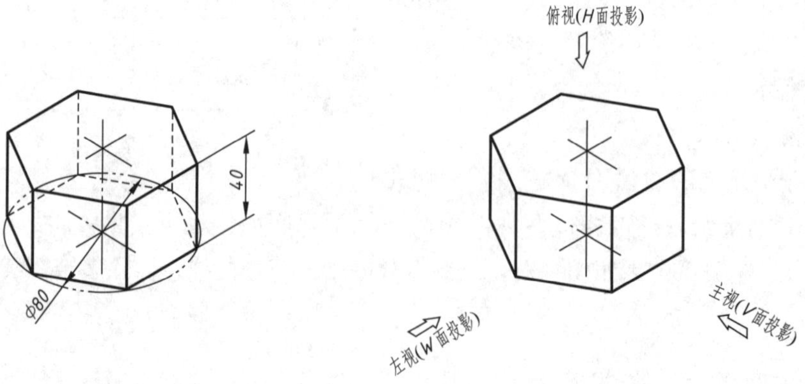

(a)　　(b)

图 2-14　六棱柱

任务二 绘制三棱台的三视图

知识目标：

掌握点、线、面等基本几何要素的投影及其特性。

掌握直线和平面上的点的投影特性。

掌握利用点、线、面投影规律，分析立体投影的基本方法。

能力目标：

能绘制点、线、面等基本几何要素的三面投影。

能够基于点、线、面投影的基本特性，综合分析立体的投影。

能够绘制平面体的三视图。

素养目标：

强化图学思维，提高空间构思能力。

多角度观察、分析，提高综合决策能力。

任务分析

绘制图 2-15 所示三棱台的三视图。三棱台可以看成是三棱锥切掉尖顶后形成的。作图时，可以先作出三棱锥的三视图，再作出三棱台顶面（截断面）的三视图，即可完成作图。

作图时，可以从立体的基本几何要素点、线或平面的投影特性进行分析，寻找作图思路，确定作图步骤与方法。

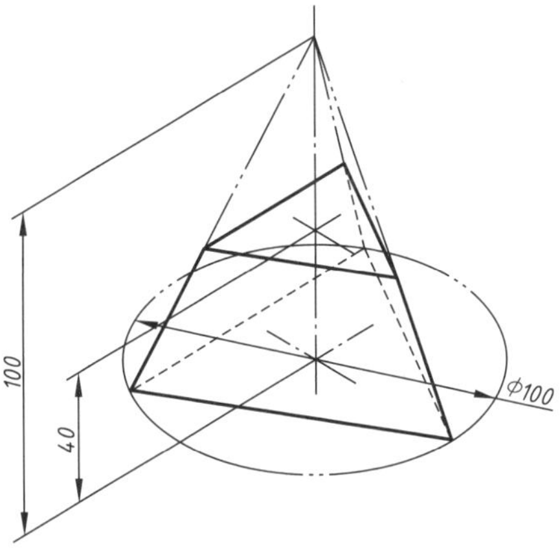

图 2-15 三棱台

相关知识

一、点的投影

点的投影仍然是点，如图 2-16 中的点 A，在 P 面上的投影为一点 a。

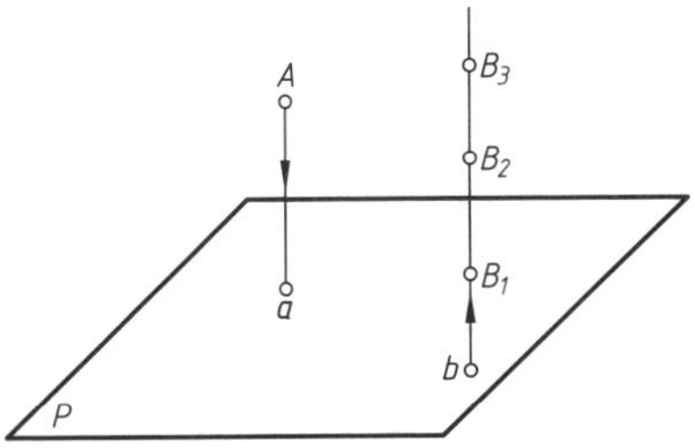

图 2-16 点的投影特性

只根据点的一个投影不能确定点的空间位置。如图 2-16 中的投影 b 不能唯一确定空间一点 B 与其对应，需要由在几个不同投影面上的投影来确定。

1. 点在三投影面体系中的投影

如图 2-17（a）所示，将空间点 A 分别向 H、V、W 面进行投射，得到水平投影 a，正面投影 a'

和侧面投影 a''。

点 A 的三个投影随投影面展开后，如图 2-17（b）所示，这时，OY 轴分别成 H 面上的 OY 和 W 面上的 OY。省略投影面的框线和名称后，形成如图 2-17（c）所示的点的三面投影图。

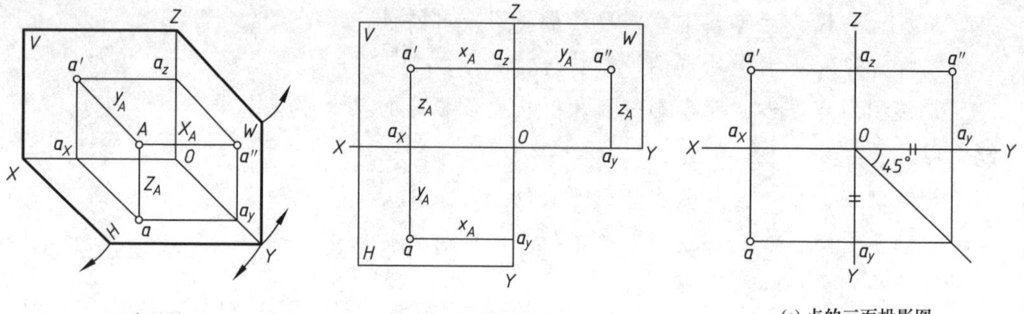

(a) 直观图　(b) 投影面展开图　(c) 点的三面投影图

图 2-17　点在三投影面体系中的投影

2. 点的三面投影规律

通过对点在三面投影体系中的投影分析，可得出点的三面投影规律：

（1）点的投影连线垂直于投影轴，即 $a'a \perp OX$，$a'a'' \perp OZ$，$a''a \perp OY$。

（2）点的水平投影到 OX 轴的距离等于点的侧面投影到 OZ 轴的距离，即 $aa_X = a''a_Z$。

（3）点的投影到投影轴的距离，等于该点到相应投影面的距离，也就是该点的坐标。

在点的三面投影中，点的两个投影，就确定了它的三个坐标值。因此，已知点的任何两投影，可根据点的投影规律，求出它的第三投影。

【例 2-1】 如图 2-18（a）所示，已知各点的两面投影，求作其第三投影，并说明各点对投影面的空间位置。

作图与分析判断如下：

（1）根据点的投影规律分别作出各点的第三投影，如图 2-18（b）所示。

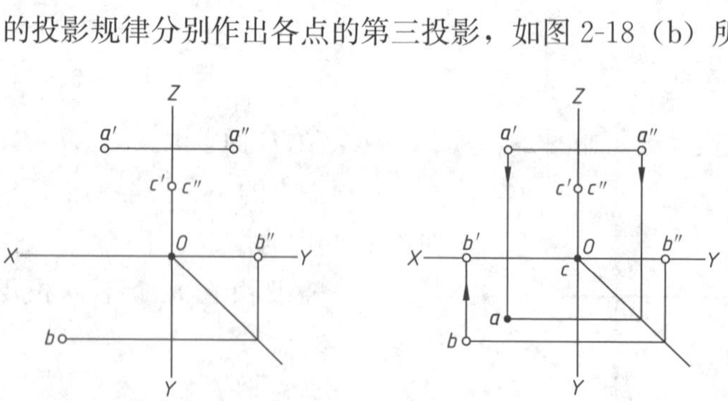

(a)　(b)

图 2-18　求作点的第三投影

(2) 根据点的坐标判断点对投影面的相对位置。点 A 的三个坐标值均不等于 0，故点 A 为一般位置点；点 B 有一个坐标值为 $0(Z_B=0)$，故点 B 为 H 面上的点；点 C 有两个坐标值为 $0(x_C=y_C=0)$，故点 C 为 OZ 轴上的点。

二、直线的投影

直线的投影，可由直线上一系列点的投影确定。

直线对投影面的投影特性：直线倾斜于投影面时，其投影仍为直线，且投影长度小于实长；直线平行于投影面时，其投影仍为直线，且投影长度等于实长；直线垂直于投影面时，其投影积聚为一点，如图 2-19 所示。

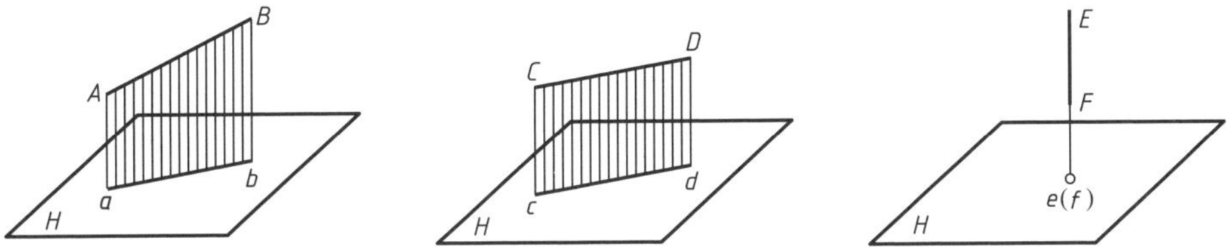

(a) 直线倾斜于投影面　(b) 直线平行于投影面　(c) 直线垂直于投影面

图 2-19　直线的投影特性

直线的三面投影，可由直线上两点的同面投影连线来确定，如图 2-20 所示。

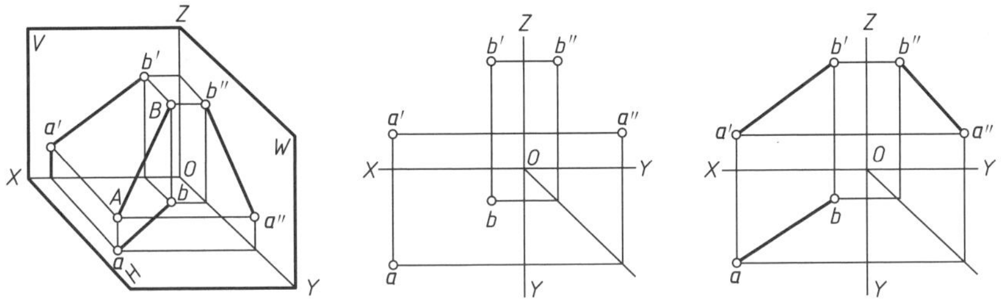

(a)　(b)　(c)

图 2-20　直线的三面投影

空间直线对投影面的相对位置有三类：

一般位置直线——对三个投影面都倾斜的直线。

投影面平行线——平行于一个投影面，而与另外两个投影面倾斜的直线。

投影面垂直线——垂直于一个投影面，即与另外两个投影面都平行的直线。

后两类直线又称为特殊位置直线。下面分别讨论它们的投影特性。

1. 一般位置直线

如图 2-21 所示，直线 AB 对三投影面 H、V、W 的倾角分别用 α、β、γ 表示，直线 AB 的三面投影长度与倾角的关系为

$$ab=AB\cos\alpha，a'b'=AB\cos\beta，a''b''=AB\cos\gamma$$

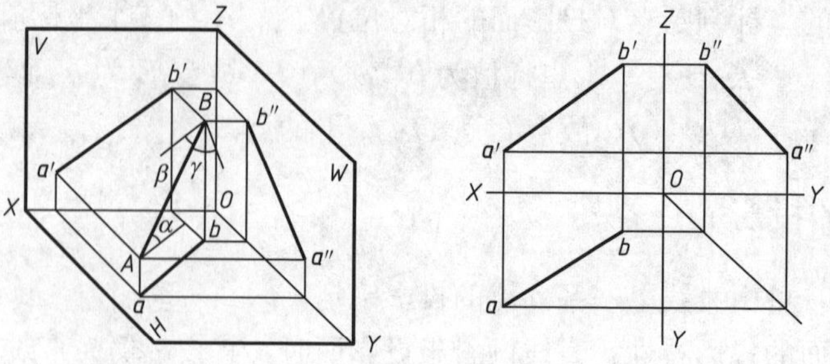

(a) (b)

图 2-21 一般位置直线

由此可知，一般位置直线的投影特性如下：

（1）直线的三面投影长度均小于实长。

（2）三面投影都倾斜于投影轴，但不反映空间直线对投影面倾角的实际大小。

2. 投影面平行线

平行于一个投影面、与另外两个投影面倾斜的直线称为投影面平行线。投影面平行线有三种，见表 2-1。

投影面平行线的投影特性如下：

（1）在所平行的投影面上的投影为一段斜线，反映实长与另外两个投影面的真实倾角。

（2）在其他两个投影面上的投影分别平行于相应的投影轴，长度缩短。

表 2-1 **投影面平行线**

名称	水平线（$/\!/H$）	正平线（$/\!/V$）	侧平线（$/\!/W$）
直观图	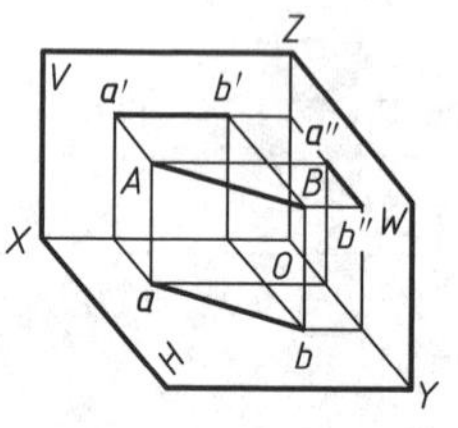	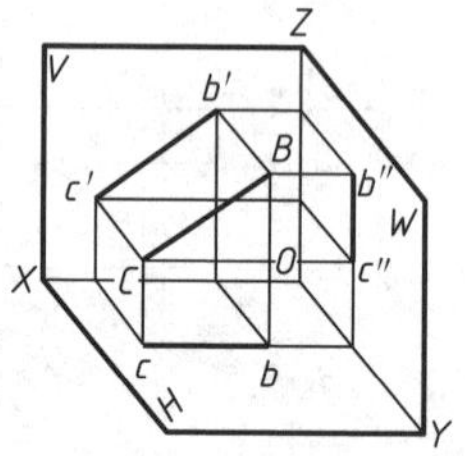	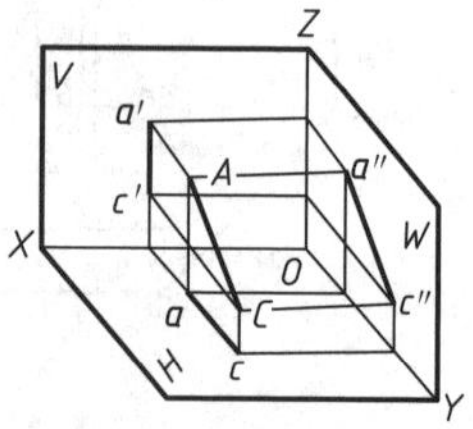
投影图	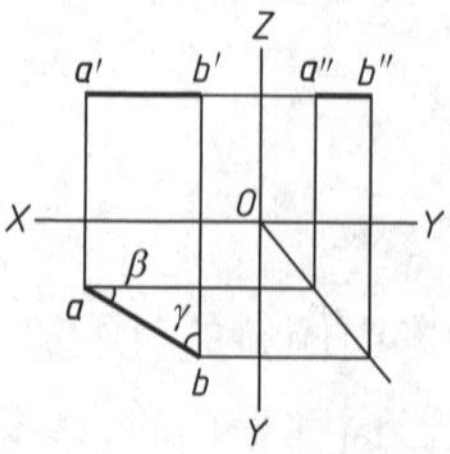	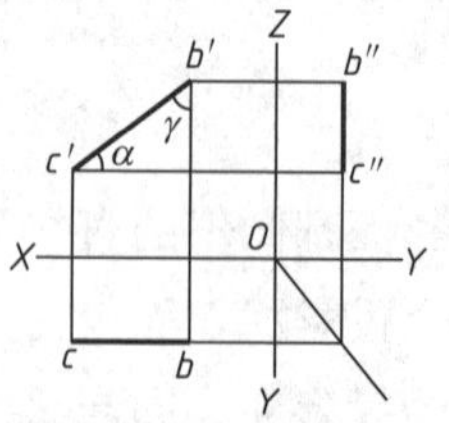	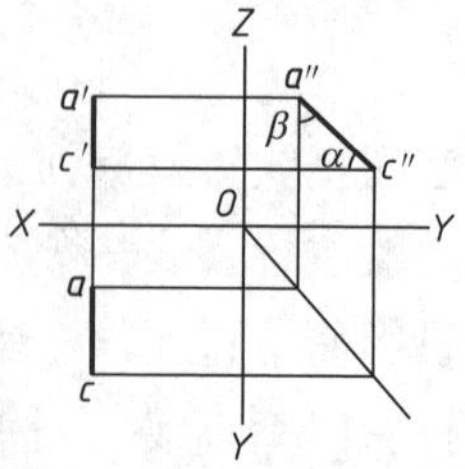
实例	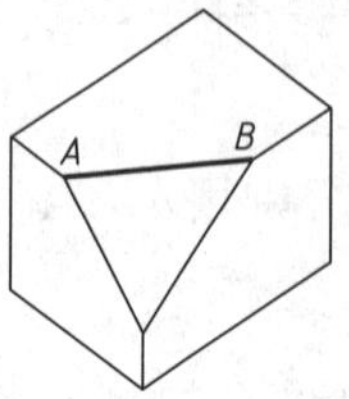	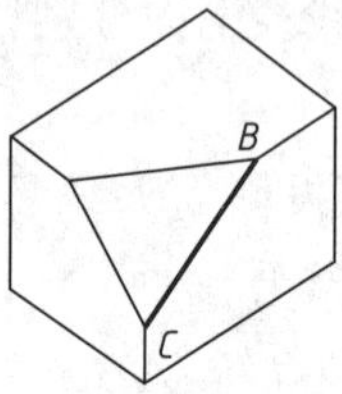	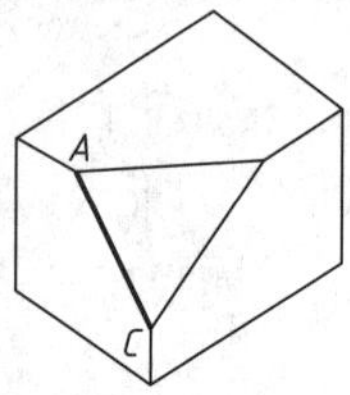

续表

名称	水平线（//H）	正平线（//V）	侧平线（//W）
实例	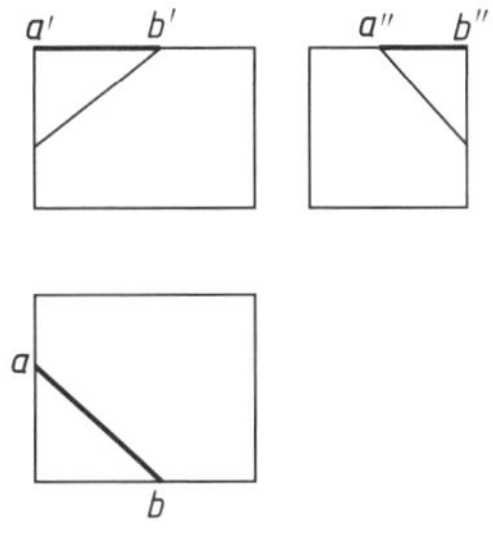	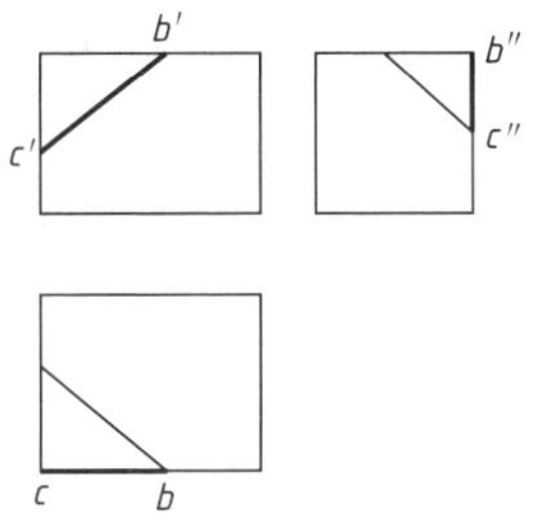	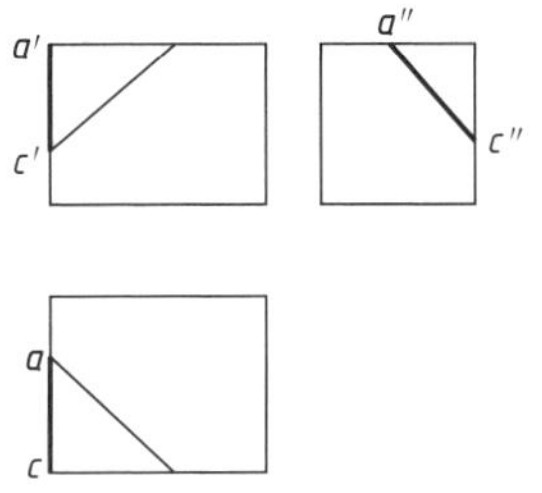

3. 投影面垂直线

垂直于一个投影面、与另外两个投影面平行的直线称为投影面垂直线。投影面垂直线也有铅垂线、正垂线、侧垂线三种，见表 2-2。

表 2-2　　投影面垂直线

名称	铅垂线（⊥H）	正垂线（⊥V）	侧垂线（⊥W）
直观图	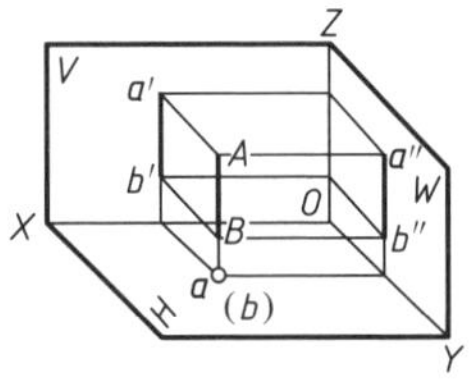	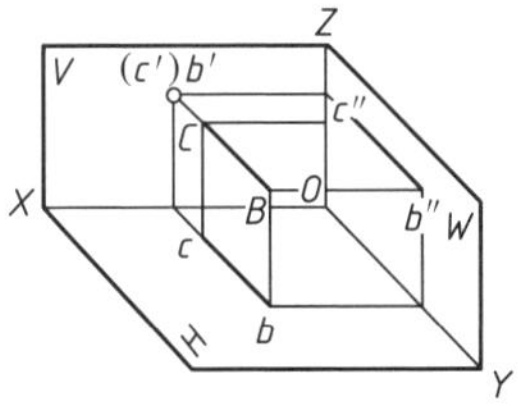	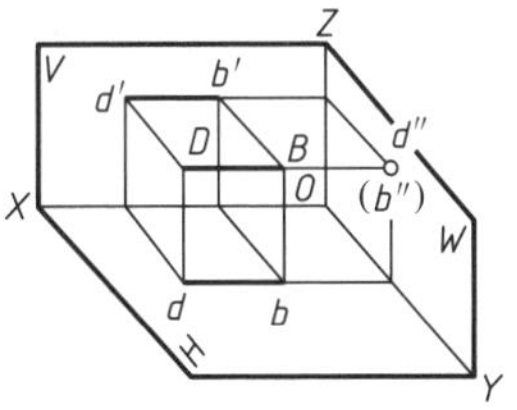
投影图	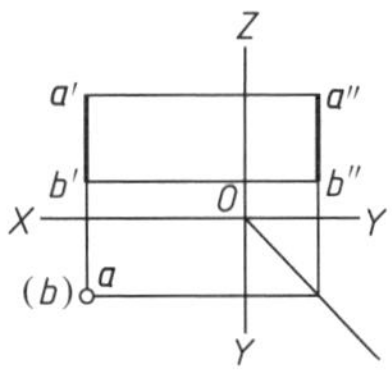	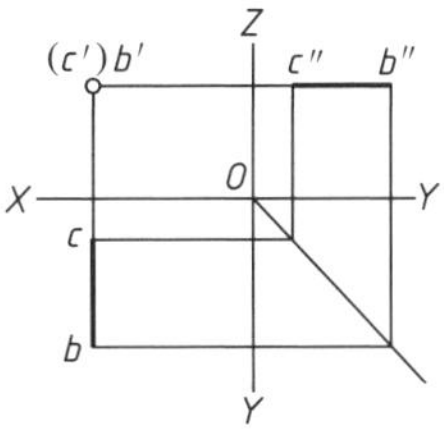	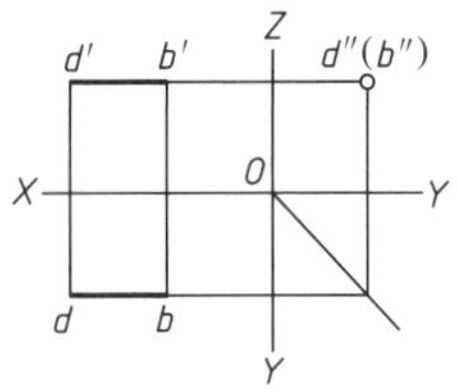
实例	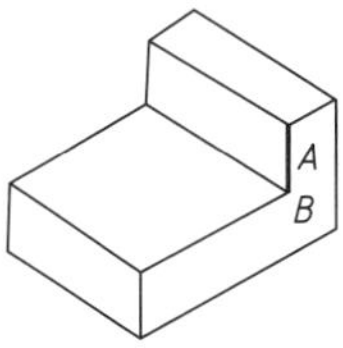	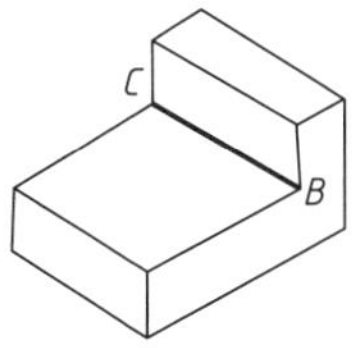	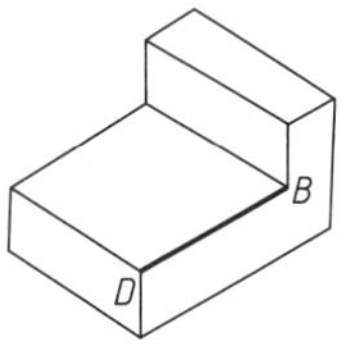
	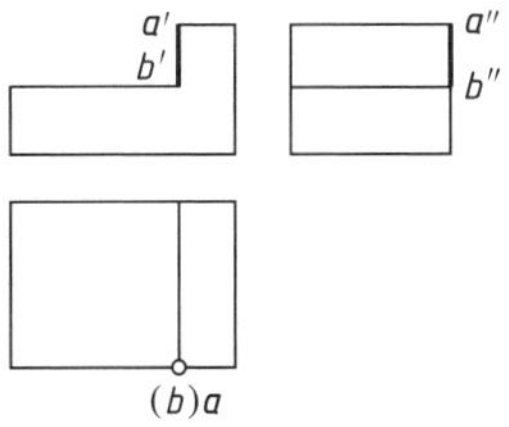	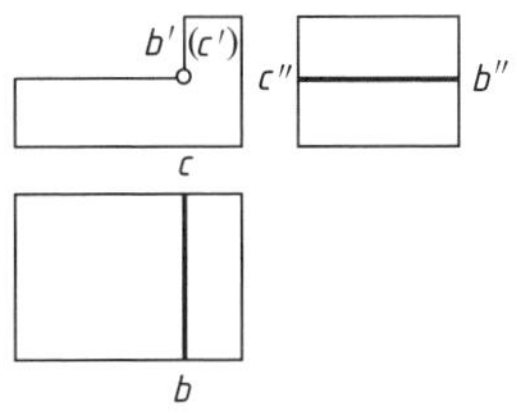	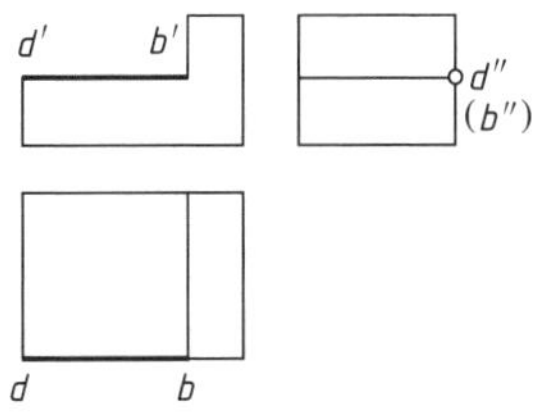

投影面垂直线的投影特性如下：

（1）在所垂直的投影面上的投影积聚为一点。

（2）在其他两个投影面上的投影分别垂直于相应的投影轴，且反映实长。

4. 直线上的点

（1）直线上的点，其投影必在该直线的同面投影上，如图 2-22 所示。

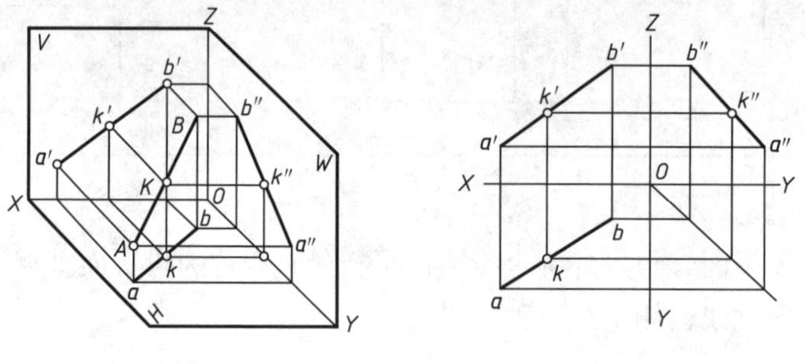

(a) (b)

图 2-22　直线上的点

（2）直线上的点分割直线之比，在投影后保持不变，这种特性称为定比性。

5. 两直线的相对位置

两直线在空间的相对位置有平行、相交、交叉三种情况。平行和相交两直线位于同一平面上，称为共面直线；交叉两直线不在同一平面上，称为异面直线。下面分别讨论它们的投影特性。

（1）平行两直线。空间平行两直线，其同面投影必定平行，如图 2-23 所示。反之，若两直线的各同面投影相互平行，则两直线在空间一定相互平行。

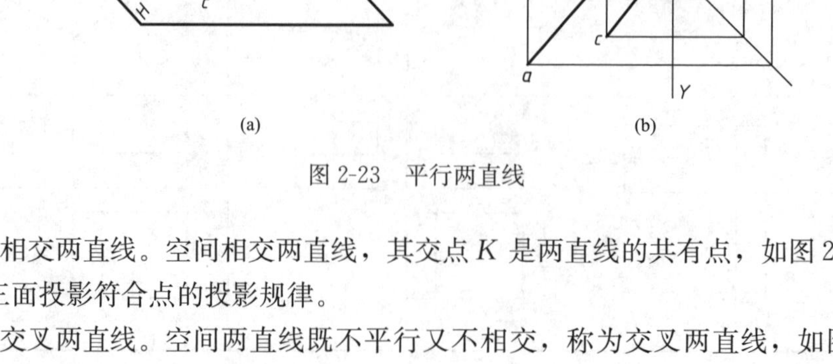

(a) (b)

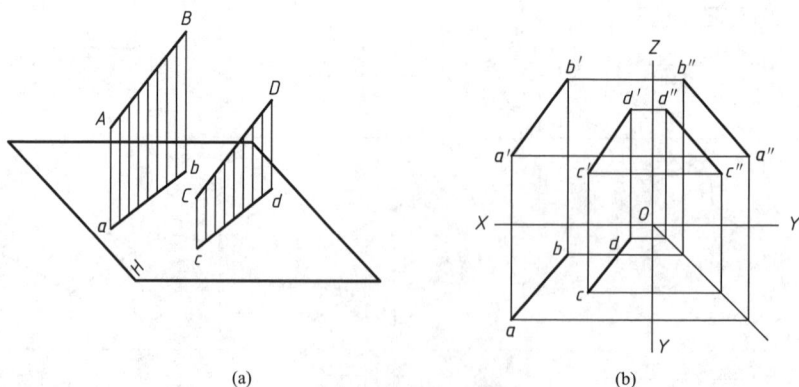

图 2-23　平行两直线

（2）相交两直线。空间相交两直线，其交点 K 是两直线的共有点，如图 2-24 所示。点 K 的三面投影符合点的投影规律。

（3）交叉两直线。空间两直线既不平行又不相交，称为交叉两直线，如图 2-25 所

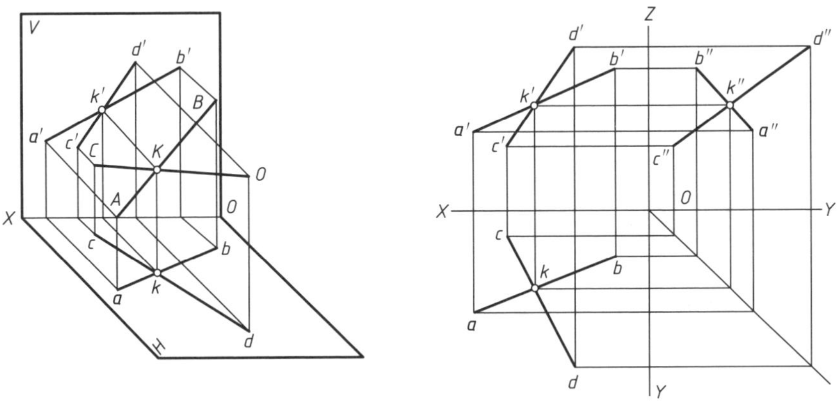

(a) (b)

图 2-24 相交两直线

示。交叉两直线的三面投影不具有平行或相交两直线的投影特性。不过，交叉两直线的三面投影中，可能出现一对或两对同面投影相互平行，或有两个或三个同面投影相交，但这些交点均不符合点的投影规律。交叉两直线同面投影表现出的交点，实际上是交叉两直线上两点的重影。

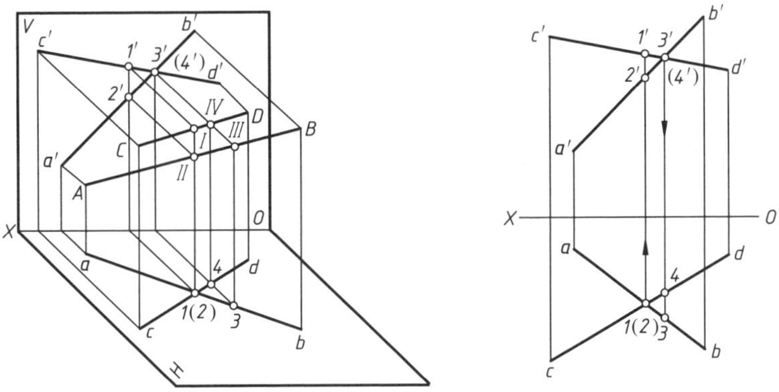

(a) (b)

图 2-25 交叉两直线

三、平面的投影

平面的投影一般仍然是平面形。当平面垂直于投影面时，平面的投影积聚为一直线。不在同一直线上的三点即可确定一个平面。在投影图上经常用三角形、四边形、多边形、圆等平面图形表示平面。

空间平面对投影面的相对位置有三类：

(1) 投影面垂直面——垂直于某一投影面、同时倾斜于另外两个投影面的平面。

(2) 投影面平行面——平行于某一投影面、必垂直于另外两个投影面的平面。

（3）一般位置平面——对三个投影面都倾斜的平面。

前两类又称为特殊位置平面。

1. 投影面垂直面

投影面垂直面有铅垂面、正垂面、侧垂面三种，见表 2-3。

投影面垂直面的投影特性如下：

（1）在所垂直的投影面上的投影积聚为一段斜线，并反映与另外两个投影面的真实倾角。

（2）在其他两个投影面上的投影均为类似形，且形状缩小。

作图时，一般先画积聚线，再画类似形。

表 2-3　　投影面垂直面

名称	铅垂面（⊥H）	正垂面（⊥V）	侧垂面（⊥W）
直观图	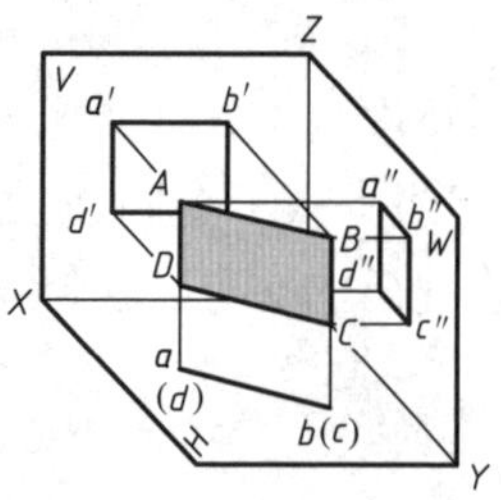	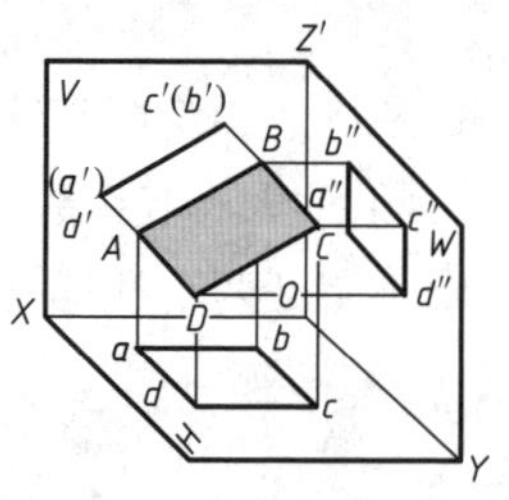	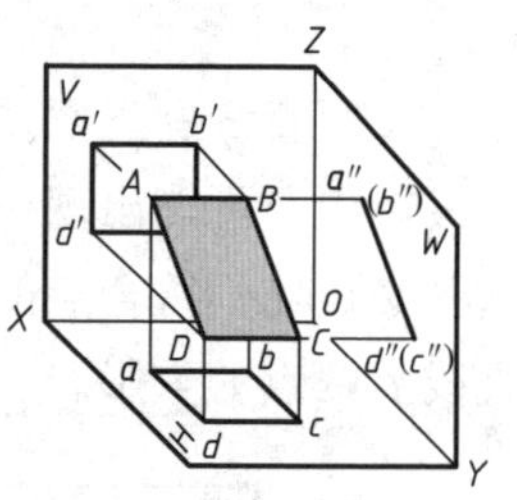
投影图	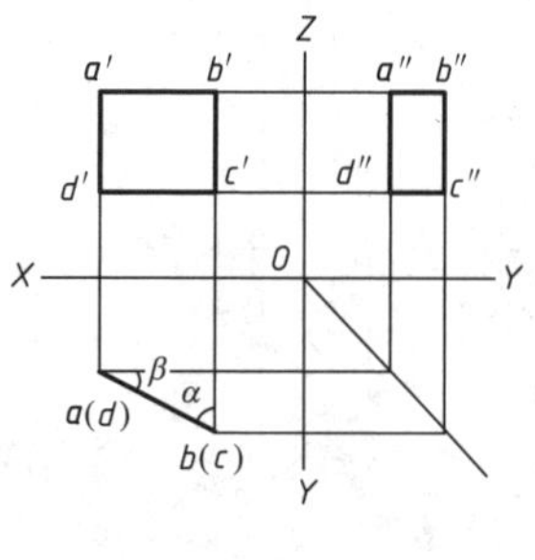	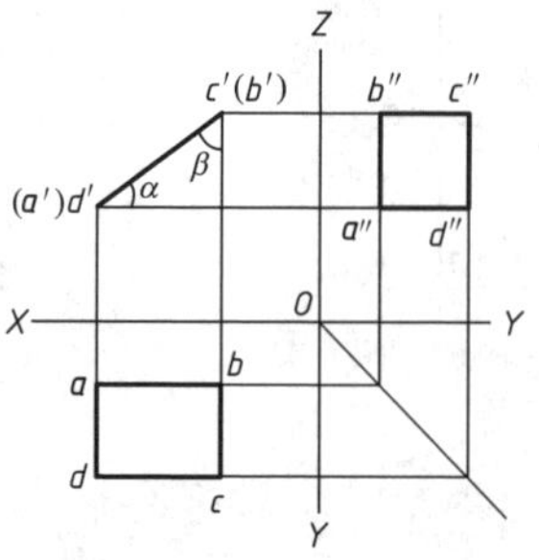	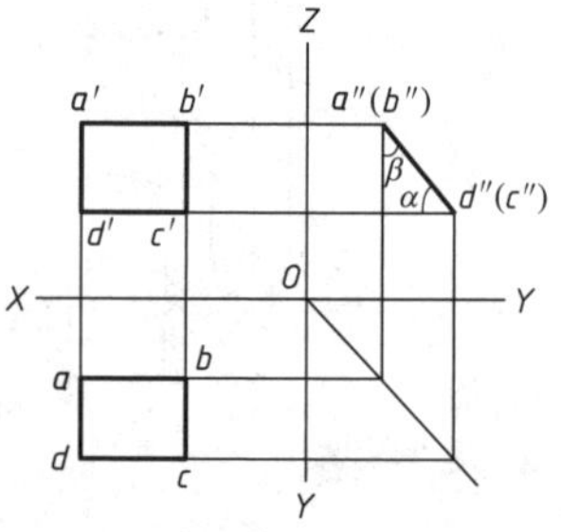
实例	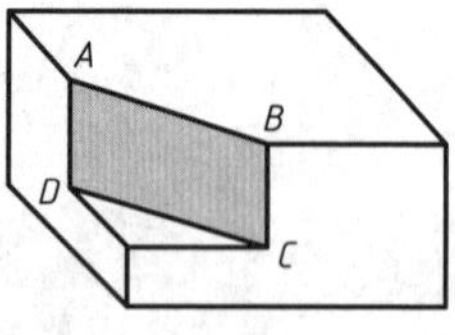	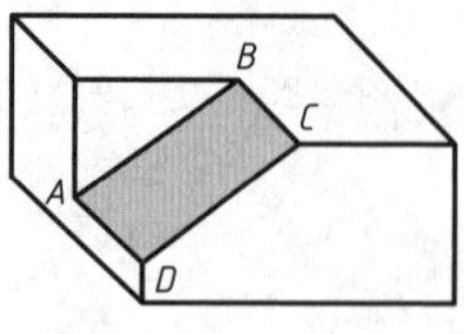	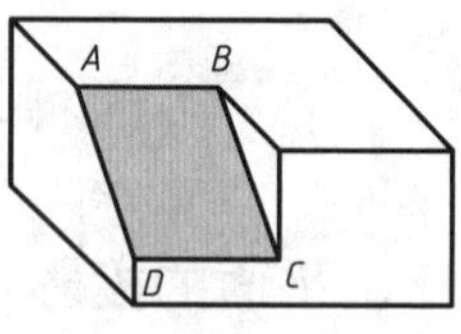

2. 投影面平行面

投影面平行面也有三种，即水平面、正平面、侧平面，见表 2-4。

投影面平行面的投影特性如下：

（1）在所平行的投影面上的投影反映真形。

（2）在其他两个投影面上的投影分别积聚成直线，且平行于相应的投影轴。

作图时，一般先画反映实形的那个投影。

表 2-4　　　　**投影面平行面**

名称	水平面（//*H*）	正平面（//*V*）	侧平面（//*W*）
直观图	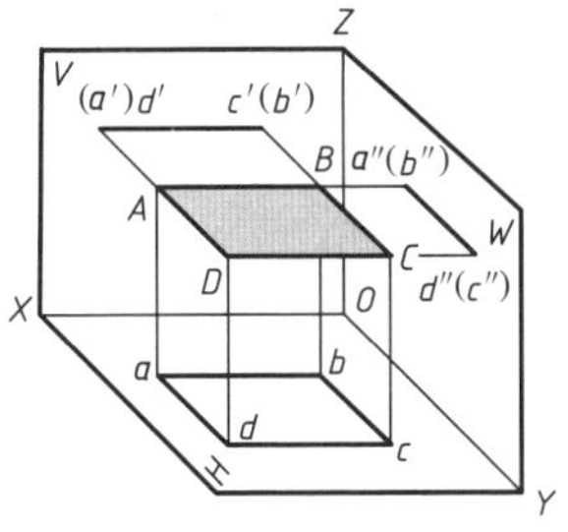	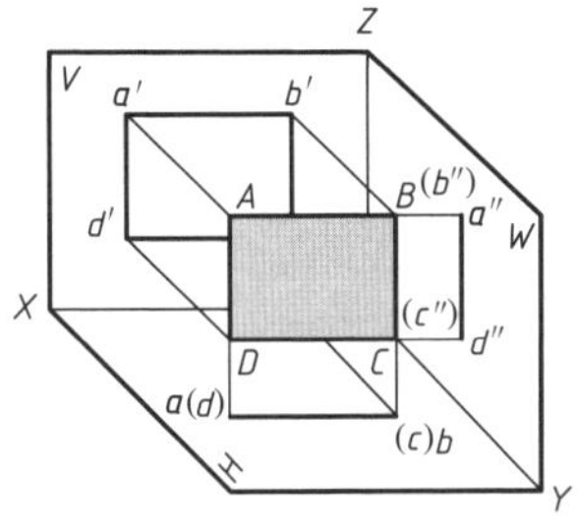	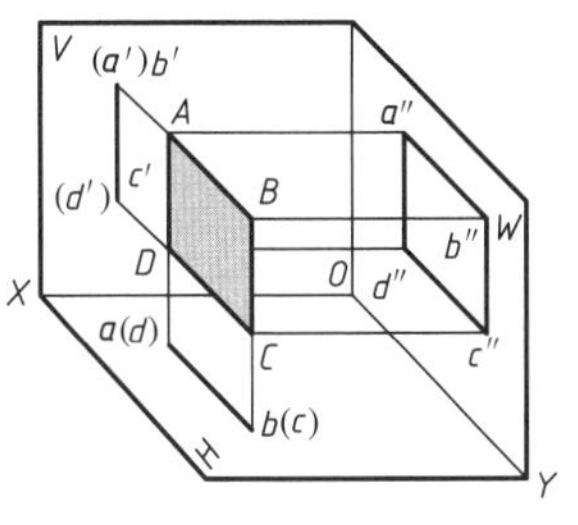
投影图	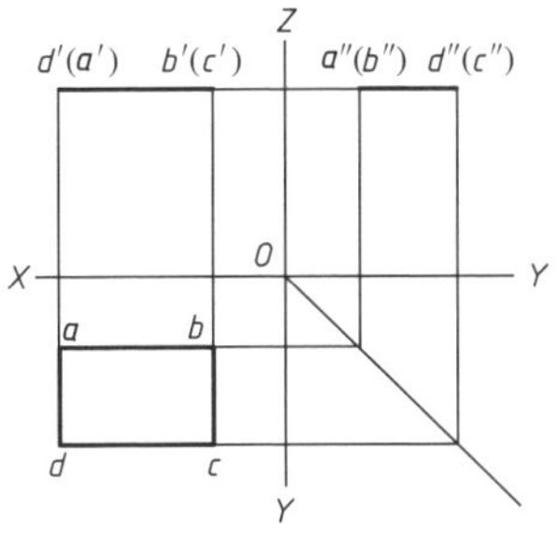	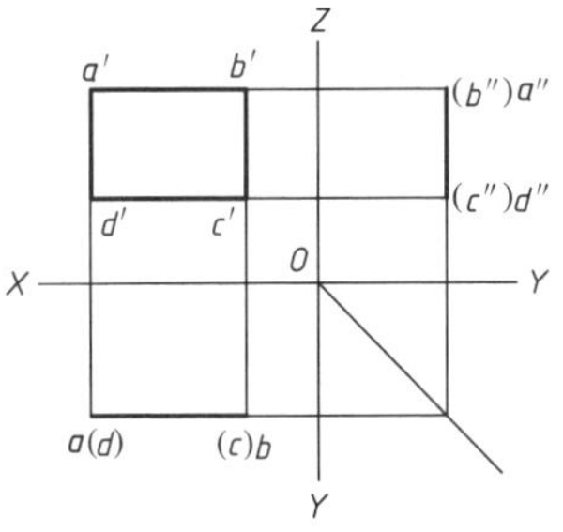	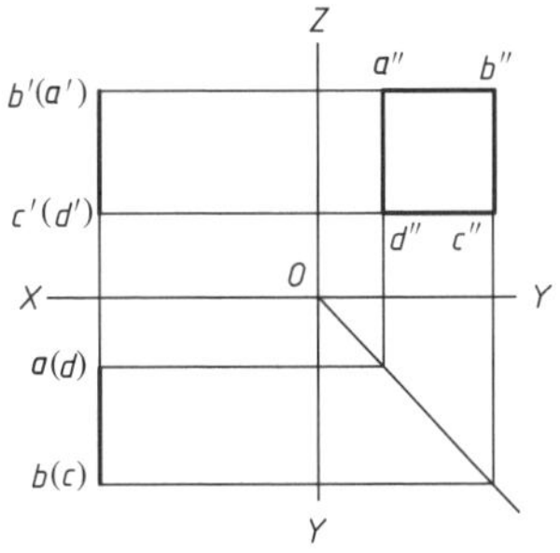
实例	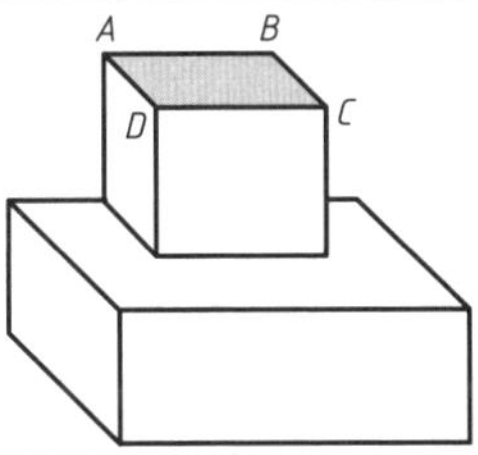	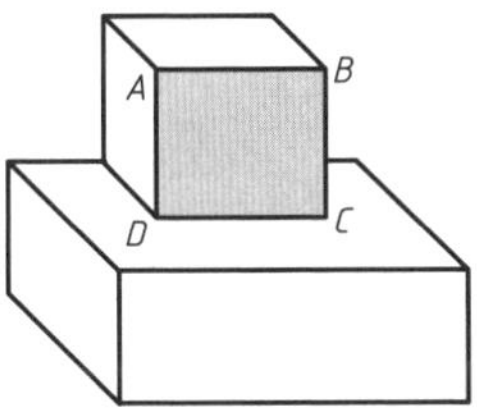	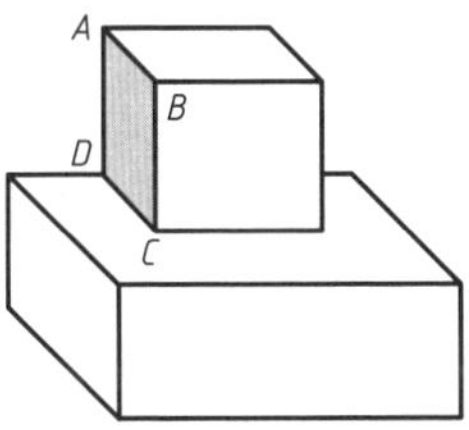

3. 一般位置平面

由于一般位置平面对三个投影面都倾斜，所以它的投影特性如下：在三个投影面上的投影，均为原平面的类似形，而且形状缩小，不反映真实形状，如图 2-26 所示。

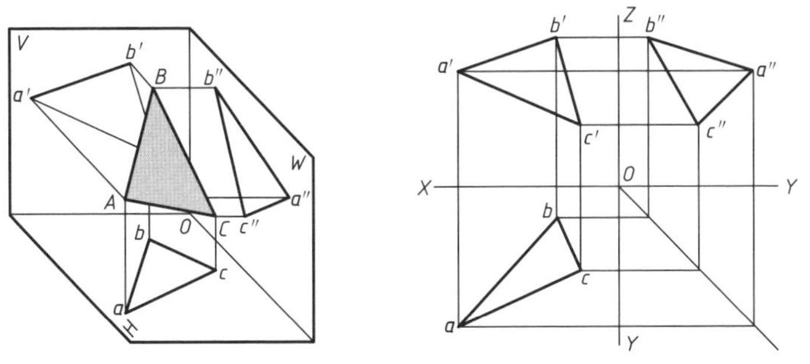

(a)　　(b)

图 2-26　一般位置平面

4. 平面上的点和直线

(1) 平面上的点。特殊位置平面（投影面垂直面、投影面平行面）上点的投影可利用平面投影的积聚性原理直接作图求出，如图 2-27 所示。

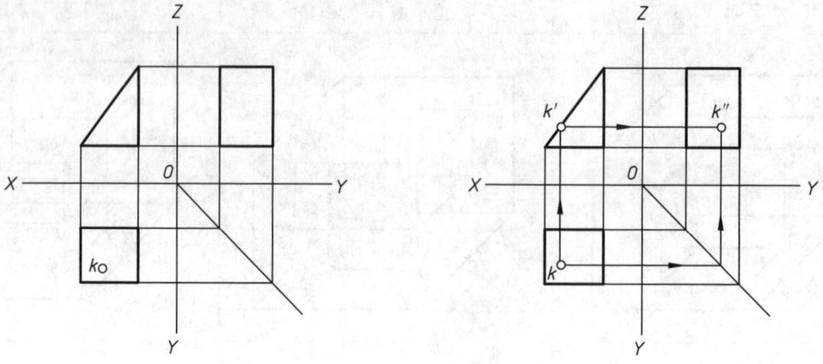

(a) (b)

图 2-27 特殊位置平面上点的投影

一般位置平面上点的投影，作图时不能利用平面投影的积聚性，需要在平面上作辅助线。如图 2-28 所示，已知△ABC 的三面投影，和 K 点的 V 面投影 k'，求作 K 点的 H 面和 W 面投影。

作图方法：过 K 点在△ABC 内作一直线 AM，求出直线 AM 的 V 面投影（$a'm'$）与 H 面投影（am），作投影连线 $k'k$，在 am 上求出 K 点的水平投影 k，最后利用点的投影规律，根据 k、k' 求出 k''，如图 2-28（a）所示。用同样的方法可以判断如图 2-28（b）所示的 K 点不在平面 ABC 上。

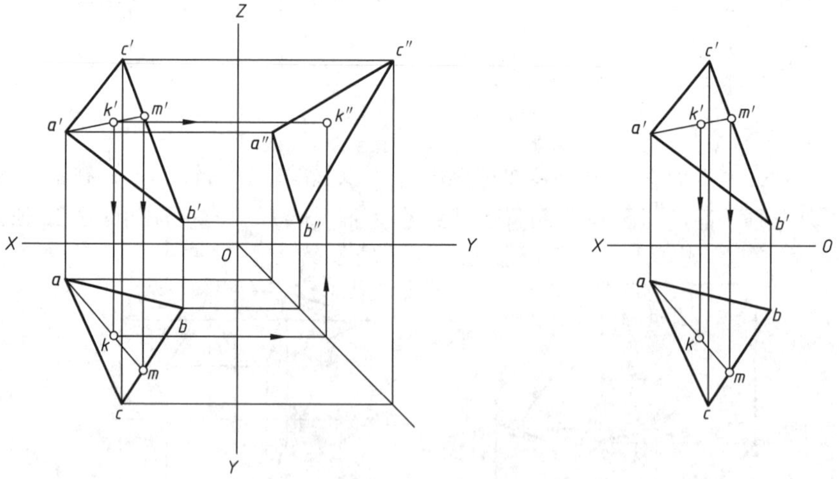

(a) 点在平面上 (b) 点不在平面上

图 2-28 平面上点的投影

（2）平面上的直线。直线在平面上的条件是：若直线通过平面上两个已知点，则此直线必在该平面上；或者直线通过平面上一个已知点，且平行于平面上的某一直线，则此直线也必在该平面上。

如图 2-29 所示，由△ABC 表示的平面 P，在直线 AB、AC 上各取一点 M、N，过

M、N 两点的直线必在平面 P 上；如果过点 M 作直线 MK 平行于 AC，则 MK 也必在该平面上。

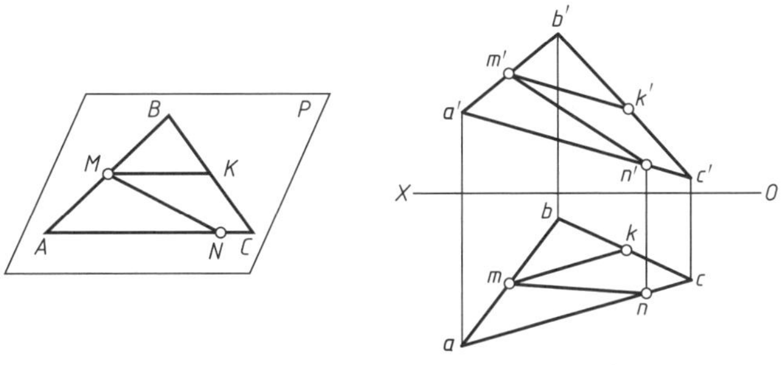

(a)　　(b)

图 2-29　平面上的点和直线

(3) 平面上的投影面平行线。凡在平面上且平行于某一投影面的直线，称为平面上的投影面平行线。它又分为平面上的正平线、平面上的水平线、平面上的侧平线。这些直线既与所在平面有从属关系，又具有投影面平行线的投影特性。

如图 2-30 (a) 所示，AD 为△ABC 平面上的正平线，CE 为△ABC 平面上的水平

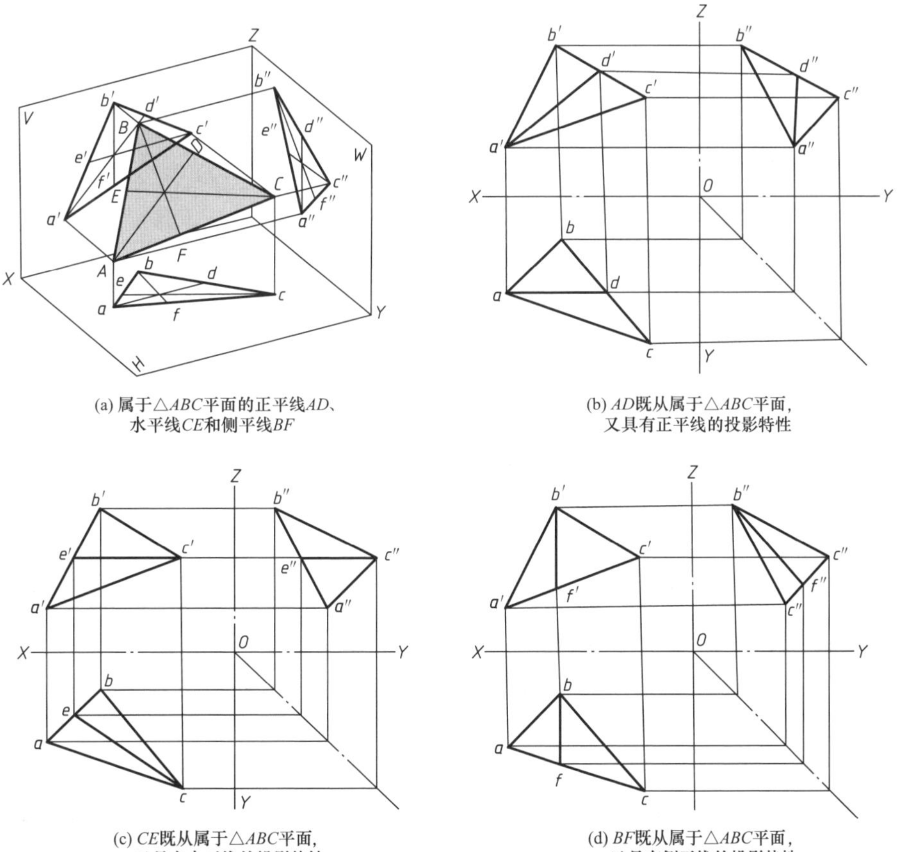

(a) 属于△ABC平面的正平线AD、水平线CE和侧平线BF

(b) AD既从属于△ABC平面，又具有正平线的投影特性

(c) CE既从属于△ABC平面，又具有水平线的投影特性

(d) BF既从属于△ABC平面，又具有侧平线的投影特性

图 2-30　属于平面的正平线、水平线和侧平线

线，BF 为$\triangle ABC$ 平面上的侧平线。$\triangle ABC$ 及其上的三种投影面平行线的三面投影分别如图 2-30（b）、（c）、（d）所示。

一般位置平面上存在一般位置直线和投影面平行线，不存在投影面垂直线。特殊位置平面上存在哪些种类的直线，请读者自己分析。

图 2-31 所示为在平面上作投影面平行线的两个示例子。图 2-31（a）所示为过点 A 在$\triangle ABC$ 上作一正平线，即过 a 作 $am \parallel OX$ 交 bc 于 m，由 m 在 $b'c'$ 作出 m'，连 $a'm'$，则 AM 即为所求的正平线。图 2-31（b）所示为在$\triangle ABC$ 上作一水平线 MN，使 MN 离 H 面的距离为定值 l，即在 V 面上，距离 OX 轴为 l 处作 $m'n' \parallel OX$，并交 $a'b'$、$b'c'$ 于 m'、n'，由 m'、n' 求出 m、n，则 MN 即为所求的水平线。

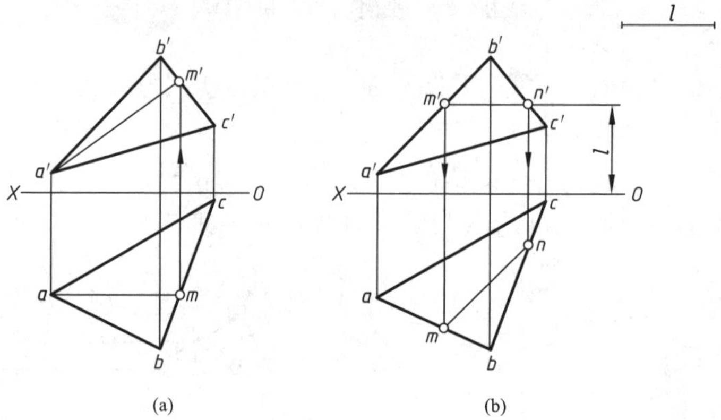

(a)　　(b)

图 2-31　在平面上作投影面平行线

任务实施

一、绘图准备

1. 工具准备

图板、丁字尺、三角板、圆规、铅笔等；选用 A4 图纸。

2. 图形分析

三棱台的投影关系如图 2-32 所示。

三棱台可以看成是三棱锥经截切而成，因此，作图时可以先画出三棱锥的三视图，再画出三棱台顶面（截断面）的三视图，最后得到截切后三棱台的三视图。

从组成立体的基本几何要素点、线与平面的角度分析，可以看出：

（1）只要作出平面立体上关键点（顶点）的三面投影，再依次连线，即可得到平面立体的三面投影。

（2）平面立体也可以看成是由若干条直线段（平面立体的棱线）组成的线架，分析这些直线段的投影特性，分别作出这些直线段的投影，即可得到平面立体的投影。

（3）平面立体还可以看成是由若干平面包围而成，分析这些平面的投影特性，作出

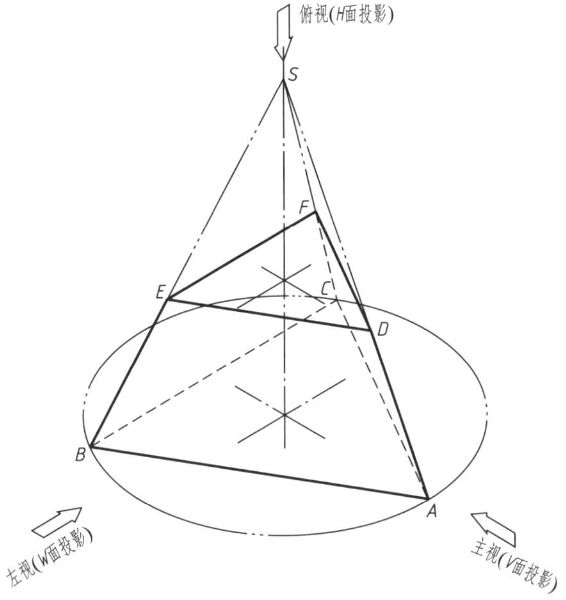

图 2-32 三棱台的投影关系

各平面的三面投影，即可得到平面立体的投影。

3. 绘制图框与标题栏

按图 1-29 所示尺寸，用 H 型铅笔绘制图框、标题栏底稿，暂不描深。

二、绘制底稿

1. 布局、画中心线

结合图纸幅面及三棱台尺寸大小，合理布局图形。如图 2-33（a）所示，在适当位置绘制投影轴、中心线，按尺寸画俯视图中三角形的外接圆。

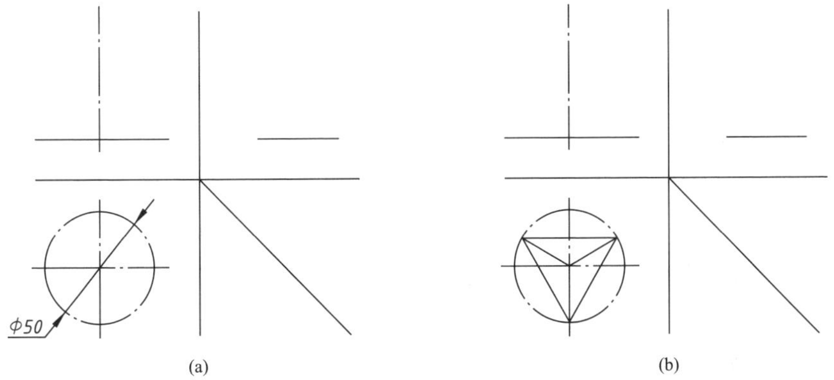

图 2-33 绘制三棱台三视图（一）

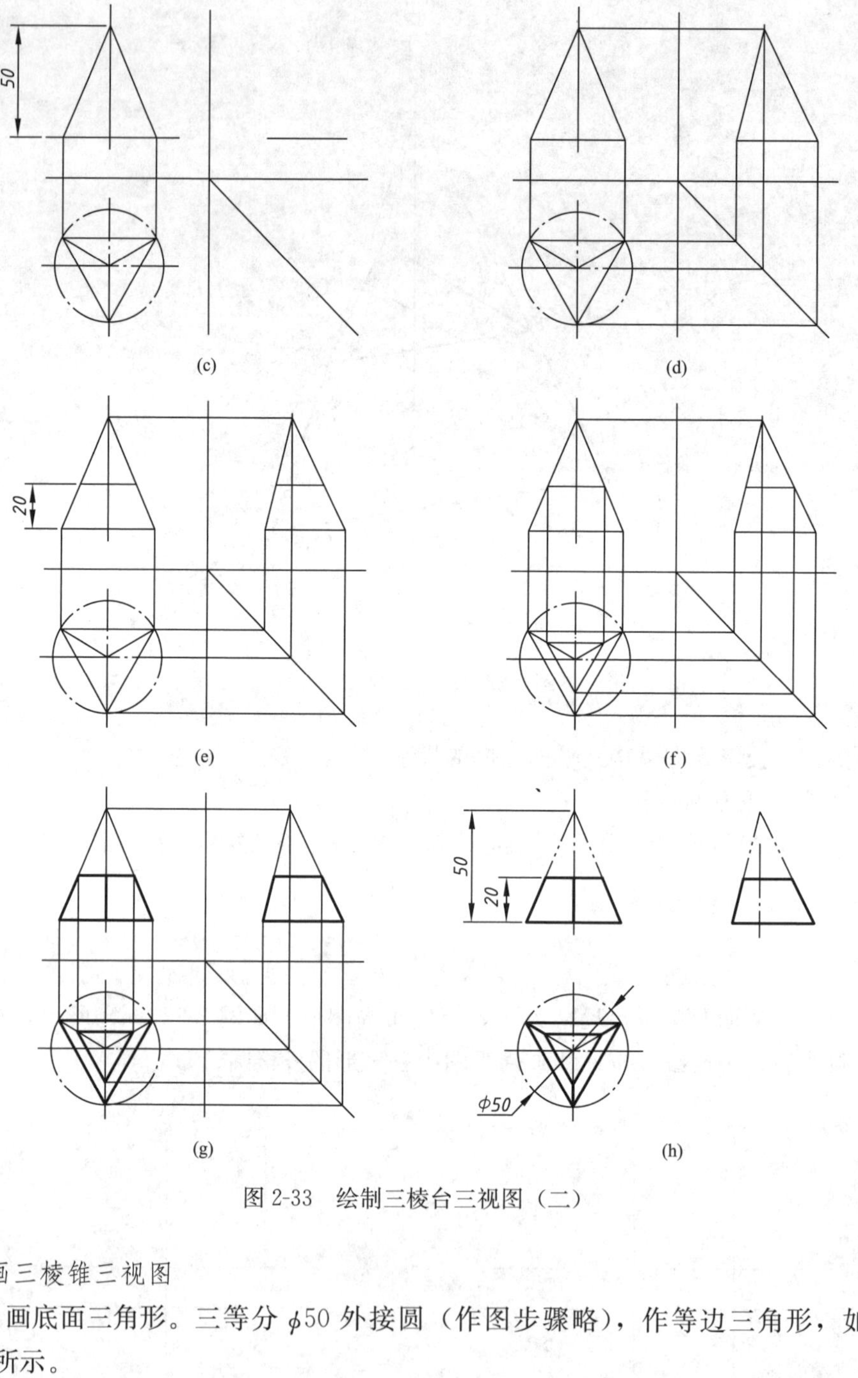

图 2-33　绘制三棱台三视图（二）

2. 画三棱锥三视图

（1）画底面三角形。三等分 ϕ50 外接圆（作图步骤略），作等边三角形，如图 2-33（b）所示。

（2）画主视图。按“长对正”的投影对应关系，结合三棱锥高度 50mm，在 V 面绘制三棱锥主视图，如图 2-33（c）所示。

（3）绘制左视图。按“高平齐”的投影对应关系，参照主视图，作投影连线在 W 面上确定三棱锥各顶点的高度位置；再借助 45°线，按“宽相等”的投影对应关系，参照俯视图，确定左视图中各顶点的投影位置，连接各点得到三棱锥左视图。擦除多余图线后如图 2-33（d）所示。

3. 画顶面三面投影

（1）画顶面主、左视图投影。三棱台顶面是水平面，在 V 面与 W 面的投影均为一直线，结合三棱台高度 20mm，依据“高平齐”的投影对应关系，在主、左视图上同时画出顶面投影，如图 2-33（e）所示。

（2）画顶面俯视图。顶面三角形在 H 面投影反映实形，参照主、左视图，并借助 45°线，作投影连线，确定顶面三角形的三个顶点，并依次连线，得到顶面三角形的俯视图，如图 2-33（f）所示。

三、描深图线、标注尺寸

依据 GB/T 17450—1998、GB/T 4457.4—2002 规定描深图线，如图 2-33（g）所示。擦除投影轴及投影连线，标注尺寸后，得到正五棱柱三视图，如图 2-33（h）所示。

拓展训练

拓展 2-2：绘制图 2-34（a）所示带斜槽长方体的三视图，并标注尺寸。立体投影关系如图 2-34（b）所示。

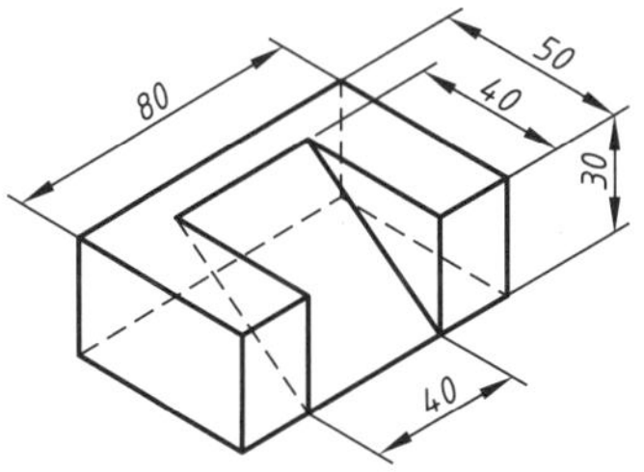

(a)

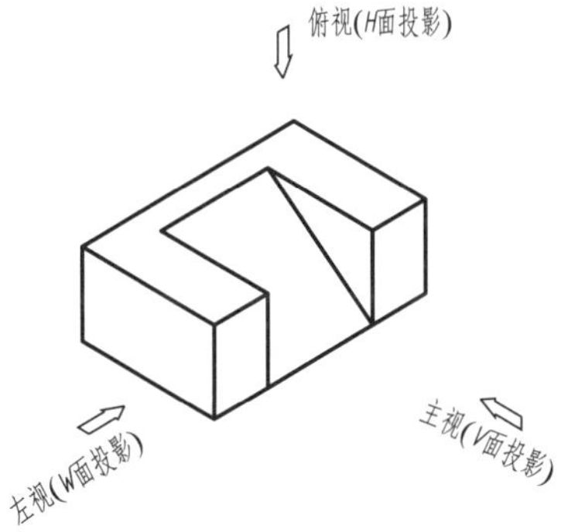

(b)

图 2-34　带斜槽长方体

项目三

绘制曲面立体的三视图

工程上常用的曲面体是回转体，回转体上的曲面称为回转面，回转面是由一动线（直线或曲线）绕一定直线旋转而成的曲面，定直线称为回转轴，动线称为母线。母线处于回转面上任意位置时，称为素线；母线上任意一点的运动轨迹皆为圆，该圆称为纬圆。

任务一　绘制圆柱截断体的三视图

知识目标：

掌握圆柱体三视图的作图规律及方法。

掌握圆柱表面上点的投影规律及作图方法。

掌握圆柱截交线的作图方法。

能力目标：

能够绘制圆柱体三视图，并在圆柱表面上求作点的投影。

能够绘制圆柱切割体的三视图。

素养目标：

培养严谨求真的职业素养。

培养空间思维能力与创新意识。

任务分析

绘制如图 3-1 所示圆柱截断体的三视图。完成该任务需要掌握圆柱三视图的画法、圆柱表面上点的作图方法及圆柱截交线的作图方法。

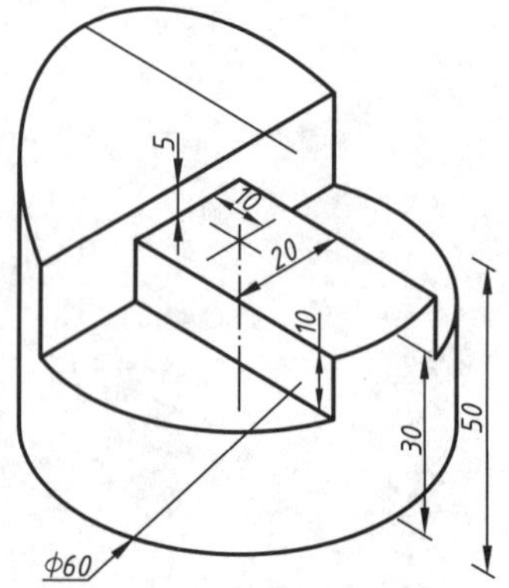

图 3-1　圆柱截断体

相关知识

一、圆柱三视图

圆柱体是由圆柱面和顶圆平面、底圆平面所围成的。圆柱面可以看成是由一条直母线绕与它平行的轴线旋转而成，如图 3-2 所示。

1. 圆柱的投影分析

如图 3-2 所示，圆柱的轴线垂直于水平面，它的水平投影反映顶、底圆平面的真形，且重合。

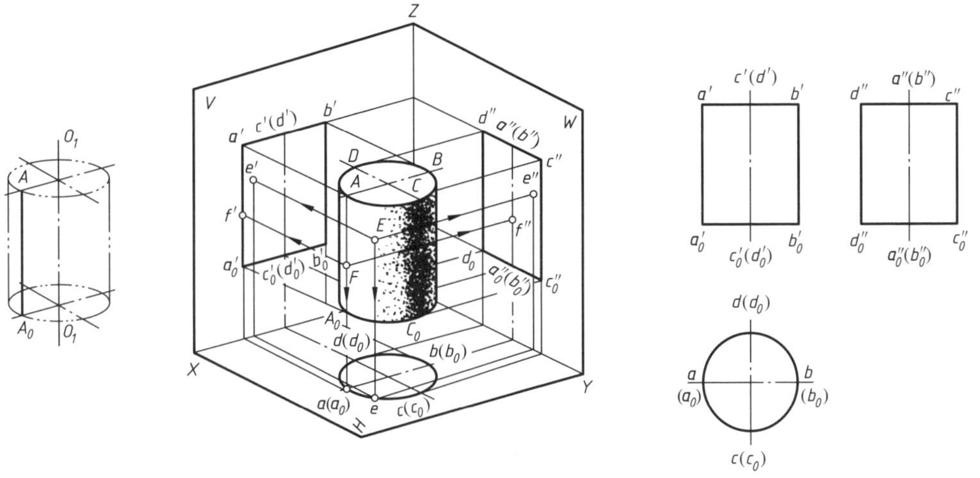

(a) 圆柱的形成　　(b) 直观图　　(c) 投影图

图 3-2　圆柱体的投影

圆柱的正面投影为矩形，前半个圆柱面在正面上的投影为可见，后半个圆柱面的正面投影为不可见；该矩形的两条铅垂边是圆柱体最左、最右两条素线的正面投影，也是可见与不可见的分界线，称为圆柱体正面投影的转向轮廓线（简称正视转向轮廓线），其侧面投影与轴线重合；矩形的两条水平边是圆柱体顶面和底面的投影，有积聚性，且等于顶、底面圆的直径。

圆柱的侧面投影也是一个矩形，其两条铅垂边是圆柱体最前、最后两条素线的侧面投影，是左、右两半圆柱可见与不可见的分界线，称为圆柱体侧面投影的转向轮廓线（简称侧视转向轮廓线），其正面投影与轴线重合；矩形的两条水平边也为圆柱体顶面和底面的投影，具有积聚性，等于顶、底面圆的直径。

2. 作图步骤

画圆柱体三视图时，首先用细点画线画出对称中心线和轴线；然后画出圆；再根据投影关系及圆柱体的高度，画出圆柱的另两个投影（为同样大小的矩形）。

注意，画回转体视图时，必须画出轴线和对称中心线（细点画线）。

3. 圆柱体表面上点的投影

如图 3-3 所示，已知圆柱体表面上 M、N 两点的正面投影 m' 和（n'），试求其他两

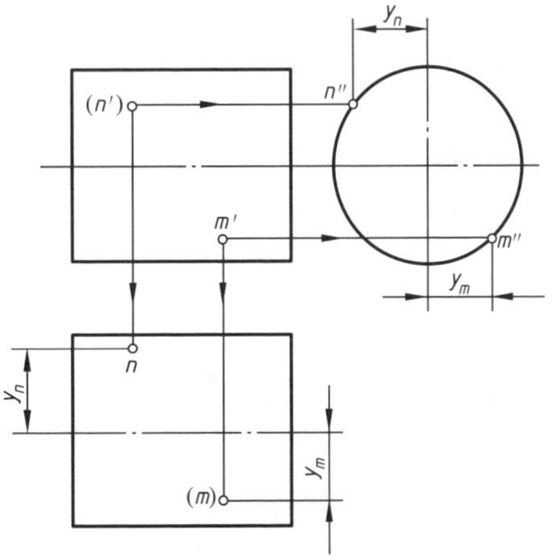

图 3-3　圆柱体表面上的点

面投影。由 m' 可见和（n'）不可见可以判定，M 点属于前半圆柱面，N 点属于后半圆柱面，两点的侧面投影必积聚在圆周上。为此，过 m' 作水平投射线交前半圆周于 m''，过（n'）作水平投射线交后半圆周于 n''。再由 m' 和 m''、（n'）和 n'' 求出（m）和 n。因 M 点在前半圆柱面的下方，故水平投影不可见，应注写成（m）；N 点在后半圆柱面的上方；故水平投影为可见，应注写成 n。

二、截交线

1. 截交线的基本概念

如图 3-4 所示，立体被平面截断后分成若干部分，其中每部分都称为截断体。用来截断形体的平面称为截平面，截平面与立体表面的交线称为截交线，由截交线围成的平面形称为截断面。

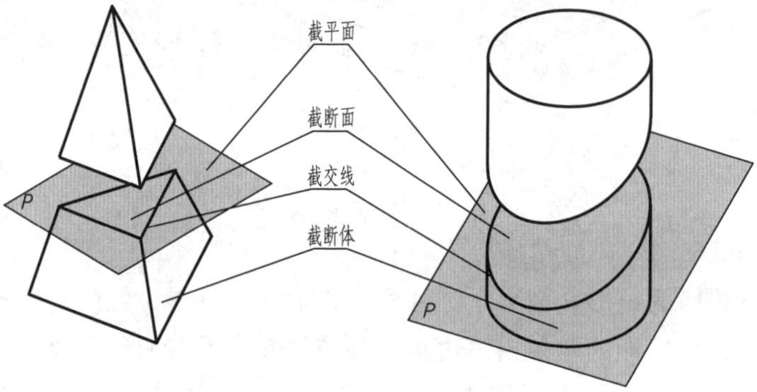

图 3-4 几何体上的截交线

平面体的截交线是一个多边形，它的顶点是平面体棱线（或底边）与截平面的交点，多边形的边是平面体表面与截平面的交线。

2. 圆柱体的截交线

平面截切圆柱体，由于截平面与圆柱体轴线的相对位置不同，所得截交线的形状有矩形、圆及椭圆三种，见表 3-1。

表 3-1 **圆柱体截交线**

截平面位置	与轴线平行	与轴线垂直	与轴线倾斜
截交线形状	矩形	圆	椭圆
轴测图	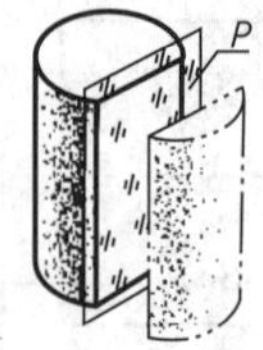	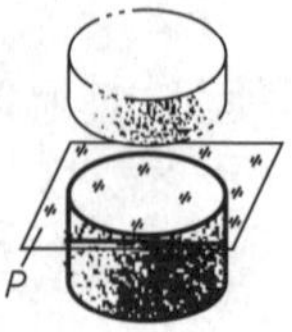	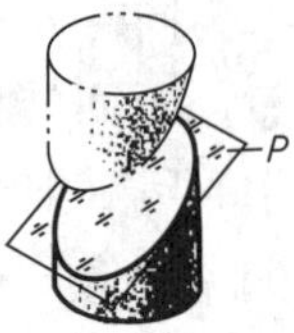

续表

截平面位置	与轴线平行	与轴线垂直	与轴线倾斜
截交线形状	矩形	圆	椭圆
投影图	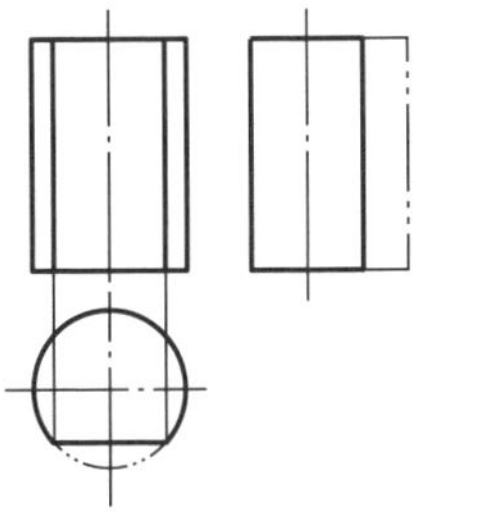	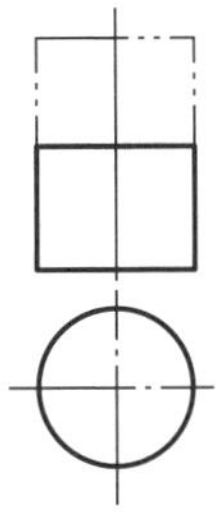	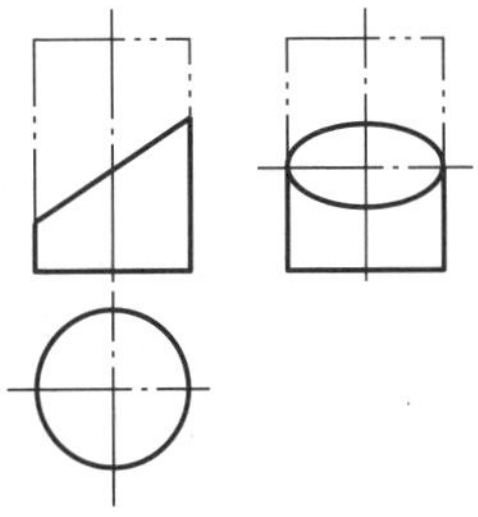

【例 3-1】 求斜截圆柱体的投影（见图 3-5）。

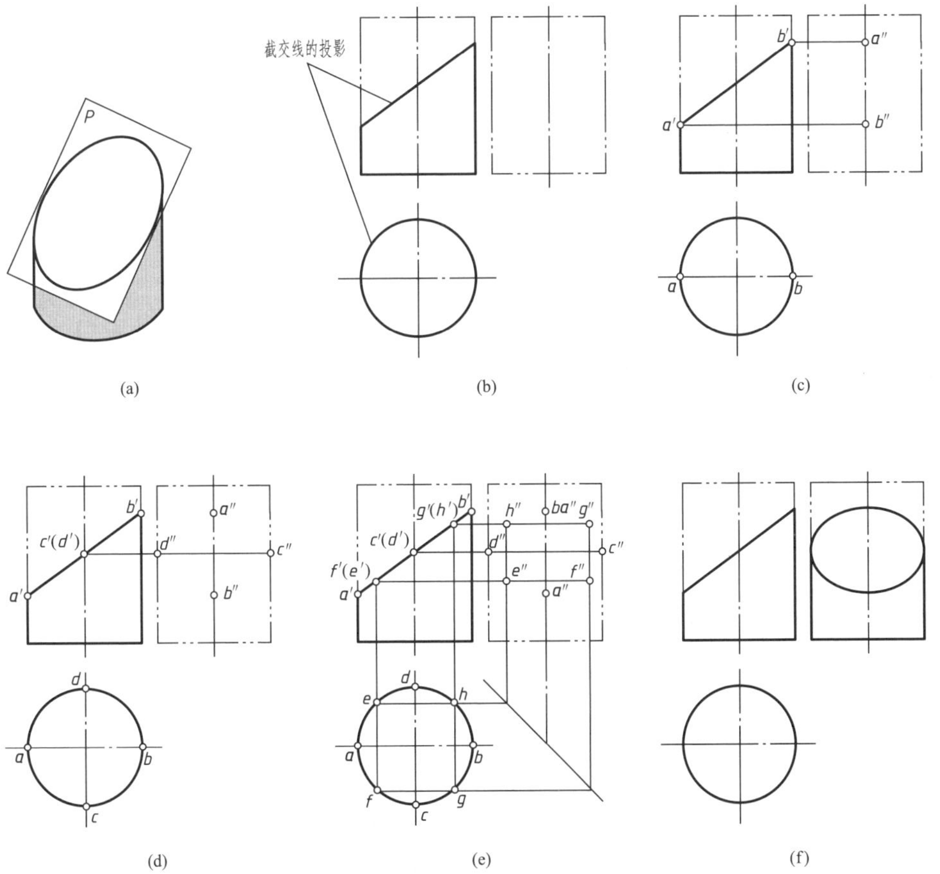

图 3-5　斜截圆柱体

分析　如图 3-5（a）、（b）所示，斜截圆柱体的截平面 P 与圆柱轴线倾斜，其截交线为椭圆。由于截平面 P 是正垂面，圆柱的轴线是铅垂线，所以截交线的正面投影为一直线，水平投影积聚在圆周上。为此可直接得出截交线上点的正面投影和水平投影。截交线上点的侧面投影，可根据正面投影和水平投影求出。

作图　(1) 求特殊点。截交线最左素线上点 A 的 z 坐标值最小、最右素线上点 B 的 z 坐标值最大，所以点 A 为最低点、点 B 为最高点，是椭圆长轴的两个端点，它们的正面投影为 a'、b'。其水平投影 a、b 和侧面投影 a''、b''可根据点、线从属关系求出，如图 3-5 (c) 所示。

截交线最前点 C 和最后点 D 是椭圆短轴的两个端点，它们的正面投影 c'、d'重影于一点，也是长轴 AB 正面投影 $a'b'$的中点。其水平投影 c、d 和侧面投影 c''、d''可根据点、线从属关系求出，如图 3-5 (d) 所示。

(2) 求一般点。在交线的正面投影上选取 g'、h'两点，求出水平投影 g、h，再根据两面投影求出 g''、h''。同理选取 e'、f'，求出 e、f 和 e''、f''，如图 3-5 (e) 所示。

(3) 光滑地连接各点，即得截交线的侧面投影。按线型补全轮廓线时应注意：圆柱侧面投影的轮廓线画到 c''、d''为止，并与椭圆相切、经整理得斜截圆柱体的投影如图 3-5 (f) 所示。

【例 3-2】 求圆柱体切扁、开槽后的侧面投影（见图 3-6）。

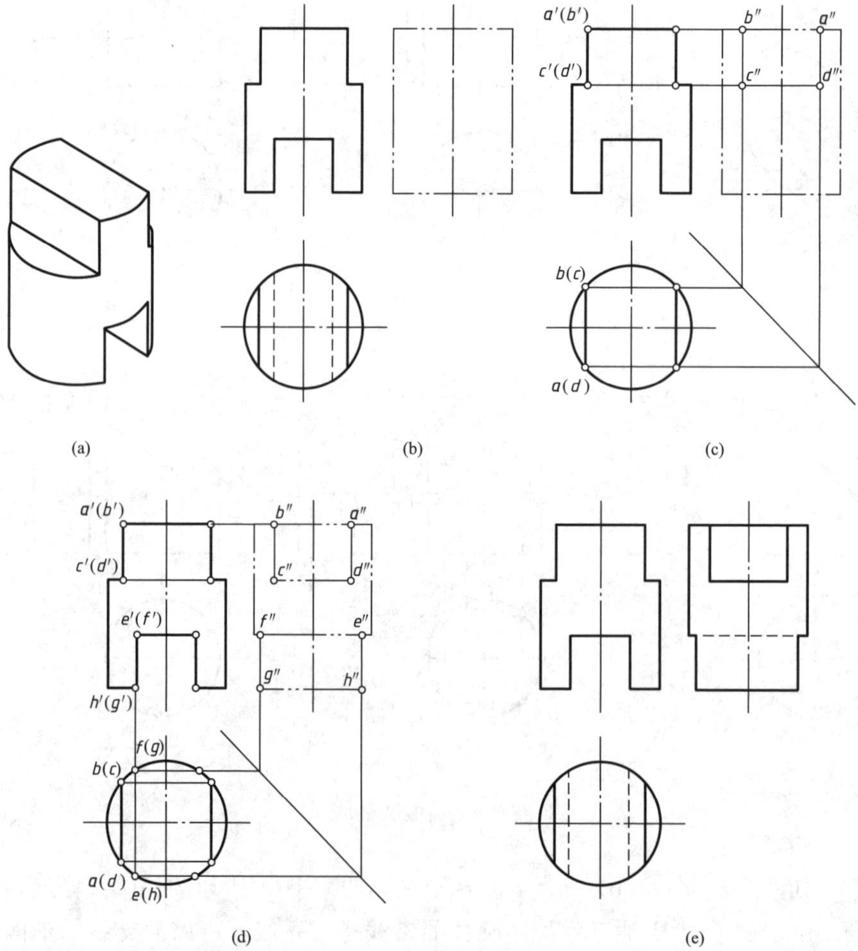

图 3-6　圆柱体切扁、开槽

分析 如图 3-6（a）、（b）所示，圆柱体上部切扁，它是由两个侧平面和水平面截切圆柱体左、右两侧而成的。侧平面平行于圆柱的轴线，截切圆柱得矩形截交线，其正面投影和水平投影均积聚为直线；水平面与圆柱体轴线垂直，截切圆柱得弓形截交线，其正面投影积聚为两段直线，水平投影为弓形的实形。

圆柱体下部开槽，也是由两个侧平面和一个水平面截切中间部分而成。其矩形截交线的正面投影和水平投影均积聚为直线（水平投影为不可见的虚线）；水平面截切圆柱体截交线的正面投影积聚为直线，水平投影反映实形（该实形由两条虚线和两段圆弧所组成）。

作图 （1）画顶部切扁部分。如图 3-6（c）所示，圆柱体切扁的两个侧平面对称于圆柱的轴线，故两截交线的侧面投影相重合，并且为矩形截交线的实形，可由其两面投影 $a'b'c'd'$ 和 $abcd$ 求得 $a''b''c''d''$；水平面截切圆柱体的两个弓形截交线平行于水平投影面，故其侧面投影重合为一直线 $c''d''$。

从正面投影可知，圆柱体切扁后保留了圆柱体的最前素线和最后素线，顶部形状虽有变化，但宽度不变，故其圆柱体切扁后，上部的侧视转向轮廓线不发生变化。

（2）画底部开槽部分。如图 3-6（d）所示，圆柱体开槽的两个侧平面也对称于圆柱轴线，故左侧和右侧的截交线在侧面的投影重合，且反映矩形截交线的实形，可由其两面投影 $e'f'g'h'$ 和 $efgh$ 求得 $e''f''g''h''$；水平截交线的侧面投影仍积聚为直线，并因左侧圆柱面的遮挡，其侧面投影在 f''、e''之间为虚线，在其两侧应为一小段粗实线。

又从正面投影可知，由于圆柱底部开有前后方向通槽，所以圆柱底部最前素线和最后素线已被切掉，故在侧面投影中圆柱的侧视转向轮廓线由截交线 $e''h''$、$f''g''$代替。

经整理描深，圆柱体截切后的三面投影如图 3-6（e）所示。

任务实施

一、绘图准备

（1）工具准备。

（2）图形分析。本任务中的形体，可以看成是圆柱体经多次切割而成，切割步骤可分三次完成：

1）用一个水平面和一个正平面切去圆柱体的一角，如图 3-7（b）所示。

2）左右对称切去一角，如图 3-7（c）所示。

3）用侧垂面切去一角，圆柱面上的截交线为一段椭圆弧，如图 3-7（d）所示。

参照此切割步骤，可以先画出圆柱体的三视图，再依次画出圆柱切割体的三视图。

（3）绘制图框与标题栏。

二、绘制底稿

1. 布局、画中心线

结合图纸幅面及形体尺寸大小，合理布局图形，在适当位置绘制投影轴和中心线。

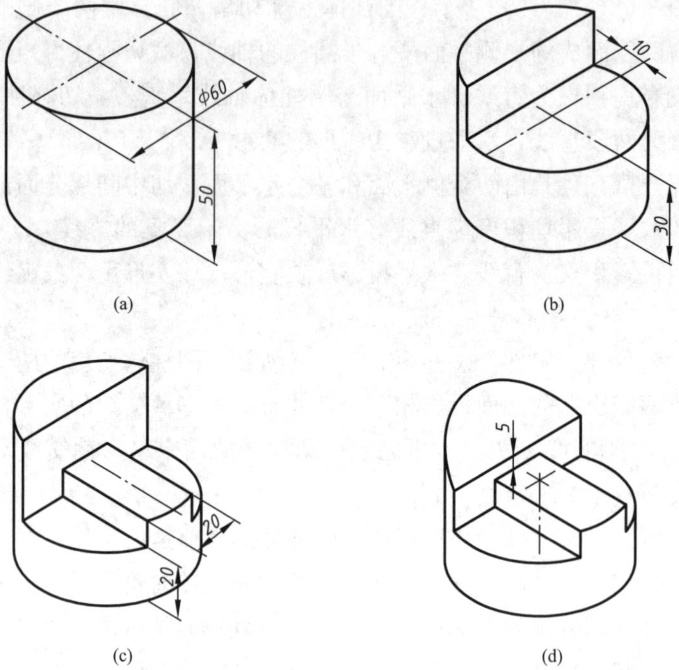

图 3-7　圆柱体分步切割示意图

2. 画三视图

（1）画圆柱体三视图。先按尺寸（直径 ϕ60）绘制俯视图上的圆，再参照投影关系，按圆柱体高度 50 绘制主视图及左视图，如图 3-8（a）所示。

（2）画第一次切割后的三视图。截断面为水平面与正平面，皆垂直于侧面，在侧面的投影具有积聚性，因此，先按尺寸画出左视图，再按投影对应关系作投影连线，画出俯视图，最后按投影关系画投影连线，完成主视图，如图 3-8（b）所示。

（3）画第二次切割后的三视图。截断面为水平面与侧平面，皆垂直于正面，在正面的投影具有积聚性，所以先按尺寸画出主视图，再按投影关系依次画出俯视图与左视图，如图 3-8（c）所示。

（4）画出第三次切割后的三视图。截断面为一个侧垂面，截交线为一椭圆弧，截断面在侧面的投影具有积聚性，所以先按尺寸画出左视图，依据投影对应关系，作投影连线，求出截交线上的三个特殊点的正面投影 1′、2′、3′。再从左视图中截交线的中间取一点，继续作投影连线，求出截交线上的两个一般点的正面投影 4′、5′，如图 3-8（d）所示。

（5）画出主视图中的椭圆弧。用曲线板依次光滑连接 2′、4′、1′、5′、3′各点，画出主视图上的椭圆弧。擦除投影连线等作图辅助线，整理后如图 3-8（e）所示。

三、描深图线、标注尺寸

依据 GB/T 17450—1998 和 GB/T 4457.4—2002 规定，描深图线，擦除投影轴及投

影连线，标注尺寸后，得到圆柱切割体的三视图，如图 3-8（f）所示。

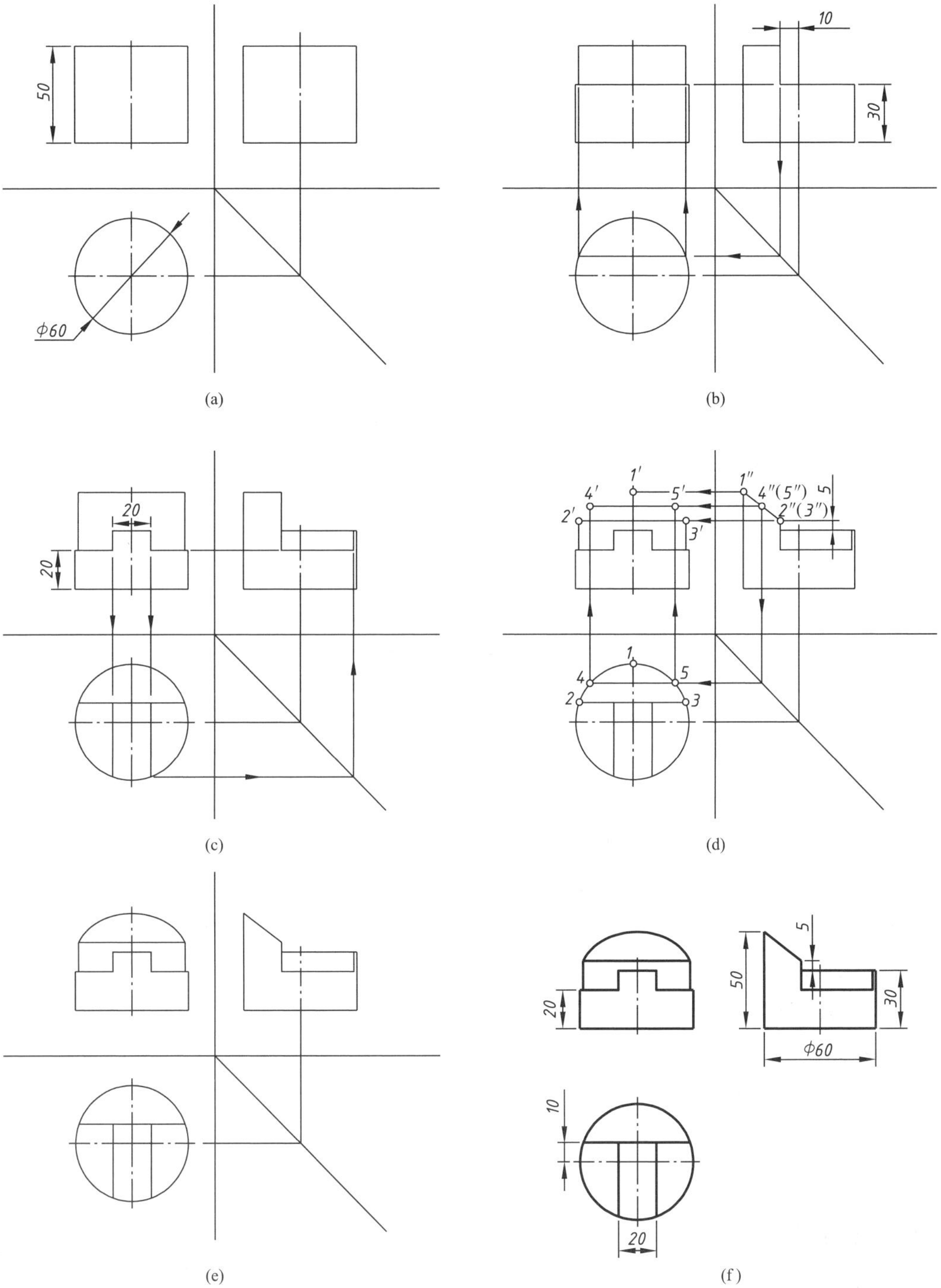

图 3-8 绘图步骤

拓展训练

拓展 3-1：绘制如图 3-9 所示套筒的三视图，并标注尺寸。

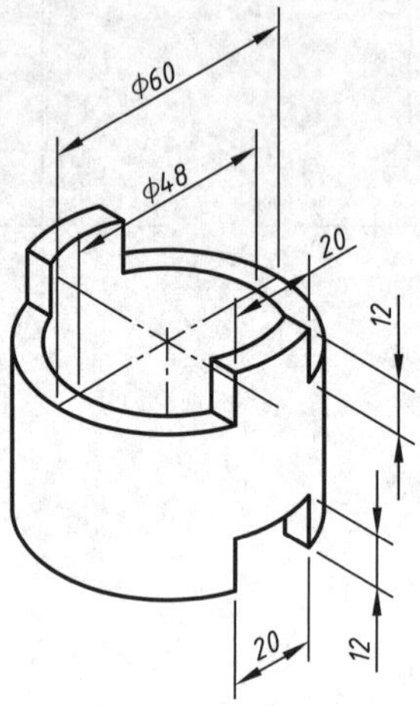

图 3-9　套筒

任务二　画顶尖头的三视图

知识目标：

掌握圆锥体三视图的作图规律及方法。

掌握圆锥表面上点的投影规律及作图方法。

掌握圆锥截交线的作图方法。

能力目标：

能够绘制圆锥体三视图，并在圆柱表面上求作点的投影。

能够绘制圆锥切割体的三视图。

素养目标：

培养严谨求真的职业素养。

培养空间思维能力与创新意识。

任务分析

绘制如图 3-10 所示顶尖头的三视图。完成该任务需要掌握圆锥体三视图的画法、圆锥表面上点的作图方法及圆锥截交线的作图方法。

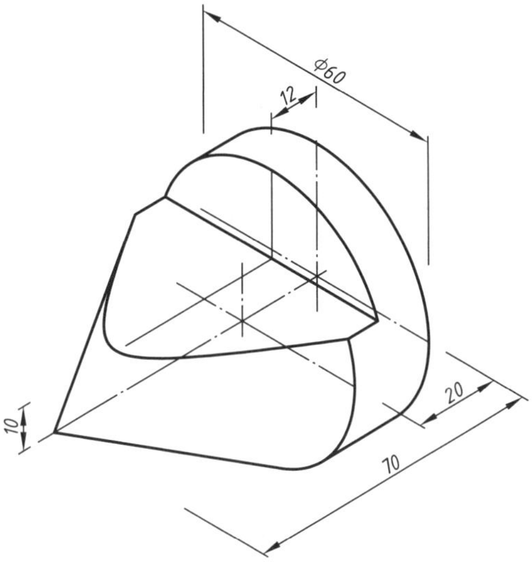

图 3-10　顶尖头

相关知识

一、圆锥体三视图

圆锥是由圆锥面和底圆平面围成的。如图 3-11（a）所示，圆锥面可以看成是由一条直母线绕与它相交的轴线回转而形成的。

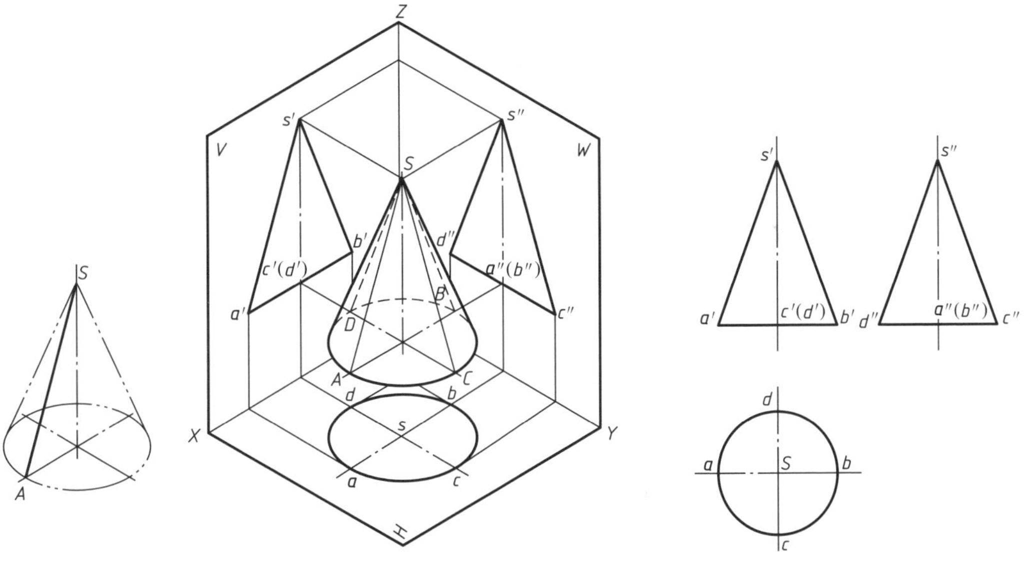

(a) 圆锥的形成　(b) 直观图　(c) 投影图

图 3-11　圆锥的投影

圆锥面上任意点的纬圆皆垂直于轴线，圆锥面上任意位置的素线均交于锥顶 S。

1. 圆锥的投影分析

图 3-11（b）、（c）所示为一圆锥的直观图和三面投影图。该圆锥的轴线为铅垂线，底圆平面为水平面。圆锥在水平面上的投影为圆，这个圆既是圆锥面的投影，也是圆锥底圆平面的真形投影。

圆锥在正面上的投影是等腰三角形，其两腰 $s'a'$、$s'b'$ 是圆锥面的正视转向轮廓线 SA、SB 的正面投影（最左、最右两条素线，是前半圆锥面和后半圆锥面可见与不可见的分界线），该两线的侧面投影与轴线重合，水平投影与圆的水平中心线重合，都省略不画；等腰三角形的底边是圆锥底圆平面的积聚性投影，且等于底圆的直径。

圆锥的侧面投影与正面投影情况类似，只是等腰三角形的两腰 $s''c''$、$s''d''$ 是圆锥面的侧视转向轮廓线 SC、SD 的侧面投影（最前、最后两条素线，也是左半圆锥面和右半圆锥面可见与不可见的分界线），它们的正面投影与轴线重合，水平投影与圆的铅垂中心线重合，也都省略不画；三角形的底边也是圆锥底圆平面的积聚性投影，且等于底圆的直径。

2. 作图步骤

画轴线处于特殊位置时的圆锥三面投影图时，一般先用细点画线画出对称中心线和轴线，然后画出圆，再根据投影关系画出圆锥的另两个投影（为同样大小的等腰三角形）。

二、圆锥表面上点的投影

已知圆锥表面上一点 K 的正面投影 k'，求其另外两投影 k 和 k''，如图 3-12（a）所示。

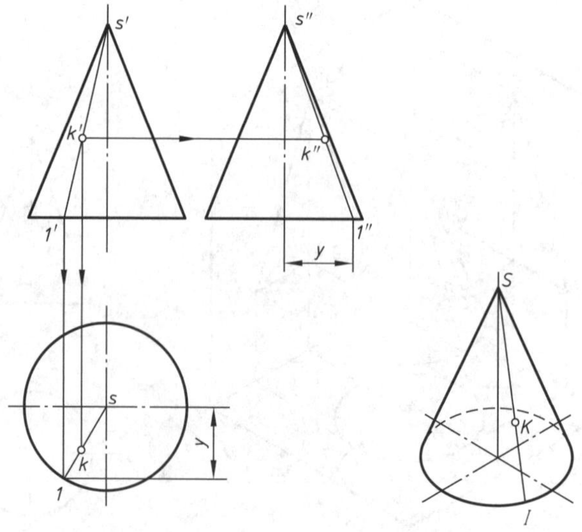

(a) 投影图　　(b) 直观图

图 3-12　圆锥表面上取点（一）

因为圆锥面的三个投影都不具有积聚性，所以在圆锥表面上取点，就不能像圆柱那样利用积聚性投影直接求出一个投影，而应当采用过已知点引素线或纬圆法来求得。

1. 素线法

如图 3-12（a）所示，连素线 $s'k'$，并延长交底边于 $1'$，求出素线 S Ⅰ 的水平投影 $s1$，过 k' 作垂线交 $s1$ 于 k；求出 S Ⅰ 的侧面投影 $s''1''$，根据从属关系由 k' 求得 k''。因点 K 在左半圆锥面上，所以侧面投影 k'' 可见。

2. 纬圆法

如图 3-13（a）所示，过 k' 作一水平线，交两转向轮廓线于 $1'$、$2'$ 点（$1'2'$ 即纬圆的正面投影），以 $1'2'$ 长为直径在水平面上画一圆（即纬圆的水平投影）；根据 k' 为可见投影，由 k' 作垂线交纬圆水平投影前半圆周于 k；由 k' 和 k 可求出 k''。

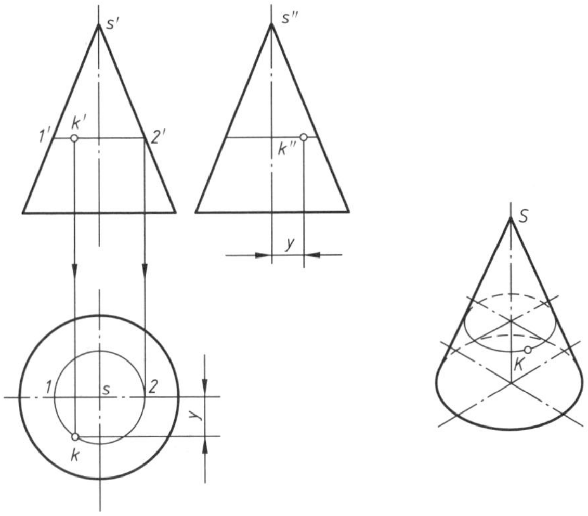

(a) 投影图　　　　(b) 直观图

图 3-13　圆锥表面上取点（二）

三、平面与圆锥相交

平面与圆锥体相交，根据截平面与圆锥体的截切位置和轴线的倾角不同，截交线有五种情况，见表 3-2。

表 3-2　　圆锥体截交线

截平面位置	与轴线垂直	与轴线倾斜且与所有素线相关	只平行于任一条素线	平行于任两条素线	通过锥顶
截交线名称	圆	椭圆	抛物线与直线组成	双曲线与直线组成	三角形
轴测图	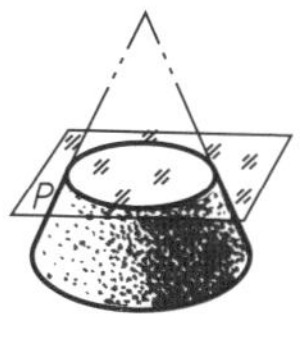	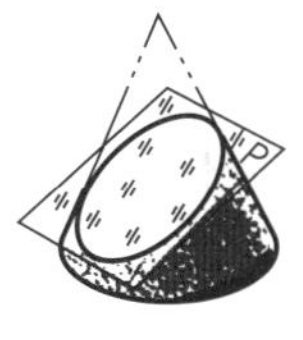	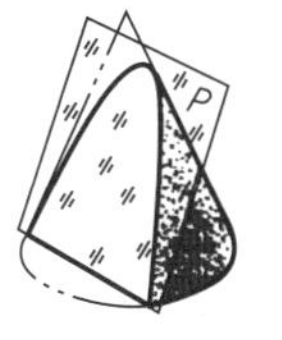	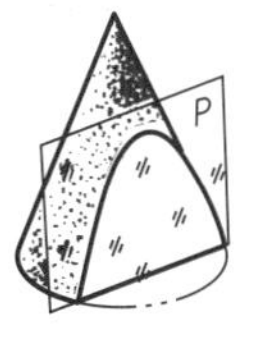	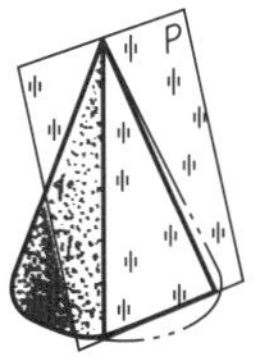

续表

截平面位置	与轴线垂直	与轴线倾斜且与所有素线相关	只平行于任一条素线	平行于任两条素线	通过锥顶
截交线名称	圆	椭圆	抛物线与直线组成	双曲线与直线组成	三角形
投影图	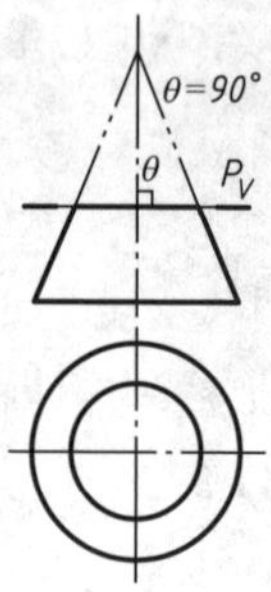	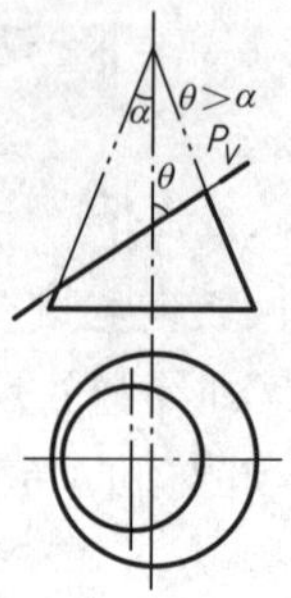	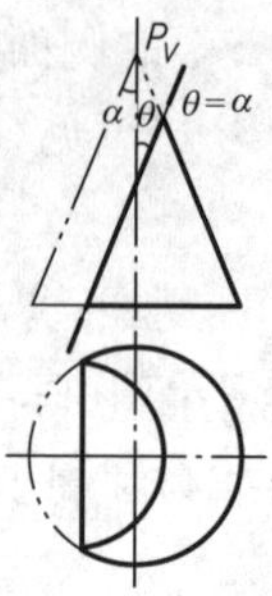	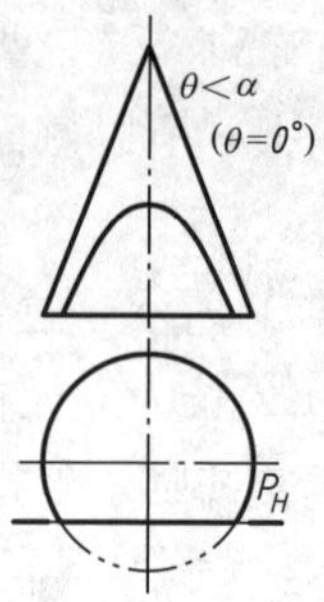	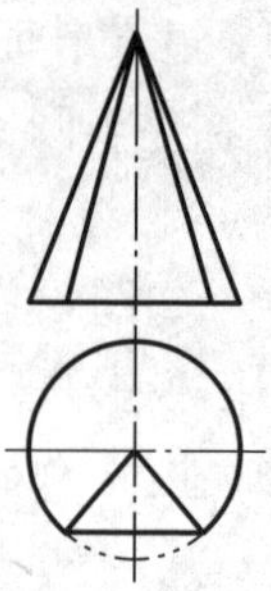

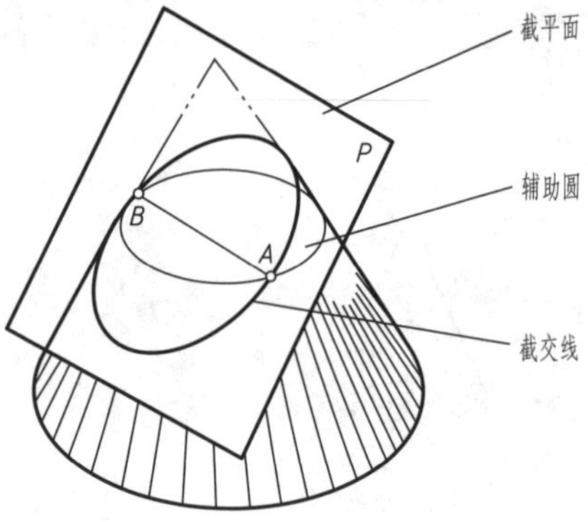

图 3-14　辅助圆法

由于截平面可能是投影面垂直面或投影面平行面，则截交线的一面投影或两面投影积聚为直线，即可知截交线上点的一面投影或两面投影，求截交线上点的另一面或两面投影，可通过截交线，在圆锥体表面上作辅助圆即可。

如图 3-14 所示，截平面 P 与圆锥体相截得其表面交线，若通过截交线作辅助圆，可得截交线上的点 A 和点 B，辅助圆的各面投影可求，则点 A、点 B 的投影按从属关系也可求。

【例 3-3】 求圆锥面被正垂面 P 截切后的投影，如图 3-15 所示。

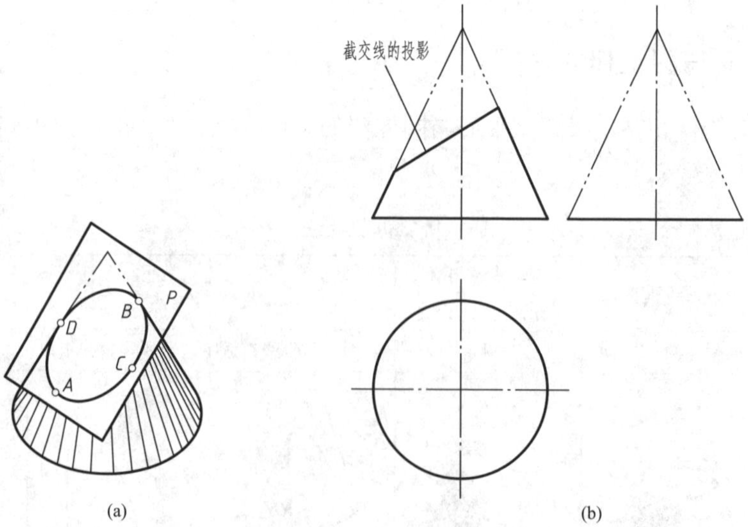

(a)　　(b)

图 3-15　正垂面截切圆锥（一）

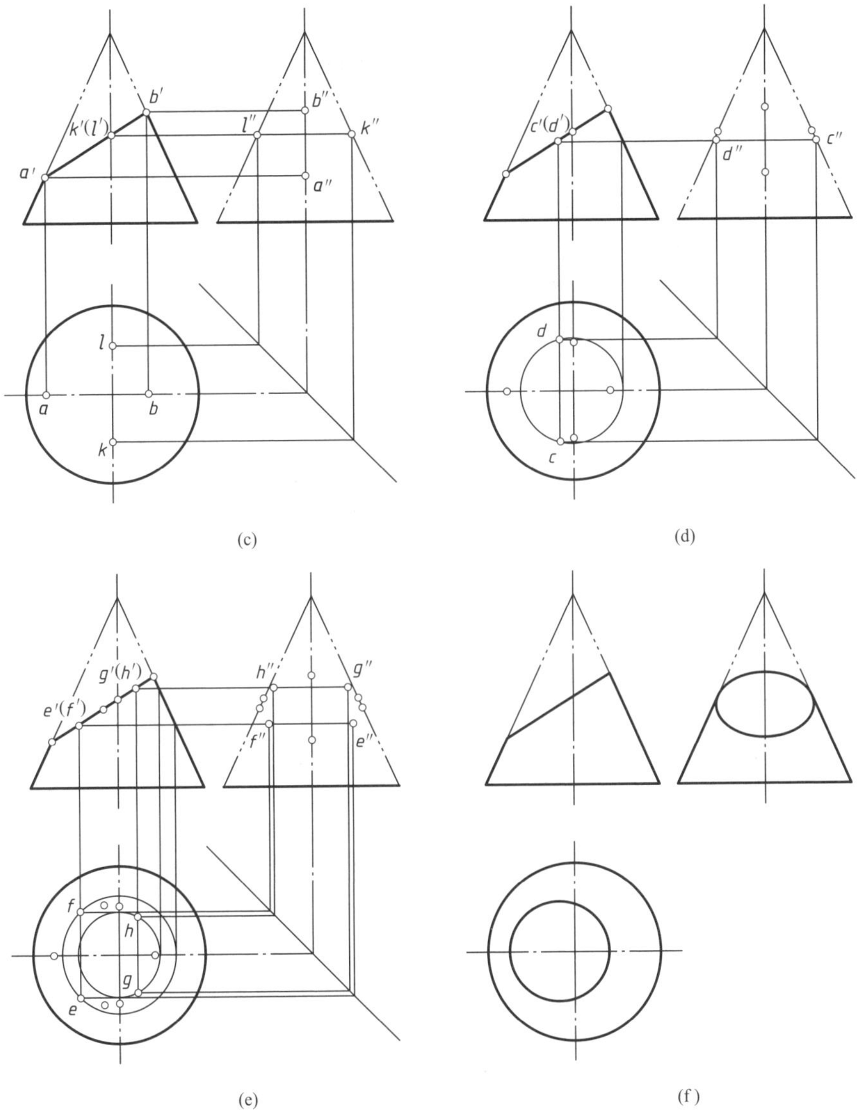

图 3-15 正垂面截切圆锥（二）

分析 如图 3-15（a）、（b）所示，由于圆锥的轴线是铅垂线，截平面 P 是正垂面，且截平面 P 与圆锥轴线的倾角大于圆锥母线与轴线的倾角（截平面与锥面的所有素线相交），所以截交线为椭圆。截交线的正面投影积聚为直线，水平投影和侧面投影均为椭圆，但不反映真形。截交线上点的投影，除一部分特殊点可根据点、线从属关系直接求出外，其余各点可用辅助圆法求出。

作图 （1）求特殊点。截交线最低点 A 和最高点 B 是截交线的最左和最右点，也是椭圆长轴的两个端点。它们的正面投影 a'、b'可直接得出，其水平投影 a、b 和侧面

投影 a''、b''可按点从属于线的原理直接求出。K、L 两点是圆锥面前、后两条侧视转向轮廓线与截平面的交点，它们的正面投影 k'、l'和其侧面投影 k''、l''都可直接求出，其水平投影 k、l 可按点的三面投影关系求得，如图 3-15（c）所示。

截交线最前点 C 和最后点 D 是椭圆短轴的两个端点。它们的正面投影 c'、d'重影于$a'b'$的中点处。过 C、D 点作辅助圆（水平圆）的正面投影和水平投影（辅助圆的正面投影积聚为过 c'、d'点并与圆锥轴线相垂直的直线，其长度是辅助圆的直径，辅助圆的水平投影反映真形），由 c'、d'在辅助圆水平投影的圆周上求得 c、d，再由 c'、d'和 c、d 求得 c''、d''，如图 3-15（d）所示。

（2）求一般点。在截交线正面投影的适当位置（如点 G、H 和 E、F 处）再作两个辅助圆（水平圆），同理可求出 g'、h'和 e'、f'的水平投影 g、h 和 e、f 及其侧面投影 g''、h''和 e''、f''，如图 3-15（e）所示。

（3）判别可见性。截平面 P 上面部分圆锥被截掉，截平面左低右高，所以截交线的水平投影和侧面投影均为可见。

（4）连线并整理轮廓线。将截交线的水平投影和侧面投影光滑地连接成椭圆。连线时注意曲线的对称性，圆锥的侧视转向轮廓线应画到 k''、l''并与椭圆相切，整理后得圆锥面被正垂面截切后的投影图，如图 3-15（f）所示。

任务实施

一、绘图准备

（1）工具准备。

（2）图形分析。如图 3-16（a）、（b）所示，顶尖头是同轴圆锥和圆柱被两个平面截切而成的，其轴线为侧垂线，截平面 P、Q 分别为侧平面和水平面。由于截平面 P 是侧平面，并与圆柱轴线垂直截切部分圆柱体，所以与圆柱面的截交线为圆弧，其正面投影积聚为直线，侧面投影为圆弧的实形。因为截平面 Q 是水平面，并与圆柱、圆锥轴线平行截切，所以该截平面与圆柱面的截交线为两平行直线，与圆锥面的截交线为双曲线，它们的正面投影和侧面投影都有积聚性，均为直线。

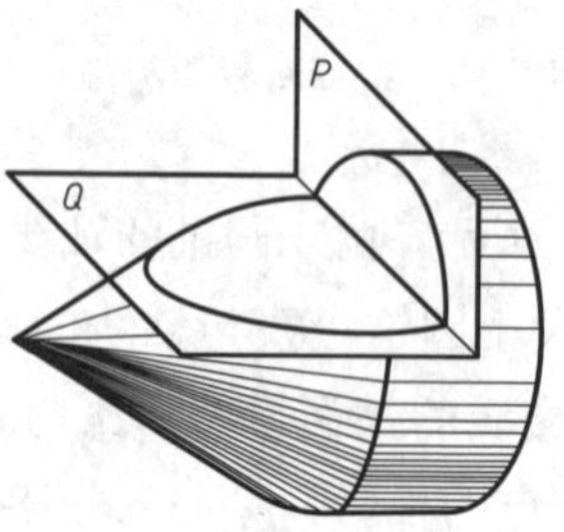

(a)

图 3-16　顶尖头（一）

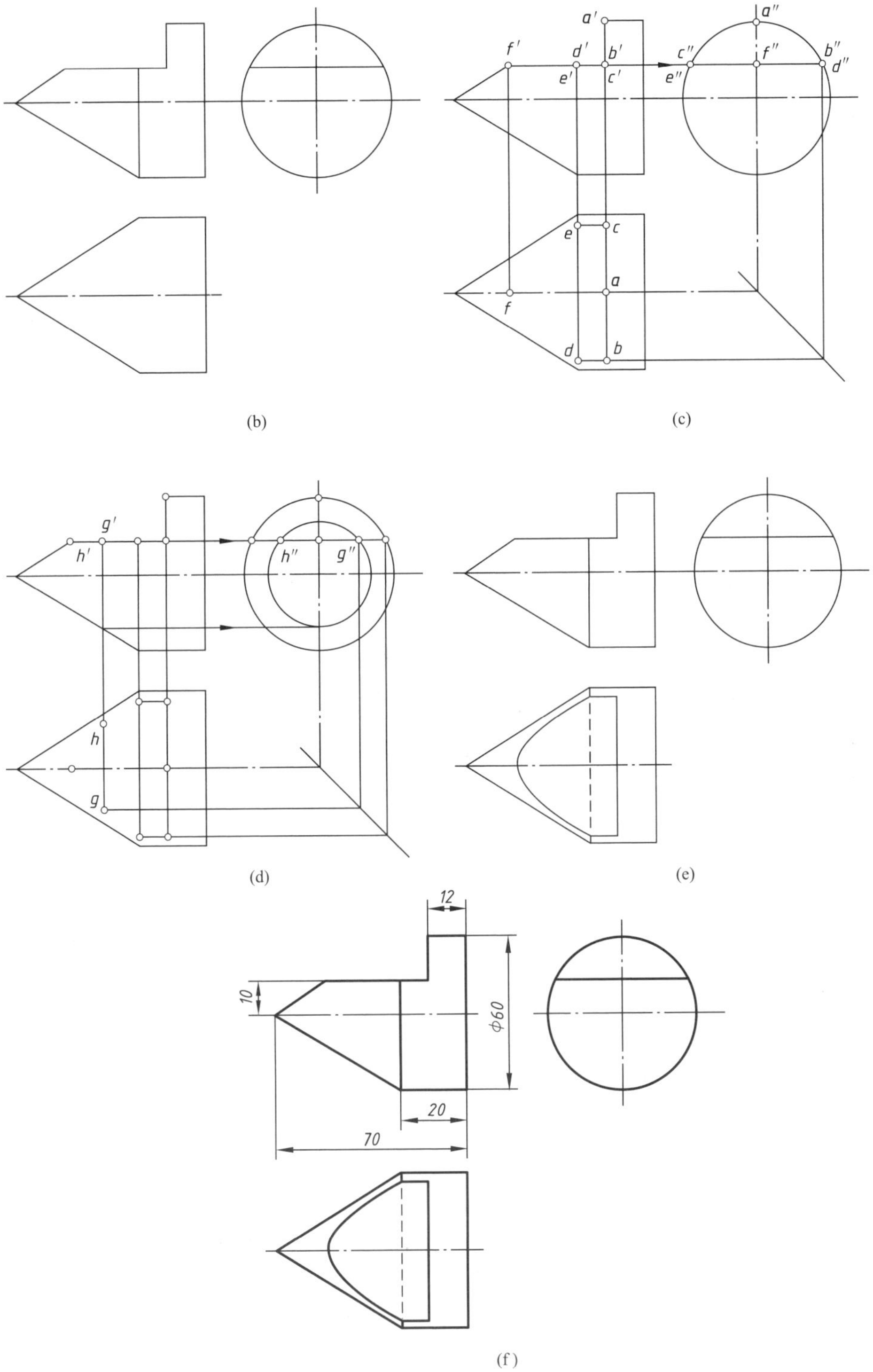

图 3-16 顶尖头（二）

二、绘制底稿

1. 布局、画中心线

结合图纸幅面及形体尺寸大小，合理布局图形，在适当位置绘制中心线。

2. 画三视图

（1）根据以上图形分析，首先绘制如图 3-16（b）所示的基本形体及截交线的主视图与左视图。

（2）求特殊点。截平面 P 与圆柱体的截交线为圆弧，其最高点 A 和前、后两端点 B、C 的正面投影 a'、b'、c' 和侧面投影 a''、b''、c'' 可直接得出，再由两面投影可求出其水平投影 a、b、c，截交线为圆弧的水平投影为直线；B、C 点是截平面 Q 截切圆柱面所得截交线的右侧两个端点，也是 P、Q 两个截平面交线的端点。左侧两个端点的投影 d'、e' 和 d''、e'' 可直接得出，由两面投影可求出其水平投影 d、e；D、E 点是截平面 Q 截切圆柱面所得截交线的左侧两个端点，同时也是截平面 Q 截切圆柱面与圆锥面所得截交线的分界点。双曲线左侧的端点 F 也是双曲线的顶点，其正面投影为 f'，根据点 F 所在轮廓线的从属关系可求出 f、f''，如图 3-16（c）所示。

（3）求一般点。本任务只需求双曲线上的一般点。在双曲线截交线的正面投影适当位置 g'、h' 作辅助圆，辅助圆的正面投影积聚为直线且与圆锥的轴线垂直，辅助圆的侧面投影为辅助圆的实形，该圆与双曲线侧面投影的交点为 g''、h''，由两面投影 g'、h' 和 g''、h'' 即可求出其水平投影 g、h，如图 3-16（d）所示。

（4）光滑地连接 d、g、f、h、e 各点，即得双曲线的水平投影，该投影为双曲线的实形。整理后的顶尖头三面投影如图 3-16（e）所示，图中的虚线为顶尖头下部圆柱面与圆锥面的交线。

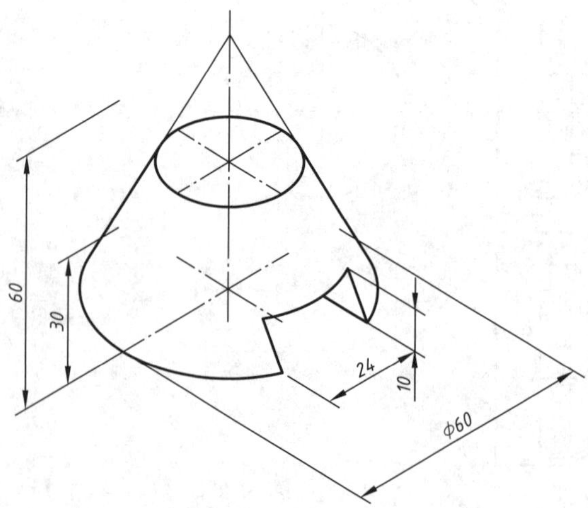

图 3-17　切槽圆台

三、描深图线、标注尺寸

依据 GB/T 17450—1998 和 GB/T 4457.4—2002 规定，描深图线，擦除投影轴及投影连线，标注尺寸后，得到顶尖头的三视图，如图 3-16（f）所示。

拓展训练

拓展 3-2：绘制图 3-17 所示切槽圆台的三视图，并标注尺寸。

任务二 画切槽半圆球的三视图

知识目标：

掌握圆球三视图的作图规律及方法。

掌握圆球表面上点的投影规律及作图方法。

掌握圆球截交线的作图方法。

能力目标：

能够绘制圆球三视图，并在圆球表面上求作点的投影。

能够绘制圆球切割体的三视图。

素养目标：

培养严谨求真的职业素养。

培养空间思维能力与创新意识。

任务分析

本任务绘制如图 3-18 所示切槽半圆球的三视图。完成该任务需要掌握圆球三视图的画法、圆球表面上点的作图方法及圆球截交线的作图方法。

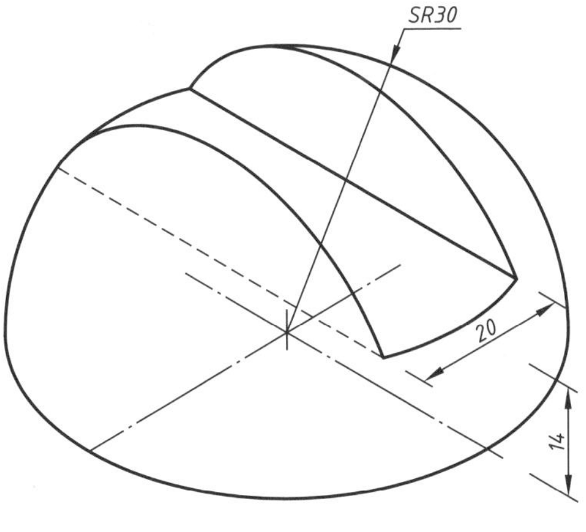

图 3-18 切槽半圆球

相关知识

一、球的三视图

如图 3-19（a）所示，圆球是圆母线以其直径为回转轴旋转而成的。

1. 圆球的投影分析

图 3-19（b）、（c）所示为圆球直观图和投影图。球体的三面投影都是圆，这三个圆

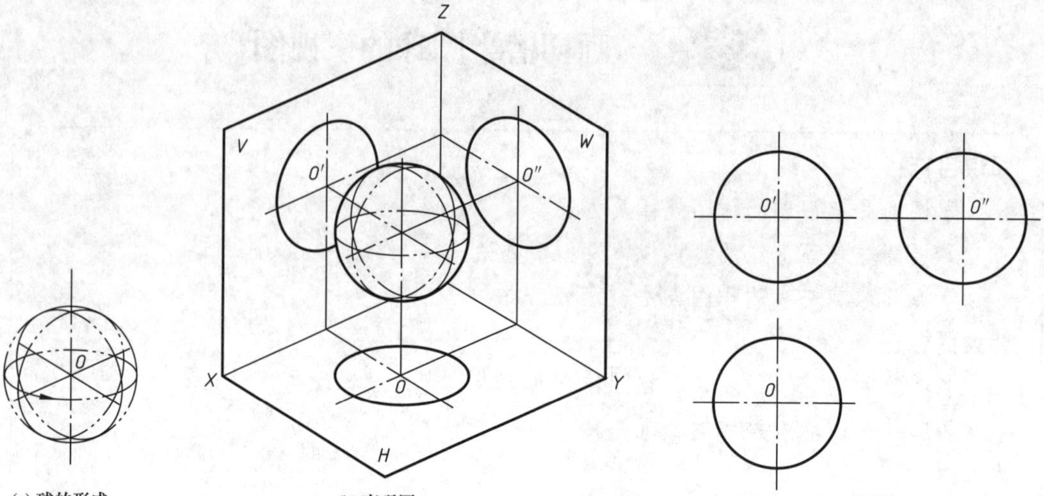

(a) 球的形成　(b) 直观图　(c) 投影图

图 3-19　圆球的投影

的直径完全相等，都等于球的直径。

正面投影的圆是球体正视转向轮廓线的正面投影，也是前、后两半球可见与不可见的分界线；该圆的水平投影重合在水平中心线上，侧面投影重合在铅垂中心线上，二者都省略不画。

水平面投影的圆是球体俯视转向轮廓线的水平投影，也是上、下两半球可见与不可见的分界线；该圆的正面和侧面投影，分别重合在水平中心线上，省略不画。

侧面投影的圆是球体侧视转向轮廓线的侧面投影，也是左、右两半球可见与不可见的分界线；该圆的正面投影和水平投影，分别重合在垂直中心线上，也省略不画。

2. 作图步骤

画圆球的三面投影图时，可先用细点画线画出确定球心投影位置的三组对称中心线；再分别画出三个与圆球直径相等的圆，如图 3-19（c）所示。

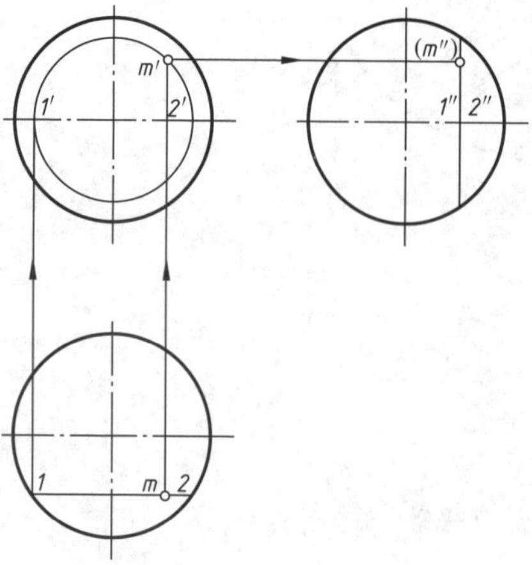

图 3-20　圆球表面点的投影

二、圆球表面点的投影

由于圆球的三个投影均无积聚性，所以在圆球表面上取点，除属于转向轮廓线上的特殊点可直接求出外，其余处于一般位置的点都需要通过作辅助圆法（纬圆法）来作图，因为在球面上是不可能作出直线的。

如图 3-20 所示，已知球面上一点 M 的水平投影 m，求正面投影 m' 和侧面投影 m''。

可采用平行于正面（或水平面、或侧面）的辅助圆来作图。用正平辅助圆来作图的方法是：过 m 引一水平线交圆周于 1、2 两点，即为

M 点所在辅助圆的水平投影，以 12 长为直径在正面投影图上画一圆，即辅助圆的正面投影（反映实形）。根据 m 可见，在正面辅助圆的上半部定出 m'，再根据 m、m'可求出（m''）。因为点 M 在右半球，所以其侧面投影为不可见。

三、球的截交线

球体被平面所截切，不论截平面处于何种位置，其截交线均为圆。当截平面通过球心时，这时截交线圆的直径最大，等于球的直径。截平面离球心越远，截交线圆的直径越小。

由于截平面对投影面位置的不同，截交线（圆）的投影也不同。截平面平行于投影面时，截交线在该投影面上的投影为圆，见图 3-21；截平面垂直于投影面时，截交线的投影积聚为直线，见图 3-22（b）的正面投影；截平面倾斜于投影面时，截交线的投影为椭圆，见图 3-22（b）的水平投影。

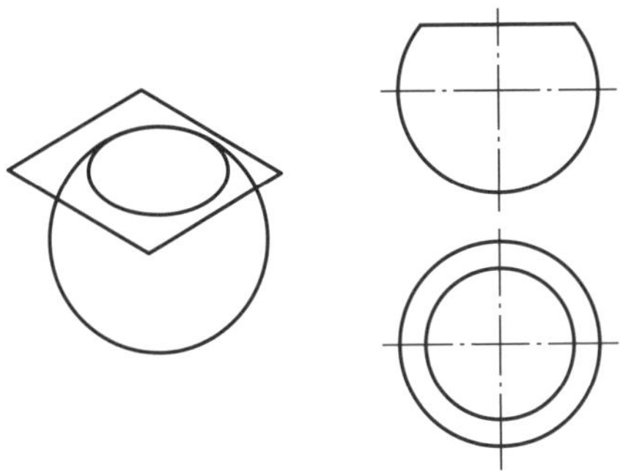

(a) 直观图　　(b) 投影图

图 3-21　水平面截切球体

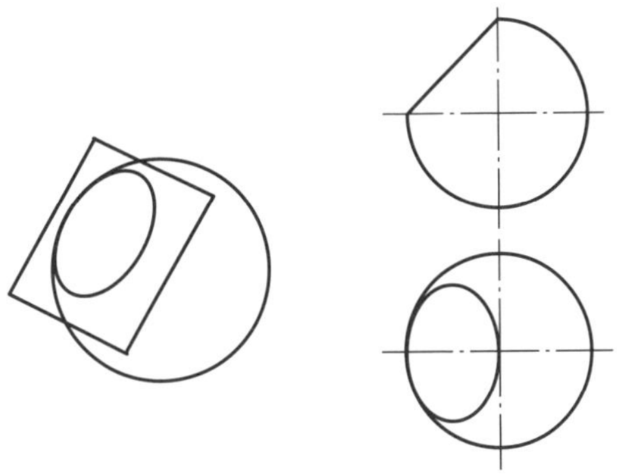

(a) 直观图　　(b) 投影图

图 3-22　正垂面截切球体

【例 3-4】 完成截切半球体的正面投影和水平投影，如图 3-23 所示。

分析　如图 3-23（a）、（b）所示，半圆球被 P、Q 两平面所截。因为截平面 P 是正平面，所以截交线的正面投影是圆的一部分，水平投影积聚为直线；截平面 Q 是水平面，则截交线的水平投影是圆的一部分，其正面投影积聚为直线。

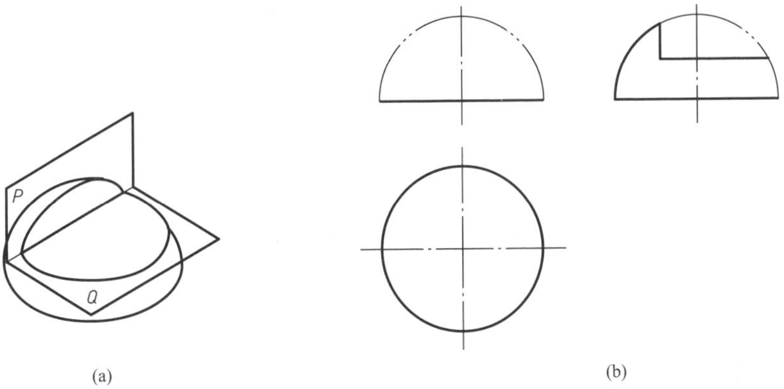

(a)　　(b)

图 3-23　半圆球被正平面和水平面截切（一）

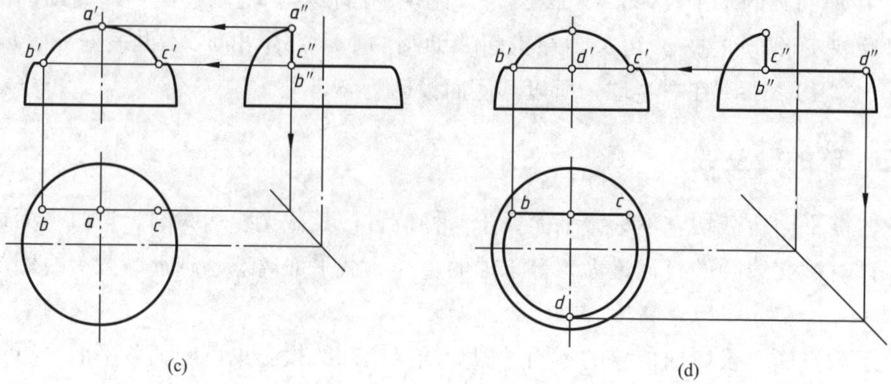

图 3-23　半圆球被正平面和水平面截切（二）

作图　截平面 P 与半圆球截交线圆弧直径的顶点 a'' 和圆弧端点 b''、c'' 可直接求出，根据点、线从属关系求出 a'，过 a' 作圆弧与 b''、c'' 的投影连线交于 b'、c'，其水平投影积聚为 bac 直线，如图 3-23（c）所示。

截平面 Q 与半圆球截交线圆弧直径的端点为 d''，圆弧另两个端点是 b''、c''，它们的侧面投影可直接求出。根据点、线从属关系求出 d，过点 d 作圆弧与 b、c 相交，其正面投影积聚为 $b'd'c'$ 直线，如图 3-23（d）所示。

任务实施

一、绘图准备

1. 工具准备

图板、丁字尺、三角板、圆规、铅笔、A4 图纸等。

2. 图形分析

如图 3-18 所示，切槽半球体的截平面分别为水平面（底面）和侧平面（两侧面），与球面的截交线均为圆弧。

槽的底面是水平面，在水平面投影反映实形，在正面与侧面的投影均为直线。

槽的两侧面为侧平面，在侧面的投影反映实形且重影，在正面与水平面的投影均为直线。

二、绘制底稿

1. 布局、画中心线

结合图纸幅面及形体尺寸大小，合理布局图形，在适当位置绘制中心线。

2. 画三视图

（1）根据以上图形分析，首先绘制如图 3-24（a）所示半球三视图及切槽的主视图。

（2）画出槽侧面与球面截交线圆弧的投影。先画左视图（半径为 R_1），后画俯视图，如图 3-24（b）所示。

（3）画出槽底面与球面交线圆弧的投影。先画俯视图（半径为 R_2），后画左视图，如图 3-24（c）所示。

（4）擦除多余线条，整理后的切槽半圆球三面投影如图 3-24（d）所示。

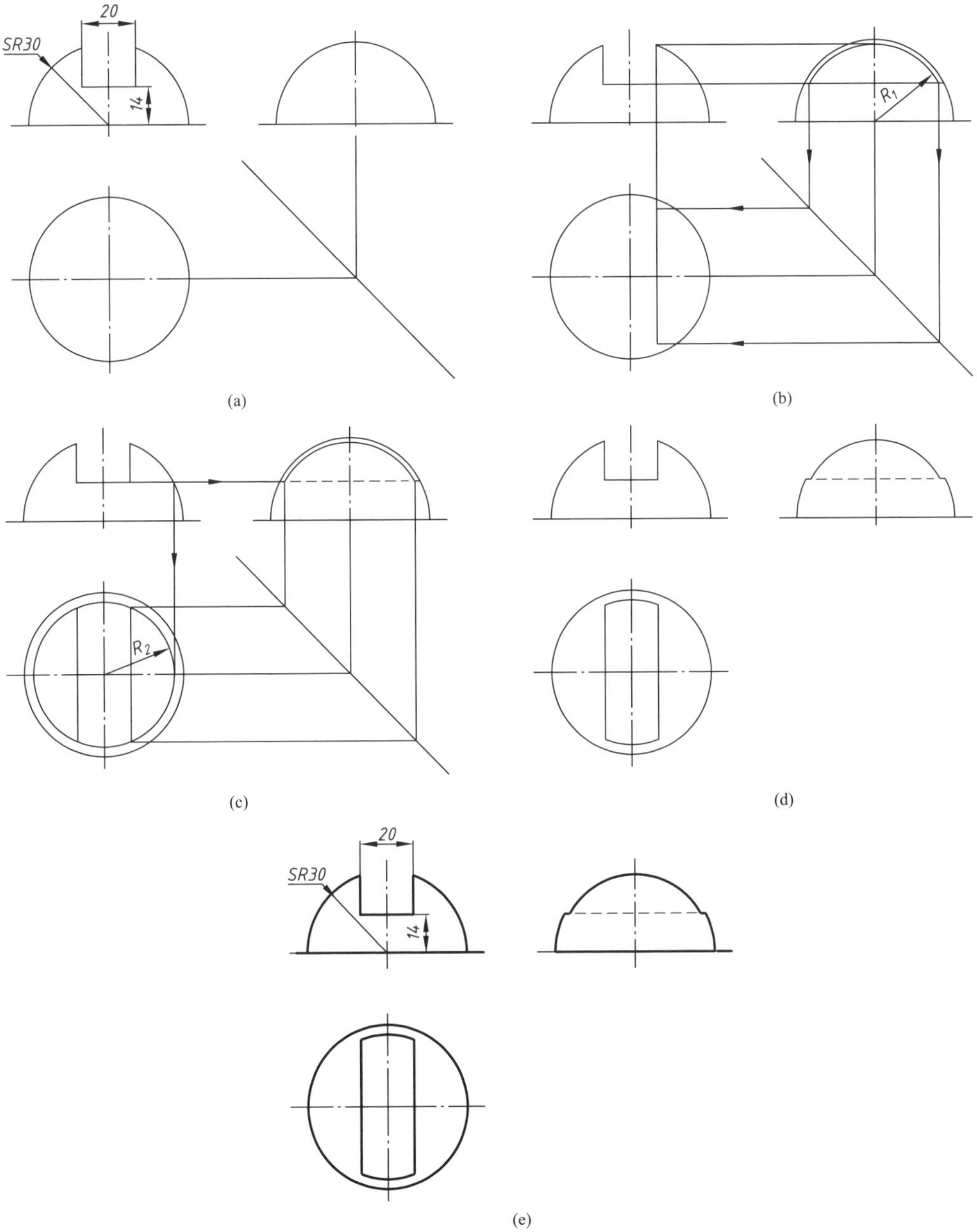

图 3-24 切槽半圆球三视图作图步骤

三、描深图线、标注尺寸

依据 GB/T 17450—1998、GB/T 4457.4—2002 规定，描深图线，擦除投影轴及投

影连线，标注尺寸后，得到切槽半圆球的三视图，如图 3-24（e）所示。

拓展训练

拓展 3-3：绘制如图 3-25 所示圆球切割体的三视图，并标注尺寸。

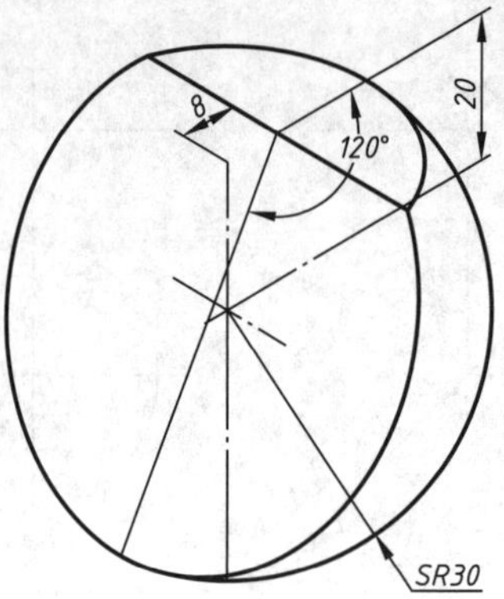

图 3-25　圆球切割体

项目四

绘制组合体三视图

机械零件的形状复杂多样，但都可以看成是由几个基本体按一定的方式组合而成，称为组合体，如图 4-1 所示。

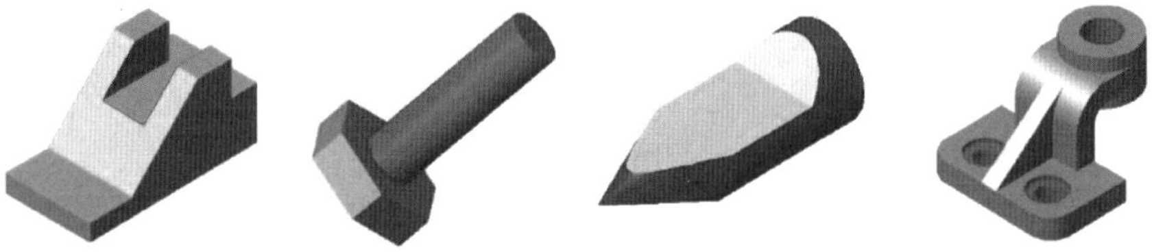

图 4-1　组合体

任务一　绘制支座三视图

知识目标：

掌握形体分析法与线面分析法的基本原理。

掌握组合体的读图、绘图及尺寸标注的方法与步骤。

能力目标：

能够利用形体分析法与线面分析法正确绘制组合体的三视图。

能够合理标注组合体尺寸。

素养目标：

灵活运用形体分析法与线面分析法，强化综合思维与决策能力。

任务分析

绘制如图 4-2 所示支座的三视图。完成该任务需要对组合体进行合理的形体分析与线面分析。形体分析法与线面分析法是绘制组合体视图、读组合体视图和标注尺寸的基本原理与思维方法，是本任务学习的重点。

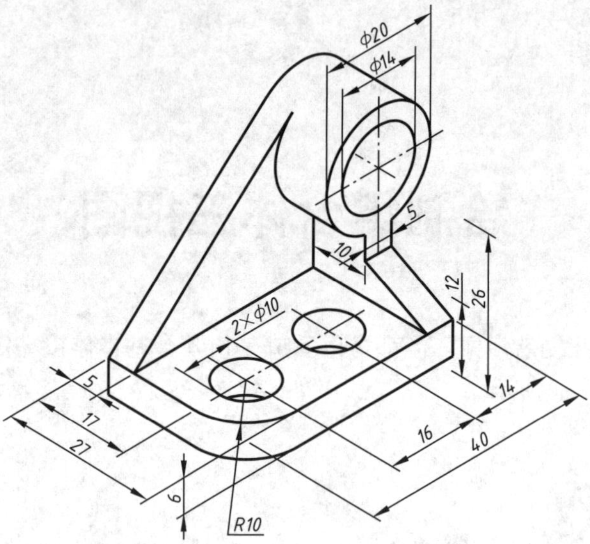

图 4-2　支座

相关知识

一、组合体的组合形式

组合体的组合形式可以分为堆叠和挖切两种基本形式，或是这两种形式的综合，如图 4-3 所示。

（1）堆叠：构成组合体的各基本形体相互堆积、叠加，如图 4-3（a）所示。

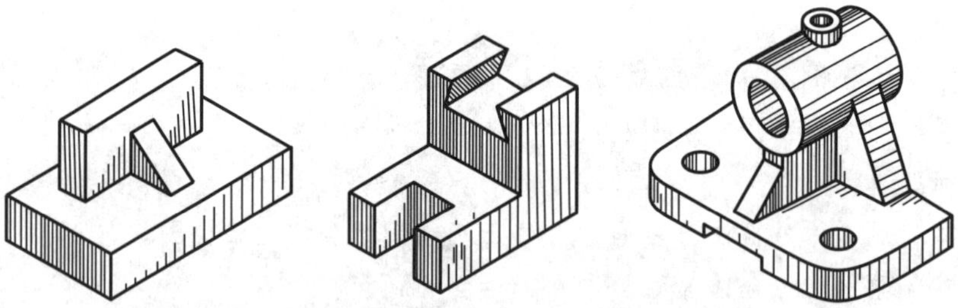

(a) 堆叠　　(b) 挖切　　(c) 综合

图 4-3　组合体的组合形式

（2）挖切：从较大的基本形体中挖切出或切割出较小的基本形体，如图 4-3（b）所示。

（3）综合：既有堆叠，又有挖切，如图 4-3（c）所示。这种组合形式最为常见。

二、组合体表面间的相对位置关系

1. 平行

两平行表面又有平齐和不平齐之分。

（1）两表面间不平齐。两表面间不平齐的连接处应有分界线隔开，如图 4-4（b）所示。

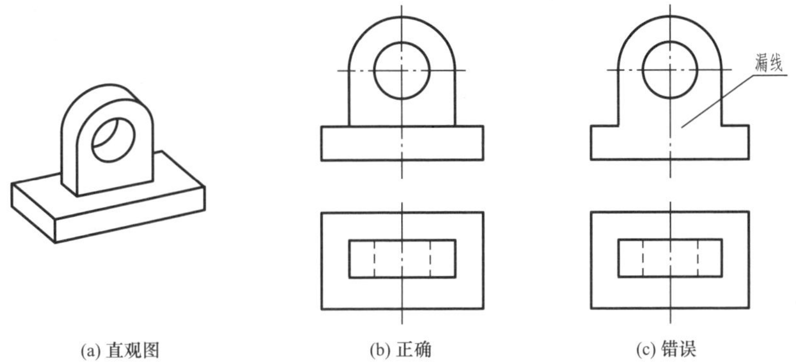

图 4-4 形体间表面不平齐的画法

（2）两表面间平齐。两表面间平齐的连接处不应有分界线，如图 4-5（b）所示。

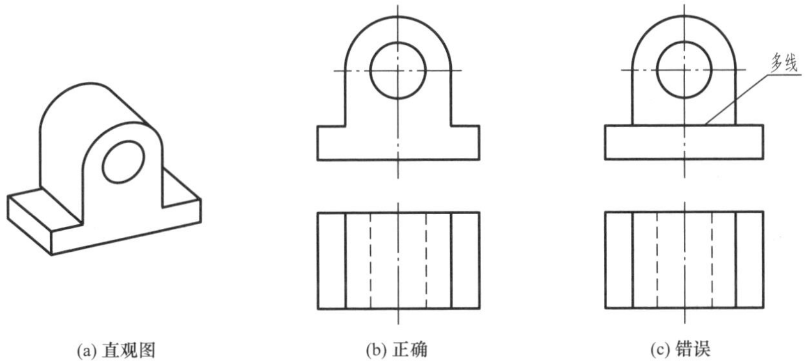

图 4-5 形体间表面平齐的画法

2. 相交

相邻形体表面相交时，在其相交处画出交线，如图 4-6（b）所示。

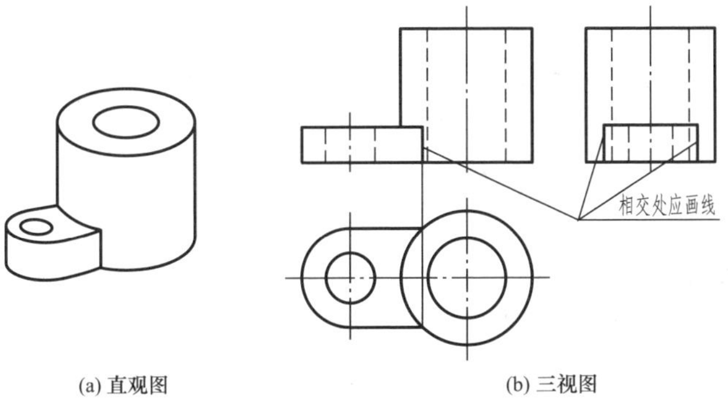

图 4-6 两形体表面相交的画法

3. 相切

相切处一般不应画线，如图 4-7（b）所示。

当组合体上两基本形体表面相切时，其相切处是圆滑过渡，无分界线，故不应画线。如图 4-7（b）所示，底板前端面（平面）与圆柱面（曲面）相切，相切处无线，其顶面在主视图上积聚成直线，此直线的两端点应画至切点处。切点位置由主、俯两视图的投影关系确定，图 4-7（c）所示的画法是错误的。

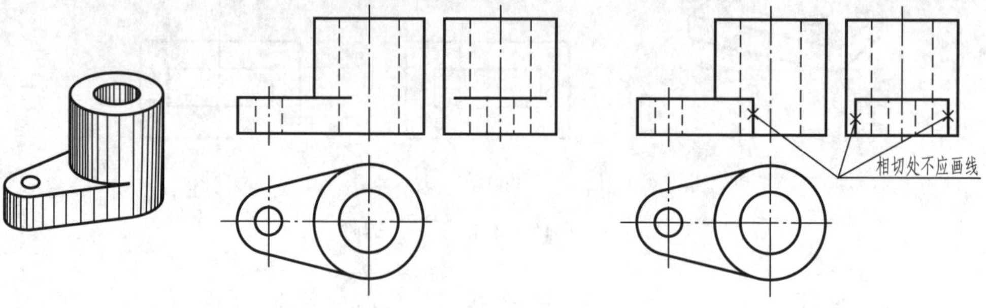

(a) 直观图　　(b) 正确　　(c) 错误

图 4-7　形体表面相切的画法

三、组合体的绘图方法

在绘制组合体视图之前，首先要对组合体进行形体分析，即假想将组合体分解成若干个基本形体（或简单形体），并找出其中的一个基础形体，其他形体可以看成是在基础形体之上叠加或切割。

然后再作线面分析，即分析基本形体在叠加、切割时的邻接表面的连接形式。如果共面，则没有交线；如果相交，要分析邻接面及其交线的形状和投影；如果相切，要分析邻接面和切线的位置及投影。

1. 利用形体分析法绘制组合体视图

按形体分析法画组合体三视图时，要注意以下两个顺序：

（1）组合体的各基本几何体的画图顺序。一般按组合体的生成过程先画基础形体的视图，再画局部细节。

（2）同一个形体三个视图的画图顺序。一般先画形状特征最明显的那个视图，或有积聚性的视图，再画其他两个视图。

下面以图 4-8 所示的底座组合体为例说明。

形体分析：

组合体是由底板Ⅰ、圆柱体Ⅱ和肋板Ⅲ组成。它们的组合形式和相互位置关系如下：圆柱体Ⅱ与带圆柱面的梯形肋板Ⅲ都是叠放在底板Ⅰ上面；肋板Ⅲ对称地叠放在圆柱体Ⅱ的左右两侧；底板Ⅰ的两侧中间各挖去一个形体Ⅴ；底板Ⅰ和圆柱体Ⅱ的正中间同轴挖去一个圆柱体Ⅳ。

画图步骤见图 4-9：

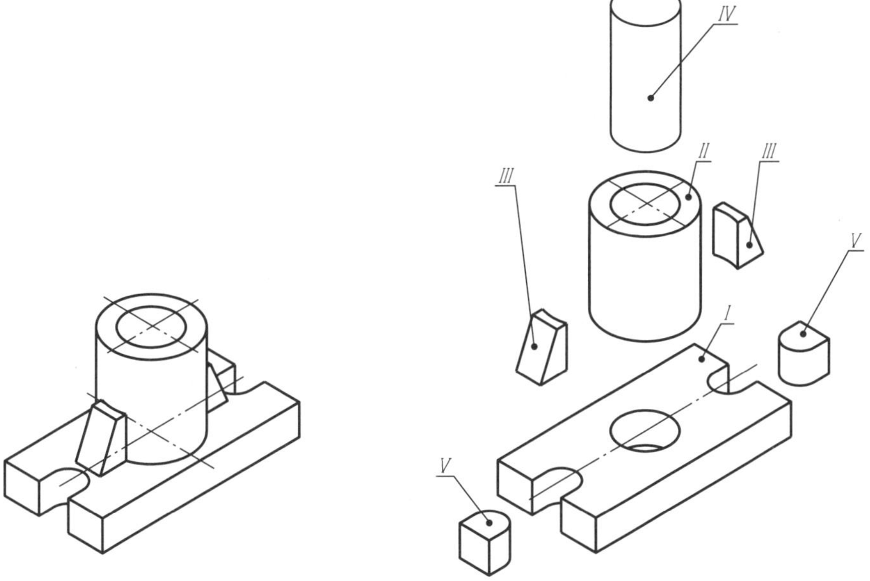

(a) (b)

图 4-8 底座组合体

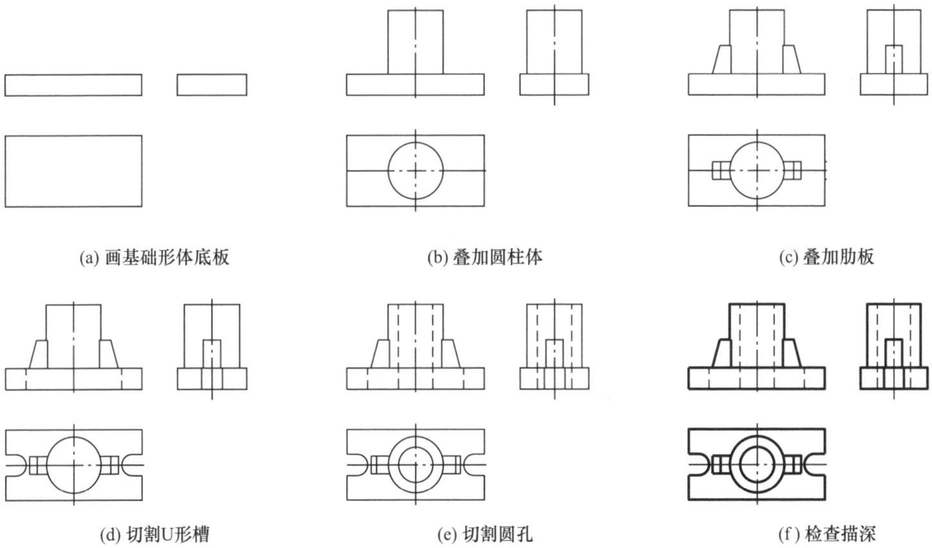

(a) 画基础形体底板 (b) 叠加圆柱体 (c) 叠加肋板

(d) 切割U形槽 (e) 切割圆孔 (f) 检查描深

图 4-9 底座三视图作图步骤

(1) 先画基础形体底板Ⅰ的三视图，见图 4-9（a）。

(2) 画圆柱体Ⅱ的三视图。先画俯视图，后画主视图与左视图，见图 4-9（b）。

(3) 画梯形肋板Ⅲ的三个视图。画肋板三视图时，要特别注意三个视图的画图顺序，应先画俯视图，再画左视图，最后根据“长对正”和“高平齐”的投影对应关系，求出主视图，见图 4-9（c）。

（4）画底板两侧的U形槽。先画俯视图，再参照投影对应关系，依次画出主视图，左视图，见图 4-9（d）。

（5）画形体中间通孔。先画俯视图，再画主视图、左视图，见图 4-9（e）。

（6）检查描深，见图 4-9（f）。

2. 利用线面分析法绘制组合体三视图

下面以图 4-10 所示的相切组合体为例说明。

形体分析与线面分析：

基础形体是一个圆柱体，在基础形体上面叠加一个板，然后钻两个孔。大孔和基础圆柱体同轴，小孔和板左端的圆柱面同轴。在基础形体上叠加板时，板的上面和圆柱筒的上面共面，所以不产生交线，板的侧面和外圆柱面相切。两面相切时，面的交接处是光滑的，没有明显的棱线，但存在几何上的切线，切线是两个形体的分界线。

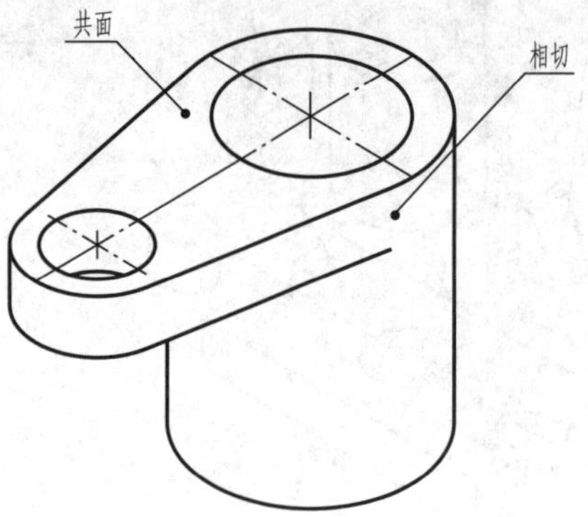

图 4-10　相切的组合体

画图步骤：

（1）画基础形体圆柱的三视图，如图 4-11（a）所示。

（2）画平板的三视图：板的侧面和外柱面相切，表现在俯视图上为直线和圆相切。在主视图和左视图上，相切处不画线，板的下面的 V 面和 W 面投影只画到切点处，如图 4-11（b）所示。

（3）画两个圆孔的三视图。完成的三视图如图 4-11（c）所示。

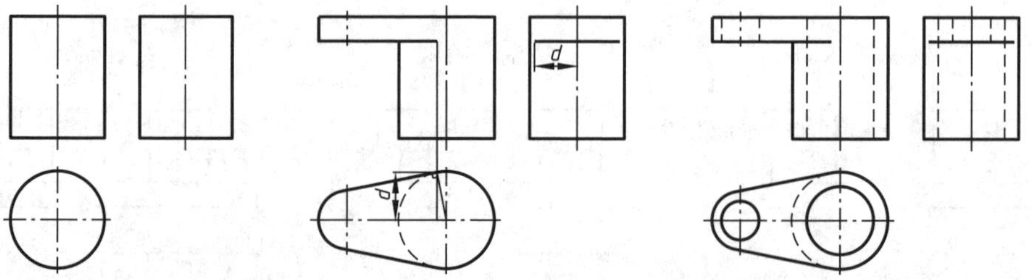

(a) 绘制基础形体圆柱三视图　　(b) 叠加板　　(c) 画孔

图 4-11　相切组合体作图步骤

任务实施

一、绘图准备

（一）工具准备

本任务要求绘制如图 4-2 所示支座的三视图，根据尺寸大小，可以选用 A4 图纸，采用 1∶1 比例绘制。本任务要用到丁字尺、三角板、圆规、铅笔等工具。

（二）图形分析

1. 形体分析

如图 4-12（b）所示，支架可视为由底板Ⅰ、立板Ⅱ、肋板Ⅲ和空心圆柱体Ⅳ组成。底板Ⅰ上有一个圆角并挖去了两个圆柱体；立板Ⅱ叠放在底板上，并与底板的后面平齐，上方与空心圆柱面相切；肋板Ⅲ是上边有圆柱面的多边形平板，叠放在底板上，其上与圆柱面结合，后面与立板紧靠，两侧面与圆柱面相交；空心圆柱体Ⅳ下方与立板、肋板结合。

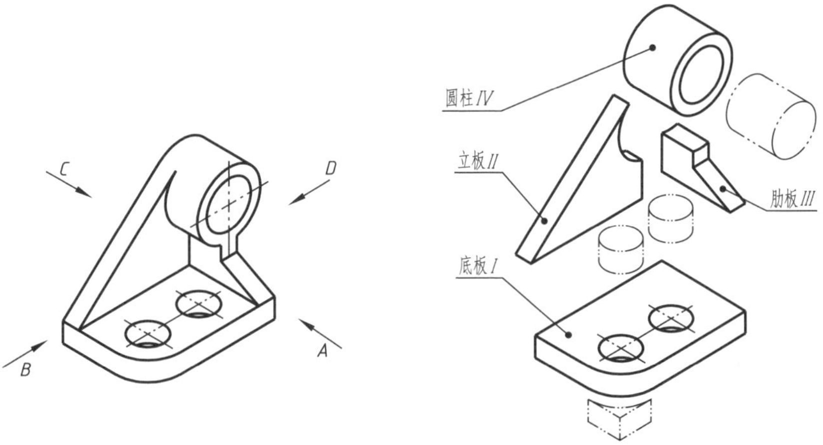

(a) (b)

图 4-12 支座的形体分析

2. 视图选择

画图前，首先把支座安放好，确定主视图的投射方向和所需的视图数量。

当支座按自然位置安放后，对如图 4-12（a）所示的 A、B、C、D 各个方向投射所得的视图进行比较，选出最能反映支架各部分形状特征和相对位置关系的方向作为主视图的投射方向。

如图 4-13 所示，投射方向 A 与 C 比较，C 向视图的虚线多，不如 A 向视图清晰。B 向视图与 D 向视图比较，B 向视图虚线少一些，但作为主视图的投射方向时，其左视图会出现比较多的虚线。综合分析可以看出，A 向视图能反映空心圆柱体、立板的形状特征，以及肋板的厚度和各部分上下、左右的位置关系。

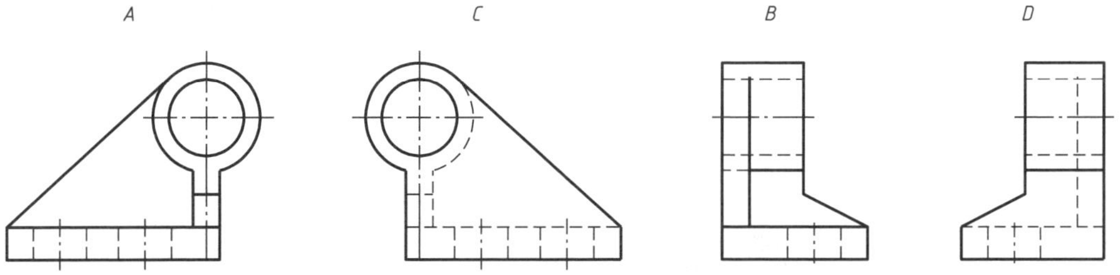

图 4-13 各方向视图的比较

采用 A 向为主视图的投射方向，底板的形状特征还需要用俯视图来反映其圆角和两个圆孔的相对位置；肋板需要左视图来反映其形状特征。因此，该支座需要用三个视图才能完整、清晰地表达其形状和结构特点。

3. 线面分析

如图 4-14（c）所示，立板上表面与空心圆柱体表面是相切关系，故两表面交接处不画交线；在左视图和俯视图上立板的两条直线画到切点为止；同时，立板右侧面与圆柱表面相交，在左视图中应画出交线。肋板两侧面与圆柱面相交，在左视图中应画出其交线，如图 4-14（d）所示。

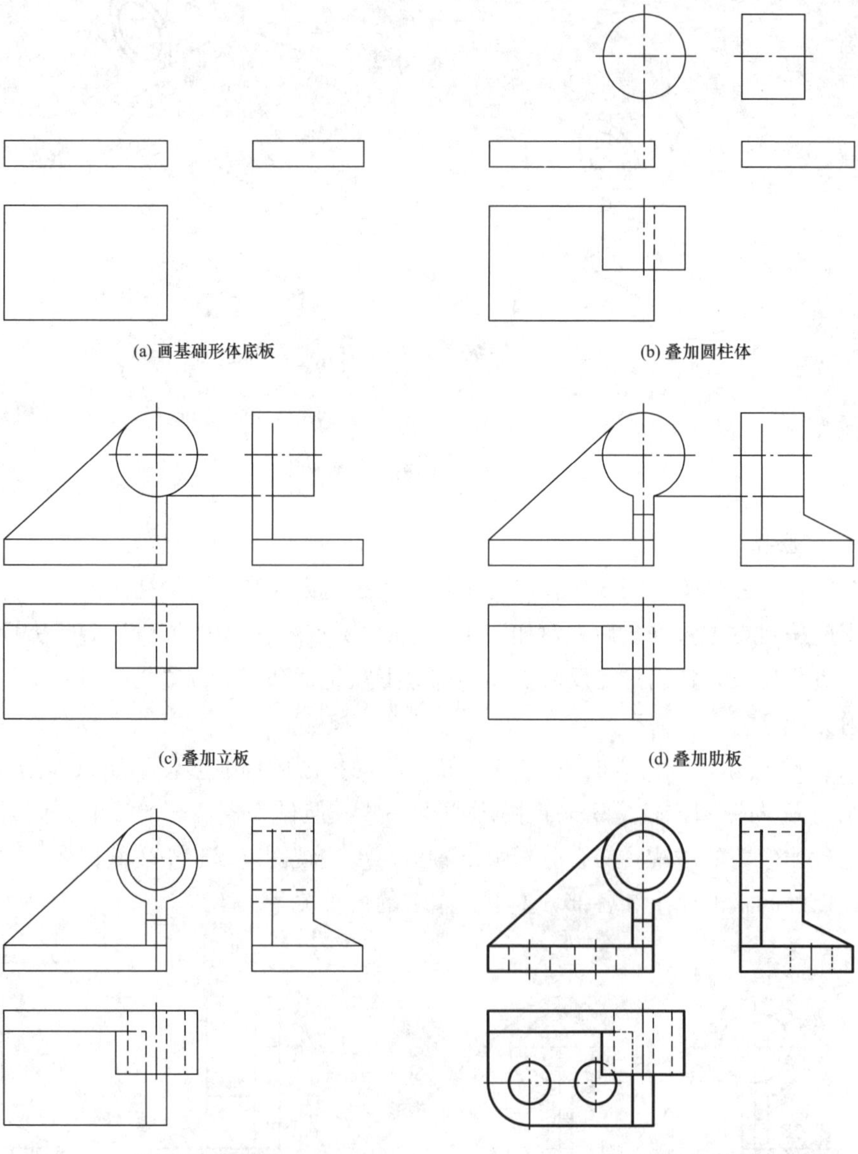

(a) 画基础形体底板　(b) 叠加圆柱体　(c) 叠加立板　(d) 叠加肋板　(e) 画圆柱内部圆孔　(f) 画底板上圆角及圆孔

图 4-14　画支座三视图的作图步骤

绘图时不应该将形体间融为整体而不存在的轮廓线画出。如图 4-14（c）左视图中，在立板与圆柱结合处不应画出圆柱的轮廓线；在图 4-14（d）俯视图中不应画出立板与肋板结合处的界线。

（三）选择比例、布置视图

视图选择好后，根据实物的大小和其形体复杂程度，按制图标准选好图幅大小并确定画图比例。然后布置视图，力求各视图布局匀称，各视图间隔距离恰当，应留有供标注尺寸用的足够地方。

二、绘制底稿

绘制底稿的步骤如图 4-14（a）～（e）所示。

为了迅速而正确地画出组合体的三视图，画底稿时应注意以下几点：

（1）每个基本形体应先从具有积聚性或反映实形的视图入手，然后画其他投影；为了提高绘图速度，三个视图最好同时进行绘制，这样可以避免漏线、多线、确保投影关系正确。

（2）要正确绘制各形体之间的相对位置。例如，画空心圆柱体时，其前后的位置是由底板后表面为基准来确定的。

三、检查、描深

画完底稿并检查无误后，按机械制图的线型标准加深，如图 4-14（f）所示。

拓展训练

拓展 4-1： 绘制如图 4-15 所示带底座圆筒组合体的三视图，并标注尺寸。

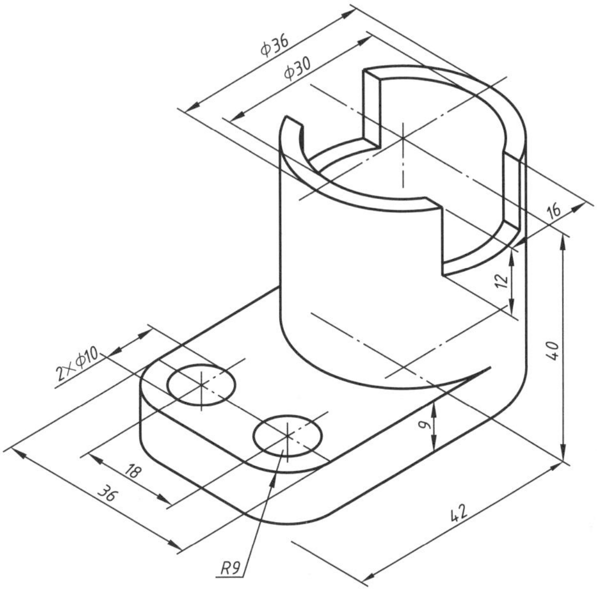

图 4-15　带底座圆筒

任务二　绘制轴承盖三视图

知识目标：

掌握回转体相贯线的绘制方法。

掌握回转体相贯线的分析与特征。

能力目标：

能正确使用辅助平面法，绘制回转体相贯线的投影。

能准确绘制特殊情况下两相交回转体的相贯线。

素养目标：

通过辅助平面法，拓展解题思路，强化图学思维。

任务分析

绘制如图 4-16 所示轴承盖的三视图并标注尺寸。轴承盖的上部有圆柱面相贯的特征，两曲面相交的交线即相贯线。相贯线通常是复杂的曲线，完成本任务，需要掌握视图中相贯线的绘制方法，同时具备组合体的形体分析能力。

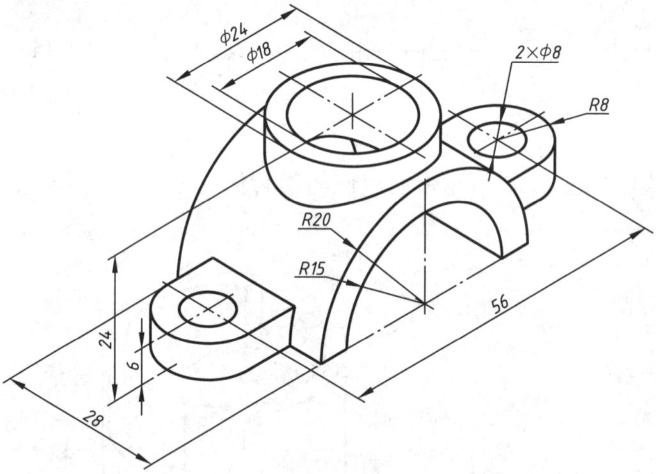

图 4-16　轴承盖

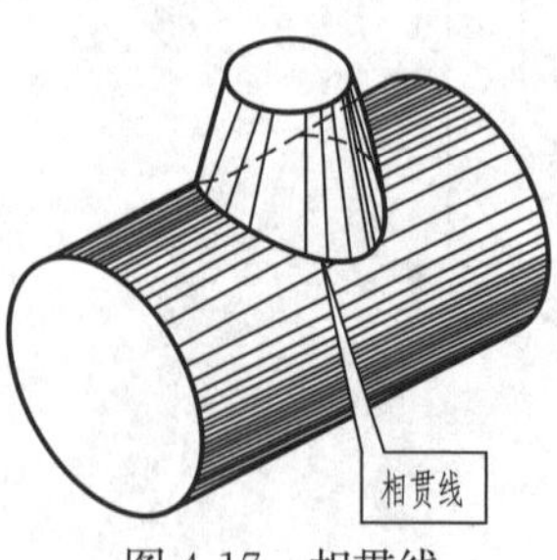

图 4-17　相贯线

相关知识

如图 4-17 所示，圆锥台与圆柱体都是回转体，它们相交后可看作一个形体，称为相贯体。两回转体表面的交线称为相贯线。

讨论两立体相交的问题，主要是讨论如何求相贯线。工程图样上画出两立体相贯线的意义，在于用它来完整、清晰地表达出零件各部分的形状和相对位置，为准确地制造该零件提供条件。

一、相贯线的性质

（1）共有性。相贯线是两立体表面的共有线，也是两立体表面的分界线，相贯线上的所有点也是两立体表面的共有点。

（2）封闭性。由于形体占有一定的空间范围，所以相贯线一般是封闭的空间曲线。

二、相贯线的形状

平面立体与平面立体相交，其相贯线为封闭的空间折线或平面折线。平面立体与曲面立体相交，其相贯线为由若干平面曲线或平面曲线和直线结合而成的封闭的空间几何形。

应该指出，由于平面立体与平面立体相交或平面立体与曲面立体相交，都可以理解为平面截切平面立体或平面截切曲面立体的情况，所以相贯线的主要形式是曲面立体与曲面立体相交。最常见的曲面立体是回转体。

两回转体相交，其相贯线一般情况下是封闭的空间曲线［见图 4-18（a）］，特殊情况下是平面曲线［见图 4-18（b）］，或由直线和平面曲线所组成［见图 4-18（c）］。

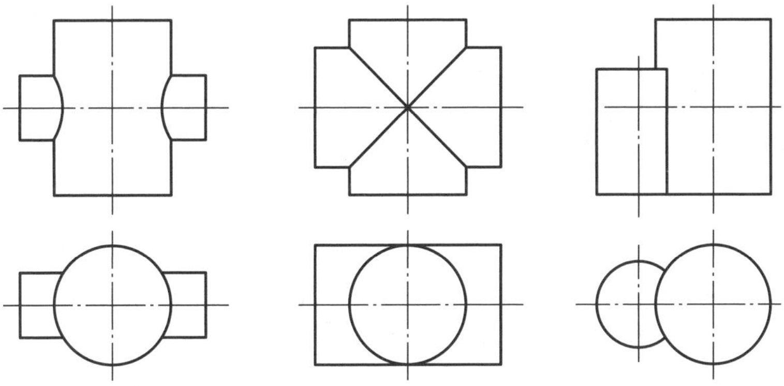

(a) 一般情况　(b) 特殊情况示例(一)　(c) 特殊情况示例(二)

图 4-18　两回转体相交

三、相贯线的绘制方法和步骤

求相贯线的一般方法是辅助平面法，它是利用三面共点原理求出两回转体表面的共有点。如图 4-19 所示，作辅助水平面 P，因为辅助水平面 P 与圆柱体轴线平行、与圆锥台轴线垂直，所以辅助平面与圆柱表面的截交线为矩形，与圆锥台表面的截交线为圆，该两截交线的交点 A、B、C、D 即为圆柱、圆锥台表面的共有点，该点也是辅助平面 P 上

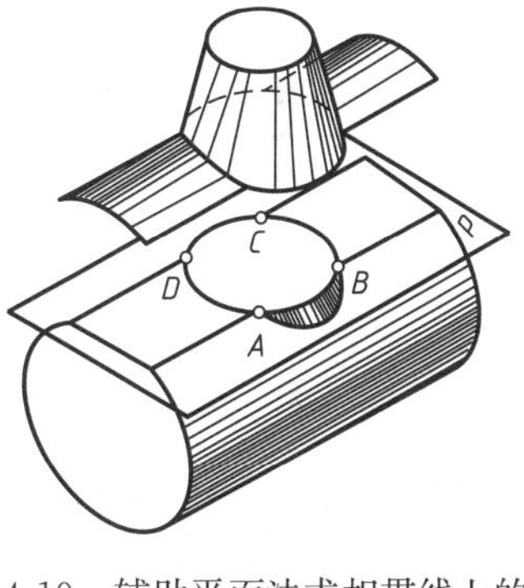

图 4-19　辅助平面法求相贯线上的点

的点，因此也称为三面共有点。作若干个与辅助平面 P 平行的平面，即可求出圆柱和圆锥台表面上一系列共有点。

求两回转体相贯线的具体步骤如下：

（1）分析两回转体表面性质、两回转体的相对位置和相交情况，选择适当的辅助平面，使辅助平面与两回转体的交线都是最简单的形状（圆或矩形）。

（2）求出属于相贯线上的特殊点。特殊点有最高点、最低点、最左点、最右点、最前点、最后点，可见与不可见的分界点及转向轮廓线上的点，其中有些点可根据点、线从属关系直接求得，有些点需用辅助平面法求出。

（3）用辅助平面法求相贯线上的一般点。

（4）判别可见性，顺次光滑地连接各点。

【例 4-1】 求两圆柱体正交的相贯线，如图 4-20 所示。

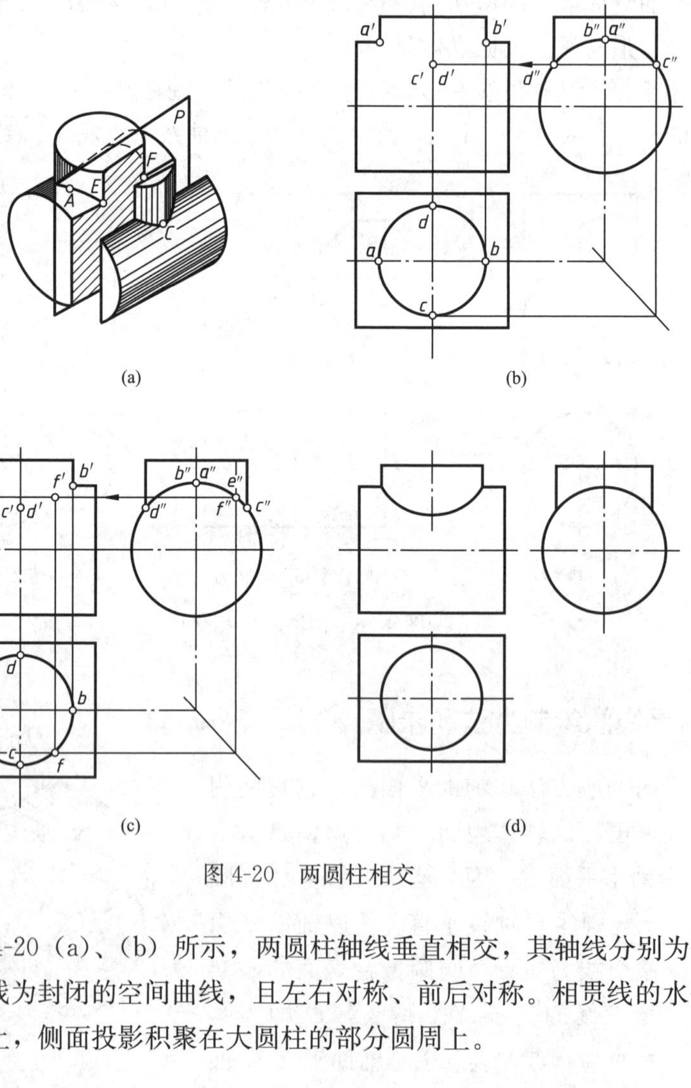

图 4-20　两圆柱相交

分析　如图 4-20（a）、（b）所示，两圆柱轴线垂直相交，其轴线分别为铅垂线和侧垂线，因此相贯线为封闭的空间曲线，且左右对称、前后对称。相贯线的水平投影积聚在小圆柱的圆周上，侧面投影积聚在大圆柱的部分圆周上。

作图 （1）求特殊点。由于两圆柱的正视转向轮廓线处于同一正平面上，故可直接求得 A、B 两点的投影。点 A 和点 B 是相贯线的最高点（也是最左点和最右点），其正面投影为两圆柱正视转向轮廓线正面投影的交点 a'、b'；其水平投影 a、b 和侧面投影 a''、b''由点、线从属关系求出。点 C 和点 D 是相贯线的最前点和最后点（也是最低点），其侧面投影为垂直竖放圆柱的侧视转向轮廓线的侧面投影与水平横放圆柱的侧面投影为圆的交点 c''、d''；而水平投影 c、d 在直立圆柱面水平投影的圆上，由 c、d 和 c''、d'' 即可求得正面投影 c'、d'（重合为一点），如图 4-20（b）所示。

（2）求一般点。在两圆柱体相交的范围内作辅助正平面 P，则该辅助正平面的侧面投影和水平投影均积聚为直线。由于辅助平面与两圆柱的轴线平行，所以它与两圆柱面的交线均为矩形，其侧面投影和水平投影与辅助正平面积聚性的投影重合。两个矩形交线的正面投影反映实形，其正面投影可分别由侧面投影和水平投影求得（图中只画出矩形交线的一部分）。两个矩形交线的交点 f'、e' 即为相贯线上一般位置点的正面投影，其侧面投影 f''、e''和水平投影 f、e 是辅助正平面的投影与圆周相交处，如图 4-20（c）所示。

（3）光滑地连接 a'、e'、c'、f'、b'，即得相贯线的正面投影。因为 a'、e'、c'、f'、b'各点所在的两个圆柱面都是可见的，所以连得的相贯线也是可见的。后面的相贯线与前面重合，如图 4-20（d）所示。

两圆柱轴线垂直相交的相贯体，在零件中最为常见，除了上述两实体圆柱相交外，还有圆柱孔与实体圆柱相交（内表面与外表面相交，见图 4-21），圆柱孔与圆柱孔相交（两内表面相交，见图 4-22）。这些相贯线的作图方法都与图 4-20 的作图方法相同。

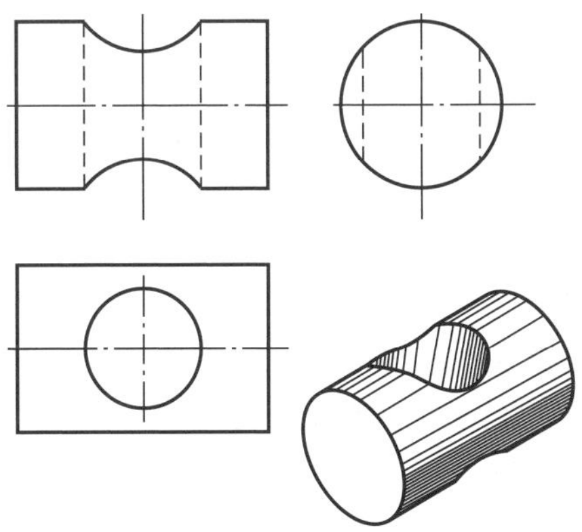

图 4-21 圆柱孔与圆柱相交

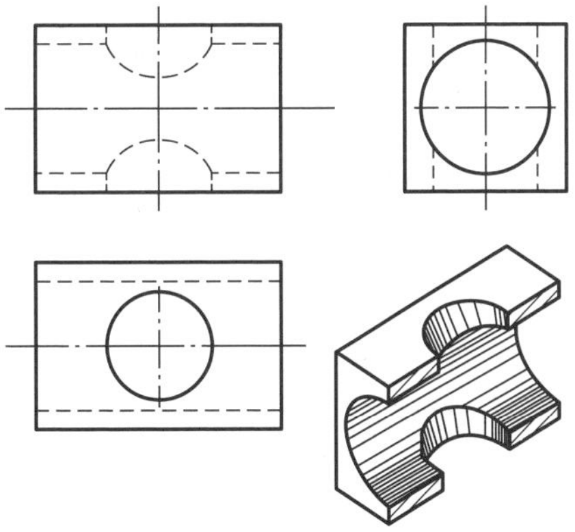

图 4-22 两圆柱孔相交

【例 4-2】 圆柱体与圆锥体相交。求轴线正交的圆柱体与圆锥体的相贯线，如图 4-23 所示。

分析 如图 4-23（a）、（b）所示，圆柱体与圆锥体的轴线垂直相交，其相贯线为一封闭的空间曲线。由于圆柱轴线是侧垂线，所以相贯线的侧面投影积聚在圆柱侧面投影

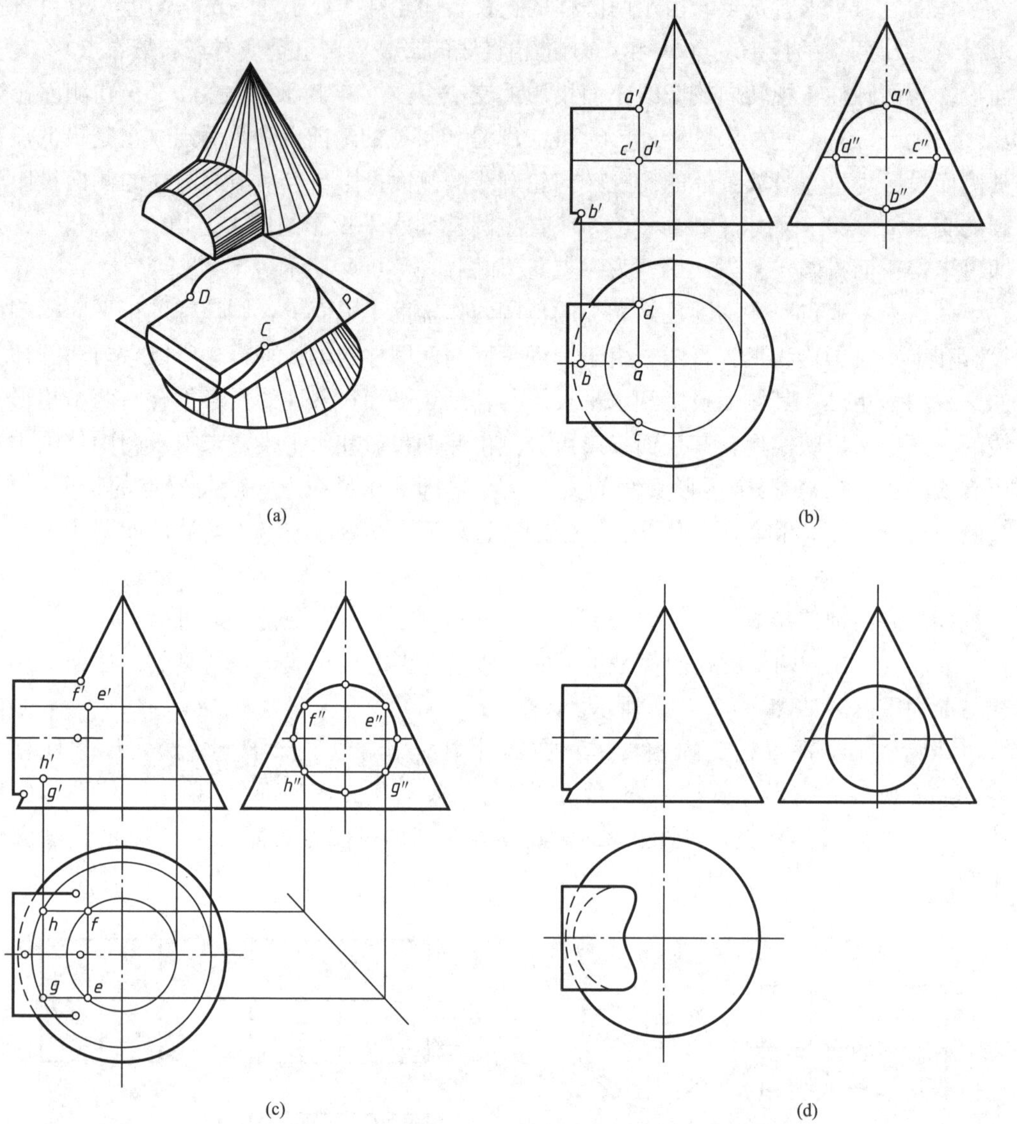

图 4-23　圆柱与圆锥相交

的圆周上，需要求的是相贯线的正面投影和水平投影。由于圆锥轴线垂直于水平面，所以采用水平面 P 作为辅助平面，求出相贯线上各点的正面投影和水平投影。

作图　(1) 求特殊点。相贯线的最高点 A 和最低点 B 分别位于圆柱和圆锥正视转向轮廓线的交点上，所以点 A、点 B 的正面投影 a'、b'可直接求出。由 a'、b'可求得侧面投影 a''、b''和水平投影 a、b。相贯线的最前点 C 和最后点 D，分别位于水平圆柱最前和最后两条俯视转向轮廓线上，其侧面投影 c''、d''可直接求出；水平投影 c、d 可过圆柱轴线作辅助水平面 P 求出（P 与圆柱和圆锥的截交线在水平投影上的交点），由 c、d 和 c''、d''可求得正面投影 c'、d'，如图 4-23（b）所示。

(2) 求一般点。在正面投影上，相对于圆柱轴线对称地再作两个辅助水平面，这两个辅助水平面与圆柱面的交线为直线，其水平投影相重合，与圆锥面的交线为两个直径不等的圆，直线与两个圆的交点分别为 e、f 和 g、h，即为相贯线上一般点的水平投影。将 e、f 和 g、h 分别投影在交线的正面投影和侧面投影上（均为直线），得其正面投影 e'、f'和 g'、h'及侧面投影 e''、f''和 g''、h''，如图 4-23（c）所示。

（3）判别可见性。水平投影中在下半个圆柱面上的相贯线是不可见的，c、d 两点是相贯线水平投影的可见与不可见的分界点。正面投影中相贯线前、后部分的投影重合，即可见与不可见的投影互相重合。

（4）连曲线。参照各点侧面投影的顺序，将各点的同面投影连成光滑的曲线。正面投影中可见点 a'、e'、c'、g'、b'连成粗实线，水平投影中可见点 c、e、a、f、d 连成粗实线，不可见点 c、g、b、h、d 连成虚线。

整理外形轮廓线，圆柱面的俯视转向轮廓线应画到 c、d 两点，如图 4-23（c）、(d）所示。

四、相贯线的一般情况与特殊情况

（一）两圆柱正交相贯线的变化情况

两圆柱正交的相贯线变化情况如图 4-24 所示。

（1）相贯线的投影曲线始终由小圆柱向大圆柱轴线弯曲。

（2）两圆柱直径差越小，相贯线的投影曲线越弯曲，且更趋近于大圆柱轴线。

（3）当两圆柱直径相等时，相贯线为两个相交的椭圆，在与圆柱轴线平行的投影面上为两正交直线。

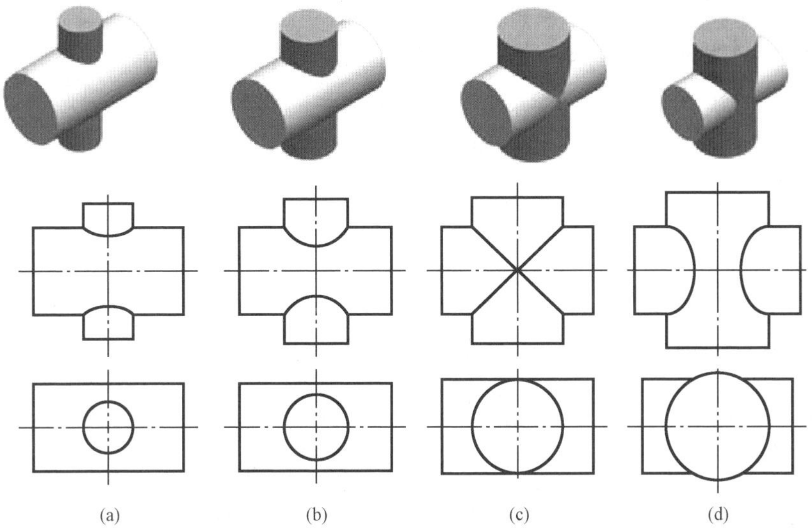

图 4-24 两圆柱正交的相贯线变化情况

（二）相贯线的特殊情况

两回转体相交，在一般情况下相贯线是封闭的空间曲线，但在特殊情况下相贯线也可能是平面曲线或直线。下面介绍两种常见的情况。

1. 同轴的两回转体相交

同轴的两回转体相交，其相贯线是垂直于轴线的圆。

如图 4-25 所示，两回转体共轴线相交时，它们的相贯线都是平面曲线——圆。因为两回转体的轴线都平行于正面，所以它们相贯线的正面投影均积聚为直线，其水平投影为圆或椭圆。

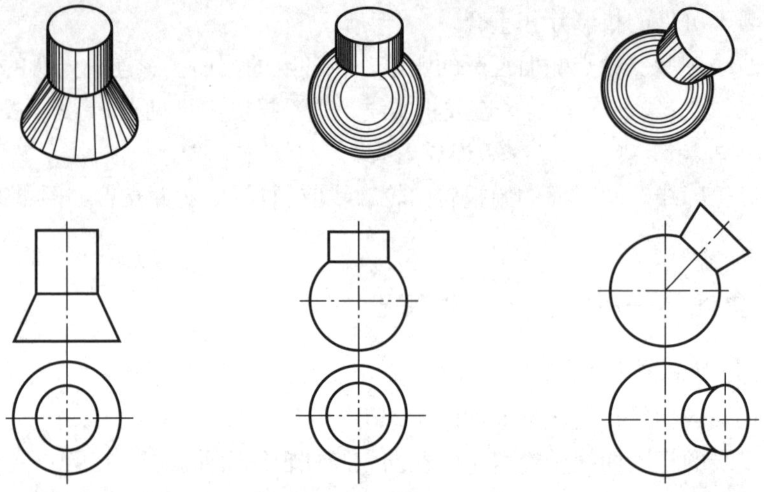

(a) 圆柱与圆锥　(b) 圆柱与圆球　(c) 圆锥与圆球

图 4-25　两回转体同轴线相交

2. 切于同一球面的两回转体相交

切于同一球面的两回转体相交，其相贯线为两个相交的垂直于公共对称面的椭圆。

（1）当两圆柱轴线相交、直径相等、共切于一球面时，其相贯线为两个大小相等的椭圆，如图 4-26（a）所示。在这种情况下，两个椭圆的正面投影积聚为相交两直线，水平投影和侧面投影均积聚为圆。

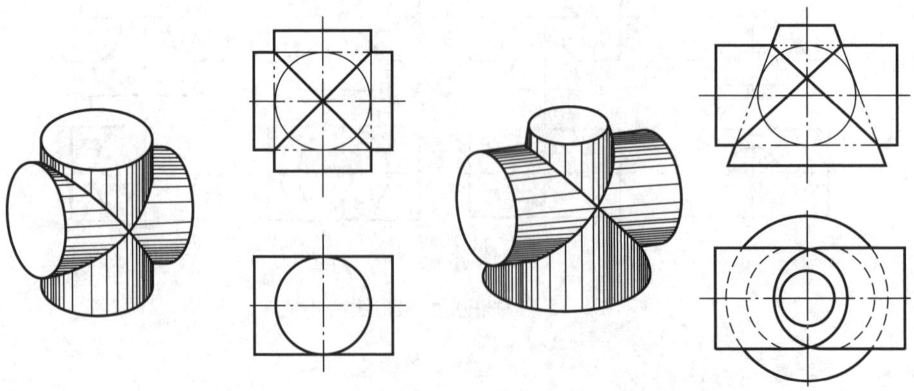

(a) 圆柱与圆柱相交　(b) 圆柱与圆锥相交

图 4-26　两回转体共切于球的相贯线

（2）当圆柱与圆锥台的轴线相交，且共切于一球面时，其相贯线也是两个大小相等的椭圆，如图 4-26（b）所示。在这种情况下，两个椭圆的正面投影积聚为两相交直线，水平投影仍为椭圆，侧面投影积聚为圆。

（3）轴线相互平行的两圆柱相交，两圆柱面上的相贯线是两条平行于轴线的直线，如图 4-18（c）所示。

五、相贯线简化画法与模糊画法

1. 两圆柱正交时相贯线的简化画法

绘图时，经常遇到两圆柱正交的情况，当两圆柱的直径差较大时，允许采用简化画法（近似画法），其画法是用大圆柱的半径作圆弧来代替相贯线的投影，如图 4-27 所示。

2. 相贯线的模糊画法

一般情况下，零件表面的相贯线是零件加工后自然形成的交线，因此，零件图上的相贯线实质上只起示意的作用，在不影响加工的情况下，可以采用模糊画法（GB/T 16675.1—2012）表示相贯线，如图 4-28 所示。

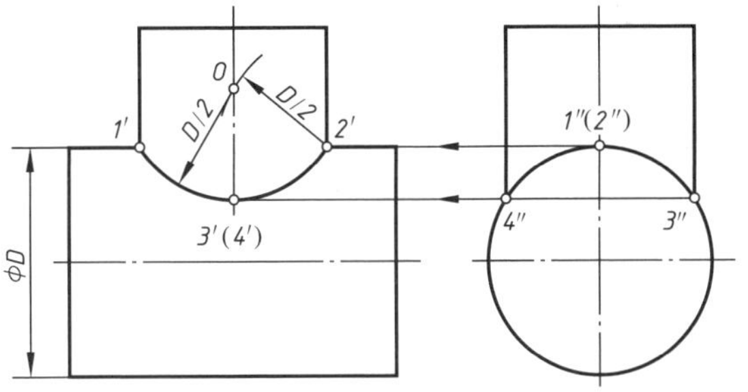

图 4-27　两圆柱正交时相贯线的简化画法

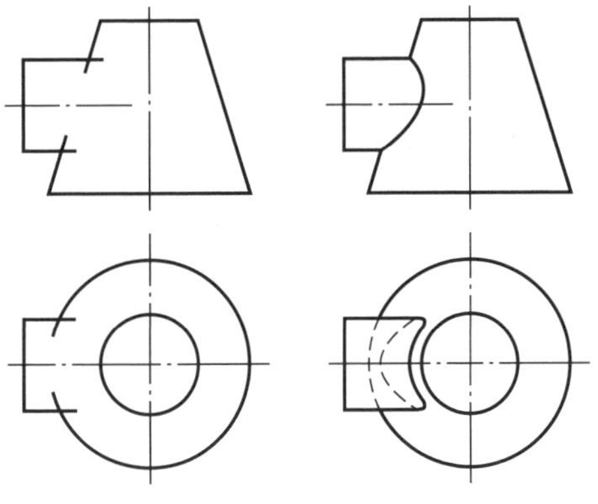

(a) 简化后　(b) 简化前

图 4-28　相贯线的模糊画法

六、组合体的尺寸标注

视图只能表示组合体的形状，而组合体上各形体的真实大小及准确的相对位置，则要靠尺寸来确定。

（一）尺寸标注的基本要求

（1）正确：即所注尺寸必须符合国家标准《机械制图》中有关尺寸注法的规定。

（2）完整：即所注尺寸必须把物体各部分的大小及相对位置完全确定下来，不能多余，也不能遗漏。

（3）清晰：即尺寸布局要清晰恰当，既要方便看图，又要使图面清晰。

（二）尺寸的种类

1. 定形尺寸

确定组合体中各个形体的形状及大小的尺寸称为定形尺寸。基本几何体的尺寸标注见图 4-29。

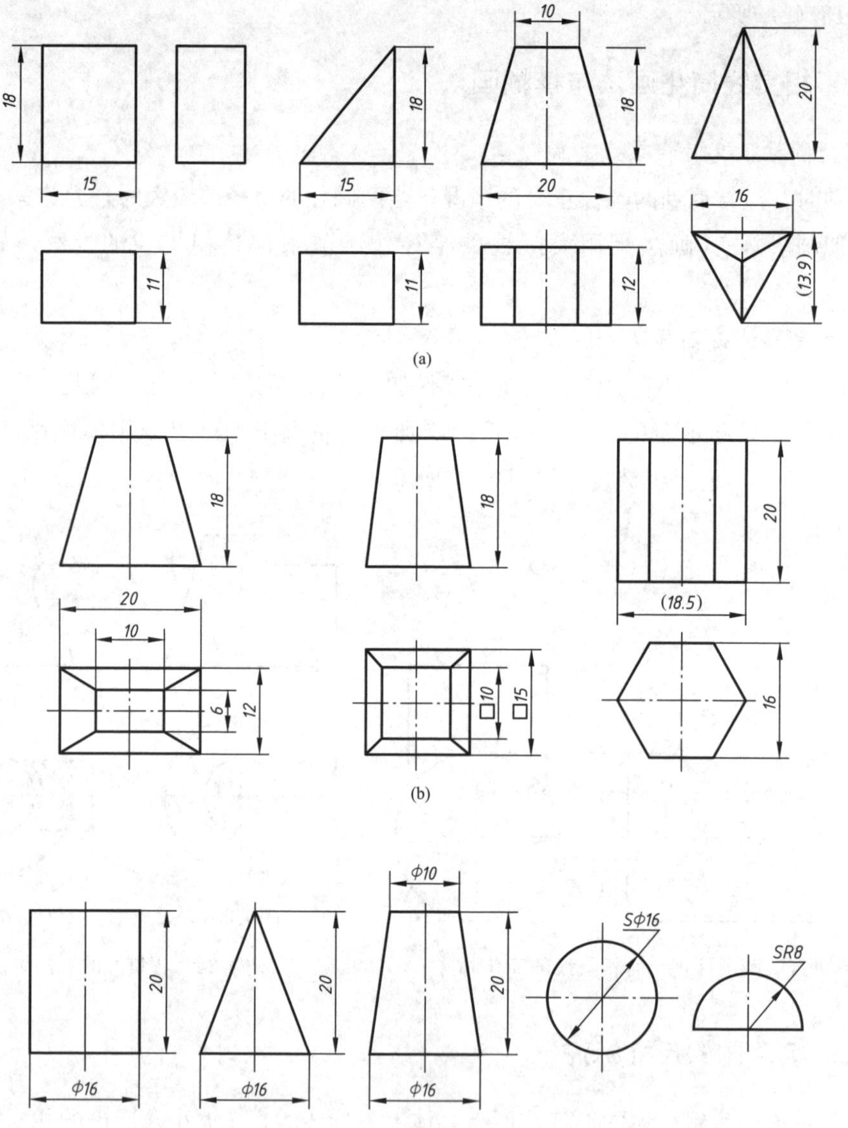

图 4-29　基本几何体的尺寸标注

其中，正方形的尺寸可采用如图 4-29（b）所示的形式注出，即在边长尺寸数字前加注“□”符号。图 4-29（a）、（b）中加“（）”的尺寸称为参考尺寸。

圆柱和圆锥应注出底圆直径和高度尺寸，圆锥台还应加注顶圆的直径。直径尺寸应在其数字前加注符号“ϕ”，一般注在非圆视图上，这种标注形式用一个视图就能确定其形状和大小，其他视图就可省略，如图 4-29（c）所示。

标注圆球的直径和半径时，应分别在“ϕ”“R”前加注符号“S”，如图 4-29（c）所示。

2. 定位尺寸与尺寸基准

确定组合体中各形体之间的相对位置的尺寸称为定位尺寸。

尺寸标注的起点称为尺寸基准。各形体的定位尺寸一般都应从相应方向的尺寸基准处开始标注。通常以物体上的对称中心线、轴线、较大的平面或较长的轮廓线作为尺寸基准，如图 4-30 所示。

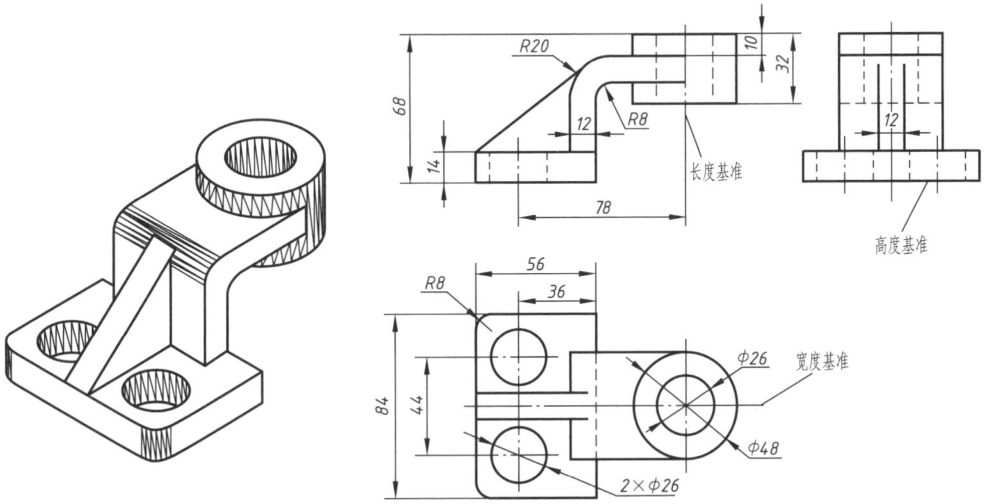

图 4-30　组合体的尺寸基准

3. 总体尺寸

为了解组合体所占空间大小，一般需要标注组合体的外形尺寸，即总长、总宽和总高，称为总体尺寸，如图 4-30 中的 84、68。

当组合体的端部不是平面而是回转体时，该方向上一般不直接标注总体尺寸，而是标注确定回转面轴线位置的定位尺寸和回转面的定形尺寸，如图 4-31 所示。

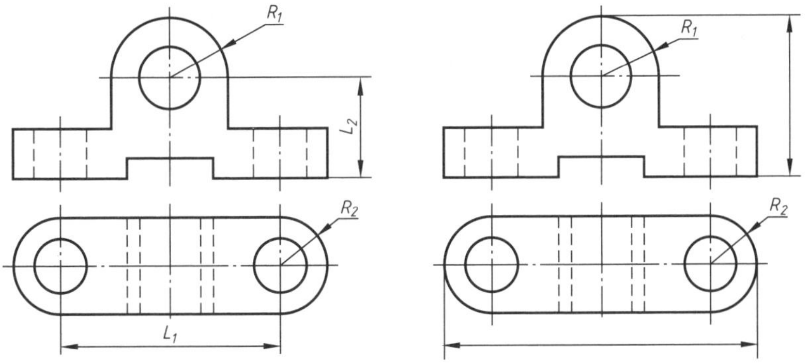

(a) 正确　　(b) 错误

图 4-31　端部为回转面的组合体总体尺寸标注

任务实施

一、绘图准备

1. 工具准备

本任务要求绘制如图 4-15 所示轴承盖的三视图并标注尺寸，根据尺寸大小，可以选用 A4 图纸，采用 1∶1 比例绘制。本任务要用到丁字尺、三角板、圆规、铅笔等工具。

2. 形体分析

轴承盖是典型的曲面立体的组合体，既有叠加又有切割，可如图 4-32 所示进行形体分析。

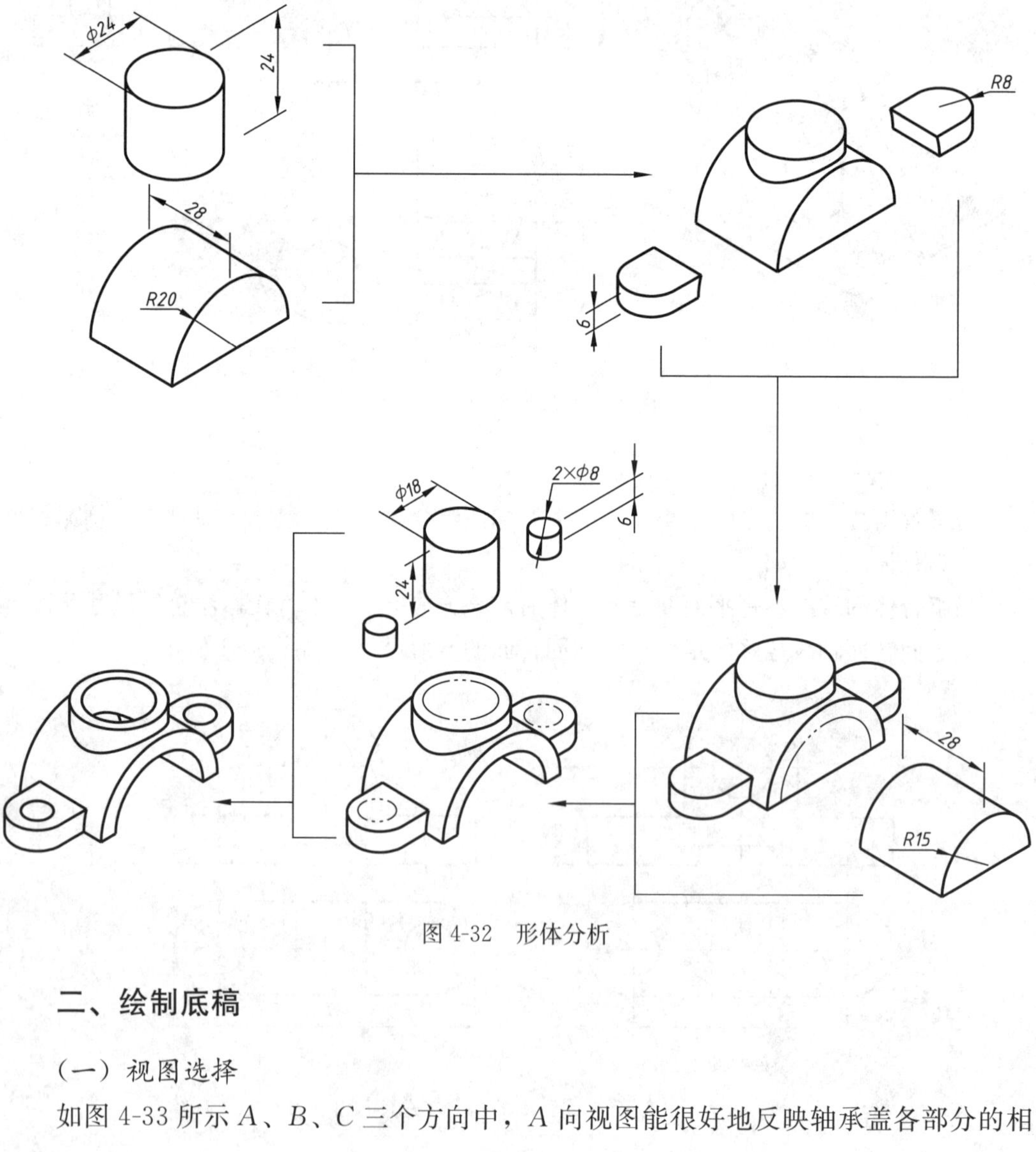

图 4-32　形体分析

二、绘制底稿

（一）视图选择

如图 4-33 所示 A、B、C 三个方向中，A 向视图能很好地反映轴承盖各部分的相对位置和形状特征，所以选择 A 向为主视图投射方向，则 B 向为左视图的投射方向，C 向为俯视图的投射方向。

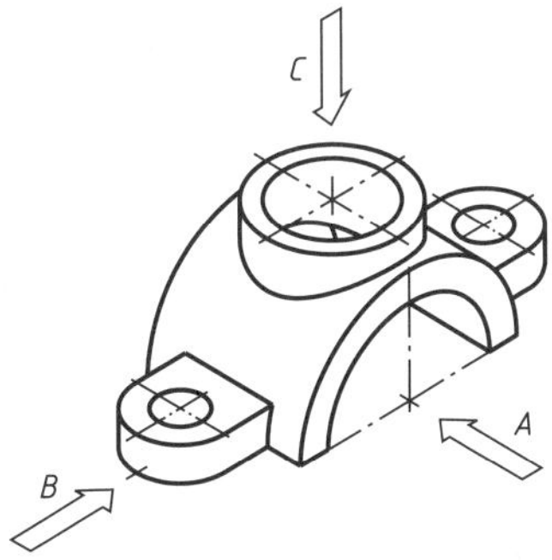

图 4-33 视图方向

（二）图形绘制

1. 绘制基准线

形体底面及主要回转体轴线是视图的基准。

如图 4-34 所示绘制基准线（尺寸仅供参考，不需标注）。

2. 绘制轴承盖主体三视图

如图 4-35 所示，绘制轴承盖主体三视图。

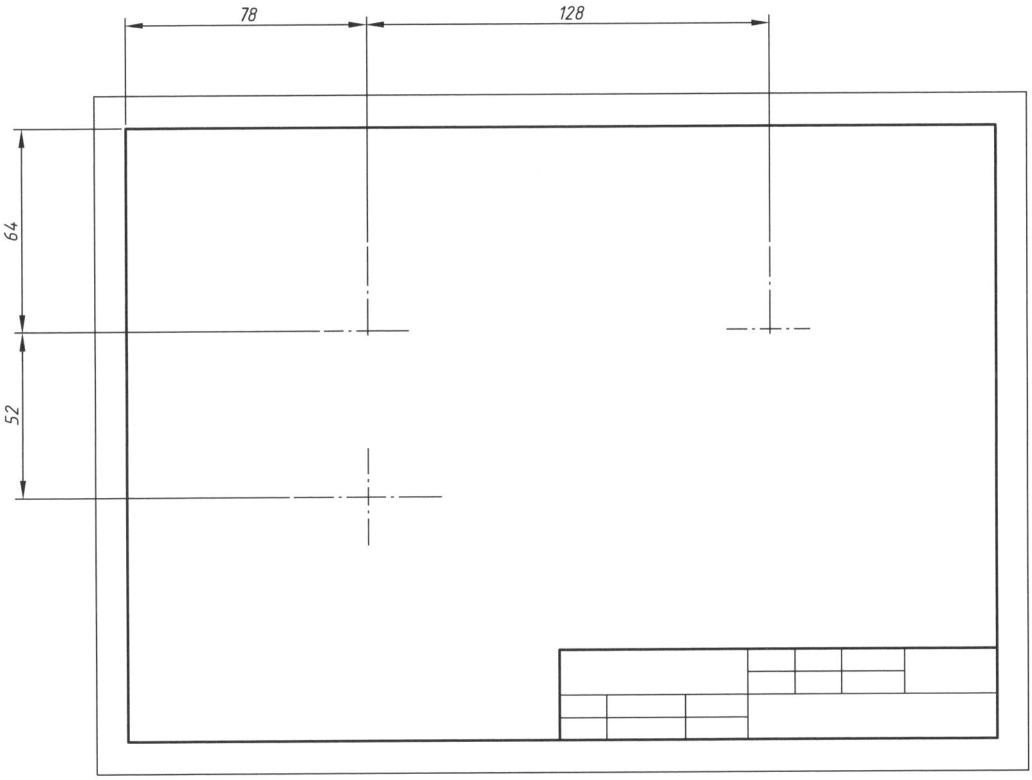

图 4-34 绘制基准线

3. 绘制上部圆筒三视图

如图 4-36 所示，绘制上部圆筒三视图。

4. 绘制外轮廓相贯线

（1）求作特殊点。作最低点Ⅰ、Ⅱ点（也是最左、最右点）及最高点Ⅲ、Ⅳ点（也是最前、最后点）的投影，如图 4-37 所示。

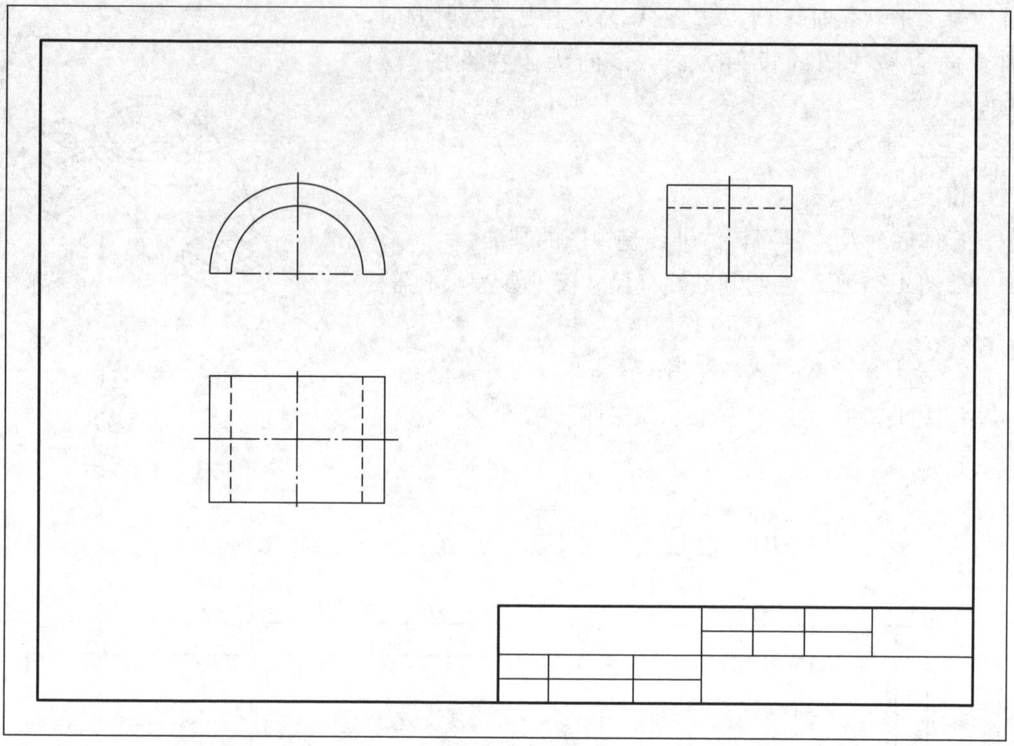

图 4-35　绘制轴承盖主体三视图

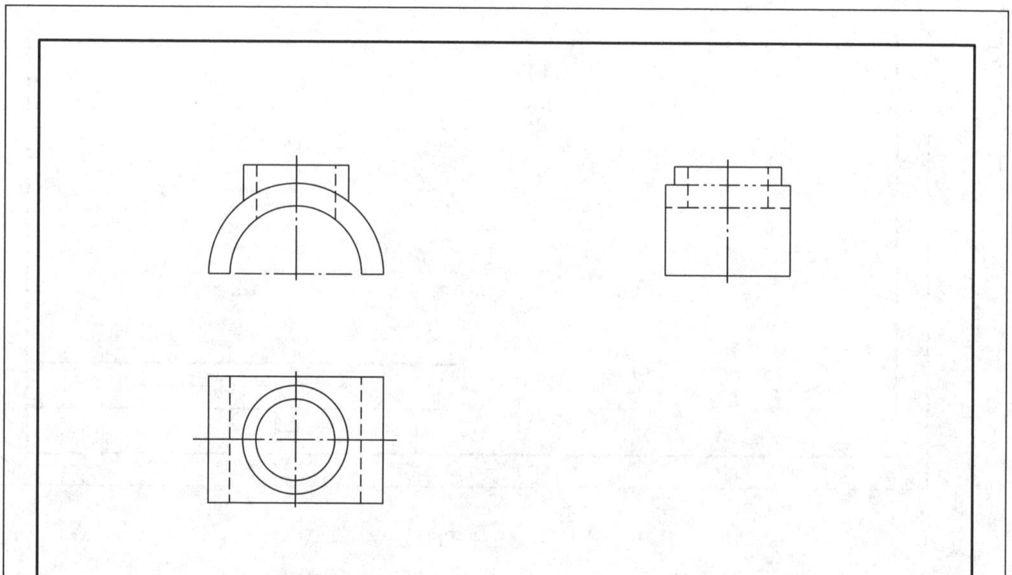

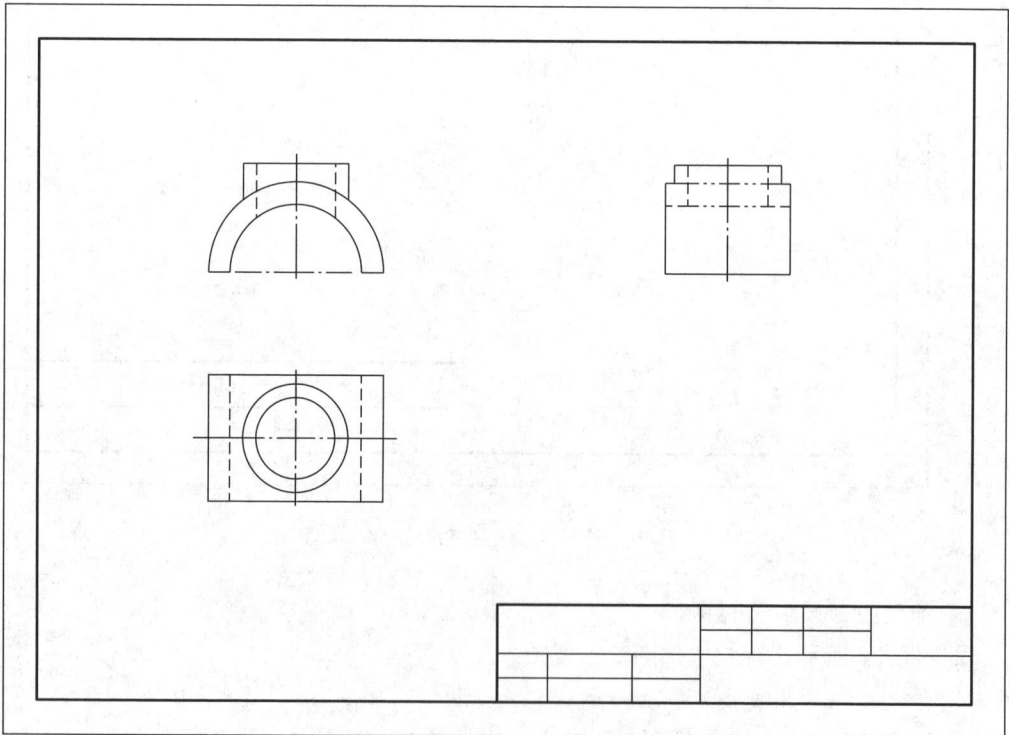

图 4-36　绘制圆筒三视图

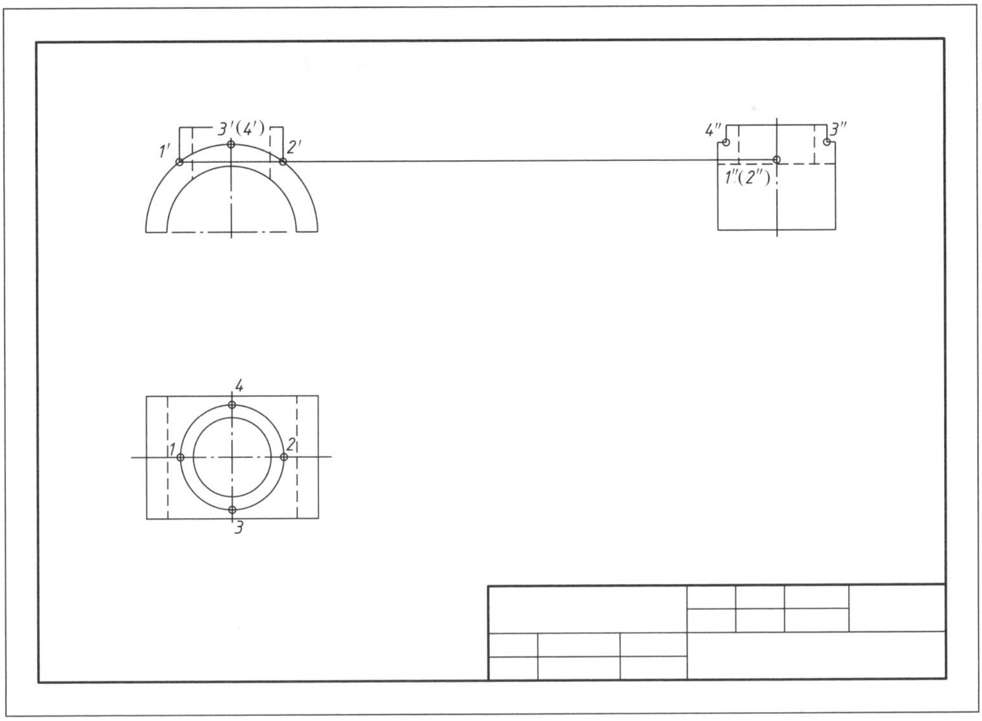

图 4-37 求作最低点与最高点

（2）补充一般点。如图 4-38 所示，用辅助平面法求作一般点。

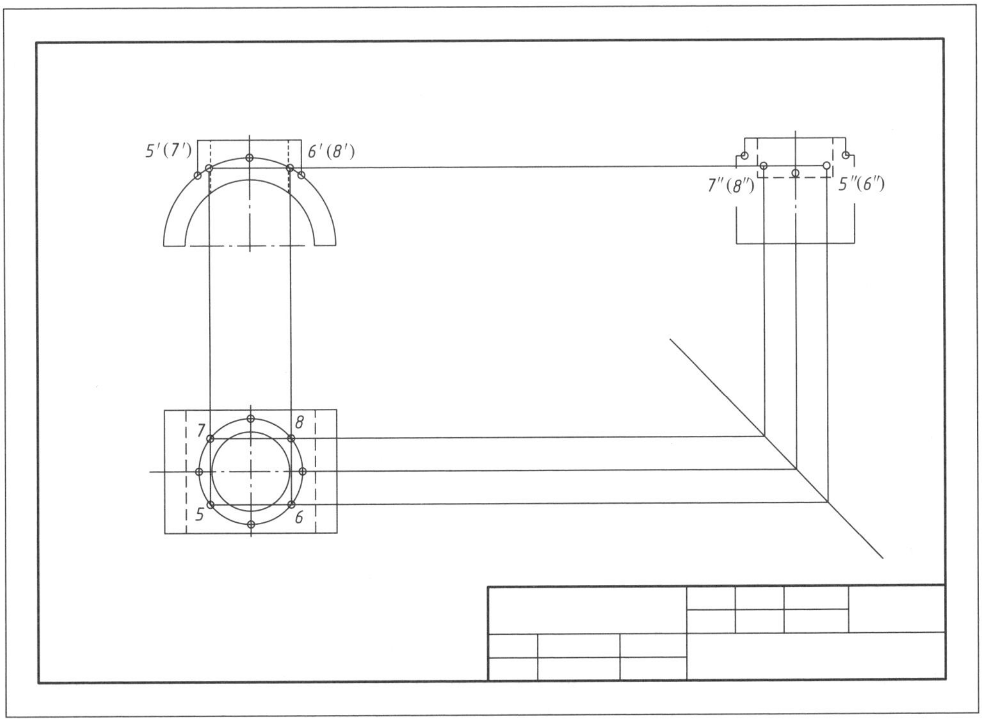

图 4-38 补充一般点

在主视图上从相贯线的中间部位取任意点Ⅴ点和Ⅶ点（在主视图上重影为一点），作水平投影连线（辅助平面）与垂直投影连线，先在俯视图上找到相应点（5、7），再连接到左视图上的相交点，得到两个一般点（5″、7″）。

（3）平滑连接各点。用光滑曲线将各点连接起来，擦除作图辅助线，及多余线条，得到如图 4-39 所示的外轮廓相贯线。

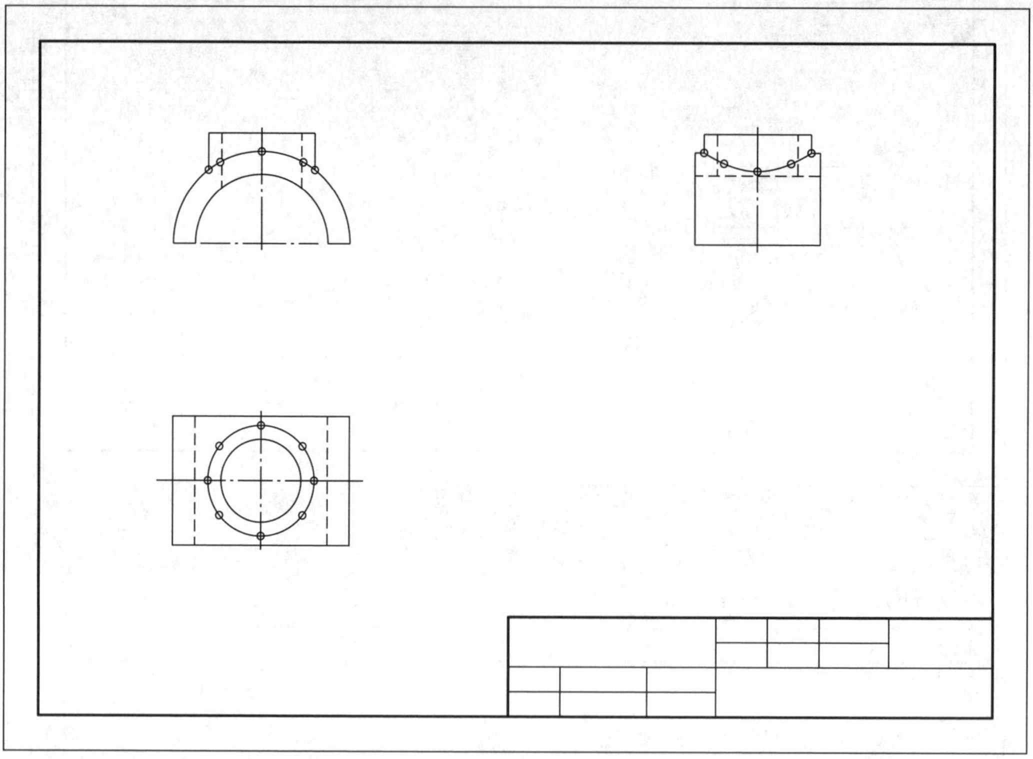

图 4-39　绘制外轮廓相贯线

5. 绘制内轮廓相贯线

用以上相同方法绘制如图 4-40 所示的内轮廓相贯线。

6. 绘制两侧 U 形托脚

在三个视图中，绘制两侧 U 形托脚的三视图，得到如图 4-41 所示的效果。

三、描深图线、标注尺寸

1. 检查描深

依据 GB/T 17450—1998、GB/T 4457.4—2002 规定，描深图线，擦除投影连线等多余图线，如图 4-42 所示。

2. 标注尺寸

（1）标注主体尺寸。标注主体部分半圆筒结构的内、外半径及长度，如图 4-43 所示。

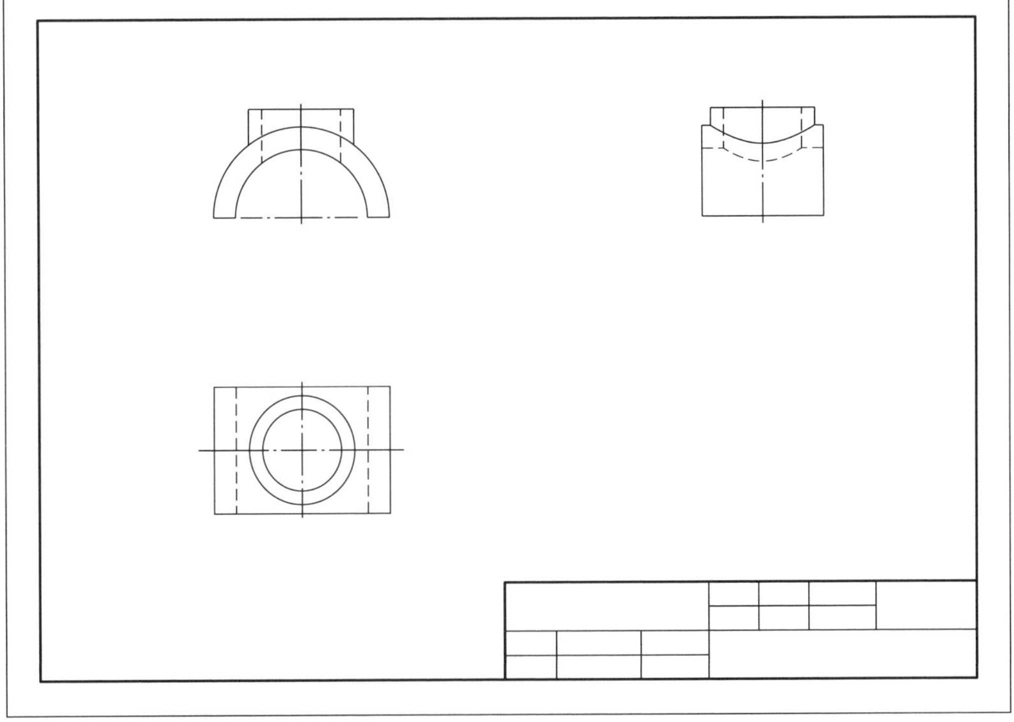

图 4-40 绘制内轮廓相贯线

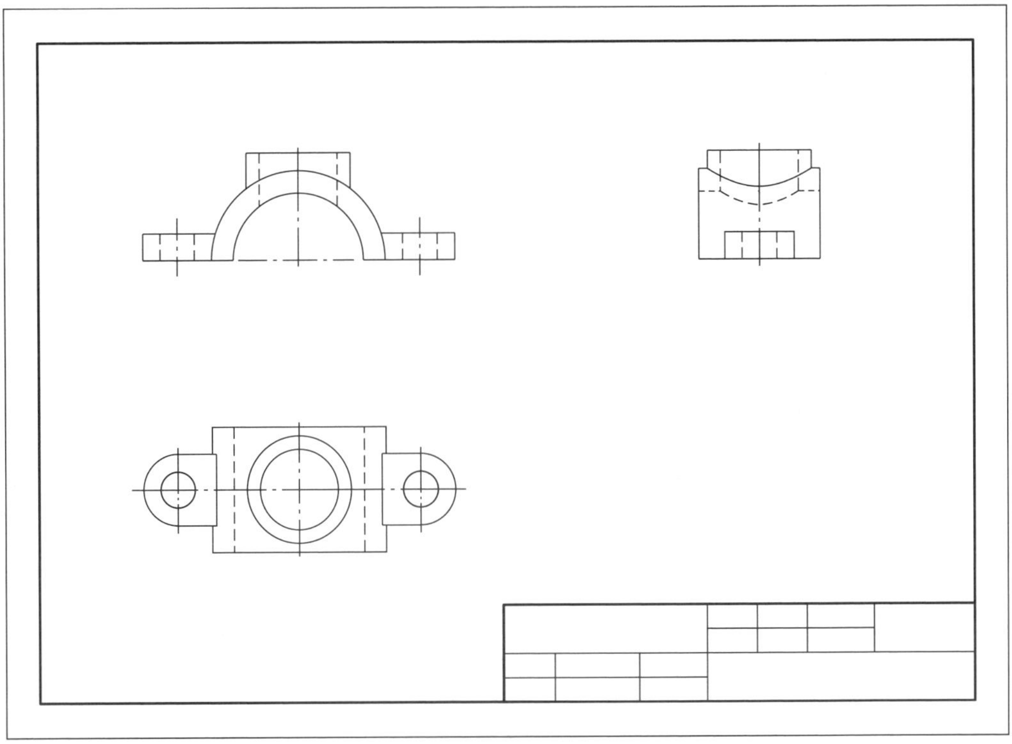

图 4-41 绘制 U 形托脚

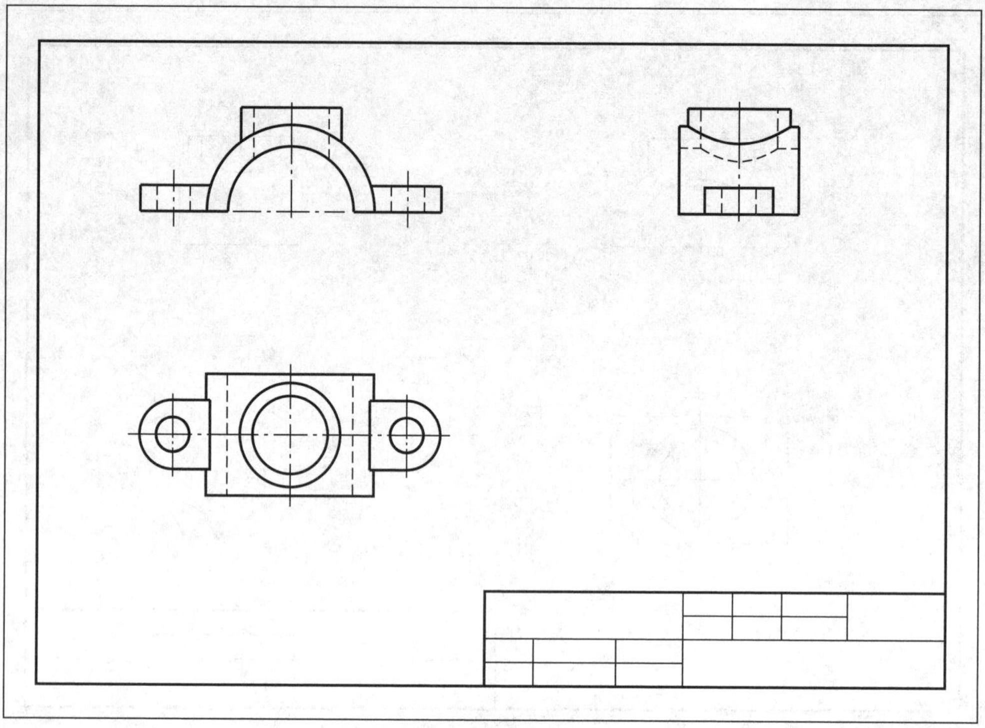

图 4-42　描深图线

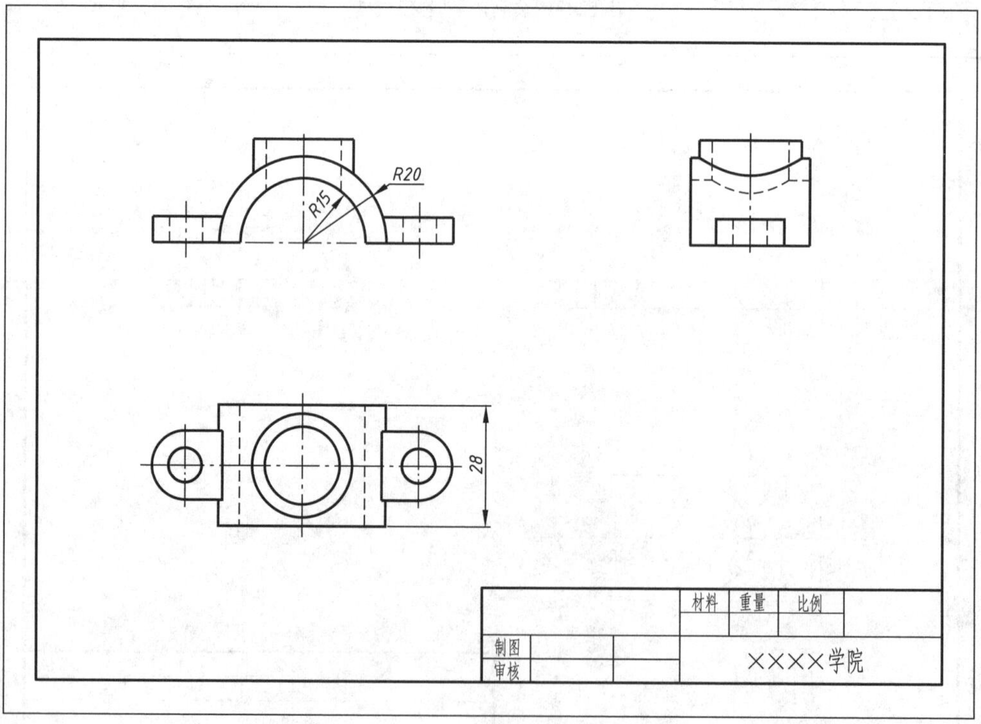

图 4-43　标注主体尺寸

(2) 标注上部圆筒尺寸。标注内、外直径及高度，如图 4-44 所示。

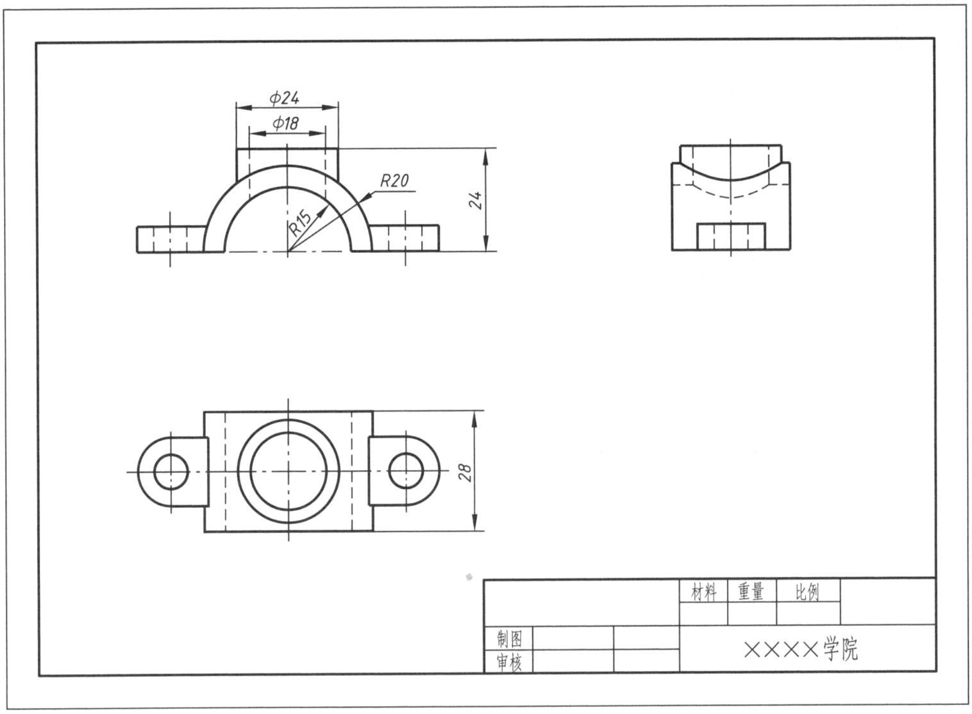

图 4-44 标注上部圆筒尺寸

(3) 标注 U 形托脚尺寸。标注两侧 U 形托脚的尺寸，包括托脚小孔直径、半圆头半径及两托脚间的距离（定位尺寸）。得到如图 4-45 所示的轴承盖零件图。

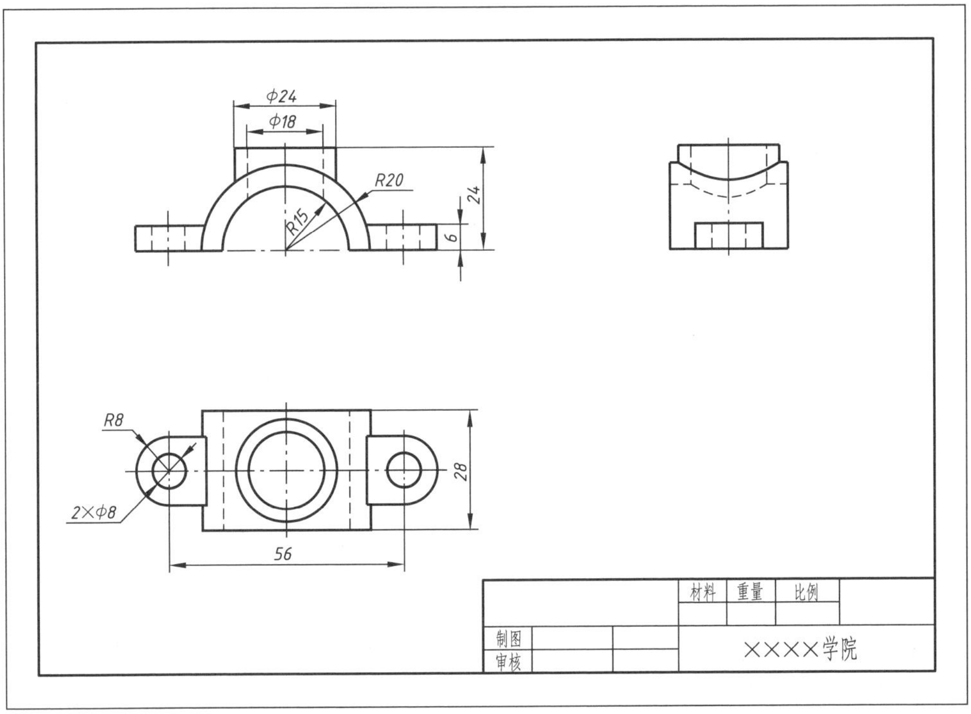

图 4-45 轴承盖零件图

拓展训练

拓展 4-2：绘制如图 4-46 所示带底座三通组合体的三视图，并标注尺寸。

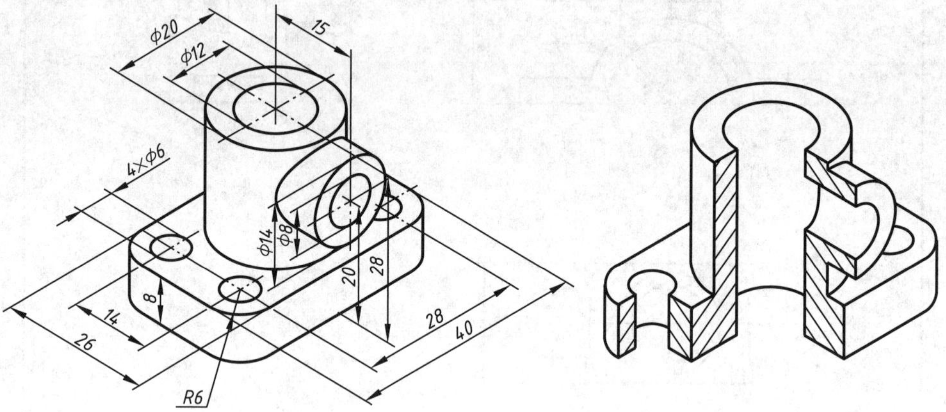

(a) 外形结构　　(b) 内部结构

图 4-46　带底座三通

绘制轴测图

前面所研究的是多面正投影图，如图 5-1（a）所示，其优点是作图较简单、度量性好，它可以完全确定物体的形状和大小，因而工程上得以广泛采用。但缺点是立体感差，缺乏看图基础的人难以看懂。因此，工程上有时也采用更接近于人的视觉习惯，富有立体感的单面投影图，即轴测图来表达物体。

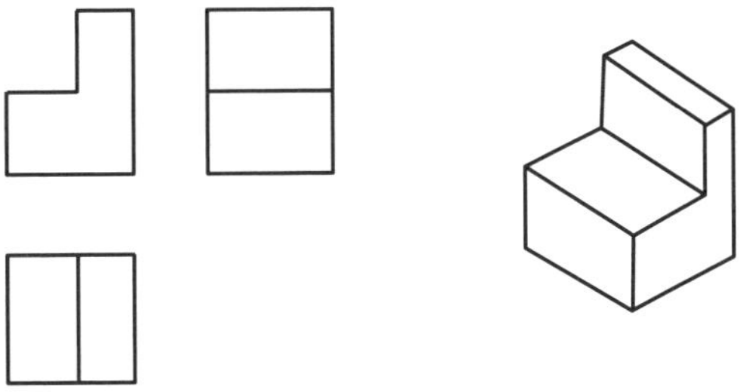

(a) 三面正投影图　　(b) 轴测图

图 5-1　轴测图与三视图

轴测图多用于结构设计、技术革新、产品说明书及广告等方面，它在表达机器的工作原理、操纵机构、空间管道布置、机器外观的形状时，比多面正投影图更加直观、清晰、易懂。

任务一　画 V 形块的轴测图

知识目标：

掌握轴测图的形成原理、种类及其特性。

掌握正等轴测图的绘制方法。

能力目标：

能够正确绘制平面立体的正等轴测图。

素质目标：

根据轴测图的特点，强化空间思维训练。

通过形体分析，寻求最佳绘图方案，培养综合解决问题的能力。

任务分析

绘制如图 5-2 所示 V 形块的轴测图。完成该任务需要掌握平面立体正等轴测图的绘制方法，如叠加法、切割法、综合法等。

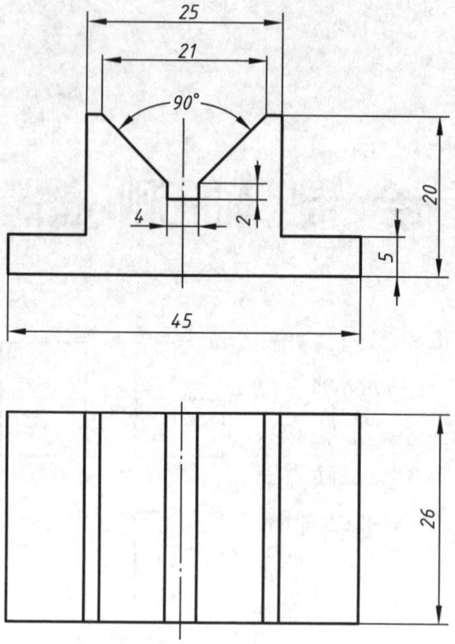

图 5-2　V形块视图

相关知识

一、轴测图基本知识

轴测图（轴测投影）本质上是平面图，但能同时反映物体长、宽、高三个方向的特征信息，符合人的视觉习惯，有较强的立体感，可以辅助技术人员阅读工程图样。

（一）轴测投影的形成

如图 5-3 所示，将物体（四棱柱）及其直角坐标系一起按选定的投射方向 S 向投影面 P 进行投影，得到一个同时反映物体长、宽、高和 1、2、3 三个表面的图形。这种将物体连同其参考直角坐标系，沿不平行于任一坐标平面的方向，用平行投影法将其投射在单一投影面上所得到的图形，称为轴测投影（轴测图）。

在轴测投影中，投影面 P 称为轴测投影面，投射方向 S 称为轴测投射方向。

当投射方向 S 垂直于轴测投影面时，所得图形称为正轴测图，如图 5-3（a）所示；当投射方向 S 倾斜于轴测投影面时，所得图形称为斜轴测图，如图 5-3（b）所示。

（二）轴测投影的特性

1. 轴测轴、轴间角、轴向伸缩系数

轴测投影的形成如图 5-3 所示。

（1）轴测轴。直角坐标轴 OX、OY、OZ 在轴测投影面上的投影 O_1X_1、O_1Y_1、O_1Z_1，称为轴测投影轴，简称轴测轴。

（2）轴间角。轴测轴之间的夹角，如$\angle X_1O_1Y_1$、$\angle Y_1O_1Z_1$、$\angle X_1O_1Z_1$，称为轴间角。

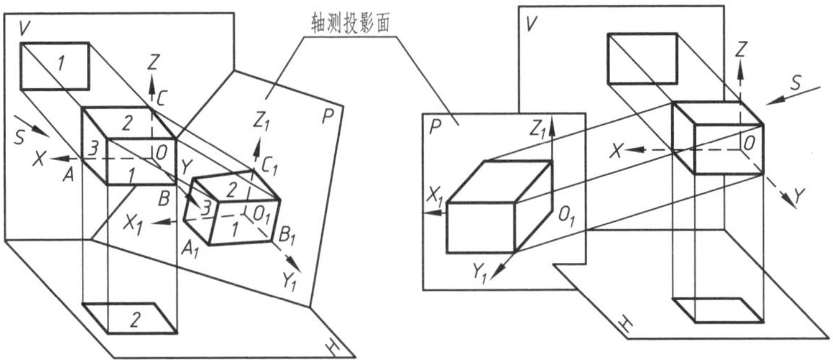

(a) 正轴测　　(b) 斜轴测

图 5-3　轴测投影的形成

（3）轴向伸缩系数。在空间三坐标轴上，分别取长度 OA、OB、OC，它们的轴测投影长度为 O_1A_1、O_1B_1、O_1C_1，令 $p_1=\frac{O_1A_1}{OA}$，$q_1=\frac{O_1B_1}{OB}$，$r_1=\frac{O_1C_1}{OC}$，则分别称为 OX、OY、OZ 轴的轴向伸缩系数。

2. 轴测图的种类

如前所述，轴测图按投射方向不同分为正轴测和斜轴测两大类。每类按轴向伸缩系数的不同又分为三种。

（1）正（或斜）等轴测图：三个轴向伸缩系数均相等，即 $p_1=q_1=r_1$。

（2）正（或斜）二轴测图：两个轴向伸缩系数相等，即 $p_1=q_1\neq r_1$ 或 $p_1=r_1\neq q_1$ 等。

（3）正（或斜）三轴测图：三个轴向伸缩系数均不相等，即 $p_1\neq q_1\neq r_1$。

在 GB/T 4458.3—2013《机械制图　轴测图》中，推荐了正等轴测图（简称正等测）、正二等轴测图（简称正二测）、斜二等轴测图（简称斜二测）三种轴测图。本书只介绍正等测、斜二测的画法。

3. 轴测投影的基本性质

轴测投影是用平行投影法画出的，因此具有平行投影的一切投影特性。现结合轴测投影叙述如下：

（1）平行性。空间相互平行的直线，轴测投影后仍相互平行；空间平行于坐标轴的直线，轴测投影后仍平行于相应的轴测轴。

（2）沿轴量。OX、OY、OZ 轴方向或与其平行的方向，在轴测图中轴向伸缩系数是已知的，故画轴测图时要沿轴测轴或平行轴测轴的方向度量。这就是轴测图名称之由来。

二、正等轴测图

（一）正等测的轴间角、轴向伸缩系数

如图 5-4（a）所示，正等测的三个轴间角均相等，即

$$\angle X_1O_1Y_1=\angle Y_1O_1Z_1=\angle X_1O_1Z_1=120^\circ$$

正等测投影中 OX、OY、OZ 轴的轴向伸缩系数也相等，即

$$p_1=q_1=r_1\approx 0.82$$

为了作图方便，采用 $p_1=q_1=r_1=1$ 的简化轴向伸缩系数。

即凡平行于各坐标轴的尺寸都按原尺寸作图。这样画出的轴测图，其轴向尺寸按理论伸缩系数作图的长度放大了 1/0.82≈1.22 倍，但这对表达形体的直观形象没有影响，如图 5-4（b）、（c）所示。今后实际绘制正等轴测图时，均按简化轴向伸缩系数作图。

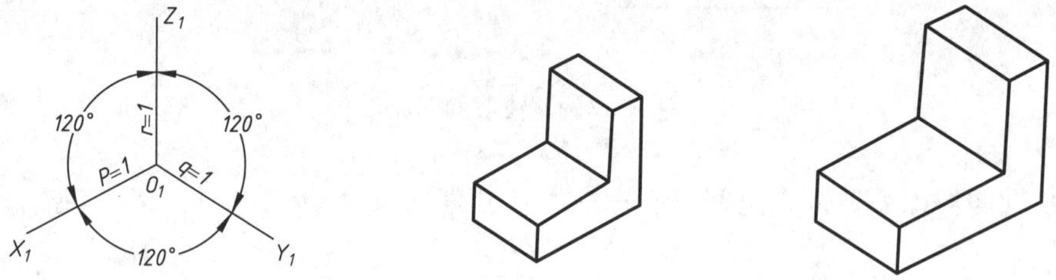

(a) 轴间角和轴向伸缩系数　(b) 按 $p_1=q_1=r_1=0.82$ 作图时　(c) 按 $p_1=q_1=r_1=1$ 作图时

图 5-4　正等轴测图的轴间角和轴向伸缩系数

（二）平面体正等轴测图绘制方法

对于基本平面体，画轴测图的基本方法是坐标法；对于组合体，可根据组合体的组合形式，分别采用堆叠法、切割（挖切）法或综合法（既有堆叠，也有切割）来绘制其轴测图。

1. 坐标法

通常可按下述步骤作图：

（1）根据形体结构特点，在视图上适当选择坐标系。坐标原点的位置一般定在物体的对称轴线上，且放在顶面或底面处，这样对作图较为有利。

（2）画轴测轴。

（3）按点的坐标作点、直线的轴测图，根据轴测投影的基本性质，一般自上而下（或自下而上）逐步作图。不可见棱线通常不画出。

【例 5-1】 根据六棱柱的两面投影图，画出它的正等轴测图。

作图　由正投影图可知，正六棱柱的顶面、底面均为水平的正六边形。在轴测图中，顶面可见，底面不可见，宜从顶面画起，且使坐标原点与顶面正六边形中心重合。具体作图步骤如图 5-5 所示。

2. 堆叠法

对于堆叠式的组合体，可按各基本形体逐一叠加画出其轴测图，称为堆叠法。

【例 5-2】 根据图 5-6（a）所示物体（支撑）的三视图，画出它的正等轴测投影。

分析　该支撑用形体分析法可看作由四棱柱底板、四棱柱竖板和直角三棱柱肋板组成。根据其形体特点，可用堆叠法作图。

作图　（1）在三视图上定坐标轴，原点定在后、中、下（在对称平面与后下方底棱

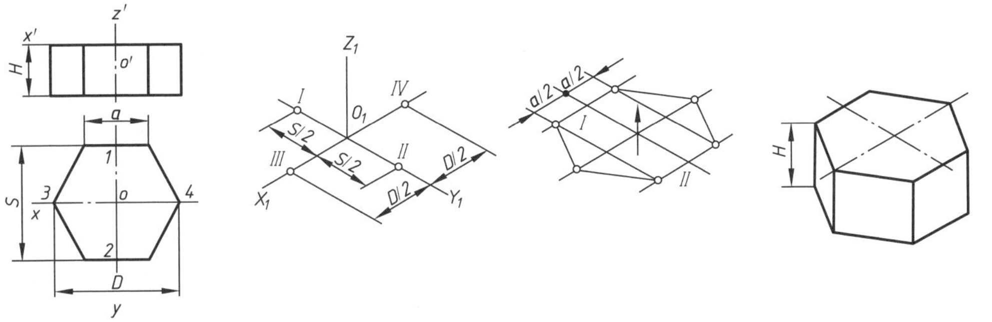

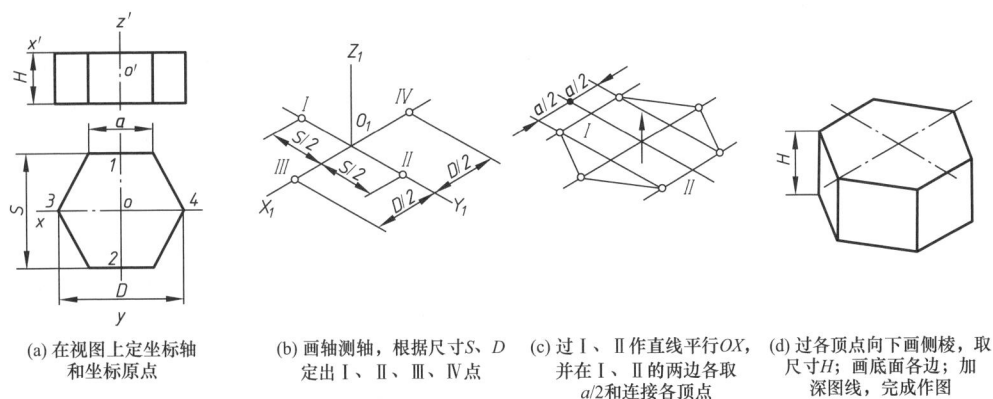

(a) 在视图上定坐标轴和坐标原点

(b) 画轴测轴，根据尺寸S、D定出Ⅰ、Ⅱ、Ⅲ、Ⅳ点

(c) 过Ⅰ、Ⅱ作直线平行OX，并在Ⅰ、Ⅱ的两边各取$a/2$和连接各顶点

(d) 过各顶点向下画侧棱，取尺寸H；画底面各边；加深图线，完成作图

图 5-5　正六棱柱正等轴测图的画法

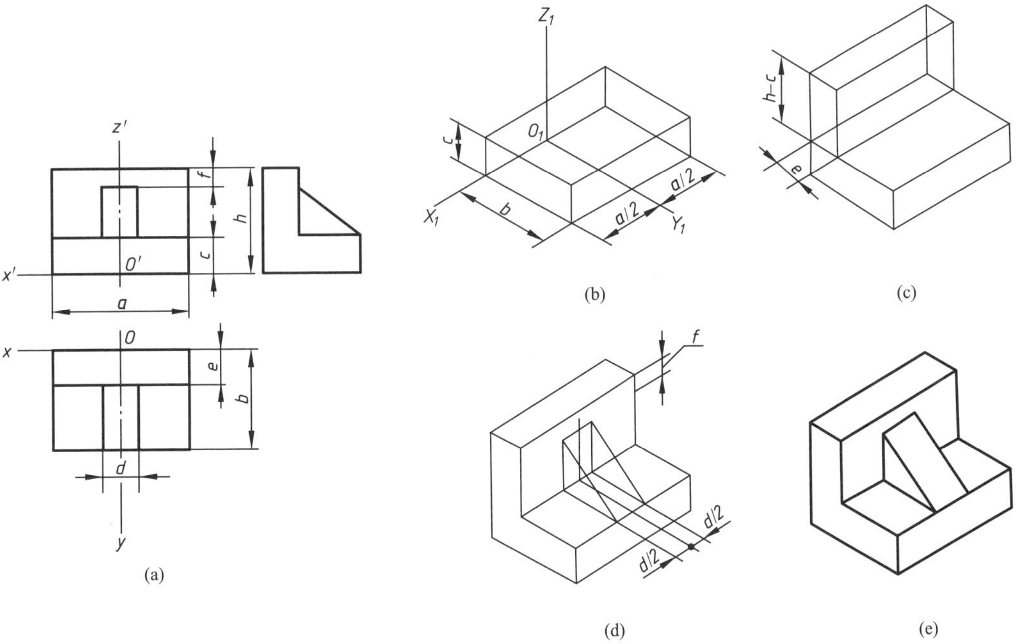

图 5-6　用堆叠法画组合体的正等轴测投影

线的交点）处，如图 5-6（a）所示。

（2）画轴测轴及底板。沿 O_1X_1 轴向由 O_1 点左、右各量 $a/2$。沿 O_1Y_1 轴向量 b，画出底板的下底面，沿 O_1Z_1 轴向量 c，即可画出底板，如图 5-6（b）所示。

（3）画竖板。在底板的后、上方（后面平齐），沿 O_1Y_1 轴向自后向前量 e，沿 O_1Z_1 轴向自下向上量 $h-c$，即可画出竖板，如图 5-6（c）所示。

（4）画肋板。在底板、竖板的居中位置上，沿 O_1X_1 轴向左、右各量 $d/2$，沿 O_1Z_1 轴向自上而下量 f，即可画出肋板，如图 5-6（d）所示。

（5）擦去多余图线，然后加深，即完成作图，如图 5-6（e）所示。

3. 切割（挖切）法

对于切割式的组合体，先按完整形体画出，然后用切割的方法画出其不完整部分，称为切割法。

【例 5-3】 根据图 5-7（a）所示物体（垫块）的三视图，画出它的正等轴测图。

分析 根据垫块的形体特点，可以用挖切法作图。

作图 （1）在三视图上定出坐标轴，原点定在后、右下角，如图 5-7（a）所示。

（2）画轴测轴，沿相应的轴向量取 a、b、h，画四棱柱，如图 5-7（b）所示。

（3）量出尺寸 c、d、g，然后，作 Y_1 轴的平行线，连两条不平行于轴线的直线段的端点，切去左上角，如图 5-7（c）所示。

（4）量取垫块左底边的中点，由该点沿左底边分别向前、后量取尺寸 $f/2$，平行于 $X_1O_1Z_1$ 坐标平面由上往下切两次；量尺寸 e，平行于 $Y_1O_1Z_1$ 坐标平面由上往下切一次，即开出槽来，如图 5-7（d）所示。

（5）擦去多余图线，然后加深，即完成作图，如图 5-7（e）所示。

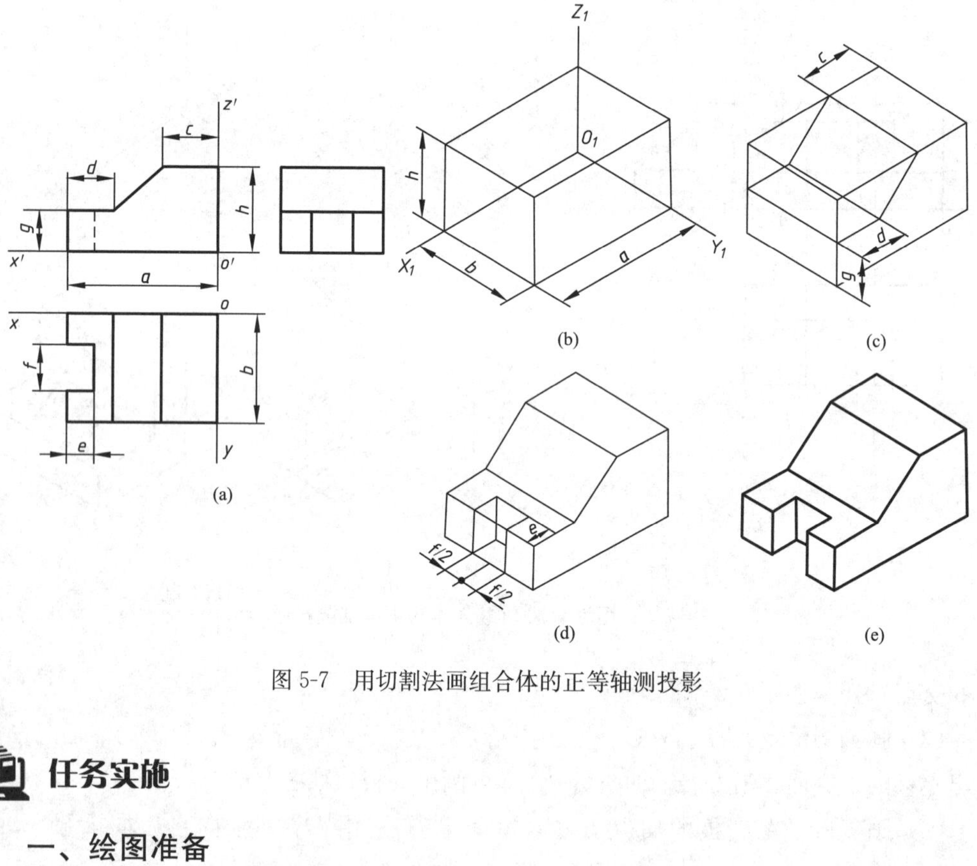

图 5-7 用切割法画组合体的正等轴测投影

任务实施

一、绘图准备

1. 工具准备

本任务要求绘制如图 5-2 所示 V 形块的正等轴测图，V 形块为平面立体，图形皆为直线，绘图主要用到丁字尺、三角板、铅笔等工具，用 A4 图纸。

2. 形体分析

通过形体分析，可将该 V 形块视作一切割式组合体，可按切割法绘制其正等轴测图。

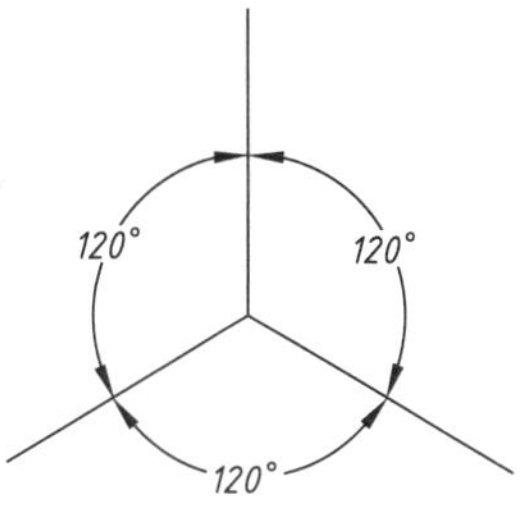

图 5-8 画轴测轴

二、绘图

1. 绘制底稿

（1）如图 5-8 所示，相间 120°画轴测轴。

（2）如图 5-9 所示，画 45mm×26mm×28mm 长方体。

1）如图 5-9（a）所示，绘制 45mm×26mm 底面。

2）如图 5-9（b）所示，绘制 45mm×26mm 顶面，距离底面 28mm。

3）如图 5-9（c）所示，连接各顶点，擦除不可见图线。

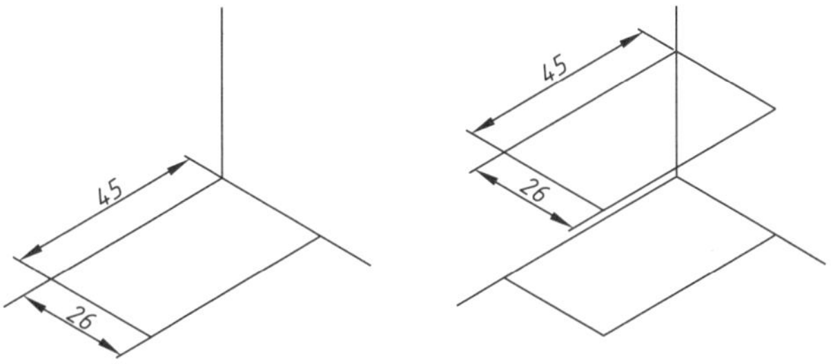

(a) (b) (c)

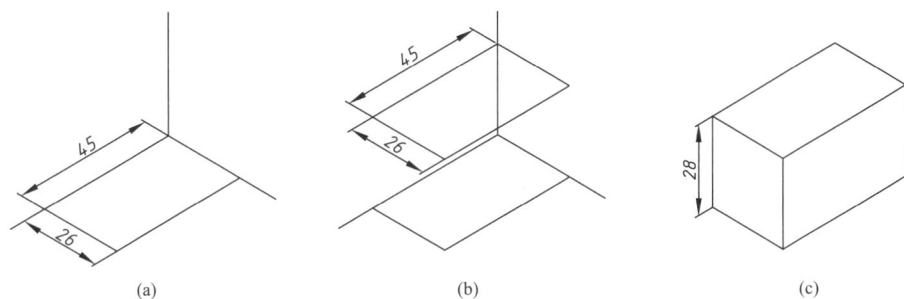

图 5-9 画长方体

（3）如图 5-10 所示，切割 V 形槽。

1）如图 5-10（a）所示，在长方体前面画中心线，并量取相关长度画 V 形。

2）如图 5-10（b）所示，在长方体上表面画 V 形槽的两条边线。

3）如图 5-10（c）所示，画 V 形槽后面的可见线。

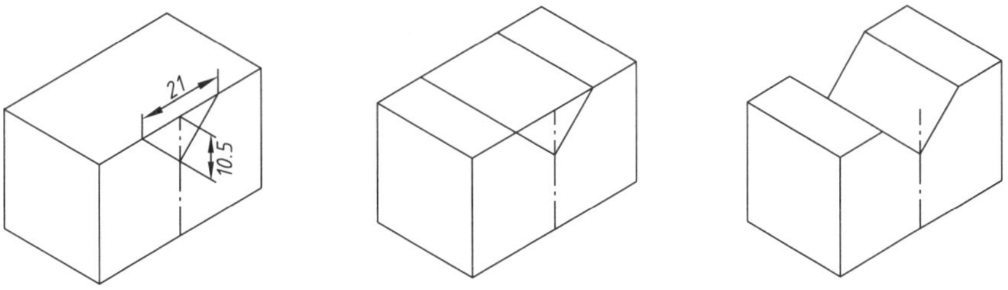

(a) (b) (c)

图 5-10 切割 V 形槽

（4）如图 5-11 所示，画 V 形槽底部方槽。

1）如图 5-11（a）所示，在长方体前面量取相关长度画出方槽的三条边线。

2）如图 5-11（b）所示，过方槽前表面右侧两点，沿轴测轴方向画方槽的两条可见边线。

3）如图 5-11（c）所示，在 V 形槽后表面上，过相关点，沿轴测轴方向画方槽的可见边线，并擦除多余线条。

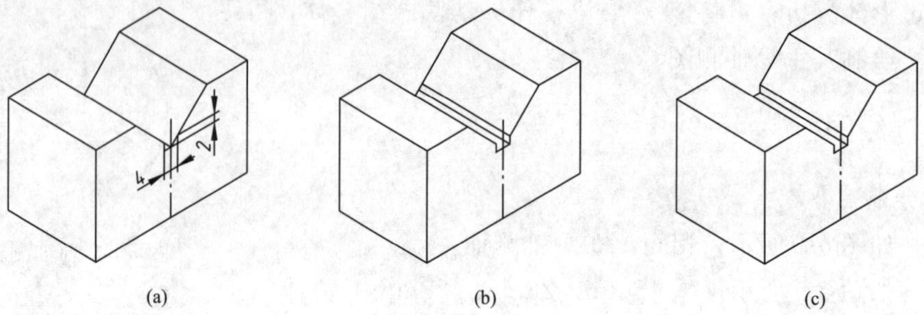

图 5-11　画方槽

（5）如图 5-12 所示，切割两侧长方体。

1）如图 5-12（a）所示，在长方体前表面左右两侧，分别量取长度画 10mm×20mm 长方形。

2）如图 5-12（b）所示，过长方形上相关点，沿轴测轴方向分别作切割后的边线，不可见的边线可以不用画出。

3）如图 5-12（c）所示，擦除多余图线。

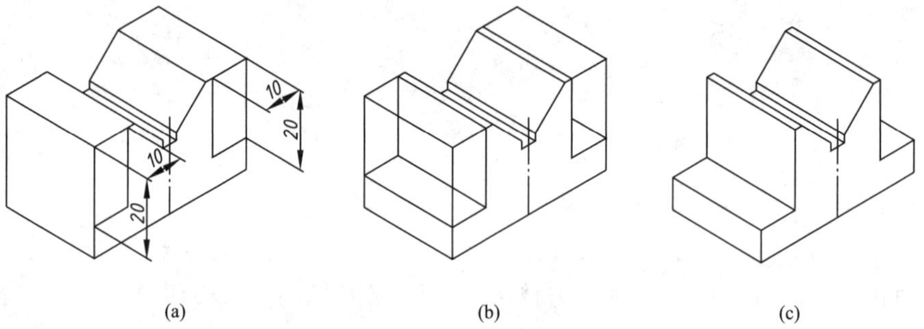

图 5-12　切割两侧长方体

2. 描深图线

用粗实线描深各可见边线，得到如图 5-13 所示 V 形块的正等轴测图。

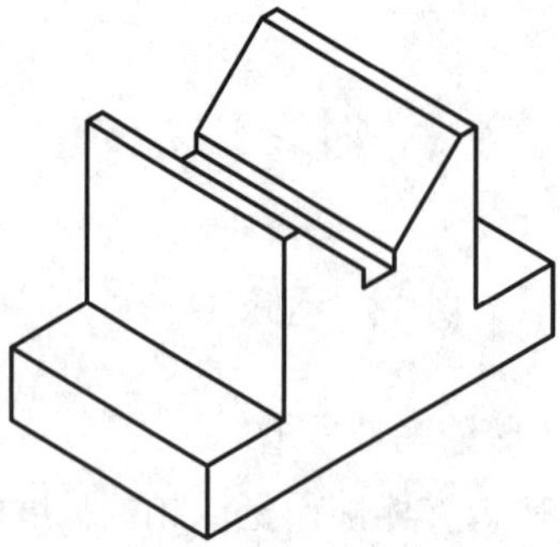

图 5-13　V 形块正等轴测图

拓展训练

拓展 5-1：绘制如图 5-14 所示 L 形块的正等轴测图。

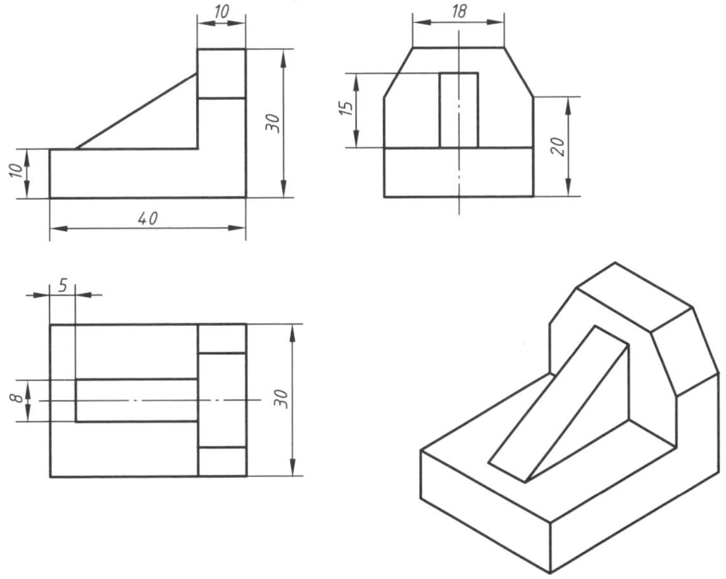

图 5-14 L 形块

任务二 绘制铰链支座正等轴测图

知识目标：

掌握平行于坐标面的圆及圆角的正等轴测图绘制方法。

能力目标：

能够利用菱形法绘制平行于坐标面的圆及圆角的正等轴测图。

素质目标：

强化空间思维与创新设计能力。

拓展综合解决问题的思路与方法。

任务分析

绘制如图 5-15 所示铰链支座的正等轴测图。铰链支座由带圆角的底板与倒 U 形立板叠加而成，形体中有圆孔及圆角等回转面特征，要绘制其正等轴测图需掌握回转体正等轴测图的绘制方法。

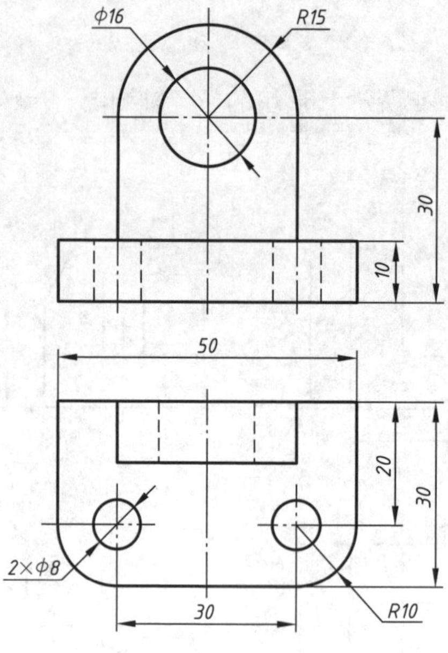

图 5-15　铰链支座视图

相关知识

一、平行坐标面圆的正等轴测投影

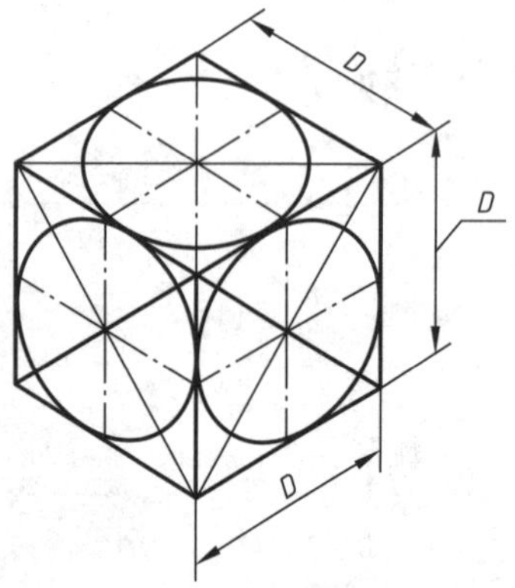

图 5-16　平行坐标面圆的正等轴测图

在正等测中，由于空间各坐标面相对轴测投影面都是倾斜的，而且倾角相等，所以平行于各坐标面且直径相等的圆，正等测投影后椭圆的长、短轴均分别相等，但椭圆长、短轴方向不同，如图 5-16 所示。

1. 菱形法近似求椭圆

正等轴测图中，椭圆常用的近似画法是菱形法。现以水平面圆的轴测图为例，说明作图方法，具体过程如图 5-17 菱形法求近似椭圆。

（1）确定坐标系 $O\text{-}XYZ$，并作圆的外切正方形 $abcd$，如图 5-17（a）所示。

（2）作正等测坐标系 $O_1\text{-}X_1Y_1Z_1$，并在其上取点 1_1、2_1、3_1、4_1，利用平行性得辅助菱形 $a_1b_1c_1d_1$，如图 5-17（b）所示。

（3）分别以 b_1、d_1 为圆心，以 b_13_1 为半径画弧，如图 5-17（c）所示。

（4）连接 b_13_1、b_14_1、d_11_1、d_12_1 得交点 e_1、f_1，分别以 e_1、f_1 为圆心，以 e_11_1 为半径画弧，得由四段圆弧组成的近似椭圆，如图 5-17（d）所示。

2. 常见曲面立体正等轴测投影的画法

（1）圆柱的画法，如图 5-18 所示。

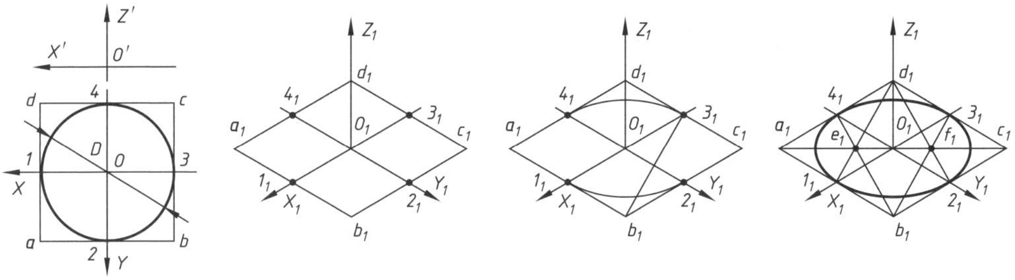

(a)　(b)　(c)　(d)

图 5-17　菱形法求近似椭圆

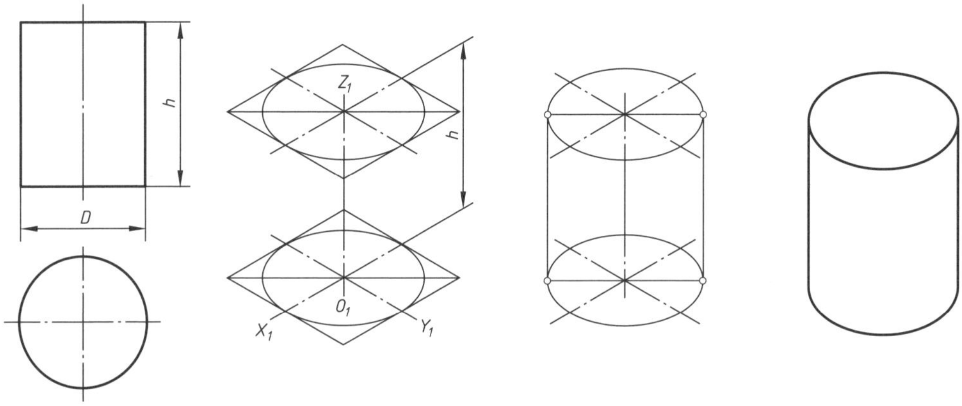

(a) 两视图　(b) 画轴测轴，定上、下底中心，画上下底椭圆　(c) 作出两边轮廓线(外公切线)(注意切点位置)　(d) 擦去多余线，加深图线，完成作图

图 5-18　圆柱正等轴测投影的画法

（2）圆锥台的画法，如图 5-19 所示。

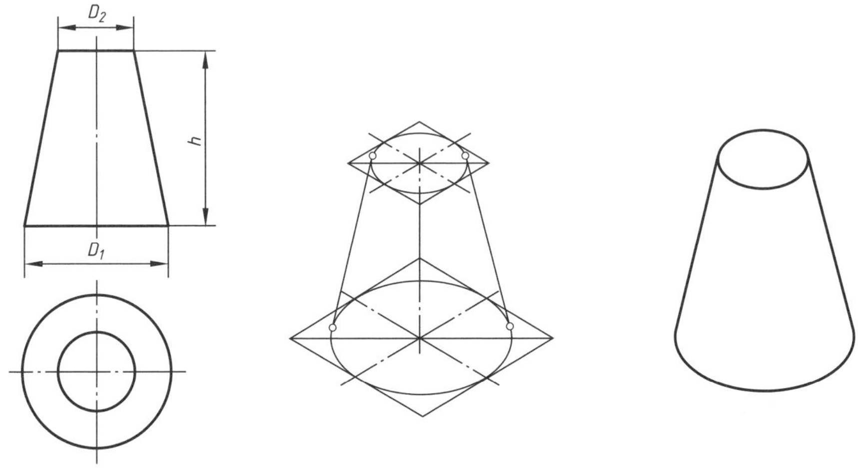

(a) 两视图　(b) 画出上下底椭圆后，锥面两边的轮廓线是两个椭圆的外公切线(注意切点位置)　(c) 擦去多余线，加深图线，完成作图

图 5-19　圆锥台的正等轴测投影的画法

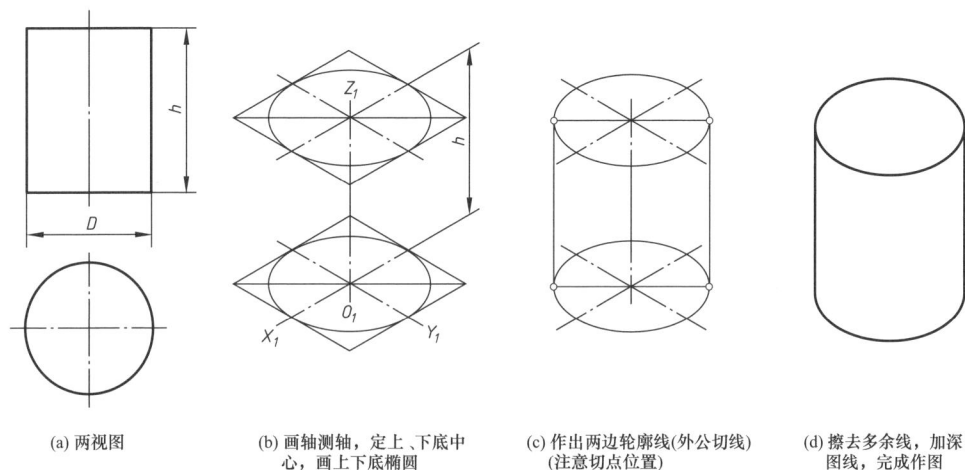

二、圆角正等轴测图的画法

圆角是圆的四分之一，其正等轴测投影的画法与圆的正等测画法相同，即作出对应的四分之一菱形，画出近似圆弧。以水平圆角为例，作图步骤如图 5-20 所示。

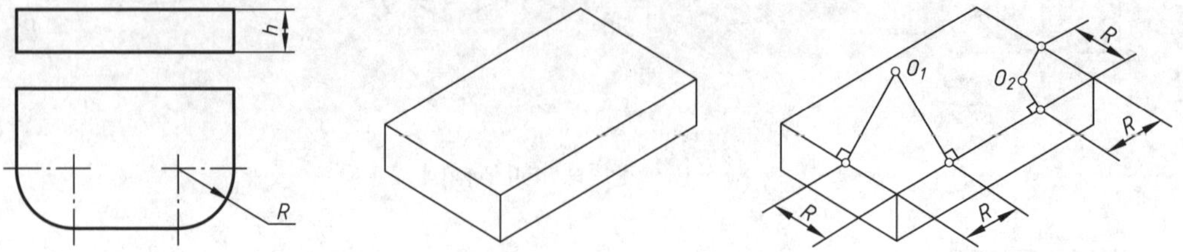

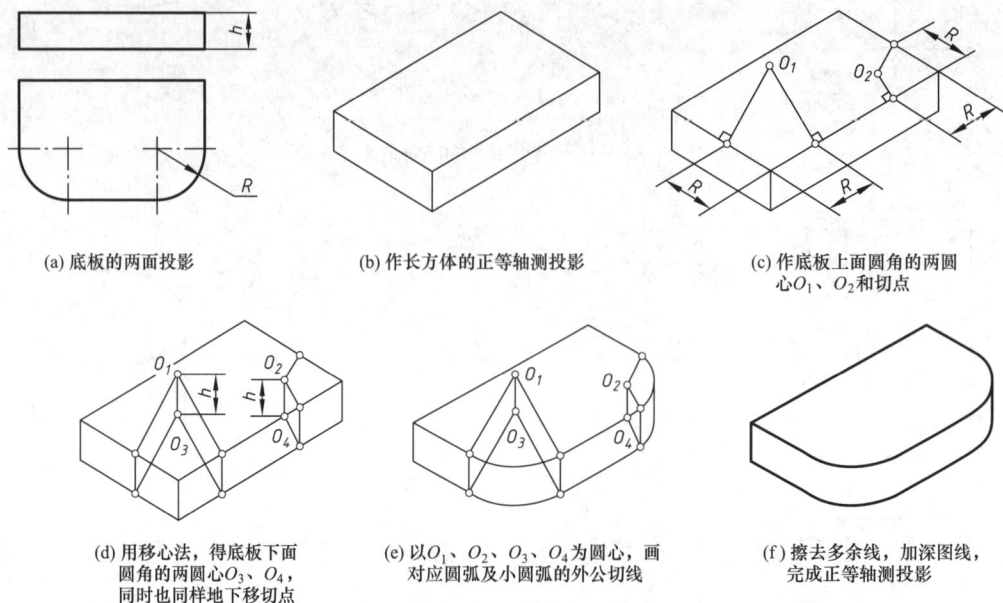

(a) 底板的两面投影　(b) 作长方体的正等轴测投影　(c) 作底板上面圆角的两圆心O_1、O_2和切点

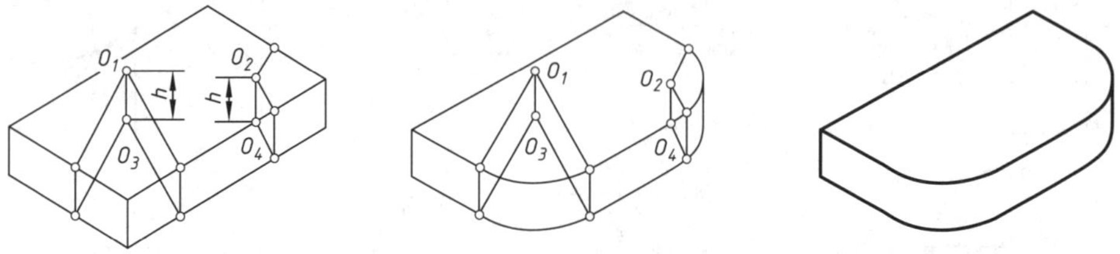

(d) 用移心法，得底板下面圆角的两圆心O_3、O_4，同时也同样地下移切点　(e) 以O_1、O_2、O_3、O_4为圆心，画对应圆弧及小圆弧的外公切线　(f) 擦去多余线，加深图线，完成正等轴测投影

图 5-20　圆角正等轴测投影的画法

【例 5-4】 根据图 5-21（a）所示支承座的三视图，画出它的正等轴测图。

作图　根据支承座的形体特点，可用综合法作图。一般先作堆叠型的形体，后作挖切型的形体，其作图步骤如图 5-21（b）～(f) 所示。

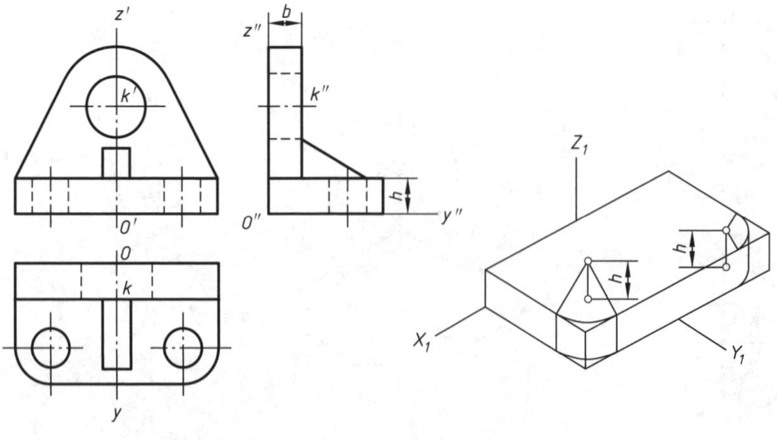

(a) 已知组合体的三视图　(b) 画底板

图 5-21　用综合法画组合体的正等轴测投影（一）

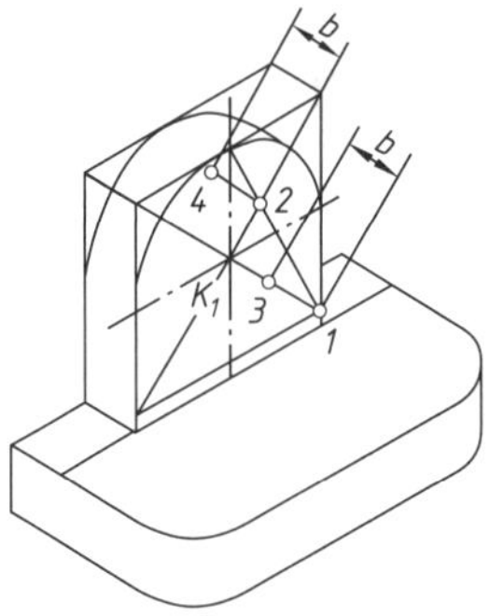

(c) 画支承板上部半圆柱

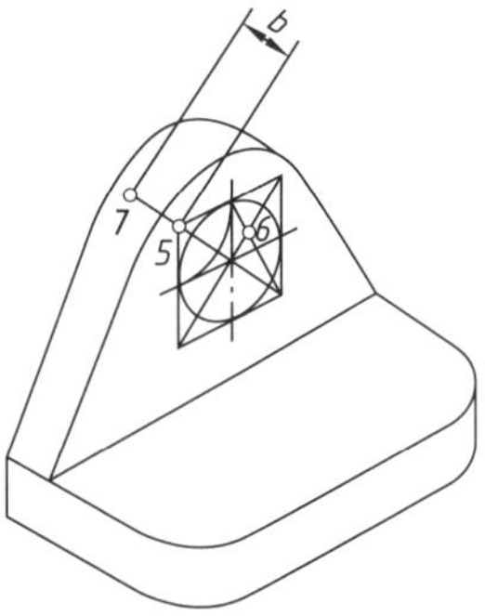

(d) 画支承板上的圆柱孔及支承板上的切线

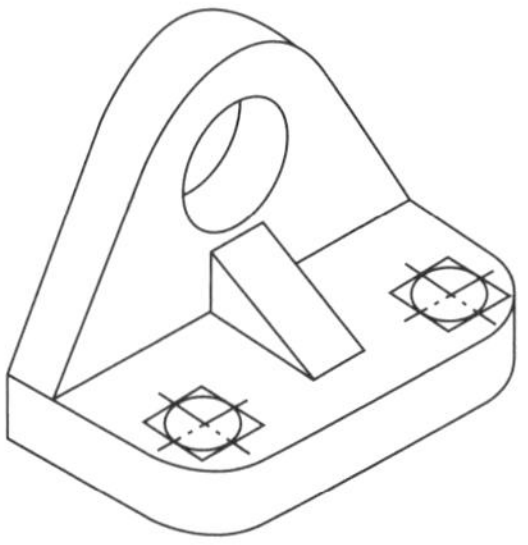

(e) 画肋板及底板上的圆柱孔

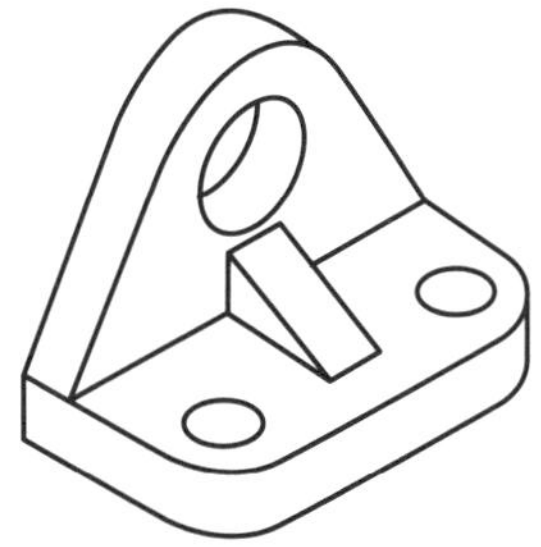

(f) 擦去多余线条，加深，完成作图

图 5-21　用综合法画组合体的正等轴测投影（二）

任务实施

一、绘图准备

1. 工具准备

本任务要求绘制如图 5-15 所示铰链支座的正等轴测图。由形体特征可以看出，图形构成皆为直线和圆弧（近似椭圆由四段圆弧组成），绘图主要用到丁字尺、三角板、圆规、铅笔等工具，用 A4 图纸。

2. 形体分析

通过形体分析，可将该铰链支座看作综合型组合体，可按综合法绘制其正等轴测图。

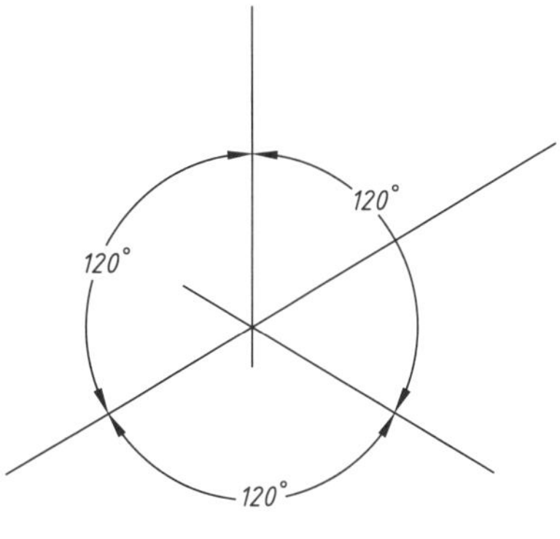

图 5-22　画轴测轴

二、绘图

1. 绘制底稿

（1）如图 5-22 所示，相间 120°画轴测轴。

（2）绘制底板正等轴测图，如图 5-23 所示。

1）如图 5-23（a）所示，参照轴测轴，绘制 50mm×30mm×10mm 长方体的正等轴测图，并擦除不可见边线等多余线条。

2）如图 5-23（b）所示，绘制底板上表面两个 $R10$ 圆角的正等轴测图。

3）如图 5-23（c）所示，采用移心法，绘制底板下表面两个 $R10$ 圆角的正等轴测图。补充右侧圆角的公切线，擦除不可见边线及多余线条。

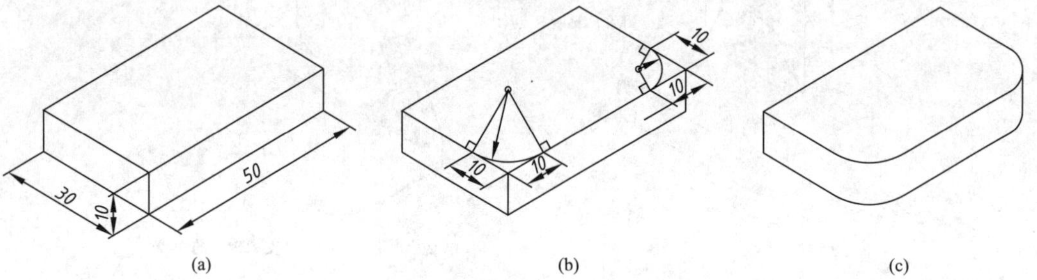

图 5-23 画底板轴测图

（3）绘制立板正等轴测图，如图 5-24 所示。

1）如图 5-24（a）所示，绘制 30mm×10mm×35mm 长方体的正等轴测图（注意与底板的相对位置），并擦除不可见边线等多余线条。

2）如图 5-24（b）所示，绘制立板前表面 $R15$ 半圆的正等轴测图。

3）如图 5-24（c）所示，采用移心法，绘制立板后表面 $R15$ 半圆的正等轴测图。补充半圆上的公切线，擦除不可见边线及多余线条。

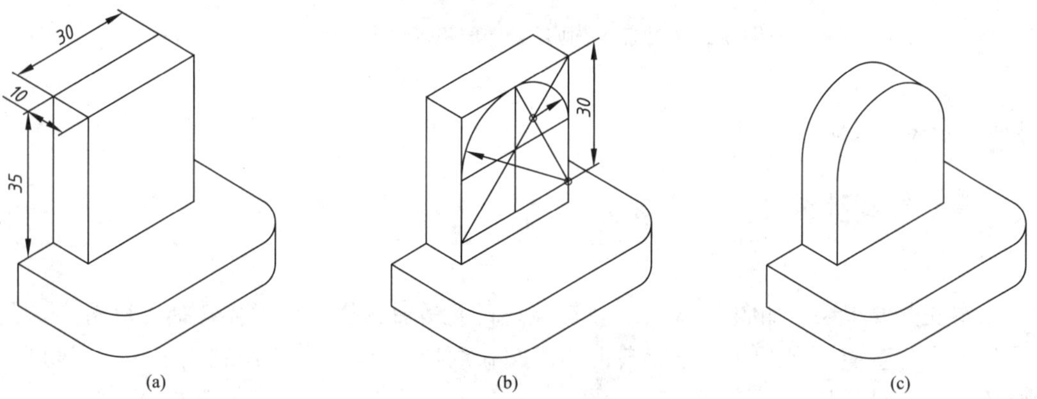

图 5-24 画立板轴测图

（4）绘制底板及立板上的三个圆孔，如图 5-25 所示。

1）如图 5-25（a）所示，用菱形法绘制底板上表面的两个 $\phi8$ 圆的正等轴测图。因底板下表面上 $\phi8$ 圆被全部遮挡，不必画出。

2）如图 5-25（b）所示，用菱形法绘制立板前表面 $\phi16$ 圆的正等轴测图。

3）如图 5-25（c）所示，采用移心法，绘制立板后表面 $\phi16$ 圆的正等轴测图。补充半圆上的公切线，擦除不可见边线及多余线条，整理后完成全图。

2. 描深图线

用粗实线描深各可见边线，得到如图 5-26 所示铰链支座的正等轴测图。

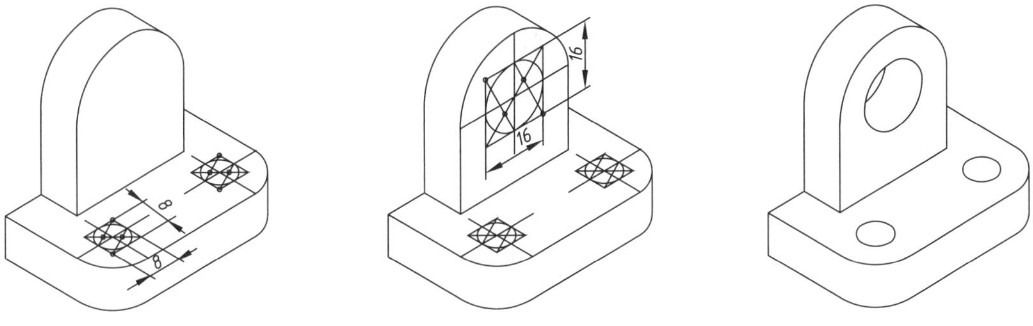

(a) (b) (c)

图 5-25 绘制圆孔轴测图

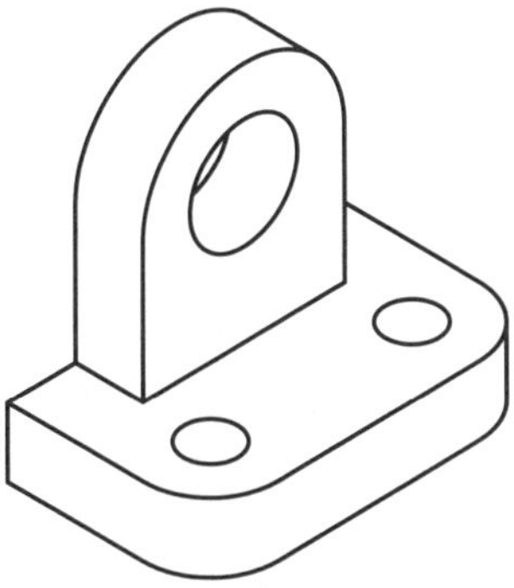

图 5-26 铰链支座正等轴测图

拓展训练

拓展 5-2：绘制如图 5-27 所示固定座的正等轴测图。

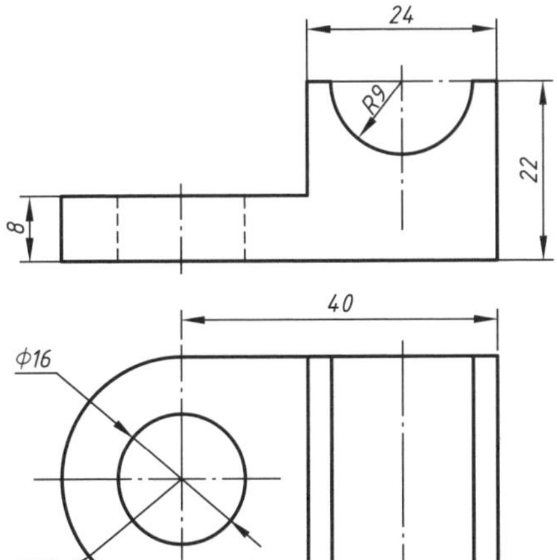

图 5-27 固定座视图

任务三　绘制压盖斜二等轴测图

知识目标：

掌握斜二等轴测图的形成、参数及绘制方法。

能力目标：

能够结合形体特点，绘制形体的斜二等轴测图。

素质目标：

强化空间思维与创新设计能力。

拓展综合解决问题的思路与方法。

任务分析

绘制如图 5-28 所示为压盖的斜二等轴测图。从图 5-28 可以看出，压盖由前端圆柱筒与后端菱形板叠加而成，绘制其斜二等轴测图，除需要掌握必要的形体分析能力之外，还需掌握斜二等轴测图（斜二测）的形成原理与绘制方法。

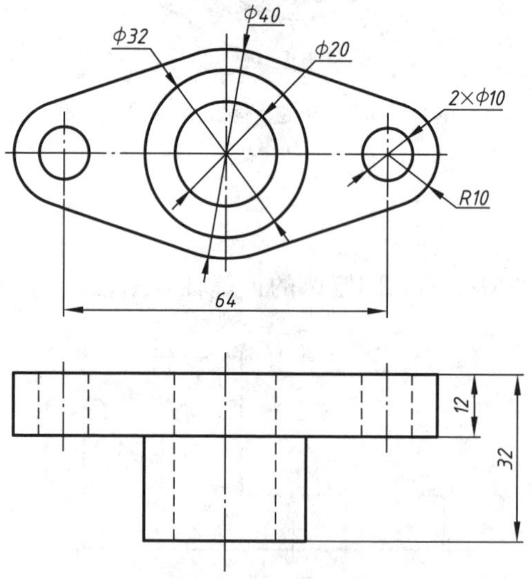

图 5-28　压盖视图

相关知识

一、斜二等轴测图的形成、特性与基本参数

1. 斜二等轴测图的形成

将物体放置成使它的一个坐标面平行于轴测投影面，然后用斜投影法向轴测投影面

进行斜投影，用这种方法作出的轴测图称为斜二等轴测图，简称斜二测，如图 5-29（a）所示。

根据斜二等轴测投影的定义，如果使确定物体位置的一个坐标平面 XOZ 平行于轴测投影面 P，则坐标平面 XOZ 上的两根直角坐标轴 OX、OZ 也都平行于轴测投影面 P，则轴测轴 O_1X_1、O_1Z_1 分别仍为水平、铅直方向，且它们的轴向伸缩系数均为 1，即 $p=r=1$，如图 5-29（b）所示。

2. 斜二等轴测投影的轴间角与轴向伸缩系数

（1）轴间角。由于确定物体的坐标位置平面之一的 XOZ 平行于轴测投影面 P，所以轴测轴 O_1X_1 和轴测轴 O_1Z_1 之间的轴间角反映真形（即 $\angle X_1O_1Z_1=90°$）。变动投影方向 S，可使轴测轴 O_1Y_1 在轴间角 $\angle X_1O_1Z_1$ 的角平分线上，即 $\angle X_1O_1Y_1=\angle Y_1O_1Z_1=135°$，如图 5-29（b）所示。

（2）轴测伸缩系数。同理，由于确定物体位置的坐标平面之一的 XOZ 平行于轴测投影面 P，所以其上的两根直角坐标轴 OX、OZ 也平行于轴测投影面 P，它们的轴向伸缩系数相等，且为 1（即 $p=r=1$）；变动投影方向，可使轴测轴 O_1Y_1 的轴向伸缩系数为 0.5（即 $q=0.5$），如图 5-29（b）所示。

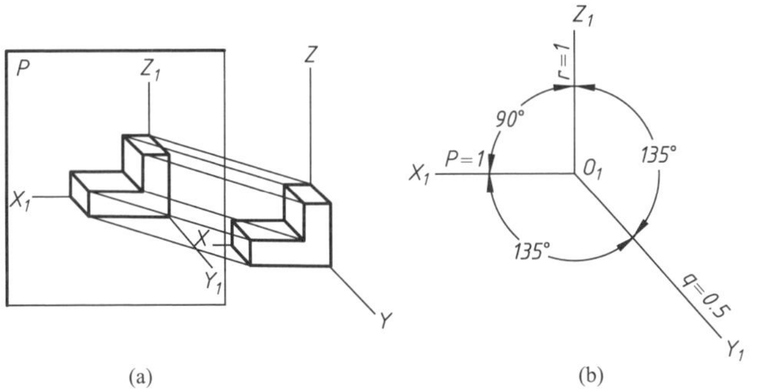

图 5-29 斜二等轴测的投影形成及其轴间角和轴向伸缩系数

二、绘制斜二等轴测图

1. 斜二测中平行于坐标面圆的画法

如图 5-30 所示，因为轴侧投影面平行于 $X_1O_1Z_1$ 坐标面，所以平行于 $X_1O_1Z_1$ 坐标面的圆其轴测投影仍为原来大小的圆。若所画物体仅在一个方向上有圆，画它的斜二测时，把圆放在平行于 $X_1O_1Z_1$ 坐标面的位置，可避免画椭圆，这是斜二测的一个优点。

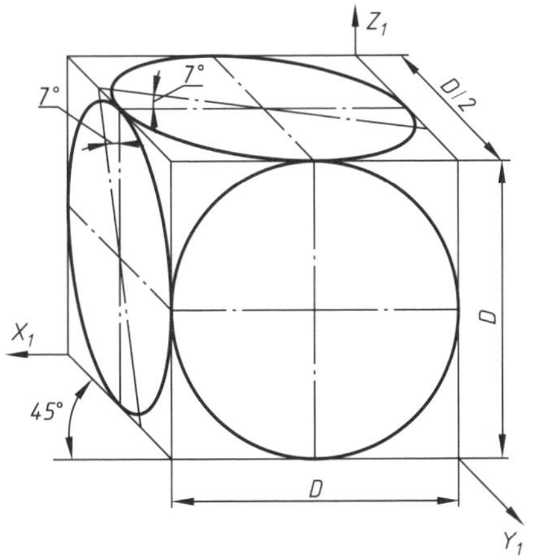

图 5-30 斜二测中的椭圆

平行于 $X_1O_1Y_1$ 和 $Y_1O_1Z_1$ 坐标面的圆，其斜二测投影为长、短轴大小分别相同的椭圆。长轴方向与相应坐标轴夹角约为 7°，偏向于椭圆外切平行四边形的长对角线一边，长≈1.06d；短轴垂直于长轴，长≈$d/3$。

2. 斜二测的画法

斜二测中，形体的正面投影反映实形，因此，物体在平行于正面 XOZ 方向有圆或形状较为复杂时，可采用斜二测方法来表达。

【例 5-5】 根据图 5-31（a）所示具有同轴圆孔的圆台视图，绘制其斜二等轴测图。

作图 （1）在视图上取圆台的前端面圆心为坐标原点，建立直角坐标系，如图 5-31（a）所示。

（2）作轴测轴，从 O_1 点开始在 YO 轴上量取 $L/2$，定出后端面圆心，如图 5-31（b）所示。

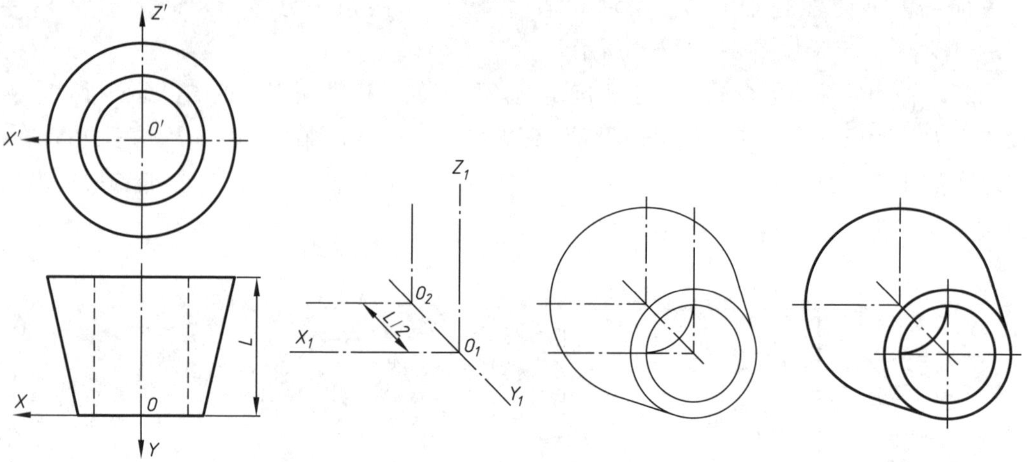

(a) 视图与坐标系　(b) 画轴测轴　(c) 画圆及其公切线　(d) 完成全图并描深

图 5-31　圆台斜二测的画法

（3）画出前、后端面圆的轴测图，并作两端面圆的公切线；作出圆孔前、后可见部分，擦除多余图线，如图 5-31（c）所示。

（4）完成全图并加深，如图 5-31（d）所示。

【例 5-6】 根据图 5-32（a）所示组合体（支座）的两视图，画出它的正面斜二等轴测图。

作图 （1）在两视图中定出直角坐标体系（取前端面圆心 O_1 为坐标原点），如图 5-32（a）所示。

（2）先画支座前端面反映真形的正面斜二轴测图，实际上和主视图的形状和大小完全一样，如图 5-32（b）所示。

（3）画轴测轴 O_1Y_1，并在其上取 $O_1O_2=b/2$，定出圆心 O_2，画出后面可见部分（同前端面的形状和大小一样），并沿轴测轴 O_1Y_1 轴向作前、后两个半圆轮廓的外公切线，再画出其他可见轮廓线，即完成支座的正面斜二轴测图，如图 5-32（c）所示。

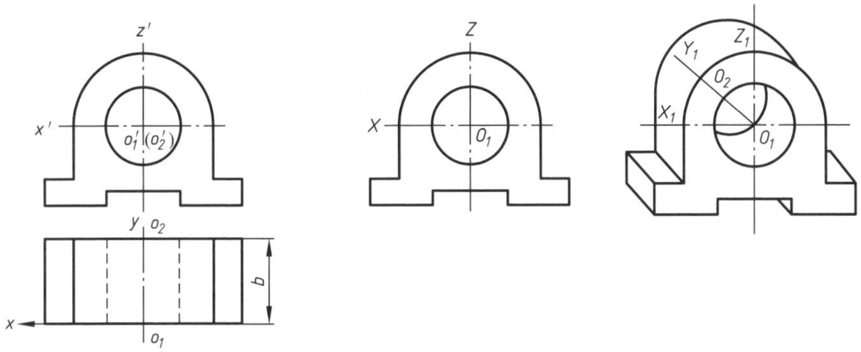

(a) 投影图 (b) 反映真形的正面斜二轴测图 (c) 正面斜二轴测图

图 5-32 支座的正面斜两轴测图的画法

任务实施

一、绘图准备

1. 工具准备

本任务要求绘制如图 5-28 所示压盖的斜二等轴测图，由形体特征可以看出，图形构成皆为直线、圆或圆弧，绘图主要用到丁字尺、三角板、圆规、铅笔等工具，用 A4 图纸。

2. 形体分析，建立坐标系

如图 5-33 所示，压盖可看成由菱形板与圆筒组合而成，形体的主要特征分布于相互平行的前后三个端面上。

取形体前表面圆心为坐标原点 O，使坐标轴 OY 与形体中间圆孔轴线重合，坐标面 XOZ 与前端面重合，这样形体上的圆及圆弧等主要特征在轴测投影中皆为实形，便于作图。

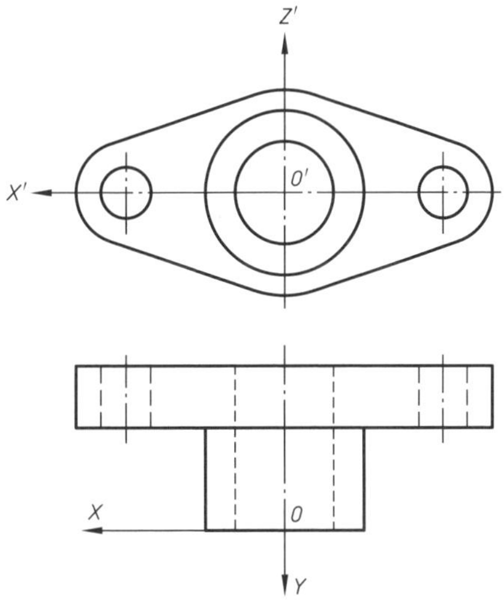

图 5-33 视图与坐标系

二、绘图

（一）绘制底稿

绘制压盖斜二测底稿，如图 5-34 所示。

1. 绘制圆筒斜二测

（1）画轴测轴，如图 5-34（a）所示。

（2）以 O_1 为圆心，绘制圆筒前端面两个同心圆（ϕ32、ϕ20），如图 5-34（b）所示。

（3）沿 Y 轴反方向自 O_1 向后量取 10mm（圆筒长度 20 乘以轴向伸缩系数 0.5），建立

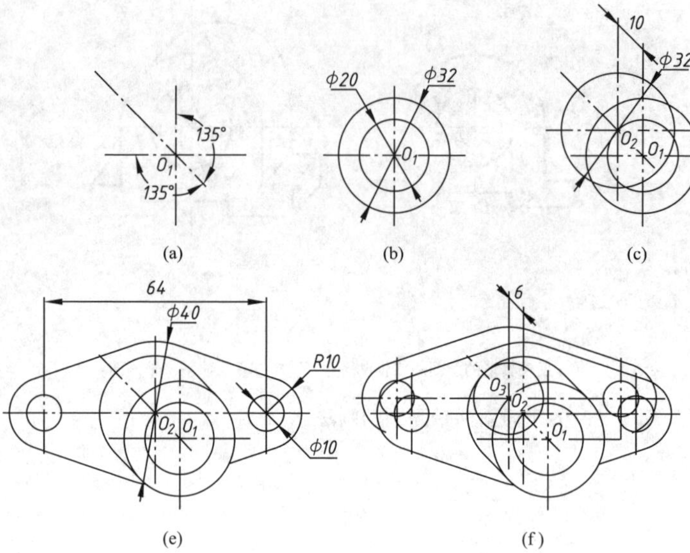

图 5-34　画压盖斜二测底稿

以 O_2 为原点的坐标系，以 O_2 为圆心绘制菱形板前端面上圆筒外圆（ϕ32），如图 5-34（c）所示。

（4）画圆筒外圆柱面投影轮廓线（两 ϕ32 圆的外公切线），判断可见性，擦除不可见边线，如图 5-34（d）所示。

2. 绘制菱形板的斜二测

（1）在 O_2 坐标系上，按实际尺寸绘制菱形板前端面的实形，擦除不可见边线，如图 5-34（e）所示。

（2）沿 Y 轴反方向自 O_2 向后量取 6mm（菱形板厚度 12 乘以轴向伸缩系数 0.5），建立以 O_3 为原点的坐标系，在 O_3 坐标系上，按实际尺寸绘制菱形板后端面的实形，注意不要遗漏菱形板后端面上圆筒内圆（ϕ20），如图 5-34（f）所示。

（3）绘制菱形板两端圆弧面的投影轮廓线（圆弧外公切线），判断可见性，擦除不可见边线，达到如图 5-34（g）所示的效果。

（二）描深图线

擦除多余线条，用粗实线描深各可见边线，得到如图 5-35 所示压盖的斜二等轴测图（斜二测）。

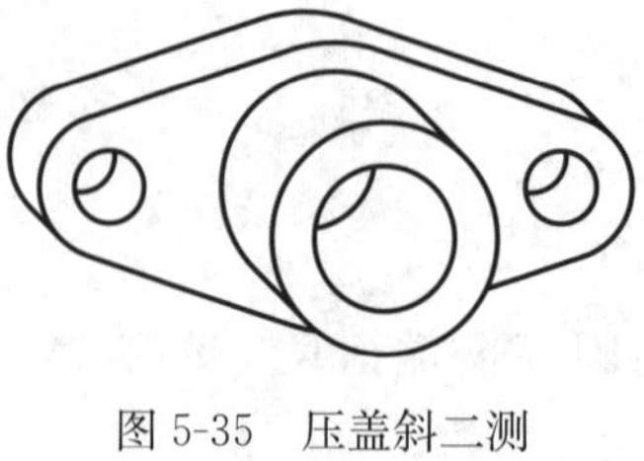

图 5-35　压盖斜二测

拓展训练

拓展 5-3：绘制如图 5-36 所示固定座的斜二测。

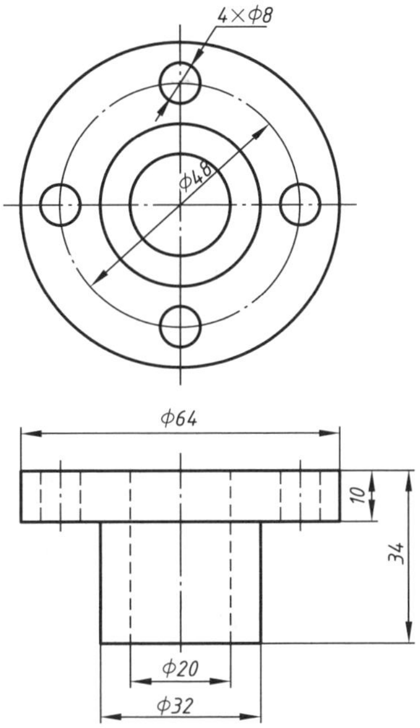

图 5-36 法兰盘视图

绘制零件图样

在生产实践中，机件的结构和形状差别很大，对于一些复杂的机件仅用前面所学的三面投影图是不能将其结构和形状完整清晰地表达出来的，而有些简单机件的表达可能不需用三面投影，而仅用一两个投影即可完整清晰地表达其结构形状。

国家标准《技术制图 图样画法》与《机械制图 图样画法》中规定了视图（GB/T 17451—1998、GB/T 4458.1—2002）、剖视图和断面图（GB/T 17452—1998、GB/T 4458.6—2002）等基本表达方法。本项目通过绘制不同机件的零件图样，学习各种表示法的特点与画法，以便绘图时按需选用。

任务一 绘制角度支承板视图

知识目标：

掌握视图种类、画法、标注方法及适用场合。

掌握基本视图的投影原理与配置关系。

掌握向视图、局部视图、斜视图的绘图方法与标注方式。

能力目标：

能根据机件的外部结构特点，合理选择恰当的视图表达。

能够正确绘制机件的基本视图、向视图、局部视图、斜视图并进行必要的标注。

素质目标：

培养严谨、规范的标准意识，以及综合分析、解决问题的能力。

任务分析

绘制图 6-1 所示角度支承板的视图并标注尺寸。

国家标准规定的视图表达方法分为基本视图与向视图、局部视图、斜视图。视图主要用于表达机件的可见部分，必要时用细虚线绘出机件的不可见部分。本任务中形体的倾斜部分可用斜视图表达其结构特征。

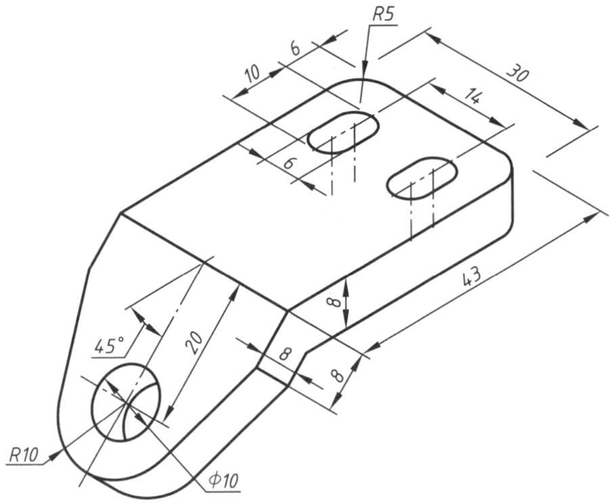

图 6-1 角度支承板

相关知识

一、基本视图与向视图

1. 基本视图

基本视图是机件向基本投影面投射所得的视图。为了表示出它的上、下、左、右、前、后方向的不同形状，除了前面学过的三个视图之外，还要再加上三个视图。如图 6-2 所示，在原有三个投影面的基础上，再增设三个投影面：从右向左投射，得到右视图；从下向上投射，得到仰视图；从后向前投射，得到后视图。这六个视图称为基本视图。六个投影面展开的方法如图 6-2（a）所示，展开后的视图位置如图 6-2（b）所示，各视图之间仍应符合“长对正、高平齐、宽相等”的投影关系。

2. 向视图

在同一张图纸内，这六个基本视图按图 6-2（b）配置时，可不标注视图的名称。如果不能按图 6-2（b）配置视图，应在视图的上方标注“×”（×为大写拉丁字母），并在相应的视图附近用箭头指明投射方向，注上相同的字母，称为向视图。本质上，向视图就是重新配置了的基本视图。

如图 6-3 所示。向视图是可自由配置的视图，“*A*”相当于右视图，“*B*”相当于仰视图，“*C*”相当于后视图。

在实际绘图时，应根据机件的复杂程度选用合适的基本视图，不是任何机件都需要六个基本视图。

二、斜视图

图 6-4（a）所示的机件右边倾斜部分的上下表面均是正垂面，它对其余几个投影面是倾斜的，因此投影不反映实形。为了表达出倾斜部分的实形，可以设置一个与倾斜部

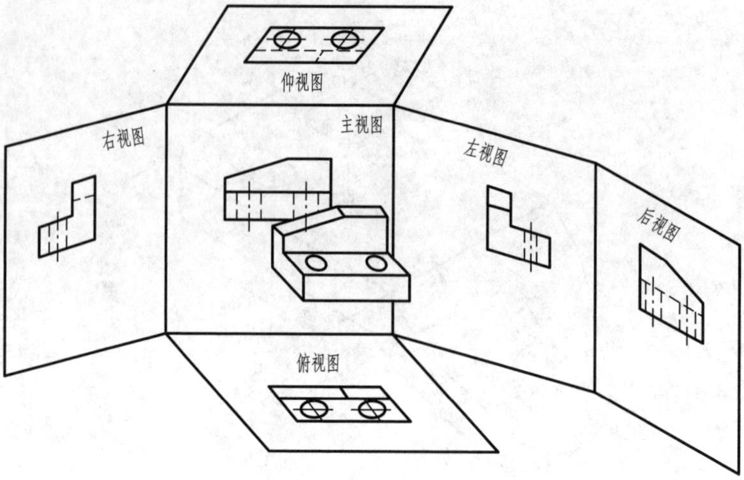

(a)

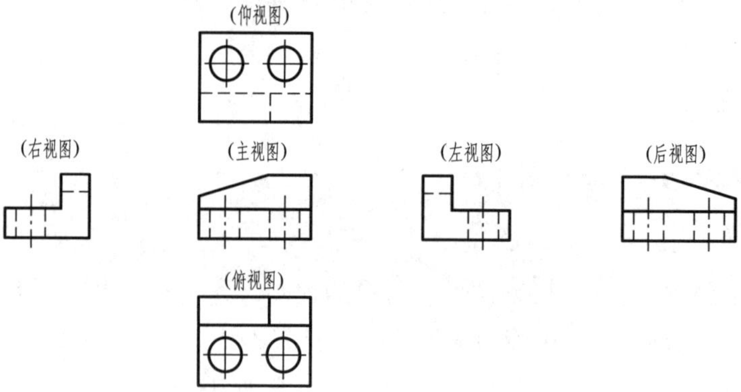

(b)

图 6-2　六个基本视图

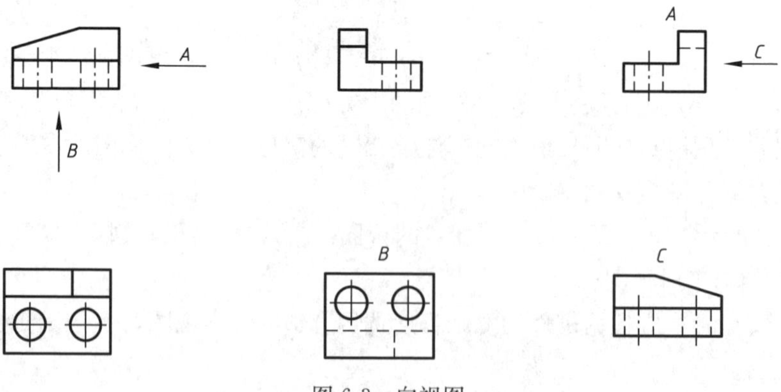

图 6-3　向视图

分平行的投影面，再将倾斜部分向这个投影面投射，所得视图表达了该部分的实形，如图 6-4（b）中的 A 视图。

这种使机件倾斜部分向不平行于基本投影面的平面投射所得到视图，称为斜视图。

画斜视图时，通常按向视图的配置形式在视图的上方标注“×”，在相应的视图附近用箭头指明投射方向，并注上相同的大写拉丁字母，字母一律水平方向书写。必要时，允许将斜视图旋转配置，表示该视图名称的大写拉丁字母应靠近旋转符号的箭头端，如图 6-4（c）所示；也允许将旋转角度标注在字母之后，如图 6-4（d）所示。

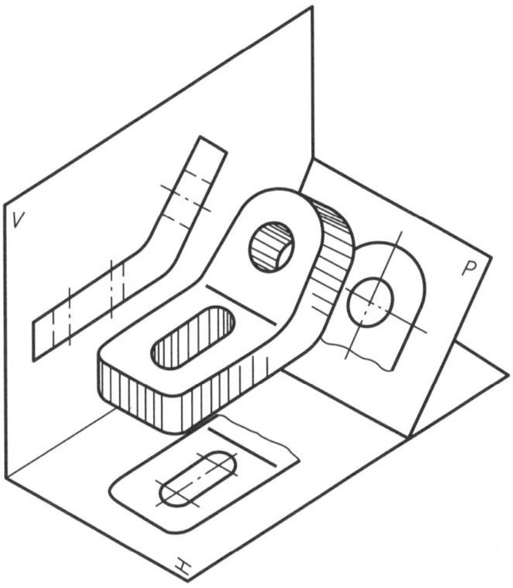

(a)

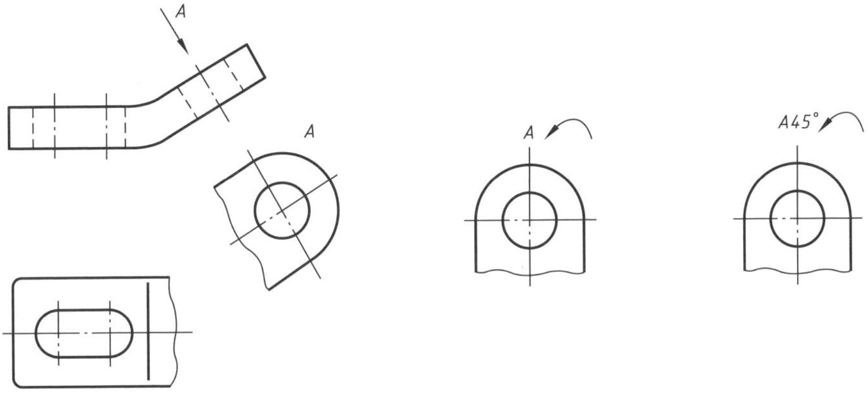

(b) (c) (d)

图 6-4 斜视图

三、局部视图

当机件的主要形状已经表达清楚，只是局部形状未表达清楚时，为了方便，不必再增加一个完整的基本视图。如图 6-4（b）所示，画出 A 向斜视图之后，在俯视图中不反映实形的投影就不必再画出来了，只画出机件的一部分投影，用波浪线断开。这种将机件的某一部分向基本投影面投射所得的视图称为局部视图。

画局部视图时，一般在局部视图的上方标注“×”，在相应的视图附近用箭头指明投影方向，并注上相同的大写拉丁字母，如图 6-5 所示。

当局部视图按投影关系配置，中间又没有其他图形隔开时，可以省略标注，如图 6-4（b)所示。

局部视图的断裂边界用波浪线表示，当所表达的局部结构是完整的，且外轮廓线又呈封闭的情况时，波浪线可以省略不画，如图 6-5（b）中的 B 向局部视图。

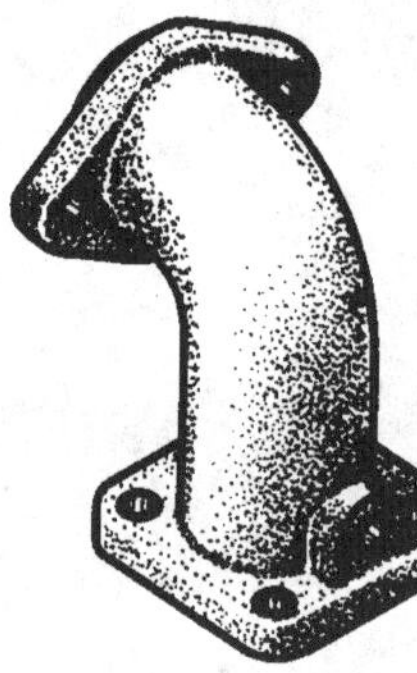

(a) 直观图

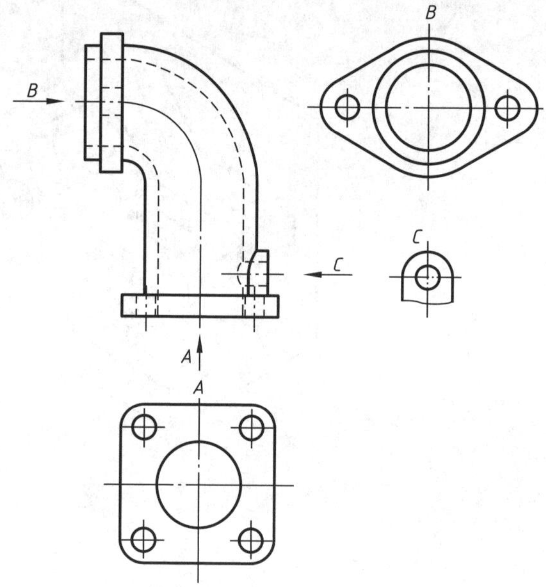

(b) 视图

图 6-5　局部视图

局部视图可按第三角画法配置，如图 6-6 所示。

在视图上需要表达的局部结构的附近，并用细点画线将两者相连，如图 6-6（a）所示；无中心线的图形也可用细实线联系两图，如图 6-6（b）所示。按此画法时无须标注。

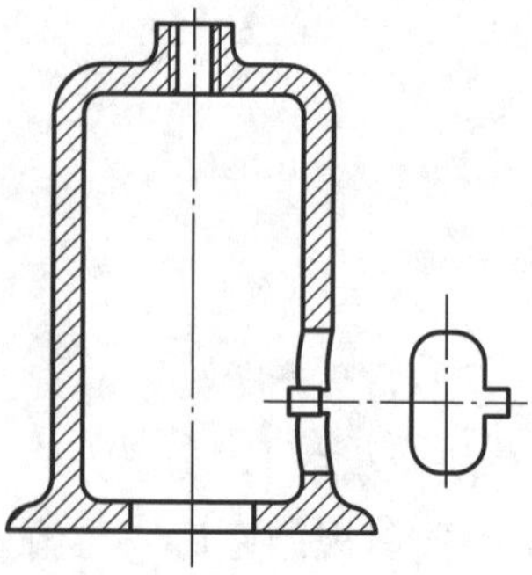

(a)

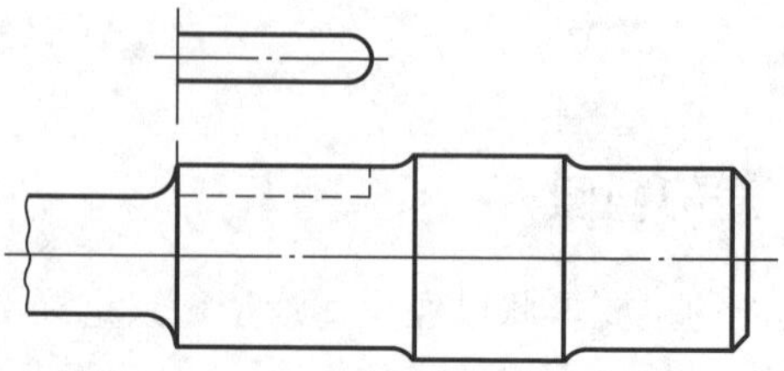

(b)

图 6-6　按第三角画法配置的局部视图

任务实施

一、绘图准备

1. 工具准备

本任务要求绘制如图 6-1 所示角度支承板的零件图样，由零件特征可以看出，图形构成皆为直线、圆或圆弧，绘图主要用到丁字尺、三角板、圆规、铅笔等工具，用 A4 图纸。

2. 视图分析与选择

如图 6-7（a）所示，选择主视图方向；在俯视图投射方向，因为倾斜部分（耳板）不能得到反映实形的投影，所以可绘制成如图 6-7（b）所示的局部视图；倾斜部分（耳板）的特征，可以用如图 6-7（c）所示的斜视图表达。

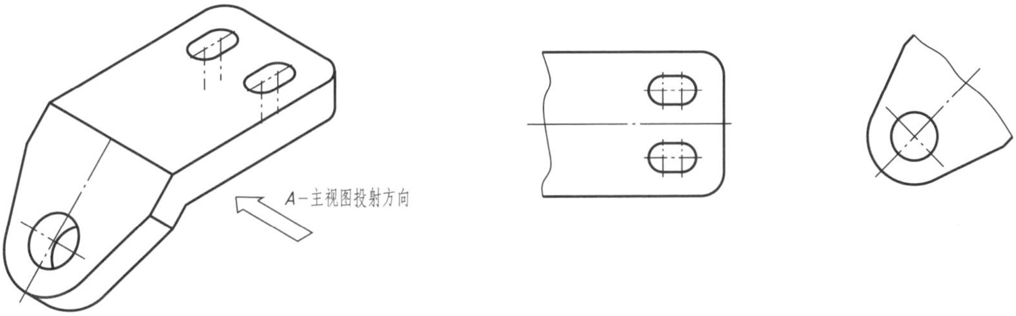

(a)　　(b)　　(c)

图 6-7　视图分析与选择

二、绘图

（1）绘制主视图，如图 6-8（a）所示。

（2）绘制俯视图（局部视图），如图 6-8（b）所示。因局部视图按投影关系配置，且中间无其他图形隔开，所以不必标注。

（3）绘制 *A* 向斜视图，如图 6-8（c）所示。注意，斜视图必须标注。

也可以将斜视图旋转后，绘制成如图 6-8（d）所示的格式，此时须在斜视图名称上加注旋转符号。注意，字母应注写在箭头一侧。

三、标注尺寸

两种表达方案的尺寸标注如图 6-9（a）、（b）所示。

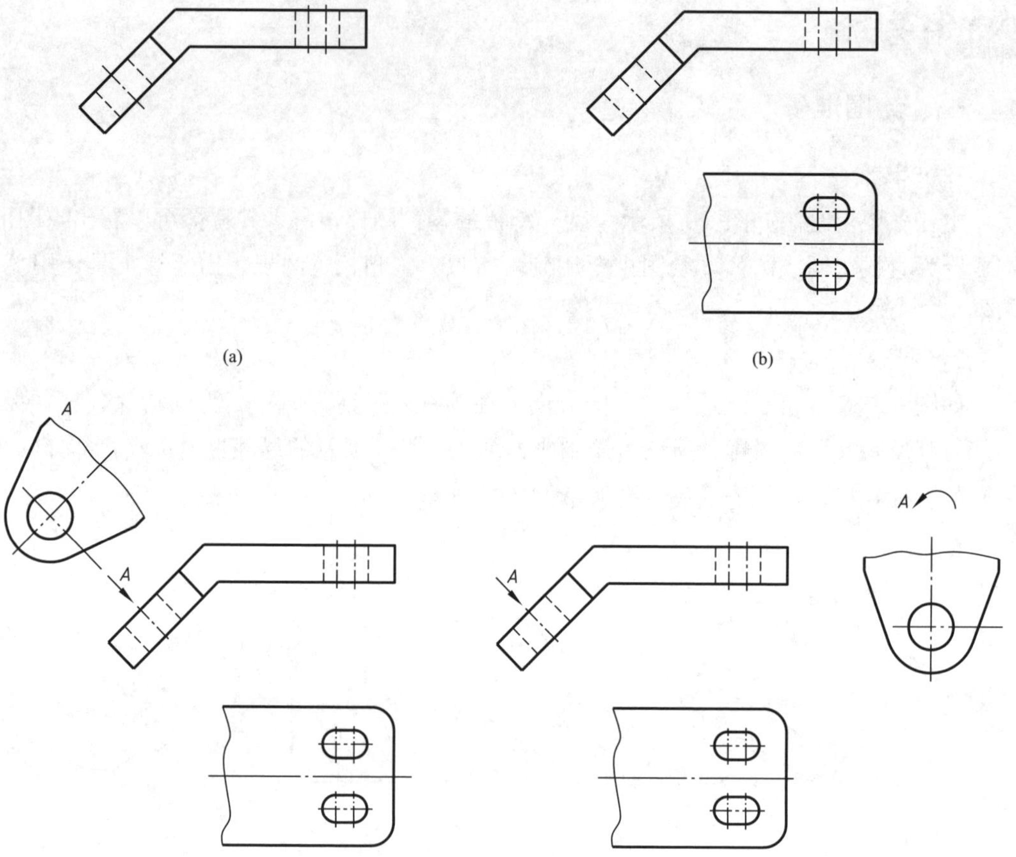

(a) (b) (c) (d)

图 6-8 绘图步骤

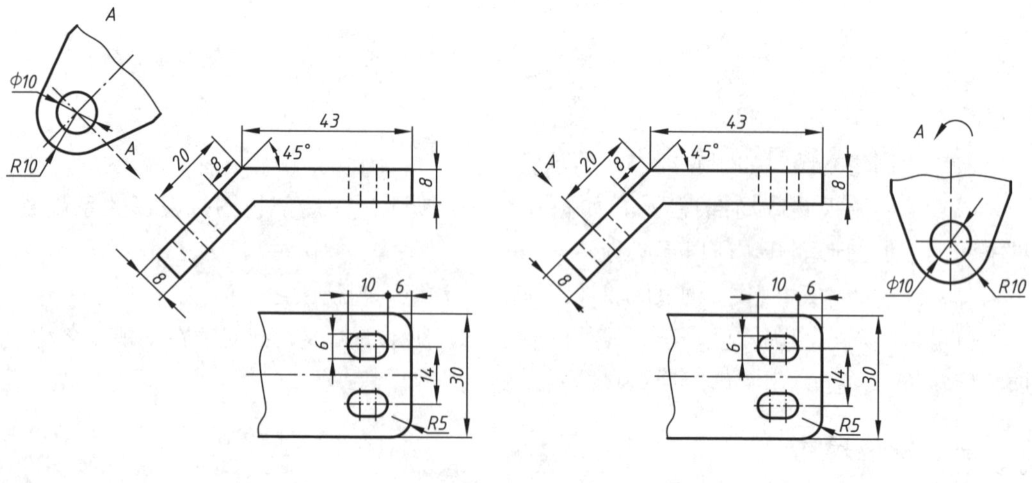

(a) (b)

图 6-9 尺寸标注

拓展训练

拓展 6-1：绘制如图 6-10 所示斜板支座的零件图样。

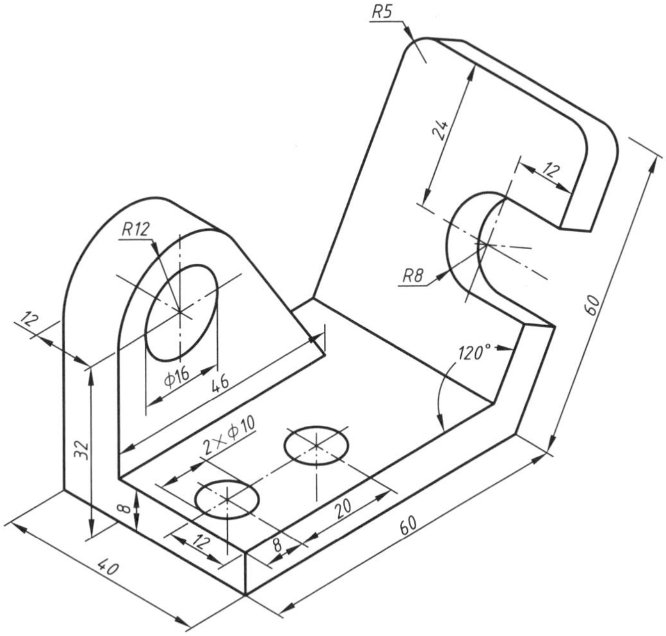

图 6-10 斜板支座

任务二 绘制平板支座的零件图样

知识目标：

掌握剖视图种类、画法、标注方法及适用场合。

能力目标：

能根据机件的内部结构特点，合理选择恰当的剖视图。

素质目标：

通过对不同剖视图表达方案的合理选择，训练综合分析、解决问题的能力。

理解并严格遵守相关国家标准规定，强化标准化意识。

任务分析

绘制如图 6-11 所示平板支座的零件图并标注尺寸。

当机件的内部结构（孔、槽等）比较复杂时，用视图表达会出现许多虚线，由于视图中虚、实线重叠交错，必然造成层次不清，不便于绘图、看图和标注尺寸，如图 6-12 所示的平板支座三视图。为了解决机件内部结构形状的表达问题，GB/T 17452—1998、

GB 4458.6—2002 规定了剖视的表达方法。

本任务主要学习各种剖视图的画法、标注方法及画剖视图应注意的问题。

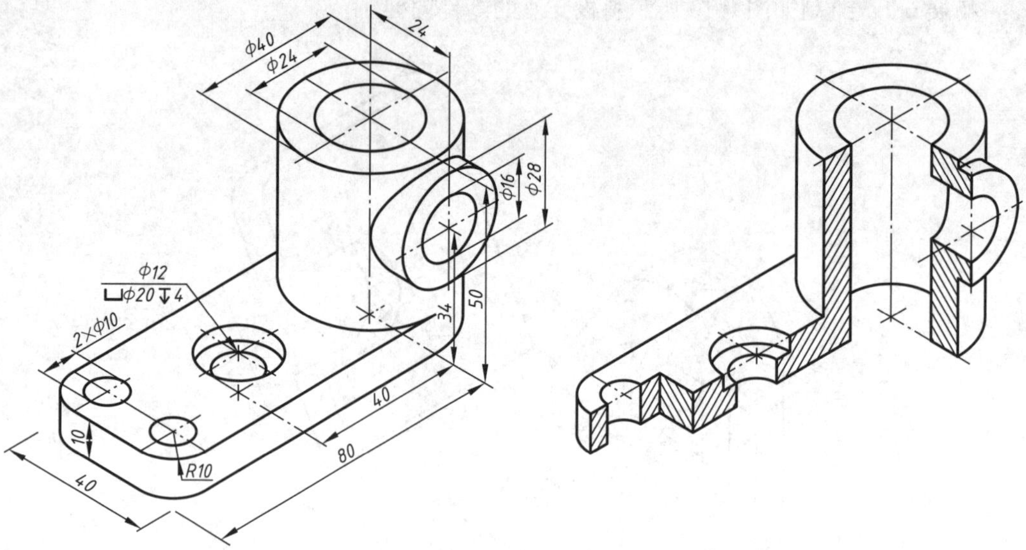

图 6-11　平板支座

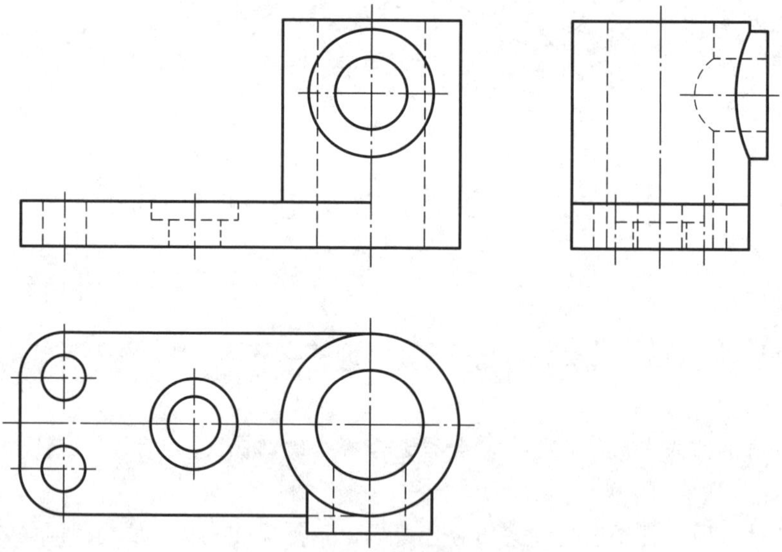

图 6-12　平板支座三视图

相关知识

一、剖视图的画法及标记

（一）剖视图的概念

假想用剖切面剖开机件，将处在观察者和剖切面之间的部分移去，而将其余的部分向投影面投射所得的图形，称为剖视图，简称剖视。

如图 6-13（a）所示，视图中均用虚线表达机件内部的孔和下部的通槽，为了明显地表达这些结构，假想用一个通过各孔轴线和底槽的正平面 A 作为剖切面将机件剖开，移去剖切面前面的部分，见图 6-13（b），机件的内部形状就完全清楚地显示出来了；然后向正立投影面投射，所得到的图形就是剖视图，如图 6-13（c）所示。图 6-13（d）所示为不加任何标注的表达方法。

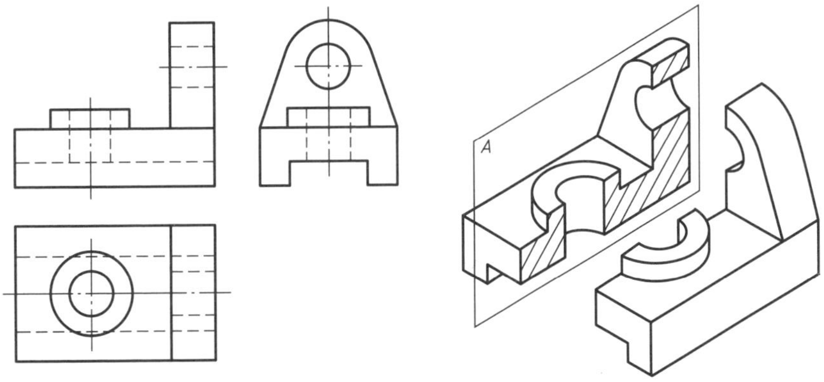

(a)　(b)

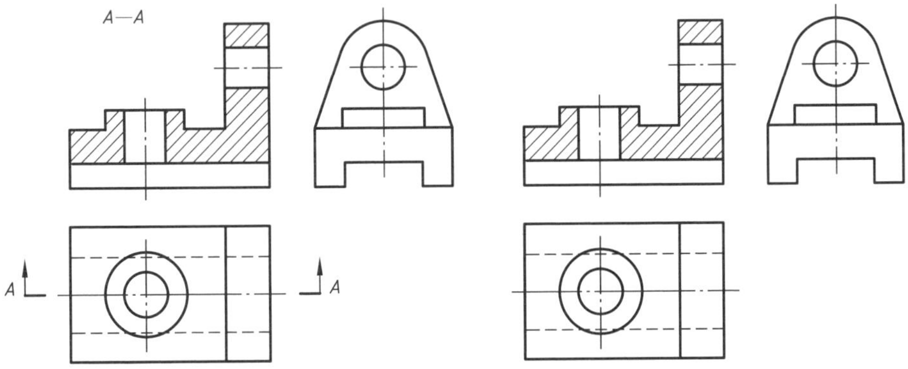

(c)　(d)

图 6-13　剖视图

（二）剖视图的画法

1. 确定剖切平面的位置

画剖视图时，应首先选择最合适的剖切位置，以便充分地表达机件的内部结构形状，剖切平面一般应通过机件上孔的轴线、槽的对称面等结构。

2. 画剖视图

仅画出剖切平面与机件实体接触部分的图形，称为断面图，简称断面。画剖视图时，应把断面及剖切平面后方的可见轮廓线用粗实线画出。

按照 GB/T 4457.5—2013《机械制图　剖面区域的表示法》的规定，在断面上要画出剖面符号，各种材料的剖面符号见表 6-1。金属材料的剖面符号又称剖面线，一般画成与水平线呈 45°角的等距细实线，剖面线向左或向右倾斜均可，但同一个机件在各个剖视图中的剖面线倾斜方向应相同，间距应相等。

表 6-1　材料的剖面符号（GB/T 4457.5—2013）

金属材料（已有规定剖面符号者除外）	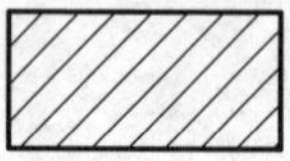	木质胶合板（不分层数）	
线圈绕组元件	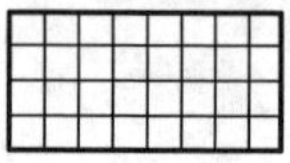	基础周围的泥土	
转子、电枢、变压器和电抗器等的叠钢片	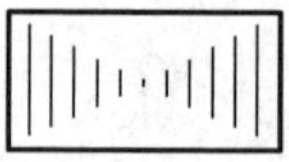	混凝土	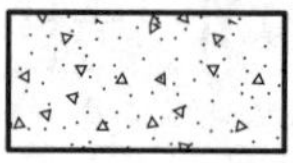
非金属材料（已有规定剖面符号者除外）	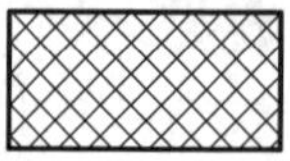	钢筋混凝土	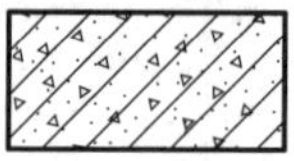
型砂、填砂、粉末冶金、砂轮、陶瓷刀片、硬质合金刀片等	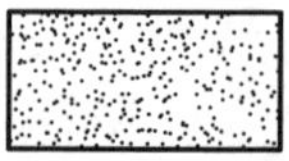	砖	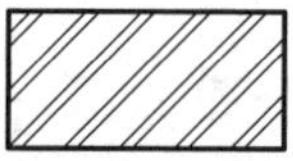
玻璃及供观察用的其他透明材料	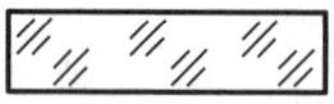	格网（筛网、过滤网等）	
木材　纵断面		液体	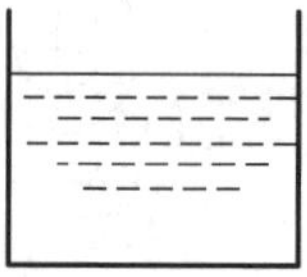
木材　横断面			

注　1. 剖面符号仅表示材料的类型，材料的名称和代号另行注明。

2. 叠钢片的剖面线方向，应与束装中叠钢片的方向一致。

3. 液面用细实线绘制。

当图形中的主要轮廓线与水平线呈 45°或接近 45°时，该图形上的剖面线应画成与主要轮廓线呈适当角度（30°或 60°）的平行线，倾斜方向和间距仍应与其他剖视图上的剖面线一致，如图 6-14 所示。

3. 剖视图的标记

画剖视图时，一般应在剖视图的上方用大写拉丁字母标注剖视图的名称“×—×”，在相应的视图上用剖切符号（粗实线，长 6～10mm）表示剖切位置。同时，在剖切符号的外侧画出与它垂直的细实线和箭头表示投射方向，剖切符号不应与图形的轮廓线相交，在它的起、讫或转折处应标注相同的大写拉丁字母，字母一律水平方向书写，如图 6-13（c）所示。

当剖视图按投影关系配置，中间又没有其他图形隔开时，可以只画剖切符号，省略箭头。

当单一剖切平面通过机件的对称平面或基本对称的平面，且剖视图按投影关系配置，中间又没有其他图形隔开时，可以不加任何标注，如图 6-13（d）所示。

（三）画剖视图应注意的问题

（1）剖切面是假想的，因此，当机件的某一个视图画成剖视图之后，其他视图仍应完整地画出。

（2）剖切面后方的可见轮廓线应全部画出，不得遗漏。孔的剖视图画法见图 6-15。

（3）在剖视图中，一般应省略虚线，只有当不足以表达清楚机件的形状时，为了节省一个视图，才在剖视图上画出虚线。如图 6-16 所示，机件底板的厚度是用虚线表示的。

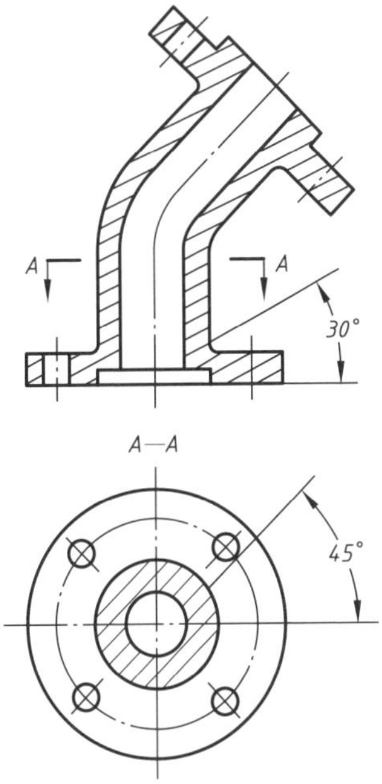

图 6-14 特殊情况时剖面线的画法

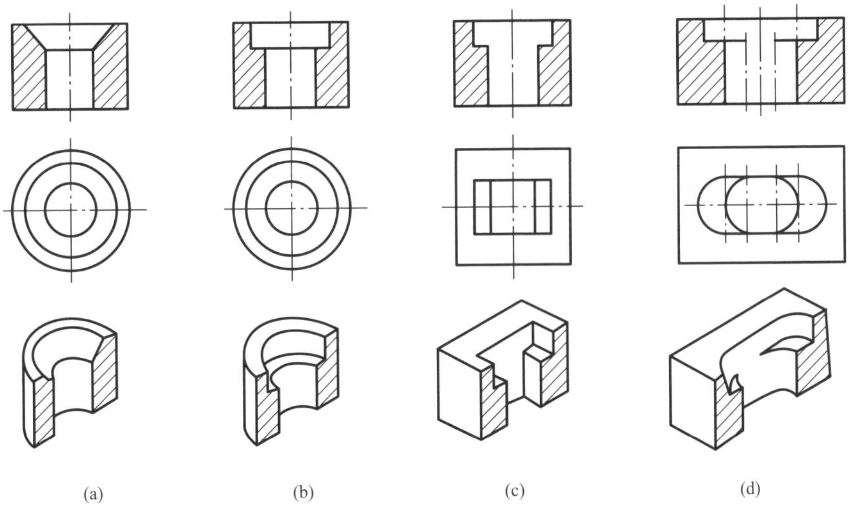

图 6-15 孔的剖视图画法

二、剖视图的种类

（一）按剖切范围的大小划分

剖视图可分为全剖视图、半剖视图和局部剖视图三种。

1. 全剖视图

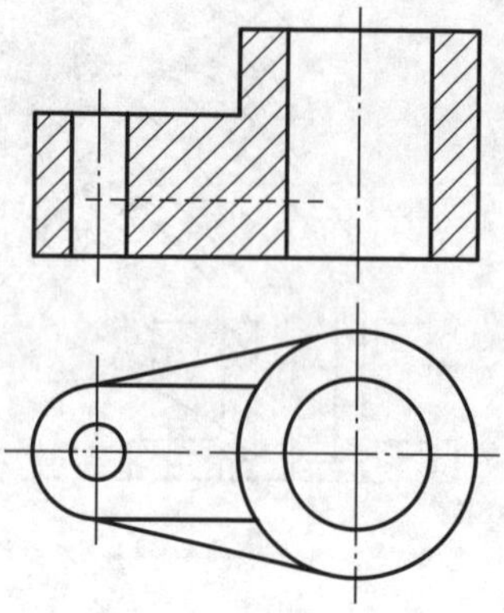

图 6-16　应画虚线的剖视图

用剖切面完全剖开机件所得的剖视图称为全剖视图。如图 6-17（b）所示的机件，外形比较简单，内部结构较为复杂，且前后对称，左右和上下均不对称，假想用一个剖切平面沿机件的前后对称面将它完全剖开，移去前半部分，向正面投射，就得到了该机件全剖视的主视图，如图 6-17（a）所示。

又如图 6-18 所示的机件，虽然前后不对称，后壁上有个小孔，前壁上没有小孔，当采用图 6-18（c）所示的方案表达时，不对称情况仍可得以说明，因此，仍可采用全剖视图，并可省略标注。

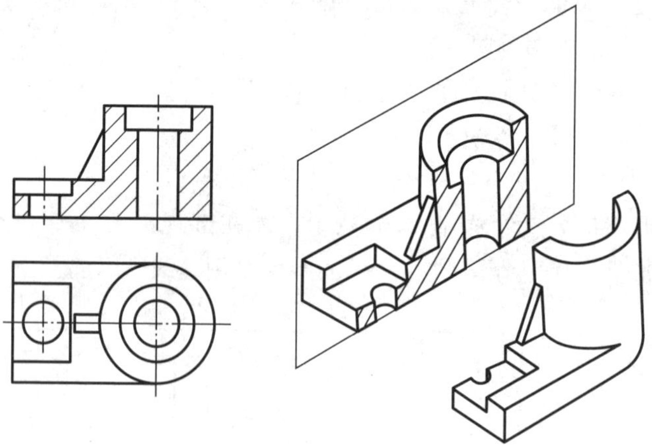

(a)　(b)

图 6-17　全剖视图（一）

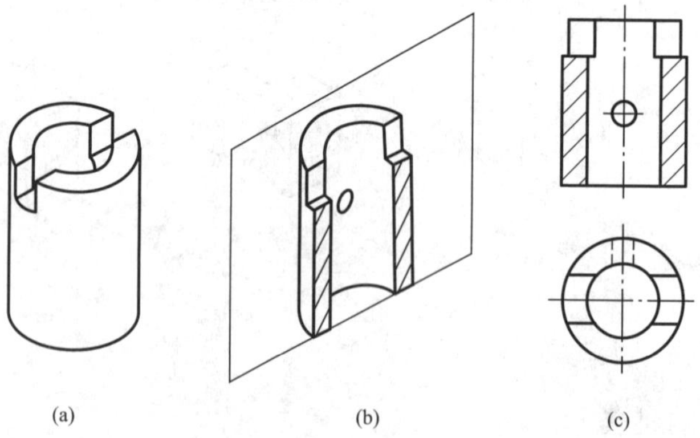

(a)　(b)　(c)

图 6-18　全剖视图（二）

由以上两例可以看出，全剖视图一般用于表达内形比较复杂、外形比较简单的机件。

2. 半剖视图

当机件具有对称平面时，向垂直于对称平面的投影面上投射所得的图形，可以对称中心线为界，一半画成剖视图，另一半画成视图，这种剖视图称为半剖视图，如图 6-19 所示。由于该机件前后、左右均对称，所以主、俯视图都可以画成半剖视图。

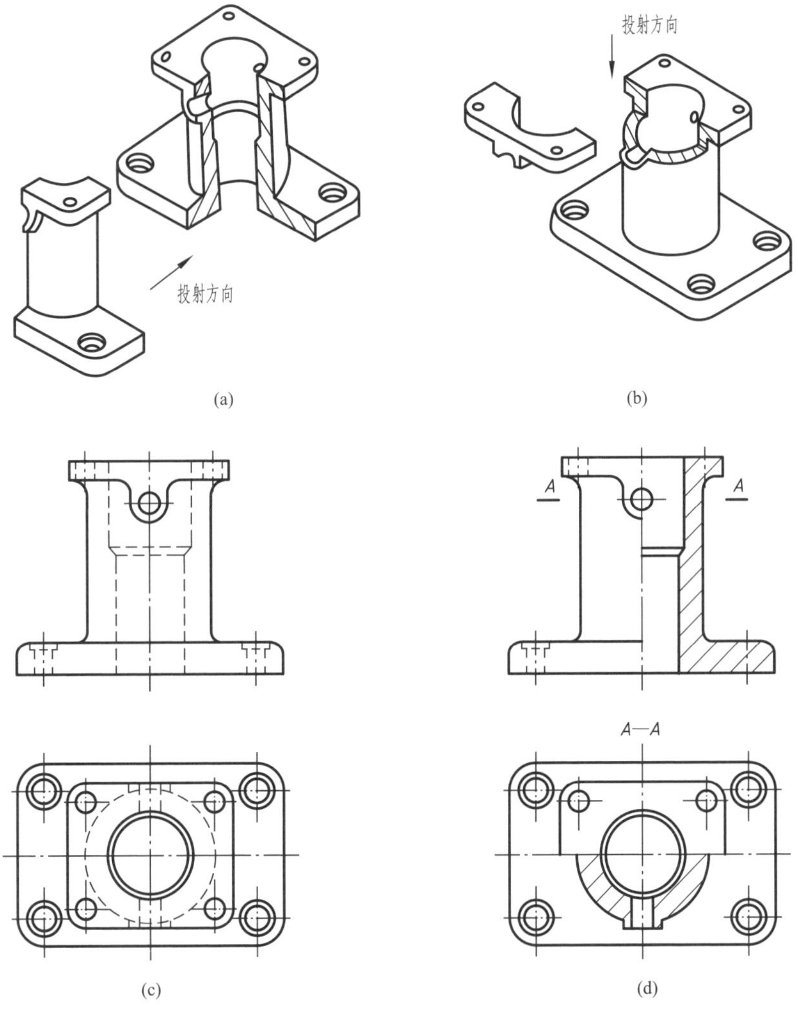

图 6-19 半剖视图及其标注

半剖视图既能充分表达机件的内部形状，又保留了外部形状，所以它常用于表达内外形状都比较复杂的对称机件。

画半剖视图须注意下列事项：

(1) 半个视图与半个剖视图的分界线应画成细点画线，不能画成粗实线。

(2) 机件的内部形状已在半剖视图中表达清楚，在另一半视图中就不必再画出虚线，但这些内部结构的中心线应予以画出。

3. 局部剖视图

用剖切平面局部地剖开机件所得的剖视图称为局部剖视图，如图 6-20 所示。

局部剖视图既能把机件局部的内部形状表达清楚，又能保留机件的某些外形，并且其剖切范围可根据需要而定，表达起来比较灵活。如图 6-20 所示的机件，虽然左右、前后都对称，但由于主视图正中的轮廓线与对称中心线重合，所以不宜采用半剖视图，而采用了局部剖视图。这样既可表达中间的通孔，又保留了机件的部分外形。

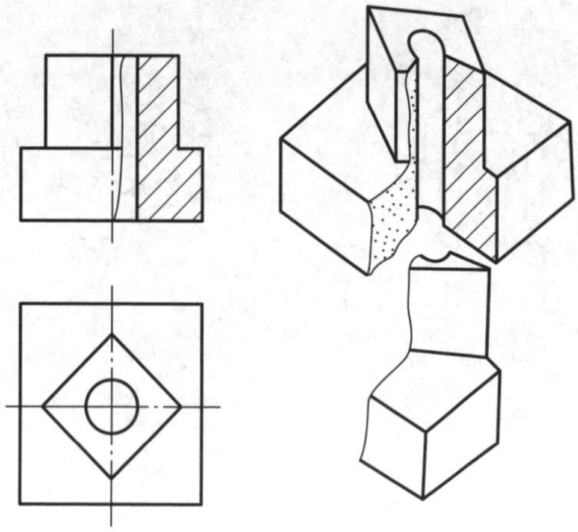

图 6-20　局部剖视图（一）

画局部剖视图必须注意以下几个问题：

（1）局部剖视图用波浪线分界，波浪线应画在机件实体上，不能超出实体轮廓线，也不能画在机件的中空处，如图 6-21 所示。

（2）一个视图中，局部剖视的数量不宜过多，在不影响外形表达的情况下，可以采用大面积范围的局部剖视，以减少局部剖视的数量。如图 6-22 所示的机件，上部圆孔与右壁沉孔在同一个局部剖视图画出，为了表达 4 个沉孔，可以在主视图左下角作小范围局部剖视。

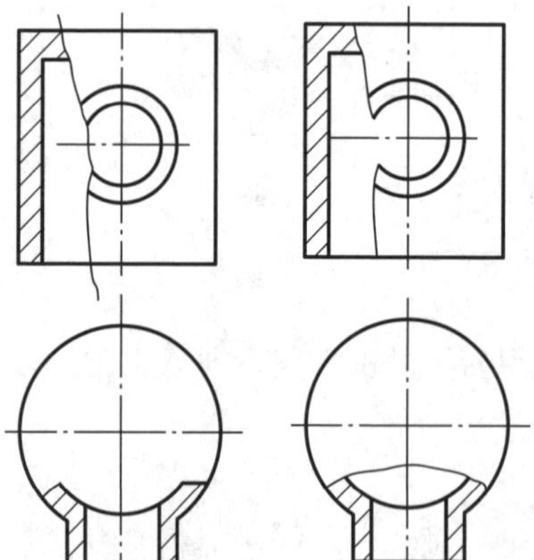

(a) 错误　　(b) 正确

图 6-21　局部剖视图（二）

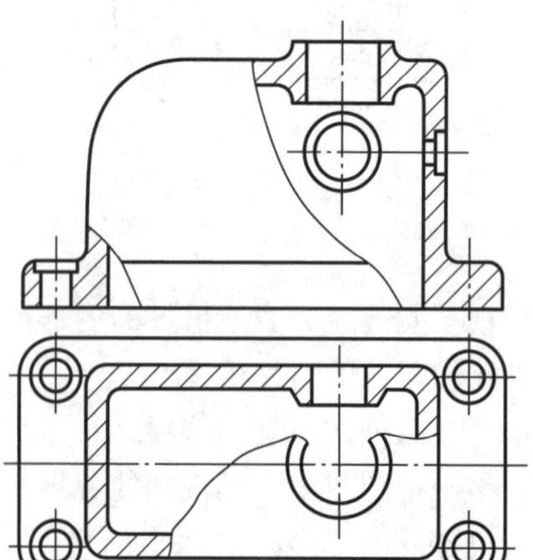

图 6-22　局部剖视图（三）

（3）波浪线不能与图样上其他图线重合。

（4）当单一剖切面的剖切位置明确时，局部剖视图一般不需要标注。

（二）按剖切面的种类划分

机件的内部结构形状多种多样，GB/T 17452—1998 规定，根据机件的结构特点不同，可选择单一剖切面、几个平行的剖切平面、几个相交的剖切平面剖开机件。无论选用哪种剖切面剖开机件，均可画成全剖视图、半剖视图和局部剖视图。

1. 单一剖切面

单一剖切面通常是指平面或柱面。前面介绍的全部视图、半剖视图、局部剖视图的示例都是采用平行于其一基本投影面的单一剖切平面得到的，是最常用的剖切形式。

当机件上倾斜部分的内部结构形状需要表达时，可选用一个与倾斜部分平行且垂直于某一基本投影面的剖切平面剖开机件，然后将剖切平面后面的机件向与剖切平面平行的投影面进行投射，如图 6-23（a）中的 *B*—*B* 剖视图。

这种剖视图的标注形式如图 6-23（a）所示，注意字母一律水平书写，与倾斜部分的方向无关。剖视图的位置最好按箭头所指的方向配置，并与基本视图保持投影关系，也可以平移到其他适当位置，如图 6-23（b）所示。在不致引起误解时，允许将图形旋转，如图 6-23（c）所示。

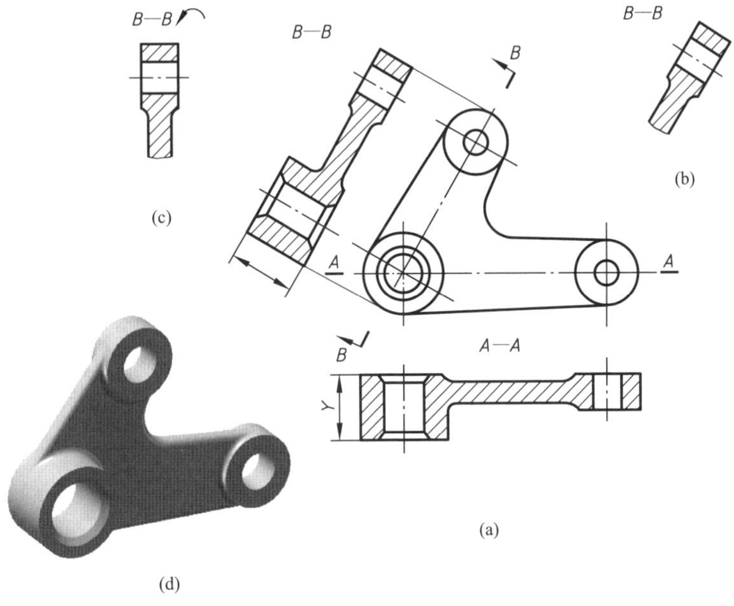

图 6-23　不平行于任何基本投影面的剖切

2. 几个平行的剖切平面

当机件上有几个内部结构需要表达但又不处于一个平面上时，可用几个平行于某一基本投影面的剖切平面共同剖开机件。

如图 6-24 所示的机件，为了表达左边的台阶孔和右边小孔的内腔，仅用一个剖切平面不能达到目的。为此，采用两个互相平行的剖切平面，让它们分别通过所要表达的孔的轴线剖开机件，然后把主视图画成剖视图，这样就可以在剖视图上把各个孔的内腔表达清楚了。这种剖视方法适用于表达外形简单、内形较复杂且难以用单一剖切平面表达的机件。

采用这种方法画剖视图，必须注意以下几点：

（1）各剖切平面剖切后所得的剖视图是一个图形，不应在剖视图中画出各剖切平面的界线，即转折处不应在剖视图中画出轮廓线，如图 6-24（a）所示。

（2）剖切平面转折处的剖切符号中的粗短画不应与视图中的轮廓线重合，如图 6-24（a）所示。

（3）要恰当地选择剖切位置，避免在视图上出现不完整的要素。只有当两个要素具有公共对称中心线或轴线时，可以各画一半，以对称中心线或轴线为界，如图 6-24（b）所示。

（4）采用这种方法画剖视图必须进行标注，其标注方法与单一剖切基本相同。当剖视图按投影关系配置，而中间又无其他图形隔开时，可省略箭头，如图 6-24（a）所示。

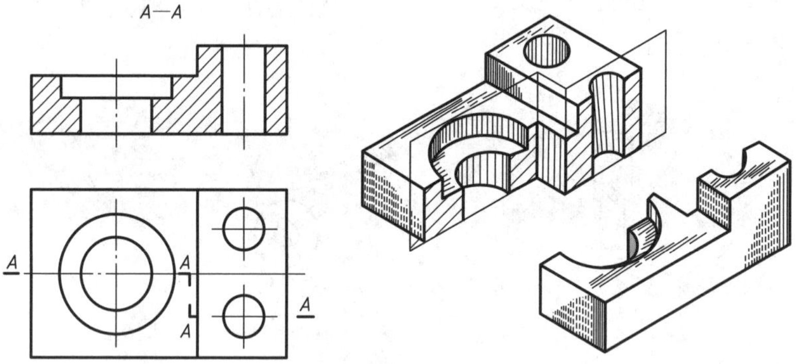

(a) 两个平行剖切面获得的剖视图

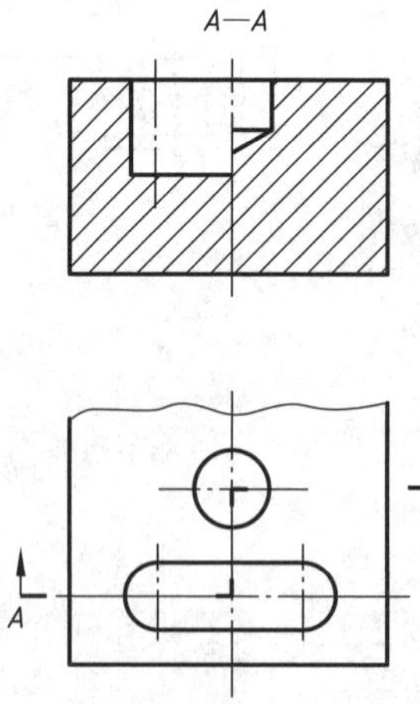

(b) 具有公共对称中心线的剖视图

图 6-24　几个平行的剖切面获得的剖视图

3. 几个相交的剖切平面

当机件内部结构形状用单一剖切平面剖切不能完全表达，而这个机件在整体上又具有垂直于某一基本投影面的回转轴线时，可用两个相交于回转轴线的剖切平面共同剖开机件，然后将剖切面的倾斜部分旋转到与选定的投影面平行，再进行投影，如图 6-25 和图 6-26 所示。

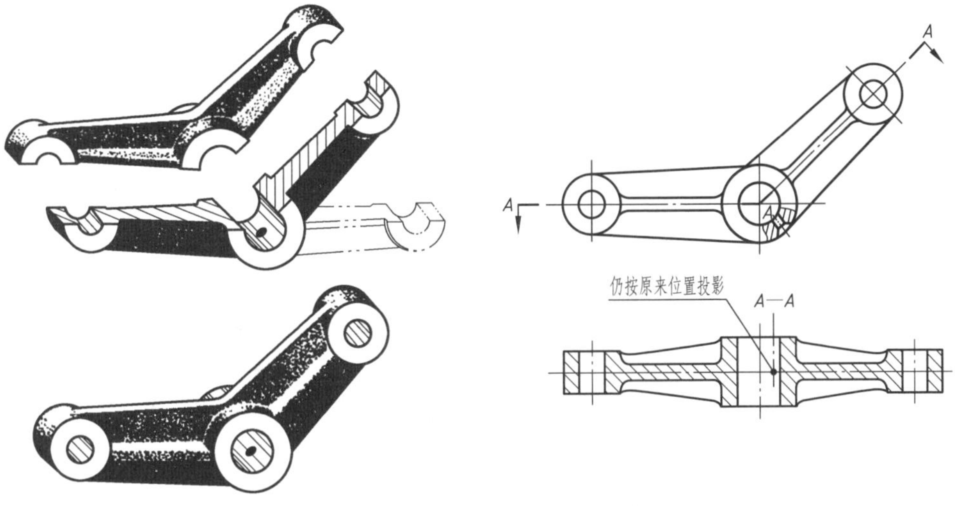

(a) (b)

图 6-25 旋转绘制的剖视图（一）

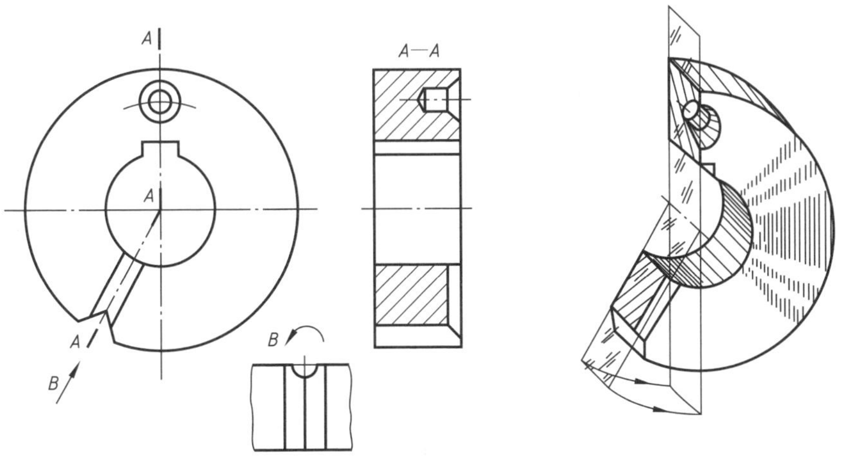

(a) (b)

图 6-26 旋转绘制的剖视图（二）

采用这种方法画剖视图时，应注意以下几点：

（1）两相交的剖切平面的交线应与机件上垂直于某一基本投影面的回转轴线重合。

（2）先假想按剖切位置剖开机件，然后将被剖切平面剖开的结构及其有关部分旋转到与选定的投影面平行后，再投射画出，以反映被剖切结构的真形，但在剖切平面以后的其他结构一般仍按原来位置投射画出，如图 6-25（b）中的小油孔。

（3）当两相交剖切平面剖到机件上的结构产生不完整要素时，应将此部分结构按不剖绘制，如图 6-27 所示。

（4）采用这种方法画剖视图必须进行标注，标注方法是在剖切面的起、讫及转折处用剖切符号表示其位置，并注写相同的字母，在两端用箭头表示投影方向。但特别要注意的是，标注中的箭头所指的方向是与剖切平面垂直的投射方向，而不是旋转方向。有时也可省略箭头，如图 6-26（a）所示。注写字母一律按水平位置书写，字头朝上。

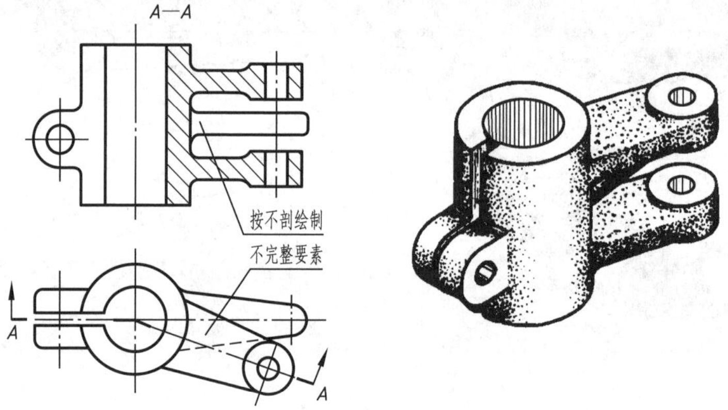

图 6-27　旋转绘制的剖视图（三）

当机件的内部结构形状较多且复杂，可以用几个相交的剖切面剖开机件，如图 6-28 和图 6-29 所示。

图 6-29 采用了展开画法，应该标注“×—×展开”。

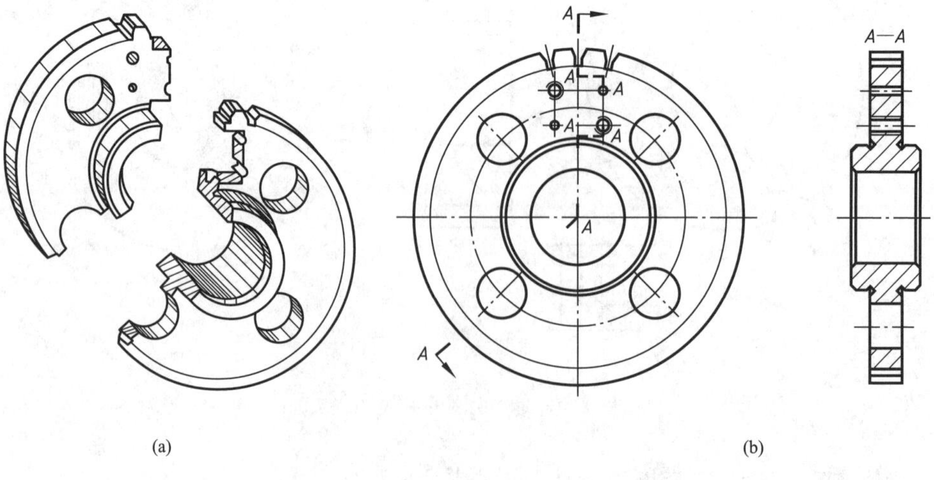

图 6-28　几个相交的剖切面获得的剖视图（一）

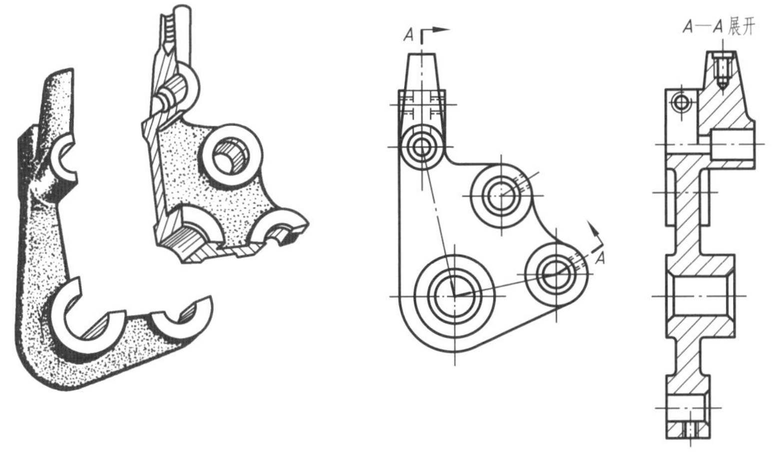

(a) (b)

图 6-29 几个相交的剖切面获得的剖视图（二）

任务实施

一、绘图准备

本任务要求绘制如图 6-11 所示平板支座的零件图样，图形构成皆为直线、圆或圆弧、波浪线等，绘图主要用到丁字尺、三角板、圆规、铅笔等工具，用 A4 图纸。

二、绘制零件图

（一）绘图

1. 绘制主视图

如图 6-12 所示，机件的内部结构在视图中用不可见轮廓线表达，整个图形线条凌乱，不够合理。

分析机件的结构特点可以看出，在主视图方向上，既有内部结构又有外部结构，需要内外兼顾地表达，故不宜采用全剖视图；但机件在该投影方向上并不对称，不宜用半剖，故采用图 6-30 所示的局部剖视图表达。

需要注意的是，主视图采用两个平行剖切面剖开机件，需在俯视图中用剖切符号（6～10mm，粗实线）标示剖切位置（剖切面的起、迄及转折位置）。因剖视图按投影关系配置，且中间无其他图形隔开，所以可以省略箭头（投射方向）与剖视图名称（字母）。

2. 绘制左视图

如图 6-30 所示，将左视图用全剖视图表达，能很好地表达零件右端三通特征的内部结构。

因剖切平面为单一剖切平面，且通过形体中主要回转特征的轴线，另外视图按投影关系配置，且中间无其他图形隔开，所以可以省略标注。

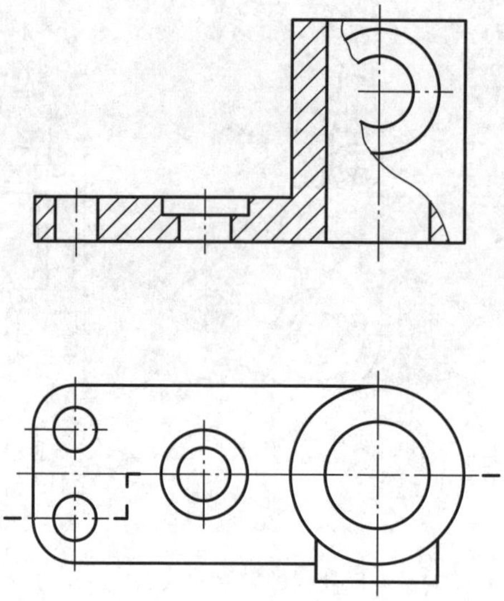

图 6-30　表达方案选择

3. 绘制俯视图

如图 6-30 所示，俯视图方向上，只有三通特征的横管内孔为不可见的内部结构，但该内部结构在左视图中已经有了清晰的表达，故俯视图可绘制成视图，且只画可见轮廓线，而不必画细虚线（不可见轮廓线），或用剖视重复表达内部结构。

（二）标注尺寸

1. 标注三通特征尺寸

如图 6-31 所示，标注三通特征的尺寸，同时注意规划尺寸的总体布局。

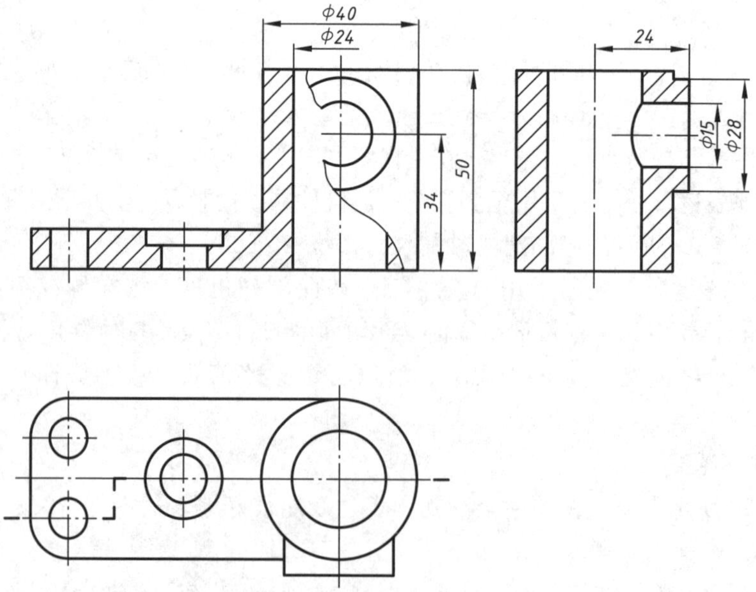

图 6-31　标注三通尺寸

2. 标注平板特征尺寸

如图 6-32 所示，标注平板的外形及内孔尺寸，平板上沉孔的尺寸可用图示的旁注法标注。

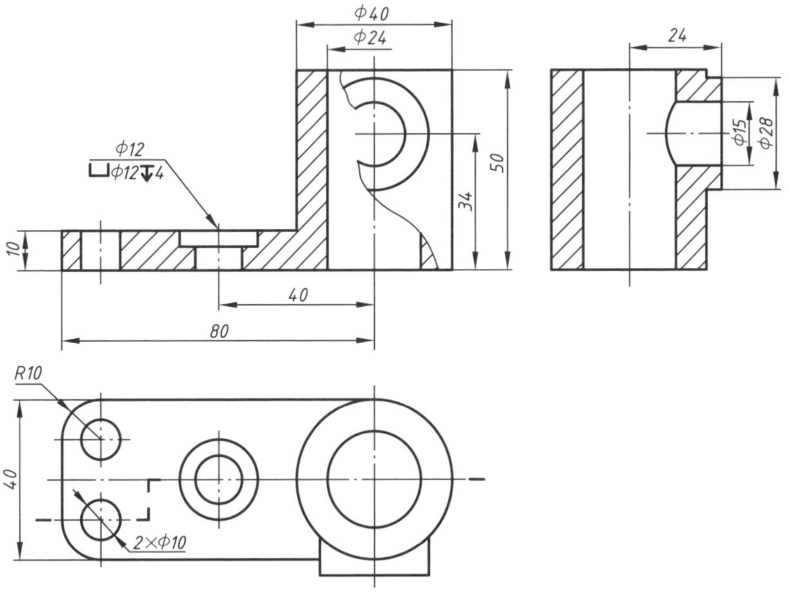

图 6-32 完成尺寸标注

也可以按图 6-33 所示的表达方案绘制：在俯视图中用局部剖视表达三通特征中的横管内孔。此时可以省掉左视图。

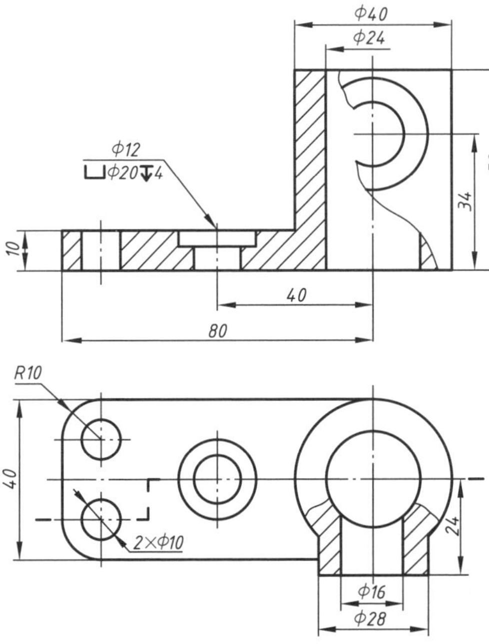

图 6-33 俯视图局部剖视表达

拓展训练

拓展 6-2：绘制如图 6-34 所示阀体的零件图样。

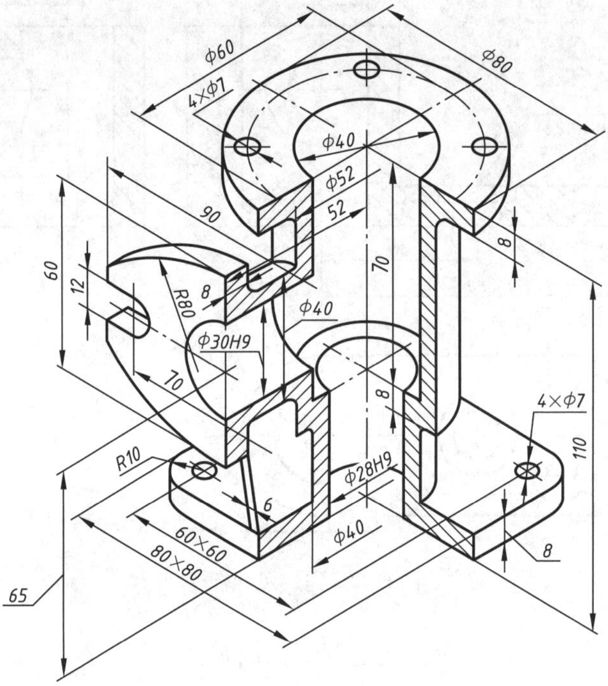

图 6-34　阀体

任务二　绘制输出轴零件图样

知识目标：

掌握断面图的种类、规定画法。

掌握局部放大图的画法、标记方法。

了解常用的简化画法。

能力目标：

能够正确绘制断面图，并进行必要的标记。

能正确绘制局部放大图并标记。

能够正确应用常用简化画法。

素质目标：

培养和强化空间思维能力，以及综合分析、解决问题的能力。

任务分析

绘制如图 6-35 所示输出轴的零件图样，并标注尺寸。

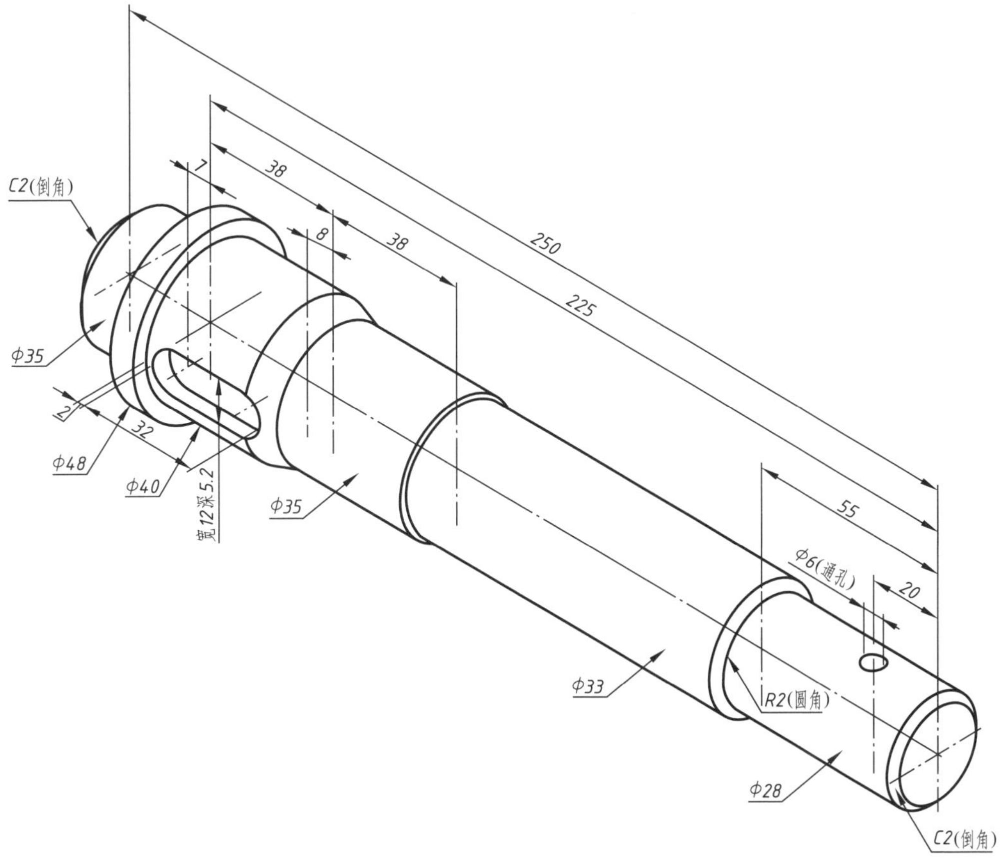

图 6-35 输出轴

该输出轴的键槽部分需要用断面图来表达其截面形状，在 $\phi 6$ 小孔处也需要用断面图（或局部剖视）来表达其贯通的特征。另外，轴上的细部结构（如轴肩处的过渡圆角）需要用局部放大图来表达。同时，国家标准规定的一些简化画法，也为零件的图样表达提供了一定的方便。

相关知识

一、断面图

1. 断面图的基本概念

假想用剖切平面将机件的某处切断，仅画出该剖切平面与机件接触部分的图形，这个图形称为断面图，简称断面。

在图 6-36 中，假想用一个剖切平面 A 垂直于轴线方向将键槽处切断，然后画出断面的实形，就能清楚地表达出断面的形状和键槽的深度。

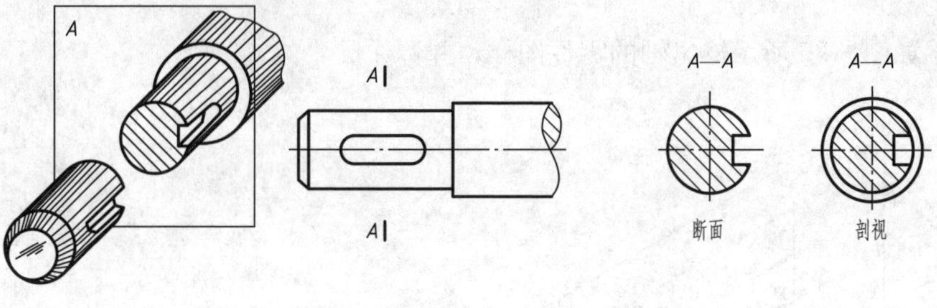

(a)　(b)　(c)　(d)

图 6-36　断面的基本概念

断面与剖视的区别：断面仅画出剖切面与机件接触部分的图形，而剖视则是将断面连同它后面的结构投影一起画出。图 6-36（c）所示为断面，图 6-36（d）所示为剖视。

2. 断面图的种类

根据断面图配置的位置，分为移出断面和重合断面两种。

（1）移出断面。画在视图外的断面，称为移出断面。图 6-37 中的三个断面图均为移出断面。

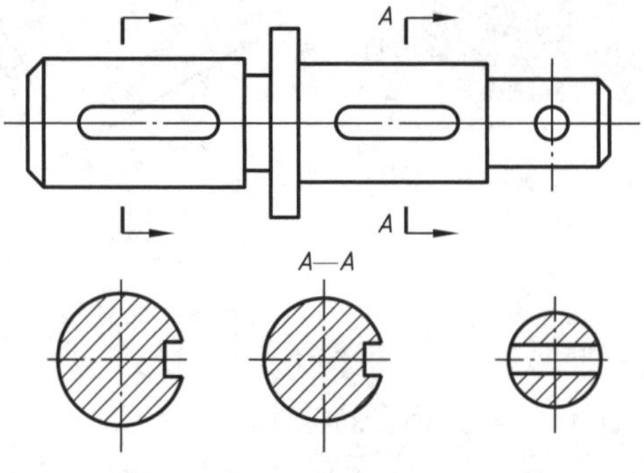

(a)　(b)　(c)

图 6-37　移出断面

移出断面的轮廓线用粗实线画出，并尽量配置在剖切符号或剖切迹线（即剖切平面与投影面的交线，用细点画线表示，多数情况下省略不画）的延长线上，如图 6-37（a）、（c）所示。必要时也可将移出断面配置在其他适当位置，如图 6-37（b）所示。

（2）重合断面。画在视图内的断面称为重合断面，如图 6-38 所示。

画重合断面时，轮廓线是细实线，当视图的轮廓线与重合断面的图形重叠时，视图中的轮廓线仍应连续画出，不可间断。

3. 断面图的标注

（1）移出断面一般用剖切符号表示剖切位置，用箭头表示投射方向，并注上字母，在断面图的上方用同样的字母标出其名称“×—×”，如图 6-37 中的“A—A”。

（2）配置在剖切符号延长线上的不对称移出断面，应画出剖切符号和箭头，但可省

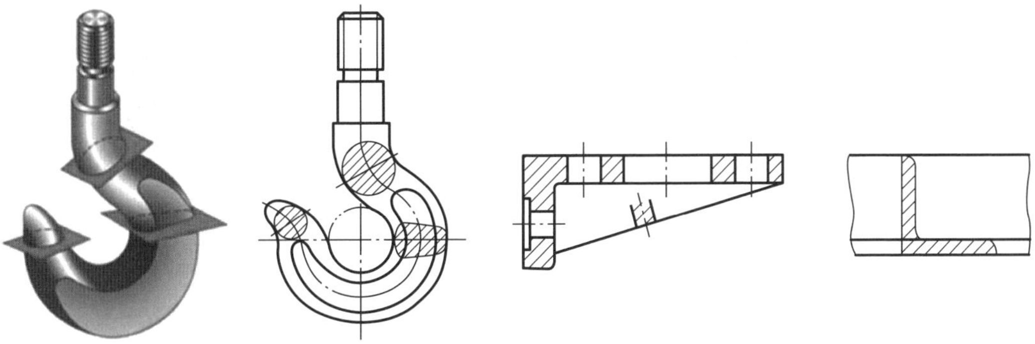

(a) (b) (c) (d)

图 6-38 重合断面

略字母，如图 6-37（a）所示。

（3）不配置在剖切符号延长线上的对称移出断面，不论画在什么地方，均可省略箭头。

（4）配置在剖切迹线延长线上的对称移出断面，不必标注。

（5）按投影关系配置的移出断面可省略箭头，如图 6-36（b）、（c）所示。

（6）重合断面是直接画在视图内剖切位置上，因此，对称的重合断面，不必标注，如图 6-38（b）、（c）所示。不对称的重合断面，一般应画出剖切符号和箭头，可省略字母；在不至于引起误解时，也可省略标注，如图 6-38（d）所示。

4. 画断面图的一些规定

（1）当剖切平面通过回转面形成的孔或凹坑的轴线时，这些结构按剖视绘制。如图 6-39（a）、（b）所示，这两个断面在圆孔和锥坑通过处，圆周轮廓线画成封闭的。

（2）由两个或多个相交平面剖切所得的移出断面，中间一般应断开，如图 6-39（c）所示。

（3）为了正确表达断面实形，剖切平面要垂直于所需表达机件结构的主要轮廓线或轴线。

（4）当剖切平面通过非圆孔会导致出现完全分离的两个断面时，则这些结构按剖视绘制，如图 6-39（d）所示。

（5）在不致引起误解时，允许将移出断面旋转，如图 6-39（d）所示。

二、局部放大图

由于实际机件的形状结构多样性，为了使图形清晰及便于标注尺寸，国家标准规定了局部放大图的画法。将机件的部分结构，用大于原图形所采用的比例画出的图形，称为局部放大图。局部放大图可以画成视图、剖视图和断面图，它与被放大部分的表达方法无关，如图 6-40 所示。

局部放大图应尽量配置在被放大部位的附近。

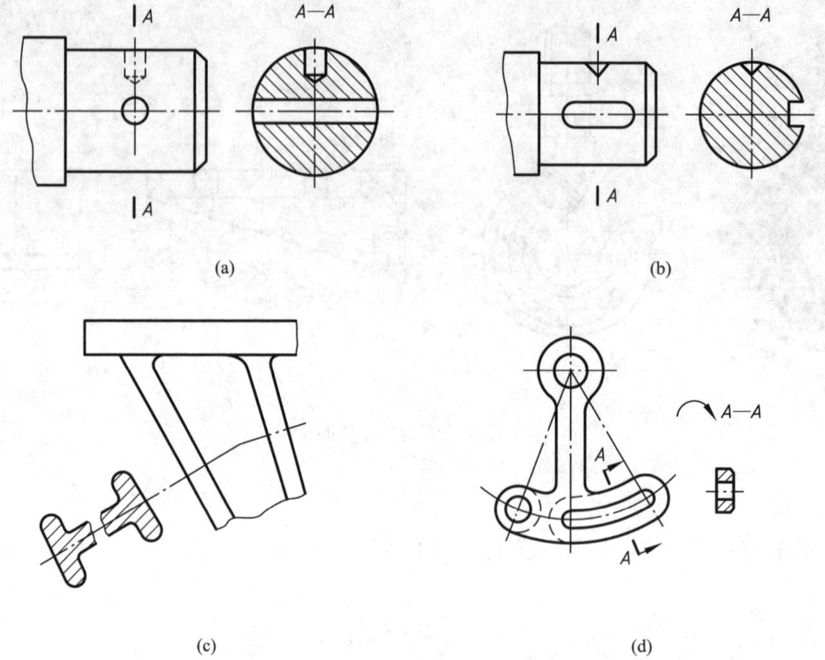

图 6-39　断面图的规定画法

画局部放大图时，必须用细实线圈出被放大的部位，在放大图上方标注出所采用的比例。当有几处被放大时，必须用罗马数字依次标明被放大的部位，并在放大图上方标注相应的罗马数字和所采用的比例，如图 6-40 所示。

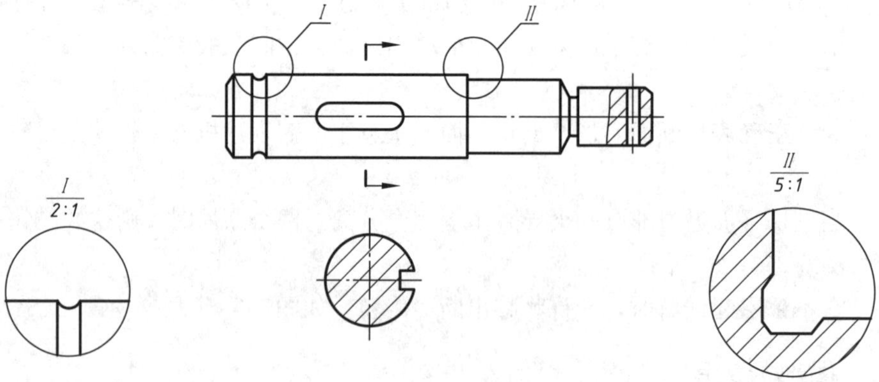

图 6-40　局部放大图

三、简化画法

1. 剖视图中的简化画法

(1) 对于机件上的肋板、轮辐等结构，若横向剖切，则画剖面符号；若纵向剖切，则不画剖面符号，只用粗实线将它们与其相邻结构分开，如图 6-41 所示。

（2）当机件回转体上均匀分布的肋板、轮辐、孔等结构不处于剖切平面上时，可将这些结构假想旋转到剖切平面上画出，且不需加任何标注，如图 6-42 所示。

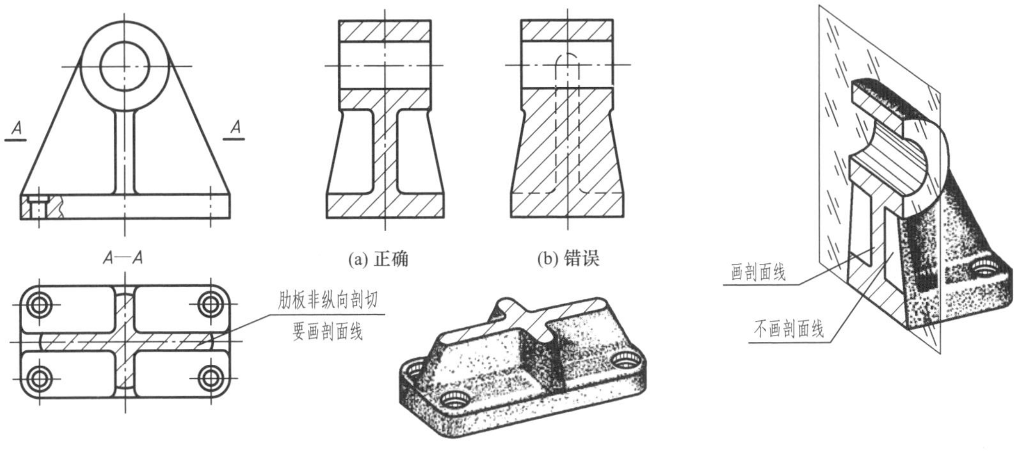

图 6-41 肋的剖视画法

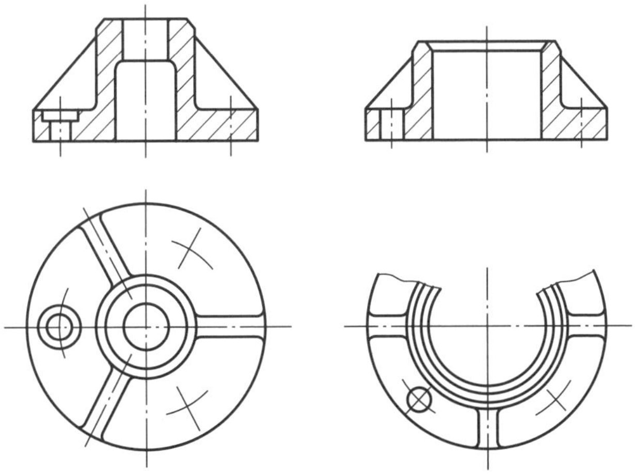

图 6-42 均布的孔和肋的简化画法

2. 平面及滚花画法

（1）平面的符号表示法。当图形不能充分表达平面时，可用平面符号（两相交细实线）表示，如图 6-43 所示。

（2）滚花部分的示意画法。网状物、编制物或机件上的滚花部分可在图形轮廓附近用粗实线局部画出，也可省略不画，并在零件图上或技术要求中注明这些结构的具体要求，如图 6-44 所示。

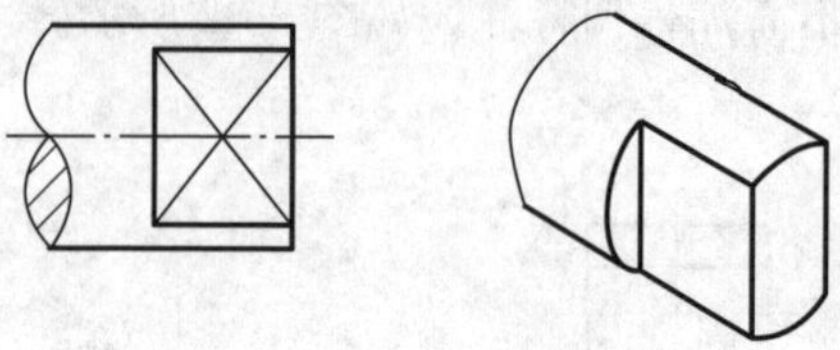

图 6-43　平面的符号表示法

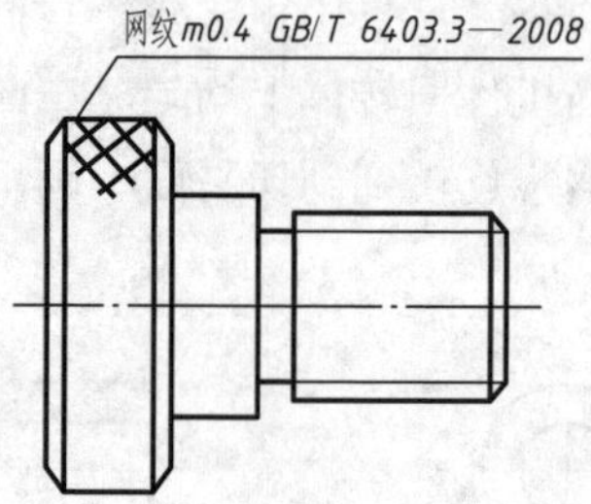

图 6-44　滚花的示意画法

3. 相同结构要素的简化画法

如图 6-45 所示，当机件上具有若干个相同结构要素（如孔、槽等），并按一定规律分布时，可以只画出几个完整结构，其余用细实线相连或标明中心位置，并注明总数。

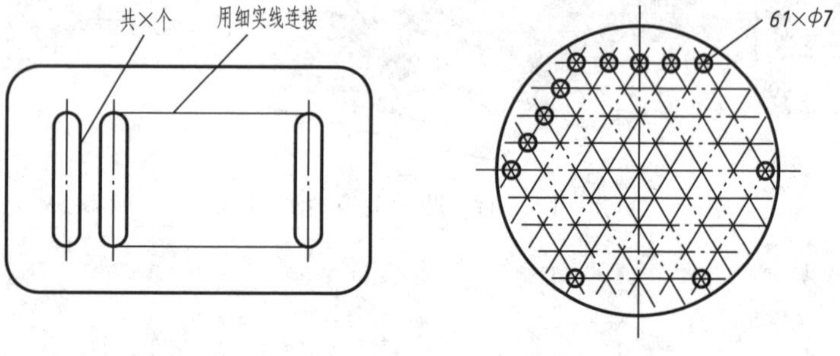

图 6-45　相同要素的简化画法

4. 较长机件的断开画法

对于较长的机件，当沿长度方向的形状一致或按一定规律变化时（例如杆、轴、型材等），可断开缩短绘制，但必须标注其设计要求的长度尺寸，如图 6-46 所示。

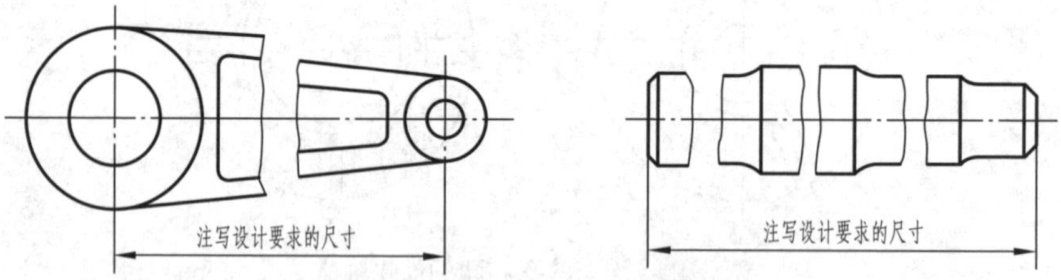

图 6-46　较长机件的断开画法

5. 较小结构的简化画法

（1）机件上较小结构所产生的交线（截交线、相贯线、过渡线），若在一个图形中已表达清楚，则在其他图形中该交线允许简化或省略，如图 6-47（a）所示。

（2）机件上斜度不大的结构，若在一个图形中已表达清楚，其他图形可按小端画出，如图 6-47（b）所示。

（3）机件较小结构，若在一个图形中已表达清楚，其他图形可简化或省略，如图 6-

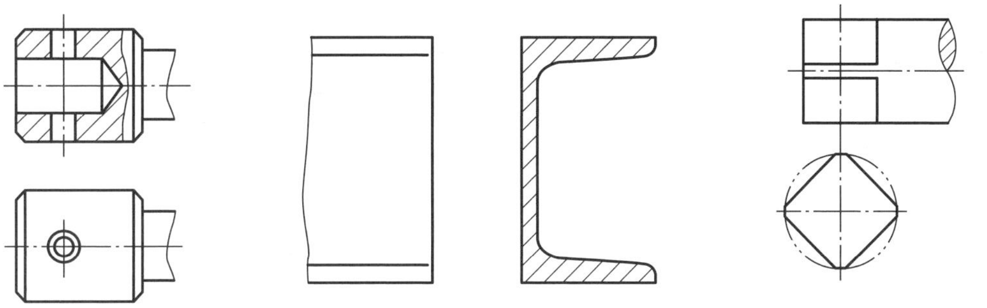

(a) (b) (c)

图 6-47 较小结构的简化画法

47（c）所示。

6. 对称图形的简化画法

在不致引起误解时，对于对称机件的视图可只画一半或四分之一，并在图形对称中心线的两端分别画出两条与其垂直的平行细实线，如图 6-48 所示。

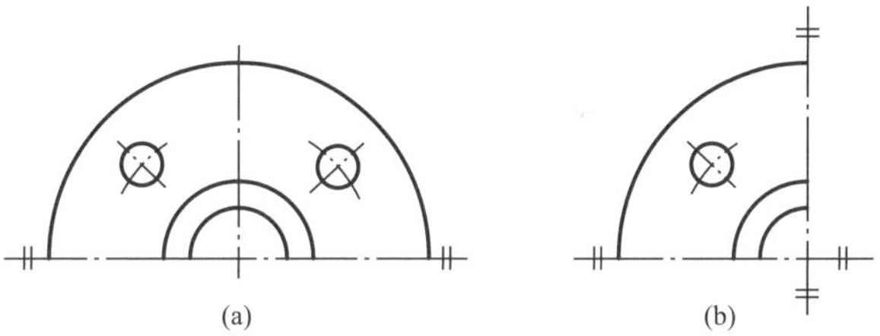

(a) (b)

图 6-48 对称图形的简化画法

任务实施

一、绘图准备

本任务要求绘制如图 6-35 所示输出轴的零件图样，图形构成皆为直线、圆或圆弧、波浪线等，绘图主要用到丁字尺、三角板、圆规、铅笔等工具，选用 1∶1 绘图比例，用 A4 图纸。

二、绘制零件图样

1. 选择表达方案

选用如图 6-49（a）、（b）所示的主视图投射方向，可以很好地表达输出轴的大部分结构特征。另外，在主视图上，将轴身部分采用断开后缩短画出，可以有效节省图纸空间，便于视图布局；在带键槽的轴段，用移出断面可以很好地表达键槽深度及截面形状；轴肩根部的过渡圆角，可以用局部放大图表达；$\phi6$ 小孔处，可以采用移出断面的表达方法［见图 6-49（a）］，也可以采用局部剖视表达方法［见图 6-49（b）］。

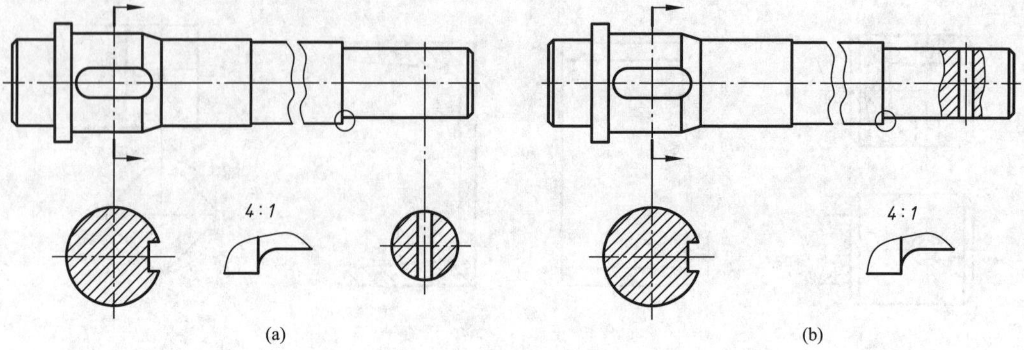

图 6-49　表达方案选择

综合分析两种表达方案可以看出，图 6-49（b）所示的表达方案更加简单、直观。

2. 绘图

（1）绘制主视图。如图 6-50 所示绘制主视图，轴身采用断开后缩短绘制，以便于视图布局；$\phi 6$ 小孔处采用局部剖视表达通孔结构，小孔与外圆柱面的相贯线用直线替代曲线，简化画出。

（2）绘制移出断面图。如图 6-51 所示绘制移出断面图，并标注剖切符号与箭头，剖切面处的剖切线（细点画线）省略。

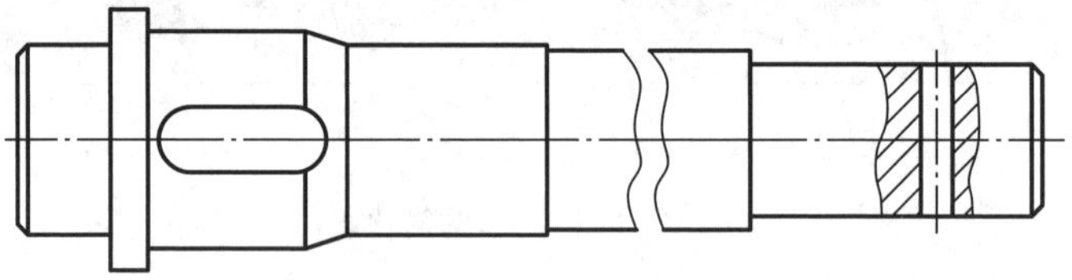
图 6-50　绘制主视图

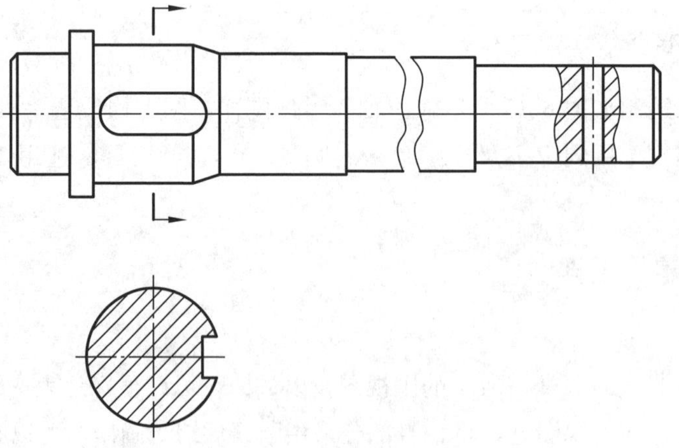
图 6-51　绘制移出断面

（3）绘制局部放大图。如图 6-52 所示绘制局部放大图，采用 4∶1 比例，因机件上

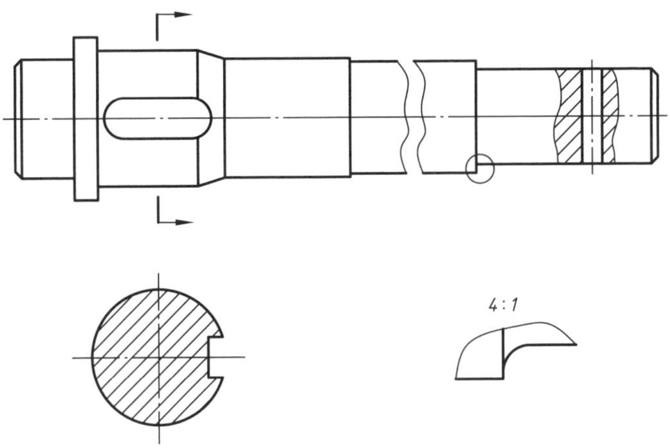

图 6-52 绘制局部放大图

只有一处被放大的部位，所以只需在局部放大图上标注所采用的比例即可。

3. 标注尺寸

如图 6-53 所示标注尺寸，以下问题应该特别注意：

(1) 输出轴长度方向采用断开后缩短绘制，但尺寸仍按实际尺寸标注，如 250、225 两个尺寸。

(2) 局部放大图所表达的过渡圆角仍按实际尺寸标注。

(3) 尺寸数字不能被各种图线遮挡或穿越，必要时可将图线断开后标出。

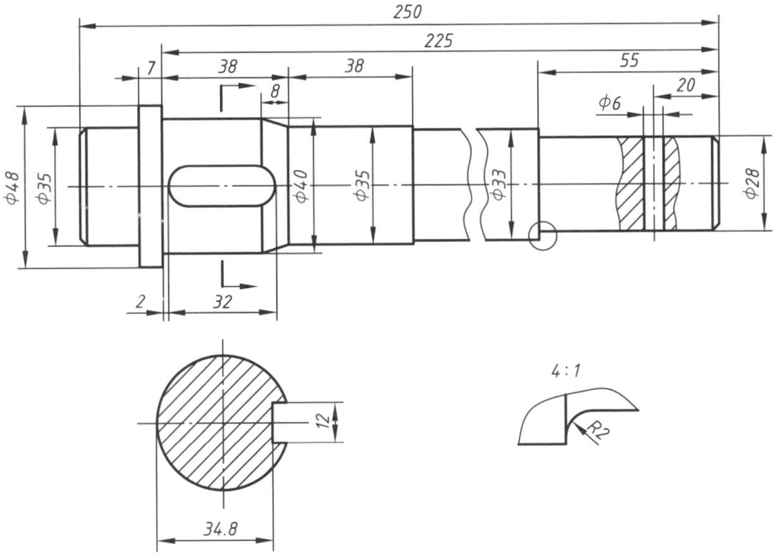

图 6-53 标注尺寸

拓展训练

拓展 6-3：绘制如图 6-54 所示传动轴的零件图样。

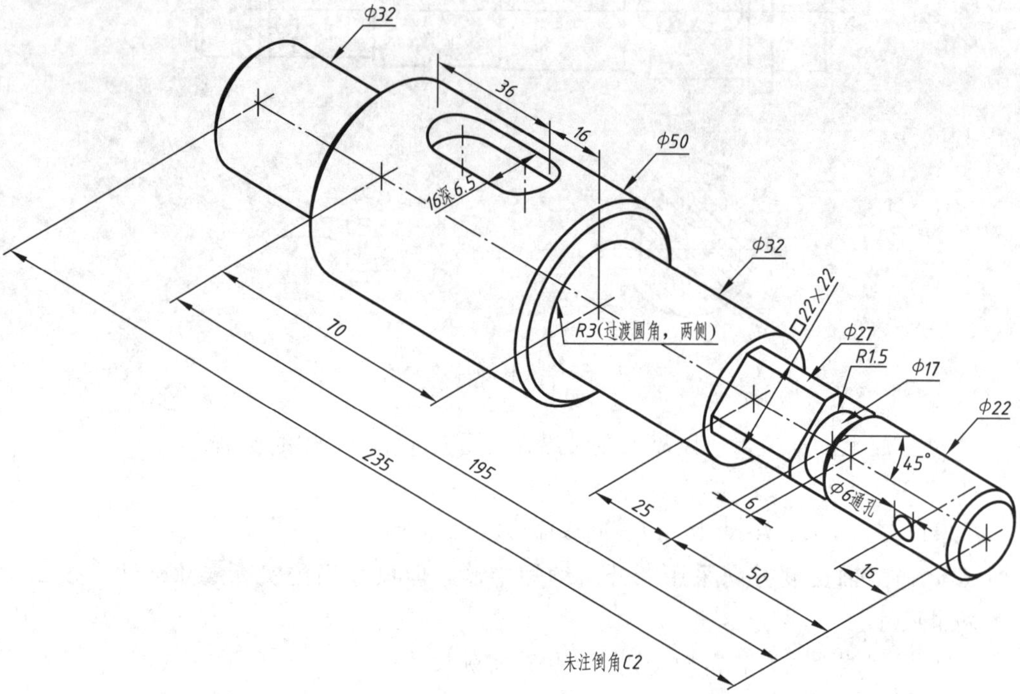

图 6-54　传动轴

绘制标准件与常用件

在各种机械设备中，会广泛、大量地用到一些起连接、传动和支承作用的零件，如螺栓、螺钉、螺母、键、销、弹簧、齿轮、滚动轴承等。为保证这些零件的质量同时便于大批量生产、加工、使用，国家标准对它们的结构、尺寸、材料和性能指标等做了规定，实行了标准化、系列化。其中，各个方面全部标准化的零件称为标准件；部分结构、重要参数标准化的零件称为常用件。同时，为便于设计绘图，国家标准对它们的图样画法做了相应的规定简化。

本项目将学习这些标准件、常用件的基本结构、规定画法、标记与标注。

任务一 绘制普通螺栓连接图

知识目标：

掌握螺纹及螺纹连接的规定画法。

掌握常用螺纹紧固件及其连接的画法。

掌握螺纹及常用螺纹连接件的标记与标注。

能力目标：

能正确绘制内外螺纹及螺纹连接图样。

能正确标注螺纹图样。

能正确绘制常用螺纹紧固件及其连接。

素质目标：

熟悉螺纹及螺纹紧固件的相关国家标准，强化标准化意识。

螺纹主要用于连接与传动，其结构要素大多已标准化，常用的螺纹紧固件如螺栓、螺钉、螺母等，都是标准件。螺纹的结构要素在视图中重复出现，若按投影关系画出其真实投影会十分烦琐，为此，国家标准规定了螺纹的特殊表示法，即螺纹的规定画法。

任务分析

如图 7-1 所示，用 M12 的螺栓（GB/T 5782—2016）、螺母（GB/T 6170—2015）和垫圈（GB/T 97.1—2002）连接两个薄板零件厚度分别为 $\delta_1=20$mm，$\delta_2=24$mm，要求写出螺栓的简化标记，画出连接后的三视图（主视图全剖），不要求标注尺寸。

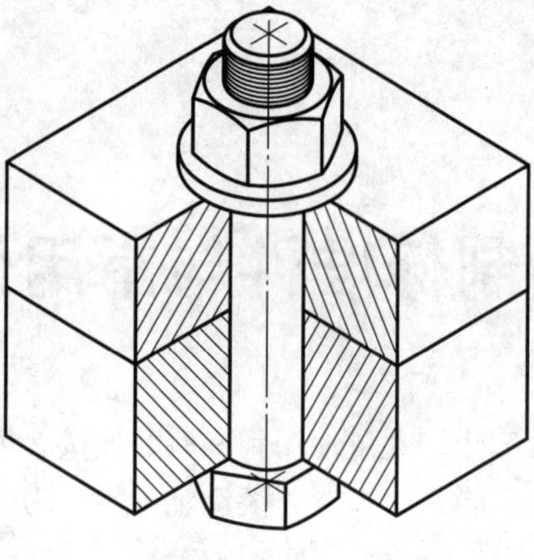

图 7-1 螺栓连接

完成该任务，需要掌握螺纹及螺纹连接的规定画法，以及常用螺纹连接件的标记方法。另外，绘制该螺栓连接图也需要分析零件之间的装配及连接关系。

相关知识

一、螺纹及其表示法

（一）螺纹的形成

在圆柱（或圆锥）表面上，沿着螺旋线所形成的具有规定牙型的连续凸起，称为螺纹。

很多零件的表面上都制有螺纹。制在零件外表面上的螺纹称为外螺纹，制在零件内表面上的螺纹称为内螺纹，如图 7-2 所示。

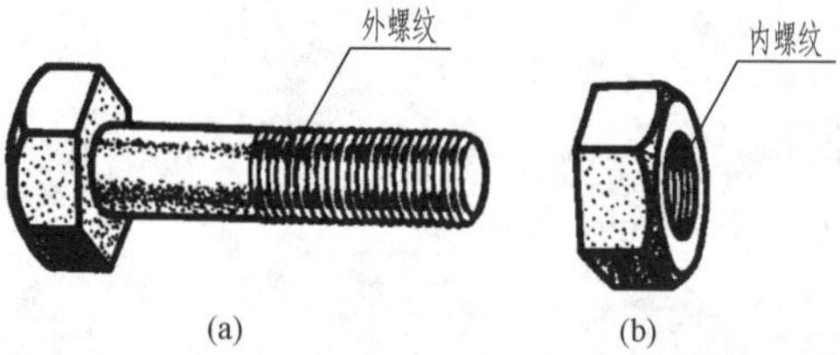

图 7-2 外螺纹和内螺纹

加工螺纹的方法很多。图 7-3 所示为在车床上加工内、外螺纹的示意图，工件做等速旋转运动，刀具沿工件轴向做等速直线移动，其合成运动使切入工件的刀尖在工件表面切制出螺纹。在箱体、底座等零件上制出的内螺纹（螺孔），一般是先用钻头钻孔，再用丝锥攻出螺纹，如图 7-4 所示，图中加工的是不穿通螺纹孔。钻孔时钻头顶部形成一个锥坑，其锥顶角按 120°画出。

（二）螺纹的基本要素和分类

1. 螺纹的基本要素

螺纹的结构和尺寸是由牙型、大径和小径、螺距和导程、线数、旋向等要素确

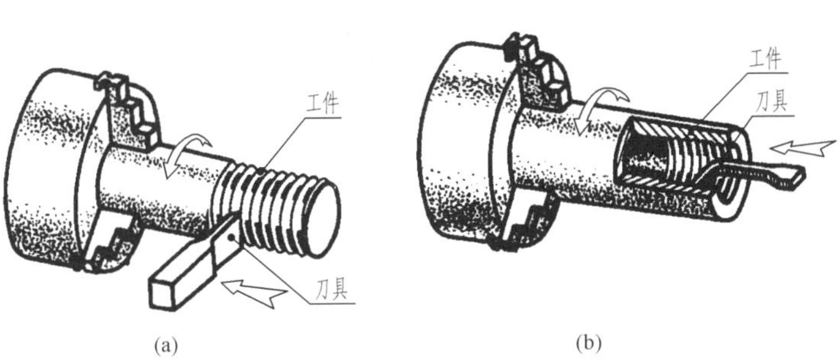

图 7-3 车削螺纹

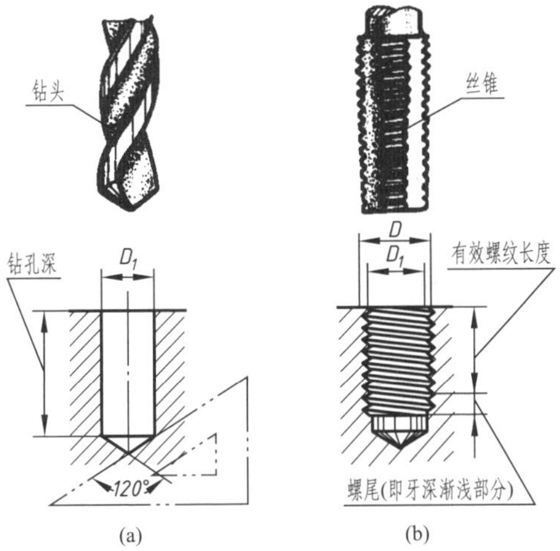

图 7-4 用丝锥攻制内螺纹

定的。

（1）螺纹牙型。在通过螺纹轴线的断面上，螺纹的轮廓形状称为螺纹牙型。它由牙顶、牙底和两牙侧构成，形成一定的牙型角。常见的螺纹牙型有三角形、梯形、锯齿形和矩形等多种，它们的牙型角、牙型符号见表 7-1。

（2）大径、小径和中径。外螺纹的大径、小径和中径分别用符号 d、d_1 和 d_2 表示；内螺纹的大径、小径和中径分别用符号 D、D_1 和 D_2 表示，如图 7-5 所示。

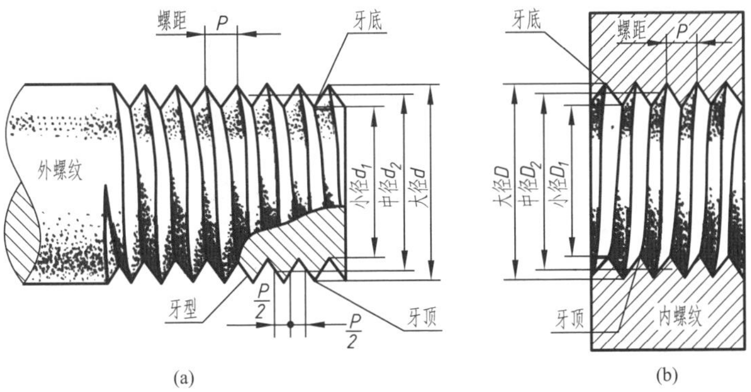

图 7-5 螺纹的牙型和直径

1）大径与小径。与外螺纹牙顶或内螺纹牙底相切的假想圆柱直径，称为大径。与外螺纹牙底或内螺纹牙顶相切的假想圆柱直径，称为小径。

外螺纹的大径 d 与内螺纹的小径 D_1 又称顶径。外螺纹的小径 d_1 与内螺纹的大径 D 又称底径。代表螺纹尺寸的直径称为公称直径，一般指螺纹大径的基本尺寸。

2）中径。在大径与小径圆柱之间有一假想圆柱，在其母线上牙型的沟槽和凸起宽度相等。此假想圆柱称为中径圆柱，其直径称为中径。它是控制螺纹精度的主要参数之一。

（3）线数 n。螺纹有单线和多线之分。沿一条螺旋线所形成的螺纹称为单线螺纹；沿两条或两条以上，并且在轴向等距分布的螺旋线所形成的螺纹称为多线螺纹，如图 7-6 所示。

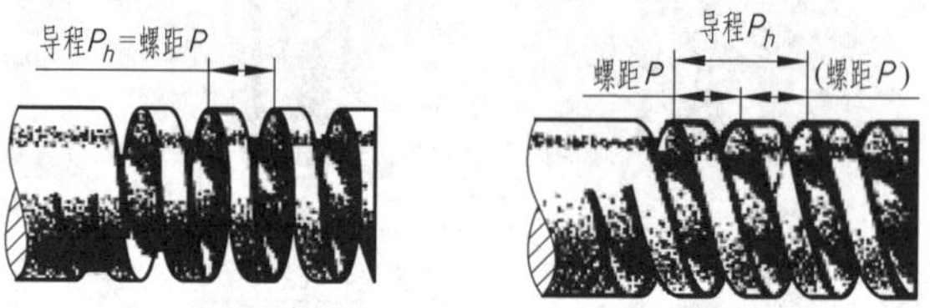

(a) 单线　　(b) 双线

图 7-6　螺纹的线数、导程与螺距

（4）导程 P_h 与螺距 P。同一条螺旋线上的相邻两牙在中径线上对应两点间的轴向距离称为导程，以 P_h 表示。相邻两牙在中径线上对应两点间的轴向距离称为螺距，以 P 表示。单线螺纹的导程等于螺距，即 $P_h=P$，如图 7-6（a）所示；多线螺纹的导程等于线数乘以螺距，即 $P_h=nP$。对于图 7-6（b）所示的双线螺纹，则 $P_h=2P$。

（5）旋向。螺纹旋向分右旋和左旋两种，如图 7-7 所示，顺时针方向旋转时沿轴向旋入的螺纹是右旋螺纹，其可见螺旋线表现为左低右高的特征，如图 7-7（a）所示；逆时针方向旋转时沿轴向旋入的螺纹称为左旋螺纹，其可见螺纹线具有左高右低的特征，如图 7-7（b）所示。工程上以右旋螺纹应用为多。

螺纹由牙型、公称直径、螺距、线数和旋向五个要素所确定，通常称为螺纹五要素。只有这五要素都相同的内、外螺纹才能相互旋合。

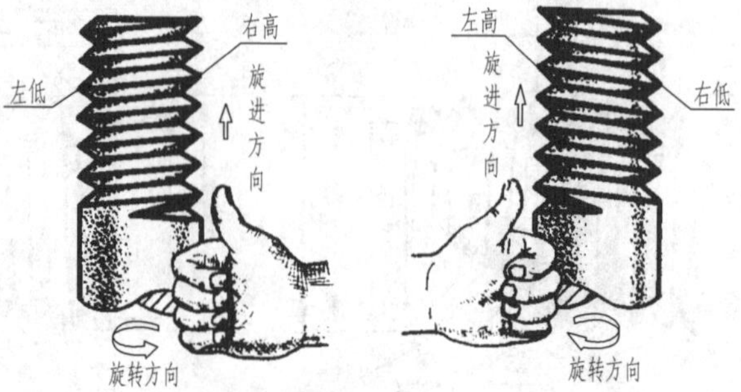

(a) 右旋　　(b) 左旋

图 7-7　螺纹的旋向

2. 螺纹的分类

国家标准对上述五项要素中的牙型、公称直径和螺距做了规定。三要素均符合规定的螺纹称为标准螺纹，此外称为非标准螺纹（如方牙螺纹）。

螺纹按用途不同，又可分为连接螺纹和传动螺纹两大类。表 7-1 列举了常用标准螺纹的牙型、牙型符号及有关说明。

表 7-1　　常用标准螺纹

种类			牙型符号	牙型放大图	说明
连接螺纹	普通螺纹	粗牙 细牙	M	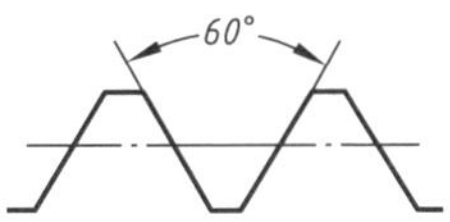	最常用的连接螺纹，一般连接多用粗牙。在相同的大径下，细牙螺纹的螺距较粗牙小。切深较浅，多用于薄壁或紧密连接的零件
	管螺纹	55°密封管螺纹	R_c R_1 R_2 R_p	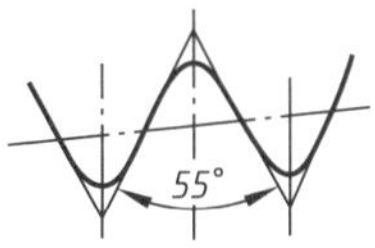	包括圆锥内螺纹与圆锥外螺纹、圆柱内螺纹与圆锥外螺纹两种连接形式。必要时，允许在螺纹副内添加密封物，以保证连接的紧密性。适用于管子、管接头、旋塞、阀门等
		55°非密封管螺纹	C	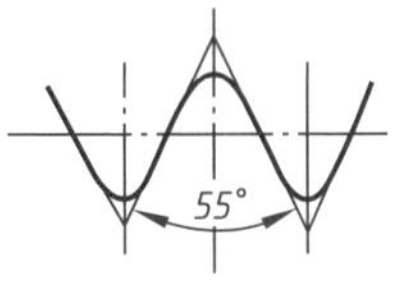	螺纹本身不具有密封性，若要求连续后具有密封性，可压紧被连接件螺纹副外的密封面，也可在密封面间添加密封物。适用于管接头、旋塞、阀门等
传动螺纹	梯形螺纹		Tr	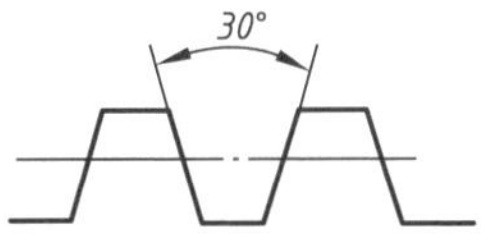	用于传递运动和动力，如机床丝杠、尾架丝杠等
	锯齿形螺纹		B	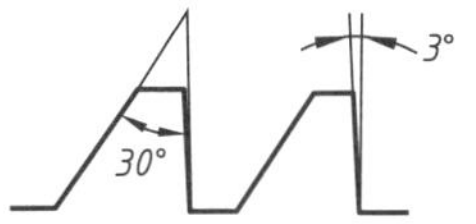	用于传递单向压力，如千斤顶螺杆

（三）螺纹的规定画法

1. 螺纹的规定画法

螺纹若按其真实投影作图比较麻烦，为了简化作图，GB/T 4459.1—1995《机械制图　螺纹及螺纹紧固件表示法》制定了螺纹的规定画法，见表 7-2。

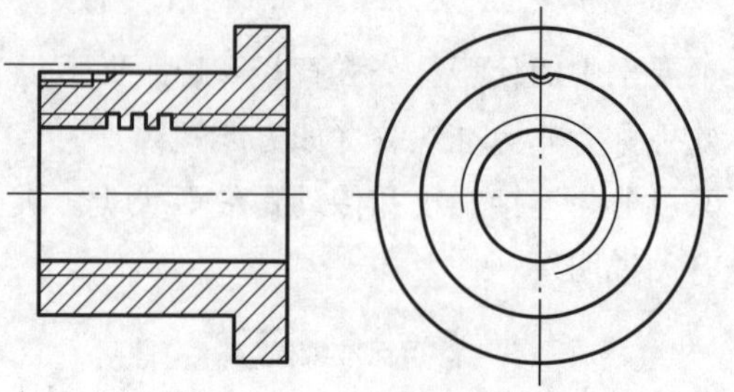

图 7-8　部分螺孔的表示法

2. 螺纹表示法的其他规定

（1）部分螺孔的表示法。零件上有时遇到如图 7-8 所示的部分螺孔。在垂直于螺纹轴线的投影面的视图（见图 7-8 左视图）中，表示牙底圆的细实线也应适当地空出一段距离。

表 7-2　　螺纹的规定画法（GB/T 4459.1—1995）

名称	规定画法	说明
外螺纹	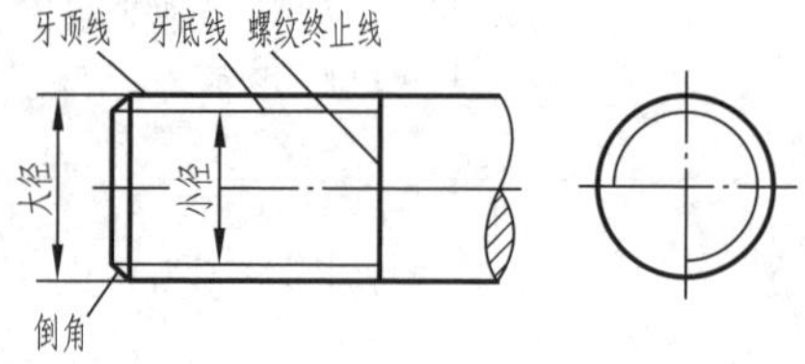 (a) 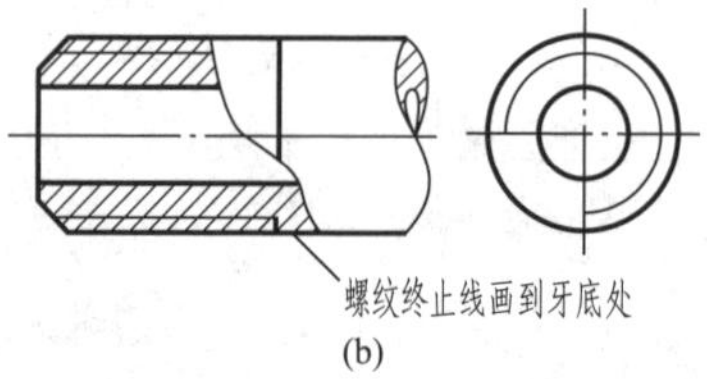 (b)	1. 牙顶线（大径）用粗实线表示。 2. 牙底线（小径）用细实线表示，在螺杆的倒角或倒圆部分也应画出。 3. 投影为圆的视图中，表示牙底的细实线只画约 3/4 圈，此时轴上的倒角省略不画。 4. 螺纹终止线用粗实线表示
内螺纹	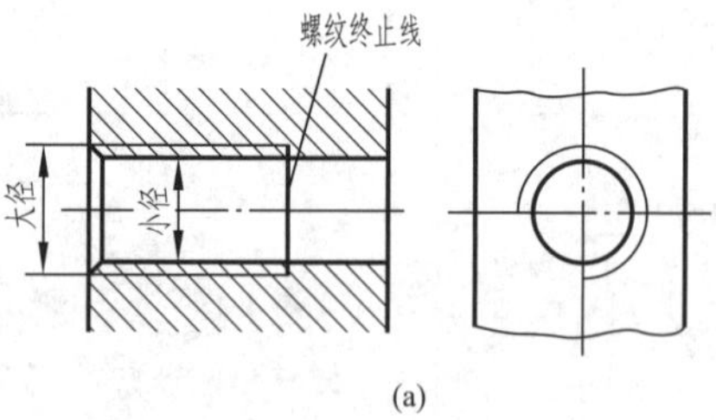 (a) 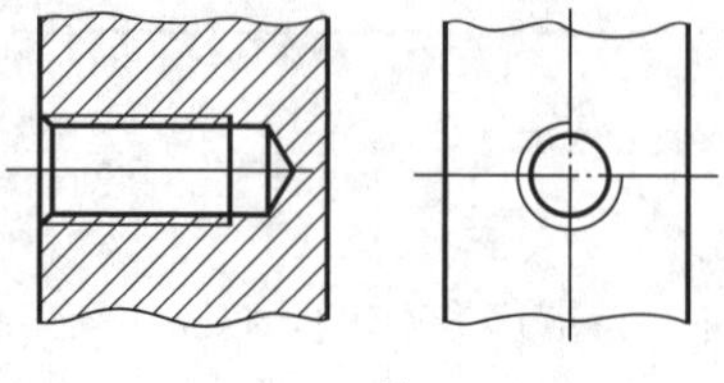 (b)	1. 在剖视图中，螺纹牙顶线（小径）用粗实线表示，牙底线（大径）用细实线表示；剖面线画到牙底线粗实线处。 2. 在投影为圆的视图中，牙顶线（小径）用粗实线表示，表示牙底线（大径）的细实线只画约 3/4 圈；孔口的倒角省略不画

续表

名称	规定画法	说明
螺纹牙型	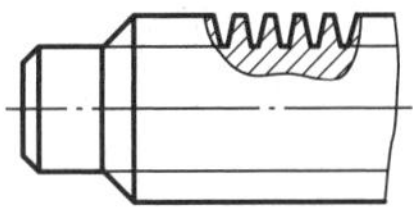	当需要表示螺纹牙型时，可采用局部剖视图画出几个牙型
螺纹旋合	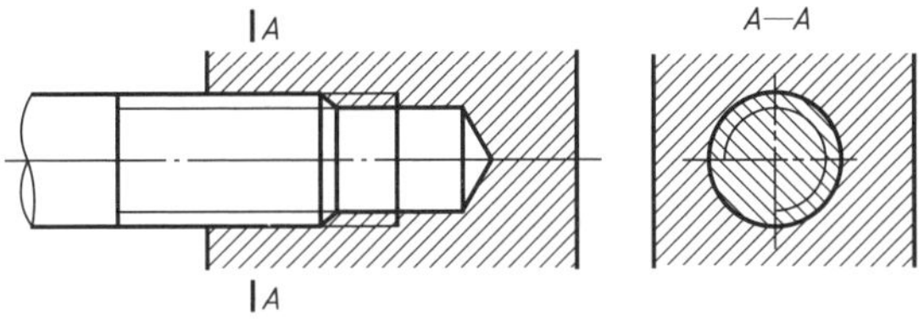	1. 在剖视图中，内外螺纹的旋合部分按外螺纹的画法绘制。 2. 未旋合部分按各自的规定画法绘制，表示大小径的粗实线与细实线应分别对齐

（2）螺尾的表示法。加工部分长度的内、外螺纹，由于刀具临近螺纹加工终止时要退离工件，出现吃刀深度渐浅的部分，称为螺尾。画螺纹一般不表示螺尾。当需要表示时，螺纹尾部的牙底圆的投影用与轴线呈 30°的细实线表示，如图 7-9 所示。

从图 7-9 可以看出，螺纹终止线并不画在螺尾末端，而是画在有效螺纹终止处。图样中所标注的螺纹长度，均指不包括螺尾在内的有效螺纹长度。

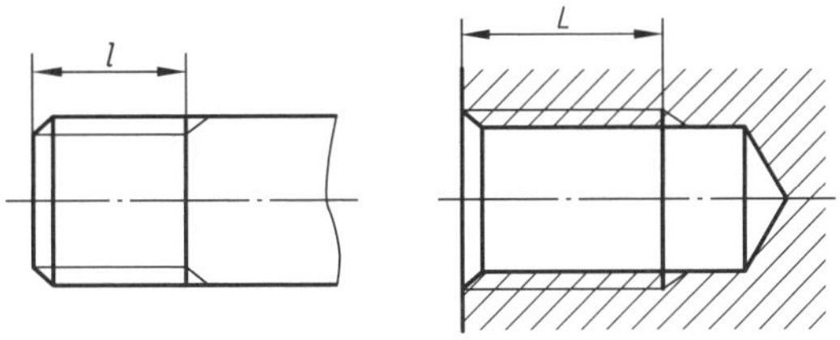

图 7-9 螺尾的表示法

（3）螺孔相贯线的表示法。螺孔与螺孔、螺孔与光孔相交时，只在牙顶圆投影处画一条相贯线，如图 7-10 所示。

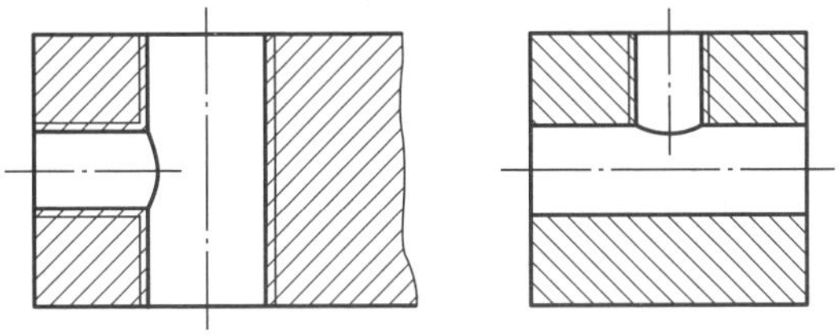

(a) 螺孔与螺孔相交　　(b) 螺孔与光孔相交

图 7-10 螺孔相贯线的表示法

（4）圆锥螺纹的表示法。圆锥外螺纹和圆锥内螺纹的表示法如图 7-11 所示，在垂直于轴线的投影面的视图中，左视图上按螺纹的大端绘制，右视图上按螺纹的小端绘制。

（四）常用螺纹的标记和标注

螺纹采用规定画法后，图上并不能反映螺纹的牙型、螺距、线数、旋向和制造精度

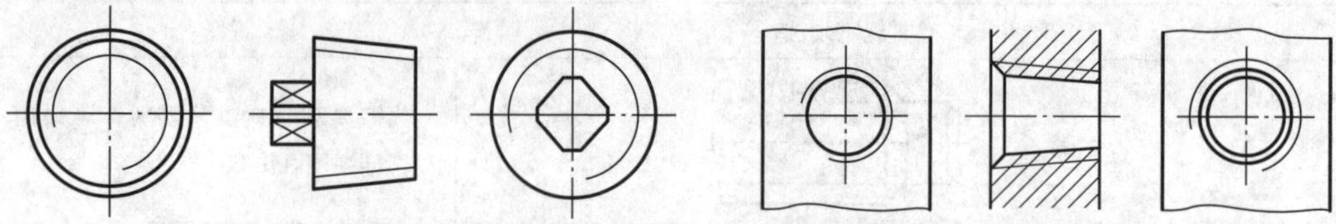

(a) 外螺纹　　　　(b) 内螺纹

图 7-11　圆锥螺纹的表示法

等内容，还需借助于代号的标记来加以说明。

1. 普通螺纹标记和标注

普通螺纹的牙型角为 60°（见表 7-1），有粗牙和细牙之分，即在同一大径下，有几种不同规格的螺距，螺距最大的一种为粗牙，其余几种均为细牙。

普通螺纹的完整标记，一般按以下形式：

螺纹特征代号 公称直径 × 螺距（或“Ph 导程 P 螺距”）- 公差带代号 - 旋合长度代号 - 旋向

(1) 螺纹代号。螺纹代号由螺纹特征代号（普通螺纹为 M）和尺寸规格数字组成。单线螺纹尺寸规格用“公称直径×螺距”表示，多线螺纹尺寸规格用“公称直径×Ph 导程 P 螺距”表示，无误解风险时，可省略导程代号，例如 Ph3P1.5 可注写为 3P1.5。例如：

M8×1，公称直径为 8mm、螺距为 1mm 的单线细牙螺纹。

M8，公称直径为 8mm、螺距为 1.25mm 的单线粗牙螺纹。

M16×Ph3P1.5（或 M16×3P1.5），公称直径为 16mm、螺距为 1.5mm、导程为 3mm 的双线螺纹。

(2) 公差带代号。螺纹公差带代号由表示公差等级的数字和表示公差带位置的字母组成，大写字母代表内螺纹，小写字母代表外螺纹，数字写在前面，字母写在后面，这与尺寸公差带代号的写法正相反。公差带代号注写在螺纹代号之后，中间用“-”分开。

普通螺纹应注写中径和顶径公差带代号，中径公差带代号（如 5g）在前，顶径公差带代号（如 6g）在后，如果二者相同，则只注写一次（如 6H）。例如：

M10×1-5g6g，中径公差带为 5g、顶径公差带为 6g 的细牙外螺纹。

M10-6g，中径公差带和项径公差带皆为 6g 的粗牙外螺纹。

M10×1-5H6H，中径公差带为 5H、顶径公差带为 6H 的细牙内螺纹。

M10-6H，中径公差带和顶径公差带皆为 6H 的粗牙内螺纹。

下列情况下，中等公差精度螺纹不标注公差带代号。

内螺纹：5H，公称直径小于或等于 1.4mm 时；6H，公称直径大于或等于 1.6mm 时。

外螺纹：6h，公称直径小于或等于 1.4mm 时；6h，公称直径大于或等于 1.6mm 时。

(3) 旋合长度代号及旋向代号。普通螺纹的旋合长度分短、中、长三组，其代号用S（短）、N（中）、L（长）表示，旋合长度代号注写在公差带代号之后，中间用“-”分开。中等旋合长度时省略N。例如，M20×1.5-7H，中旋合，省略N；M20-5g6g-S，短旋合，标注S。

在装配图中，应注出螺纹副的标记。其内、外螺纹的公差带代号用“/”（斜线）分开，内螺纹的公差带代号写在左边，外螺纹的公差带代号写在右边。例如，M20-6H/6g。

对于左旋螺纹，应在螺纹标记的最后标注LH，与前面内容用“—”号分开。右旋螺纹不标注旋向代号。例如，M8×1-LH，M6×0.75-5h6h-S-LH，M14×Ph6P2-7H-L-LH。

普通螺纹应将其完整的标记直接注写在大径的尺寸线上或其引出线上，见表7-3。

2. 传动螺纹

传动螺纹主要指梯形螺纹与锯齿形螺纹，其螺纹标记也是直接标注在内、外螺纹的大径或其延长线上（见表7-3），标注的具体项目及格式如下所述。

(1) 梯形螺纹。梯形螺纹按以下格式标记：

[螺纹特征代号][公称直径]×[螺距（或“导程P螺距”）]-[公差带代号]-

[旋合长度代号]-[旋向]

单线螺纹只标注螺距，多线螺纹标注“导程P螺距”；梯形螺纹只标注中径公差带代号；旋合长度有长、中两组，旋合长度代号只标注L（长），N（中）省略不标；旋向代号只标注LH（左旋），RH（右旋）省略不标。例如，Tr40×7-7e-L-LH，Tr40×7-7e。

(2) 锯齿形螺纹。锯齿形螺纹按以下格式标记：

[螺纹特征代号][公称直径]×[螺距（或“导程（P螺距）”）][旋向]-

[公差带代号]-[旋合长度代号]

单线螺纹只标注螺距，多线螺纹标注“导程（P螺距）”；锯齿形螺纹只标注中径公差带代号；旋合长度有长、中两组，旋合长度代号只标注L（长），N（中）省略不标；旋向代号只标注LH（左旋），RH（右旋）省略不标。例如：

B40×7-7H，公称直径40mm、单线、螺距7mm、中径公差带代号7H、右旋内螺纹。

B40×14(P7)LH-7e，公称直径40mm、双线、导程14mm、螺距7mm、中径公差带代号7e、左旋外螺纹。

3. 管螺纹的标记和标注

管螺纹的标记一律注在引出线上，引出线应由大径处引出或由中心线引出，见表7-3。

(1) 密封管螺纹。包括圆锥内螺纹与圆锥外螺纹、圆柱内螺纹与圆锥外螺纹两种连接形式，螺纹副本身具有密封性。55°密封螺纹特征代号用 R_c（圆锥内螺纹）、R_p（圆柱内螺纹）和 R_1（与圆柱内螺纹相配合的圆锥外螺纹）、R_2（与圆锥内螺纹相配合的圆锥外螺纹）表示。

55°密封管螺纹按以下格式标记：

螺纹特征代号 尺寸代号-旋向

旋向代号只注 LH（左旋），右旋不标。例如：

Rc1/2-LH，尺寸代号为 1/2、左旋圆锥内螺纹。

60°密封管螺纹的特征代号用 NTP（内、外圆锥管螺纹）、NPSC（圆柱内螺纹）表示，其标记格式如下：

螺纹特征代号 尺寸代号-螺纹牙数-旋向

对于标准螺纹，允许省略标记内的螺纹牙数项；旋向代号只注 LH（左旋），右旋不标。例如：

NPSC3/4-14，尺寸代号为 3/4、14 牙的右旋内螺纹。

NTP14-LH，尺寸代号为 14、左旋圆锥内螺纹或外螺纹。

（2）非密封管螺纹。非密封管螺纹的牙型角皆为 55°，其格式标记如下：

螺纹特征代号 尺寸代号-公差等级代号-旋向

非密封管螺纹的特征代号为 G；螺纹的公差等级代号，对外螺纹分 A、B 两级标记，对内螺纹则不用标记；旋向代号只注 LH（左旋），右旋不标。例如：

G2，尺寸代号为 2 的右旋圆柱内螺纹。

G4A-LH，尺寸代号为 4、A 级精度、左旋圆柱外螺纹。

注意，管螺纹的尺寸代号，不是螺纹的尺寸，而是管子孔径的英制代号（1 英寸＝25.4mm），而螺纹的大、小径尺寸应根据螺纹代号查相关国家标准确定。

表 7-3　　常用螺纹标注示例

螺纹类		标准	标注示例	标记的识别	标记要点说明
连接螺纹	普通螺纹	GB/T 197—2018	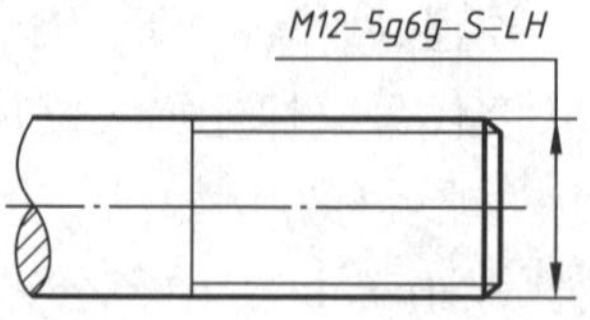	粗牙普通螺纹，中径顶径公差带代号分别为 5g、6g，短旋合长度、左旋	1. 粗牙螺纹不标注螺距，细牙螺纹标注螺距。 2. 中径、顶径公差带代号相同时，只注一个公差带代号。 3. 中等旋合长度不注。 4. 右旋省略不注，左旋以“LH”表示。 5. 螺纹标记直接注在尺寸线或其延长线上
			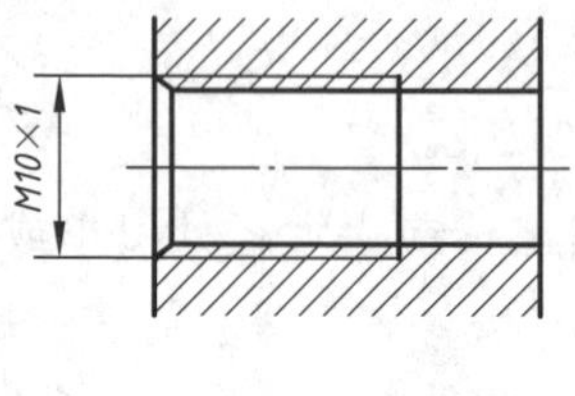	细牙普通螺纹，中等公差精度（公差带代号 6H），中等旋合长度，右旋	

续表

<table>
<tr><th colspan="2">螺纹类</th><th>标准</th><th>标注示例</th><th>标记的识别</th><th>标记要点说明</th></tr>
<tr><td rowspan="2">传动螺纹</td><td>梯形螺纹</td><td>GB/T 5796.4—2022</td><td>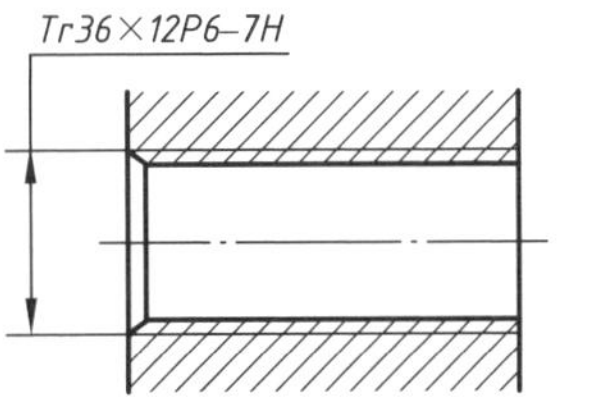
</td><td>梯形螺纹，公称直径为 36，双线，导程 12，螺距 6，中径公差带代号 7H，中等旋合长度，右旋</td><td rowspan="2">1. 两种螺纹只标注中径公差带代号。
2. 旋合长度只有长（L）、中（N）两组、中（N）省略不标</td></tr>
<tr><td>锯齿形螺纹</td><td>GB/T 13576.2、4—2008</td><td>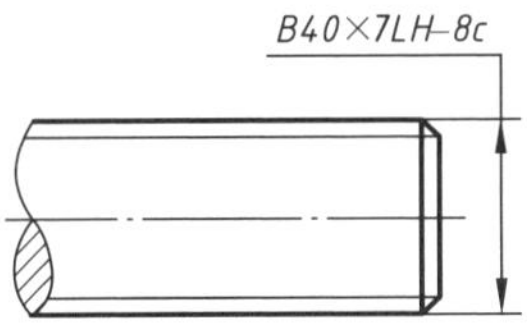
</td><td>锯齿形螺纹，公称直径 40，单线，螺距 7，左旋，中径公差带代号 8c，中等旋合长度</td></tr>
<tr><td rowspan="5">管螺纹</td><td rowspan="2">55°非密封管螺纹</td><td rowspan="2">GB/T 7307—2001</td><td>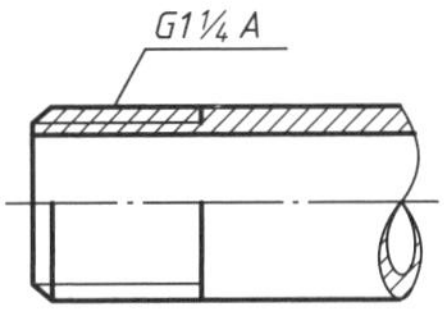
</td><td>非密封管螺纹，尺寸代号 1¼，精度等级 A 级，右旋外螺纹</td><td rowspan="2">1. 非密封管螺纹，其内、外螺纹都是圆柱管螺纹。
2. 外螺纹精度等级分 A、B 两级，内螺纹不标记精度等级</td></tr>
<tr><td>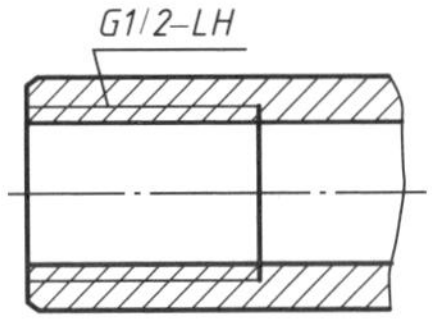
</td><td>非密封管螺纹，尺寸代号 1/2，左旋内螺纹</td></tr>
<tr><td rowspan="3">55°密封管螺纹</td><td rowspan="3">GB/T 3706.1—2000
GB/T 3706.2—2000</td><td>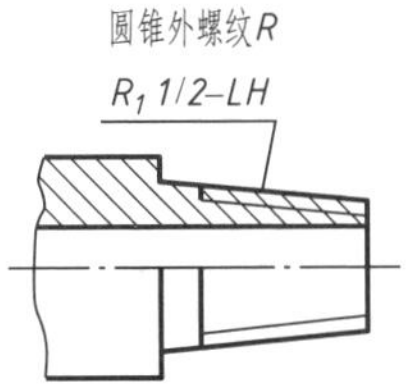
</td><td>与螺柱内螺纹相配合的圆锥外螺纹，尺寸代号 1/2，左旋</td><td rowspan="3">1. 密封管螺纹，只注螺纹特征代号、尺寸代号和旋向。
2. 管螺纹的标记一律注在引出线上，引出线应由大径处引出或由对称中心线引出</td></tr>
<tr><td>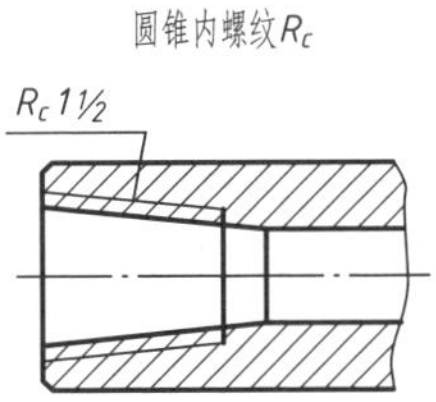
</td><td>圆锥内螺纹，尺寸代号 1½，右旋</td></tr>
<tr><td>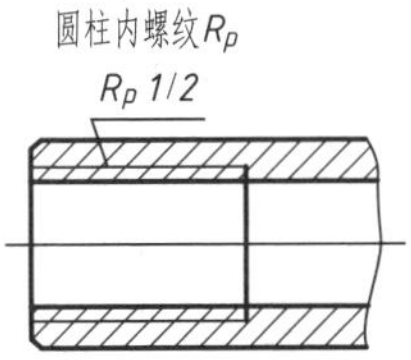
</td><td>圆柱内螺纹，尺寸代号 1/2，右旋</td></tr>
</table>

二、螺纹坚固件的表示法

（一）常用螺纹紧固件的标记及画法

1. 螺纹紧固件的标记

螺纹紧固件是运用一对内、外螺纹的连接作用来连接和紧固一些零部件。常用的螺纹紧固件包括螺栓、螺柱、螺钉、螺母和垫圈等，如图 7-12 所示。它们都属标准件，由专门的工厂生产。在一般情况下，都不需要单独画零件图，只需按规定进行标记，根据标记可从相应的国家标准中查到它们的结构形式和尺寸数据。

图 7-12 常用螺纹紧固件

表 7-4 列举了几种常用的螺纹紧固件的简图和标记示例。

2. 螺纹紧固件的画法

螺纹紧固件的各部分尺寸可以根据其标记，在相应的国家标准中查到，但在绘图时为了简便和提高效率，通常不采用查表绘图，而是用比例画法。

所谓比例画法，就是除了螺纹紧固件的有效长度按实际尺寸绘制外，其他各部分尺寸都按与螺纹大径成一定的比例绘图。六角螺母、六角头螺栓及平垫圈的比例画法如图 7-13 所示。

表 7-4　　常用螺纹紧固件的简图和标记示例

名称及视图	规定标记示例	名称及视图	规定标记示例
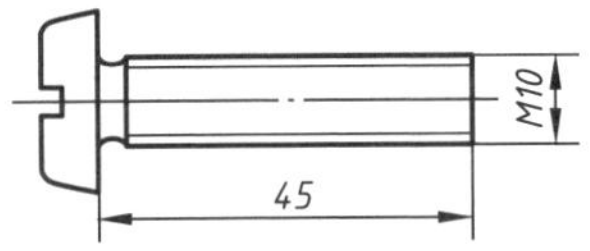	螺钉 GB/T 67—2016 M10×45	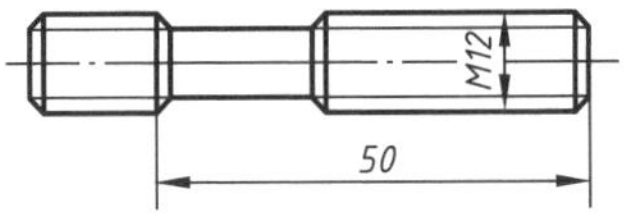	螺柱 GB 899—1988 M12×50
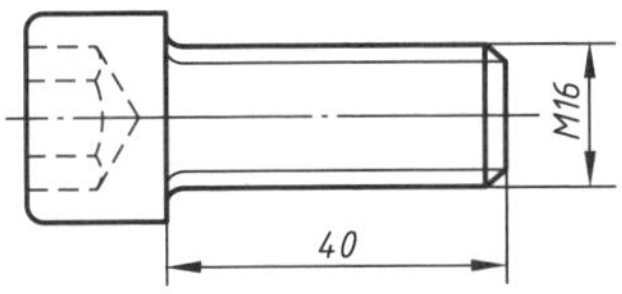	螺钉 GB/T 70.1—2008 M16×40—12.9	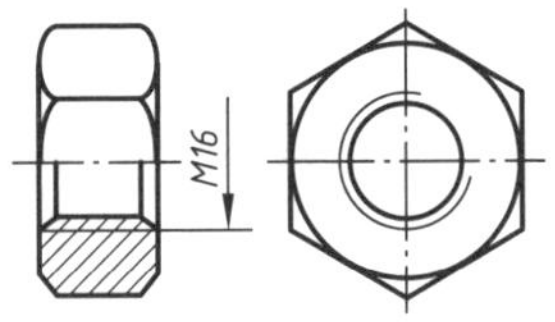	螺母 GB 6170—2015 M16
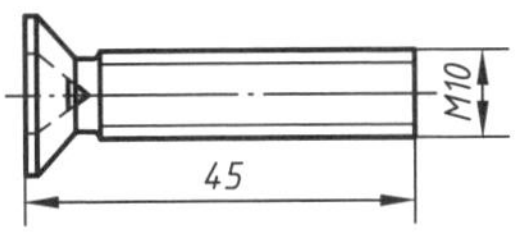	螺钉 GB/T 819.1—2016 M10×45	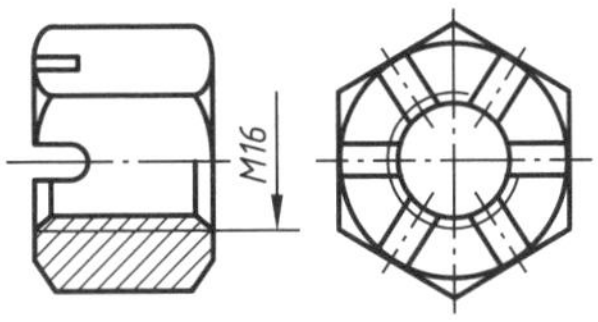	螺母 GB 6178—1986 M16
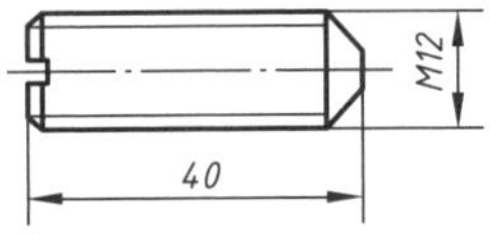	螺钉 GB/T 71—2018 M12×40	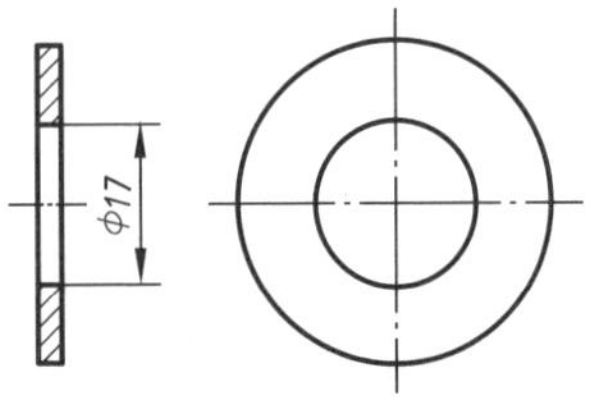	垫圈 GB/T 97.1—2002 16—140HV
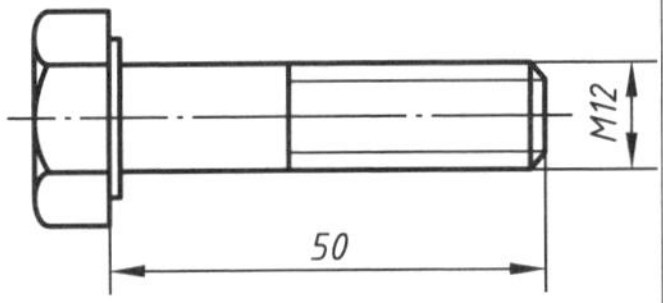	螺栓 GB/T 5782—2016 M12×50	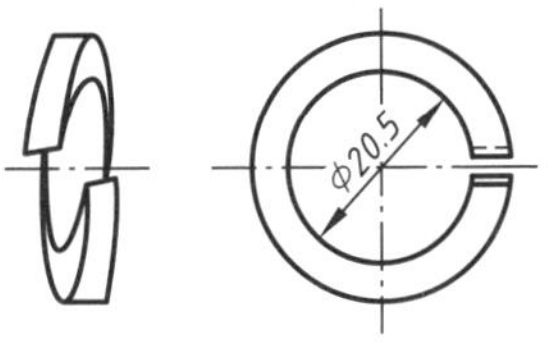	垫圈 GB/T 93—1987 20

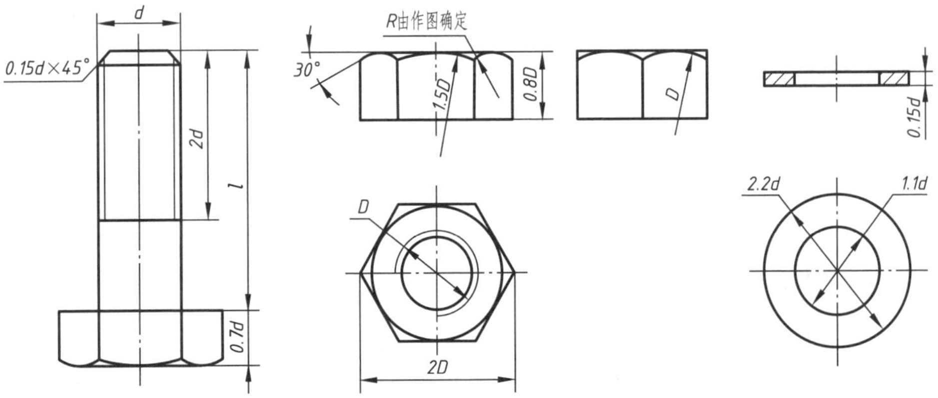

图 7-13　螺纹紧固件的比例画法

（二）在装配图中螺纹紧固件的画法

螺纹紧固件连接是一种可拆卸的连接，常用的形式有螺栓连接、双头螺柱连接、螺钉连接和紧定螺钉连接等，如图 7-14 所示。

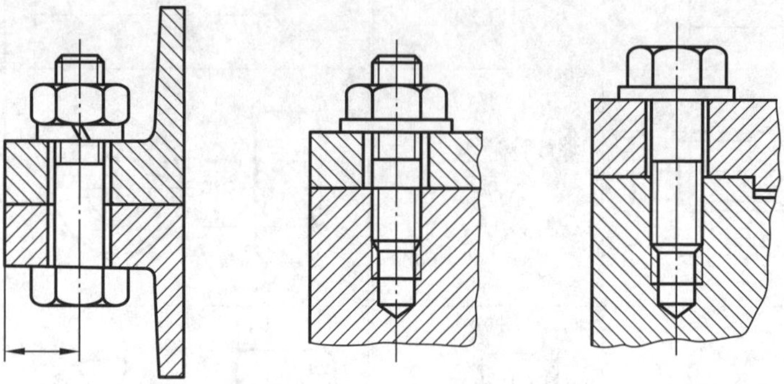

(a) 螺栓连接　(b) 双头螺柱连接　(c) 螺钉连接

图 7-14　螺纹紧固件的连接型式

画螺纹紧固件的装配图时，国家标准有以下三条基本规定：

（1）在装配图中，当剖切平面通过螺杆的轴线时，对于螺栓、螺柱、螺钉、螺母及垫圈等均按不剖切绘制。

（2）在装配图中，螺纹紧固件的工艺结构，如倒角、退刀槽、缩颈、凸肩等均可省略不画。常用螺栓、螺钉的头部及螺母等可采用表 7-5 所列的简化画法表示。

（3）在装配图中，不穿通的螺纹孔（螺纹盲孔）可不画出钻孔深度，仅按有效螺纹部分的深度（不包括螺尾）画出。

1. 螺栓连接的画法

螺栓连接是工程上应用比较广泛的一种连接方式，由螺栓穿过被连接件的通孔，加上垫圈，拧紧螺母，即把零件连接在一起了，如图 7-14（a）所示。这种连接适用于被连接件不太厚，而且又允许钻成通孔的情况下。

画螺栓连接图的已知条件是被连接件的厚度、螺栓、螺母、垫圈的标记等。螺栓的公称长度 l 可按下式计算：

$$l=\delta_1+\delta_2+h(\text{或 } s)+m+a$$

式中：δ_1、δ_2 分别为被连接件的厚度（设计给定）；h 为平垫圈厚度（根据标记查表）；s 为弹簧垫圈厚度（根据标记查表）；m 为螺母高度（根据标记查表）；a 为螺栓末端超出螺母的长度，一般可取 $a=2P$（P 为螺距）。

应注意，按上式计算出的螺栓长度，还应根据螺栓的标准长度系列，选取标准长度值。

被连接件的通孔直径应比螺栓直径稍大，通孔直径一般取 $1.1d$（d 为螺栓公称直径）。六角头螺栓连接图的简化画法，如图 7-15 所示。

表 7-5　　常用螺栓、螺钉的头部及螺母的简化画法

名称	形式	简化画法
螺栓	六角头	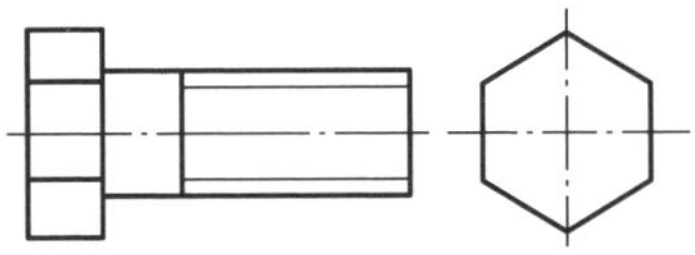
螺柱	双头	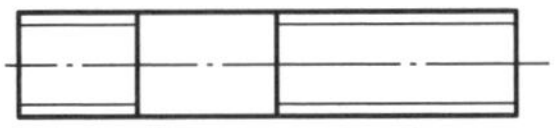
螺母	六角	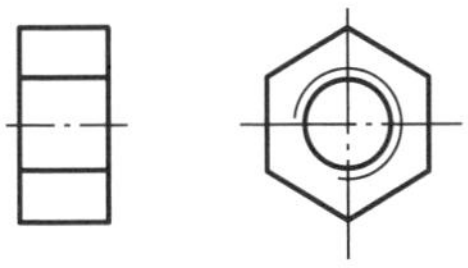
螺母	开槽六角	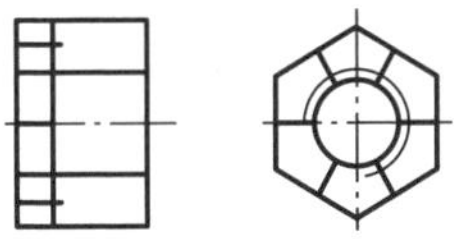
螺钉	圆柱头内六角	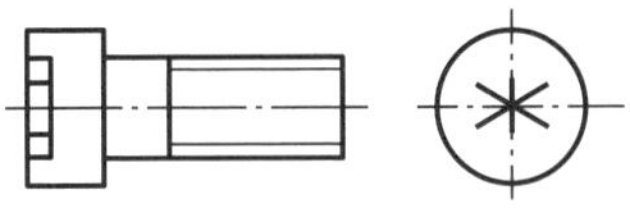
螺钉	开槽沉头	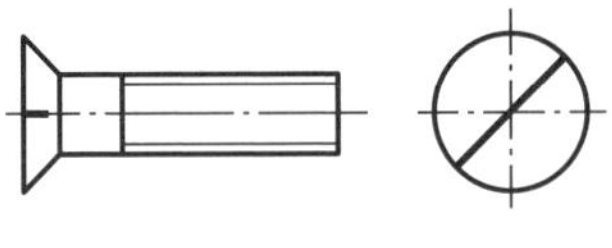
螺钉	开槽半沉头	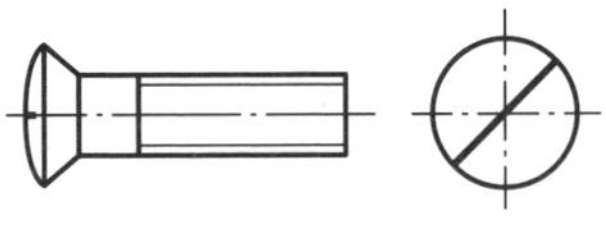
螺钉	十字槽沉头	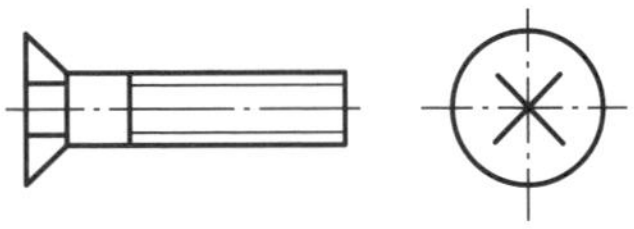
螺钉	十字槽半沉头	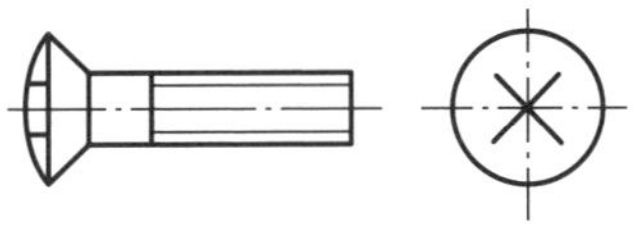
螺钉	十字槽盘头	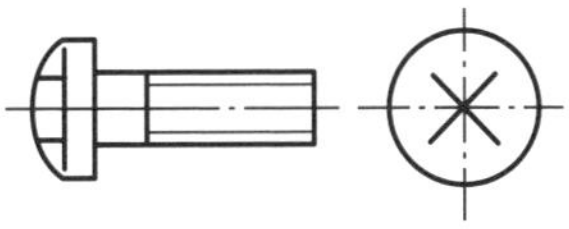
螺钉	开槽盘头	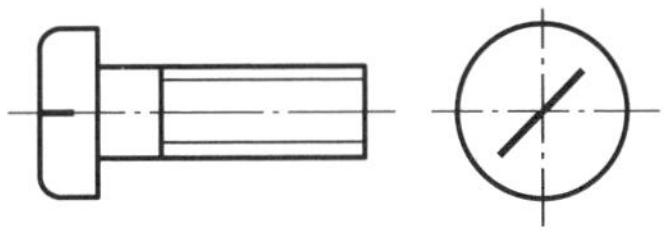
螺钉	开槽圆柱头	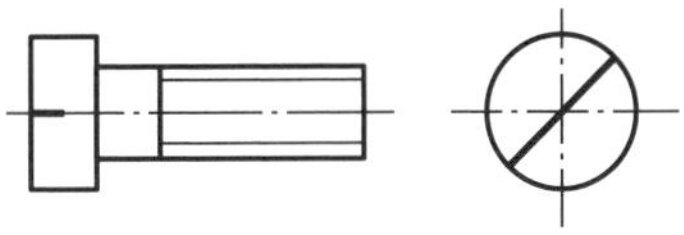
螺钉	开槽平端	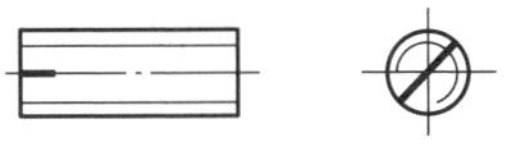
螺钉	开槽锥端	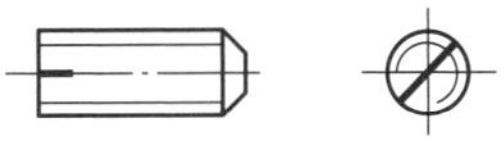
螺钉	长圆柱端	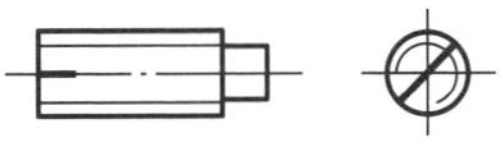

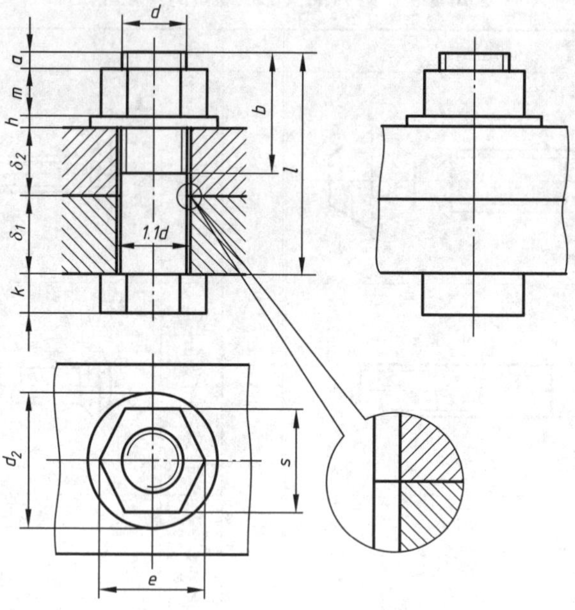

图 7-15　六角头螺栓连接的简化画法

2. 双头螺柱连接的画法

螺柱的两端都制有螺纹，其中一端（b_m 端）拧入不穿通的螺孔内，称为旋入端，另一端穿过被连接件的通孔，套上垫圈，拧紧螺母，该端称为紧固端。双头螺柱的连接形式，如图 7-16 所示。螺柱连接用于被连接件之一较厚，或不允许加工成通孔的场合。

螺柱旋入端的长度 b_m 如图 7-16 所示。

为保证连接可靠，双头螺柱旋入端的长度 b_m 随被旋入零件（机体）材料的不同而有四种长度：

$b_m=1d$　　GB 897—1988　（用于钢或青铜）

$b_m=1.25d$　　GB 898—1988　（用于铸铁）

$b_m=1.5d$　　GB 899—1988　（用于铸铁）

$b_m=2d$　　GB 900—1988　（用于铝合金）

螺孔与钻孔深度如图 7-16 所示。

机体上螺孔的深度应大于旋入端螺纹长度 b_m，一般取 $b_m+0.5d$；钻孔深度取 b_m+d。

画螺柱连接图时，还应注意以下几点：

（1）连接图中，螺柱旋入端的螺纹终止线应与结合面平齐，表示旋入端全部拧入螺孔。

（2）弹簧垫圈用于防松，外径比普通垫圈小，以保证紧压在螺母底面范围之内。弹簧垫圈开槽的方向应是阻止螺母松动方向，在图中应画成与水平线呈 60°向左上倾斜的两条线（或一条加粗线），两线间距约为 $0.1d$。

螺柱连接图的简化画法如图 7-17 所示。

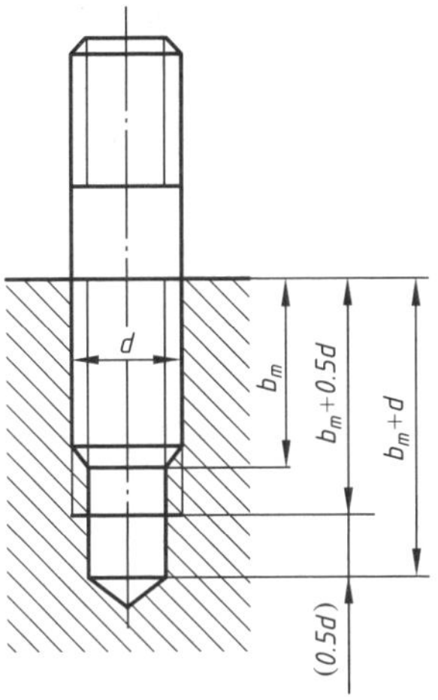

图 7-16 螺柱旋入端的有关尺寸

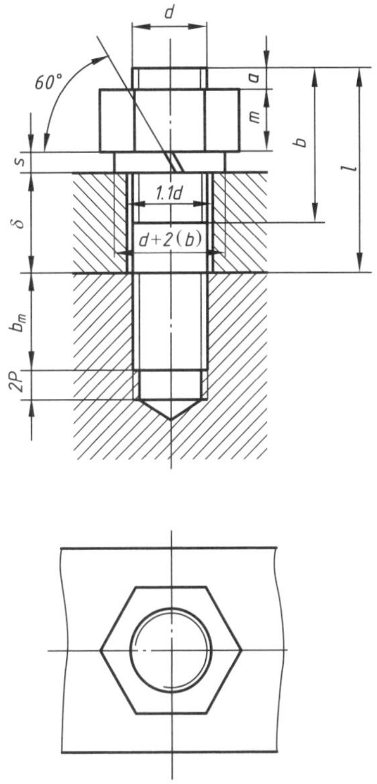

图 7-17 螺柱连接的简化画法

3. 螺钉连接的画法

螺钉连接一般用于受力不大且不经常拆卸的场合，其连接形式如图 7-18（a）所示。

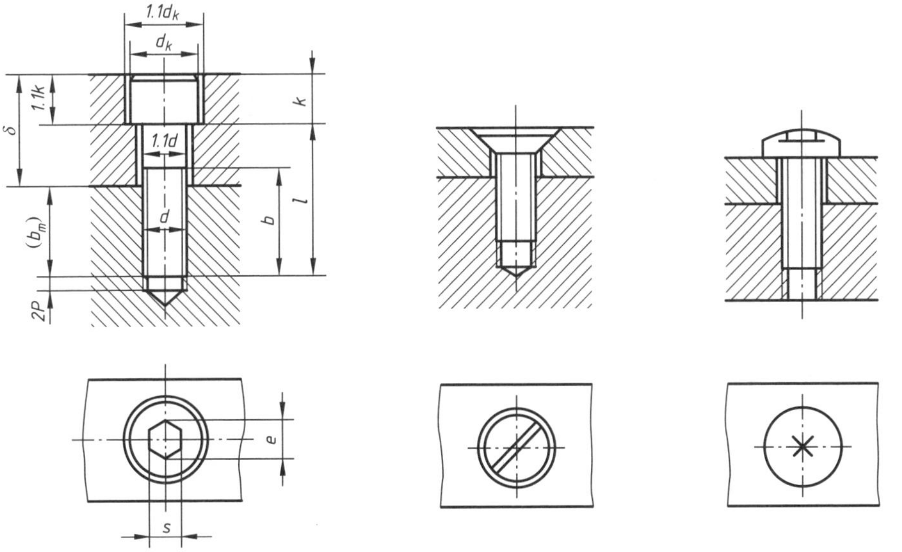

(a) 内六角圆柱头螺钉连接　(b) 一字槽沉头螺钉连接　(c) 十字槽盘头螺钉连接

图 7-18 螺钉连接的简化画法

采用螺钉连接时，其旋入深度按螺柱 b_m 端的选择原则确定。

4. 紧定螺钉连接的画法

紧定螺钉连接是指用螺钉固定两个零件的相对位置，使之不产生相对运动，如图 7-19 所示。

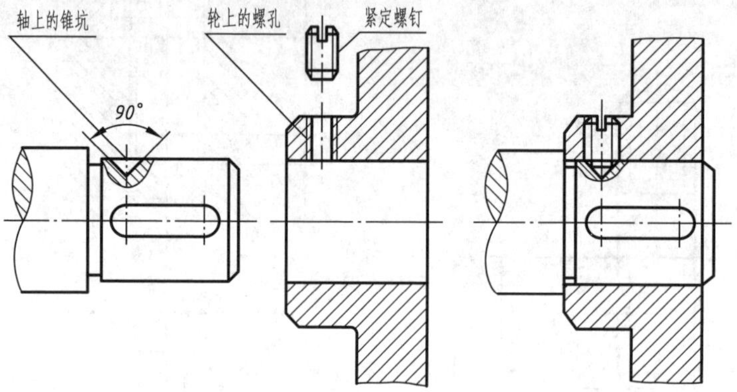

(a) 连接前　　(b) 连接后

图 7-19　紧定螺钉连接

任务实施

一、绘图准备

1. 工具准备

本任务要求绘制如图 7-1 所示的普通螺栓连接图，图形构成皆为直线、圆或圆弧、波浪线等，绘图主要用到丁字尺、三角板、圆规、铅笔等工具，选用 A4 图纸。

2. 查表计算

查附表 5、附表 6 得螺母高度 $m=10.8$，平垫圈厚度 $h=2.5$；计算得螺栓螺距 $P=1.75$，螺栓超出螺母高度 $a=2P=3.5$。

估算：$l=20+24+10.8+2.5+3.5=60.8$，查表选取螺栓的标准公称长度 $l=60$。

螺栓的简化标记：螺栓 GB/T 5782 M12×60。

二、绘图

用比例画法绘制普通螺栓连接装配图的作图过程如图 7-20 所示。

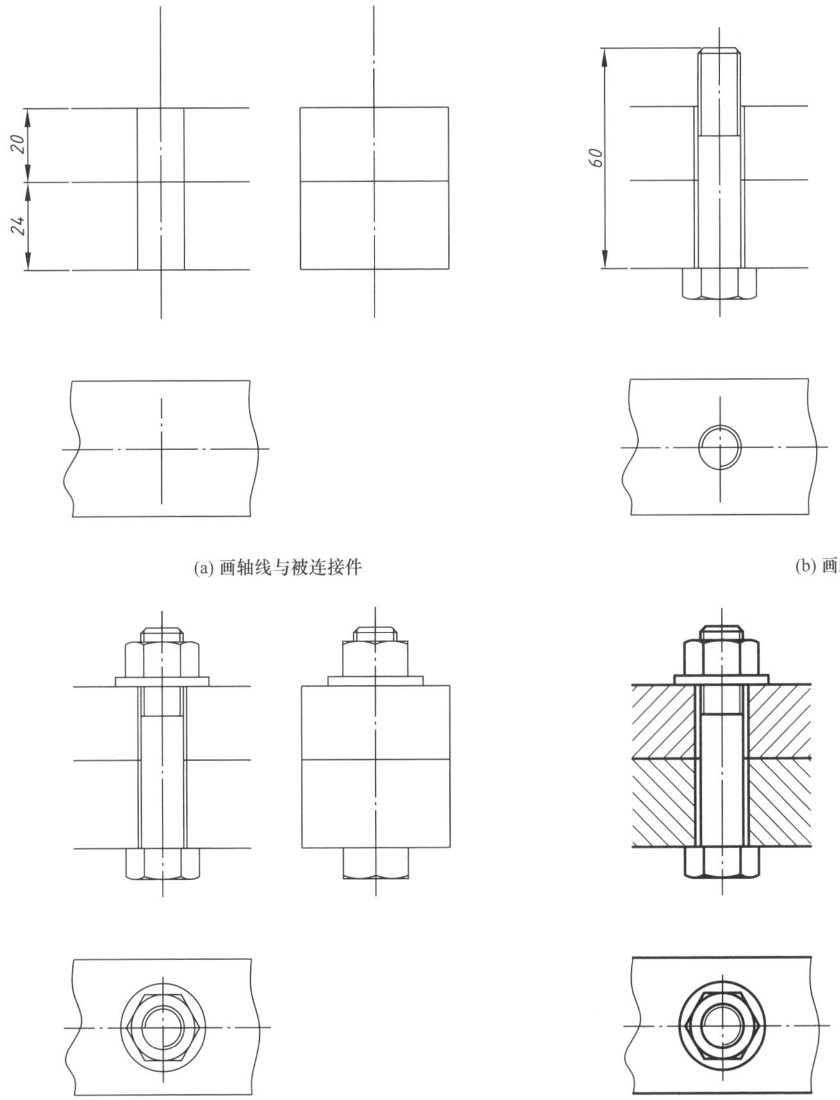

(a) 画轴线与被连接件

(b) 画螺栓

(c) 画垫圈与螺母

(d) 画剖面线，加深加粗图线

图 7-20 画普通螺栓连接图的步骤

任务二 绘制键、销连接图

键、销连接都是一种可拆连接，其连接画法涉及的知识已不是单独的零件，而是逐渐向部件过渡的典型装配结构。训练掌握这些装配结构的画法将为下一步学习装配图打下基础。

知识目标：

掌握键的参数与标记。

掌握键、销及其连接的绘图方法及步骤。

能力目标：

能够正确绘制键槽结构，并进行尺寸标注。

能够根据键的装配要求，正确绘制键连接图。

能够根据销的装配要求，正确绘制销连接图。

素质目标：

通过学习标准件的规格参数及规定画法，进一步强化标准化意识。

任务分析

如图 7-21 所示，已知轴及孔的直径 $d=18$mm，轮宽 $B=20$mm。要求完成以下任务：

（1）查表确定平键连接中键及键槽的尺寸。

（2）绘制轴、孔中键槽的结构并标注尺寸。

（3）绘制平键连接图。

相关知识

一、键连接

键主要用于轴和轴上零件（如齿轮、带轮）间的周向连接，以传递扭矩。如图 7-22 所示，在被连接的轴上和轮毂孔中制出键槽，先将键嵌入轴上的键槽内，再对准轮毂孔中的键槽（该键槽是穿通的），将它们装配在一起，便可达到连接目的。

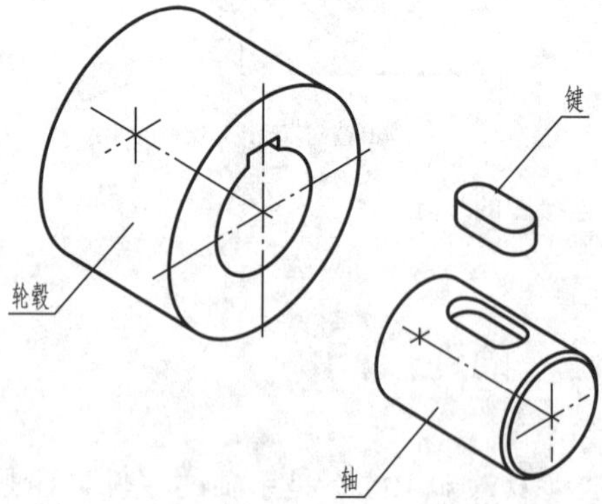

图 7-21　键与轴与孔上的键槽

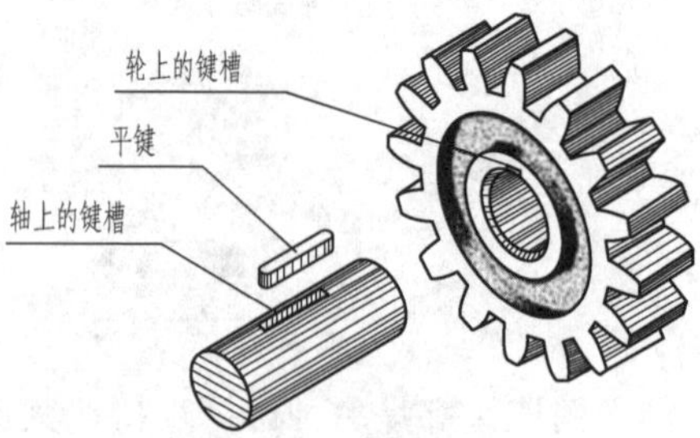

图 7-22　键与键槽

1. 常用键及其标记

键是标准件。常用的键有普通平键、半圆键和钩头楔键等多种。普通平键又有 A

型（圆头）、B 型（方头）和 C 型（单圆头）三种。表 7-6 列出了这几种键的标准号、形式及标记示例。

2. 键槽的画法和尺寸标注

键槽的形式和尺寸，也随键的标准化而有相应的标准（见附表 7）。设计或测绘中，键槽的宽度、深度和键的宽度、高度尺寸，可根据被连接的轴径在标准中查得。键长和轴上的键槽长，应根据轮毂宽，在键的长度标准系列中选用（键长不超过轮毂宽）。键槽的图示和尺寸标注方法如图 7-23 和图 7-24 所示。

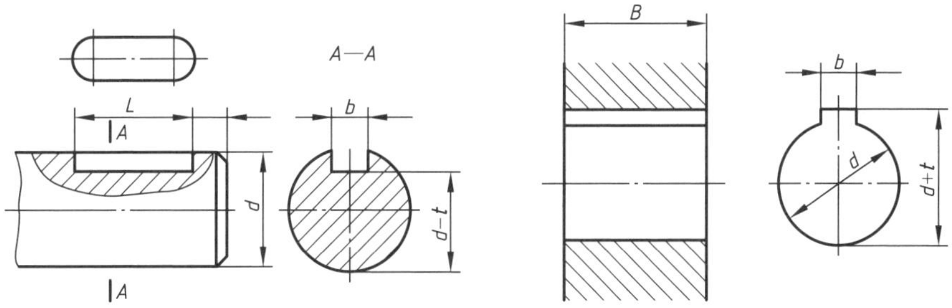

(a) (b)

图 7-23 平键键槽的图示及尺寸标注

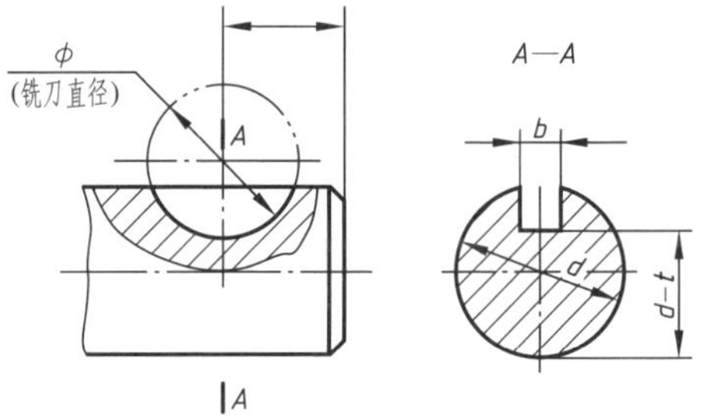

图 7-24 半圆键键槽的图示及尺寸标注

表 7-6　　键及其标记示例

序号	名称 （标准号）	图例	标记示例
1	普通平键 （GB/T 1096—2003） 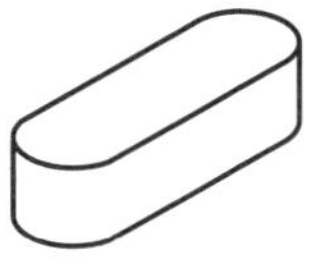	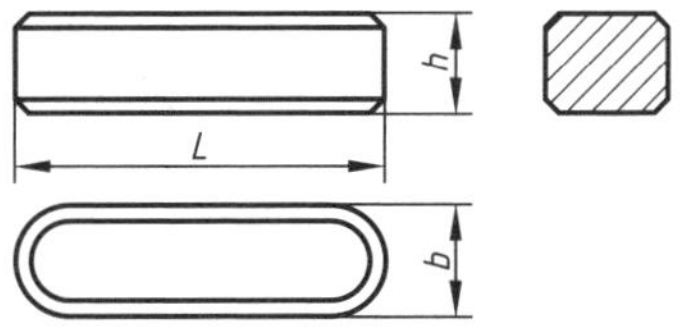 	$b=8$、$h=7$、$L=25$ 的普通平键（A）型： 键 GB/T 1096　8×7×25

续表

序号	名称 （标准号）	图例	标记示例
2	半圆键 （GB/T 1099.1—2003） 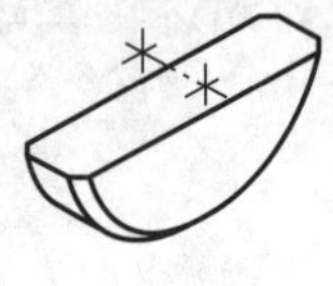	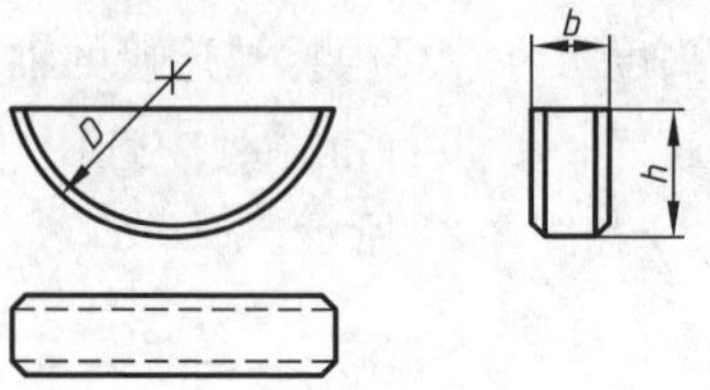	b=6、h=10、D=25 的半圆键： 键 GB/T 1099.1　6×10×25
3	钩头楔键 （GB/T 1565—2003） 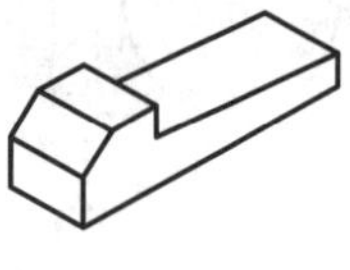	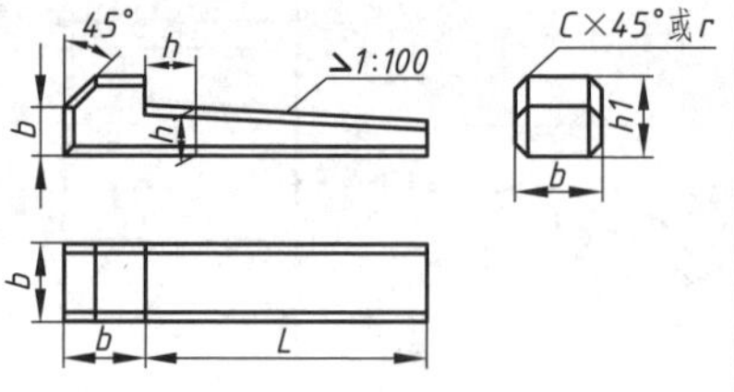	b = 16、h = 10、L = 100 的钩头楔键： GB/T 1565　键 16×100

3. 键连接画法

（1）普通平键和半圆键连接。普通平键连接（见图 7-25）和半圆键连接（见图 7-26）均属于松键连接，其作用原理相似。半圆键常用于载荷不大的传动轴上。

1）连接时，普通平键和半圆键的两侧面是工作面，它与轴、轮毂的键槽两侧面相接触，分别只画一条线。

2）键的上、下底面为非工作面，上底面与轮毂键槽顶面之间留有一定的间隙，画两条线。

3）在反映键长方向的剖视图中，轴采用局部剖视，键按不剖处理。

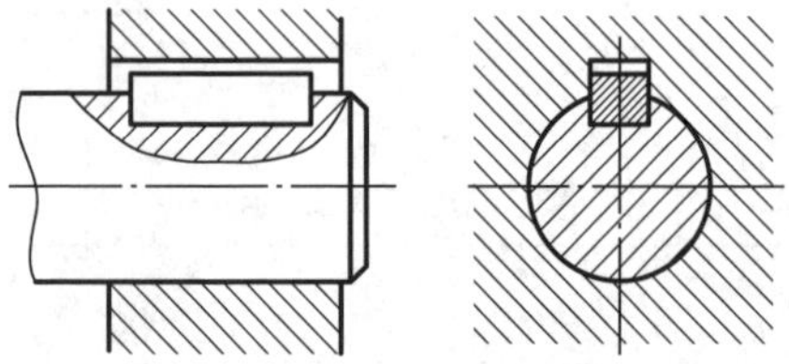

图 7-25　普通平键连接

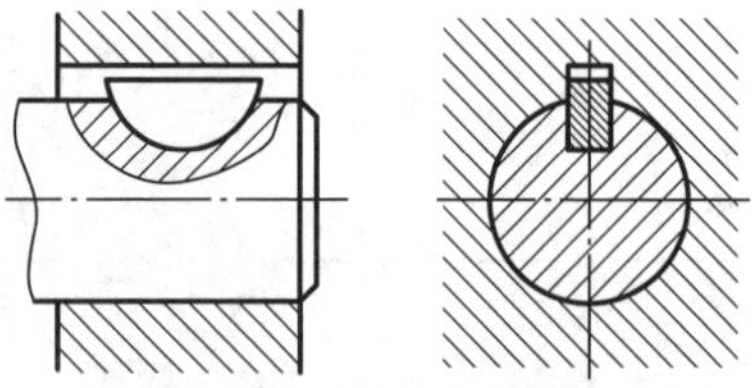

图 7-26　半圆键连接

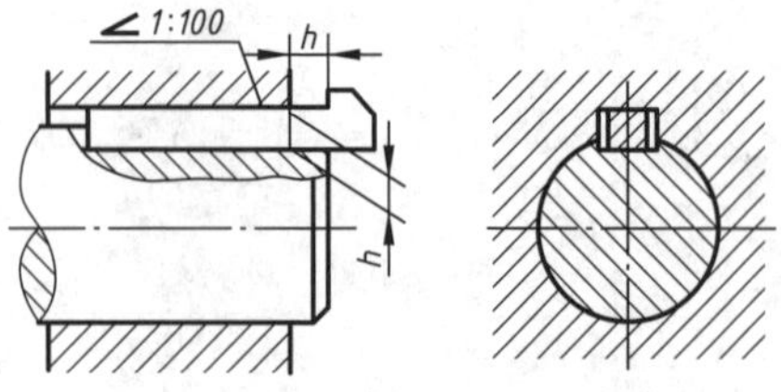

图 7-27　钩头楔键连接

（2）钩头楔键连接。如图 7-27 所示，钩头楔键的上底面有 1∶100 的斜度，装配时，将键沿轴向打入键槽内，靠上、下底面在轴和轮毂键槽之间接触挤压的摩擦力而连接，故键的上、下底面是工作面，各画一条线；而两侧面为非工作面，应画两条线。钩头供拆卸用。轴上的键槽常制在轴端，以方便拆装。

二、销连接

1. 销及其标记

工程中常用的销有圆柱销、圆锥销和开口销等。圆柱销和圆锥销用作零件间的连接或定位；开口销用来防止连接螺母松动或固定其他零件。

销为标准件，其规格、尺寸可从标准中（见附表 8）查得。表 7-7 列出了三种销的标准号、形式和标记示例。

2. 销连接画法

圆柱销和圆锥销的连接画法如图 7-28 和图 7-29（a）所示。

圆柱销和圆锥销装配要求较高，销孔一般要在被连接零件装配后同时加工。这一要求需在相应的零件图上注明。锥销孔的直径指锥销的小端直径，标注时应采用旁注法，如图 7-29（b）所示。锥销孔加工时按公称直径先钻孔，再选用定值铰刀扩铰成锥孔，如图 7-30 所示。

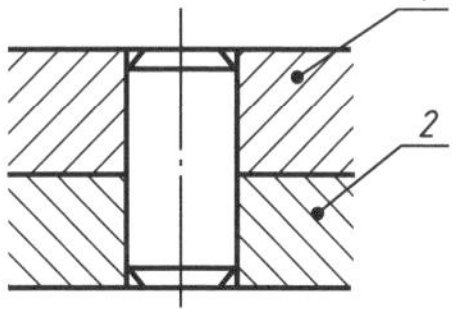

图 7-28 圆柱销连接

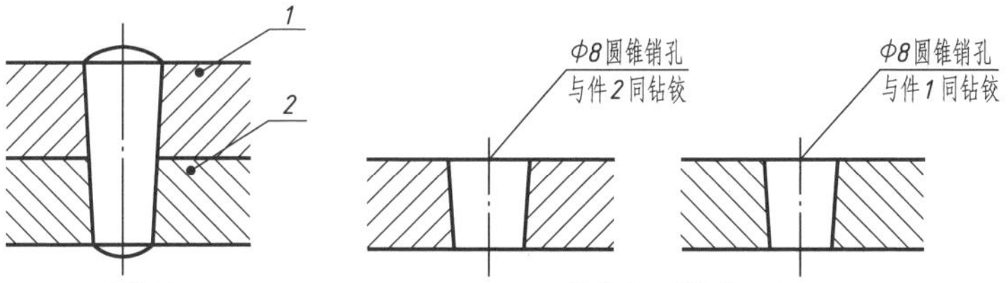

(a) 连接图 (b) 锥销孔尺寸标注

图 7-29 圆锥销连接及锥销孔尺寸标注

图 7-31 所示为带销孔螺杆和槽形螺母用开口销锁紧防松的连接图。

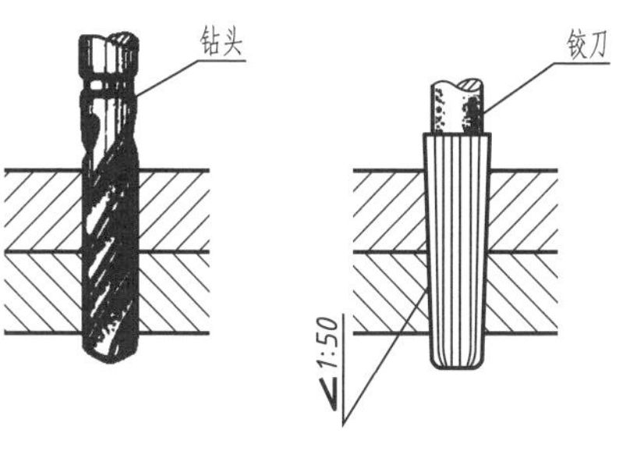

(a) 先钻孔 (b) 再铰孔

图 7-30 锥销孔加工

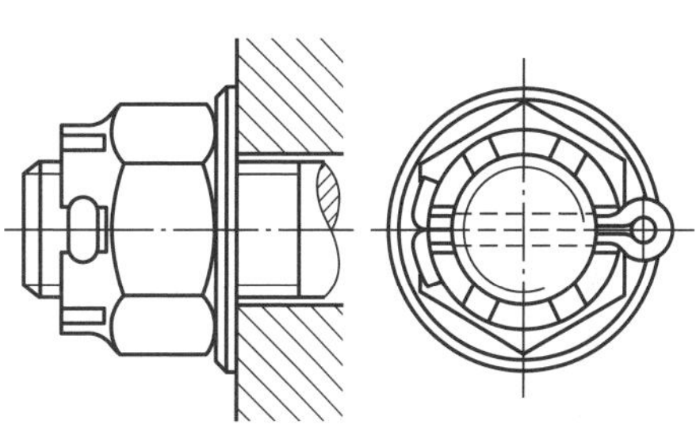

图 7-31 用开口销锁紧防松

表 7-7　　销及其标记示例

序号	名称 （标准号）	图例	标记示例	说明
1	圆柱销 不淬硬钢和奥氏体不锈钢 （GB/T 119.1—2000） 淬硬钢和马氏体不锈钢 （GB/T 119.2—2000） 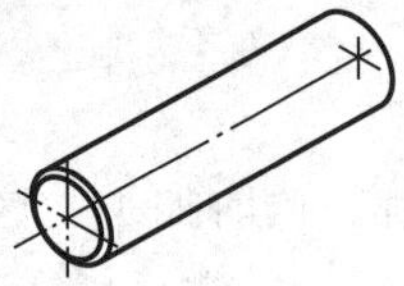	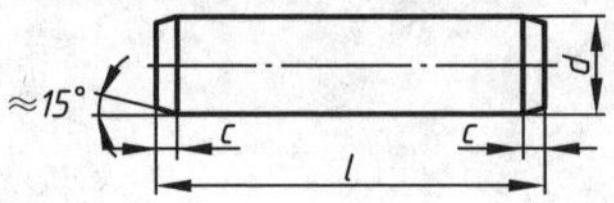	公称直径 $d=8$、公差为 m6、公称长度 $l=30$、材料为钢、不经淬火、不经表面处理的圆柱销： 销 GB/T 119.1 8 m6×30	GB/T 119.2—2000 中，淬硬钢按淬火方式不同，分为 A 型（普通淬火）和 B 型（表面淬火）
2	圆锥销 （GB/T 117—2000） 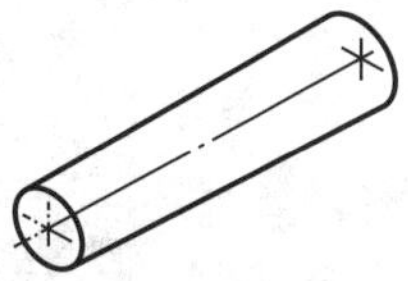	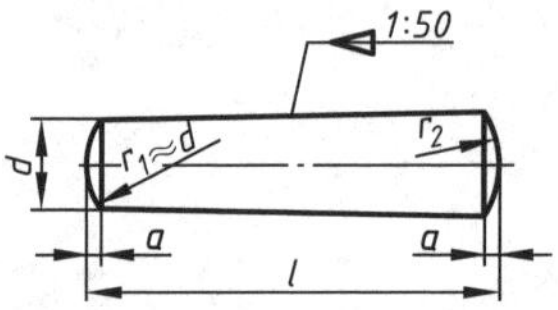 $r_2 \approx \frac{a}{2}+d+\frac{0.021^2}{8a}$	公称直径 $d=10$、公差为 m6、公称长度 $l=50$、材料为 35 钢、热处理硬度 HRC28～38、表面氧化处理的 A 型圆锥销： 销 GB/T 117 10×50	圆锥销按表面加工要求不同，分为 A 型（磨销）、B 型（切削或冷镦）。 公称直径指小端直径
3	开口销 （GB/T 91—2000） 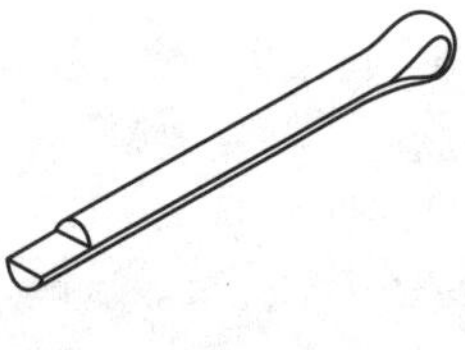	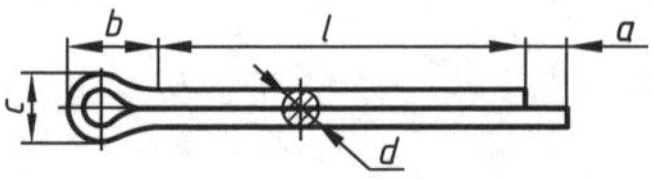	公称直径 $d=5$、公差为 m6、公称长度 $l=40$、材料为 Q215 或 Q235、不经表面处理的开口销： 销 GB/T 91 5×40	公称直径等于销孔的直径

任务实施

一、绘图准备

1. 工具准备

本任务中，图形构成皆为直线、圆或圆弧等，绘图主要用到丁字尺、三角板、圆规、铅笔等工具，选用 A4 图纸。

2. 查表计算

根据孔径 $d=18$mm，从附表 7 中查得，键槽宽 $b=6$，深度 $t_1=3.5$，$t_2=2.8$，键高 $h=6$；根据轮宽 $B=20$mm，取轴上键槽长（等于键长）L 取为 18。

计算：轴上键槽深度　　$d-t_1=18-3.5=14.5$

轮毂键槽深度 $d+t_2=18+2.8=20.8$

二、绘图

(1) 键槽的图示及尺寸标注，如图 7-32 所示。

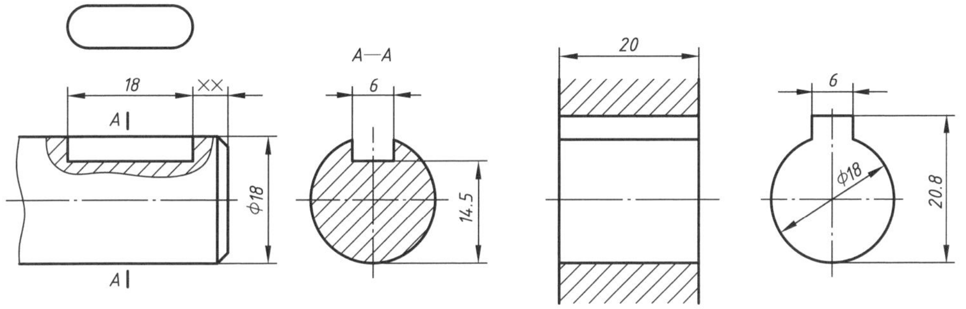

图 7-32 轴上及孔中键槽的图示及尺寸标注

(2) 绘制平键连接图。如图 7-33 所示，绘制平键连接图。注意，图中平键上表面与轮毂孔中键槽底面间的间隙（实际间距 0.3mm）可以夸大画出。

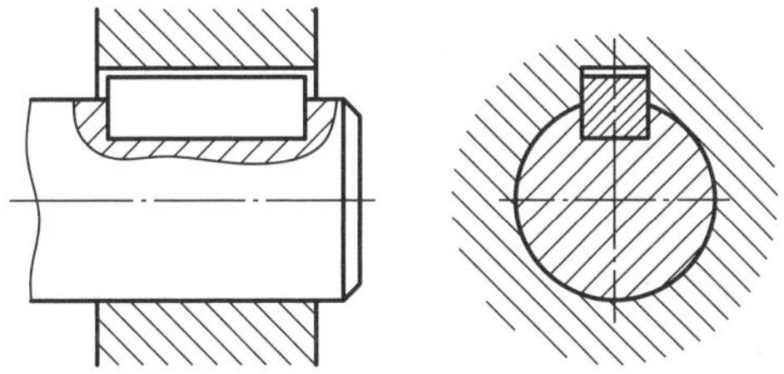

图 7-33 平键连接图

任务二 绘制滚动轴承

知识目标：

掌握不同类型滚动轴承的结构、应用及标记。

掌握不同类型滚动轴承的画法。

能力目标：

能够用规定画法及简化画法绘制不同类型的滚动轴承。

能够正确识读滚动轴承的代号及标记。

素质目标：

熟练掌握各类滚动轴承在装配结构中的表示方法，强化标准化意识，培养综合分析与解决问题的能力。

任务分析

绘制如图 7-34 所示在阶梯轴轴颈上安装 6206 轴承及 30206 轴承的装配图。

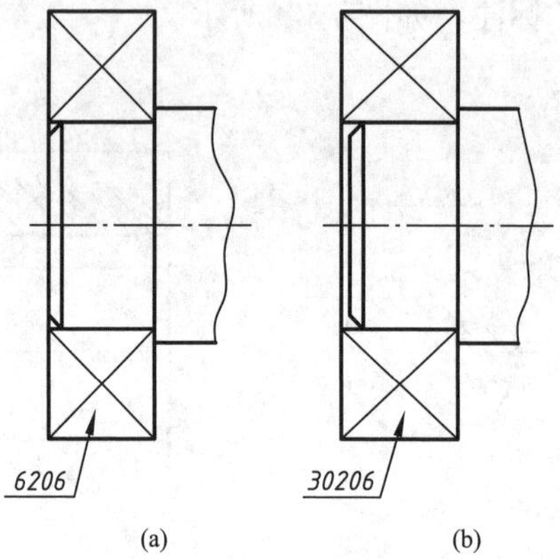

图 7-34　滚动轴承安装图

相关知识

在机器中，滚动轴承是用来支承轴的标准部件。它可以极大地减小轴与孔相对旋转时的摩擦力，具有机械效率高、结构紧凑等优点，应用非常广泛。

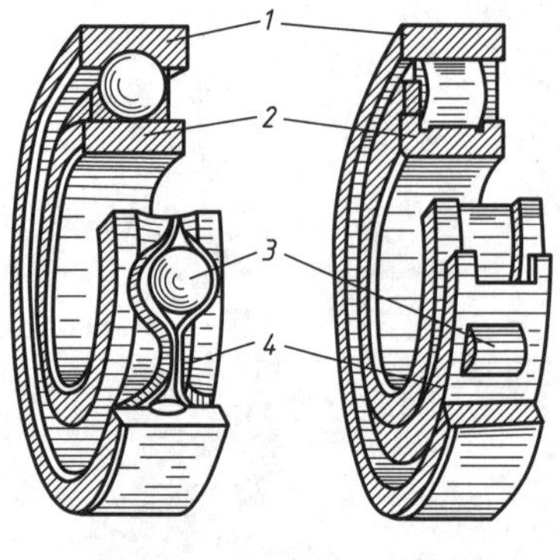

图 7-35　滚动轴承的结构
1—外圈；2—内圈；3—滚动体；4—保持架

一、滚动轴承的结构与分类

滚动轴承的种类繁多，但其结构大体相同，典型的滚动轴承一般由外圈、内圈、滚动体和保持架组成，如图 7-35 所示。一般情况下，内圈装在轴上，随轴一起转动；外圈装在机体或轴承座内，一般固定不动；滚动体在内、外圈之间的滚道中，其形状有球形、圆柱形和圆锥形等。保持架用来隔离滚动体。

滚动轴承的类型按承受载荷的方向可分为三类：

（1）向心轴承：主要承受径向载荷，如深沟球轴承。

（2）推力轴承：只承受轴向载荷，如推力球轴承。

（3）向心推力轴承：同时承受轴向和径向载荷，如圆锥滚子轴承。

二、滚动轴承的画法（GB/T 4459.7—2017）

因保持架的形状复杂多变，滚动体的数量又较多，滚动轴承的结构要素重复出现，按投影规律直接作图依然繁琐，为此国家标准给出了滚动轴承的三种表达方法，即通用画法、特征画法和规定画法，前两种画法又合称简化画法。滚动轴承的画法见表 7-8。

表 7-8　　滚动轴承的画法（GB/T 4459.7—2017）

轴承类型	结构型式	通用画法	特征画法	规定画法	承载特性
		（均指滚动轴承在所属装配图的剖视图中的画法）			
深沟球轴承（GB/T 276—2013）60000 型	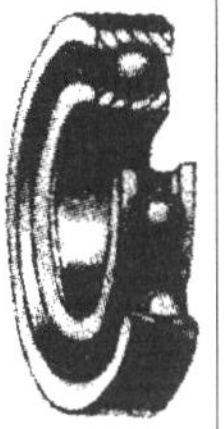		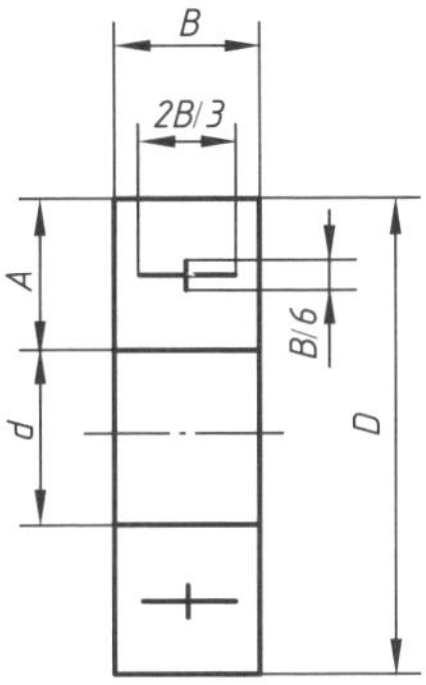	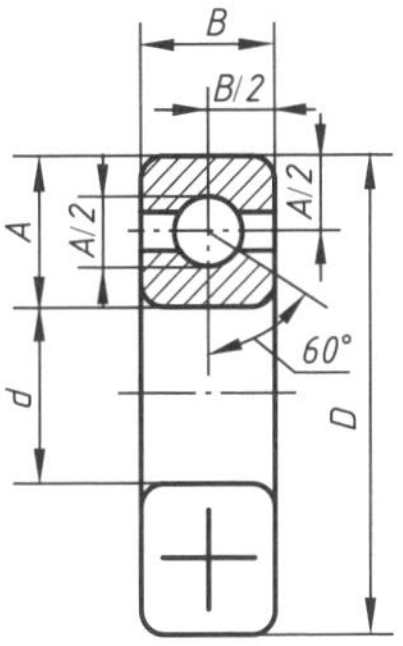	主要承受径向载荷
圆锥滚子轴承（GB/T 297—2015）30000 型		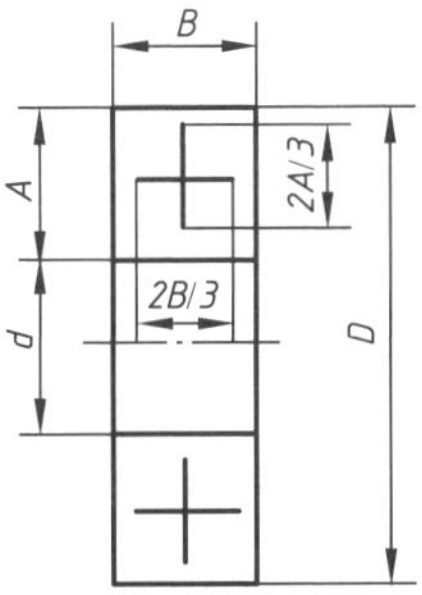	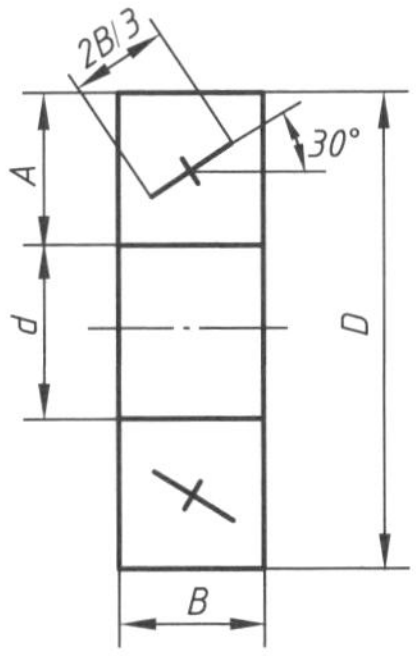	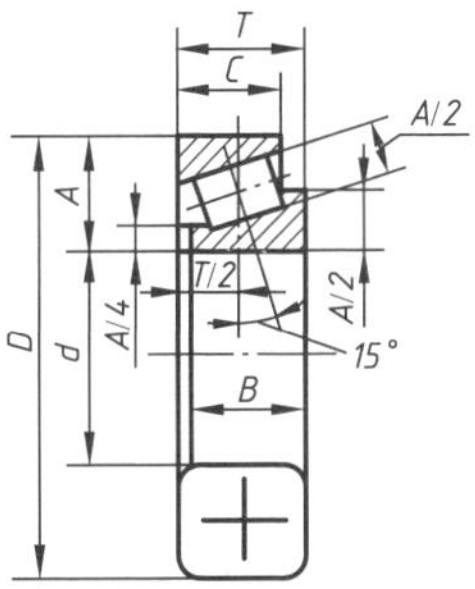	可同时承受径向和轴向载荷
推力球轴承（GB/T 301—2015）51000 型			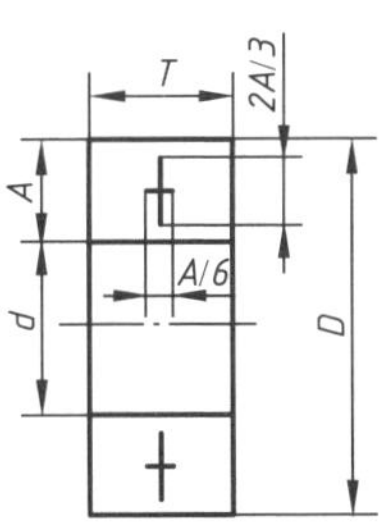	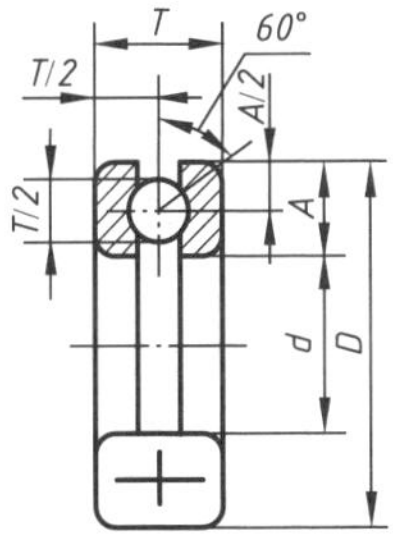	承受单方向的轴向载荷
三种画法的选用		当不需要确切地表示滚动轴承的外形轮廓、承载特征和结构特征时采用	当需要较形象地表示滚动轴承的结构特征时采用	在滚动轴承的产品图样、产品样本、产品标准和产品使用说明书中采用	

三、滚动轴承的类型代号与标记

1. 滚动轴承代号（GB/T 272—2017）

滚动轴承的基本代号由类型代号、尺寸系列代号和内径代号组成。

（1）类型代号。基本代号最左边的一位数字（或字母）为类型代号，见表 7-9。

表 7-9　　滚动轴承的类型代号

代号	轴承类型	代号	轴承类型
0	双列角接触球轴承	N	圆柱滚子轴承
1	调心球轴承		双列或多列用字母 NN 表示
2	调心滚子轴承和推力调心滚子轴承	U	外球面球轴承
3	圆锥滚子轴承	QJ	四点接触球轴承
4	双列深沟球轴承	C	长弧面滚子轴承（圆环轴承）
5	推力球轴承		
6	深沟球轴承		
7	角接触球轴承		
8	推力圆柱滚子轴承		

注　在代号后或前加字母或数字表示该类轴承中的不同结构。

(2) 尺寸系列代号。尺寸系列代号用数字表示，由轴承的宽（高）度系列代号和直径系列代号组合而成。它反映了同种轴承在内圈孔径相同时，内、外圈的宽度、厚度的不同，以及滚动体大小的不同。显然，尺寸系列代号不同，轴承的外轮廓尺寸及承载能力也不同。

(3) 内径代号。内径代号一般由两位阿拉伯数字组成，表示轴承的公称内径。

当代号数字为 00、01、02、03 时，分别表示轴承内径 d=10、12、15、17mm。

当代号数字为 04～96 时，代号数字乘以“5”即为轴承内径尺寸。

轴承公称内径为 1～9，大于或等于 500 以及 22、28、32 时，用公称内径毫米数直接表示，但应与尺寸系列代号之间用“/”分开，如滚动轴承 62/22。

例如：滚动轴承代号 6204，其中

6——类型代号，表示深沟球轴承；

2——尺寸系列代号“02”，“0”为宽度系列代号，“2”为直径系列代号，两者组合注写为“2”；

04——内径代号，表示该轴承内径为 4×5=20mm，即注出内径公称直径除以 5 的商数 4，并在左边加 0，添足两位数。

轴承代号中的类型代号或尺寸系列代号有时可省略不写。具体的省略规定需由 GB/T 272—2017 中查询。例如，上例中的尺寸系列代号“02”可省略其“0”，注写为“2”。

2. 滚动轴承的标记

根据各类轴承的相应标准规定，轴承的标记由三部分组成，即轴承名称、轴承代号、标准编号。

标记示例：滚动轴承 6210 GB/T 276—2013。

任务实施

一、绘图准备

本任务中，图形构成皆为直线、圆或圆弧等，绘图主要用到丁字尺、三角板、圆规、铅笔等工具，选用 A4 图纸。

查附表 9，得到滚动轴承的外形尺寸。

深沟球轴承 6206：$d=30$，$D=62$，$B=16$。

圆锥滚子轴承 30206：$d=30$，$D=62$，$T=17.25$，$B=16$，$C=14$。

参考表 7-8，绘制轴颈与滚动轴承的装配图，如图 7-36 所示。

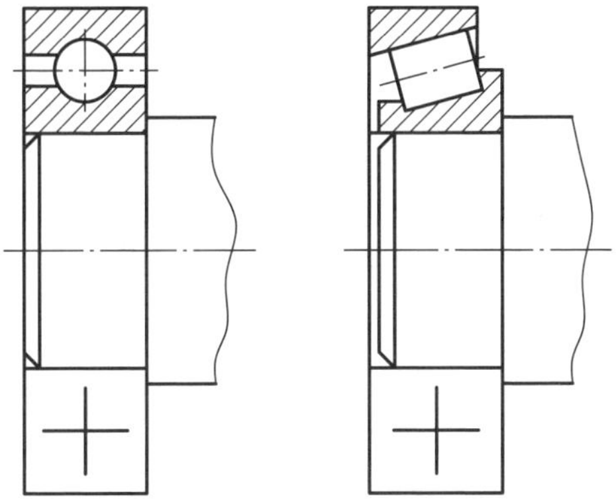

(a) (b)

图 7-36 轴颈与滚动轴承装配图

任务四 绘制齿轮啮合图

知识目标：

了解直齿圆柱齿轮各部分名称、参数。

掌握直齿圆柱齿轮基本尺寸计算方法。

掌握圆柱齿轮及其啮合的画法。

能力目标：

能够完成直齿圆柱齿轮基本参数的计算。

能够正确绘制圆柱齿轮零件图及其啮合图。

素质目标：

通过齿轮基本尺寸的计算及齿轮图样的绘制，培养工程设计思维及标准化意识。

任务分析

如图 7-37 所示，两标准直齿圆柱齿轮啮合，已知其中大齿轮模数 $m=2$mm，齿数 $z_2=40$，两齿轮的中心距 $a=60$mm。计算齿轮的相关尺寸，并完成两齿轮啮合的两视图绘制。

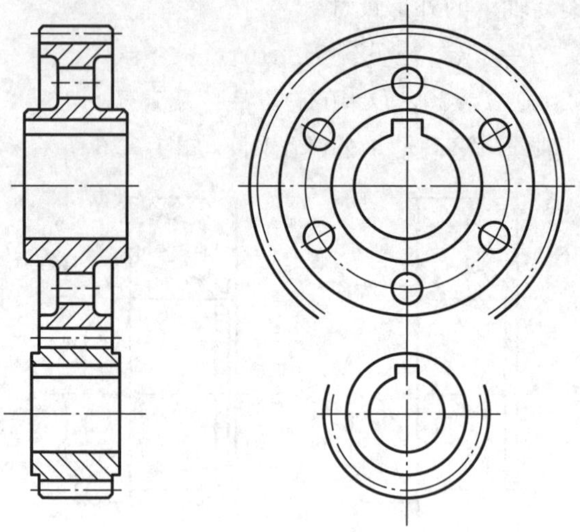

图 7-37　直齿圆柱齿轮啮合图

相关知识

齿轮是机械传动中应用最广泛的零件，它可以传递动力、变换转速和改变旋转方向。齿轮的种类很多，常用的有三类。

（1）圆柱齿轮：用于两平行轴之间的传动，如图 7-38（a）所示。

（2）圆锥齿轮：用于两相交轴之间的传动，如图 7-38（b）所示。

（3）蜗杆与蜗轮：用于交叉两轴之间的传动，如图 7-38（c）所示。

圆柱齿轮是最常用的齿轮，按其轮齿的方向分为直齿、斜齿、人字齿三种。相互啮合的一对齿轮有主动轮与从动轮之分。本任务仅介绍直齿圆柱齿轮的基本参数和规定画法。

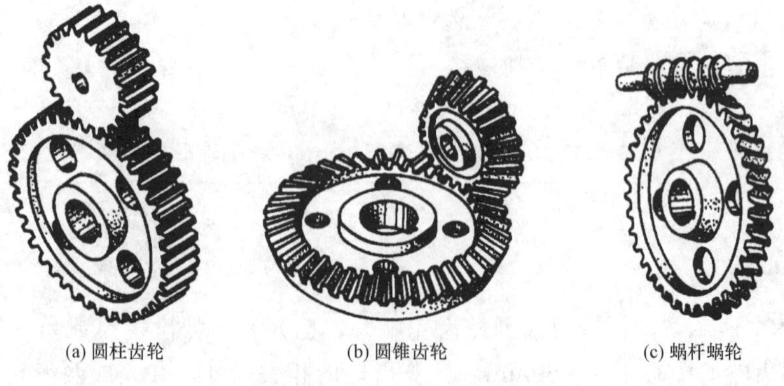

(a) 圆柱齿轮　(b) 圆锥齿轮　(c) 蜗杆蜗轮

图 7-38　常见的齿轮传动形式

一、直齿圆柱齿轮各部分名称及有关参数

1. 齿轮轮齿的结构

从图 7-39 可以看出直齿圆柱齿轮轮齿的主要结构。

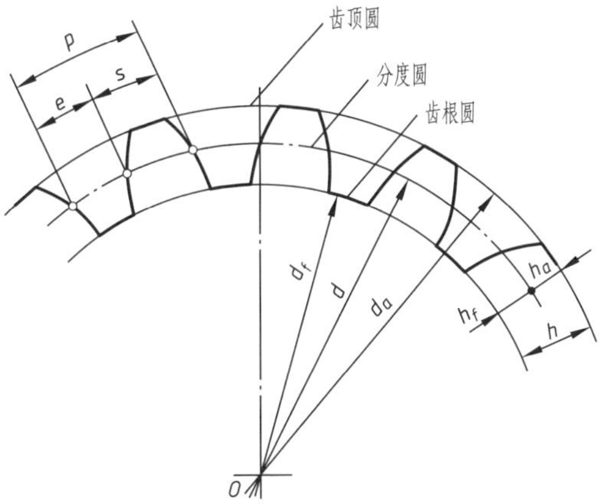

图 7-39 直齿圆柱齿轮各部分名称和代号

（1）齿顶圆：通过轮齿顶部的圆，其直径用 d_a 表示。

（2）齿根圆：通过轮齿根部的圆，其直径用 d_f 表示。

（3）分度圆：在齿顶圆和齿根圆之间，使齿厚 s 和槽宽 e 的弧长相等的圆，直径用 d 表示。

（4）齿距：分度圆上相邻两齿对应点之间的弧长，用 p 表示。

（5）齿厚和槽宽：一个轮齿在分度圆上的弧长称为齿厚，用 s 表示；一个齿槽两侧齿廓之间的分度圆弧长称为槽宽，用 e 表示。

（6）齿顶高：齿顶圆与分度圆之间的径向距离，用 h_a 表示。

（7）齿根高：齿根圆与分度圆之间的径向距离，用 h_f 表示。

（8）齿高：齿顶圆与齿根圆之间的径向距离，用 h 表示。

（9）中心距：两啮合齿轮中心之间的距离，用 a 表示。

2. 圆柱齿轮的主要参数

（1）齿数。齿轮轮齿的个数称为齿数，用 z 表示。

（2）模数。由于分度圆的周长 $=\pi d=zp$，所以 $d=\dfrac{p}{\pi}z$。令比值 $\dfrac{p}{\pi}=m$，则 $d=mz$，m 即为齿轮的模数。因为一对啮合齿轮的齿距 p 必须相等，所以它们的模数也必须相等。

模数 m 是设计、制造齿轮的重要参数。模数大，则齿距 p 也增大，齿厚 s 也随之增大，因而齿轮的承载能力也大。不同模数的齿轮，要用不同模数的刀具来加工制造，为了便于设计和加工，模数的数值已标准化和系列化，见表 7-10。

表 7-10　　齿轮模数系列（GB/T 1357—2008）

第一系列	1	1.25	1.5	2	2.5	3	4	5	6
	8	10	12	16	20	25	32	40	50
第二系列	1.125	1.375	1.75	2.25	2.75	3.5	4.5	5.5	(6.5)
	7	9	11	14	18	22	28	35	45

（3）齿形角。加工齿轮用的基本齿条的法向压力角称为齿形角，用 α 表示。我国采用的齿形角一般为 20°。

（4）传动比。传动比是指主动轮的转速 n_1 与从动轮的转速 n_2 之比，用 i 表示。由于转速与齿数 z 成反比，因此，速比也等于从动齿轮的齿数 z_2 与主动轮的齿数 z_1 之比，即 $i=\dfrac{n_1}{n_2}=\dfrac{z_2}{z_1}$。

3. 直齿圆柱齿轮各部分几何尺寸计算

当确定了齿轮模数 m 和齿数 z 等参数之后，就可按表 7-11 所列公式计算出各部分的几何尺寸。

表 7-11　　标准直齿圆柱齿轮几何尺寸计算公式

基本参数：模数 m，齿数 z			
序号	名称	符号	计算公式
1	齿距	p	$p=\pi m$
2	齿顶高	h_a	$h_a=m$
3	齿根高	h_f	$h_f=1.25m$
4	齿高	h	$h=2.25m$
5	分度圆直径	d	$d=mz$
6	齿顶圆直径	d_a	$d_a=m(z+2)$
7	齿根圆直径	d_f	$d_f=m(z-2.5)$
8	中心距	a	$a=\dfrac{1}{2}m(z_1+z_2)$

二、直齿圆柱齿轮的规定画法

1. 单个齿轮的画法

根据 GB/T 4459.2—2003《机械制图　齿轮表示法》的规定，齿顶圆和齿顶线画粗实线；分度圆和分度线画细点画线；齿根圆和齿根线画细实线（也可省略不画），如图 7-40（a）所示。在剖视图中，当剖切平面通过齿轮的轴线时，轮齿一律按不剖处理，齿根线画粗实线，如图 7-40（b）所示。当需要表示斜齿或人字齿的形状时，可用三条与齿线方向一致的细实线表示，如图 7-40（c）、（d）所示。

2. 圆柱齿轮啮合的画法

在垂直于圆柱齿轮轴线的投影面的视图中，啮合区内的齿顶圆均画粗实线［见图 7-

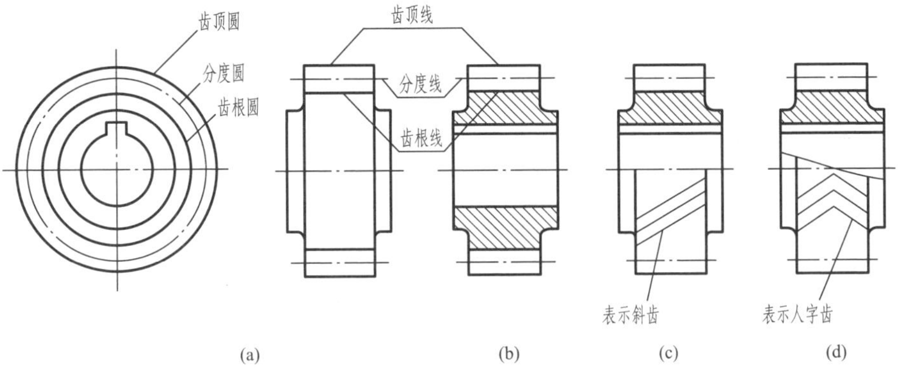

图 7-40 单个齿轮的画法

41（a)]，或者省略不画［见图 7-41（b)]。在剖视图中，当剖切平面通过两啮合齿轮轴线时，在啮合区内，将一个齿轮的轮齿画粗实线，另一个齿轮的轮齿被遮挡的部分画细虚线，如图 7-41（a）主视图所示，也可省略不画。当不采用剖视而用外形视图表示时，啮合区的齿顶线不需画出，节线（分度线）用粗实线绘制；非啮合区的节线仍用细点画线绘制，齿根线均不画出，如图 7-41（c)、(d）所示。

如果两轮齿宽不等，则啮合区的画法如图 7-42 所示。不论两轮齿宽是否一致，一个齿轮的齿顶线和另一个齿轮的齿根线之间，应有 0.25m 的间隙。

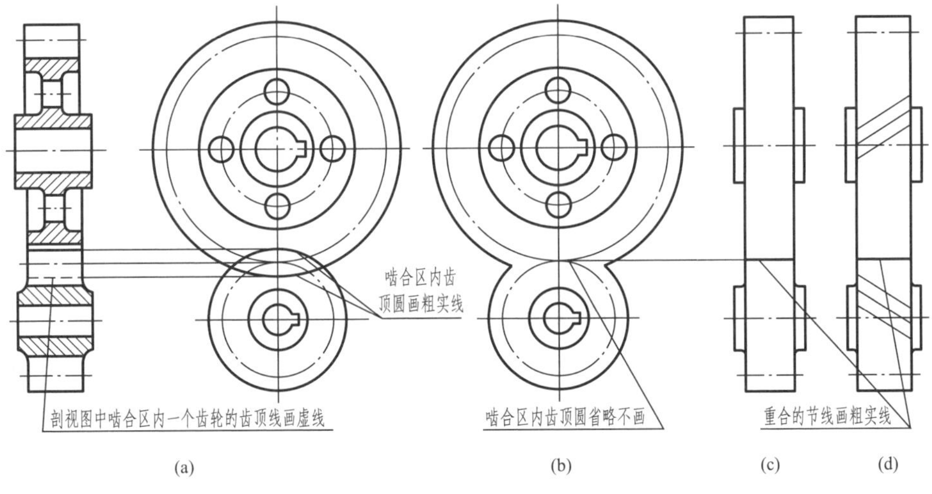

图 7-41 圆柱齿轮啮合的画法

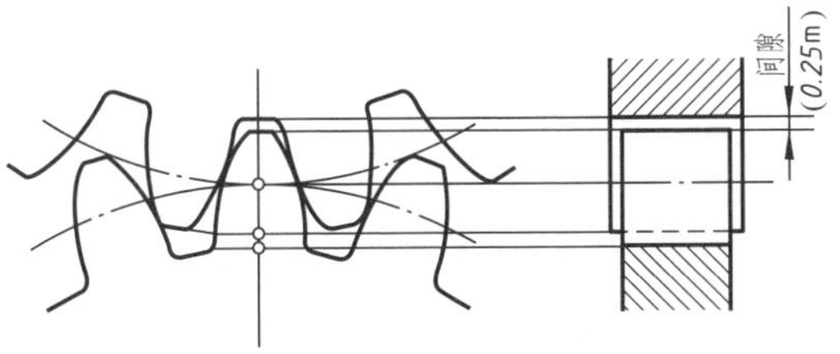

图 7-42 齿宽不同时啮合区的画法

三、标准直齿圆柱齿轮的测绘

根据齿轮实物，通过测量、计算确定其主要参数和各基本尺寸，并测量其余各部分尺寸，然后绘制齿轮零件图的过程，称为齿轮测绘。齿轮测绘除轮齿部分外，其余部分与一般轮盘类零件的测绘方法相同，而轮齿部分主要在于确定齿数 z 和模数 m 这两个基本参数。直齿圆柱齿轮测绘的一般步骤如下：

（1）确定齿数 z。数出被测齿轮的齿数。

（2）测量齿顶圆直径 d'_a。当齿轮的齿数是偶数时，可直接量得 d'_a，如图 7-43（a）所示；当齿数为奇数时，应通过测出轴孔直径 D 和孔壁至齿顶的径向距离 H，然后按下式算出 d'_a，如图 7-43（b）所示。

$$d'_a = D + 2H$$

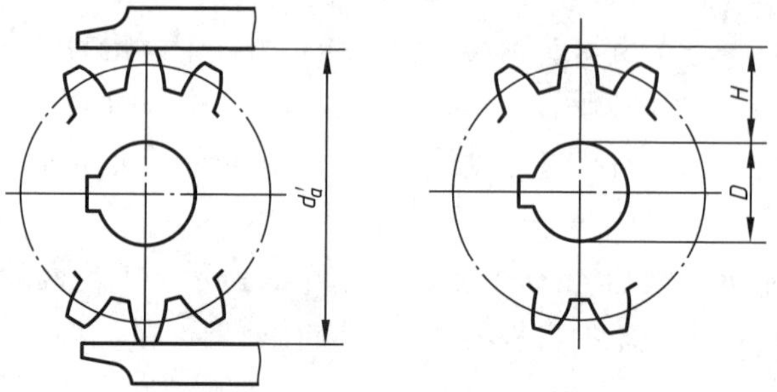

(a) 偶数齿　　(b) 奇数齿

图 7-43　齿顶圆的测量

（3）确定摸数 m。根据 $d'_a = m(z+2)$，得 $m = \dfrac{d'_a}{z+2}$。

将 d'_a 和 z 代入，可算出模数 m，并对照模数表 7-10 选取与其相近的标准模数值。

（4）计算各基本尺寸。根据确定的标准模数，用表 7-11 的公式算出 h_a、h_f、h、d、d_a、d_f 等基本尺寸。注意，当取标准模数后，应重新核算 d_a，以修正或确认所测之 d'_a 值。

（5）校对中心距 a。计算所得的尺寸要与实测的中心距核对，必须符合下式：

$$a = \frac{1}{2}(d_1 + d_2) = \frac{1}{2}m(z_1 + z_2)$$

（6）测量齿轮其他各部分尺寸。

（7）绘制直齿圆柱齿轮零件图。

图 7-44 所示为直齿圆柱齿轮的零件图（图中省略了部分内容）。在齿轮零件图中，除具有一般零件图的内容外，齿顶圆直径、分度圆直径必须直接注出，齿根圆直径规定不注（因为加工时该尺寸由其他参数控制）；并在图样右上角的参数栏中注写模数、齿数、齿形角等基本参数。

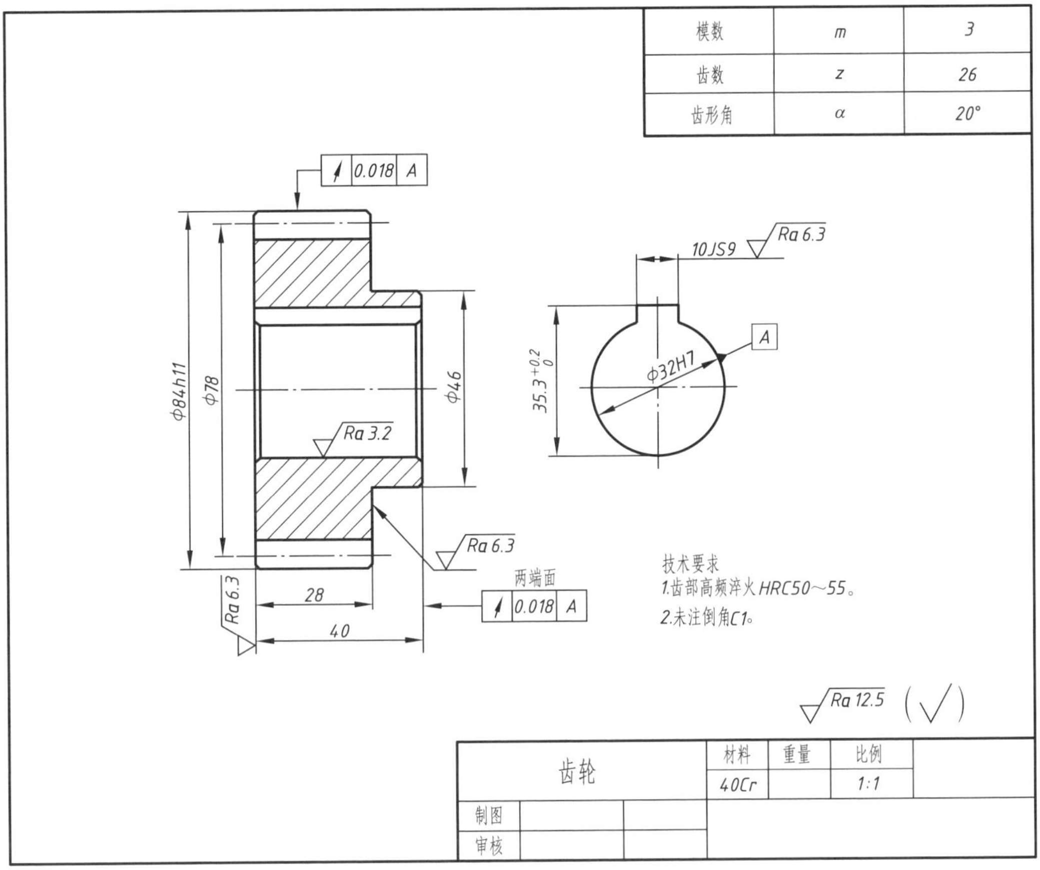

图 7-44　直齿圆柱齿轮零件图

任务实施

一、绘图准备

1. 工具准备

本任务所绘制图形皆为直线、圆等构成，绘图主要用到丁字尺、三角板、圆规、铅笔等工具，选用 A4 图纸。

2. 计算

（1）大齿轮。

分度圆直径　$d_2 = mz_2 = 2\text{mm} \times 40 = 80\text{mm}$

齿顶圆直径　$d_{a2} = m(z_2 + 2) = 2\text{mm} \times (40 + 2) = 84\text{mm}$

齿根圆直径　$d_{f2} = m(z_2 - 2.5) = 2\text{mm} \times (40 - 2.5) = 75\text{mm}$

（2）小齿轮。

已知中心距 $a = 60\text{mm}$，$m = 2\text{mm}$，$z_2 = 40$，根据 $a = m(z_1 + z_2)/2$，可得 $z_1 = 20$。

分度圆直径　$d_1 = mz_2 = 2\text{mm} \times 40 = 80\text{mm}$

齿顶圆直径　$d_{a1} = m(z_1 + 2) = 2\text{mm} \times (20 + 2) = 44\text{mm}$

齿根圆直径　$d_{f1} = m(z_1 - 2.5) = 2\text{mm} \times (20 - 2.5) = 35\text{mm}$

二、绘图

根据计算所得齿轮的有关参数，参照国家标准有关圆柱齿轮的啮合画法，绘制如图7-45所示的直齿圆柱齿轮啮合图。

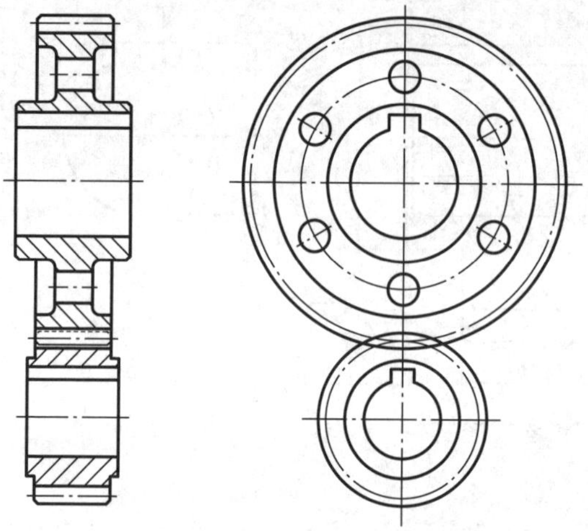

图 7-45　直齿圆柱齿轮啮合图

任务五　绘制弹簧零件图

知识目标：

掌握圆柱螺旋压缩弹簧尺寸计算方法。

掌握圆柱螺旋压缩弹簧的规定画法。

能力目标：

能够正确计算圆柱螺旋压缩弹簧参数尺寸。

能够按规定画法绘制螺旋压缩弹簧零件图。

素质目标：

通过弹簧零件图的绘制，进一步培养严谨认真的职业精神。

学习螺旋压缩弹簧的规定画法，树立标准化意识。

任务分析

已知圆柱螺旋压缩弹簧的中径 $D=38$，材料（弹簧丝）直径 $d=6$，节距 $t=11.8$，

有效圈数 $n=7.5$，支撑圈数 $n_2=2.5$，右旋，试绘制该螺旋压缩弹簧的零件图。完成该任务，需要掌握弹簧类型、参数及国家标准有关弹簧的规定画法。

相关知识

弹簧是机械及电器设备中常用的零件，具有功、能转换特性，可用于减振、测力、调节、压紧与复位等多种场合。

弹簧种类很多，常见的有圆柱螺旋弹簧、板弹簧、平面涡卷弹簧等，如图 7-46 所示，其中圆柱螺旋弹簧更为常见。按所受载荷特性不同，这种弹簧又可分为压缩弹簧（Y 型）、拉伸弹簧（L 型）和扭转弹簧（N 型）三种。这里主要介绍普通圆柱螺旋压缩弹簧的有关名称和规定画法。

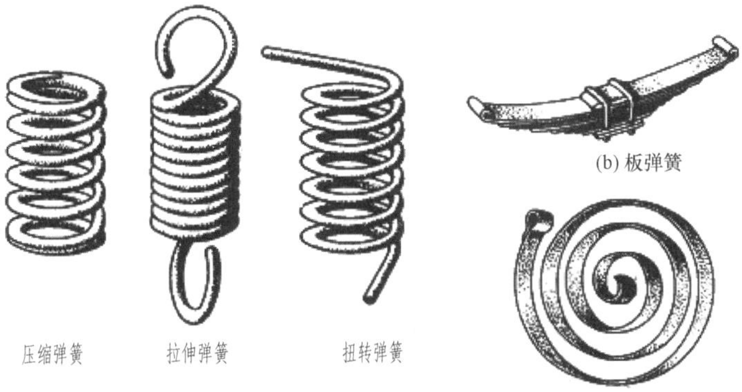

(a) 圆柱螺旋弹簧　　(c) 平面涡卷弹簧

图 7-46　常见弹簧种类

一、圆柱螺旋压缩弹簧各部分名称及尺寸计算（GB/T 2089—2009）

如图 7-47 所示，圆柱螺旋压缩弹簧各部分名称如下：

（1）材料直径 d：制造弹簧用的金属丝直径。

（2）弹簧外径 D_2：弹簧的最大直径。

弹簧内径 D_1：弹簧的最小直径，$D_1=D_2-2d$。

弹簧中径 D：弹簧的平均直径，$D=\dfrac{D_2+D_1}{2}=D_1+d=D_2-d$。

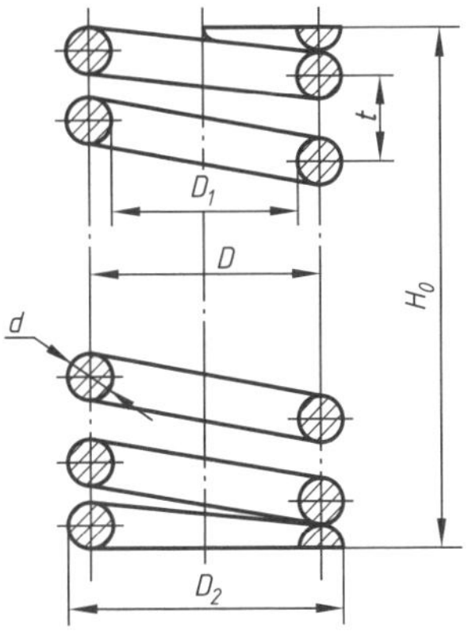

图 7-47　弹簧各部分名称代号

（3）支承圈数 n_2、有效圈数 n、总圈数 n_1：为了使压缩弹簧工作平稳、端面受力均匀，制造时需将弹簧每一端 $\dfrac{3}{4}\sim1\dfrac{1}{4}$ 圈并紧磨平，这些并紧磨平的圈仅起支承作用，称为支承圈。支承圈数 n_2 一般为 1.5、2、2.5，常用 2.5 圈。其余保持相等节距的圈数，称为有效圈数。支承圈数与有效圈数之和称为总圈数，即 $n_1=n_2+n$。

（4）节距 t：相邻两有效圈上对应点间的轴向距离。

（5）自由高度 H_0：未受载荷时的弹簧高度（或长度）。

$$H_0 = nt + (n_2 - 0.5)d$$

其中，等式右边第一项 nt 为有效圈的自由高度；第二项 $(n_2 - 0.5)d$ 为支承圈的自由高度。

（6）展开长度 L：制造弹簧时所需金属丝的长度。按螺旋线展开可得

$$L = \frac{\pi D n_1}{\cos\alpha} \approx \pi D n_1$$

其中，α 为弹簧螺旋角，$5° \leqslant \alpha < 9°$。

（7）旋向：螺旋弹簧分为右旋和左旋两种。

国家标准已对普通圆柱螺旋压缩弹簧的结构尺寸及标记做了规定，可查阅 GB/T 2089—2009。

二、弹簧的画法

1. 螺旋弹簧的规定画法

弹簧的真实投影比较复杂，因此 GB/T 4459.4—2003 规定了弹簧的画法，如图 7-48 所示。

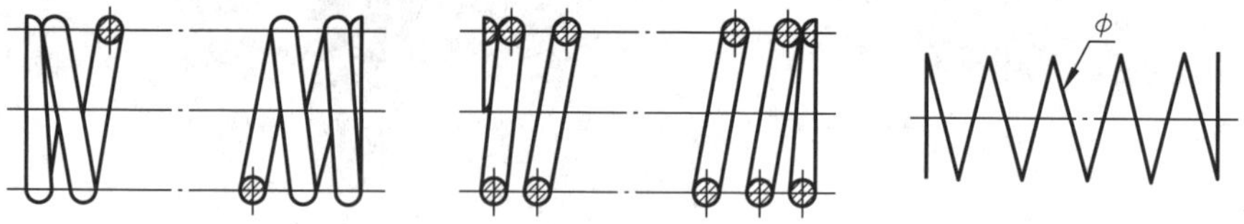

(a) 视图　　(b) 剖视图　　(c) 示意图

图 7-48　圆柱螺旋压缩弹簧和画法

（1）在平行于螺旋弹簧轴线的投影面的视图中，其各圈的轮廓应画成直线。

（2）有效圈数在四圈以上的螺旋弹簧，可在每一端只画 1～2 圈（支承圈除外），中间只需用通过簧丝断面中心的细点画线连起来，且可适当缩短图形长度。

（3）螺旋弹簧均可画成右旋，但左旋螺旋弹簧不论画成左旋或右旋，一律要注出旋向“左”字。

（4）螺旋压缩弹簧如果要求两端并紧且磨平时，不论支撑圈数多少和末端贴紧情况如何，均按支承圈为 2.5 圈（有效圈是整数）的形式绘制。必要时，也可按支承圈的实际结构绘制。

2. 装配图中弹簧的简化画法

（1）在装配图中，弹簧被看作实心物体，因而被弹簧挡住的结构一般不画出，可见部分应从弹簧的外轮廓线或从簧丝断面的中心线画起，如图 7-49（a）中的箭头所指。

（2）在装配图中，被剖切后的簧丝直径在图形上等于或小于 2mm 时，可用涂黑表示，且各圈的轮廓线不画，如图 7-49（b）所示；也允许用示意图绘制，如图 7-49（c）所示。

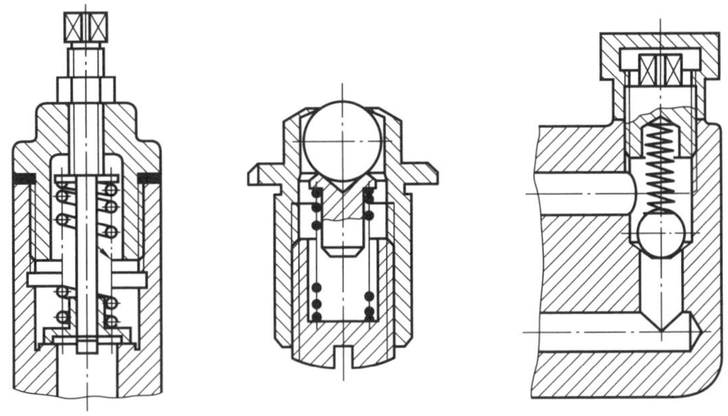

(a) (b) (c)

图 7-49 装配图中弹簧的画法

三、圆柱螺旋压缩弹簧的作图步骤

作图步骤如图 7-50 所示。

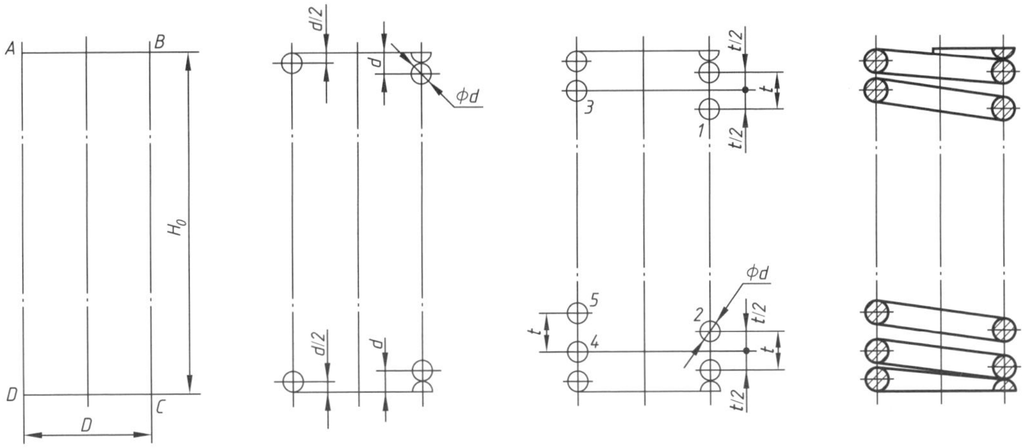

(a) 按自由高度H_0和弹簧中径D，作距形$ABCD$

(d) 根据材料直径d，画出支承圈部分的四个圆和二个半圆

(c) 根据节距t，作有效圈部分的五个圆

(d) 按右旋方向作相应圆的公切线，并画剖面线

图 7-50 圆柱螺旋压缩弹簧的作图步骤

此例支承圈为 2.5 圈。国家标准规定不论支承圈数多少，均可按此绘制。弹簧零件图上，一般注有弹簧有效圈数 n 与总圈数 n_1，实际支承圈数 $n_2=n_1-n$，制造弹簧时按零件图上所注实际圈数加工。

任务实施

一、绘图准备

1. 工具准备

本任务要求绘制圆柱螺旋压缩弹簧的零件图，图形构成皆为直线、圆等，绘图主要用到丁字尺、三角板、圆规、铅笔等工具，选用 A4 图纸。

2. 计算

已知：弹簧中径 $D=38$，材料直径 $d=6$，节距 $t=11.8$，支承圈数 $n_2=2.5$，有效圈数 $n=7.5$，右旋，则弹簧自由高度为 $H_0=nt+(n_2-0.5)d=7.5\times11.8+(2.5-0.5)=90.5$

二、绘图

参考图 7-50 所示圆柱螺旋压缩弹簧的作图步骤，绘制圆柱螺旋压缩弹簧零件图，如图 7-51 所示。

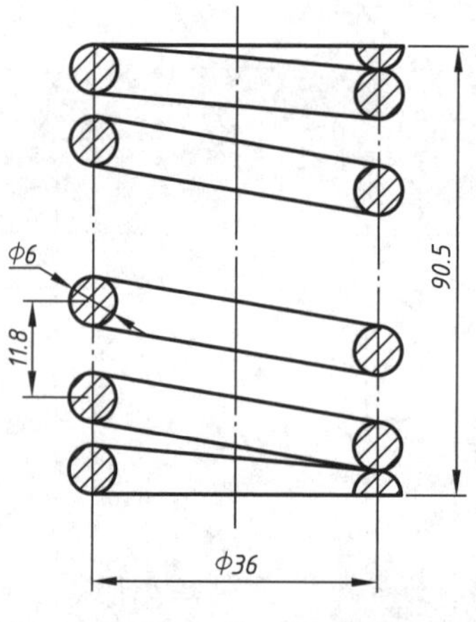

图 7-51　圆柱螺旋压缩弹簧零件图

项目八

标注零件的技术要求

零件图中除了表达零件的结构形状和标注尺寸外，为保证零件的质量，还要在图样上注明零件在制造时应达到的技术要求，如表面粗糙度、尺寸公差、几何公差、材料的热处理等。零件上的技术要求要用国家标准规定的各种符号、代号直接标注在图形上，对于一些无法标注在图形上的内容，可在图纸下部的适当位置用文字进行注写说明。

本项目主要通过三个学习任务，分别介绍表面粗糙度、极限与配合、几何公差等在图样上的标注。

任务一　标注零件的表面粗糙度

知识目标：

掌握表面粗糙度图形符号及其含义。

掌握表面粗糙度在图样上的注写方法。

能力目标：

能够根据实际需要，正确标注零件的表面粗糙度。

能够正确识读零件图上的表面粗糙度。

素质目标：

通过对不同零件表面粗糙度方案的合理选择，训练综合分析、解决问题的能力。

理解并严格遵守相关国家标准规定，强化标准化意识。

任务分析

如图 8-1 小轴的零件图样，要求在图样上标注零件的表面粗糙度，已知 $\phi30$、$\phi26$ 圆柱表面$\sqrt{Ra\ 1.6}$，轴肩左、右两端面$\sqrt{Ra\ 3.2}$，90°孔内锥面$\sqrt{Ra\ 1.6}$，其余为$\sqrt{Ra\ 6.3}$。

完成该任务，需要掌握表面粗糙度的概念、主要参数，以及在图样上的注法。

相关知识

表面结构是表面粗糙度、表面波纹度、表面缺陷、表面纹理和表面几何形状的总称。表面结构的各项要求在图样上的表示法在 GB/T 131—2006 中均有规定。

本任务主要介绍表面粗糙度的表示法。

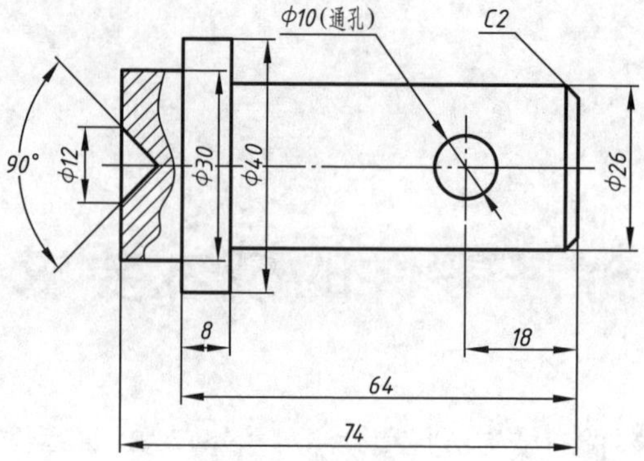

图 8-1　小轴

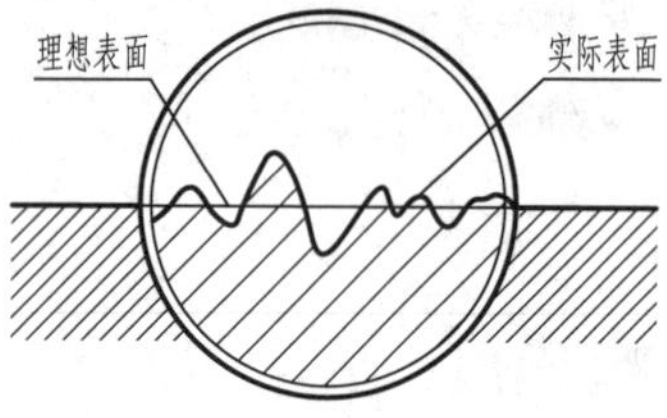

图 8-2　零件表面的微观状态

一、表面粗糙度的概念

零件经过机械加工后的表面会留下许多高低不平的凸锋与凹谷，放在显微镜下观察，都可以看到微观的峰谷不平痕迹，如图 8-2 所示。

零件表面上这种微观不平情况，一般是受刀具与零件间的运动、摩擦，机床的振动及零件的塑性变形等各种因素的影响而形成的。表面上具有的这种较小间距和峰谷所组成的微观几何形状特征，称为表面粗糙度。

表面粗糙度是评定零件表面质量的一项重要技术指标，它对零件的配合性质、耐磨性、抗腐蚀性、接触刚度、抗疲劳强度、密封性和外观等都有影响。因此，零件图上要根据零件的功能要求，对零件的表面粗糙度做出相应的要求。

二、表面粗糙度的主要参数

评定表面粗糙度的主要参数是轮廓参数（由 GB/T 3505—2009 定义）中评定粗糙度轮廓（R 轮廓）的两个高度参数 Ra 与 Rz。

1. 轮廓算术平均偏差 Ra

Ra 是指在一个取样长度 lr 内，被测轮廓线上各点至基准线的距离 z_i（见图 8-3）的算术平均值。

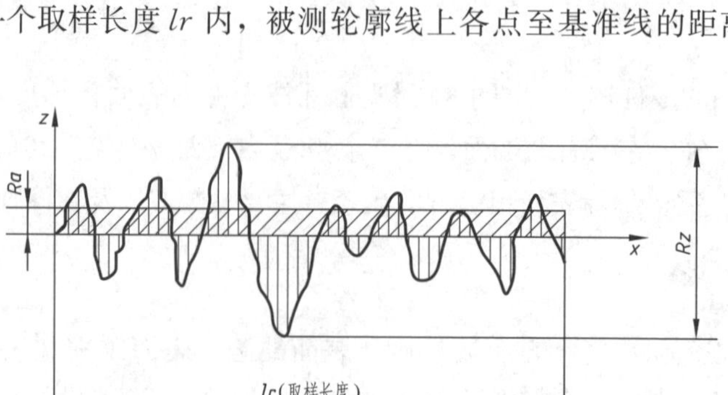

图 8-3　轮廓算术平均偏差 Ra 和轮廓最大高度 Rz

轮廓算术平均偏差可以用电动轮廓仪来测量，运算过程由仪器自动完成。GB/T 1031—2009 规定了轮廓算术平均偏差 *Ra* 的数值，见表 8-1。

Ra 数值越小，零件表面越趋平整光滑；*Ra* 数值越大，零件表面越粗糙。

表 8-1　　轮廓算术平均偏差 *Ra* 的数值　　μm

0.012	0.025	0.05	0.1	0.2	0.4	0.8
1.6	3.2	6.3	12.5	25	50	100

2. 轮廓最大高度 *Rz*

Rz 是指在同一取样长度内，最大轮廓峰高与最大轮廓谷深之和的高度，如图 8-3 所示。

三、表面粗糙度的图形符号

1. 表面粗糙度的图形符号

零件表面粗糙度的符号及画法见表 8-2。

表 8-2　　表面粗糙度的符号及画法

符号	意　义
	基本符号，表示表面可用任何方法获得。当不加注粗糙度参数值或有关说明时，仅适用于简化代号标注
	表示表面是用去除材料的方法获得，如车、铣、钻、磨、剪切、抛光、腐蚀、电火花加工、气割等
	表示表面是用不去除材料的方法获得，如铸、锻冲压、热轧、冷轧、粉末冶金等；或者是保持上道工序的状况或原供应状况
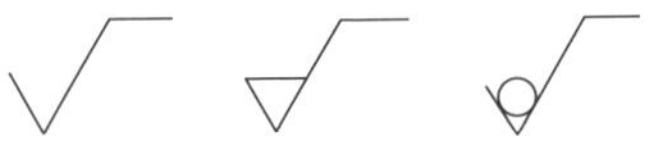	在上述三个符号的长边上均可加一横线，用于标注有关参数和说明
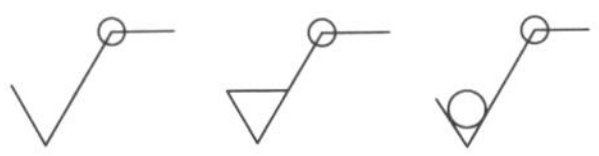	在上述三个符号上均可加一小圆，表示所有表面具有相同的表面粗糙度要求
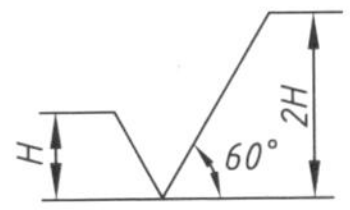	符号画法 $H=1.4h$ 线宽$=0.1h$ $h=$字高

2. 表面结构要求在图形符号中的注写位置

为了明确表面结构要求，除了表面结构参数和数值（如 *Ra* 及其数值）外，必要时就标注补充要求，包括取样长度、加工工艺、表面纹理、加工余量等。注写要求在图形中的位置如图 8-4 所示。

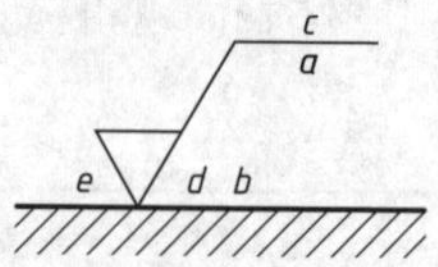

位置a：注写表面结构的单一要求

位置a和b：注写第一表面结构要求
注写第二表面结构要求

位置c：注写加工方法，如“车”“磨”“镀”等

位置d：注写表面纹理和方向，如“=”“×”“M”等

位置e：注写加工余量

图 8-4　补充要求的注写位置

四、表面粗糙度要求在图样中的标注

表面结构符号中注写了具体参数代号及数值等要求后，即称为表面结构代号（包括表面粗糙度代号），在参数代号与数值之间插入空格，以免误解，如“*Ra* 6.3”。

表面粗糙度要求在图样中的具体注法如下：

（1）表面粗糙度要求对每一个表面一般只标注一次，并尽可能注在标注该表面尺寸及其公差的视图上。除非另有说明，所标注的粗糙度要求是对完工零件表面的要求。

（2）表面粗糙度符号的注写和读取方向与尺寸的注写和读取方向一致，如图 8-5 所示。

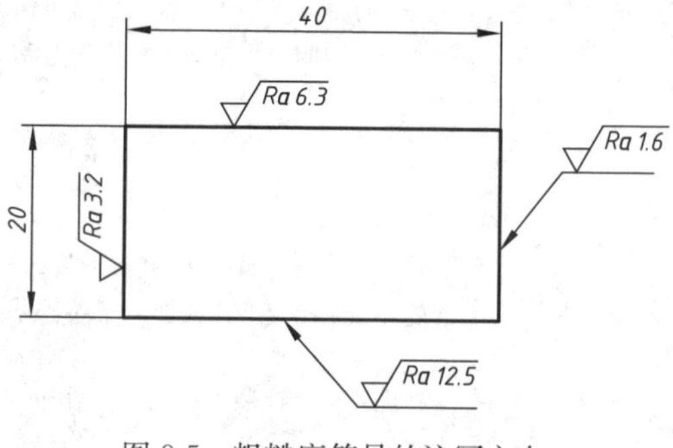

图 8-5　粗糙度符号的注写方向

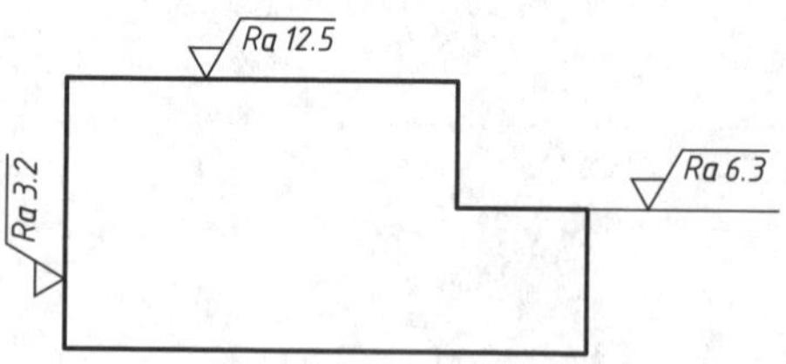

图 8-6　粗糙度符号标注在轮廓线及其延长线上

（3）表面结构要求可标注在轮廓线或轮廓线的延长线上，其符号应从材料外指向并接触所注表面的轮廓线或轮廓线的延长线，如图 8-6 所示。必要时，表面粗糙度符号也可以用带箭头或黑点的指引线引出标注，如图 8-7 所示。

（4）在不致引起误解时，表面粗糙度符号可以标注在尺寸线上，如图 8-8（a）所示；也可以标注在几何公差框格的上方，如图 8-8（b）所示。

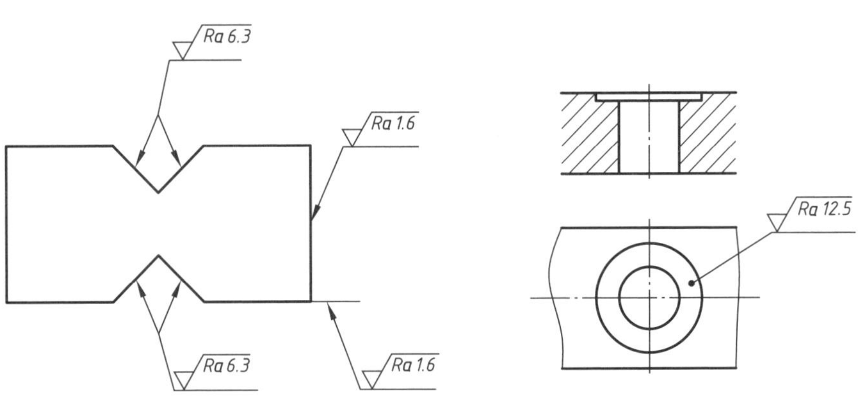

(a) 带箭头指引线　　(b) 带圆点指引线

图 8-7　粗糙度符号的指引线引出标注

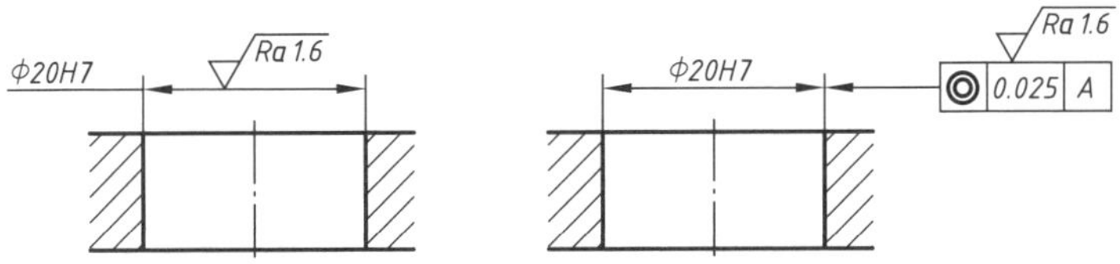

(a) 标注在尺寸线上　　(b) 标注在几何公差框格符号上

图 8-8　粗糙度要求注写在尺寸线、几何公差框格上

五、表面粗糙度要求的简化注法

(1) 如果在零件的多数（或全部）表面有相同的粗糙度要求，则它们的粗糙度符号可统一标注在标题栏附近，此时，符号后面加一圆括号，圆括号内画出无任何其他标注的基本符号或不同的表面粗糙度符号，如图 8-9 所示。

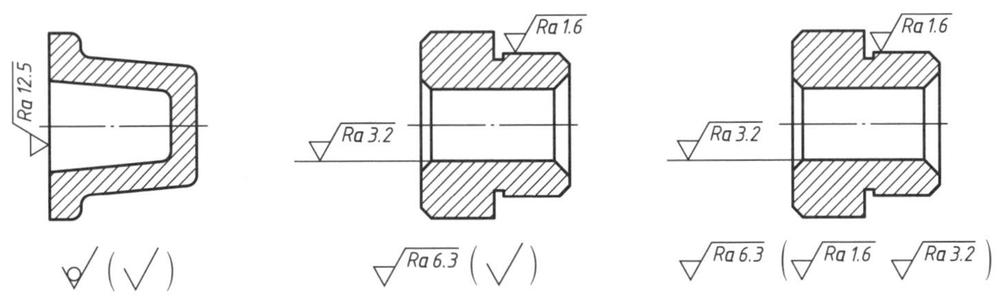

(a)　　(b)　　(c)

图 8-9　有相同粗糙度要求的简化注法

(2) 多个表面有共同的粗糙度要求时，可用带字母的完整符号以等式的形式在图形附近进行简化标注，如图 8-10 所示。

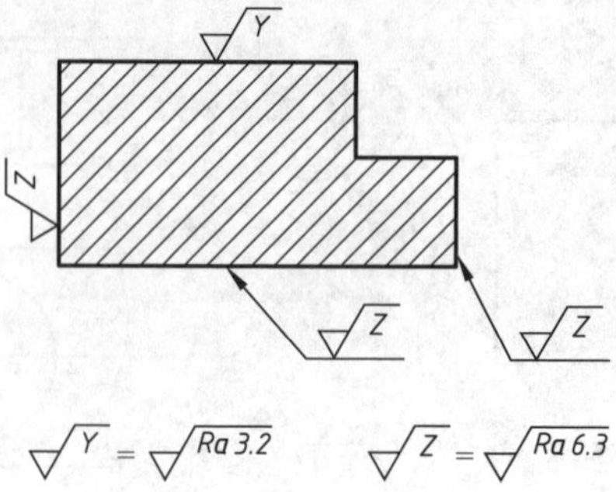

图 8-10　多个表面有相同粗糙度要求时，用代号以等式形式的简化标注

六、表面粗糙度的选用

表面粗糙度参数值的选用，应该既要满足零件表面的功能要求，又要考虑经济合理性。具体选用时可参照已有的类似零件图，用类比法确定。

在满足零件功能要求前提下，应尽量选用较大的表面粗糙度参数值，以降低加工成本。一般，零件的工作表面、配合表面、密封表面、运动速度高和单位压力大的摩擦表面、承受交变载荷的表面、尺寸与表面形状精度要求高的表面、耐腐蚀表面及装饰表面等，对表面平整光滑程度要求高，参数值应取小些。非工作表面、非配合表面、尺寸精度低的表面，参数值应取大些。同一公差等级，小尺寸比大尺寸、轴比孔的参数值要小。表 8-3 列举了表面粗糙度标注示例，可供选用时参考。

表 8-3　　**表面粗糙度标注示例**

Ra(μm)	表面特征	表面形状	获得表面粗糙度的方法举例	应用举例
100	粗糙	明显可见的刀痕	锯断、粗车、粗铣、粗刨、钻孔及用粗纹锉刀、粗砂轮等加工	管的端部断面和其他半成品的表面、带轮法兰盘的结合面、轴的非接触端面，倒角，铆钉孔等
50		可见的刀痕		
25		微见的刀痕		
12.5	半光	可见加工痕迹	拉刨（钢丝）、精车、精铣、粗铰、粗铰埋头孔、粗剥刀加工、刮研	支架、箱体、离合器、带轮螺钉孔、轴或孔的退刀槽、量板、套筒等非配合面、齿轮非工作面、主轴的非接触外表面，IT8～IT11 级公差的结合面
6.3		微见加工痕迹		
3.2		看不见加工痕迹		
1.6	光	可辨加工痕迹的方向	精磨、金刚石车刀的精车、精铰、拉制、剥刀加工	轴承的重要表面、齿轮轮齿的表面、普通车床导轨面、滚动轴承相配合的表面、机床导轨面、发动机曲轴、凸轮轴的工作面、活塞外表面等 IT6～IT8 级公差的结合面
0.8		微辨加工痕迹的方向		
0.4		不可辨加工痕迹的方向		

续表

Ra(μm)	表面特征	表面形状	获得表面粗糙度的方法举例	应用举例
0.2	最光	暗光泽面	研磨加工	活塞销和涨圈的表面、分气凸轮、曲柄轴的轴颈、气门及气门座的支持表面、发动机气缸内表面、仪器导轨表面、液压传动件工作面、滚动轴承的滚道、滚动体表面、仪器的测量表面、量块的测量面等
0.1		亮光泽面		
0.05		镜状光泽面		
0.025		雾状镜面		
0.012		镜面		

任务实施

在图 8-11 所示小轴零件图样的基础上，按要求标注出表面粗糙度，如图 8-11 所示。

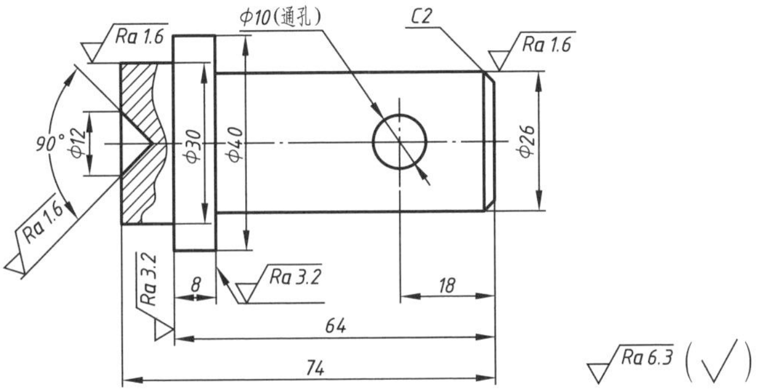

图 8-11 小轴零件的粗糙度标注

任务二 标注零件的尺寸公差

知识目标：

掌握极限与配合的概念及基本术语。

掌握极限与配合在图样中的标注方法。

能力目标：

能够正确标注尺寸公差。

能够正确识读配合代号。

素质目标：

正确理解互换性的意义，强化质量意识。

正确查阅相关国家标准，强化标准化意识。

任务分析

如图 8-12 所示的孔轴配合实例，已知轴、孔的公称尺寸（直径）为 20mm，采用基轴制配合，轴的公差等级为 IT7，孔的基本偏差代号为 F，公差等级为 IT8。要求在相应的零件图上注出公称尺寸、公差带代号和偏差数值；在装配图中注出公称尺寸与配合代号。

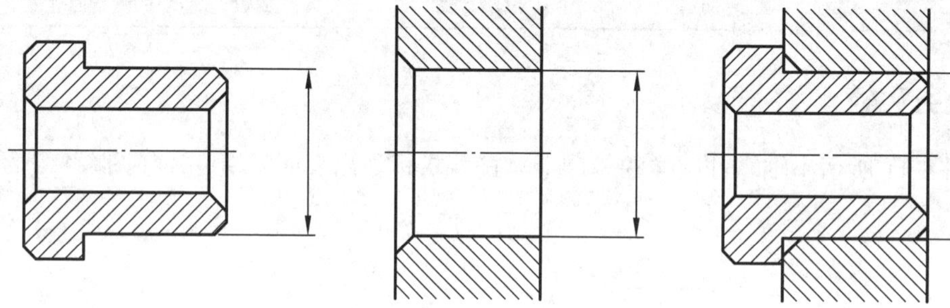

图 8-12　孔、轴配合

相关知识

一、极限与配合的基本概念（GB/T 1800.1—2020）

1. 互换性

在成批或大量生产中，统一规格的一批零件（或部件）中，不经选择、修配或调整，任取其一，都能达到规定的功能要求，零件的这种在尺寸与功能上可以互相替代的性质称为互换性。极限与配合是保证零件互换性的重要指标，零件的互换性是机械产品设计制造的重要原则。

零件在加工过程中，由于机床精度、刀具磨损、测量误差等多种因素的影响，不可能把零件的尺寸加工得绝对准确。为了保证互换性，必须将零件尺寸的加工误差限制在一定的范围内，规定出尺寸的允许变动量（公差），从而形成了公差与配合的一系列概念。

2. 基本术语

如图 8-13 所示，加工 $\phi50$ 孔时，允许尺寸的最小值为 $\phi49.982$，最大值为 $\phi50.007$，该尺寸加工时允许的尺寸变动量为 0.025，制成后的实际尺寸只要在范围之内就算合格。下面以这个尺寸为例，说明尺寸公差的相关术语及概念。

（1）公称尺寸。公称尺寸是由图样规范定义的理想形状要素的尺寸，如图 8-13（b）中的 $\phi50$。

（2）极限尺寸。极限尺寸是尺寸要素允许尺寸变化的两个极限值。尺寸要素允许的最大尺寸称为上极限尺寸，如图 8-13（b）中的 $\phi50.007$；尺寸要素允许的最小尺寸称为下极限尺寸，如图 8-13（b）中的 ϕ49.982。

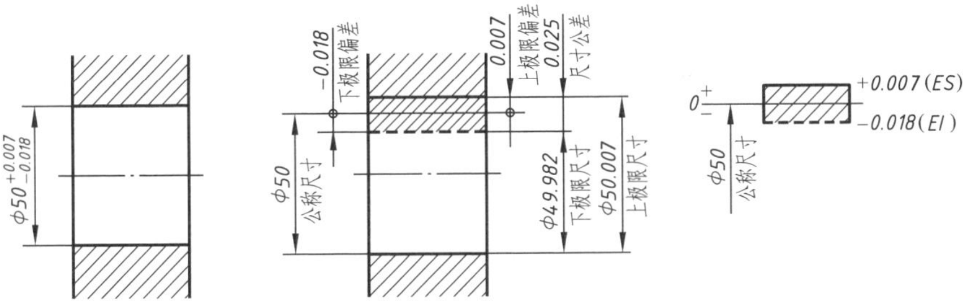

(a) 孔的尺寸　(b) 基本术语示意图　(c) 公差带图

图 8-13　极限与配合的基本术语

（3）极限偏差。极限尺寸减其公称尺寸所得的代数差，分别称为上极限偏差和下极限偏差。极限偏差可以为正值、负值或零。

内尺寸要素（孔）的上极限偏差用 ES、下极限偏差用 EI 表示；外尺寸要素（轴）的上极限偏差用 es、下极限偏差用 ei 表示。本例中：

$$ES = 50.007 - 50 = +0.007$$

$$EI = 49.982 - 50 = -0.018$$

（4）公差。公差上极限尺寸与下极限尺寸之差，也可以是上极限偏差与下极限偏差之差。即

公差＝上极限尺寸－下极限尺寸＝50.007－49.982＝0.025

或　　公差＝上极限偏差－下极限偏差＝0.007－（－0.018）＝0.025

公差恒为正值。

（5）公差带。公差带是公差极限之间（包括公差极限）的尺寸变动值。在公差分析中，常把反应公称尺寸、极限偏差、尺寸公差之间的关系画成简图，称为公差带图，如图 8-13（c）所示。

（6）标准公差与标准公差等级。标准公差是线性尺寸公差 ISO 代号体系中的任一公差。“IT”代表“国际公差”，标准公差等级用字符 IT 与等级数字表示，如 IT7。标准公差分 20 个等级，即 IT01、IT0、IT1 ～ IT18。其中，IT01 公差值最小，精度最高；IT18 公差值最大，精度最低。标准公差数值见附表 12。公差带的大小由标准公差来确定。

（7）基本偏差。基本偏差是确定公差带相对于公称尺寸位置的那个极限偏差。一般是指靠近公称尺寸的那个极限偏差，它可以是上极限偏差或下极限偏差，如图 8-14 所示。当公差带位于零线上方时，其基本偏差为下极限偏差（EI、ei）；当公差带位于零线下方时，其基本偏差为上极限偏差（ES、es）。公差带相对于零线的位置由基本偏差来确定。

GB/T 1800.1—2020《产品几何技术规范（GPS）线性尺寸公差 ISO 代号体系 第 1 部分：公差、偏差和配合基础》对孔和轴规定了 28 个不同的基本偏差，如图 8-15 所

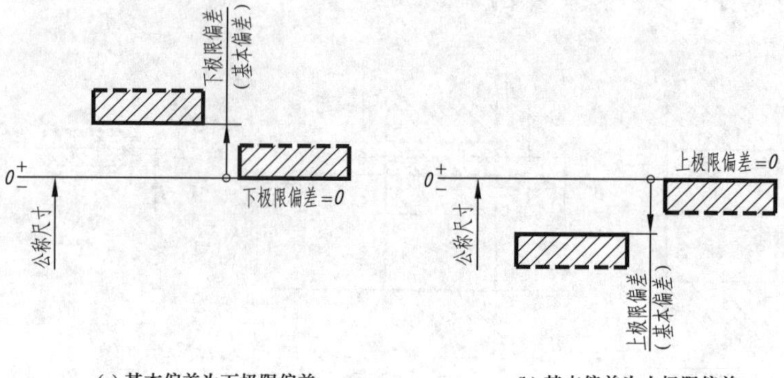

(a) 基本偏差为下极限偏差　　(b) 基本偏差为上极限偏差

图 8-14　基本偏差示意图

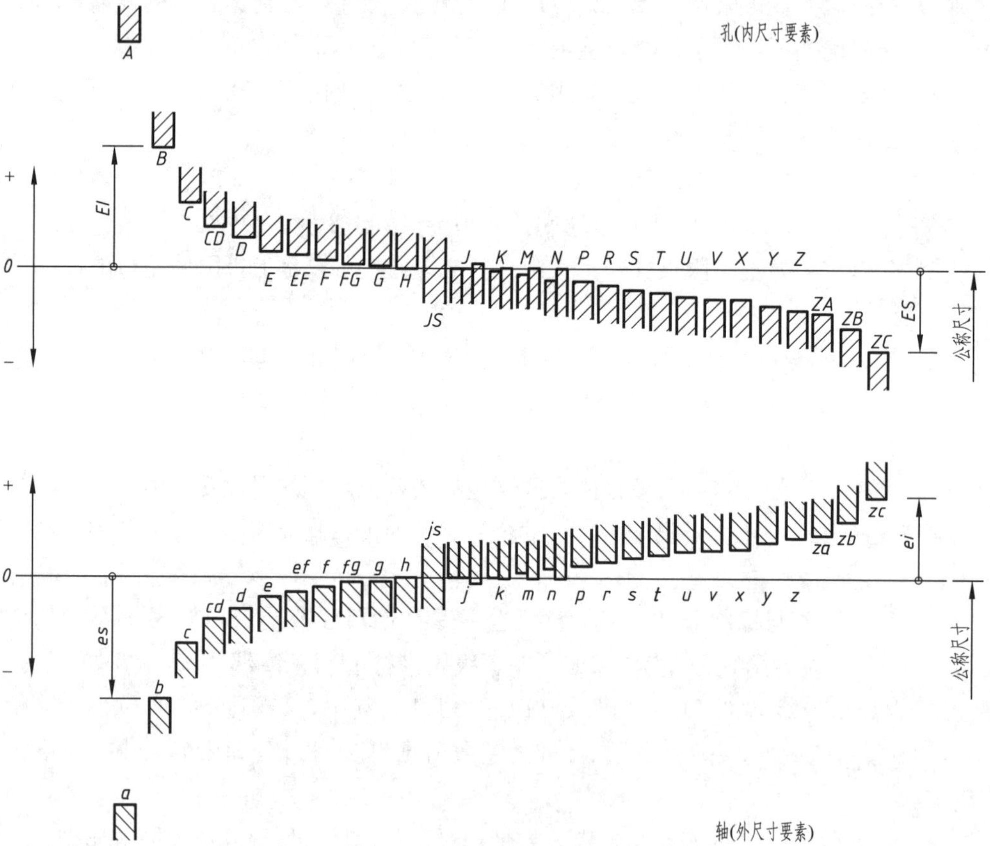

图 8-15　孔和轴的基本偏差系列

示。基本偏差代号用拉丁字母表示，大写为孔、小写为轴。其中用一个字母表示的有 21 个，用两个字母表示的有 7 个。从 26 个拉丁字母中去掉了易于其他含义相混淆的 I、L、O、Q、W（i、l、o、q、w）5 个字母。由于图中用基本偏差只表示公差带的位置而不表示公差带的大小，故公差带的一端画成开口。

在基本偏差系列中，A～H(a～h) 的基本偏差用于间隙配合；JS～N(js～n) 用于过渡配合；P～ZC(p～zc) 用于过盈配合。基本偏差数值可从国家标准和有关手册中查得。

3. 配合

类型相同且待装配的外尺寸要素（轴）和内尺寸要素（孔）之间的关系，称为配合。

配合分为间隙配合、过盈配合和过渡配合。

（1）间隙配合：孔和轴装配时总是存在间隙的配合。此时，孔的下极限尺寸大于或在极端情况下等于轴的上极限尺寸，如图 8-16（a）所示。

（2）过盈配合：孔和轴装配时总是存在过盈的配合。此时，孔的上极限尺寸小于或在极端情况下等于轴的下极限尺寸，如图 8-16（b）所示。

（3）过渡配合：孔和轴装配时可能具有间隙或过盈的配合，如图 8-16（c）所示。

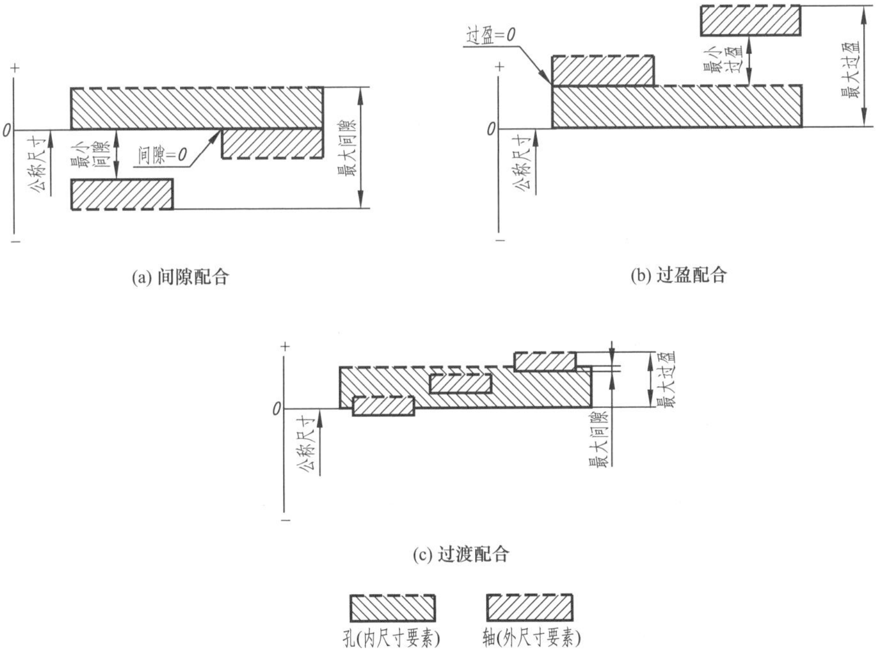

图 8-16　三种配合关系

4. 配合制

在制造相互配合的零件时，取其一个零件作为基准件，其基本偏差不变，通过改变另一个零件的基本偏差，从而达到不同配合的要求。国家标准规定了两种配合制。

（1）基孔制配合：孔的基本偏差为零的配合，即其下极限偏差等于零，如图 8-17（a）所示。基孔制的孔称为基准孔，用代号 H 表示。

（2）基轴制配合：轴的基本偏差为零的配合，即其上极限偏差等于零，如图 8-17（b）所示。基轴制的轴称为基准轴，用代号 h 表示。

通常情况下，应优先采用基孔制。

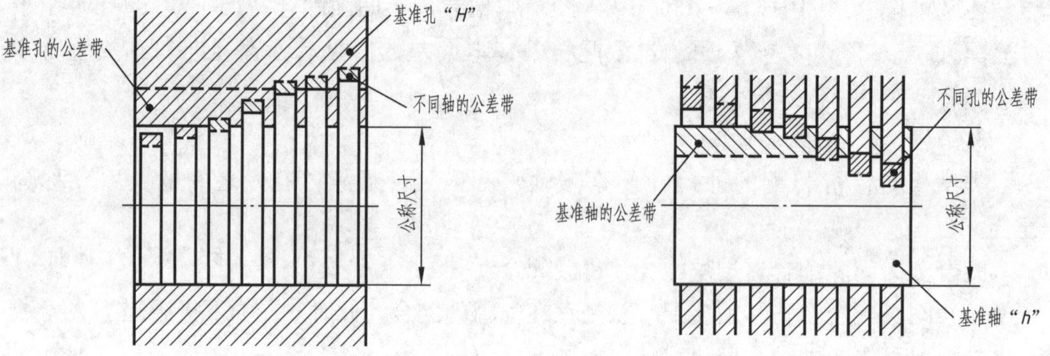

(a) 基孔制配合　　(b) 基轴制配合

图 8-17　基孔制配合和基轴制配合

二、极限与配合的标注

1. 公差在零件图中的注法

公差在零件图中的注法，有以下三种形式：

（1）标注公差带代号。如图 8-18（a）所示，这种注法常用于大批量生产中。由于与采用专用量具检验零件统一起来，因此不需要注出偏差值。

（2）标注极限偏差。如图 8-18（b）所示，这种注法常用于小批量或单件生产中，以便加工检验时对照。标注极限偏差时应注意：

1）上、下极限偏差数值不相同时，上极限偏差注在公称尺寸的右上方，下极限偏差注在右下方并与公称尺寸注在同一底线上。极限偏差数字应比公称尺寸数字小一号，小数点前的整数位对齐，后边的小数位数应相同，如图中 $\phi30^{-0.020}_{-0.041}$。

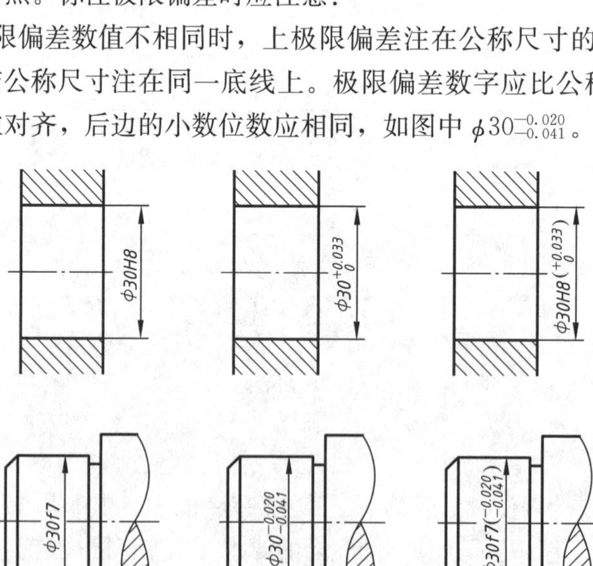

(a)　　(b)　　(c)

图 8-18　零件图中公差的标注

2）如果上极限偏差或下极限偏差为零时，应简写为“0”，前面不注“+”“-”号，后边不注小数点；另一极限偏差按原来的位置注写，其个位“0”对齐，如图中 $\phi30^{+0.033}_{0}$。

3）如果上、下极限偏差数值绝对值相同，则在公称尺寸后加注“±”号，只填写一个极限偏差数值，其数字大小与公称尺寸数字大小相同，如 $\phi80\pm0.017$。

（3）同时标注公差带代号和极限偏差数值。如图 8-18（c）所示，极限偏差数值应该用圆括号括起来。这种标注形式集中了前两种标注形式的优点，常用于产品转产较频繁的生产中。

2. 配合在装配图中的注法

配合代号由相配的孔和轴的公差带代号组成，用分数形式表示，分子为孔的公差带代号；分母为轴的公差带代号（用斜分数线时，其斜分数线应与分子、分母中的代号高度平齐）。

例如，H8/r7 或 $\frac{H8}{r7}$，F7/h6 或 $\frac{F7}{h6}$，代号左边加公称尺寸后，其含义解释如下：

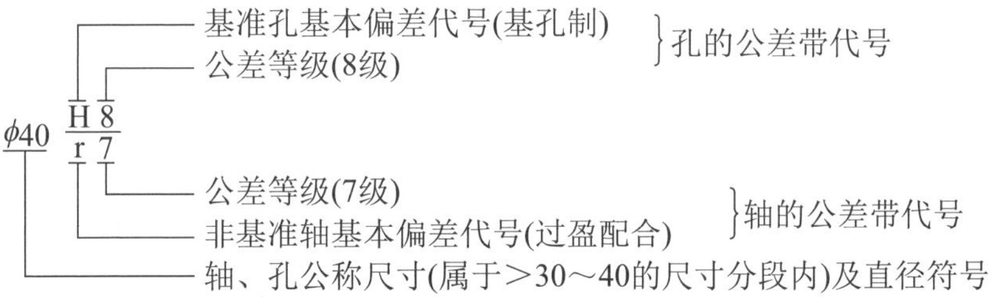

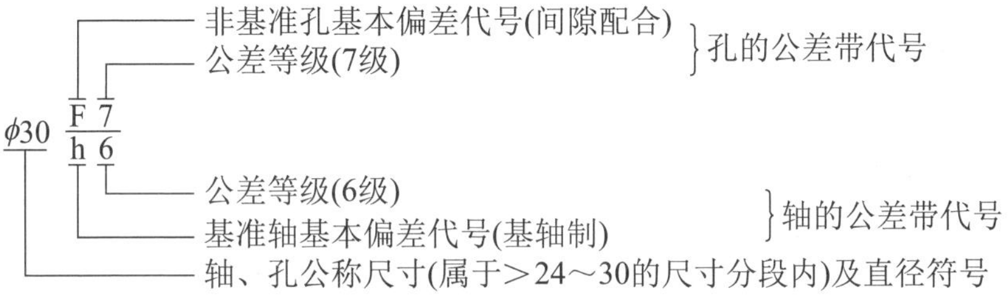

由上述分析可知，在配合代号中，如果分子含有 H，则为基孔制配合；如果分母含有 h，则为基轴制配合；如果分子含有 H，同时分母又含有 h 时，则是基准孔与基准轴相配合，即最小间隙为零的间隙配合，一般可视为基准件配合。

配合在装配图中的注法，主要有以下两种形式：

（1）标注孔、轴的配合代号，如图 8-19（a）所示。这种注法应用最多。

（2）零件与标准件或外购件配合时，装配图中可仅标注该零件的公差带代号。如图 8-19（c）中轴颈与滚动轴承轴圈的配合，只注出轴颈 $\phi30k6$；机座孔与滚动轴承座圈的配合，只注出机座孔 $\phi62J7$。

3. 极限偏差数值的查表

当孔或轴的公称尺寸、基本偏差代号和标准公差等级确定后，可由极限偏差表中直

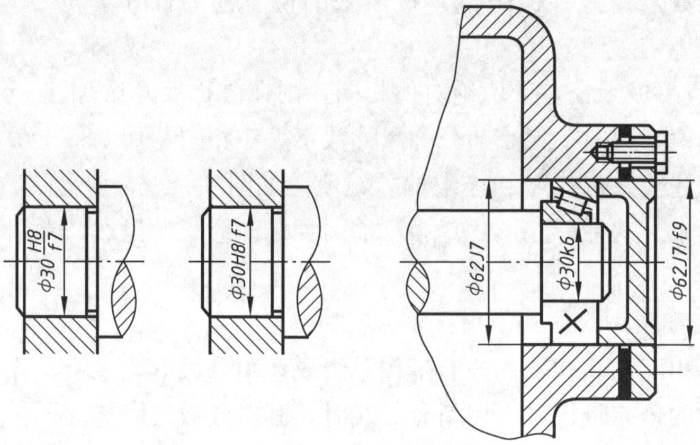

(a) (b)

图 8-19 装配图中配合的注法

接查得轴或孔的上、下极限偏差。对于基准件，即基准孔和基准轴，也可直接从标准公差表中查得。

三、公差与配合的选用

公差配合的选用包括基准制、配合类别和公差等级三项内容。

1. 基准制的选择

国家标准中规定优先选用基孔制，因为一般地说加工孔比加工轴难，采用基孔制可以限制和减少加工孔所需用的定值刀具、量具的规格数量，从而获得较好的经济效益。

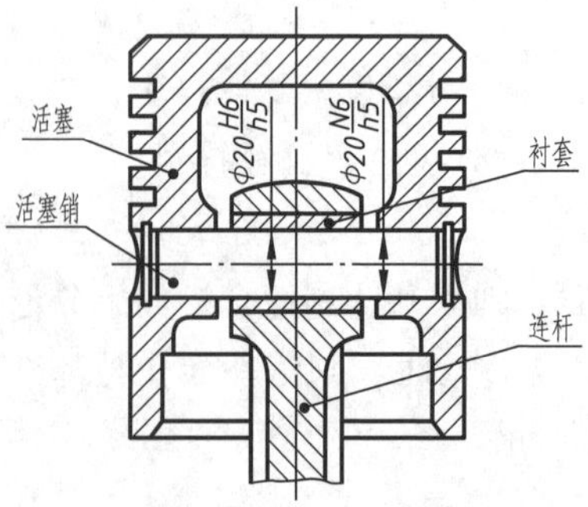

图 8-20 基轴制应用示例

基轴制通常仅用于结构设计要求不适宜采用基孔制，或者采用基轴制具有明显经济效果的场合。例如，同一轴与几个具有不同公差带的孔配合（见图 8-20），或冷拔制成不再进行切削加工的轴在与孔配合时，采用基轴制。

在零件与标准件配合时，应按标准件所用的基准制来确定。例如，滚动轴承的轴圈与轴的配合为基孔制，座圈与机体孔的配合则为基轴制。

2. 配合的选择

国家标准规定了优先选用、常用和一般用途的孔、轴公差带。应根据配合特性和使用功能，尽量选用优先和常用配合。当零件之间具有相对转动或移动时，必须选择间隙配合；当零件之间无键、销等紧固件，只依靠结合面之间的过盈来实现传动时，必须选择过盈配合；当零件之间不要求有相对运动，同轴度要求较高，而不是依靠该配合传递动力时，通常选择过渡配合。

GB/T 1800.1—2020 规定了基孔制与基轴制的优先与常用配合，分别见表 8-4 和表 8-5。

表 8-4　　　　基孔制优先、常用配合

基准孔	轴公差带化号																	
	间隙配合							过渡配合				过盈配合						
H6						g5	h5	js5	k5	m5		n5	p5					
H7					f6	g6	h6	js6	k6	m6	n6		p6	r6	s6	t6	u6	x6
H8				e7	f7		h7	js7	k7	m7					s7		u7	
			d8	e8	f8		h8											
H9			d8	e8	f8		h8											
H10	b9	c9	d9	e9			h9											
H11	b11	c11	d11				h10											

表 8-5　　　　基轴制优先、常用配合

基准轴	孔公差带化号																	
	间隙配合							过渡配合				过盈配合						
h5						G5	H6	JS6	K5	M6		N6	P6					
h6					F7	G7	H7	JS7	K7	M7	N7		P7	R7	S7	T7	U7	X7
h7				E8	F8		H8											
h8			D8	E9	F9		H9											
h9				E8	F8		H8											
			D9	E9	F9		H9											
	B11	C10	D10				H10											

3. 标准公差等级的选择

在保证零件使用要求的条件下，应尽量选择比较低的标准公差等级，以减少零件的制造成本。由于加工孔比较难，故当标准公差等级高于 IT8 时，在公称尺寸至 500mm 的配合中，应选择孔的标准公差等级比轴低一级（如孔为 8 级，轴为 7 级）来加工孔。因为公差等级越高，公差数值越小，加工越困难。标准公差等级低时，轴、孔的配合可选相同的标准公差等级。

通常 IT01～IT4 用于块规和量规，IT5～IT12 用于配合尺寸，IT12～IT18 用于非配合尺寸。表 8-6 列举了 IT5～IT12 公差等级的应用举例，可供选择时参考。

表 8-6　　　　公差等级的应用举例

公差等级	应　用　举　例
IT5	用于发动机、仪器仪表、机床中特别重要的配合，如发动机中活塞与活塞销外径的配合，精密仪器中轴和轴承的配合，精密高速机械的轴颈和机床主轴与高精度滚动轴承的配合

续表

公差等级	应 用 举 例
IT6、IT7	广泛用于机械制造中的重要配合，如机床和减速器中齿轮和轴，皮带轮、凸轮和轴，与滚动轴承相配合的轴及座孔，通常轴颈选用 IT6，与之相配的孔选用 IT7
IT8、IT9	用于农业机械、矿山、冶金机械、运输机械的重要配合，精密机械中的次要配合。如机床中的操纵件和轴，轴套外径与孔，拖拉机中齿轮和轴
IT10	重型机械、农业机械的次要配合，如轴承端盖和座孔的配合
IT11	用于要求粗糙间隙较大的配合，如农业机械，机车车厢部件及冲压加工的配合零件
IT12	用于要求很粗糙，间隙很大，基本上无配合要求的部位，如机床制造中扳手孔与扳手座的连接

任务实施

根据任务要求，查附表 10 和附表 11 得，ϕ20 轴的上极限偏差为 0，下极限偏差为－0.021，公差带代号为 h7。

ϕ20 孔的上极限偏差为＋0.053，下极限偏差为＋0.020，公差带代号为 F8。

在图 8-12 所示孔、轴配合图样的基础上，按要求在孔、轴零件图上标注出孔、轴的公称尺寸、公差带代号及极限偏差数值；在装配图上标注出公称尺寸及配合代号，如图 8-21 所示。

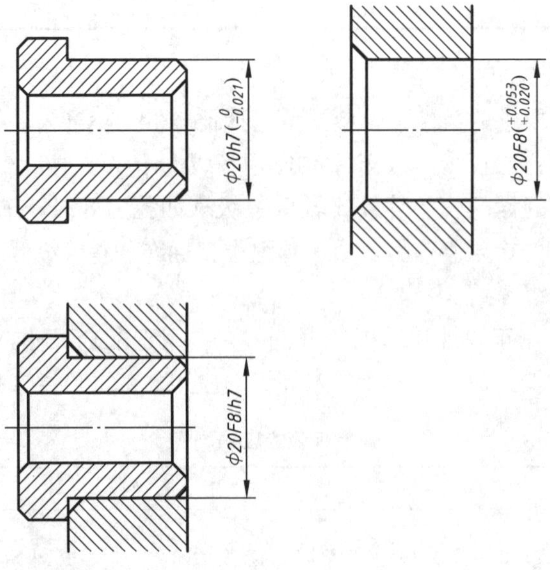

图 8-21　孔、轴及其配合的标注

任务二 标注零件的几何公差

知识目标：

掌握几何公差的概念、术语与代号。

掌握几何公差在图样中的注写方法。

能力目标：

能够正确识读零件的几何公差标注。

能够正确标注零件的几何公差。

素质目标：

通过几何公差的标注与识读，强化工程素养与质量意识。

任务分析

如图 8-22 所示的底座零件，已知：①孔 $\phi 40$ 轴线的直线度公差值为 $\phi 0.012$mm；②孔 $\phi 40$ 的圆柱度公差值为 0.05mm；③底面的平面度公差值为 0.01mm；④孔 $\phi 40$ 轴线对底面的平行度公差值为 0.03mm。要求将以上几何公差要求标注在零件图上。

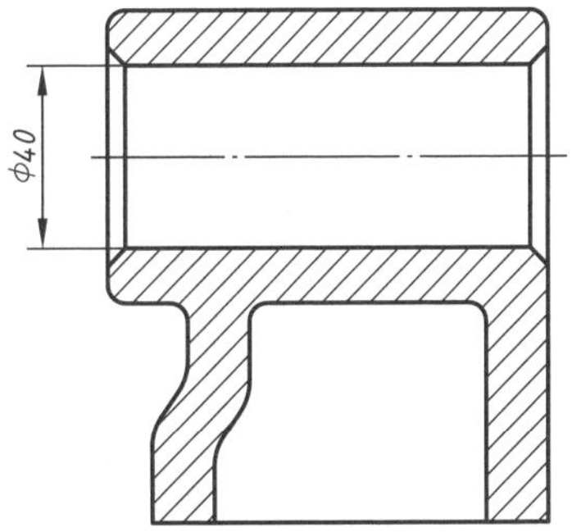

图 8-22 底座

相关知识

一、几何公差的概念

几何公差包括形状、方向、位置和跳动公差。零件加工过程中，不仅会产生尺寸误差和表面粗糙度，而且会产生几何误差。几何误差的允许变动量称为几何公差。GB/T 1182—2018 对几何公差做了相应的规定，本书只进行简要介绍。

(1) 形状误差：零件上的实际几何要素的形状与理想几何要素的形状之间的误差。

(2) 位置误差：零件上各个几何要素之间实际相对位置与理想相对位置之间的误差。

(3) 方向误差：零件上各几何要素之间实际方向与理想方向之间的误差。

(4) 跳动误差：零件上各几何要素相对基准的跳动量。

如图 8-23 (a) 所示的圆柱销，除了标注出直径的尺寸公差外，还标注出圆柱轴线的形状公差代号，表示圆柱实际轴线的直线度误差，必须控制在直径为 0.006mm 的圆柱面内。如图 8-23 (b) 所示箱体上两个安装锥齿轮的孔，如果两孔轴线歪斜太大，势必影响齿轮的啮合传动，应该使两孔轴线保持一定的垂直关系，所以要标注位置公差——垂直度。图中的代号说明一个孔的轴线，必须位于距离为 0.05mm 且垂直于另一个孔的轴线的两平行面之间。

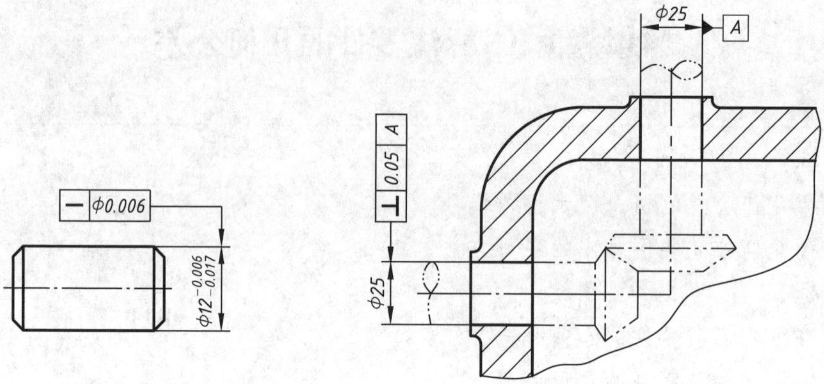

(a) (b)

图 8-23 几何公差示例

二、几何公差的标注

1. 几何公差的几何特征及符号

GB/T 1182—2018 对几何公差的特征项目、名词、术语、符号、数值、标注方法等做了规定。几何公差的几何特征符号见表 8-7。

表 8-7 **几何公差的几何特征符号**

类型	几何特征	符号	有无基准	类型	几何特征	符号	有无基准
形状公差	直线度	⏤	无	位置公差	位置度	⌖	有或无
	平面度	⏥	无		同心度（用于中心点）	◎	有
	圆度	○	无				
	圆柱度	⌭	无		同轴度（用于轴线）	◎	有
	线轮廓度	⌒	无				
	面轮廓度	⌓	无		对称度	⌯	有
方向公差	平行度	∥	有		线轮廓度	⌒	有
	垂直度	⊥	有		面轮廓度	⌓	有
	倾斜度	∠	有	跳动公差	圆跳动	↗	有
	线轮廓度	⌒	有		全跳动	⌰	有
	面轮廓度	⌓	有				

2. 几何公差框格

几何公差框格由两格或多格组成，框格中内容按几何特征符号、公差数值、基准字母的次序填写，其标注的基本形式及其指引线、框格、几何特征符号、数字和字母的规格、基准符号的画法等，如图 8-24 所示。

3. 几何公差在图样上的标注

（1）被测要素的标注。被测要素是指零件上给出几何公差的点、线、面。几何公差框格通过指引线与被测要素连接，指引线终端带箭头。当公差涉及轮廓线或轮廓面时，

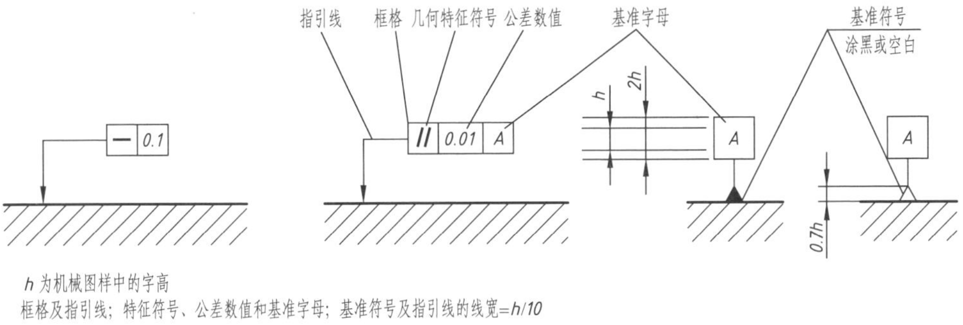

图 8-24 几何公差框格与基准代号

箭头指向被测要素的轮廓线或其延长线，并明显与尺寸线错开，如图 8-25（a）、（b）所示。箭头也可以指向轮廓面引出线的水平线，如图 8-25（c）所示。

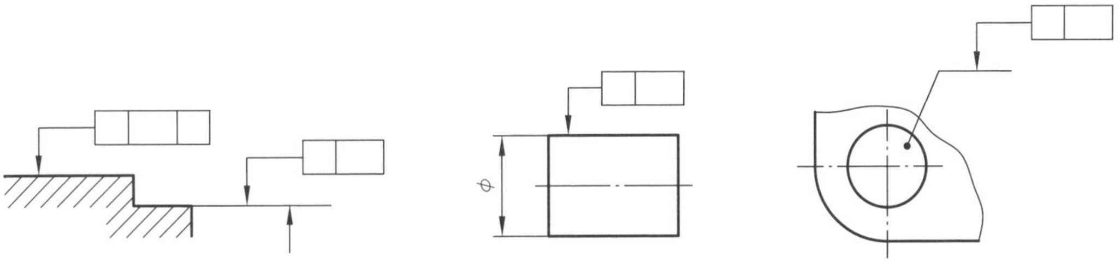

(a) (b) (c)

图 8-25 被测要素标注示例（一）

当公差涉及的要素是导出要素（中心线、中心面或中心点）时，箭头应位于相应尺寸线的延长线上，如图 8-26 所示。

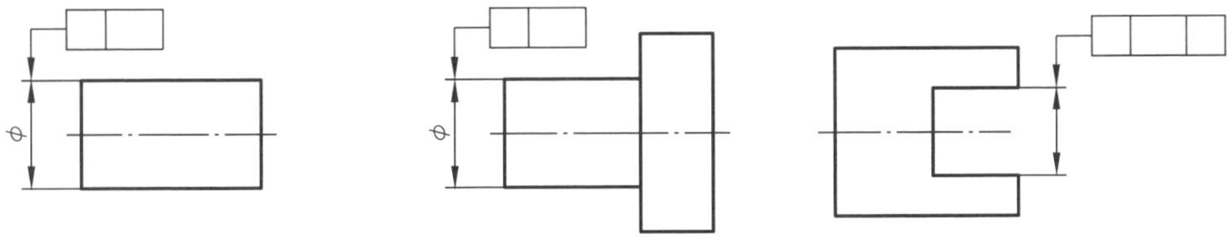

(a) (b) (c)

图 8-26 被测要素标注示例（二）

（2）基准要素的标注。基准要素是指零件上用来确定被测要素的方向或位置的点、线、面。基准用一个大写字母表示，字母写在框格内，且水平书写，与涂黑或空白的三角形相连，如图 8-24 所示。

基准要素是轮廓线或轮廓面时，基准的三角形放置在要素的轮廓线或其延长线上，并与尺寸线明显错开，如图 8-27（a）所示；也可以放置在该轮廓面引出线的水平线上，如图 8-27（b）所示。

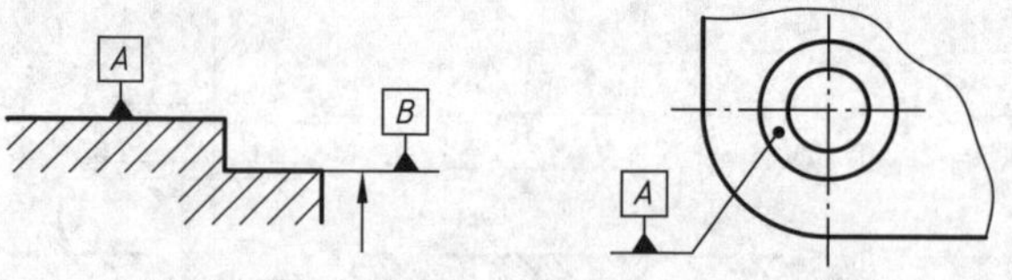

图 8-27　基准要素标注示例（一）

当基准要素为导出要素（中心线、中心面或中心点）时，基准的三角形应放置在该基准要素尺寸线的延长线上，与基准要素的尺寸线对齐，如图 8-28（a）、（b）所示。如果没有足够的位置标注基准要素尺寸的两端箭头，则其中一端箭头可用基准三角形代替，如图 8-28（c）所示。

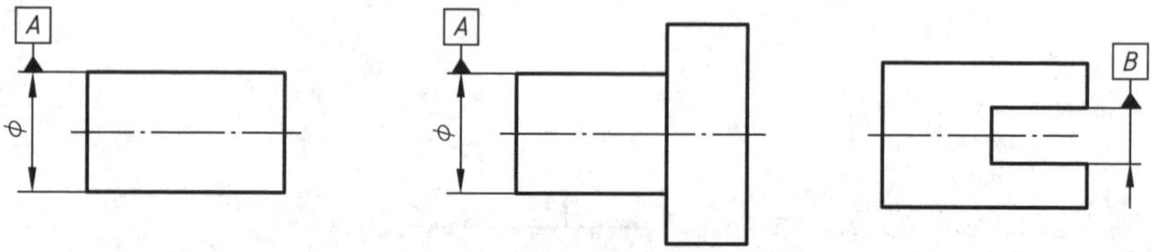

图 8-28　基准要素标注示例（二）

三、几何公差标注示例

图 8-29 所示为一轴套类零件图中所标注的几何公差，图中各处几何公差的含义如下：

⊥ 0.03 A：表示 ϕ36 圆柱右端面对 ϕ20f7 圆柱轴线的垂直度公差为 0.03mm。

⌭ 0.005：表示 ϕ20f7 圆柱的圆柱度公差为 0.005mm。

◎ ϕ0.1 A：表示 M12×1 螺纹孔轴线对 ϕ20f7 圆柱轴线的同轴度公差为 ϕ0.1mm。

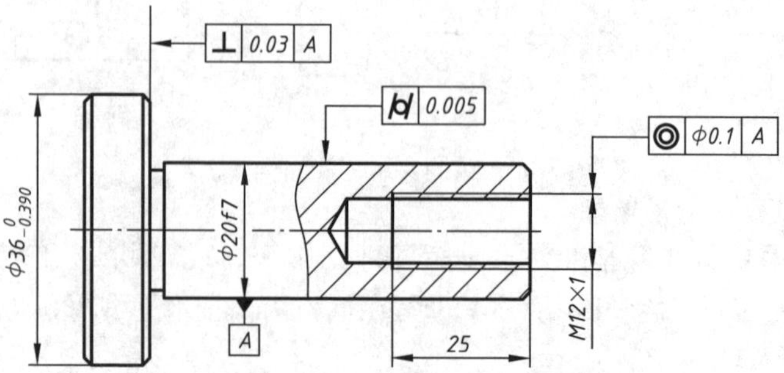

图 8-29　几何公差标注示例

任务实施

根据任务要求，参照国家标准的相关规定，将底座零件的几何公差标注在底座零件图中，如图 8-30 所示。

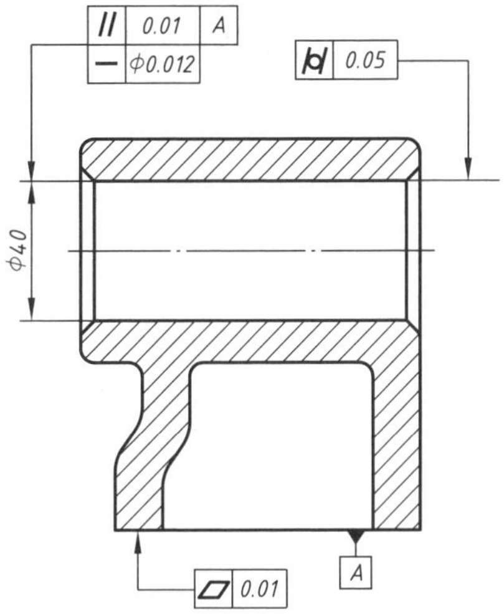

图 8-30　底座的几何公差

绘制零件图

机器或部件都是由若干零件按一定关系装配而成的，表示零件结构形状、大小及技术要求的图样称为零件图。零件图是制造与检验零件的主要依据。

图 9-1 所示为齿轮泵分解图，可以看出，齿轮泵是由一些标准件（如螺栓、螺母）和专用件（如泵体、泵盖，是专用于某种机器设备的零件）装配而成，制造机器或部件时，必须先依照零件图制造出零件。标准件一般由专门的厂家生产，需要时按标准选用，一般不必画出零件图。

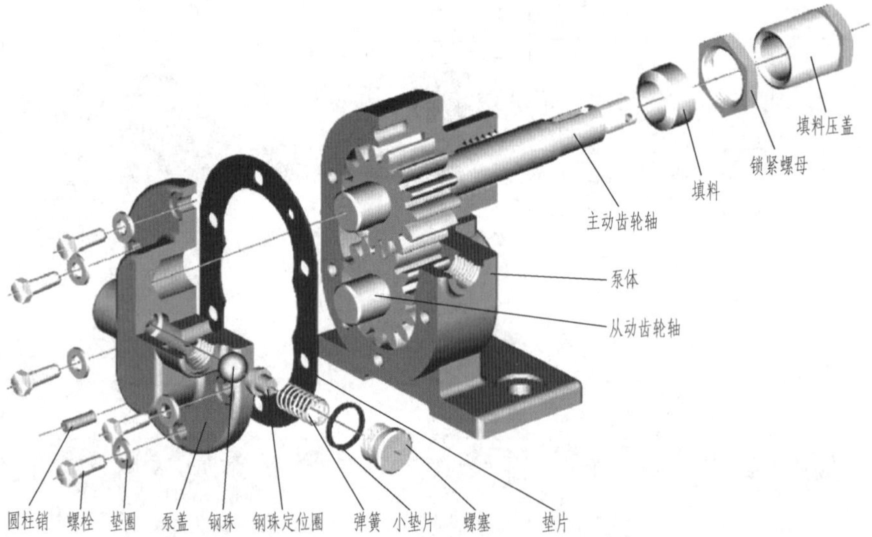

图 9-1　齿轮泵分解图

图 9-2 所示为泵盖的零件图，可以看出，一张零件图应包括以下几个方面的内容：

（1）一组视图。用一组视图完整、清晰地表达零件的结构及形状。如图 9-2 所示的泵盖，采用了 4 个基本视图，以及 *C*、*D* 两个局部视图，主、俯视图采用了全剖视图的表达方式。

（2）完整尺寸。正确、完整、清晰、合理地表达零件各部分的大小及相对位置，即制造和检验零件所需的全部尺寸。

（3）技术要求。用国家标准规定的代号、字母、数字和文字等，简明地表示出零件在制造和检验时应达到的各项要求，零件图上的技术要求一般包括表面粗糙度、尺寸公差、几何公差、表面处理、材料和热处理、检验方法及其他特殊要求等。

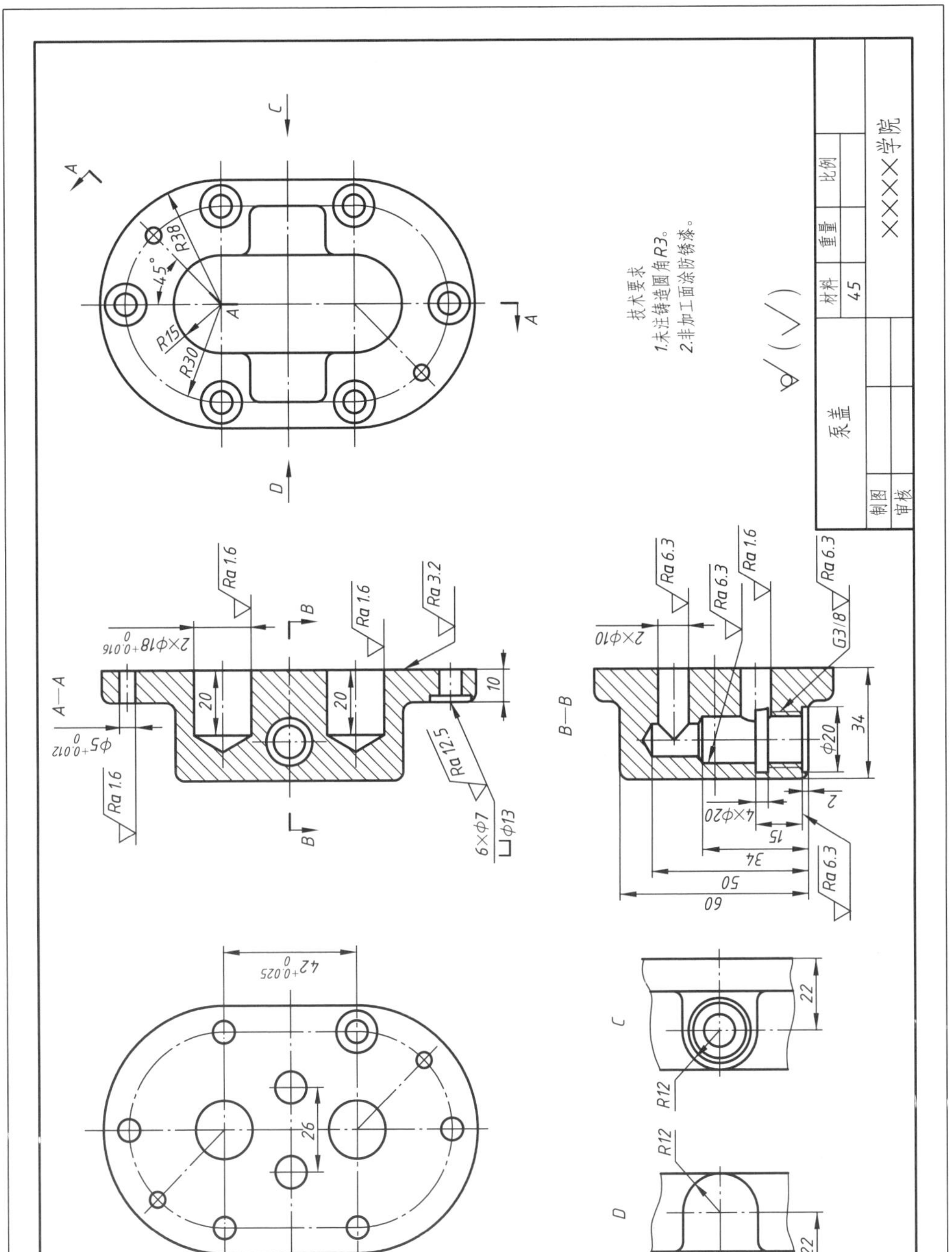
技术要求
1.未注铸造圆角R3。
2.非加工面涂防锈漆。
泵盖
材料
45
重量
比例
××××学院
制图
审核
A—A
B—B
C
D
Ra 1.6
Ra 3.2
Ra 6.3
Ra 12.5
G3/8
34
60
50
15
22
R12
26
R38
R30
R15
45°

图 9-2 泵盖零件图

(4) 标题栏。标题栏应配置在图框的右下角,填写的内容主要有零件的名称、数量、材料、比例、图号以及设计、审核、批准者的姓名、日期等。

零件的种类很多,为了便于了解、研究零件,根据零件的结构形状,大致可以分成四类,即轴套类零件、盘盖类零件、叉架类零件、箱体类零件。

任务一 绘制传动轴零件图

知识目标:

掌握轴套类零件的表达方法。

掌握轴套类零件常见的工艺结构。

能力目标:

能够根据传动轴零件的特点,正确绘制传动轴的零件图。

素质目标:

通过绘制传动轴零件图,提高实践能力。

进一步培养严谨的工作态度与工程素养。

任务分析

如图 9-3 所示的传动轴零件,材料为 45 钢,调质处理(HBW180~220)以保证材料的强度及韧性;尺寸公差要求如图中所注。其他技术要求如下:

(1) 未注倒角 C1。

(2) 锐边倒钝。

(3) 允许保留中心孔。

(4) 两处 $\phi 17^{+0.012}_{+0.001}$ 轴段、$\phi 22^{-0.007}_{-0.021}$ 轴段、$\phi 16 \pm 0.03$ 轴段及 $\phi 14^{+0.009}_{+0.001}$ 轴段,外圆柱面的表面粗糙度要求皆为 $\sqrt{Ra\,1.6}$;键槽(两处)两侧面的表面粗糙度要求皆为 $\sqrt{Ra\,3.2}$;其余各表面的表面粗糙度要求为 $\sqrt{Ra\,6.3}$。

(5) $\phi 22^{-0.007}_{-0.021}$、$\phi 14^{+0.009}_{+0.001}$ 两带键槽轴段的轴线,对两处 $\phi 17^{+0.012}_{+0.001}$ 轴段的轴线(基准要素)的圆跳动公差均为 0.02mm。

相关知识

一、常见机加工工艺结构

1. 退刀槽与越程槽

在切削加工中,特别在车螺纹和磨削加工时,为了使刀具易于退刀或使砂轮能稍微越过加工面,常在加工表面的台肩处先加工出退刀槽或砂轮越程槽,如图 9-4 所示。

退刀槽尺寸可查阅 GB/T 3—1997,砂轮越程槽尺寸可查阅 GB/T 6403.5—2008。

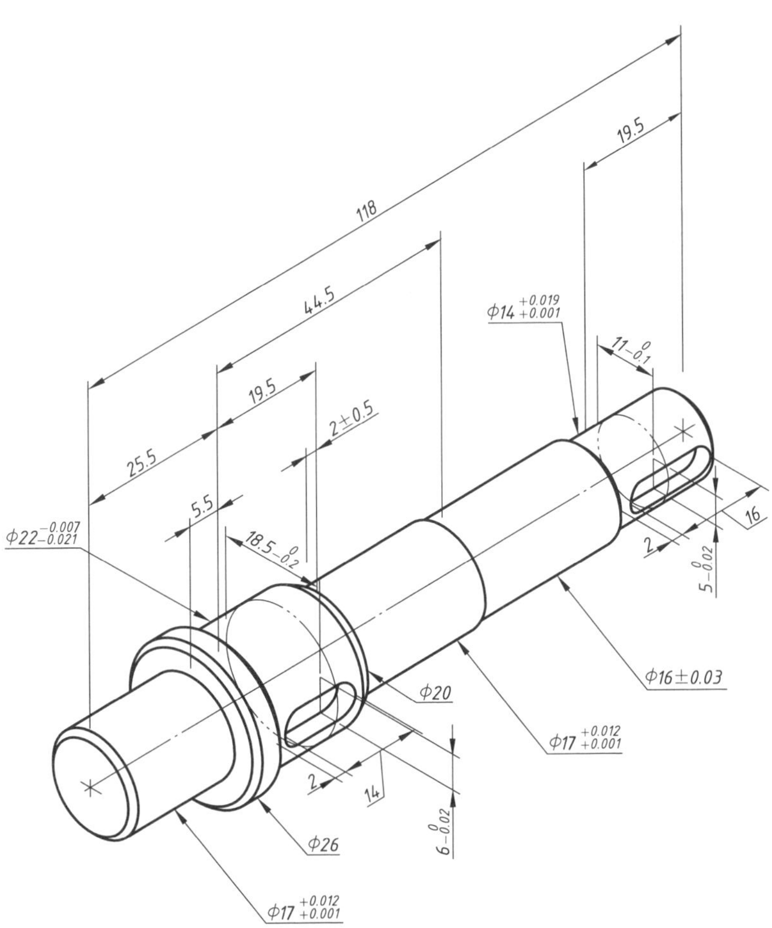

图 9-3 传动轴

2. 倒角与倒圆

如图 9-5 所示，轴或孔的端部通常加工成倒角，以便于装配和避免划伤操作工人；阶梯轴的轴肩处用圆角过渡，称为倒圆，倒圆的主要作用是避免工件过大的应力集中。

3. 钻孔工艺结构

用钻头钻孔时，由于钻头顶部有 118°的圆锥面，所以盲孔底部总有一个 118°的锥顶，扩孔时也有一个角为 118°的圆台面，如图 9-6（a）、（b）所示，实际绘图时按 120°绘制。此外钻孔时。应尽量使钻头垂直于孔的上下两端面，否则易将孔钻偏或使钻头折断；当零件表面倾斜时，应加设凸台或凹坑或先把该面铣平，如图 9-6（c）、（d）所示。

4. 工艺凸台与凹坑

为了减小零件的加工面积，以及在机器装配时减小零件间的接触面积，使结合面接触更良好，常在两接触表面处设置凸台和凹坑，其结构和尺寸标注如图 9-7 所示。

5. 中心孔

如图 9-8 所示，中心孔是轴类零件在车床或磨床上加工时，用作工件上与顶尖配合的工艺孔。常见的中心孔结构有 A、B、C、R 四种类型，如图 9-9 所示。中心孔结构与尺寸可查阅 GB/T 4459.5—1999。

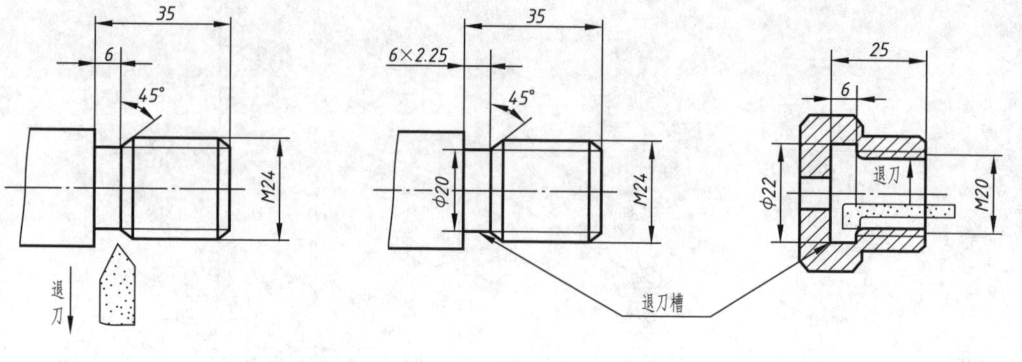

(a)

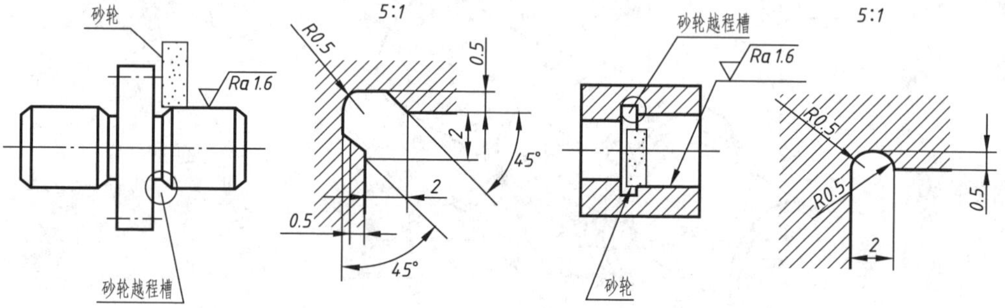

(b)

图 9-4　退刀槽、砂轮越程槽的结构与尺寸注法

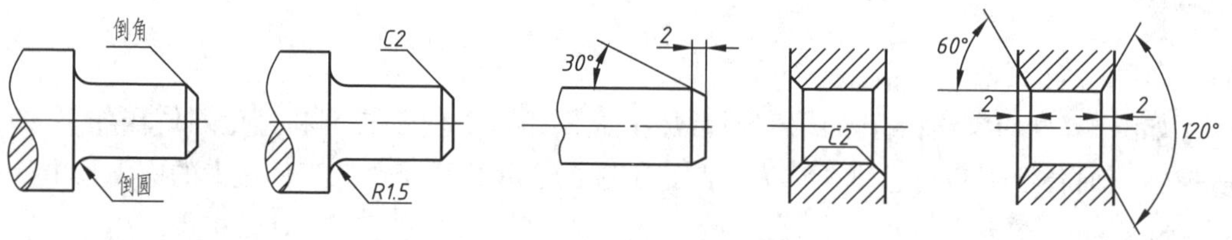

图 9-5　倒角与倒圆

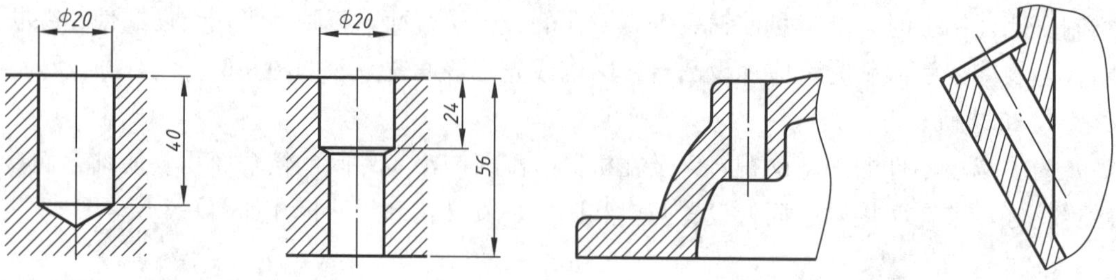

(a)　(b)　(c)　(d)

图 9-6　钻孔工艺结构

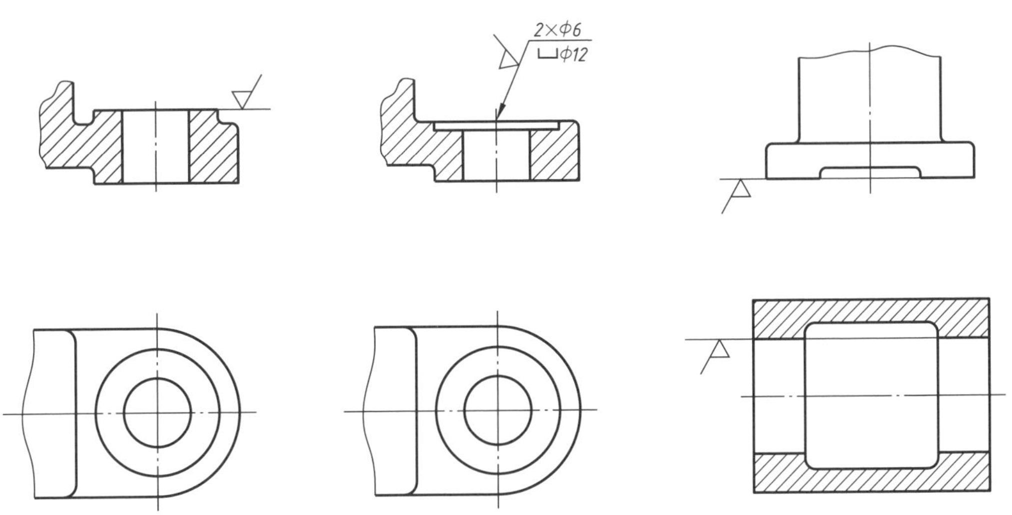

图 9-7 工艺凸台与凹坑

图 9-8 在车床上加工轴类零件

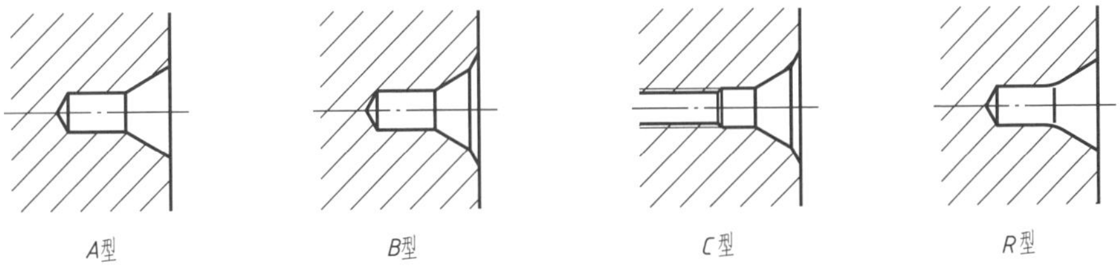

图 9-9 中心孔的结构与类型

二、轴套类零件的表达方法

轴类零件主要用来传递运动和支承传动件，套类零件主要起支承、轴向定位、连接或传动作用。

1. 轴套类零件结构特点

轴套类零件通常由不同直径的同轴回转体（圆柱体、圆锥体）组成。轴上常有键槽、退刀槽、砂轮越程槽、中心孔、销孔、倒角、轴肩、螺纹等结构。如图 9-10 所示的铣刀头主轴，端部有螺纹、小孔，轴上有键槽、轴肩等结构。

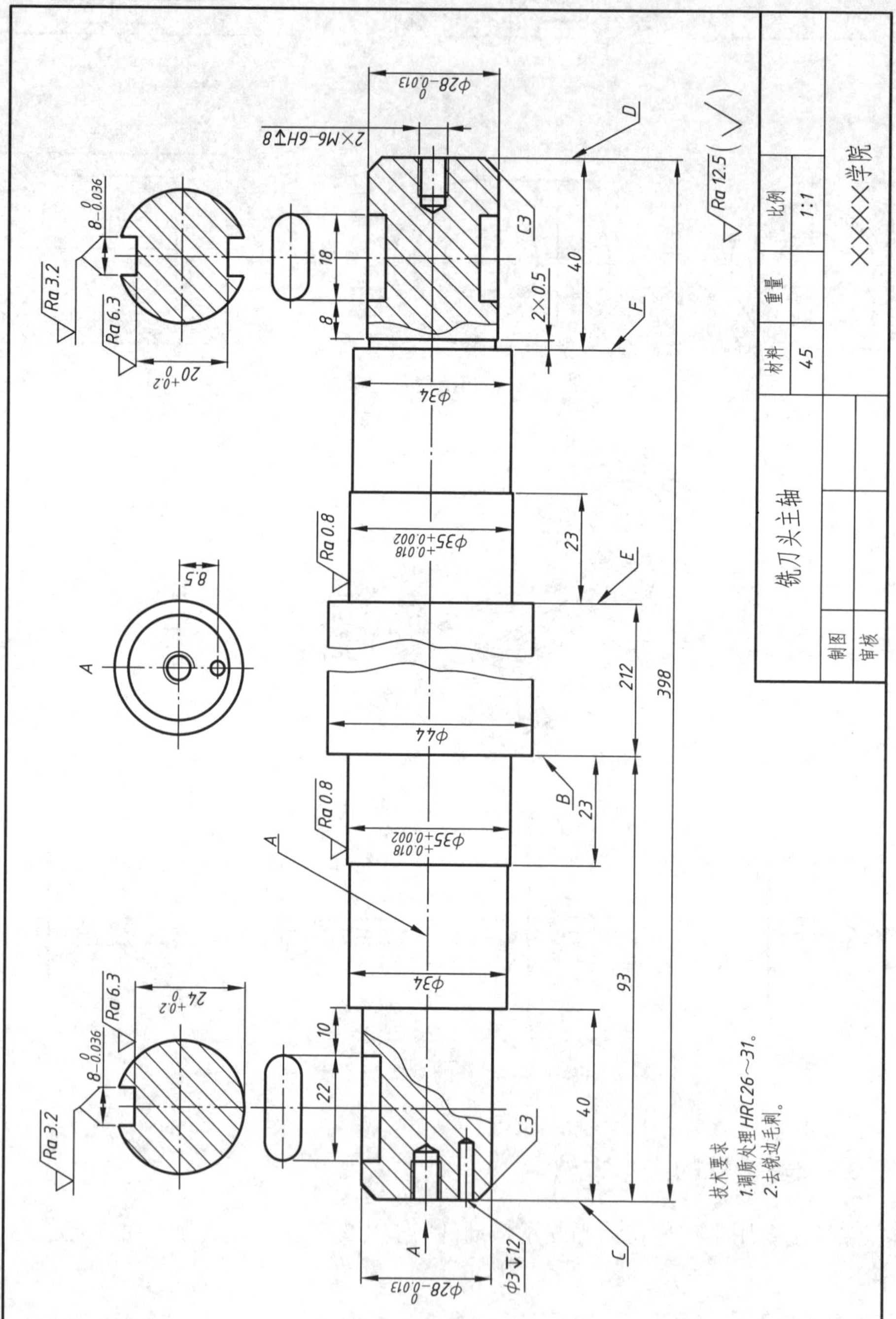

图 9-10 铣刀头主轴零件图

2. 轴套类零件的表达方法

（1）由于此类零件要在车床或磨床上加工，为便于加工时读图，主视图选择其加工位置，即轴线应水平放置。

（2）轴类零件一般为实心件，因此主视图一般用视图表达，不用全剖视图。套类零件是中空件，主视图一般用全剖视图。当零件上有键槽、凹坑、凹槽时，轴类零件主视图可根据情况选择局部剖视图。如图 9-10 所示的铣刀头主轴，在主视图上轴的左右两端采用了两处局部剖，用以表达键槽、螺纹盲孔、小孔等结构。

（3）轴套类零件一般不画俯视图和视图为圆的左视图。

（4）当零件上的局部结构需要进一步表达时，可以围绕主视图根据需要绘制一些局部视图、断面图和局部放大图来表达尚未表达清楚的结构。如图 9-10 所示，在主视图上方绘制了两处移出断面图，用以表达键槽处轴的截面形状；三处局部视图，用以表达两处键槽及轴左端面的形状。

三、零件图的尺寸标注

1. 基准选择

标注尺寸的起点称为尺寸基准，一般将基准分为设计基准与工艺基准两类。

（1）设计基准与工艺基准。设计基准是指根据零件结构与设计要求，用以确定零件在机器中位置和几何关系而选定的一些基准，如图 9-11 所示，*B*、*C*、*D* 为轴承座三方

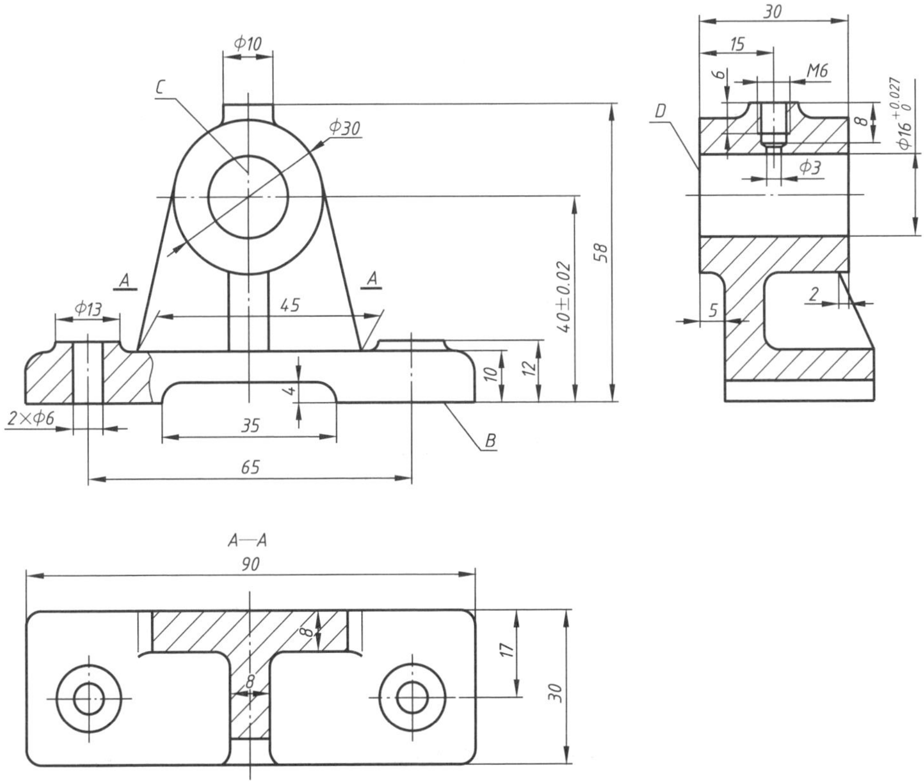

图 9-11 轴承座三方向的设计基准

向的设计基准；工艺基准是指在加工、测量时，确定零件相对机床、工装或量具位置而选定的基准。

标注尺寸时，最好能把设计基准与工艺基准统一起来，这样，既能满足设计要求，又能满足工艺要求。当设计基准与工艺基准不能统一时，重要尺寸应从设计基准直接注出，以保证零件的设计要求。一般尺寸考虑到加工与测量的方便，应从工艺基准注出。

（2）主要基准与辅助基准。主要基准是指决定零件主要尺寸的基准，如图 9-11 所示的轴承座 B、C、D 基准；辅助基准是指为了加工、测量需要而增加的一些尺寸基准，即除主要基准以外的一些尺寸基准，主要基准与辅助基准之间应有尺寸直接相联。

2. 尺寸标注的形式

（1）链状式。如图 9-12（a）所示，尺寸注成链状的优点是每段轴的长度尺寸加工误差较小。从某一选定的基准面到某一轴肩距离的误差等于其间各段误差之和。

（2）坐标式。如图 9-12（b）所示，各尺寸都从选定的基准注起，这种注法的优点是从基准到任一轴肩尺寸的误差较小，不受其他尺寸的影响，但其中某段轴的尺寸误差较大。

（3）综合式。如图 9-12（c）所示，是链状式与坐标式的综合，具有上述两种方式的优点，最能适应零件设计和工艺的要求，被广泛采用。

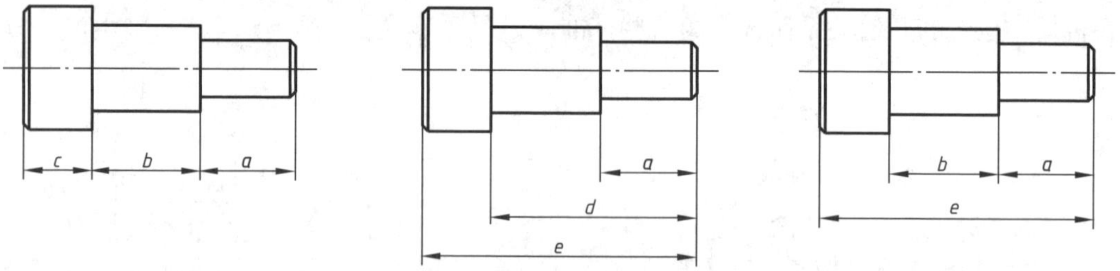

(a)链状式尺寸标注　(b)坐标式尺寸标注　(c)综合式尺寸标注

图 9-12　尺寸标注的形式

轴套类零件有径向尺寸基准和轴向尺寸基准。如图 9-10 中的轴线 A 是径向尺寸基准，各段轴的直径尺寸均按此基准标出；轴向以轴承定位端面 B 为主要尺寸基准，又把 C、D、E、F 等端面作为轴向辅助尺寸基准。

轴向要控制的尺寸（主要尺寸），如轴颈长度 23，两轴承轴向定位端面间的距离 212，右端安装刀盘的轴段尺寸 40，均是直接注出的。其他非主要尺寸是以辅助基准为起点，按加工顺序依次标注而成。

四、技术要求分析

从图 9-10 的尺寸标注可以看出，轴上共有四处轴颈注有尺寸公差要求，即两处 $\phi35^{+0.018}_{+0.002}$ 和两处 $\phi28^{\ 0}_{-0.013}$，因这四处轴颈分别和轴承、带轮、铣刀盘相配合；在键槽的移出断面图上，键槽宽和键槽深也注出了尺寸公差要求，即 $8^{\ 0}_{-0.036}$ 和 $24^{+0.2}_{\ 0}$。在整个轴上，各表面的表面粗糙度要求，以两个 $\phi35$ 轴颈的要求最高，Ra 值为 0.8μm。从图中文字注写中可以看出，整个轴均做调质处理，其硬度要求为 HRC26～31。

任务实施

一、绘图准备

1. 工具准备

本任务要求绘制如图 9-3 所示传动轴的零件图，绘图主要用到丁字尺、三角板、圆规、铅笔等工具，参考传动轴的整体尺寸，可选用 1∶1 绘图比例，用 A4 图纸，竖放。

2. 表达方法分析

根据传动轴的结构特点，选用一个主视图，轴线水平放置，另选用两个移出断面图，分别表达轴上带键槽的两段的截面形状。

二、绘制底稿

1. 画图框和标题栏

按国家标准绘制图框，不带装订边；标题栏选用简易标题栏。用细线，暂不描深。

2. 画主视图

如图 9-13（a）所示，绘制主视图。根据零件尺寸与图纸幅面大小，合理布局视图位置。

3. 画移出断面图

如图 9-13（b）所示，在主视图下方，绘制两移出断面图。注意与主视图之间留下足够的空间，用以标注尺寸、几何公差、粗糙度等内容。

三、描深图线、标注尺寸

检查图形，擦除多余线条，按国家标准描深图线，如图 9-13（c)所示。

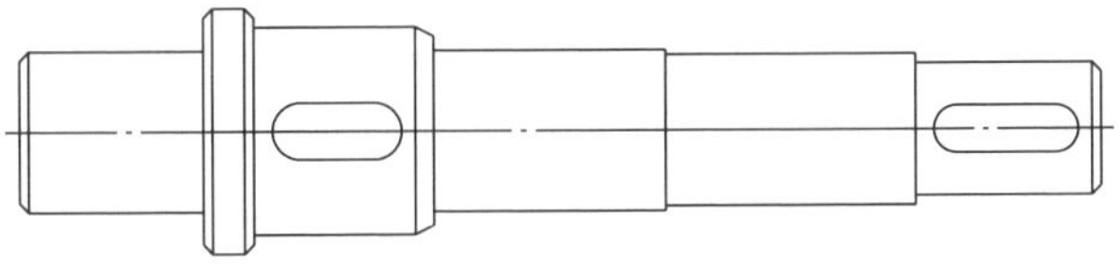

(a) 画主视图

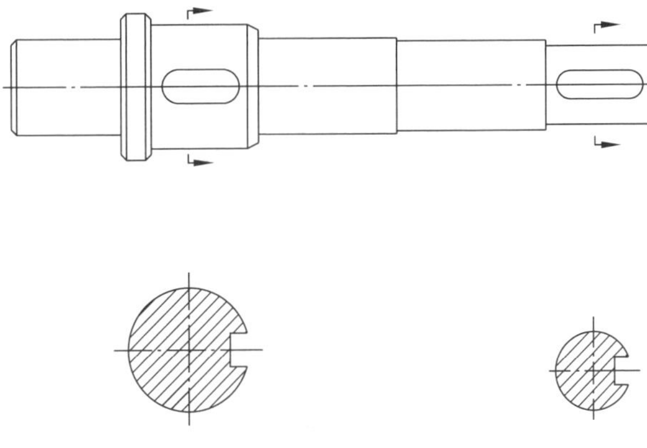

(b) 画移出断面图

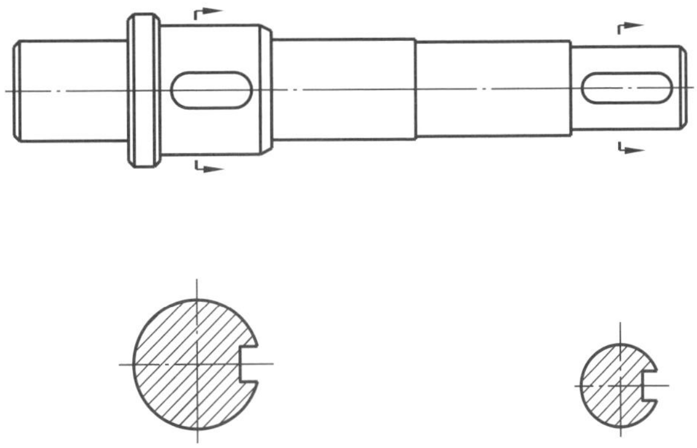

(c) 描深图线

图 9-13　画主视图与移出断面图

四、标注尺寸、粗糙度、几何公差

1. 标注尺寸

以轴线作为径向尺寸基准，直接注出各轴段直径；以轴环（$\phi 26$ 轴段）右轴肩面作为轴向尺寸的主要基准，结合其他辅助基准，分别标注出各长度尺寸。注意在标注尺寸时，尺寸数字是最优先表达的内容，必要时，擦除部分图线，以获取足够的填写尺寸数字的空间；当标注轴向尺寸时，要留有开口环（$\phi 16 \pm 0.03$ 轴段），不能注成封闭尺寸链，如图 9-14 中的尺寸标注所示。

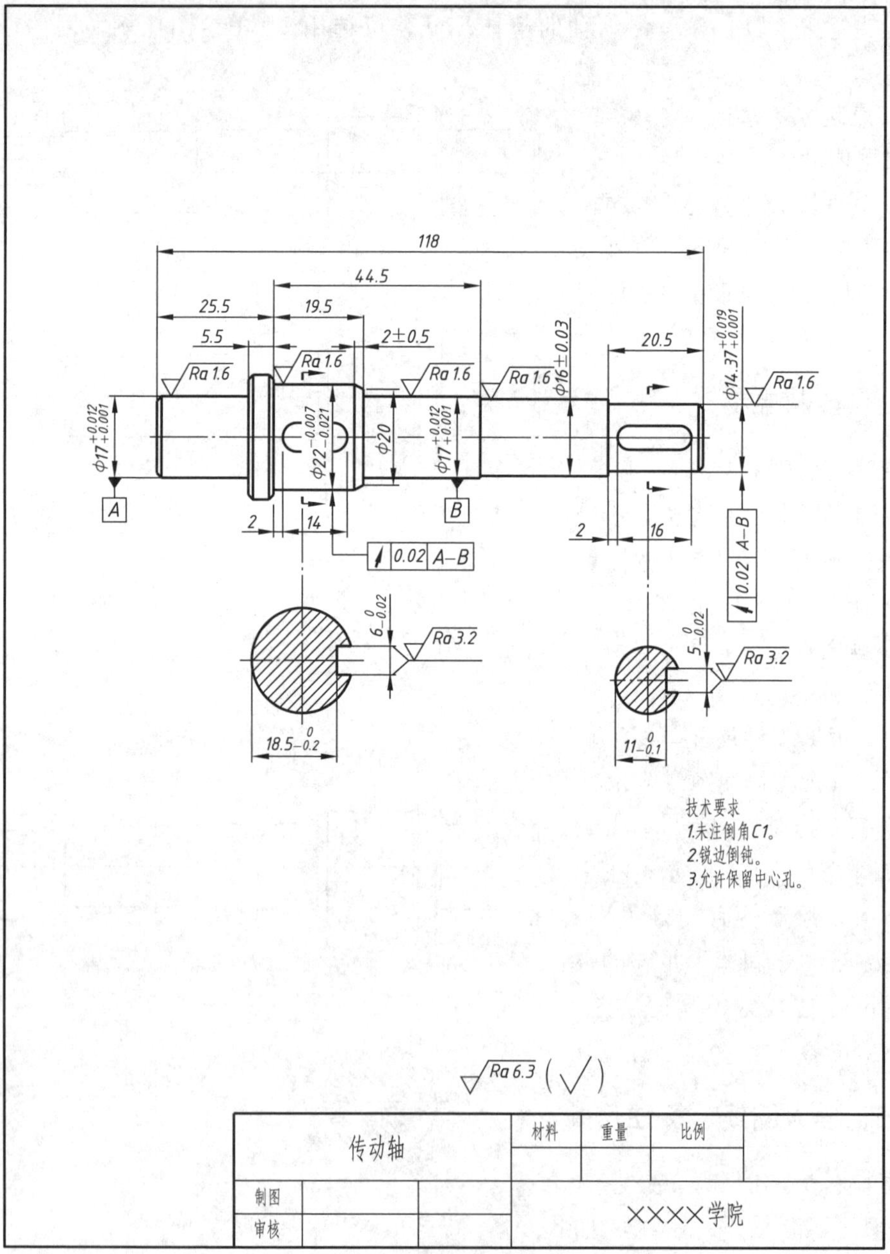

图 9-14　传动轴零件图

2. 标注表面粗糙度与几何公差

如图 9-14（c）所示，按国家标准规定的格式，将表达粗糙度与几何公差要求标注在图样中。

3. 书写技术要求、填写标题栏

如图 9-14（d）所示，在图纸下方靠近标题栏的空白处，书写尺寸公差、几何公差、粗糙度等在图中已经注明的技术要求之外的，其他技术要求；按标准填写标题栏。

拓展训练

拓展 9-1：绘制如图 9-15 所示的轴套，材料为 ZQSn6-6-3（青铜），几何公差、粗糙度等技术要求在图中已标出。要求绘制该轴套零件图。

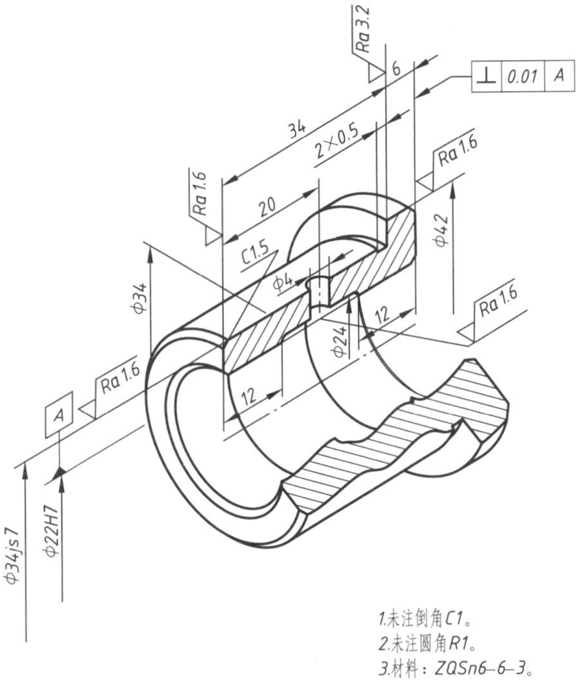

图 9-15 轴套

任务二 绘制法兰盘零件图

知识目标：

掌握盘盖类零件的结构特点。

掌握铸件常见工艺结构。

掌握盘盖类零件的表达方法。

能力目标：

能够根据盘盖零件的特点，选择恰当的零件图表达方法，正确绘制零件图。

素质目标：

通过绘制法兰盘零件图进一步培养严谨的工作态度与工程素养。

任务分析

如图 9-16 所示的法兰盘零件，要求绘制其零件图。已知材料为 45 钢，调质处理（HBW180～220）以保证材料的强度及韧性，要求零件锐边倒钝，尺寸公差、几何公差、表面粗糙度等要求如图中所注。

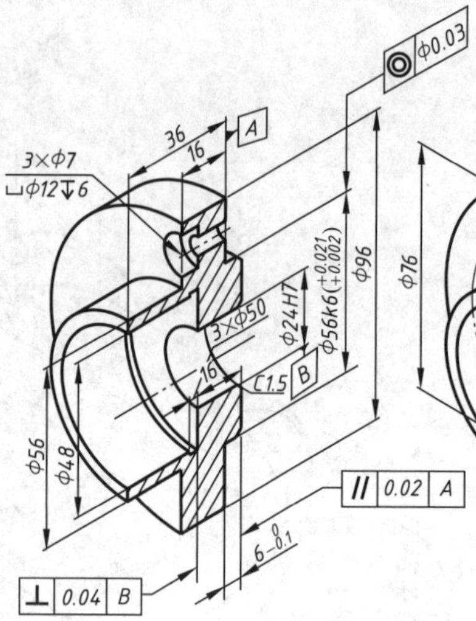

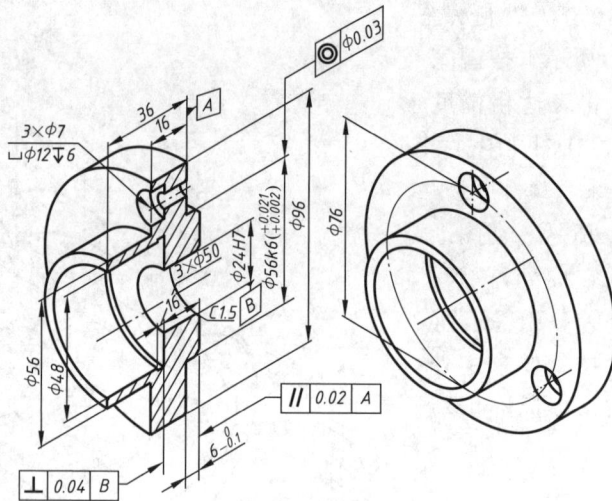

图 9-16　法兰盘

相关知识

一、铸件工艺结构

盘盖类零件的毛坯一般为铸件。下面介绍常见铸件的一些工艺结构。

1. 铸件壁厚

铸件浇铸成型时，为防止冷却速度不同而产生缩孔与裂纹，铸件各部分的壁厚应尽量均匀，不宜相差太大，必要时，可在不同壁厚间逐渐过渡，如图 9-17 所示。

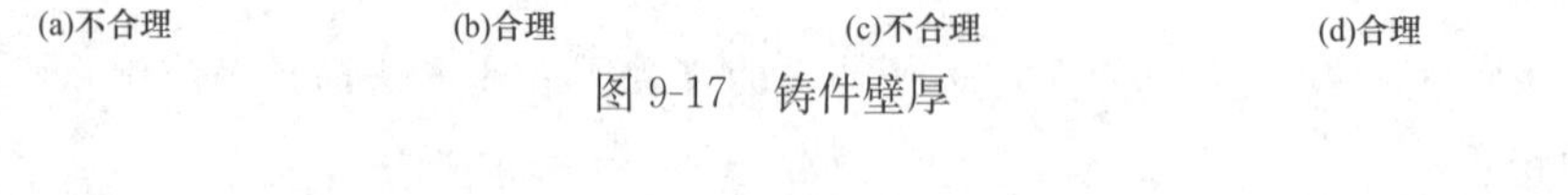

图 9-17　铸件壁厚

2. 铸造圆角

铸件上两表面相交处通常用圆角过渡，圆角大小一般设计为 $R3$～$R5$。零件图中圆角可省略不画，圆角尺寸可在技术要求中统一说明。若设计成尖角，砂型尖角易发生落砂与裂纹现象，如图 9-17（a）所示。

3. 拔模斜度

铸件在铸造前的砂型造型过程中，为了能从砂型中顺利取出木模，常在木模表面沿起模方向做成 3°～6°的斜度，这个斜度会留在铸件上，称为拔模斜度，也称起模斜度，如图 9-18 所示。拔模斜度在模样制作时需考虑，但在图样上可以不画出来，零件图上，可以在技术要求中统一说明。

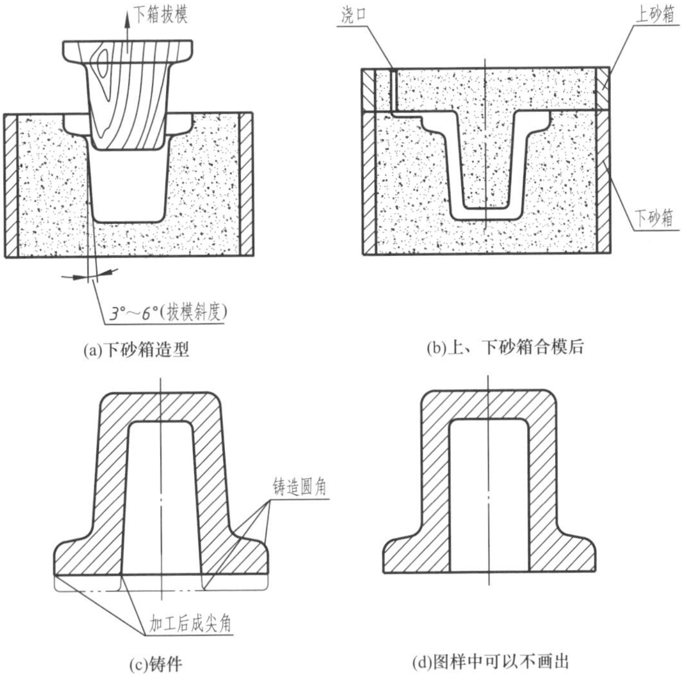

图 9-18 拔模斜度与铸造圆角

4. 过渡线

零件上两相交表面以圆角光滑过渡后，两表面的交线被圆角取代，若视图中不画出交线，则看图时不易区分不同形体，零件的结构就会表述不清。为了便于读图，在图样中仍要画出理论交线，但两端与轮廓线留有空隙，这种线称为过渡线。可见的过渡线用细实线绘制，不可见的过渡线用细虚线绘制。图 9-19 所示为两圆柱曲面相交的情形，

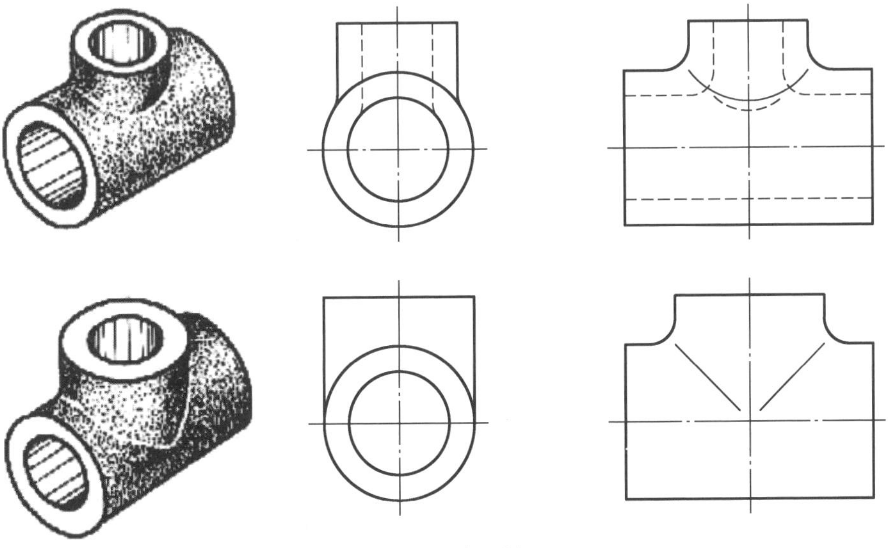

图 9-19 过渡线示例（一）

图 9-20 所示为平面与平面以及平面与曲面相交的情形。

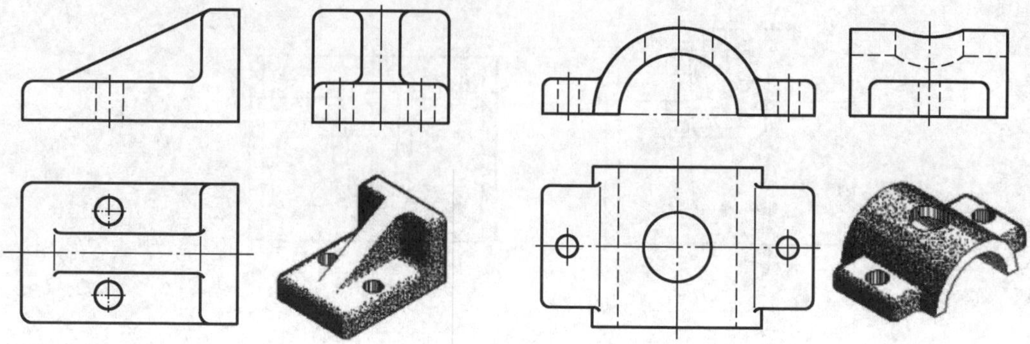

图 9-20 过渡线示例（二）

二、盘盖类零件的作用与结构

1. 盘盖类零件的类型与功用

常见的盘盖类零件有齿轮、带轮、手轮、端盖、法兰盘等，如图 9-21 所示。

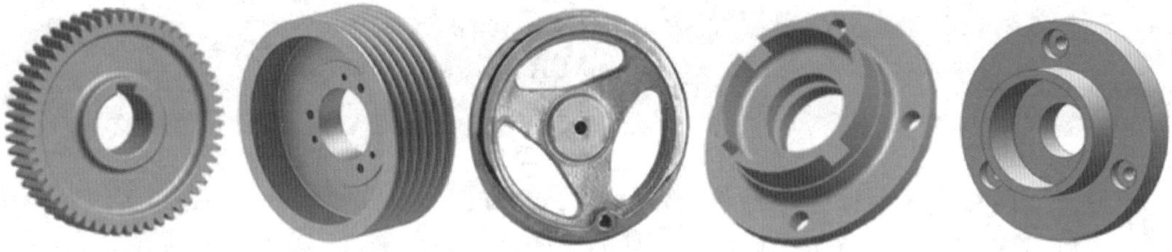

(a) 齿轮　(b) 带轮　(c) 手轮　(d) 端盖　(e) 法兰盘

图 9-21 盘盖类零件

轮盘类零件在机器中一般通过键、销等与轴连接，传递转矩。盖类零件一般通过螺纹连接件与箱体连接，此类零件主要起支承、轴向定位及密封作用。

2. 盘盖类零件的结构形式

盘盖类零件的结构主体通常是回转体，一般轴向尺寸小于径向尺寸。

轮类零件一般由轮毂、轮辐和轮缘组成，轮毂内部有带键槽的轴孔，轮辐有辐板式、孔板式、轮辐式等多种形式，如图 9-21 中的齿轮，其轮辐结构为辐板式。

盘类零件与轴套类零件结构相似，外形也可有方形或组合形的，盘类零件上常见的结构包括中心有阶梯孔，周围有均匀分布的孔、槽等，如图 9-16 与图 9-21 中法兰盘中心有带退刀槽的阶梯孔，周围有三个均布的螺钉孔。

三、盘盖类零件的表达方法

盘盖类零件主要在车床或磨床上加工，为了便于加工时读图方便，该类零件主视图也选择其加工位置，即轴线水平放置。另外，此类零件一般为中空件，因此主视图一般选全剖或半剖视图表达。如图 9-22 所示铣刀头部件中的端盖零件图，主视图轴线水平放置，符合加工位置原则。主视图为全剖视图，表达了四个 $\phi 9$ 螺钉孔的形状和安放密封毡圈结构的形状，从螺钉孔的标注 $4\times\phi 9$ 可知，四个螺钉孔为均匀分布。

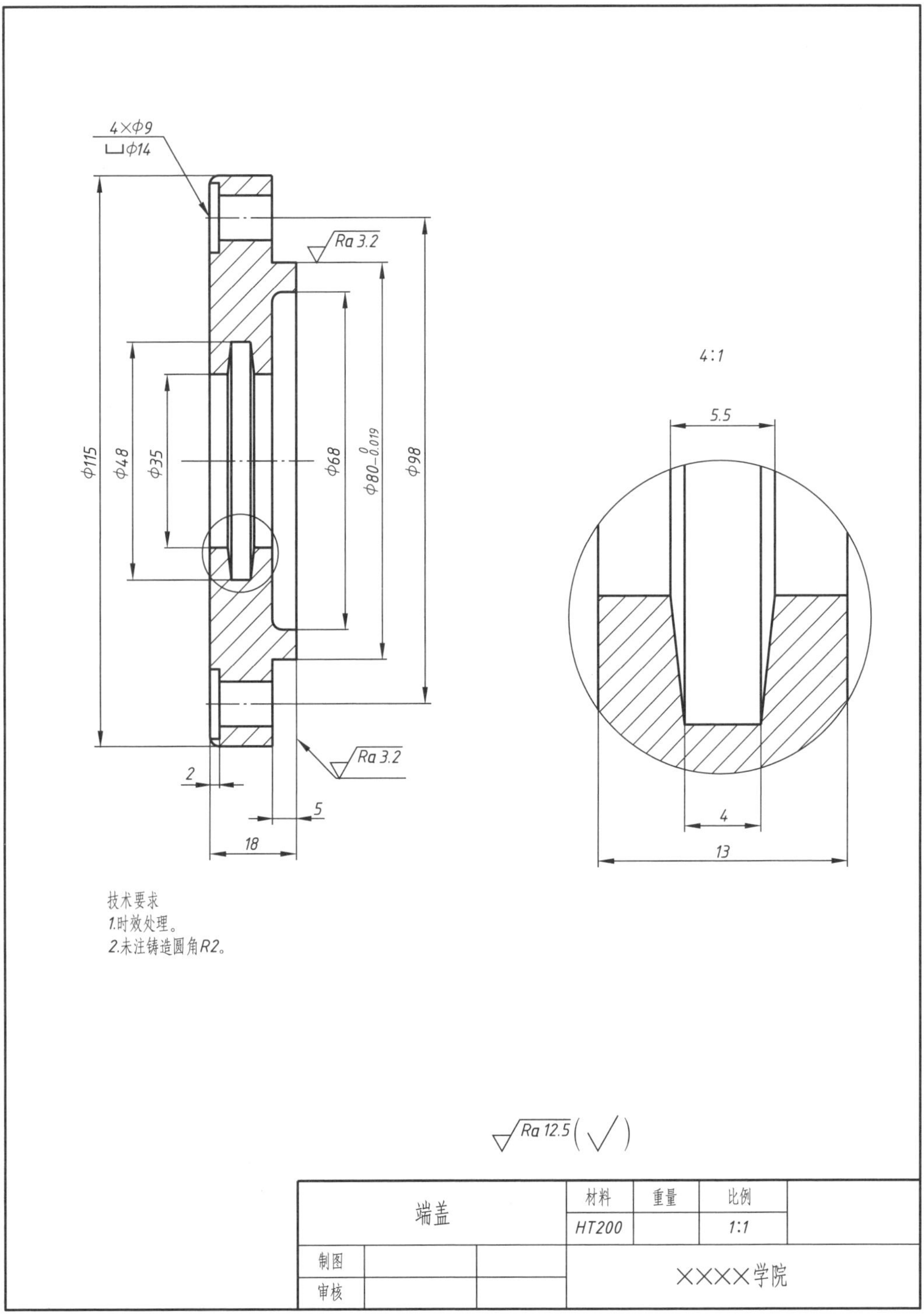

图 9-22 端盖零件图

此外，盘盖类零件一般不画俯视图，当零件上的局部结构需要进一步的表达时，可采用局部视图、局部剖视图、局部放大图、断面图来表达尚未表达清楚的结构。如图9-22所示的端盖零件图中，用局部放大图表达了安放密封毡圈结构，通过局部放大图可以更方便地标注这部分结构的尺寸。

四、尺寸标注分析

端盖标注尺寸时有轴向基准和径向基准，端盖的水平轴线是径向基准，所有径向尺寸都是由此基准标注的。其轴向（长度方向）的主要尺寸基准是端盖的右端面（主要加工面），以此为基准标注尺寸 5 和 18，左端面为辅助基准，标注的尺寸 2 为锪平孔 $\phi 14$ 的深度。

五、技术要求分析

图中注出尺寸公差的只有端盖右侧凸缘的外径 $\phi 80_{-0.019}^{\ 0}$，这是因为端盖右侧凸缘和座体相配合。凸缘右侧面及配合面的表面粗糙度 Ra 值为 3.2μm，其余均为 12.5μm，统一标注在标题栏附近。零件材料为灰铸铁，因此有铸造圆角的要求，为 $R2$，在技术要求中用文字说明。为使零件有较好的力学性能，铸件毛坯必须做时效处理，以减小内应力。

根据以上分析综合归纳，可想象出端盖零件的结构形状和加工时的技术要求。

任务实施

一、绘图准备

1. 工具准备

本任务要求绘制图 9-16 所示法兰盘的零件图，绘图主要用到丁字尺、三角板、圆规、铅笔等工具，参考法兰盘的整体尺寸，可选用 1∶1 比例绘图，用 A4 图纸。

2. 表达方法分析

根据法兰盘的结构特点，选用一个主视图，轴线水平放置，采用全剖视图，用以表达其内部结构，此外选用左视图，用以更直观地表达三个螺钉孔的分布情况。

二、绘制底稿

1. 画图框和标题栏，图形定位线

按国家标准绘制图框（不带装订边）；用简易标题栏，细线绘制，暂不描深；结合零件总体尺寸，绘制主视图的回转轴线及轴向定位线，左视图中圆形轮廓的十字中心线。考虑到零件的大部分的尺寸及表面粗糙度、几何公差等要求需要在主视图上标注，因此在主视图周围要留有更多的空间，如图 9-23 所示。

2. 画主视图、左视图

如图 9-24 所示，根据零件尺寸，按照主、左视图间的配置关系，绘制两个视图。

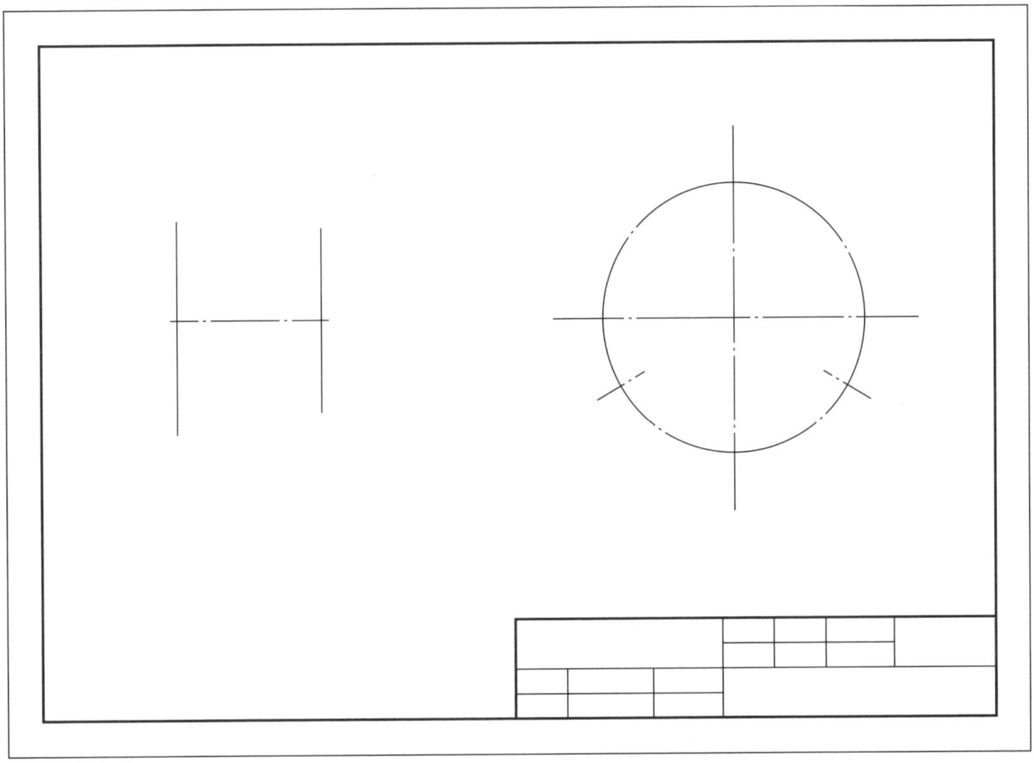

图 9-23 图框、标题栏及定位线

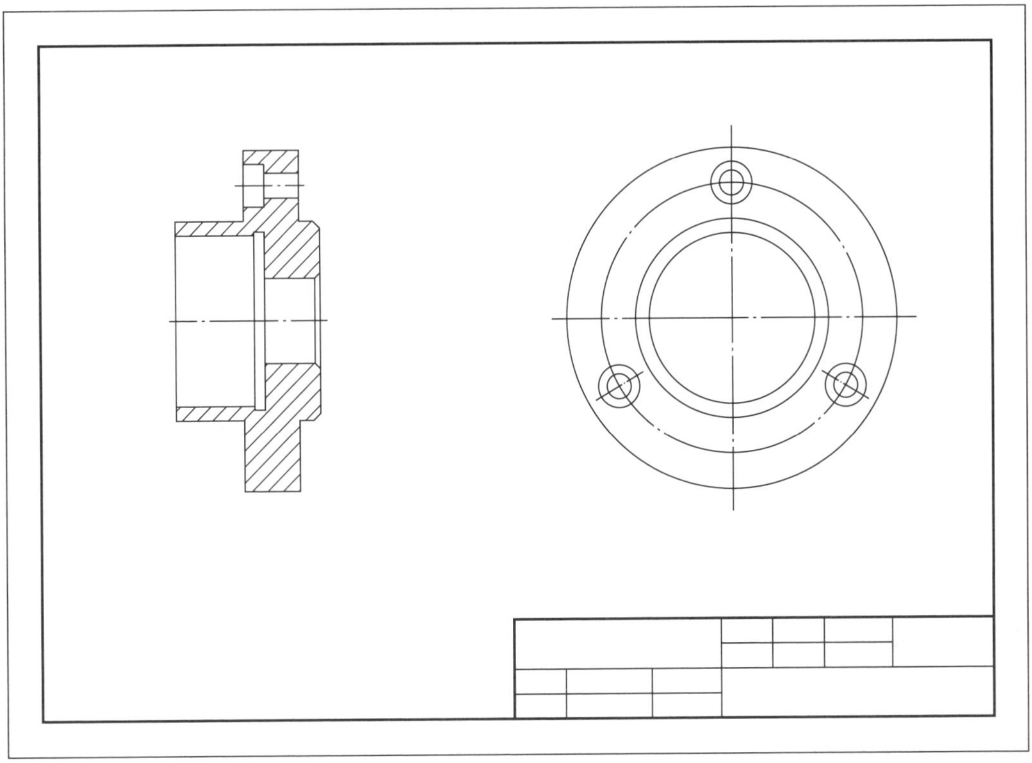

图 9-24 画主、左视图

可以先画左视图，再参照左视图，按视图间的投影对应关系，确定主视图中相关结构的径向位置。

3. 标注尺寸

如图 9-25 所示，标注零件尺寸及尺寸公差。标注尺寸时，要注意要合理调整各尺寸的标注位置，要注意留有标注表面粗糙度及几何公差的必要空间。

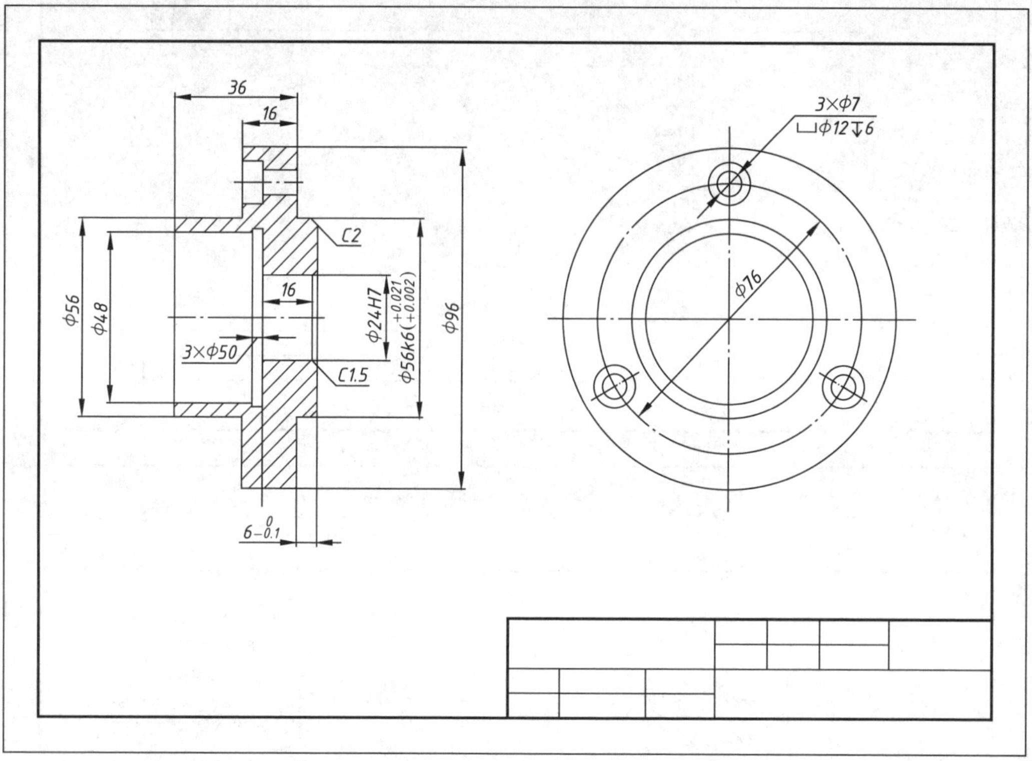

图 9-25　标注尺寸

4. 标注粗糙度、几何公差

如图 9-26 所示，标注粗糙度与几何公差。未注表面的表面粗糙度采用简化注法，标注在标题栏上方附近。

5. 检查描深、填写标题栏

描深图线，填写标题栏，最后得法兰盘零件图，如图 9-27 所示。

拓展训练

拓展 9-2：绘制如图 9-28 所示的阀盖零件，材料为 ZG25，尺寸公差、几何公差、粗糙度等技术要求在图中已标出。要求绘制该阀盖零件图。

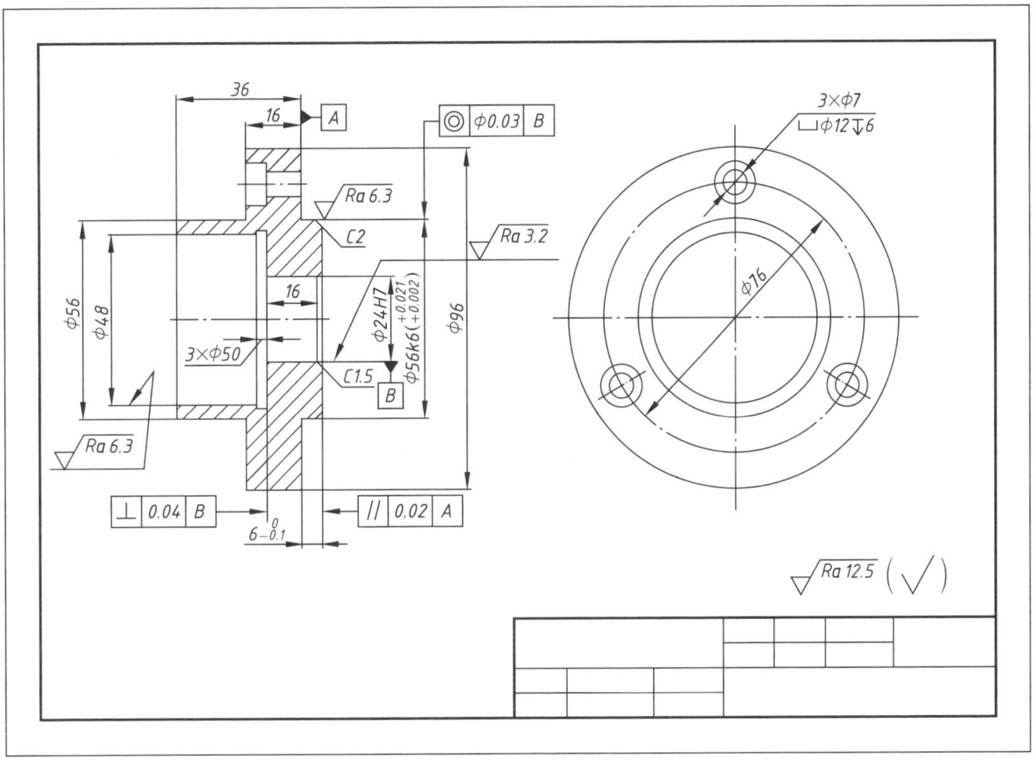

图 9-26 标注表面粗糙度、几何公差

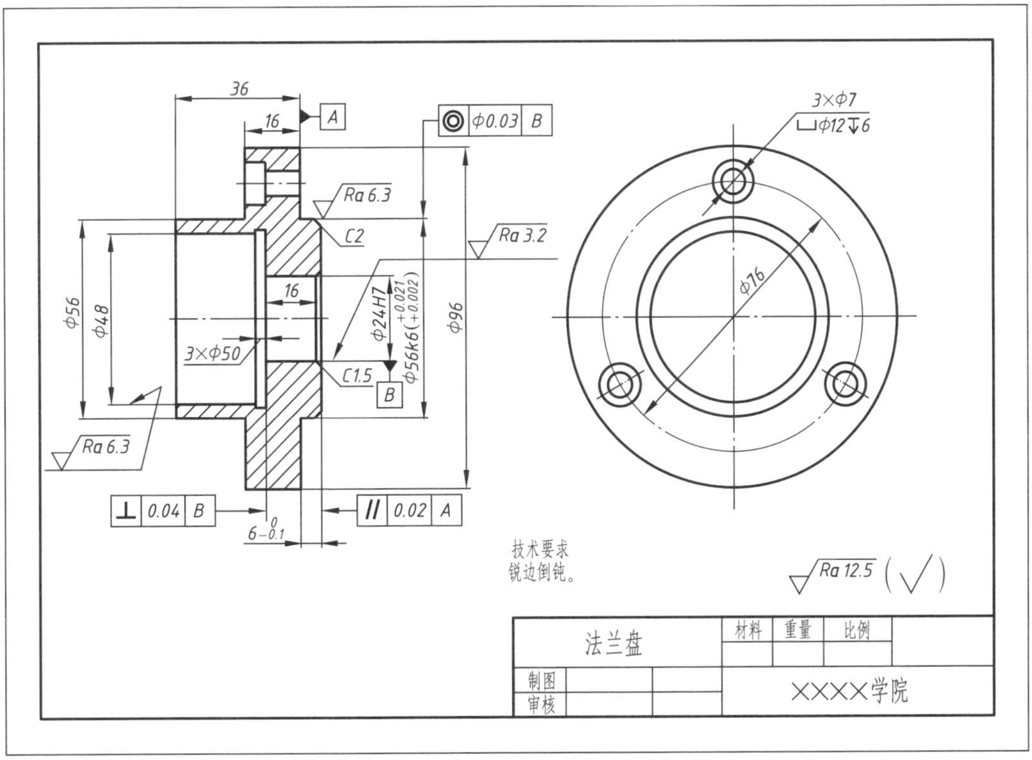

图 9-27 检查描深、填写标题栏

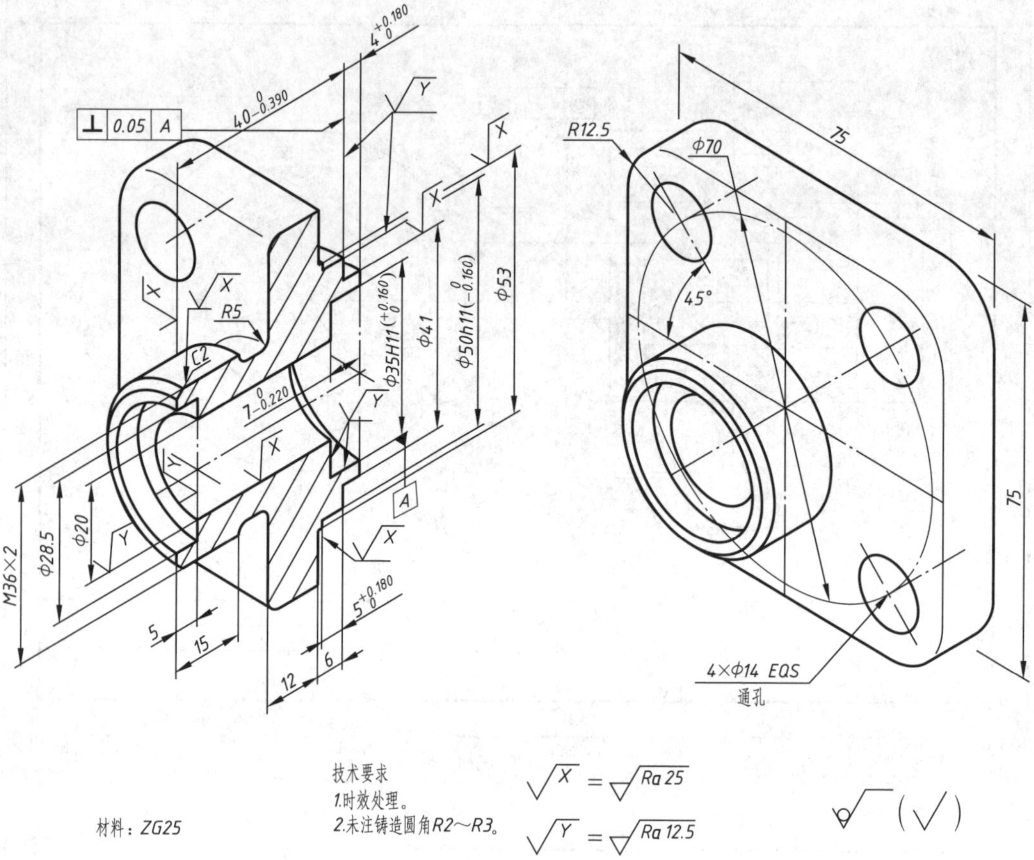

图 9-28　阀盖

任务二　绘制拨叉零件图

知识目标：

掌握叉架类零件的结构特点。

掌握叉架类零件的表达方法。

掌握徒手绘图的方法与步骤。

能力目标：

能够根据拨叉零件的特点，选择合理的零件图表达方案。

能够徒手绘制拨叉零件图。

素质目标：

通过徒手绘制零件图训练，培养现场解决实际问题的能力。

进一步培养工程素养与职业精神。

任务分析

如图 9-29 所示的拨叉零件，要求徒手绘制其零件图。已知材料为 HT200 钢，尺寸公差、几何公差、表面粗糙度等要求如图中所注。

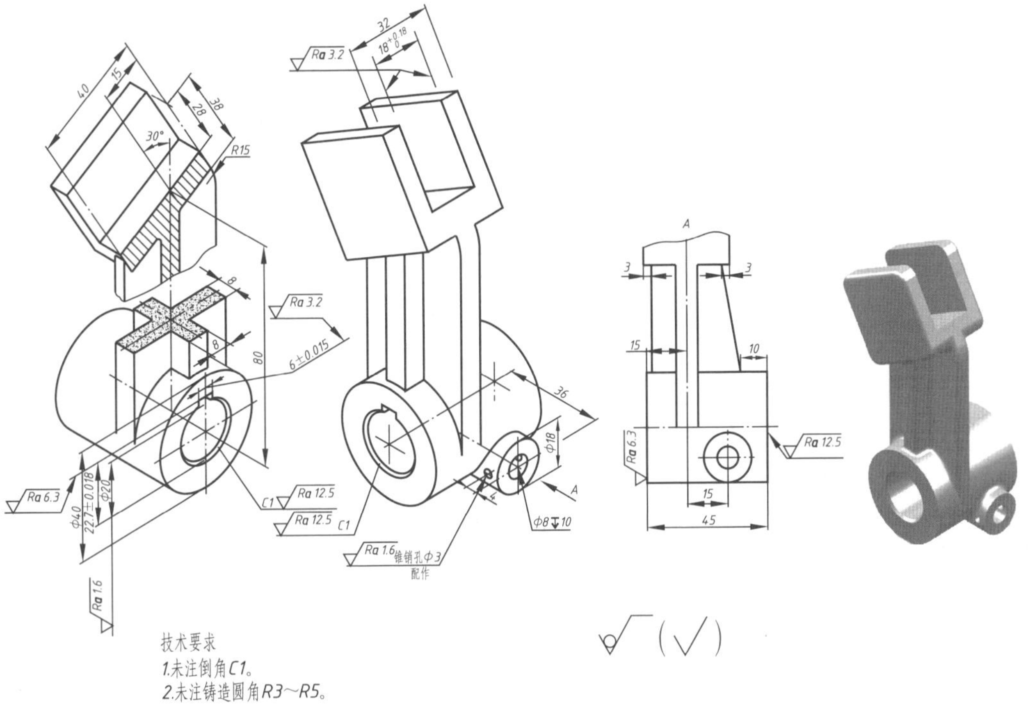
技术要求
1.未注倒角C1。
2.未注铸造圆角R3～R5。

图 9-29 拨叉

相关知识

一、叉架类零件的结构特点

叉架类零件主要有拨叉、连杆、支架等，如图 9-30 所示。

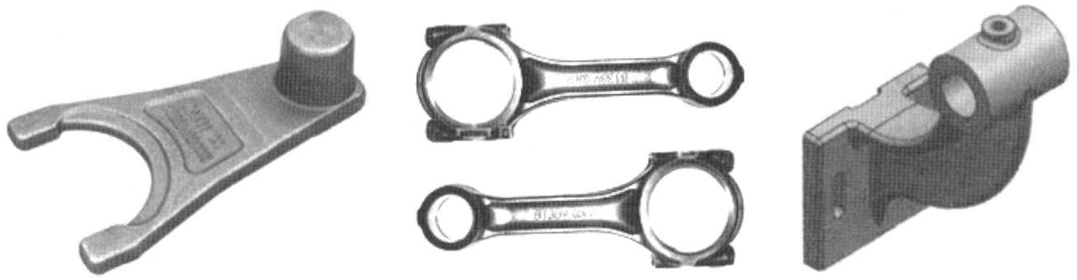

(a) 拨叉　(b) 连杆　(c) 支架

图 9-30 叉架类零件

叉架类零件的毛坯多为铸件，结构一般比较复杂，但大体可分为三部分：支承部分、连接部分、工作部分。连接部分通常是倾斜或弯曲的、断面有规律变化的肋板结构，用以连接零件的工作部分与支承部分。支承部分与工作部分常有孔、槽、凸台、凹坑等结构。如图 9-31 所示的支架，下部为三角形的支承部分，有三个安装沉孔；上部为圆筒状的工作部分，中间有圆孔，最上部的圆形凸台用于连接润滑部件；中间为弯曲的连接部分，截面为 T 形。

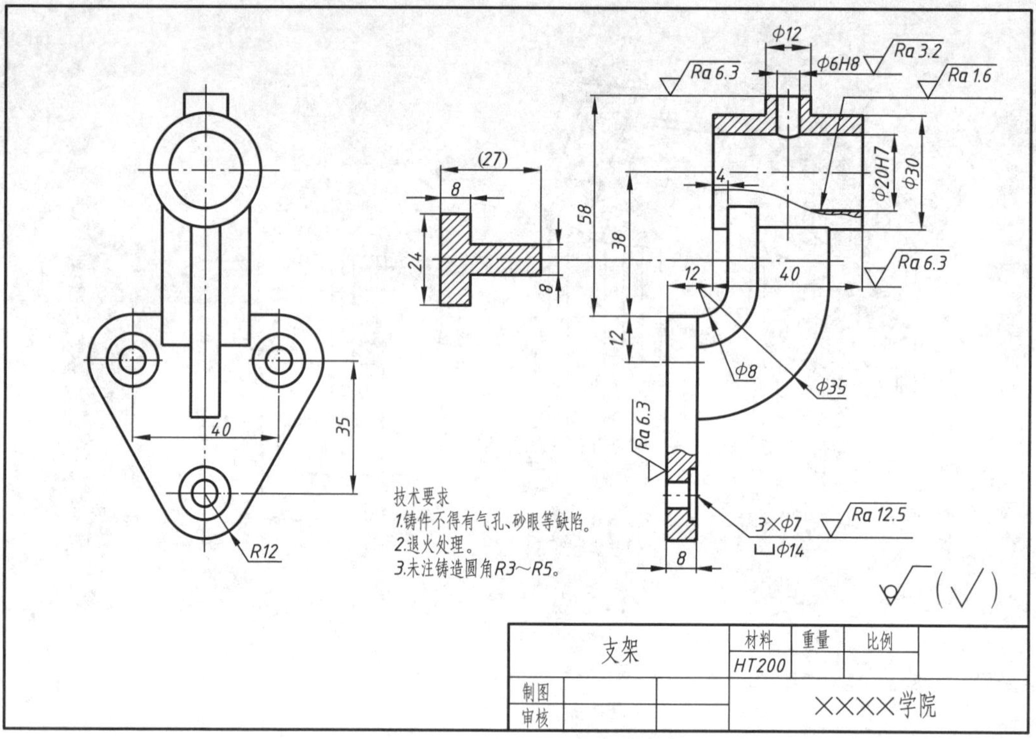

图 9-31　支架零件图

二、叉架类零件的表达方法

叉架类零件的加工方法与加工位置很多，也不统一，所以主视图的选择主要考虑零件的工作位置与形状特征，一般至少需要主、左两个基本视图，另外根据零件的具体结构再增加斜视图、局部视图、断面图等。如图 9-31 所示，支架零件图采用了主、左两个基本视图和一个移出断面图。

叉架类零件一般两端有内部结构，中间连接部分为实心肋板，因此基本视图上一般会采用局部剖视。如图 9-31 所示的支架零件图中，左视图选择了两处局部剖视，分别表达上部的圆孔和下部的安装孔。

三、尺寸标注

叉架类零件的尺寸标注比较复杂，各部分的形状和相对位置的尺寸要直接标注，尺寸基准常选择安装基面、对称平面、孔中心线和轴线。各方向定位尺寸较多，往往还有角度尺寸。

叉架类零件多数为铸件，为了铸造时便于制作木模，一般采用形体分析法标注定形尺寸。

如图 9-31 所示的支架零件图中，以支架长度方向的对称面为长度方向尺寸基准，以支架下部三角形支承板的安装面为宽度方向主要基准，以三角形支承板的上表面为高度方向主要基准。例如左视图中从宽度方向主基准标注尺寸 8、12，分别确定三角形支承板的厚度及圆筒的前后位置。从高度方向主基准标注尺寸 38，确定上部圆筒的高度位置。

四、技术要求

叉架类零件的支承部分、运动配合面及安装面常有较高的尺寸公差、几何公差、表面粗糙度等要求。对零件常进行局部热处理，并标注出有关铸件或锻件的技术要求。

五、徒手绘图的方法

徒手绘图是指只用铅笔（或其他笔）、橡皮，而不借助其他绘图工具，靠目测估算实物与图形的尺寸与绘图比例的一种绘图方式，徒手绘图所使用的铅笔笔芯通常修磨成锥形。

（1）画直线。徒手画直线的手势如图 9-32 所示，绘图时小手指轻微接触纸面，运笔力求自然，眼睛应朝着前进方向，随时留意线段终点。画长线时可用目测在直线中间定出几个点，然后分段画出。必要时也可以转动图纸到便于画线的位置。

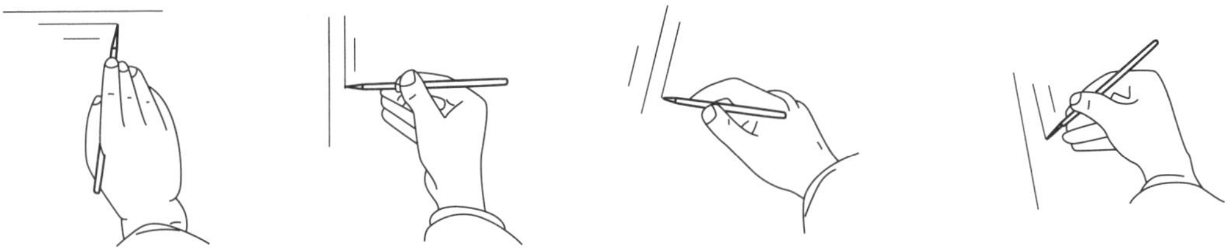

(a) 画水平线　(b) 画垂直线　(c) 向左画斜线　(d) 向右画斜线

图 9-32　画直线

（2）画圆。画圆时先徒手作两条相互垂直的中心线，定出圆心，再根据直径大小，用目测估计半径的大小后，在中心线上截得四点，然后徒手将各点连接成圆。当所画的圆较大时，可过圆心多作几条直径，在上面找点后再连接成圆，如图 9-33 所示。

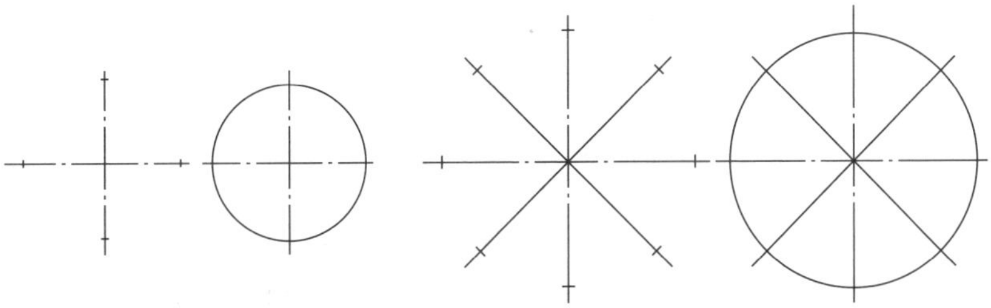

(a)　(b)

图 9-33　画圆

（3）画椭圆。先画出椭圆的长短轴，并用目测定出其端点位置，过这四点画一矩形，再与矩形相切画椭圆，如图 9-34（a）所示；也可利用外接菱形画四段圆弧构成椭圆，如图 9-34（b）所示。

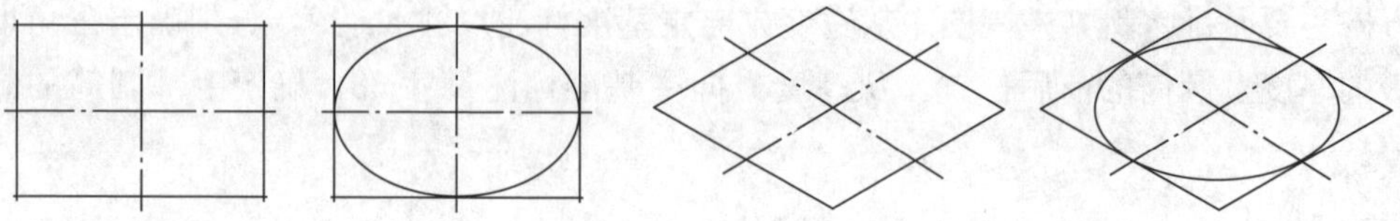
(a)　(b)

图 9-34　画椭圆

任务实施

一、绘图准备

1. 工具准备

本任务要求徒手绘制如图 9-29 所示拨叉的零件图，绘图主要用到铅笔、橡皮等工具，参考拨叉零件的整体尺寸，大体选用 1∶1 比例，用 A4 图纸。

2. 表达方法分析

根据拨叉零件的结构特点，选用主、左两个基本视图；另外选用 A 向局部视图，用以表达零件下部凸台结构；再选用一个移出断面图，用以表达中间连接部分的十字形截面形状。

二、绘制底稿

1. 画图框标题栏，画主视图

按标准绘制不带装订边的 A4 图框，绘制学校用标题栏（暂用细线绘制）。

结合初定的表达方案，参照拨叉零件的实际尺寸，大体对零件图进行布局，选定主视图的位置绘制主视图。如图 9-35 所示，在主视图上选用了上、下两处局部剖视，分别用以表达上部倾斜部分开口槽，以及下部圆形凸台内部盲孔的内部结构。

2. 画左视图

在主视图的右侧，选定合适位置绘制左视图，注意两视图间的投影对应关系。考虑到尺寸及粗糙度等的标注，两视图之间及视图与框线之间留有适当的间隔，如图 9-36 所示。

3. 绘制局部视图及移出断面图

如图 9-37 所示，绘制 A 向局部视图及 $B—B$ 移出断面图。

将局部视图按投影关系配置在右视图的位置，局部视图主要用来表达圆形凸台的外部结构及其在零件中的相对位置。在局部视图下部选用一处局部剖视，用以表达凸台内

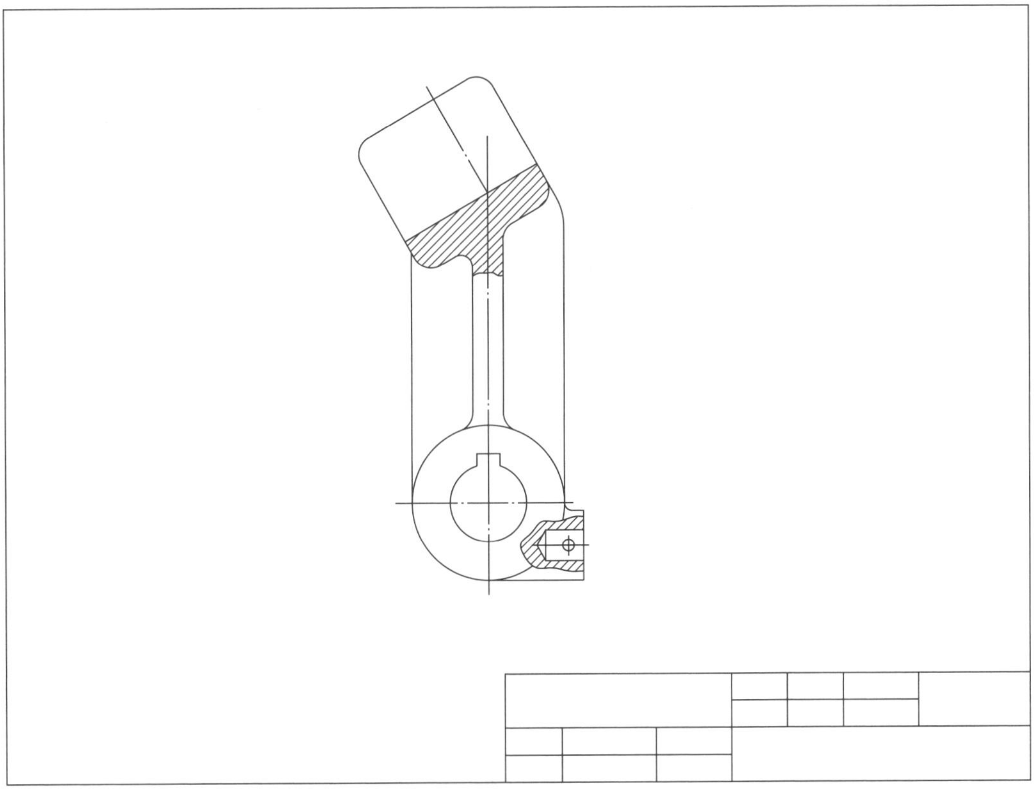

图 9-35 画图框标题栏，画主视图

部锥销孔的内部结构。

移出断面图用来表达拨叉中间连接部分的十字形截面形状。将其配置在局部视图的上方，以合理利用图纸空间。

4. 标注尺寸

如图 9-38 所示，标注零件尺寸及尺寸公差。

5. 标注粗糙度

如图 9-39 所示，标注表面粗糙度要求。

6. 注写技术要求及标题栏内容

如图 9-40 所示，注写技术要求，填写标题栏内容。

三、检查描深

检查无误后描深图线，最后得拨叉零件图，如图 9-41 所示。

拓展训练

拓展 9-3 绘制如图 9-42 所示的连杆零件图，材料为 HT200，图中未注圆角 $R2 \sim R3$。

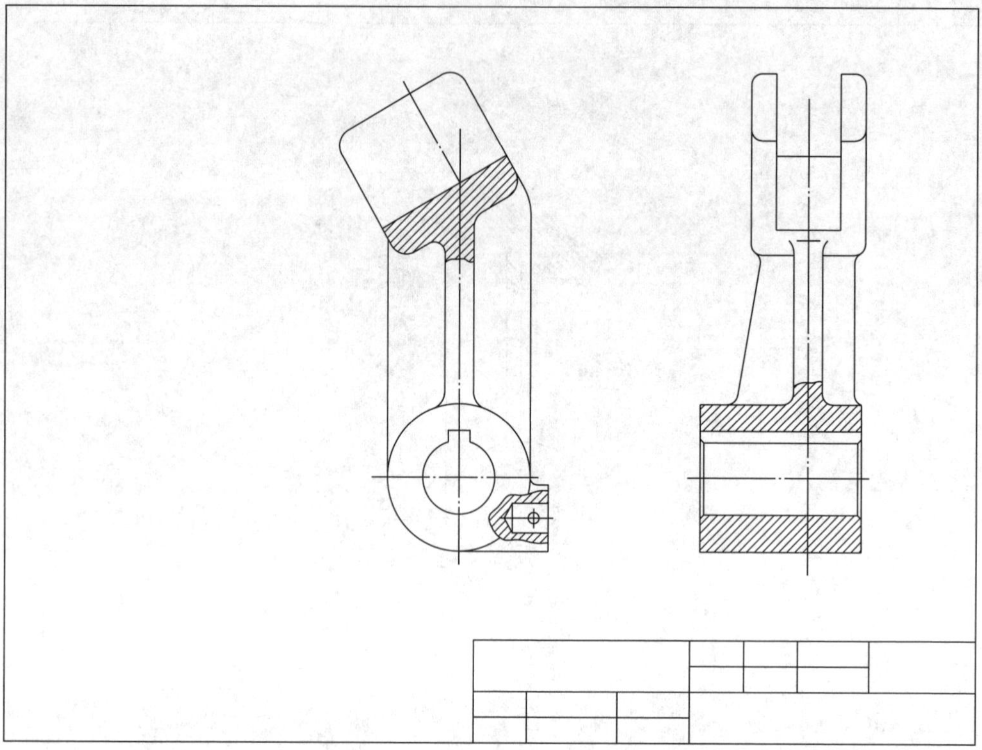

图 9-36　画左视图

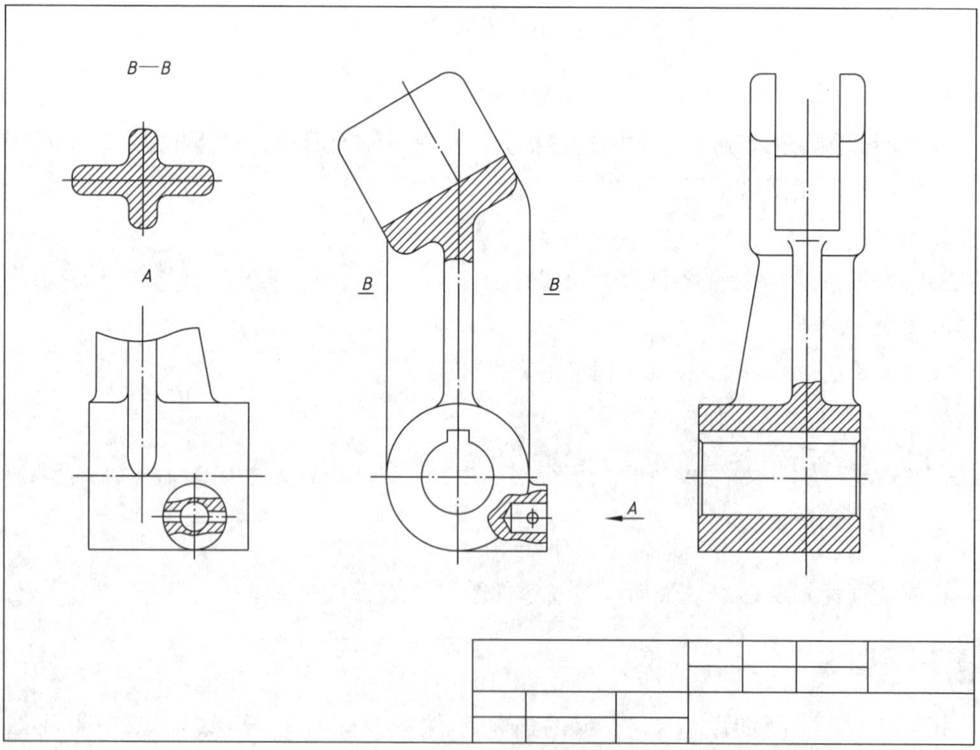

图 9-37　画局部视图及移出断面图

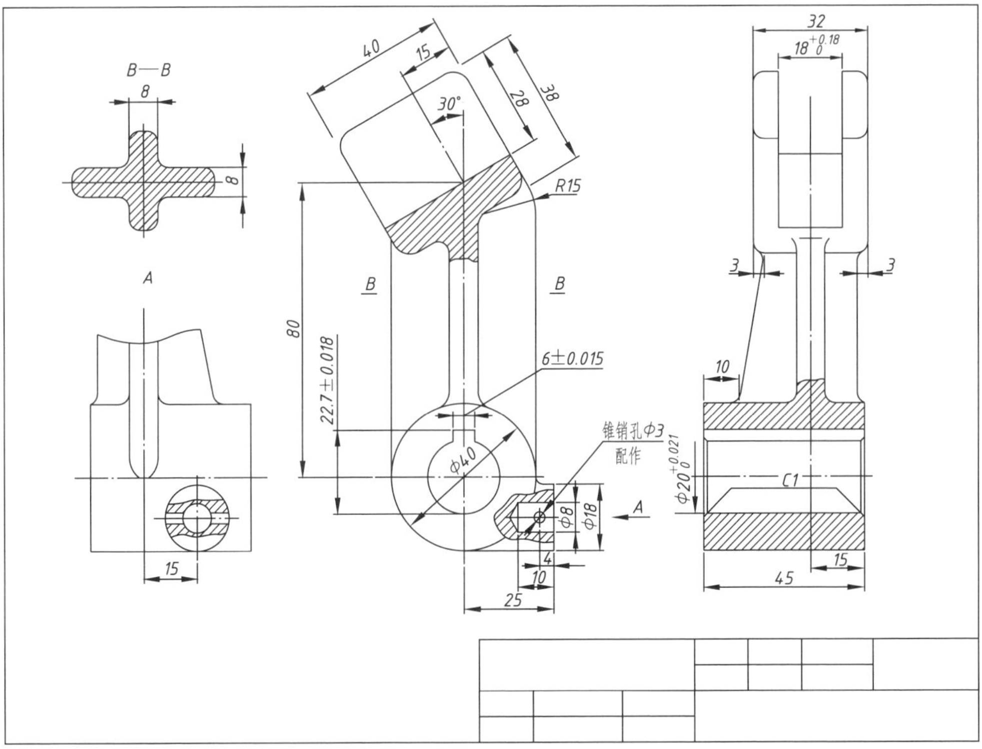

图 9-38 标注尺寸

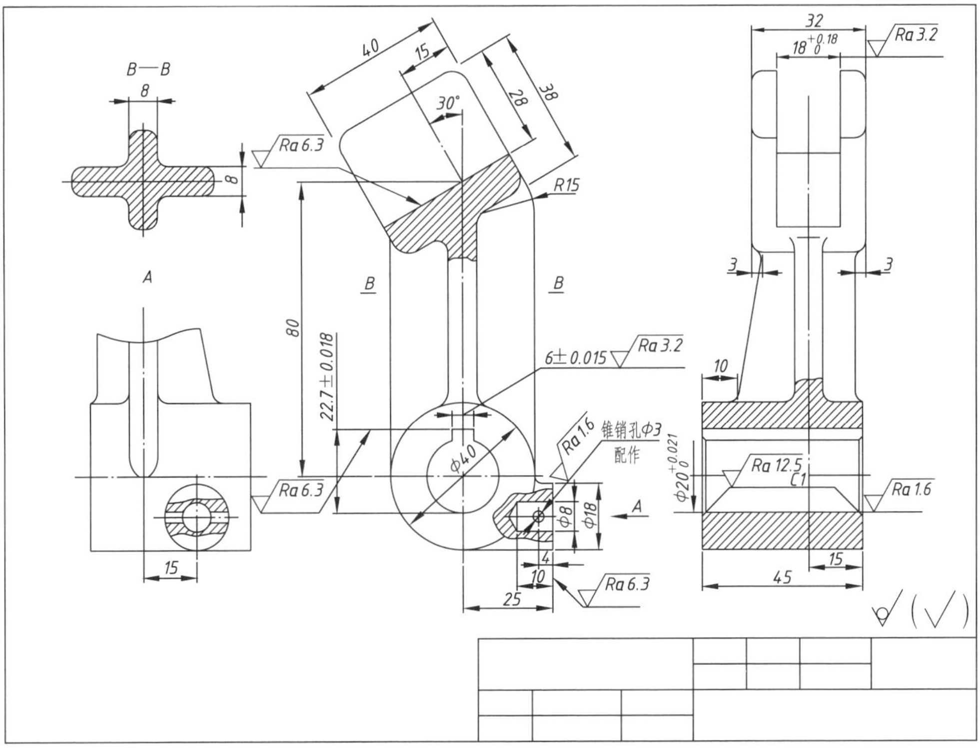

图 9-39 标注表面粗糙度

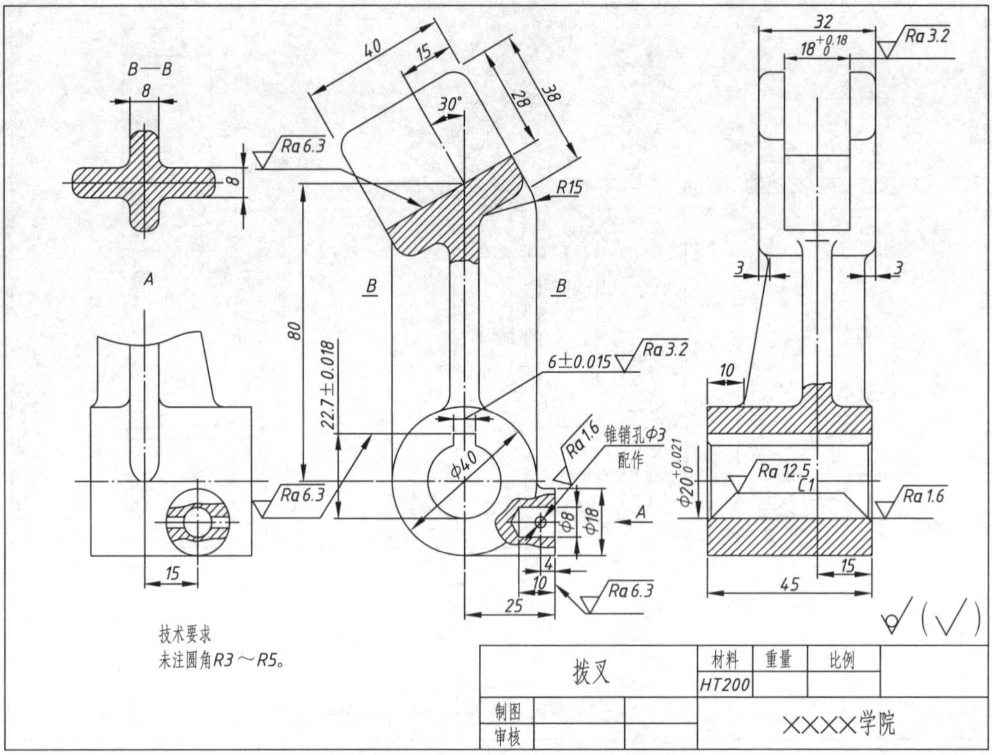

图 9-40　注写技术要求、填写标题栏

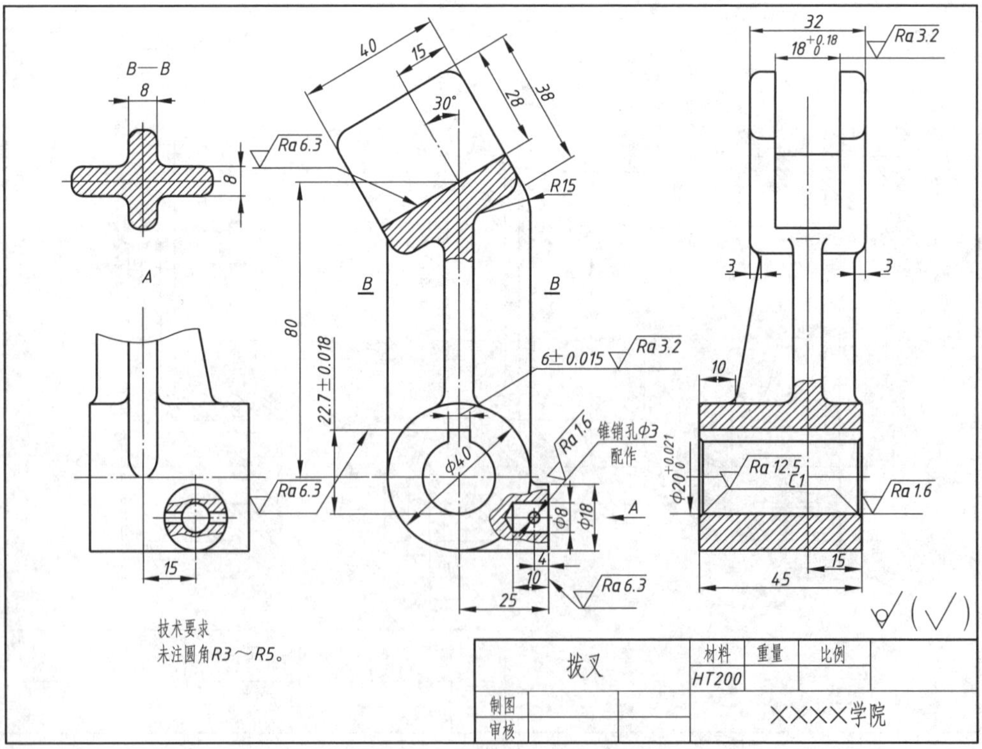

图 9-41　拨叉零件图

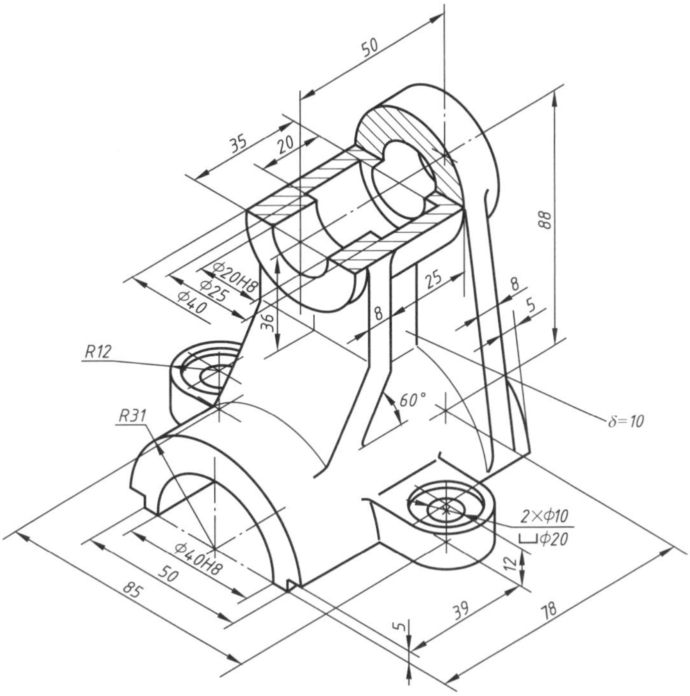

图 9-42 连杆

任务四 识读座体零件图

知识目标：

掌握箱体类零件的功用及结构特点。

掌握箱体类零件的表达方法。

掌握识读零件图的基本方法。

能力目标：

能够正确识读零件图。

能够绘制一般箱体类零件的零件图。

素质目标：

通过识读零件图训练，培养职场意识与严谨细致的职业精神。

任务分析

如图 9-43 所示铣刀头部件座体的零件图，要求读懂该零件图：想象出零件的结构形状，读懂零件图的尺寸及尺寸公差、几何公差、表面粗糙度及其他技术要求。完成该任务需要掌握识读零件图的方法与步骤，熟练运用形体分析法，以及需要足够的空间思维及严谨细致的职业作风。

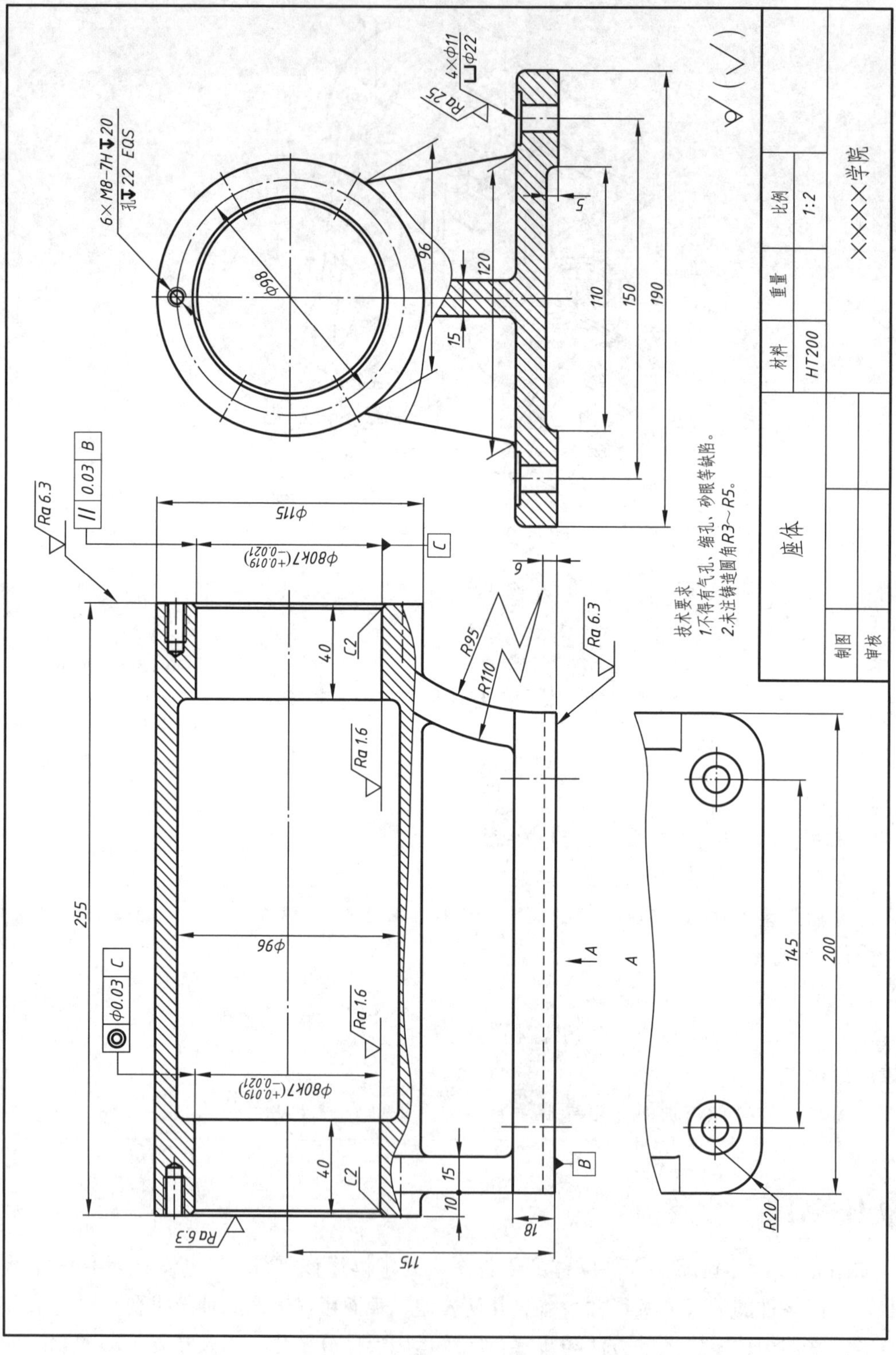
6×M8-7H↧20
孔↧22 EQS
4×Φ11
⌴Φ22
Ra 25
Φ98
96
120
15
5
110
150
190
Φ115
Φ80K7(+0.019 −0.021)
Φ96
255
40
C2
Ra 1.6
Ra 6.3
0.03 B
Φ0.03 C
R95
R110
6
A
B
C
15
10
18
115
145
200
R20
技术要求
1.不得有气孔、缩孔、砂眼等缺陷。
2.未注铸造圆角R3～R5。
座体
制图
审核
材料
HT200
重量
比例
1:2
××××学院

图 9-43　座体零件图

相关知识

一、箱体类零件的结构特点

箱体类零件是机器或部件的基础零件，用来容纳、支承和固定其他零件。常见的箱体类零件有阀体、泵体、箱体和机座等，如图 9-44 所示。根据箱体零件的结构形式不同，可分为整体式和分离式两大类。整体式箱体整体铸造、整体加工，加工较困难，但装配精度高；分离式箱体可分别制造，便于加工和装配，但增加了装配工作量。箱体类零件的结构形式虽然多种多样，但仍有共同特点：形状复杂、内部呈腔形，加工部位多，加工难度大，既有精度要求较高的孔系和平面，也有许多精度要求较低的紧固孔等。

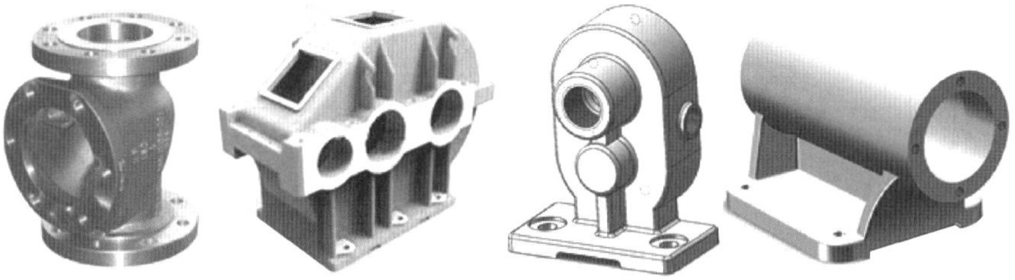

图 9-44　箱体类零件

二、箱体类零件的表达方法

箱体类零件形状结构复杂，加工工序多，加工位置也不统一，所以主视图通常以工作位置和形状特征原则来选择主视图。

（1）视图数量较多，通常需要两个及以上的基本视图，主视图按工作位置放置，且选择结构特征最明显的视向。另外，箱体类零件内部结构较多且较复杂，所以常采用各种剖视图表达。如图 9-45 所示的泵体，主视图按工作位置选择，采用了全剖视图，这样不仅能清晰地反映泵体的内部结构及左端面螺孔的深度，而且明显地反映出泵体各组成部分的相对位置。

（2）其他视图选择是为补充主视图表达的不足而定的，每个视图要有表达的重点。如图 9-45 所示的泵体零件图中，共有两个基本视图，一个 *C*—*C* 全剖视图和一个 *K* 向局部视图。左视图表达了螺栓孔（2×ϕ9）和螺孔（G1/8）的大小和位置，并反映了左端面螺孔（6×M6）和销孔（ϕ3）的分布。*C*—*C* 全剖视图表达了安装底板的形状、螺栓孔的分布及中部连接部分的截面形状。*K* 向局部视图表达了零件右端面的轮廓形状及螺孔（3×M4）的分布。

三、读零件图的方法和步骤

1. 概括了解

从标题栏内容了解零件的名称、用途、材料和图形比例等。浏览全图，对零件的大

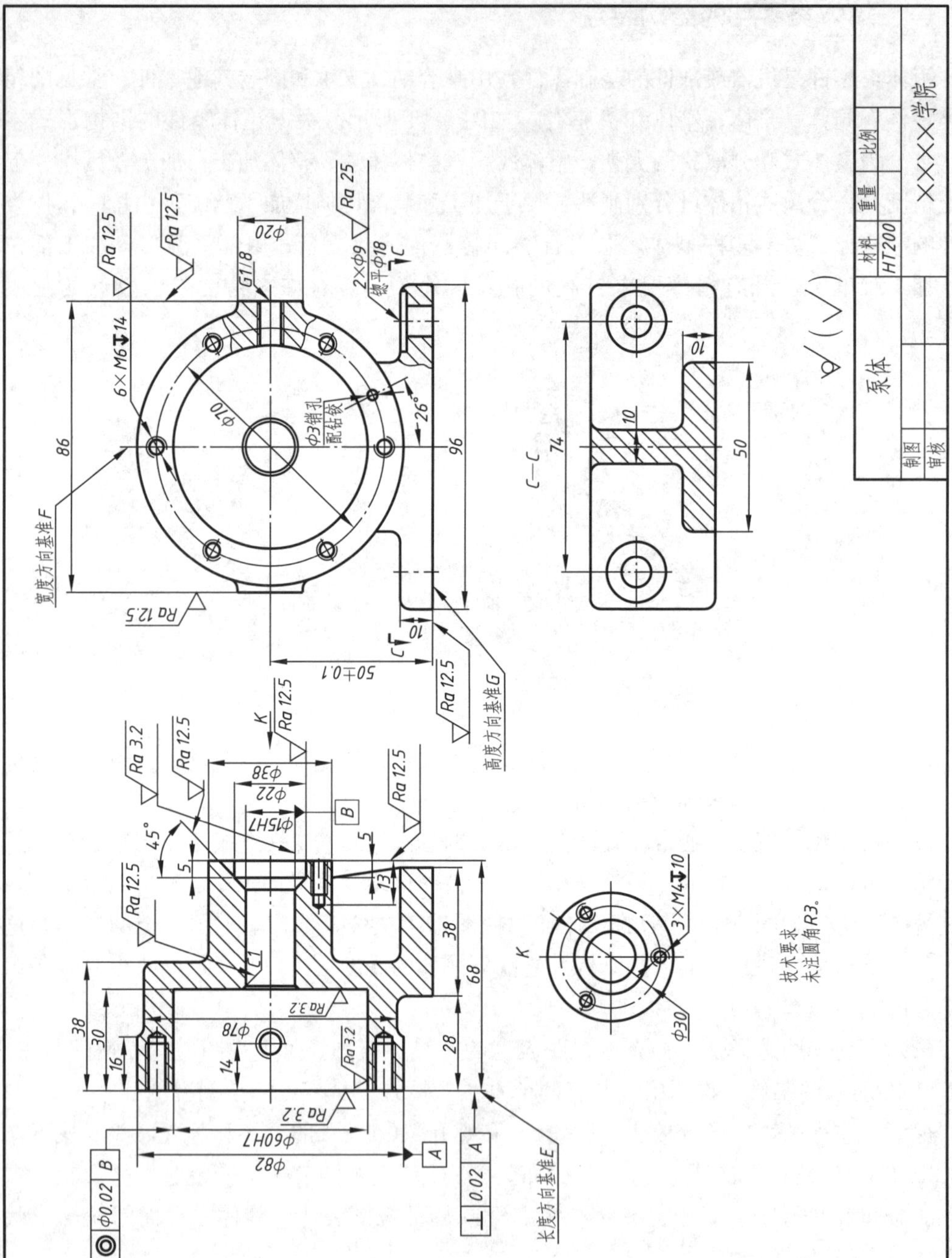

6×M6↧14
ϕ70
ϕ3销孔
配钻铰
26°
G1/8
ϕ20
2×ϕ9
锪平ϕ18
86
96
10
50±0.1
宽度方向基准F
高度方向基准G
C—C
74
50
技术要求
未注圆角R3。
3×M4↧10
ϕ30
ϕ38
ϕ22
ϕ15H7
45°
C1
ϕ78
ϕ60H7
ϕ82
38
30
16
14
28
68
长度方向基准E
⊥ 0.02 A
◎ ϕ0.02 B
泵体
材料
重量
比例
HT200
制图
审核
××××学院

图 9-45 泵体零件图

致形状、复杂程度等有所了解。必要时，也可参考有关技术资料，如装配图与技术说明书等，从而初步判断零件的主要形状与结构。

2. 分析图形，想象零件结构形状

根据视图间的位置关系找出主视图与其他视图，并分析每个视图、剖视图、断面图等的相对位置和投射方向，明确各剖视图、断面图的剖切位置，了解每个视图间的关系及每个视图表达的重点内容。然后根据零件的功用和视图特征采用形体分析法将零件分解成几个部分，并逐个弄清零件各部分的结构形状。对某些不易看懂的结构，可运用线面分析法进行投影分析，最后按各部分的相对位置，想象出整个零件的整体形状。

3. 分析尺寸

零件图上的尺寸是加工制造零件的重要依据。因此，必须对零件的全部尺寸进行仔细分析。分析长、宽、高三个方向的尺寸基准，利用形体分析法找出各部分的定形尺寸和定位尺寸，并根据零件的结构特点，了解功能尺寸和非功能尺寸，确定零件的总体尺寸；同时，还需结合极限偏差及公差带代号和表面结构代号看尺寸，从而找出功能尺寸，进一步想象零件的空间状态。

4. 分析技术要求

技术要求是制造零件的一些质量指标，加工过程必须采取相应的工艺措施予以保证。分析技术要求有助于进一步了解零件的功用。

5. 归纳总结

综合以上分析，把图形、尺寸、技术要求等全部信息综合起来，零件的整体情况便更加清晰。

任务实施

一、看标题栏

从标题栏可知，零件为铣刀头部件的座体，材料为铸铁，牌号为 HT200，绘图比例为 1∶2。座体为铣刀头部件的主体零件，主要用来容纳和安装主轴、轴承、轴承盖等零部件。

二、视图分析

如图 9-43 所示的铣刀头部件座体零件图，可以看出表达方案采用了主、左两个基本视图，以及俯视图位置局部视图。

主视图主要表达座体的轮廓形状，通过局部剖视，表达了座体内部空腔的结构及两端面上 M8 螺纹孔结构。

左视图主要表达座体左端面轮廓形状，以及两端面 M8 螺纹孔的分布情况，通过局部剖视表达肋板宽度、底板上安装孔 $\phi 11$ 的形状。

俯视图位置的局部视图，主要表达安装孔 $\phi 11$ 的分布情况，以及座体底板上 $R20$ 圆角的形状。

三、尺寸标注分析

先分析尺寸基准。以座体上部圆筒的轴线为高度方向尺寸基准；以主视图左端面为长度方向尺寸基准；以左视图的对称中心线为宽度方向的尺寸基准。

再分析尺寸。从图中尺寸标注可知，圆筒的外径为 $\phi115$，长度为 255，圆筒内径为 $\phi80$，内部空腔直径 $\phi96$。底板长 200 标注在 A 向局部视图上，宽 190 标注在左视图上，高度 18 标注在主视图上。左侧支撑板的尺寸标注在左视图上，上面宽 96，下面宽 120，厚度为 15；右侧支撑板呈 $R95$ 的圆弧状，厚度也为 15。肋板厚度为 15。左、右端面上 6 个螺纹孔的螺纹深度为 20，钻孔深度为 22。

四、技术要求分析

标注尺寸公差的只有圆筒两侧的内孔尺寸 $\phi80^{+0.009}_{-0.021}$，表明此处与轴承配合；该处的表面粗糙度要求较高，Ra 值为 0.8μm。圆筒两端面要安装端盖，为防止漏油，表面粗糙度要求 Ra 值为 3.2μm。座体为灰铸铁铸件，其铸造圆角为 $R3 \sim R5$。

五、综合分析

根据上述分析，综合想象出座体的主体部分是一个圆筒，左、右两侧用两块支撑板支撑，为增大支撑强度，中间用了一块肋板支撑。支撑板和肋板下部与底板铸为一体，如图 9-46 所示。

图 9-46　座体

拓展训练

拓展 9-4：识读图 9-47 所示的端盖零件图，要求识读该零件图，并回答以下问题：

（1）零件的主要形体是什么？

（2）端盖的尺寸基准有哪些？

（3）尺寸精度要求最高的表面是哪个面？

（4）机械加工的表面有哪些？

（5）毛坯的制造方法是什么？

（6）M12×1.25 是什么含义？

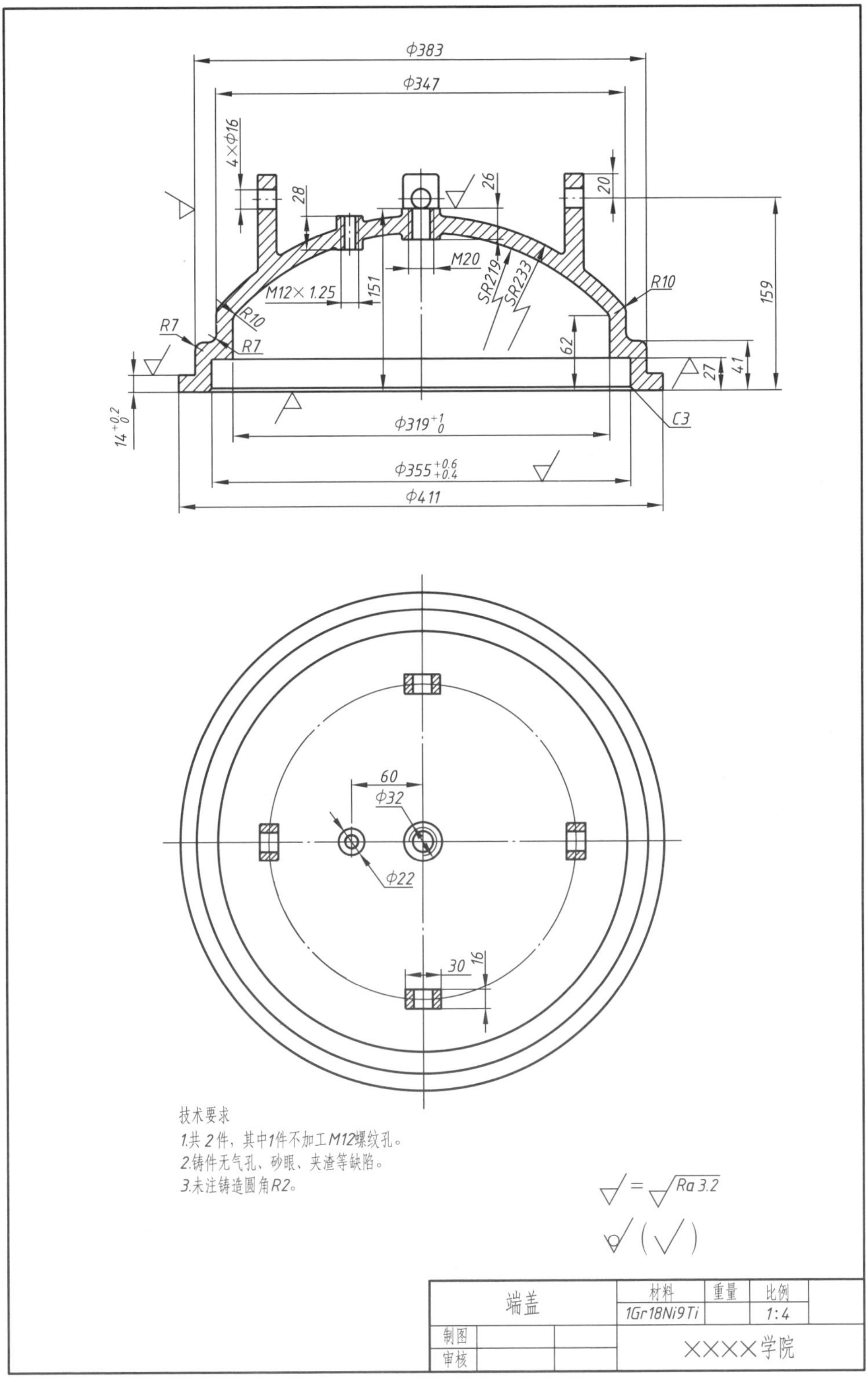
Φ383
Φ347
4×Φ16
28
26
20
M20
SR219
SR233
R10
M12×1.25
151
159
62
41
27
R7
R10
R7
14 +0.2 0
Φ319 +1 0
Φ355 +0.6 +0.4
C3
Φ411
60
Φ32
Φ22
30
16
技术要求
1.共2件，其中1件不加工M12螺纹孔。
2.铸件无气孔、砂眼、夹渣等缺陷。
3.未注铸造圆角R2。
Ra 3.2
端盖
材料
重量
比例
1Gr18Ni9Ti
1:4
制图
审核
××××学院

图 9-47　端盖

绘制装配图

机器或部件都是由若干零件按一定要求装配起来的，装配图就是用来表达机器或部件的工作原理以及零部件间的装配、连接关系的图样。装配图是机械设计和生产中的重要技术文件之一。

在产品设计中，一般先根据产品的工作原理画出装配草图，由装配草图整理成装配图，然后根据装配图进行零件设计，并画出零件图；在产品制造中，装配图是制订装配工艺规程、进行装配和检验的技术依据；在机器使用和维修时，也需要通过装配图来了解机器的工作原理和构造。

图 10-1 所示为滑动轴承装配图，从图中可以看出，装配图一般包括以下内容：

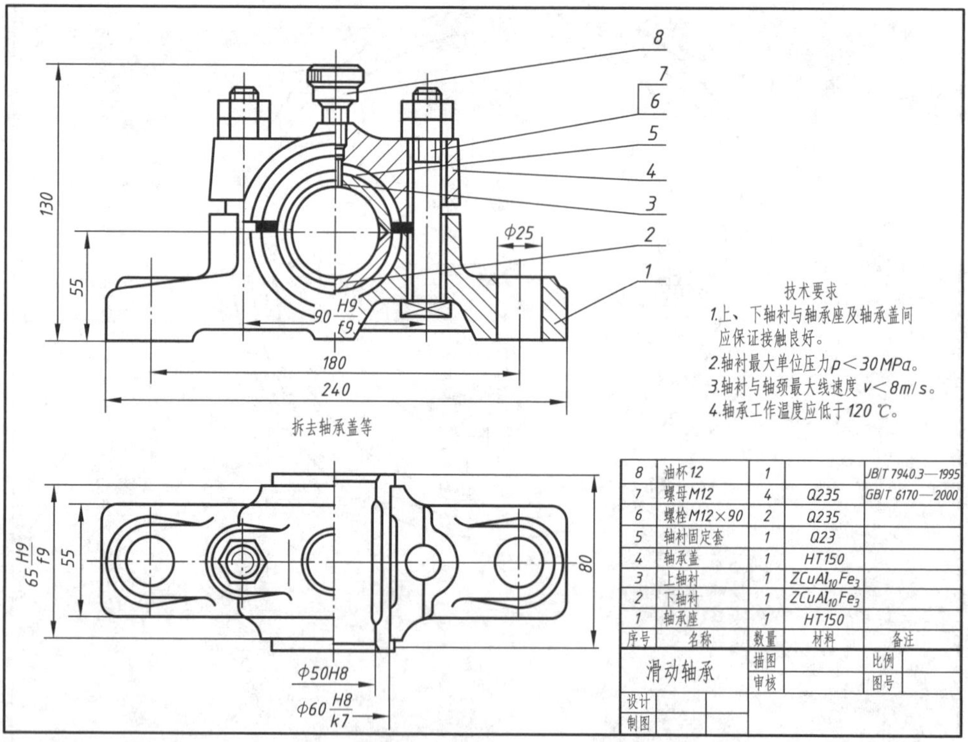

序号	名称	数量	材料	备注
8	油杯12	1		JB/T 7940.3—1995
7	螺母M12	4	Q235	GB/T 6170—2000
6	螺栓M12×90	2	Q235	
5	轴衬固定套	1	Q23	
4	轴承盖	1	HT150	
3	上轴衬	1	$ZCuAl_{10}Fe_3$	
2	下轴衬	1	$ZCuAl_{10}Fe_3$	
1	轴承座	1	HT150	

滑动轴承	描图		比例	
	审核		图号	
设计				
制图				

图 10-1　滑动轴承装配图

（1）一组视图：用一组视图表达机器的工作原理、各零件间的相对位置及装配关系、连接方式、传动路线及主要零件的结构形状等内容。

（2）必要的尺寸：如表达机器或部件的规格、装配、检验、安装及外形尺寸等。图

10-1 所示的滑动轴承装配图中，轴孔直径 $\phi 60H8$ 为规格尺寸，180、55、$\phi 25$ 等为安装尺寸，$\phi 60\frac{H8}{f7}$、$65\frac{H9}{f9}$等为装配尺寸，240、130、80 为总体尺寸。

(3) 技术要求：在装配图的空白处（一般在标题栏、明细栏的上方或左侧），用文字、符号等说明机器或部件的性能和装配、调整、试验或使用等方面的有关要求。

(4) 标题栏、零件序号与明细栏：标题栏位于装配图的右下角；在装配图中，对每个零件都需进行编号，并编制明细栏；明细栏绘制在标题栏上方，在明细栏中填写零件的序号、名称、数量、材料、标准代号等内容。

任务一 绘制旋塞阀装配图

知识目标：

掌握装配图的视图表达方法与尺寸标注。

掌握零件编号法则与明细栏的绘制方法。

掌握常见装配工艺结构等基本知识。

能力目标：

能够根据零件图绘制装配图。

能够合理编排零件序号，正确绘制装配图的明细栏。

能够正确绘制常见的装配结构。

素质目标：

正确理解装配图的规定画法，养成严谨规范的职业习惯。

通过装配图的绘制，进一步训练全局意识与综合解决问题的能力。

任务分析

如图 10-2 所示为旋塞阀装配示意图及零件图，旋塞阀常用于流体的管路中，用以

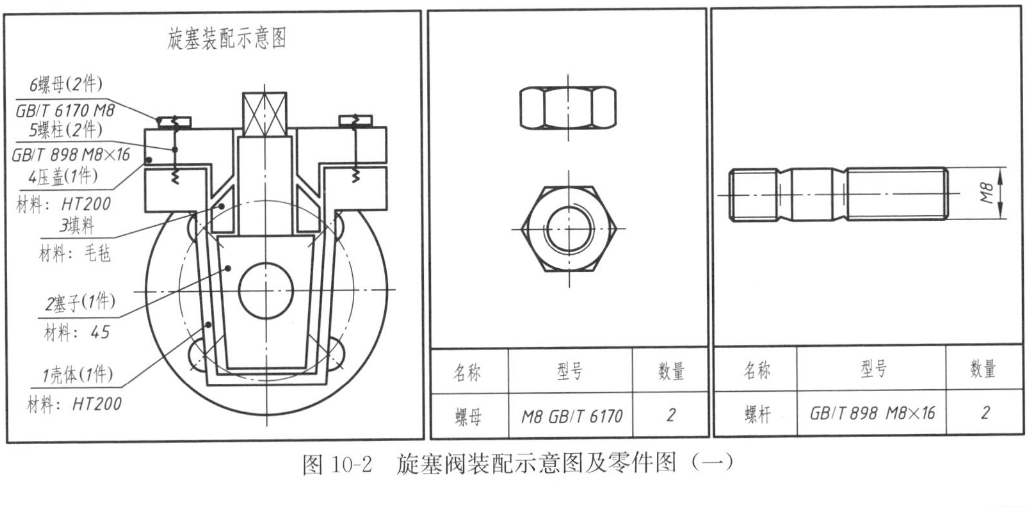

图 10-2 旋塞阀装配示意图及零件图（一）

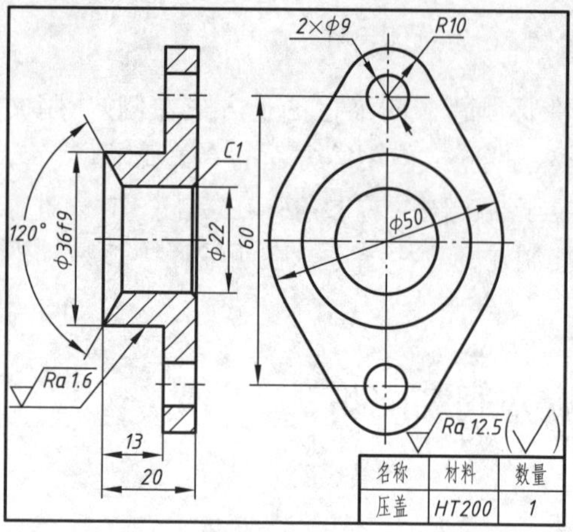

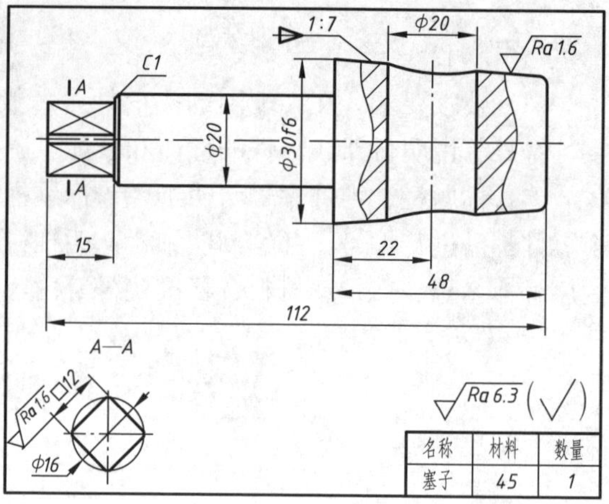

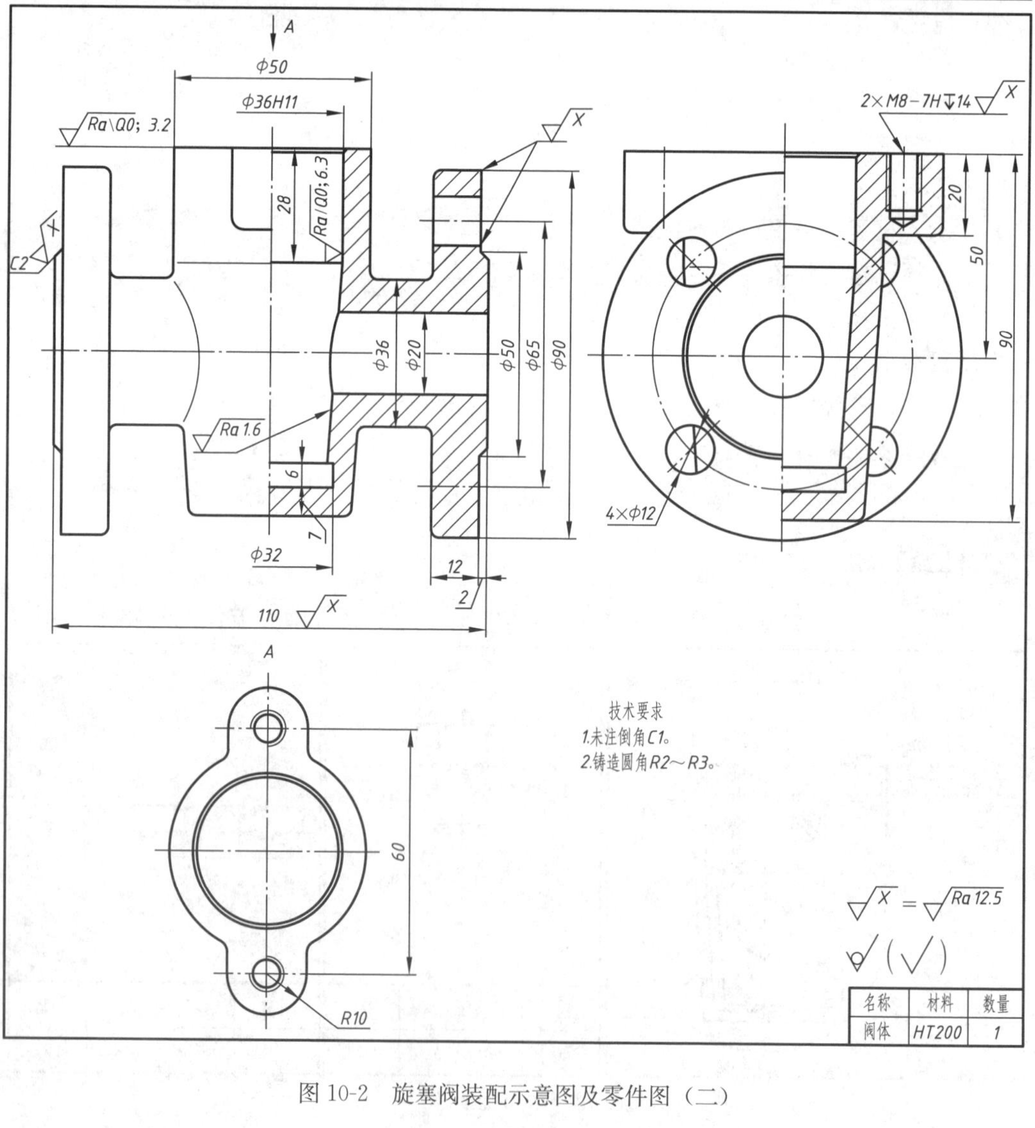

图 10-2　旋塞阀装配示意图及零件图（二）

管路的切断与接通。旋塞阀主要由阀体、塞子、填料、压盖、螺杆、螺母等零件组成。主要技术要求如下：

（1）旋塞阀关闭位置时，不得有泄漏。

（2）工作压力为 2.5×10^5 Pa。

（3）填料压紧后的高度约为 19mm。

要求依据图 10-2 所示的旋塞阀的装配示意图及零件图，绘制旋塞阀装配图。

相关知识

一、装配图的表达方法

装配图与零件图都是通过正投影原理，来表示对象（装配体或零件）的内外结构，零件图中所应用的各种表达方法，如各种视图、剖视图、断面图等都适用于装配图。此外，除前述表达方法外，有关标准还对装配图的画法做了若干专门规定。

1. 装配图的规定画法

（1）两相邻零件的接触表面和配合表面只画一条线，非接触表面（即使间隙很小）要画成两条线，如图 10-3 所示。

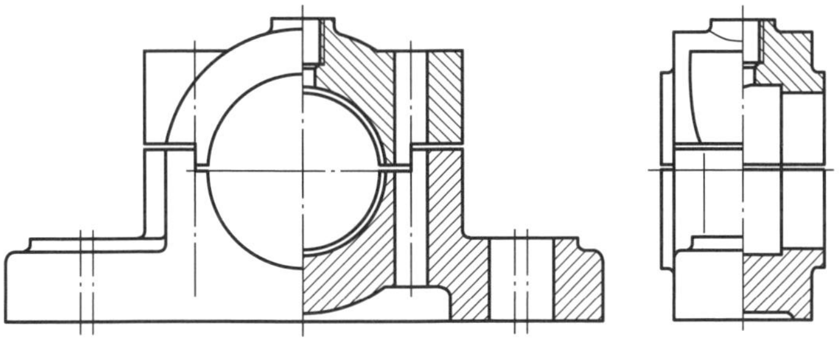

图 10-3 装配图规定画法（一）

（2）同一个零件所有视图上的剖面线方向相同、间隔相等，相邻两个或多个零件的剖面线方向相反或方向相同而间隔不相等。其目的是有利于找出同一零件的各个视图，想象其形状和装配关系。

（3）对于紧固件以及实心的球、轴、键等零件，若剖切平面通过其对称平面或回转轴线时，则这些零件均按不剖绘制。如果需要表达这些零件上的孔、槽等构造，可用局部剖视图表示，如图 10-4 所示。

2. 装配图画法的特殊规定与简化画法

（1）假想画法。如选择的视图已将大部分零件的形状、结构表达清楚，但仍有少数零件的某些方面还未表达清楚时，可单独画出这些零件的视图或剖视图。为表示部件（或机器）的作用和安装方法，可将其他相邻零件的部分轮廓用细双点画线画出（假象轮廓的剖面区域内不画剖面线）。如图 10-5 所示转子油泵的装配图中用细双点画线画出了相邻零件的部分轮廓。

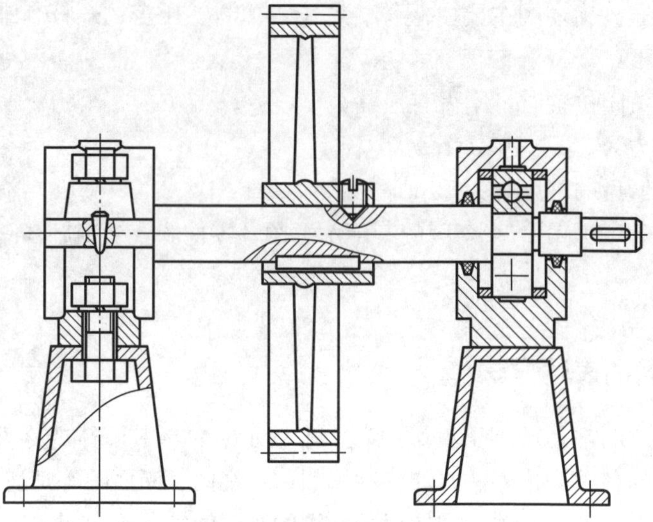

图 10-4　装配图规定画法（二）

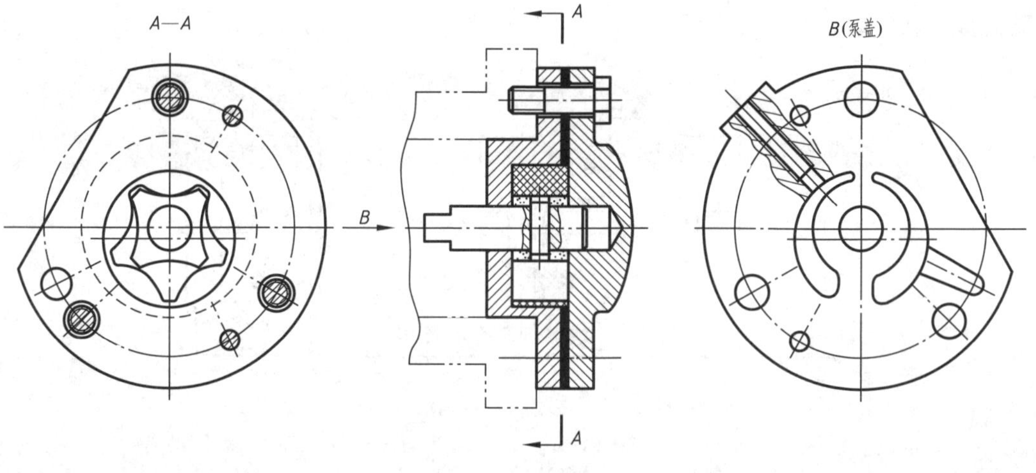

图 10-5　假想画法

（2）拆卸画法。当某些零件的图形遮住了其后的需要表达的零件，或在某一视图上不需要画出某些零件时，可假想拆去某些零件后绘制，也可选择沿零件结合面进行剖切的画法。如图 10-6 所示滑动轴承装配图中的俯视图，是拆去了油杯等零件后绘制的。

（3）简化画法。对于装配图中若干相同的零件和部件组，如螺栓连接等，可详细地画出一组，其余只需用点画线表示其位置即可。对于薄的垫片等不易画出的零件，可将其涂黑。零件的工艺结构，如小圆角、倒角、退刀槽、拔模斜度等，可不画出，如图 10-7 所示。

二、装配图的尺寸标注

装配图的主要作用是表达零部件的装配关系，因此装配图尺寸标注的要求与零件图不同，在装配图中不需注出每个零件的全部尺寸，而只需注出一些必要的尺寸，包括规格尺寸、安装尺寸、装配尺寸、总体尺寸及其他重要尺寸。

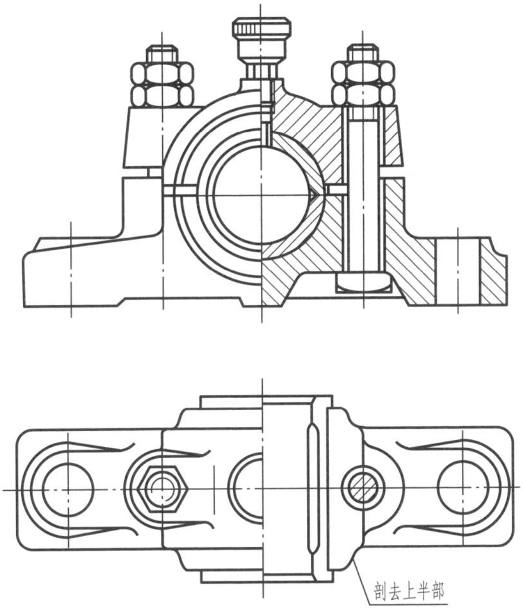

图 10-6　滑动轴承装配图的拆卸画法

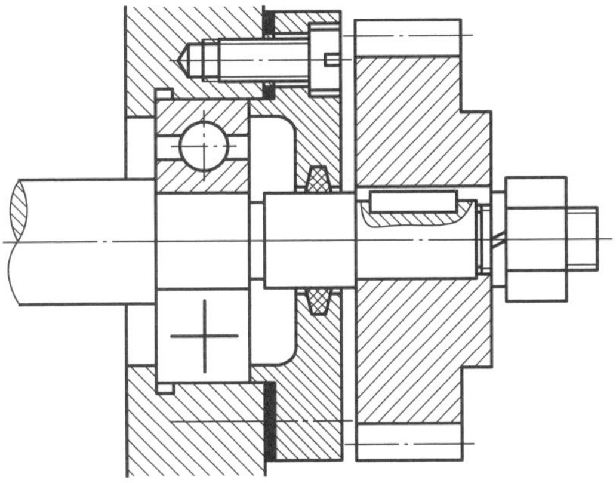

图 10-7　简化画法

（1）规格尺寸：说明部件规格或性能的尺寸，它是设计和选用产品的主要依据。如图 10-1 所示的滑动轴承装配图中，轴孔直径 ϕ50H8 为规格尺寸。

（2）安装尺寸：将部件安装到其他零部件或基础上所需要的尺寸。如图 10-1 所示装配图中，地脚螺栓孔的尺寸 180、ϕ25 为安装尺寸。

（3）装配尺寸：保证部件正确装配，说明配合性质及装配要求的尺寸。如图 10-1 所示装配图中，$\phi 60\frac{H8}{f7}$、$65\frac{H9}{f9}$等为装配尺寸。

（4）总体尺寸：也叫外形尺寸，是机器或部件总长、总宽、总高尺寸，它反映了机器或部件的体积大小，即该机器或部件在包装、运输和安装过程中所占空间的大小。如图 10-1 所示的装配图中，240、130、80 为总体尺寸。

（5）其他重要尺寸：对实现装配体的功能有重要意义的零件结构尺寸或者运动件运动范围的极限尺寸等。

三、装配图零件序号及其编排方法

1. 一般规定

（1）装配图中所有零部件均应编号，规格相同的零件只编一个序号，标准化的组件可作为一个整体，编注一个序号，如螺栓组、滚动轴承、电动机等。

（2）装配图中零部件的序号应与明细栏中的序号一致。

2. 零件编号的形式

装配图中的序号由圆点（或箭头）、指引线（细实线）、水平线（或圆圈）及序号数字组成。具体要求如下：

（1）指引线引出端通常画一圆点，不宜画圆点时，如很薄的零件或涂黑的剖面等，可在指引线引出端画一箭头，箭头指向该零件的轮廓，如图 10-8（a）所示。

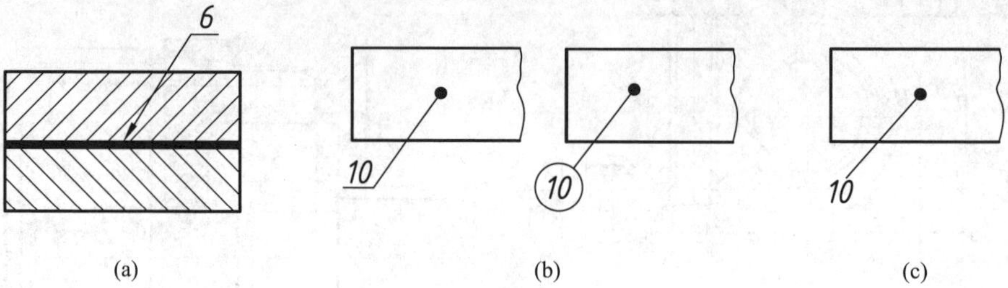

图 10-8　零件序号组成

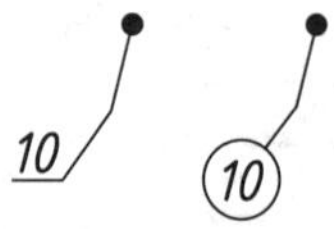

图 10-9　指引线画成折线

（2）序号数字一般注写在水平线上方或圆圈内，见图 10-8（b）；有时序号数字也可以直接注写在指引线附近，见图 10-8（c）。数字字高一般应比尺寸数字大一号或大两号。

（3）指引线一般不要与轮廓线或剖面线等图线平行，指引线与指引线不允许相交，但指引线允许折弯一次，如图 10-9 所示。

（4）对紧固件组或装配关系清晰的零件组，允许采用公共指引线，如图 10-10 所示。

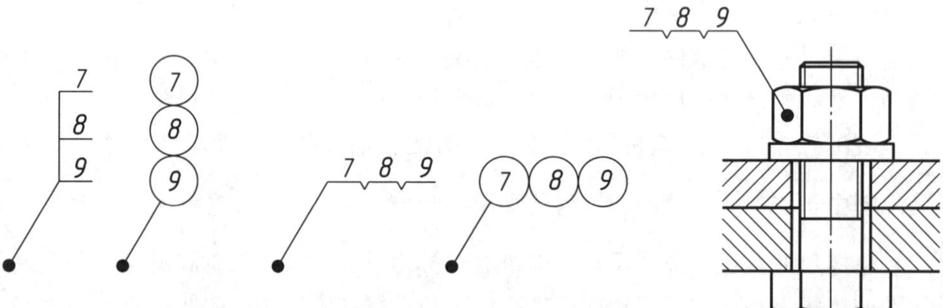

图 10-10　公共指引线

四、装配图的标题栏与明细栏

装配图的标题栏与零件图的一样，由 GB/T 10609. 1—2008《技术制图 标题栏》确定，明细栏则按 GB/T 10609. 2—2009《技术制图 明细栏》规定绘制。

明细栏通常配置在标题栏上方，如图 10-11 所示，必要时也可移一部分至标题栏左边。明细栏序号应与图中零件序号一一对应，并按顺序自下而上填写。若零件过多，在图面上画不下明细栏时，也可作为装配图的续页，用 A4 幅面单独编写，此时顺序应自上而下（表头在上，序号自上而下）。

有时也根据需要设计简易的标题栏、明细栏格式，如图 10-12 所示，为学校常用的一种简易格式（非标准）。

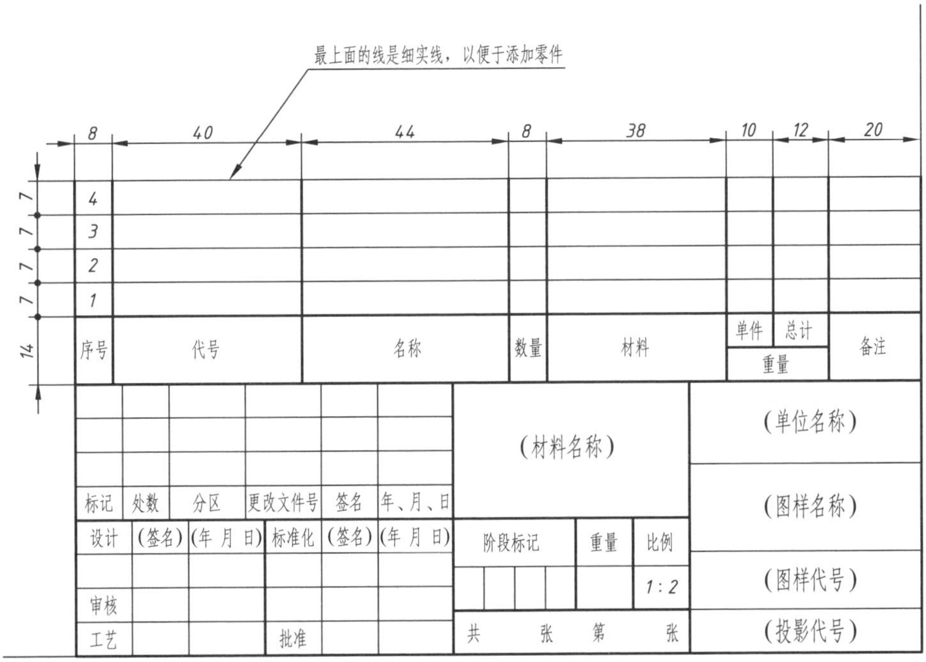

图 10-11 装配图标题栏与明细栏格式

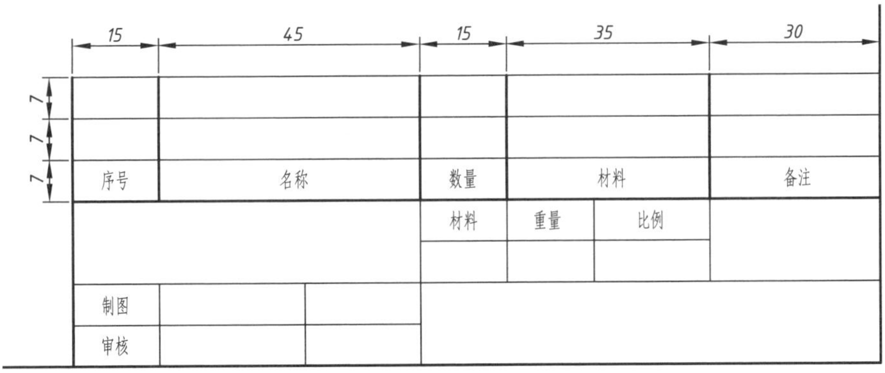

图 10-12 装配图标题栏与明细栏的简易格式

五、常见的装配工艺结构

零件上的一些工艺结构，是为了满足装配要求而设计的，了解这些工艺结构可以更加合理地绘制零件图。

1. 接触面与配合面的合理结构

(1) 为了避免装配时表面互相发生干涉，两零件在同一方向上只应有一个接触面，如图 10-13 所示。

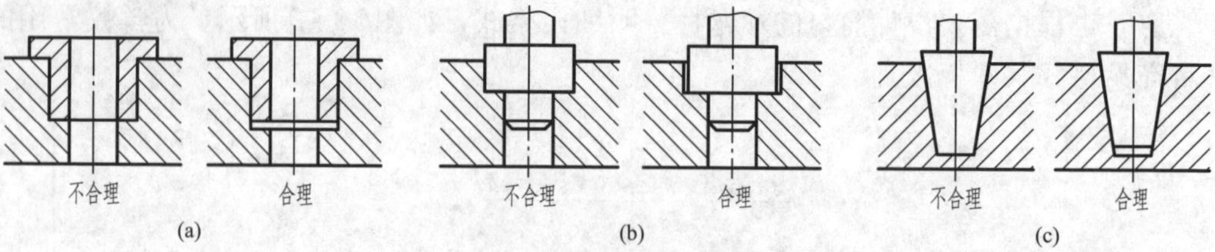

图 10-13　零件的接触面

（2）为了保证轴肩端面与孔端面接触，在转角处应制出倒角、倒圆、凹槽等，以保证接触的可靠性，如图 10-14 所示。

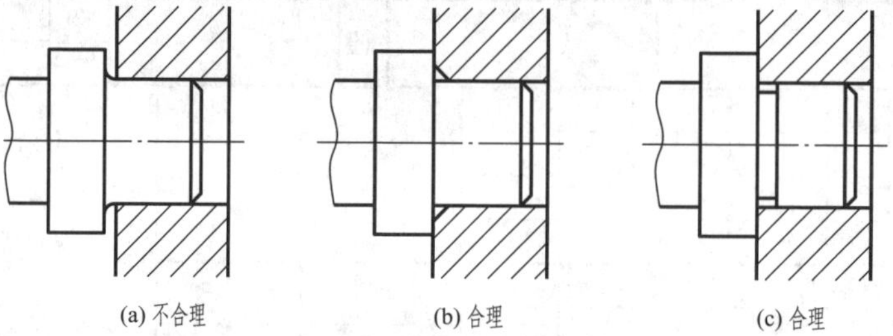

图 10-14　轴肩配合处的结构

2. 便于零件拆卸的工艺结构

（1）便于滚动轴承拆卸的工艺结构，如图 10-15 所示。其中，图 10-15（a）的结构易于拆卸，图 10-15（b）的结构不易拆卸。

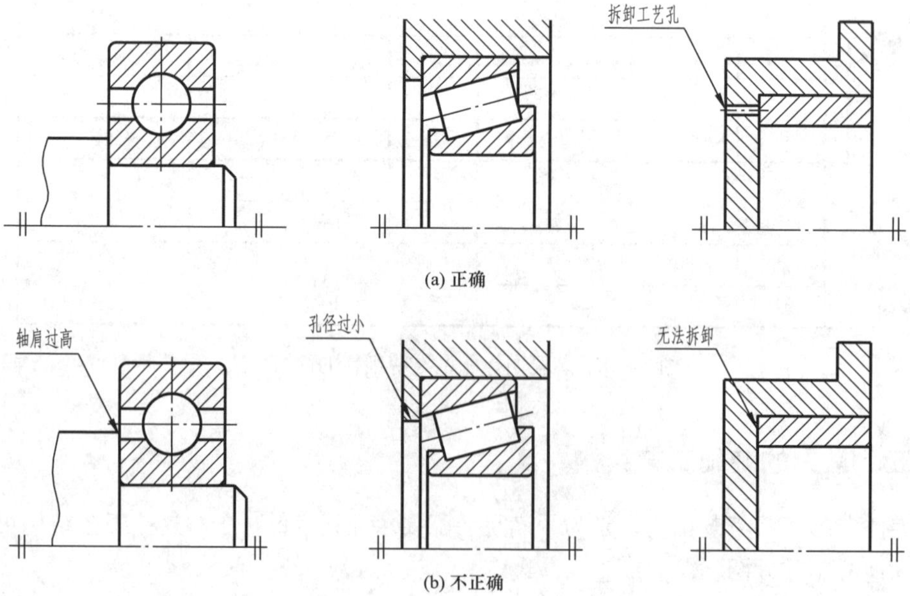

图 10-15　装配结构要便于拆卸

（2）用螺纹连接的部位，要考虑到螺纹连接拆装时螺纹紧固件或拆装工具（如扳手等）所占用的空间，如图 10-16 所示。图 10-16（a）所示的结构易于螺纹紧固件拆装，图 10-16（b）所示的结构不易拆装。

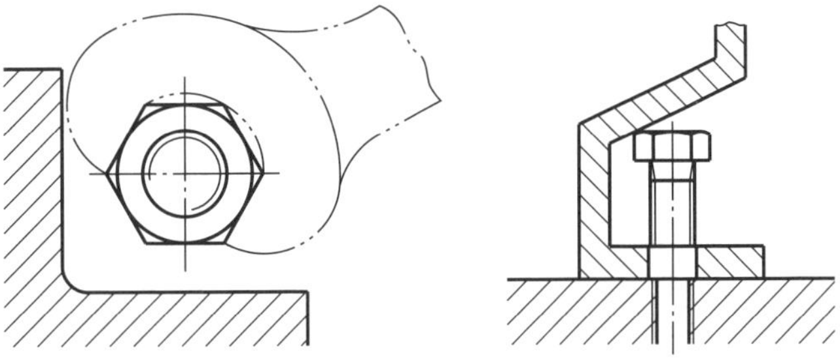

(a) 正确

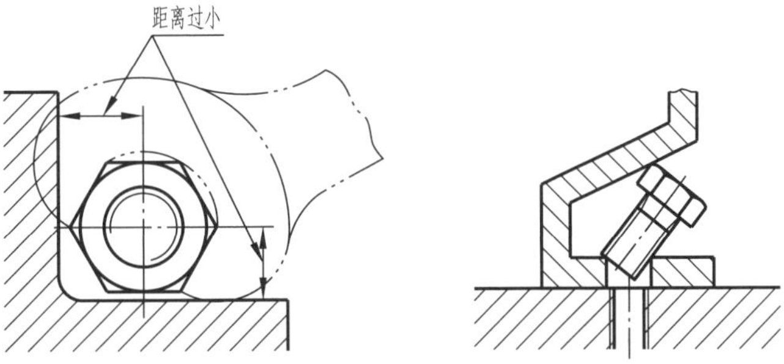

(b) 不正确

图 10-16 螺纹连接装配结构

六、由零件图画装配图

装配图中的视图必须清楚地表达各零件间的相对位置和装配关系、机器或部件的工作原理和主要零件的结构形状。在选择表达方案时，首先要选择好主视图，再选择其他视图。

1. 确定表达方案

（1）选择主视图。主视图通常按工作位置放置，并能够充分表达机器形状特征的方向作为主视图的投射方向，并作适当的剖切或拆卸，将其内部零件间的关系全部表达出来，以便清楚地表达机器主要零件的相对位置、装配关系和工作原理。

（2）选择其他视图。其他视图是对主视图的补充，本着“重点突出、互相配合、避免重复”的原则，将主视图还没有表达清楚的装配关系及零件间的相对位置，选用其他视图给予补充表达。

2. 画装配图的步骤

（1）根据已确定的装配体表达方案，选择绘图比例（尽可能选用 1∶1 比例）和图纸幅面，合理布局各视图的位置。注意留出标题栏、明细栏和技术要求的位置。

（2）画图框、标题栏、明细栏；画各视图的主要轴线、中心线和图形定位基准线。

（3）由主视图入手，配合其他视图，参照装配路线，依次完成图样绘制。

（4）校核底稿、擦去多余图线，进行图线加深，画剖面线、尺寸界线、尺寸线和箭头。

（5）编注零件序号，注写尺寸数字，填写标题栏、明细栏和技术要求，最后完成装配图。

任务实施

一、绘图准备

本任务要求绘制图 10-2 所示的旋塞阀的装配图，由装配关系可以看出：塞子 2 装入壳体 1，配合面为锥面，塞子上方装入密封填料 3，再安装压盖 4，压盖 4 与壳体 1 之间用螺柱 5 与螺母 6 紧固。装配体总高约 130mm，按 1∶1 比例绘制采用 A3 图纸横向布置。

二、视图选择

1. 选择主视图

如图 10-17（a）所示，将箭头所指方向选作主视图投射方向，主视图中假想拆卸螺杆与螺母，并将主视图画成半剖视图，通过剖视可清晰表达壳体、塞子、填料、压盖的结构形状、装配关系及工作原理。

2. 选择其他视图

如图 10-17（b）所示，结合选定的主视图，再选择左视图作为补充表达，在左视图中采用局部剖视，用以表达壳体、压盖及螺柱、螺母之间的装配与连接关系。

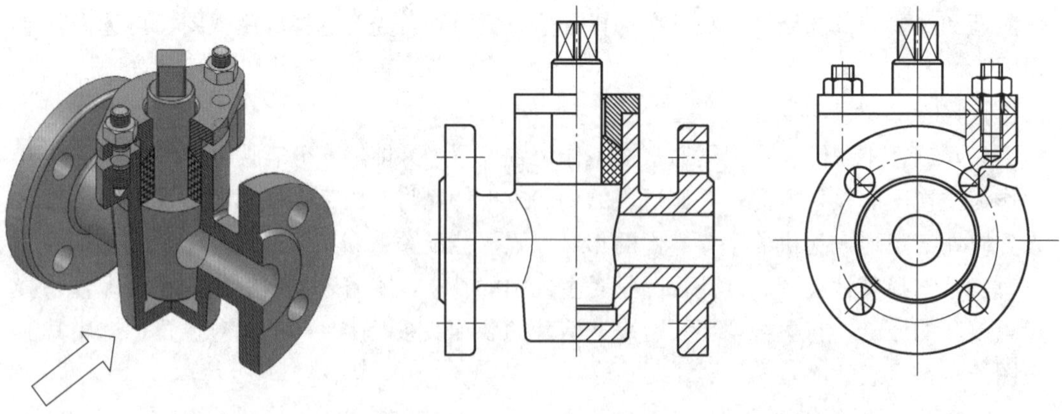

(a) 主视图方向　　(b) 视图布置方案

图 10-17　主视图方向

三、绘图

1. 绘制图框、标题栏及明细栏

绘制图框、标题栏及明细栏，标题栏与明细栏采用简易格式，全部线条暂用细线，如图 10-18 所示。

2. 布局图面，画作图基准线

综合考虑图纸幅面、绘图比例、视图选择、尺寸标注等因素，在绘图区内合理布局视图位置，画出作图基准线，如图 10-19 所示。

3. 画底稿

（1）绘制壳体 1。参考图 10-2（b）所示壳体零件图的尺寸，绘制壳体 1，如图 10-20所示。考虑到左视图只需局部剖开，可暂按视图绘制。

（2）绘制塞子 2。参考图 10-2（b）所示塞子零件图尺寸，画塞子 2，如图 10-21 所示。

（3）绘制填料 3、压盖 4。参考图 10-2（b）所示压盖尺寸，画压盖 4，在压盖、塞子、壳体形成的空腔内画出填料（填料为软性材料，装配图中形状为压盖压紧后所形成），如图 10-22 所示。

（4）绘制螺柱 5、螺母 6：参考图 10-2（a）所示螺柱与螺母的型号，查附表 3、5 得到螺柱 5、螺母 6 的具体尺寸；画出螺柱 5、螺母 6 以及壳体 1、压盖 4 配合处的局部剖视图，如图 10-23 所示。

4. 检查、描深、完成全图

（1）检查底稿，画剖面线。检查底稿，擦除多余线条；绘制剖面线。注意：不同视图中，各零件剖面线方向与间隔均统一，填料为非金属材料，剖面线形状为网格，如图 10-24 所示。

（2）编排零件序号。如图 10-25 所示，沿一个方向，顺序编排零件序号。

（3）标注尺寸。如图 10-26 所示，标注总体尺寸、配合尺寸及安装尺寸等。

（4）填写标题栏、明细栏，注写技术要求。填写标题栏、明细栏的相关内容，在图样下方合适位置，注写技术要求。

（5）按国家标准规定，描深各类图线，得到如图 10-27 所示的旋塞阀装配图。

拓展训练

拓展 10-1：绘制如图 10-28 所示滑轮架零件图及装配示意图，滑轮架组件由托架 1、芯轴 2、衬套 3、滑轮 4 及螺母 5、垫圈 6 组成，其中螺母 5、垫圈 6 为标准件。装配技术要求：滑轮装配后转运灵活，无卡滞现象。要求参照图 10-28 所示的滑轮架零件图与装配示意图，绘制滑轮架装配图。

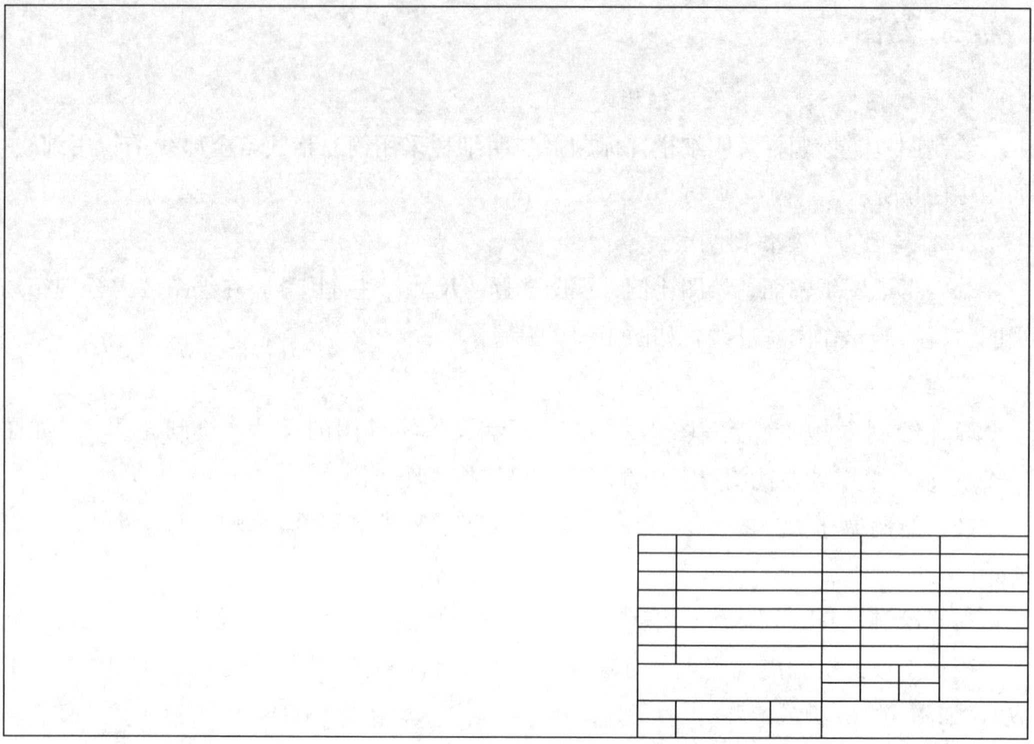

图 10-18　画图框、标题栏、明细栏

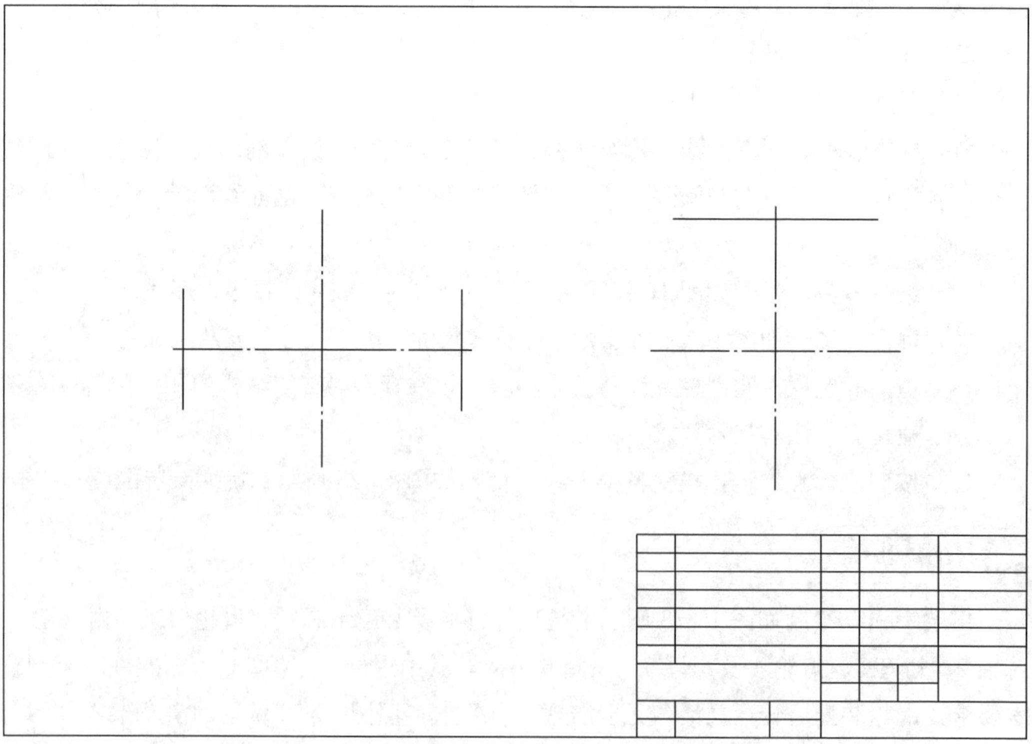

图 10-19　画作图基准线

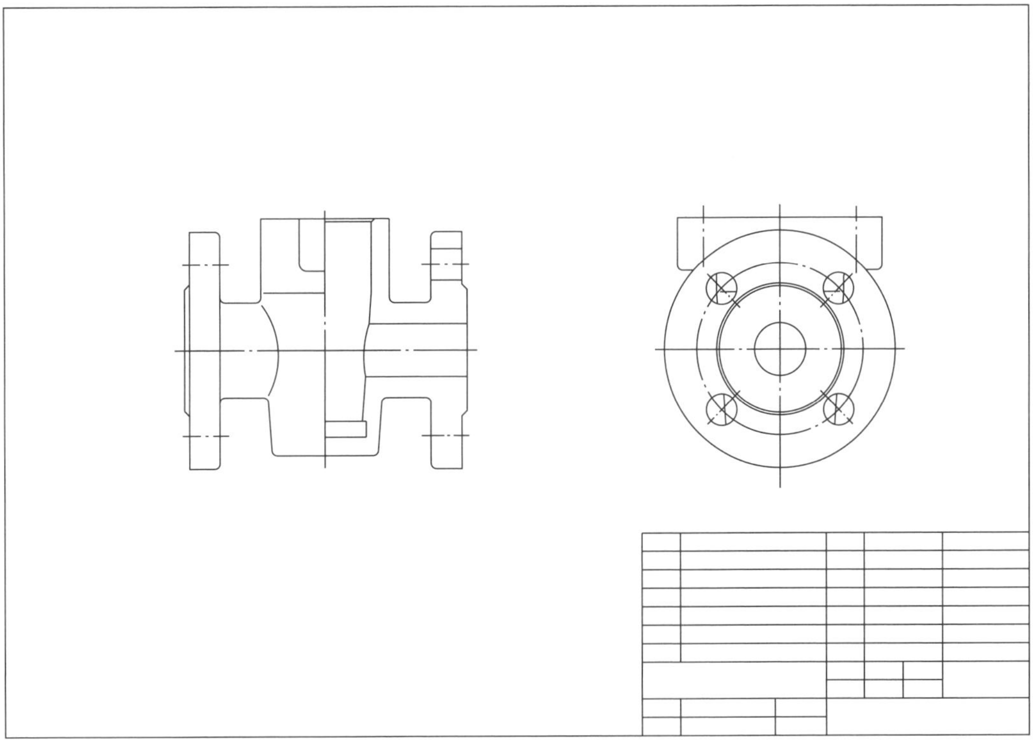

图 10-20 画壳体 1

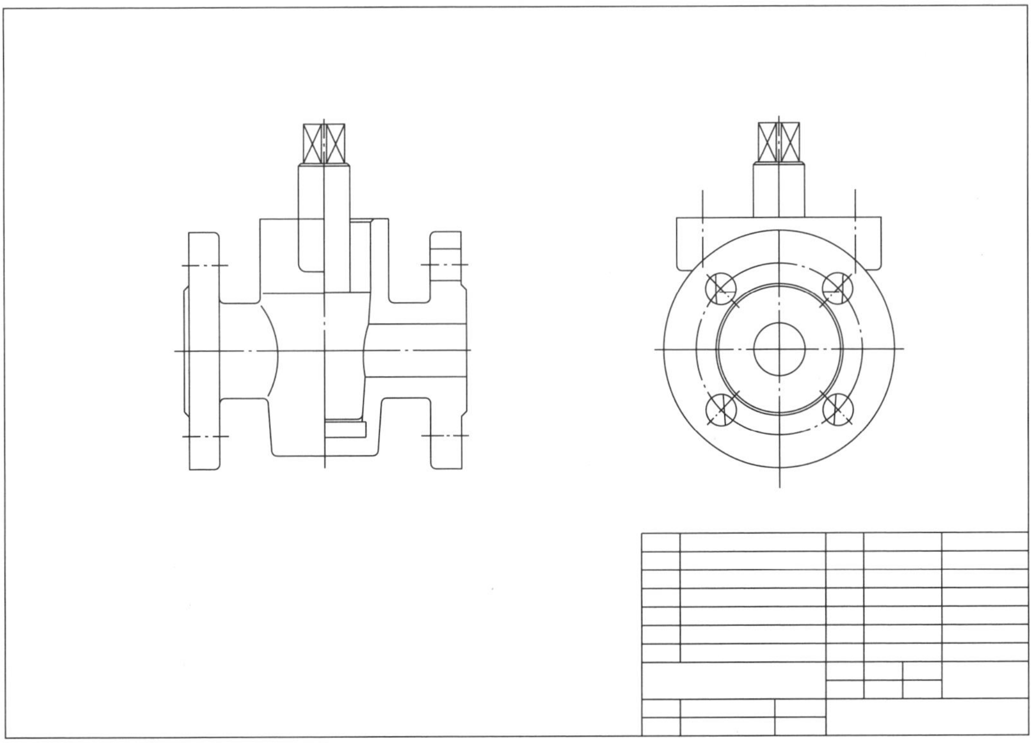

图 10-21 画塞子 2

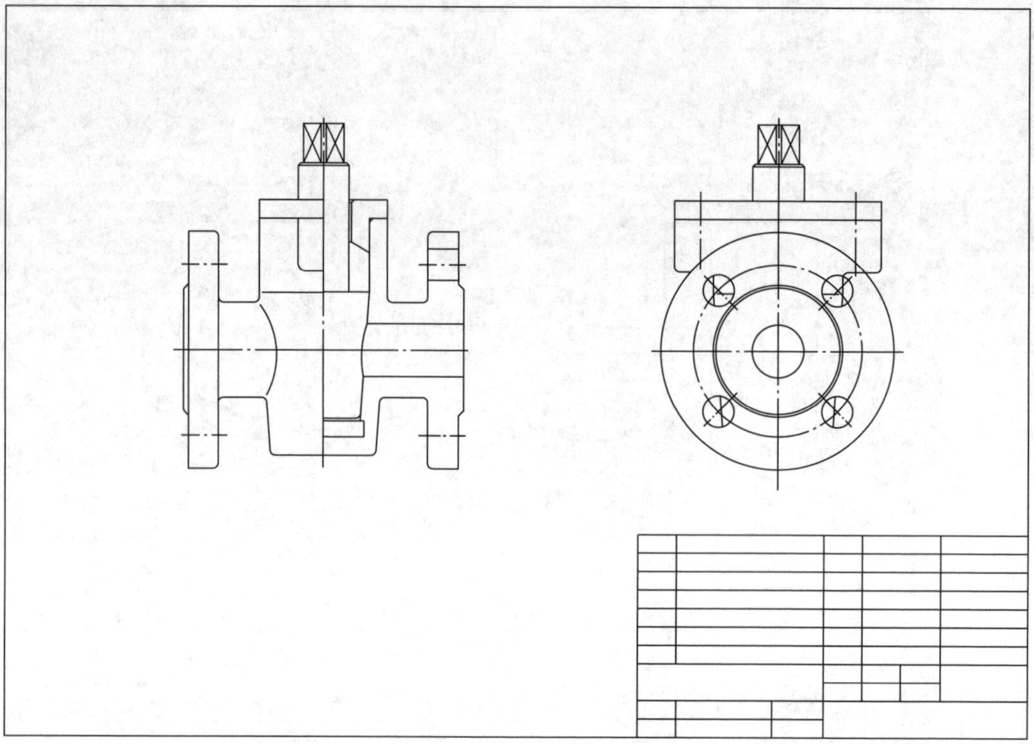

图 10-22　画填料 3、压盖 4

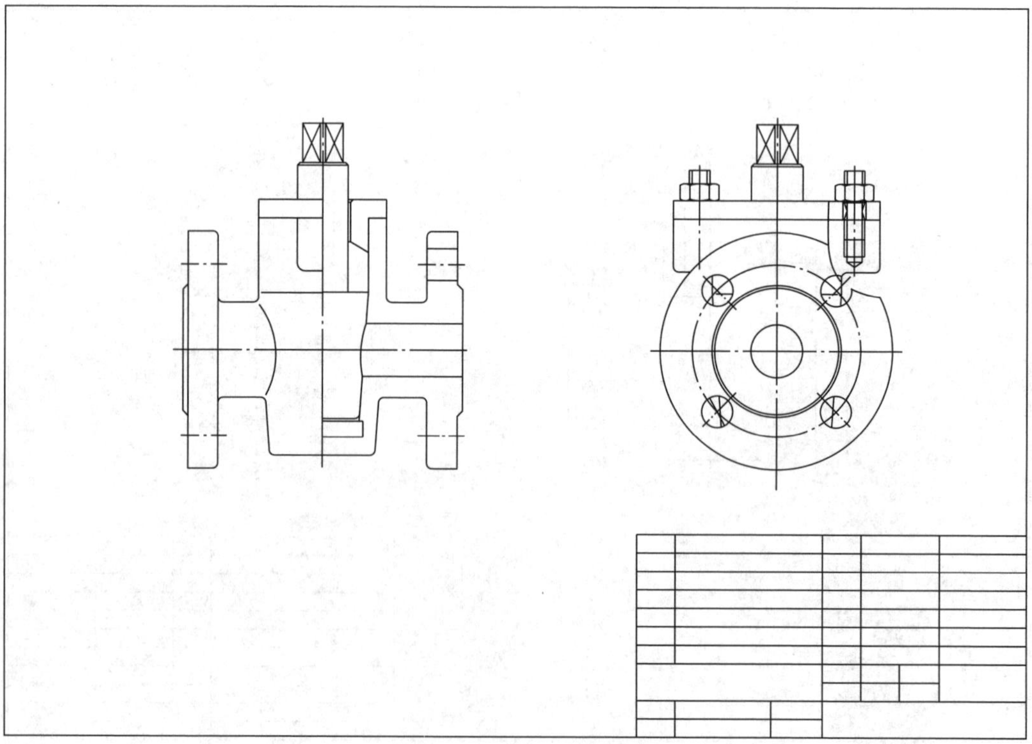

图 10-23　画螺柱 5、螺母 6

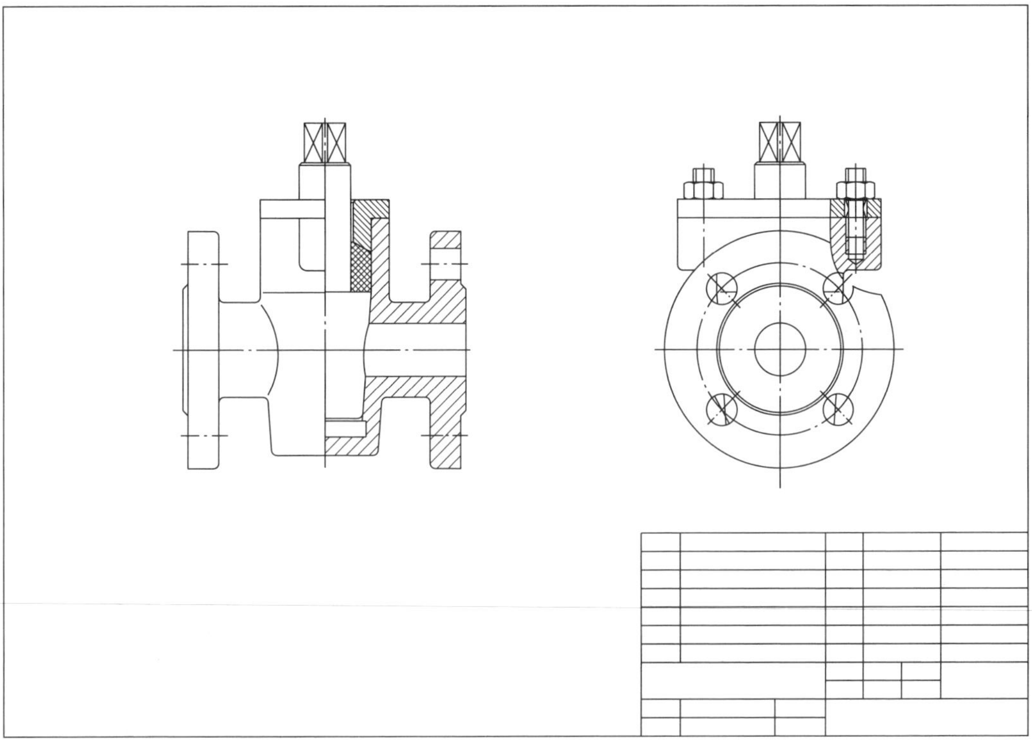

图 10-24 画剖面线

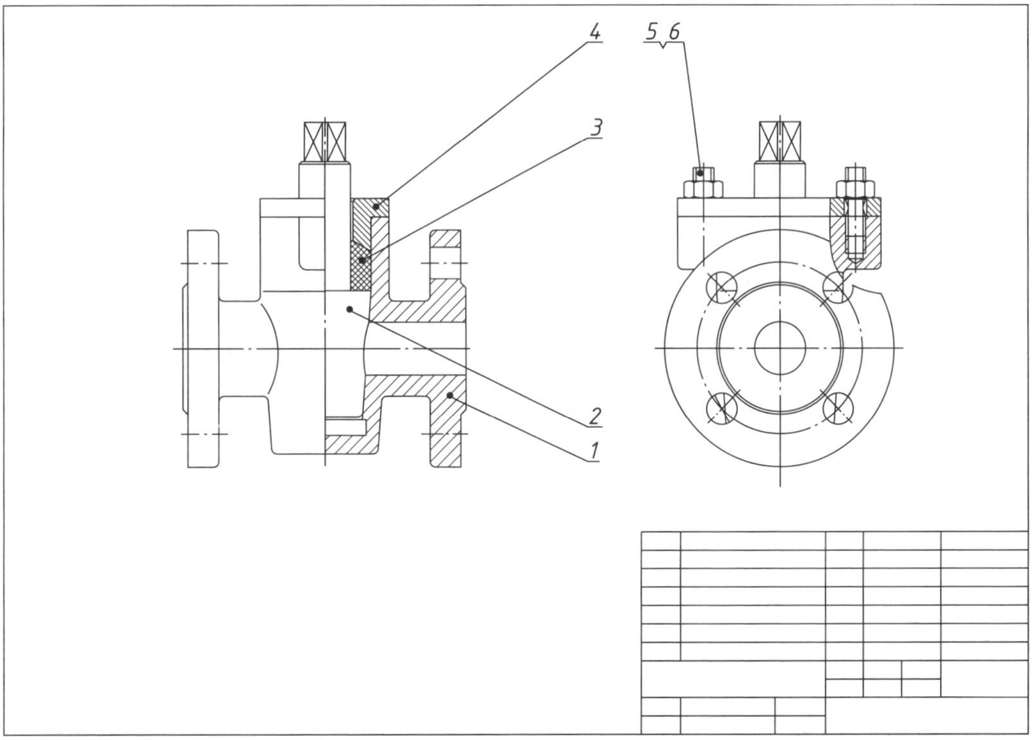

图 10-25 编排零件序号

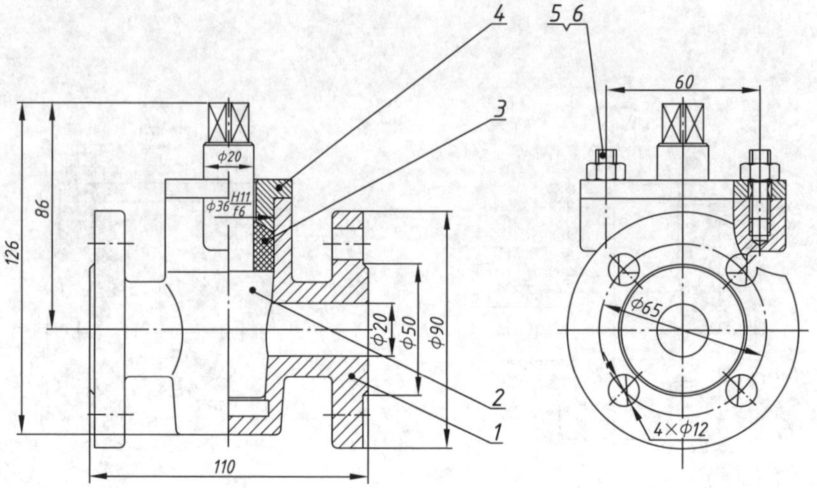

图 10-26 标注尺寸

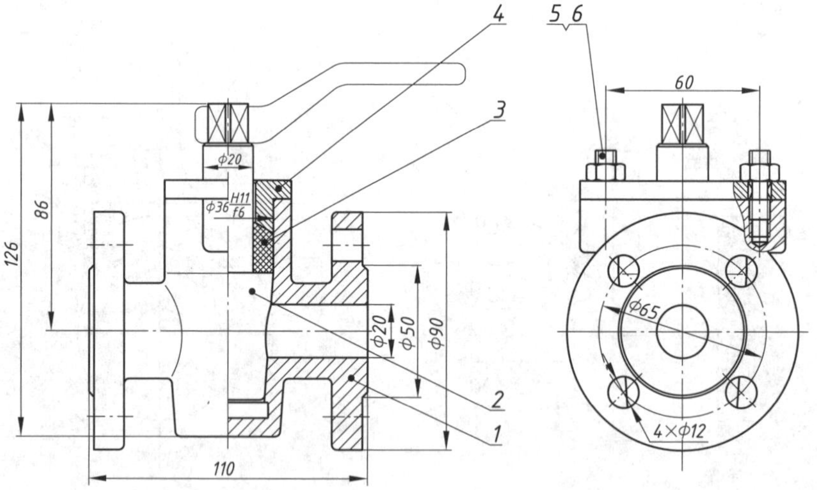

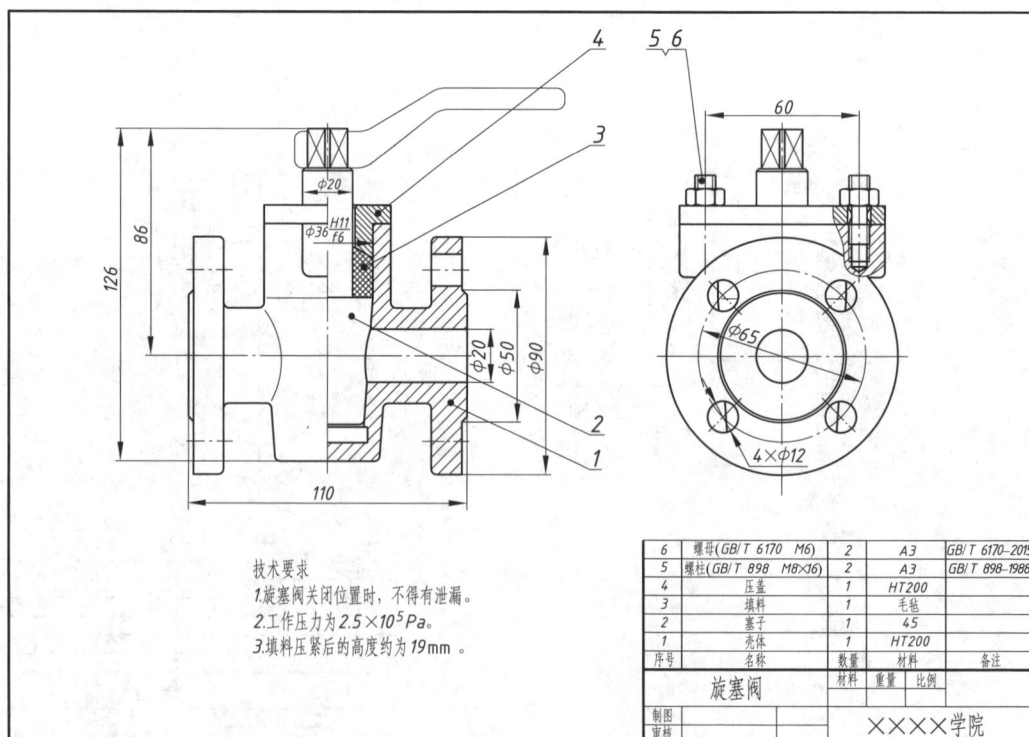

技术要求
1.旋塞阀关闭位置时，不得有泄漏。
2.工作压力为2.5×10^5Pa。
3.填料压紧后的高度约为19mm 。

序号	名称	数量	材料	备注
6	螺母(GB/T 6170 M6)	2	A3	GB/T 6170-2015
5	螺柱(GB/T 898 M8×16)	2	A3	GB/T 898-1988
4	压盖	1	HT200	
3	填料	1	毛毡	
2	塞子	1	45	
1	壳体	1	HT200	

旋塞阀	材料	重量	比例
制图		××××学院	
审核			

图 10-27 旋塞阀装配图

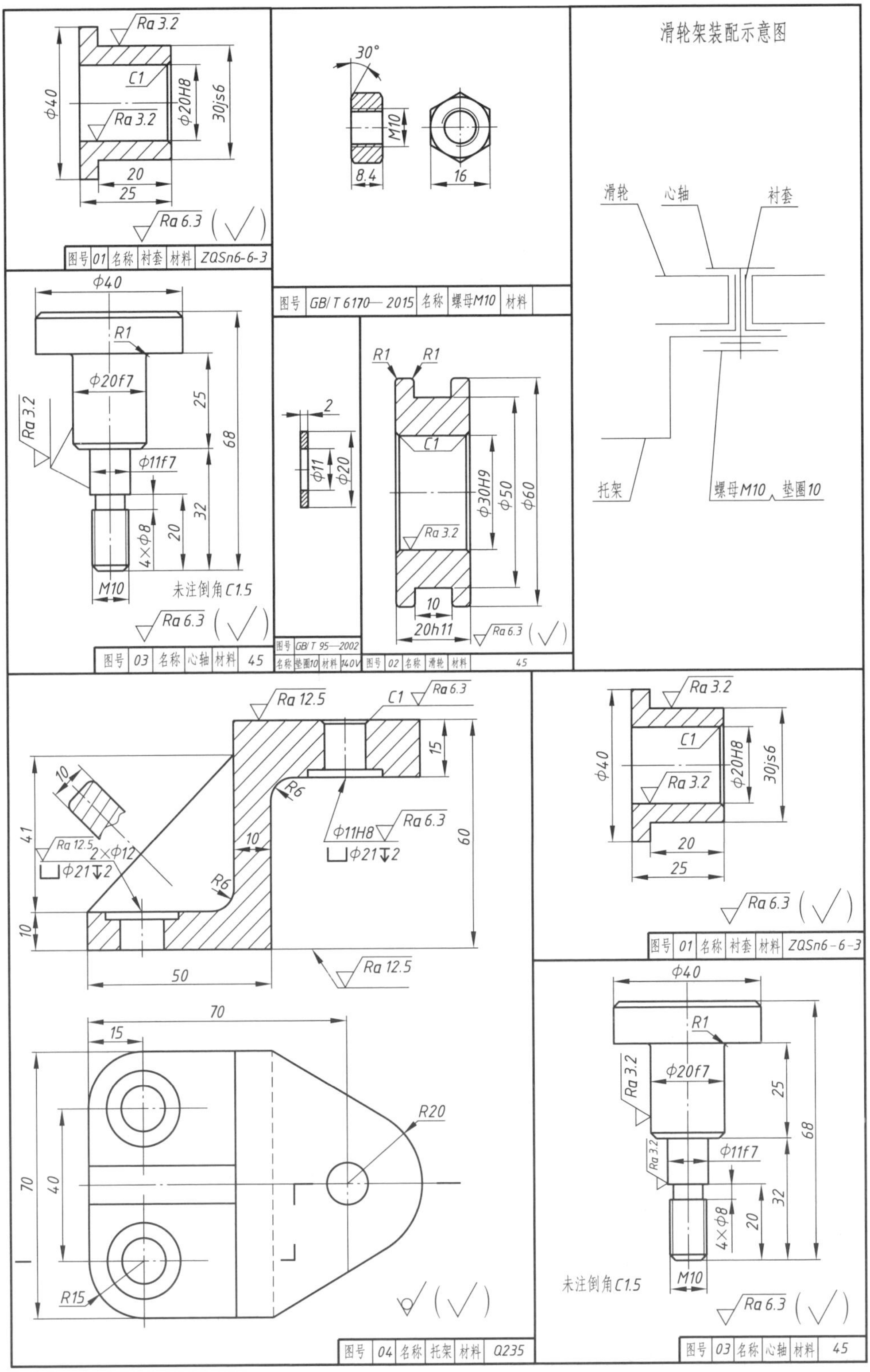

图 10-28　滑轮架零件图、装配示意图

任务二 识读微动机构装配图及拆画支座零件图

知识目标：

掌握识读装配图的基本方法与要求。

掌握装配图拆画零件图基本方法和应注意的问题。

能力目标：

能够正确识读一般复杂程度的装配图。

能够根据装配图分析主要零件的结构形状与作用。

能够根据装配图拆画零件图。

素质目标：

正确识读装配图，养成严谨规范的职业习惯。

通过由装配图拆画零件图，进一步训练综合分析与解决问题的能力。

任务分析

如图 10-29 所示微动机构的装配图，要求读懂装配图，并拆画支座零件图。

微动机构是氩弧焊机中的微调机构，是螺纹传动机构。导杆 10 的右端头有一螺纹孔 M10，用于固定焊枪。当转动手轮 1 时，导杆 10 在导套 9 内做轴向移动进行微调。

该部件中基础零件为支座 8，主要零件有导套 9、导杆 10、轴套 5、手轮 1 等。要完成该学习任务，需首先读懂微动机构装配图，掌握微动机构的工作原理及各零件间的装配与连接关系，结合各视图对主要零件进行投影分析，想象出其结构形状，画出其零件图。

相关知识

一、读装配图的方法与步骤

1. 概括了解

首先从标题栏入手，可了解装配体的名称和绘图比例。从装配体的名称联系生产实践知识，往往可以知道装配体的大致用途。再从明细栏了解零件的名称和数量，并在视图中找出相应零件所在的位置。

另外，浏览一下所有视图、尺寸和技术要求，初步了解该装配图的表达方法及各视图间的大致对应关系，以便为进一步看图打下基础。

2. 详细分析

分析装配体的工作原理，分析装配体的装配连接关系，分析装配体的结构组成情况及润滑、密封情况，分析零件的结构形状。

对照视图，将零件逐一从复杂的装配关系中分离出来，想出其结构形状。分离时，

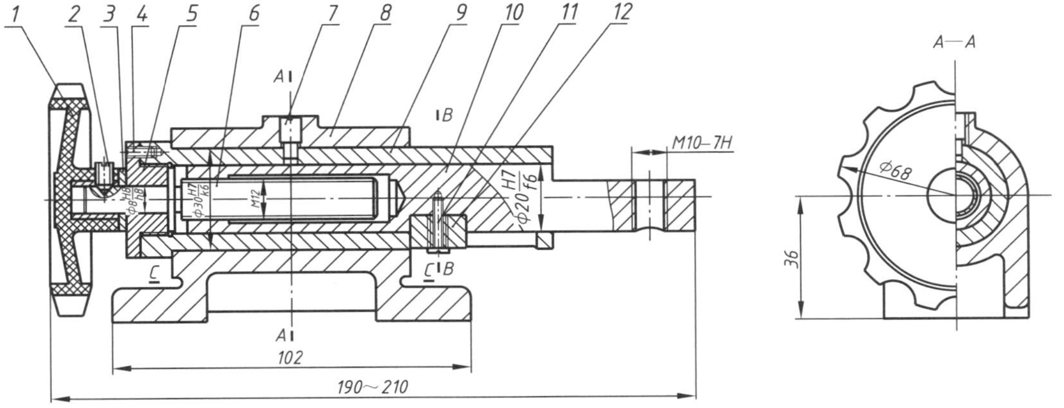

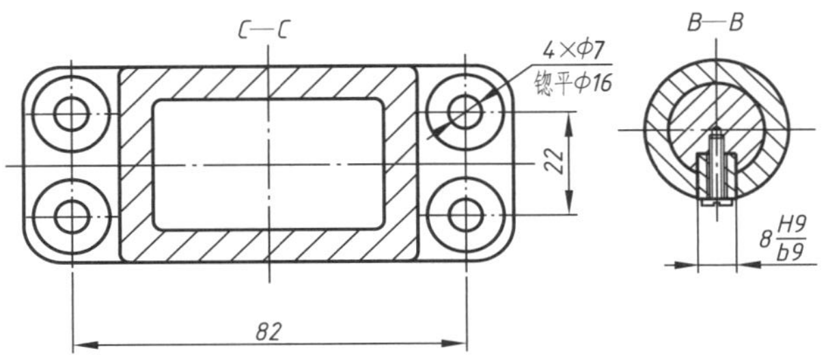

序号	名称	数量	材料	备注
12	键8×16	1	45	
11	螺钉M3×14	1	Q235	GB/T 65—2016
10	导杆	1	45	
9	导套	1	45	
8	支座	1	ZL103	
7	紧定螺钉M6×12	1	Q235	GB/T 75—2018
6	螺杆	1	45	
5	轴套	1	45	
4	紧定螺钉M5×8	1	Q235	GB/T 73—2015
3	垫圈	1	Q235	
2	紧定螺钉M5×8	1	Q235	GB/T 71—2018
1	手轮	1	酚醛塑料	

微动机构	制图		审核	
	比例		图号	

图 10-29 微动机构装配图

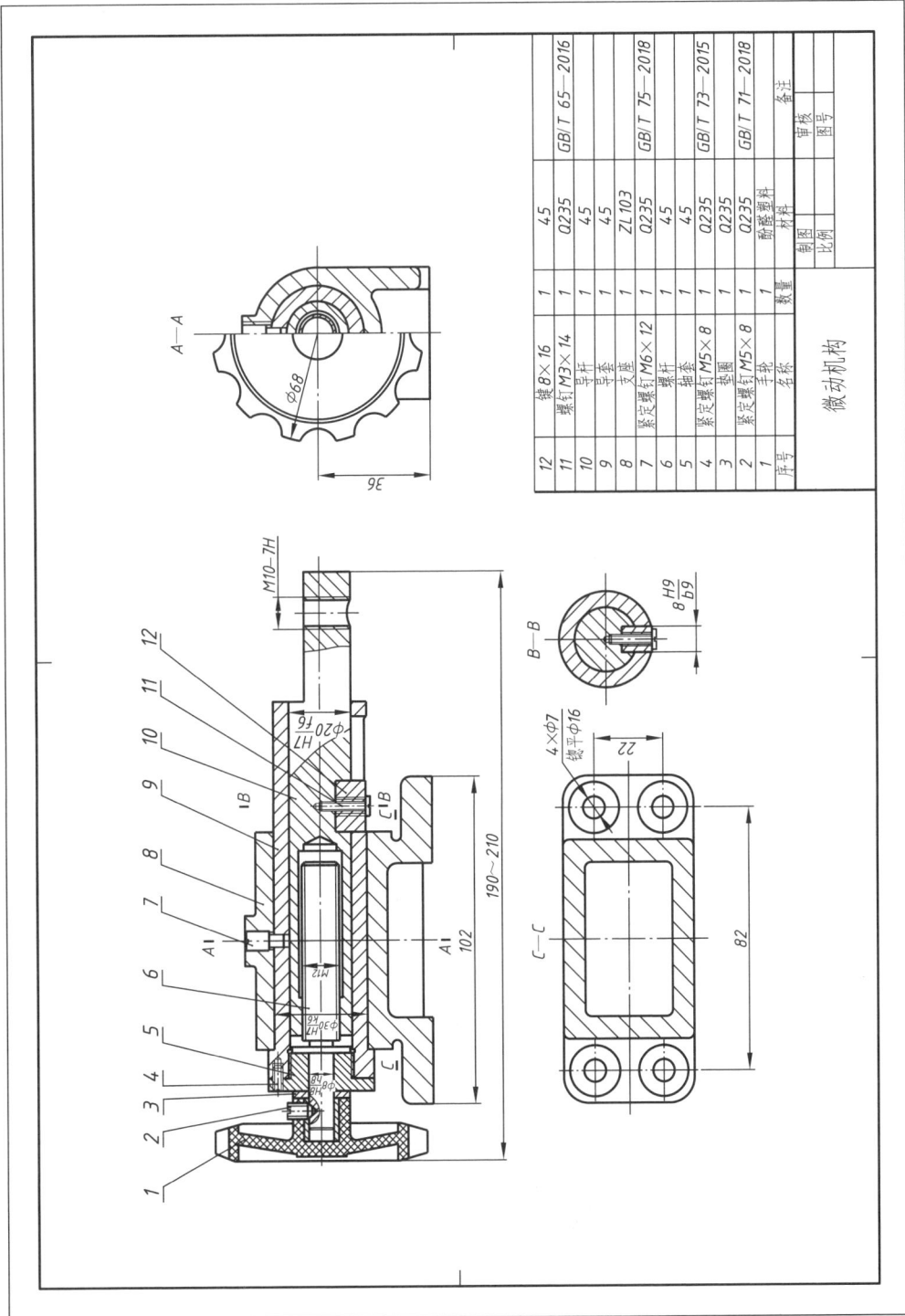

可按零件的序号顺序进行，以免遗漏。标准件、常用件往往一目了然，比较容易看懂。轴套类、轮盘类和其他简单零件一般通过一个或两个视图就能看懂。对于一些比较复杂的零件，应根据零件序号指引线所指部位，分析出该零件在该视图中的范围及外形，然后对照投影关系，找出该零件在其他视图中的位置及外形，并进行综合分析，想象出该零件的结构形状。

在分离零件时，利用剖视图中剖面线的方向或间隔的不同及零件间互相遮挡时的可见性规律来区分零件是十分有效的。

对照投影关系时，借助三角板、分规等工具，往往能大大提高看图的速度和准确性。

对于运动零件的运动情况，可按传动路线逐一进行分析，分析其运动方向、传动关系及运动范围。

3. 归纳总结

在概括了解、深入分析的基础上，为了对整个装配体有一个完整、全面的认识，还应进行归纳总结。一般可按以下几个主要问题进行：

（1）装配体的功能是什么？其功能是怎样实现的？在工作状态下，装配体中各零件起什么作用？运动零件之间是如何协调运动的？

（2）装配体的装配关系、连接方式是怎样的？有无润滑、密封及其实现方式如何？

（3）装配体的拆卸及装配顺序如何？

上述读装配图的方法和步骤仅是一个概括的说明。实际读图时几个步骤往往是平行或交叉进行的。因此，读图时应根据具体情况和需要灵活运用这些方法，通过反复的读图实践，便能逐渐掌握其中的规律，提高读装配图的速度和能力。

二、由装配图拆画零件图

由装配图拆画零件图，简称拆图，是将装配图中的非标准零件从装配图中分离出来，想象其结构形状，画成零件图的过程。对于表达不清楚的地方要根据整个机器或部件的工作原理进行补充，这是设计工作中的一个重要环节。

1. 确定零件图表达方案

装配图上的表达方案主要是从表达装配关系、工作原理和装配体的总体情况来考虑的。因此，在拆画零件图时，应根据所拆画零件的内、外形状及复杂程度来选择表达方案，装配图的表达方案可作为零件图表达方案的参考，而不能简单地照抄装配图中该零件的表达方案。

对于装配图中省略的工艺结构，如圆角、倒角、退刀槽等，也应根据工艺需要在零件图上补充完善。

2. 确定尺寸

装配图上给出的尺寸较少，而在零件图上需注出零件各组成部分的全部尺寸，因此很多尺寸是在拆画零件图时才确定的，此时应注意以下几点：

(1) 在装配图中已标注出的尺寸，往往是较重要的尺寸。拆画零件图时，这些尺寸不能随意改动，要完全照抄。对于配合尺寸，就应根据其配合代号，查出极限偏差数值，标注在零件图上。

(2) 装配体中的标准件（如螺栓、螺母、螺钉、键、销等），其规格尺寸和标准代号，一般在明细栏中已列出，其详细尺寸可从相关标准中查得。

螺孔直径，螺孔深度，键槽、销孔等尺寸，应根据与其相结合的标准件尺寸来确定。

按标准规定的倒角、圆角、退刀槽等结构的尺寸，应查阅相应的标准来确定。

(3) 某些尺寸数值，应根据装配图所给定的尺寸，通过计算确定。例如齿轮轮齿部分的分度圆尺寸、齿顶圆尺寸等，应根据所给的模数、齿数及有关公式来计算。

(4) 在装配图上没有标注出的其他尺寸，可从装配图中用比例尺量得。量取时，一般取整数。

另外，在标注尺寸时应注意，有装配关系的尺寸应相互协调。例如配合部分的轴、孔，其基本尺寸应相同。其他尺寸，也应相互适应，使之不致在零件装配或运动时产生矛盾或产生干涉、咬卡现象。

在进行尺寸的具体标注时，还要注意尺寸基准的选择。

3. 技术要求的确定

对零件的几何公差、表面粗糙度及其他技术要求，可根据装配体的实际情况及零件在装配体的使用要求，用类比法参照同类产品的有关资料以及已有的生产经验进行综合确定。

任务实施

一、识读微动机构装配图

1. 概括了解

从图 10-29 微动机构装配图的标题栏、明细栏中可以看出，该微动机构由支座、导套、导杆、轴套、手轮等 12 种零件装配而成，转动手轮 1 时，通过紧定螺钉 2 带动螺杆 6 转动，通过螺杆 6 与导杆 10 间的螺旋传动，推动导杆 10 轴向移动。

该装配图主要用了三个基本视图表达：

(1) 主视图：水平放置，通过对微动机构装配干线作了全剖视，清晰地表达了微动机构主要零件间的装配关系与机构的工作原理。

(2) 左视图：采用了 $A—A$ 半剖视图，既表达了手轮的结构形状，也表达了紧定螺钉 7、支座 8、导套 9、导杆 10、螺杆 6 等在 $A—A$ 截面上的装配关系。

(3) 俯视图：采用了 $C—C$ 剖视，主要表达了支座零件底板的形状结构，重点表达微动机构四个安装螺栓孔的位置分布。

另外，用 *B*—*B* 移出断面图，表达了导杆 10、螺钉 11、键 12 及导套 9 之间的连接及装配关系。

2. 分析工作原理与装配关系

该微动机构是氩弧焊机上的焊枪微调机构，焊枪通过导杆 10 右端的 M10 螺纹孔固定在导杆 10 上。

该微动机构的基础零件为支座 8，导套 9 通过紧定螺钉 7 固定在支座 8 上，轴套 5 通过螺纹连接固定于导套 9 之上。手轮转运时通过紧定螺钉 2 带动螺杆 6 转动，螺杆 6 靠轴肩及垫圈 3，通过轴套 5 实现轴向定位，螺杆 6 与导杆 10 靠螺旋副（M12）配合，导杆 10 通过键 12、导套 9 实现圆周定位，螺杆 6 转动时，推动导杆 10 带动焊枪实现轴向移动。

另外，通过键 12 与导套 9 下部的滑槽也限定了导杆 10 的位移范围。

3. 分析支座零件结构

结合主、俯、左三个视图不难看出，支座 8 零件的主要结构可以大体看成三部分组成。

（1）底板：带圆角的长方形底板，底板上有四个螺栓孔，用于整个部件的固定安装。

（2）圆柱筒：轴线水平放置，上部开有螺孔，通过紧定螺钉，固定与其配合的导套。

（3）支承部分：底板与圆柱筒间的连接部分，俯视图的 *C*—*C* 剖视，清晰地表达了支承部分的截面形状。

支座的结构如图 10-30 所示。

图 10-30　支座

二、拆画支座零件图

1. 确定表达方案

（1）根据投影对应关系，以及剖面线方向与间隔的一致性，把支座从装配图中分离出来，由于装配图中支座的部分可见轮廓线被其他零件遮挡，所以分离出来的图形一般是不完整的，须补全。在左视图中考虑到内外兼顾的表达原则及支座零件的对称特点，选用半剖视图表达，如图 10-31 所示。

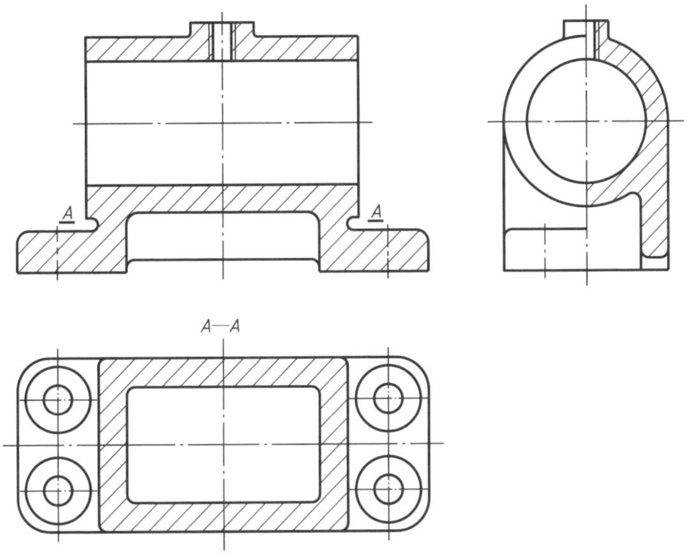

图 10-31 拆画支座

（2）支座零件图的表达方案可基本参照装配图中表达方案。结合支座零件结构的对称特点，可将主、左视图采用半剖视图表达。底板上的螺栓孔结构在主视图中用局部剖视表达。

（3）补充完善装配图中省略不画的圆角、倒角。

最终确定支座零件图的表达方案如图 10-32 所示。

2. 确定零件的尺寸、技术要求

（1）尺寸标注。从装配图中可以直接获得支座圆筒水平轴线高度 36、圆筒内孔直径 ϕ30（以及孔公差带 H7）、底板长度 102、底板上四个螺栓孔的定位尺寸 82、22，支座顶部螺孔的尺寸参照装配图明细栏中，与之相配合的紧定螺钉尺寸（M6×12）确定。其他尺寸从装配图中量取，并加以圆整。最终得到零件图的所有尺寸，如图 10-32 所示。

（2）技术要求。标注零件的表面粗糙度、尺寸公差、几何公差等技术要求时，应结合零件各部分的功能、作用及要求，合理选择，并应使标注数据符合相关标准。其他技术要求，用文字注写在标题栏附近。支座零件的技术要求如图 10-32 所示。

3. 填写标题栏，完善零件图

零件标题栏中的材料信息，可从装配图的标题栏中查得，完善后的零件图如图 10-32所示。

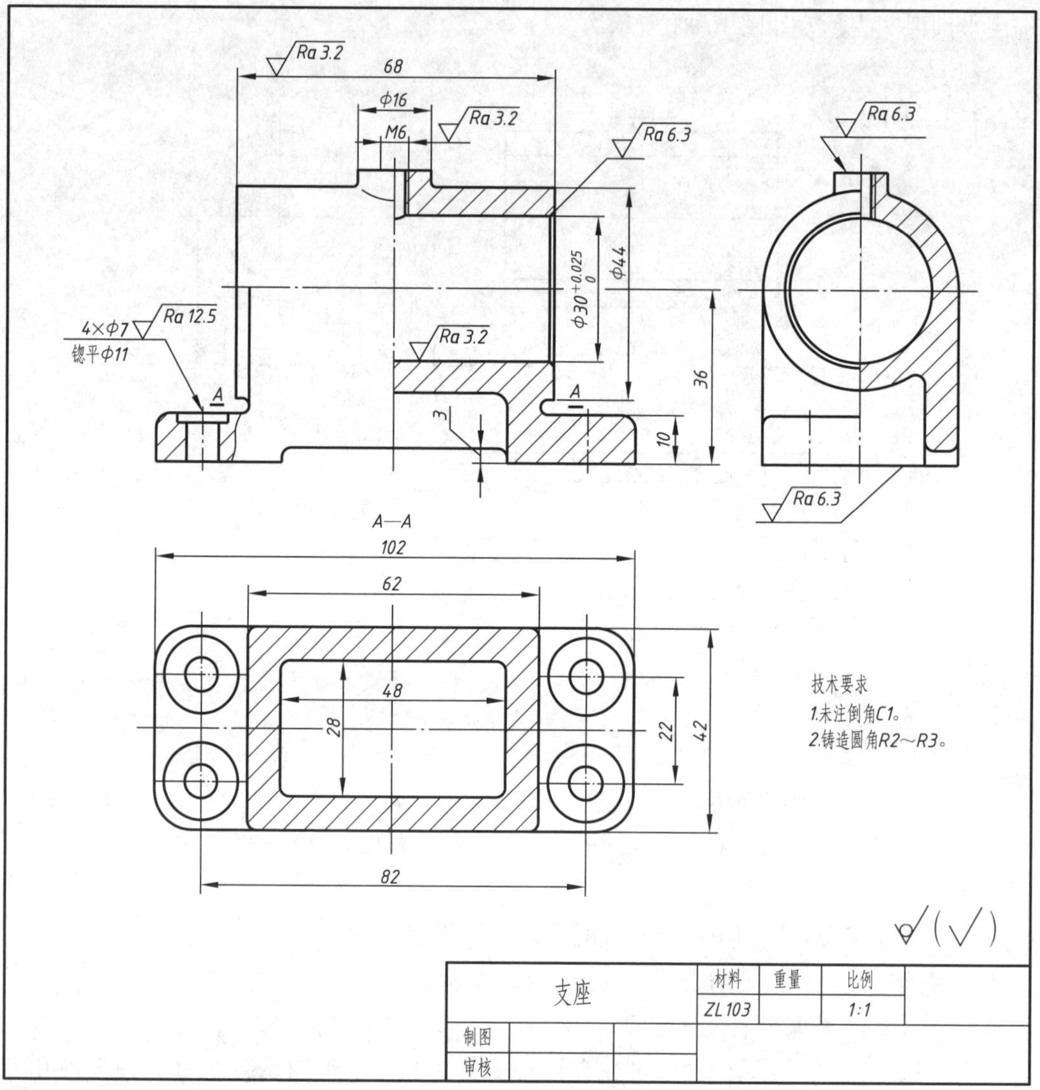

图 10-32　支座零件图

拓展训练

拓展 10-2：根据图 10-33 所示的蝴蝶阀装配图拆画阀盖零件图。蝴蝶阀是用于管道上截断气流或液流的闸门装置，当外力推动齿杆 13 左右移动时，与齿杆啮合的齿轮 7 就带动阀杆 3 转动，使阀门 2 开启或关闭。

图示阀门为开启位置，若齿杆 13 向右移动时即关闭。齿杆靠固定螺钉 12 导向，使它只能轴向移动，不能转动，以保证齿轮与齿条正常啮合。用两只平锥头铆钉 4 将阀门 2 固定在阀杆 3 上，用三只螺钉 6 将盖板 8、阀盖 11 固定在阀体 1 上。

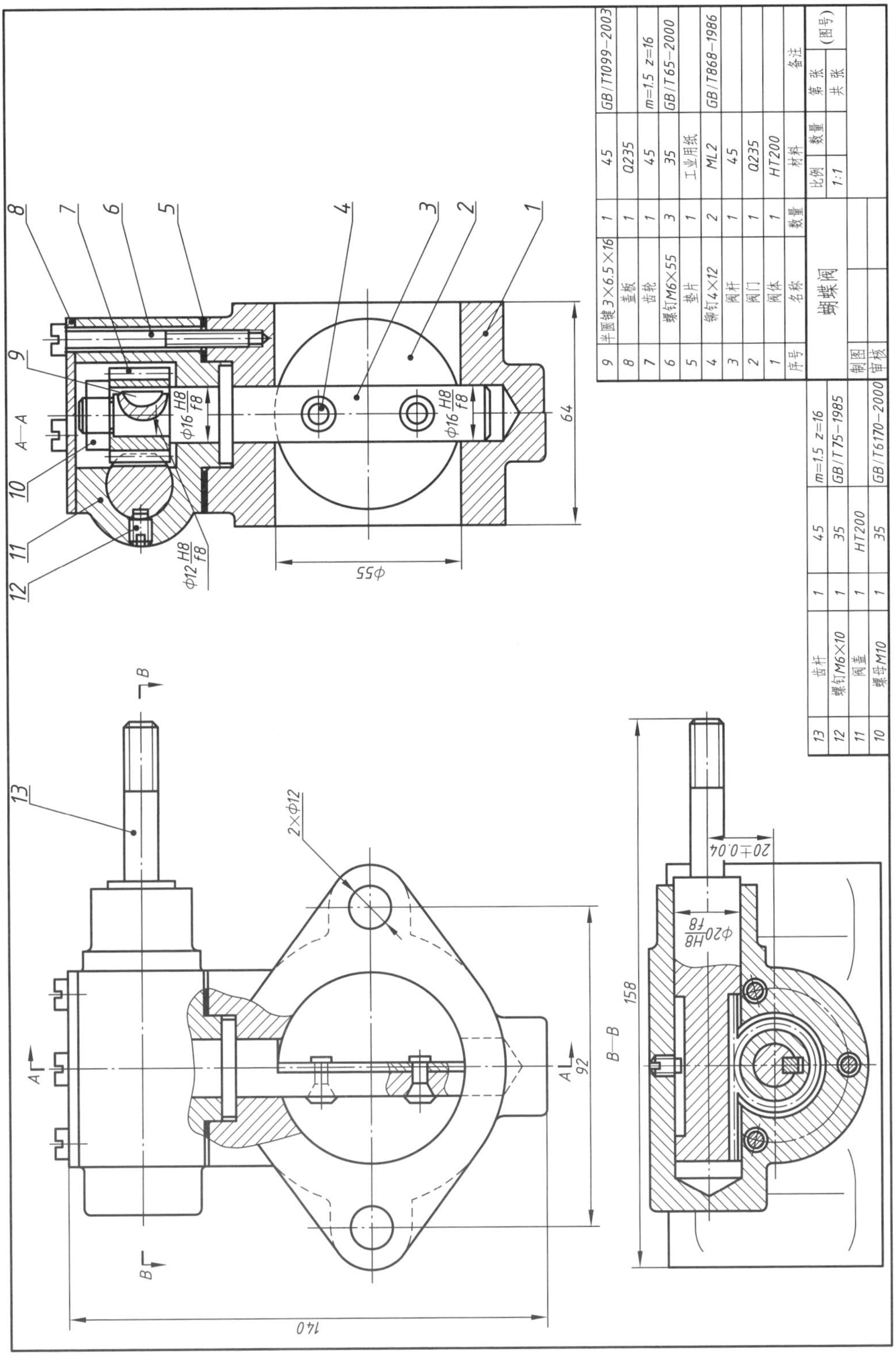

图 10-33 蝴蝶阀装配图

附　录

附表 1　　普通螺纹基本尺寸（GB/T 193—20003、GB/T 196—2003）　　mm

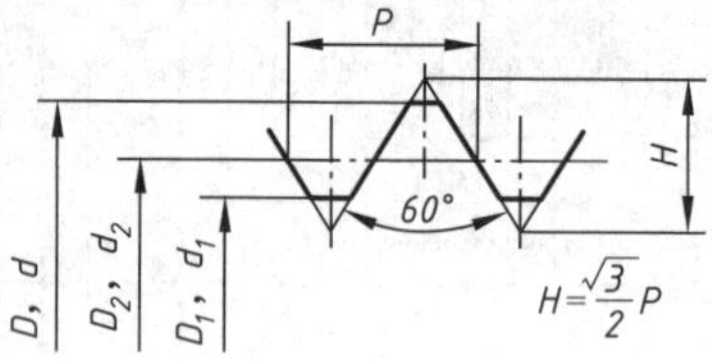

D，d——内外螺纹大径（公称直径）；

D_2，d_2——内外螺纹中径；

D_1，d_1——内外螺丝小径；

P——螺距。

标记示例：

M16：公称直径 16mm，螺距 2mm 的粗牙右旋普通螺纹

M16×15：公称直径 16mm，螺距 1.5mm 的细牙普通螺纹

公称直径 D、d		螺距 P		小径 D_1、d_1
第一系列	第二系列	粗牙	细牙	粗牙
3		0.5	0.35	2.459
	3.5	0.6		2.850
4		0.7	0.5	3.242
	4.5	0.75		3.688
5		0.8		4.134
6		1	0.75	4.917
	7			5.917
8		1.25	1，0.75	6.647
10		1.5	1.25，1，0.75	8.376
12		1.75	1.25，1	10.106
	14	2	1.5，1.25*，1	11.835
16			1.5，1	13.835
	18	2.5	2，1.5，1	15.294
20				17.294
	22			19.294
24		3		20.752
	27			23.752
30		3	(3)，2，1.5，1	26.211
	33		(3)，2，1.5	29.211
36		4	3，2，1.5	31.670

注　1. 螺纹公称直径应优先选用第一系列，第三系列未列入。

2. 括号内的尺寸尽量不同。

3. * M14×1.25 仅用于发动机的火花塞。

附表 2　　六角头螺栓

六角头螺栓 C 级（摘自 GB/T 5780—2016）

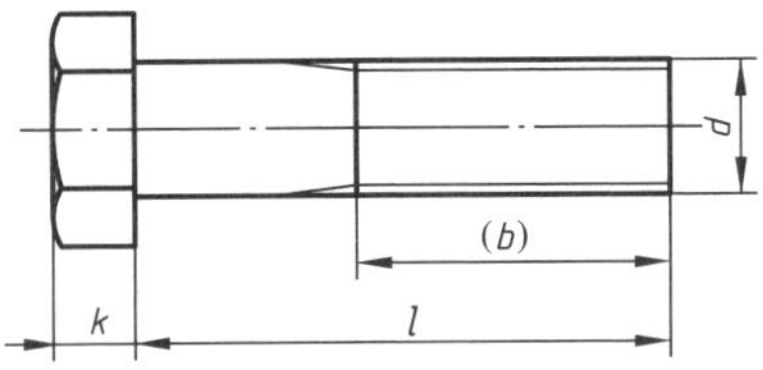

六角头螺栓　全螺纹　C 级（摘自 GB/T 5781—2016）

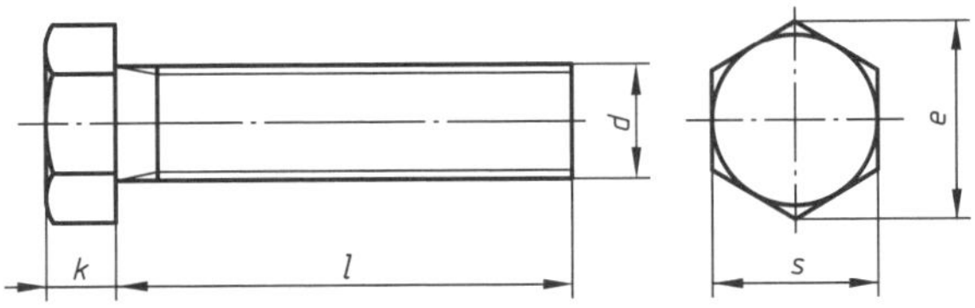

标记示例：

螺栓 GB/T 5780 M20×100　螺纹规格 M20，公称长度 l=100mm，性能等级为 4.8 级，不经表面处理，产品等级为 C 级的六角头螺栓。

螺栓 GB/T 5781 M12×80　螺纹规格 M12，公称长度 l=80mm，性能等级为 4.8 级，不经表面处理，全螺纹，产品等级为 C 级的六角头螺栓。

螺纹规格 d		M5	M6	M8	M10	M12	M16	M20	M24	M30	M36	M42
$b_{参考}$	$l_{公称}\leqslant125$	16	18	22	26	30	38	46	54	66	—	—
	$125<l_{公称}\leqslant200$	22	24	28	32	36	44	52	60	72	84	96
	$l_{公称}>200$	35	37	41	45	49	57	65	73	85	97	109
$k_{公称}$		3.5	4.0	5.3	6.4	7.5	10	12.5	15	18.7	22.5	26
s_{max}		8	10	13	16	18	24	30	36	46	55	65
e_{min}		8.63	10.89	14.2	17.59	19.85	26.17	32.95	39.55	50.85	60.79	71.3
$l_{范围}$	GB/T 5780	25～80	30～60	40～80	45～100	55～120	65～160	80～200	100～240	120～300	140～360	180～420
	GB/T 5781	10～50	12～60	16～80	20～100	25～120	30～160	40～200	50～240	60～300	70～360	80～420
$l_{公称}$		10、12、16、20～65（5 进位）、70～160（10 进位）、180、200、220～420（20 进位）										

附表 3　　双头螺柱

双头螺栓（GB/T 897—1988、GB/T 898—1988、GB/T 899—1988、GB/T 900—1988）

$b_m=1d$（GB/T 897—1988）、$b_m=1.25d$（GB/T 898—1988）、$b_m=1.5d$（GB/T 898—1988）、$b_m=2d$（GB/T 900—1988）

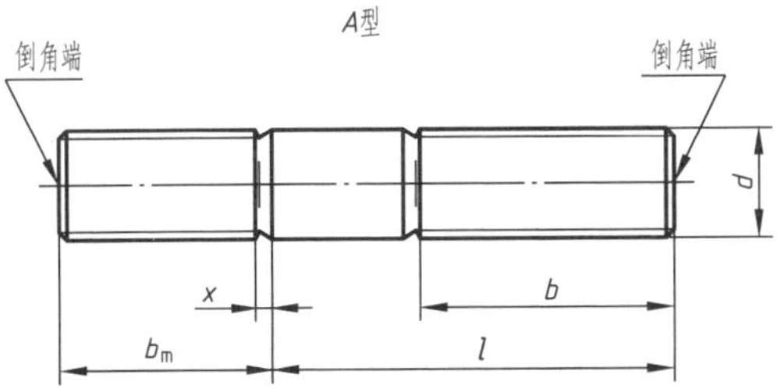

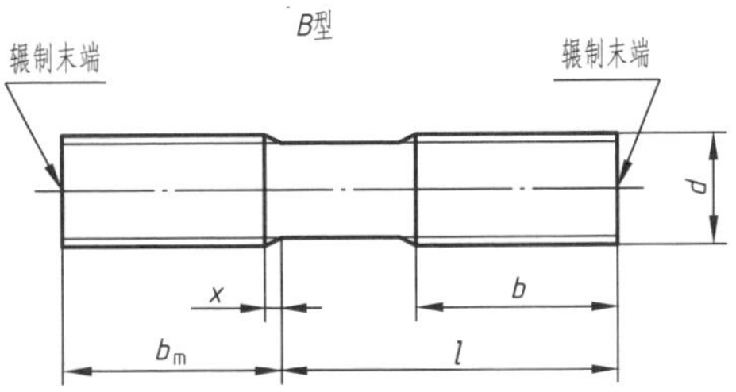

标记示例：

螺栓 GB/T 900 M10×50　两端粗牙普通螺纹，$b_m=2d$=20mm，l=100mm，性能等级为 4.8 级，不经表面处理，B 型双头螺栓。

螺栓 GB/T 900 AM10-10×1×50　旋入机体一端为粗牙普通螺纹，旋螺母一端为细牙普通螺纹，$b_m=2d$=20mm，l=50mm，性能等级为 4.8 级，不经表面处理，B 型双头螺柱。

续表

螺纹规格 d		M5	M6	M8	M10	M12	M16	M20	M24	M30	M36	M42
b_m（公称）	GB/T 897	5	6	8	10	12	16	20	24	30	36	42
	GB/T 898	6	8	10	12	16	20	25	30	38	45	52
	GB/T 899	8	10	12	15	18	24	30	36	45	65	63
	GB/T 900	10	12	16	20	24	32	40	48	60	72	84
d_s（max）		5	6	8	10	12	16	20	24	30	36	42
x（max）		1.5p										
$\frac{l}{b}$		16～20/10	20～20/10	16～20/12	25～28/14	25～30/16	30～38/20	35～40/25	45～50/30	60～65/40	65～75/45	75～80/50
		25～50/16	25～30/14	25～30/16	30～38/16	32～40/20	40～55/30	45～65/35	55～75/45	70～90/50	80～110/60	85～110/70
			32～75/18	32～90/22	40～120/26	45～120/30	60～120/38	70～120/46	80～120/54	95～120/66	120/78	120/70
					130/32	130～180/36	130～200/44	130～200/52	130～200/60	130～200/72	130～200/84	130～200/96
										210～250/85	210～300/97	210～300/109
l（系列）		16、(18)、20、(22)、25、(28)、30、(32)、35、(38)、40、45、50、55、60、(65)、70、(75)、80、(85)、90、(95)、100～260（10 进位）、280、300										

注 1. 括号内的规格尽可能不采用。末端按 GB/T 2—2016 的规定。

2. $b_m=1d$ 一般用于钢对钢，$b_m=(1.25\sim1.5)d$ 一般用于钢对铸铁，$b_m=2d$ 一般用于钢对铝合金。

附表 4 螺钉（GB/T 65—2016、GB/T 67—2016、GB/T 68—2016、GB/T 69—2016）摘录

开槽圆柱头螺钉

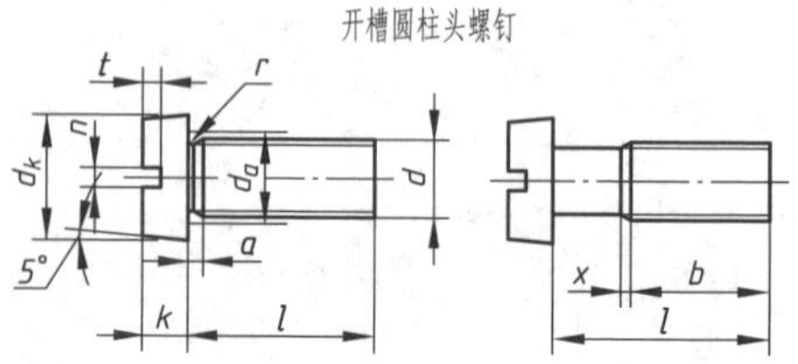

开槽盘头螺钉

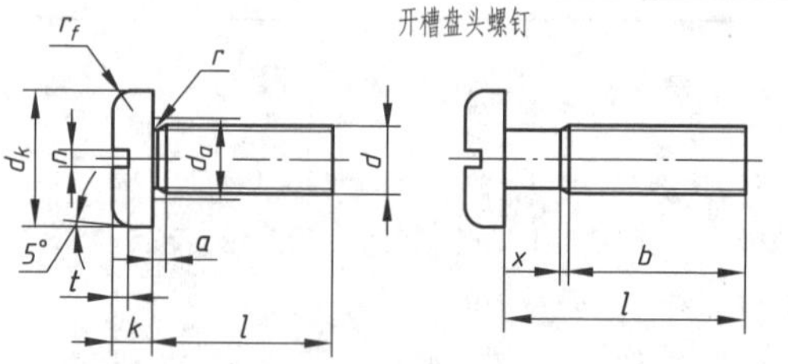

开槽沉头螺钉

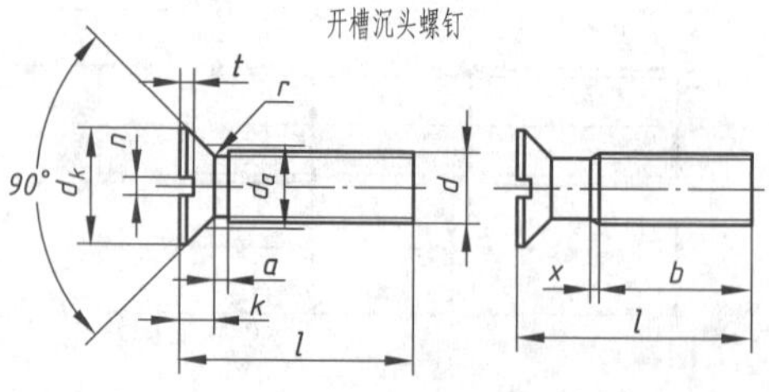

开槽沉头螺钉

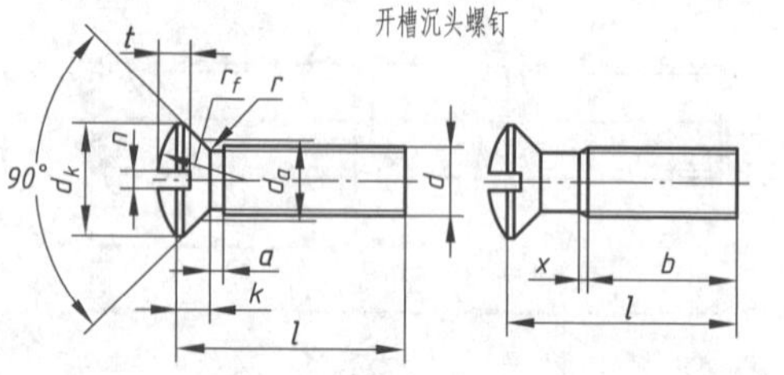

标记示例：　　　　　　　　　　无螺纹部分杆径≈中径（或=螺纹大径）

螺钉 GB/T 65 M5×20　螺纹规格 M5，公称长度为 20mm 的开槽圆柱头螺钉，螺钉 GB/T 67 M5×20 螺纹规格 M5，公称长度为 20mm 的开槽盘头螺钉。

螺钉 GB/T 68 M5×20　螺纹规格 M5，公称长度为 20mm 的开槽圆柱头螺钉，螺钉 GB/T 69 M5×20 螺纹规格 M5，公称长度为 20mm 的开槽半沉头螺钉。

续表

螺纹规格 d		M1.6	M2	M2.5	M3	M4	M5	M6	M8	M10
p	螺距	0.35	0.4	0.45	0.5	0.7	0.8	1	1.25	1.5
a	max	0.7	0.8	0.9	1	1.4	1.6	2	2.5	3
b	min	25	25	25	25	38	38	38	38	38
n	公称	0.4	0.5	0.6	0.8	1.2	1.2	1.6	2	2.5
d_a	max	2	2.6	3.1	3.6	4.7	5.7	6.8	9.2	11.2
x	max	0.9	1	1.1	1.25	1.75	2	2.5	3.2	3.8
GB/T 65—2016	d_k max	3	3.8	4.5	5.5	7	8.5	10	13	16
	k max	1.1	1.4	1.8	2	2.6	3.3	3.9	5	6
	t min	0.45	0.6	0.7	0.85	1.1	1.3	1.6	2	2.4
	r min	0.1	0.1	0.1	0.1	0.2	0.2	0.25	0.4	0.4
	l(范围公称)	2～16	3～20	3～25	4～30	5～40	6～50	8～60	10～80	12～80
	全螺纹时最大长度	30	30	30	30	40	40	40	40	40
GB/T 67—2016	d_k max	3.2	4	5.6	6	8	9.5	12	16	20
	k max	1	1.3	1.5	1.8	2.6	3.3	3.9	5	6
	t min	0.35	0.5	0.6	0.7	1	1.2	1.4	1.9	2.4
	r min	0.1	0.1	0.1	0.1	0.2	0.2	0.25	0.4	0.4
	l(范围公称)	2～16	2.5～20	3～25	4～30	5～40	6～50	8～60	10～80	12～80
	全螺纹时最大长度	30	30	30	30	40	40	40	40	40
GB/T 68—2016 GB/T 69—2016	d_k max	3	10	13	16	18	24	30	36	46
	k max	1	10.89	14.2	17.59	19.85	26.17	32.95	39.55	50.85
	t min GB/T 68	0.32	30～60	40～80	45～100	55～120	65～160	80～200	100～240	120～300
	t min GB/T 69	0.64	0.8	1	1.2	1.6	2	2.4	3.2	3.8
	r min	0.4	0.5	0.6	0.8	1	1.3	1.5	2	2.5
	r_1 参考	3	4	5	6	9.5	9.5	12	16.5	19.5
	f	0.4	0.5	0.6	0.7	1	1.2	1.4	2	2.3
	l(范围公称)	2.5～16	3～20	4～25	5～30	6～40	8～50	8～60	10～80	12～80
	全螺纹时最大长度	30	30	30	30	45	45	45	45	45
l 系列(公称)		2、2.5、3、4、5、6、8、10、12、(14)、16、20、2530、35、40、45、50、(55)、60、(65)、70、(75)、80								

附表 5　　六角螺母

1 型六角螺母 GB/T 6170—2015　　1 型六角螺母 C 级 GB/T 41—2016　　1 型六角螺母 细牙 GB/T 6171—2016　　2 型六角螺母 GB/T 6175—2016　　六角螺母-C 级 GB/T 6172.1—2016

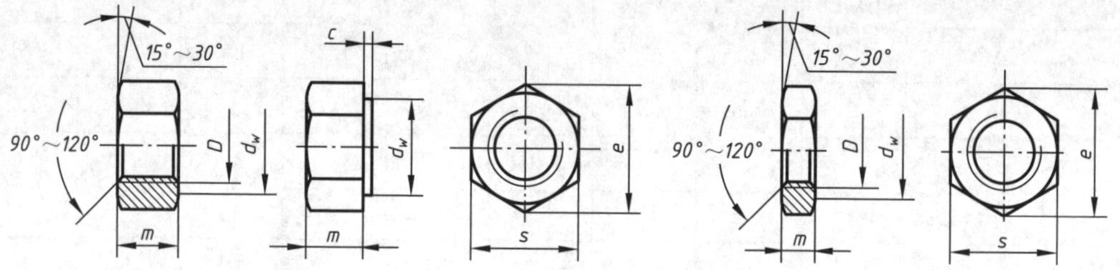

标记示例：

螺栓 GB/T 41 M12　　螺纹规格 M12，性能等级为 5 级，不经表面处理，产品等级为 C 级的 1 型六角螺母。

螺栓 GB/T 6171 M12×1.5　　螺纹规格 M12、螺距 1.5mm，性能等级为 10 级，不经表面处理，产品等级为 A 级的 1 型六角螺母。

<table>
<tr><th colspan="2">螺纹规格 d</th><th>M4</th><th>M5</th><th>M6</th><th>M8</th><th>M10</th><th>M12</th><th>M16</th><th>M20</th><th>M24</th><th>M30</th><th>M36</th><th>M42</th><th>M48</th></tr>
<tr><td rowspan="4">$d_{w\,min}$</td><td>GB/T 41</td><td>—</td><td>6.7</td><td>8.7</td><td>11.5</td><td>14.5</td><td>16.5</td><td>22</td><td>27.7</td><td>33.3</td><td>42.8</td><td>51.1</td><td>60</td><td>69.5</td></tr>
<tr><td>GB/T 6170</td><td>—</td><td rowspan="3">6.9</td><td rowspan="3">8.9</td><td rowspan="3">11.6</td><td rowspan="3">14.6</td><td rowspan="3">16.6</td><td rowspan="3">22.5</td><td rowspan="3">27.7</td><td>33.3</td><td rowspan="2">42.8</td><td rowspan="3">51.1</td><td rowspan="3">—</td><td rowspan="3">—</td></tr>
<tr><td>GB/T 6172.1</td><td>5.9</td><td rowspan="2">33.2</td></tr>
<tr><td>GB/T 6175</td><td>5.9</td><td>42.7</td></tr>
<tr><td rowspan="4">e_{min}</td><td>GB/T 41</td><td></td><td>8.63</td><td>10.89</td><td>14.2</td><td>17.59</td><td>19.85</td><td>26.17</td><td rowspan="4">32.95</td><td rowspan="4">39.55</td><td rowspan="4">50.85</td><td rowspan="4">60.79</td><td rowspan="3">71.3</td><td rowspan="3">82.6</td></tr>
<tr><td>GB/T 6170</td><td rowspan="2">7.66</td><td rowspan="3">8.79</td><td rowspan="3">11.05</td><td rowspan="3">14.38</td><td rowspan="3">17.77</td><td rowspan="3">20.03</td><td rowspan="3">26.75</td></tr>
<tr><td>GB/T 6172.1</td></tr>
<tr><td>GB/T 6175</td><td>—</td><td>—</td><td>—</td></tr>
<tr><td rowspan="4">$s_{公称}$ = (max)</td><td>GB/T 41</td><td>—</td><td rowspan="4">8</td><td rowspan="4">10</td><td rowspan="4">13</td><td rowspan="4">16</td><td rowspan="4">18</td><td rowspan="4">24</td><td rowspan="4">30</td><td rowspan="4">36</td><td rowspan="4">46</td><td rowspan="4">55</td><td rowspan="4">65</td><td rowspan="4">75</td></tr>
<tr><td>GB/T 6170</td><td rowspan="2">7</td></tr>
<tr><td>GB/T 6172.1</td></tr>
<tr><td>GB/T 6175</td><td></td></tr>
<tr><td rowspan="4">m_{max}</td><td>GB/T 41</td><td>—</td><td>5.6</td><td>6.4</td><td>7.9</td><td>9.5</td><td>12.2</td><td>15.9</td><td>19</td><td>22.3</td><td>26.4</td><td>31.9</td><td>34.9</td><td>38.9</td></tr>
<tr><td>GB/T 6170</td><td>3.2</td><td>4.7</td><td>5.2</td><td>6.8</td><td>8.4</td><td>10.8</td><td>14.8</td><td>18</td><td>21.5</td><td>25.6</td><td>31</td><td>34</td><td>38</td></tr>
<tr><td>GB/T 6172.1</td><td>2.2</td><td>2.7</td><td>3.2</td><td>4</td><td>5</td><td>6</td><td>8</td><td>10</td><td>12</td><td>15</td><td>18</td><td>21</td><td>24</td></tr>
<tr><td>GB/T 6175</td><td>—</td><td>5.1</td><td>5.7</td><td>7.5</td><td>9.3</td><td>12</td><td>16.4</td><td>20.3</td><td>23.9</td><td>28.6</td><td>34.7</td><td>—</td><td>—</td></tr>
<tr><td rowspan="2">c_{min}</td><td>GB/T 6170</td><td>0.4</td><td rowspan="2" colspan="2">0.5</td><td rowspan="2" colspan="3">0.6</td><td rowspan="2" colspan="5">0.8</td><td rowspan="2" colspan="2">1.0</td></tr>
<tr><td>GB/T 6175</td><td>—</td></tr>
</table>

附表 6　　　　垫圈

标准型弹簧垫圈（GB/T 93—1987）平热圈-A 级（GB/T 97.1—2002）平垫圈 倒角级-A 级（GB/T 97.2—2002）

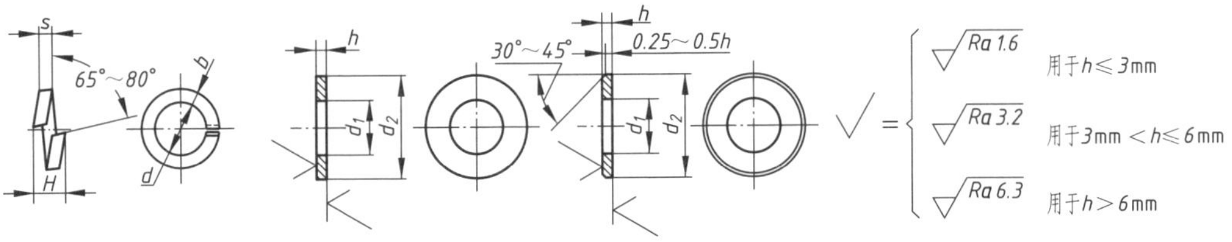

标记示例：

垫圈 GB/T 93 16：规格 16mm，材料为 65Mn，表面氧化的标准型弹簧垫圈。

垫圈 GB/T 97.2 8：标准系列，公称规格 8mm，钢制，硬度等级为 200HV 级，不经表面处理，产品等级为 A 级的倒角型平垫圈。

螺纹规格 d		4	5	6	8	10	12	16	20	24	30	36
d_1 公称 (min)	GB/T 93	4.1	5.1	6.1	8.1	10.2	12.2	16.2	20.2	24.5	30.5	36.5
	GB/T 97.1	4.3	5.3	6.4	8.4	10.5	13	17	21	25	31	37
	GB/T 97.2	—										
d_2 公称 (min)	GB/T 97.1	9	10	12	16	20	24	30	37	44	56	66
	GB/T 97.2	—										
h 公称	GB/T 97.1	0.8	1	1.6	1.6	2	2.5	3	3	4	4	5
	GB/T 97.2	—										
$s=b$	GB 93	1.1	1.3	1.6	2.1	2.6	3.1	4.1	5	6	7.5	9
H_{max}		2.75	3.25	4	5.25	6.5	7.75	10.25	12.5	15	18.75	22.5

附表 7　普通平键及键槽各部分尺寸（摘自 GB/T 1095—2003、GB/T 1096—2003）

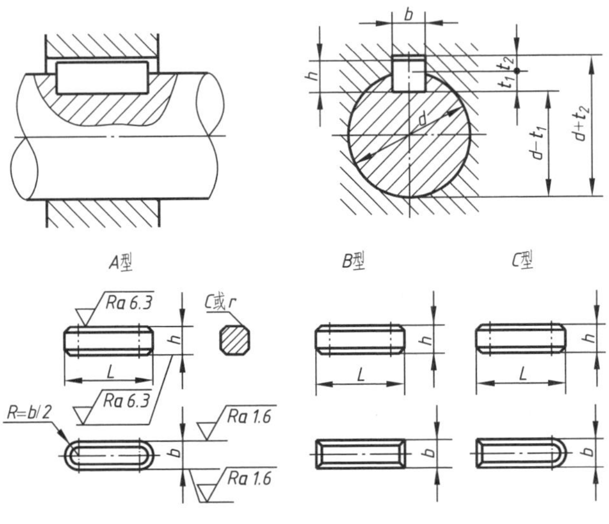

标记示例：

GB/T 1096 键 16×10×100

普通 A 型平键、宽度 $b=16$mm、高度 $h=10$mm、长度 $L=100$mm。

续表

轴	键		键槽											
公称直径 d	键尺寸 $b\times h$	标准长度范围 L	宽度 b						深度				半径 r	
			基本尺寸 b	极限偏差					轴 t_1		毂 t_2			
				正常联结		紧密联结	松联结		基本尺寸	极限偏差	基本尺寸	极限偏差		
				轴 N9	毂 JS9	轴和毂 P9	轴 H9	毂 D10					最小	最大
>10～12	4×4	8～45	4	0 −0.030	±0.015	−0.012 −0.042	+0.013 0	+0.078 +0.030	2.5	+0.1 0	1.8	+0.1 0	0.08	0.16
>12～17	5×5	10～56	5						3.0		2.3		0.16	0.25
>17～22	6×6	14～70	6						3.5		2.8			
>22～30	8×7	18～90	8	0 −0.036	±0.018	−0.015 −0.051	+0.036 0	+0.098 +0.040	4.0	+0.2 0	3.3	+0.2 0		
>30～38	10×8	22～110	10						5.0		3.3			
>38～44	12×8	28～140	12	0 −0.043	±0.0215	−0.018 −0.061	+0.043 0	+0.120 +0.050	5.0		3.3		0.25	0.40
>44～50	14×9	36～160	14						5.5		3.8			
>50～58	16×10	45～180	16						6.0		4.3			
>58～65	18×11	50～200	18						7.0		4.4			
>65～75	20×12	56～220	20	0 −0.052	±0.026	−0.022 −0.074	+0.052 0	+0.149 +0.065	7.5		4.9		0.40	0.60
>75～85	22×14	63～250	22						9.0		5.4			
>85～95	25×14	70～280	25						9.0		5.4			
>95～110	28×16	80～320	28						10.0		6.4			
L 系列	8～22（2 进位）、25、28、32、36、40、45、50、56、63、70～110（10 进位）、125、140～220（20 进位）、250、280、320													

附表 8　　销

圆柱销，不锈钢和奥氏体不锈钢（GB/T 119.1—2000）

圆柱销，淬硬钢和马氏体不锈钢（GB/T 119.2—2000）

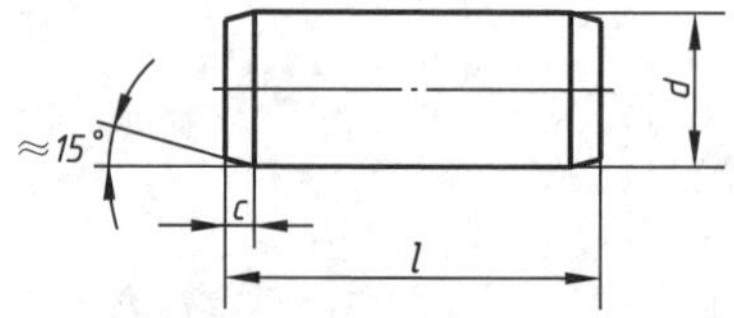

标记示例：

销 GB/T 119.1　6m6×30

公称直径 d＝6mm、公差为 m6、公称长度 l＝30mm，不经淬火，不经表面处理的圆柱销。

圆锥销（GB/T 117—2000）

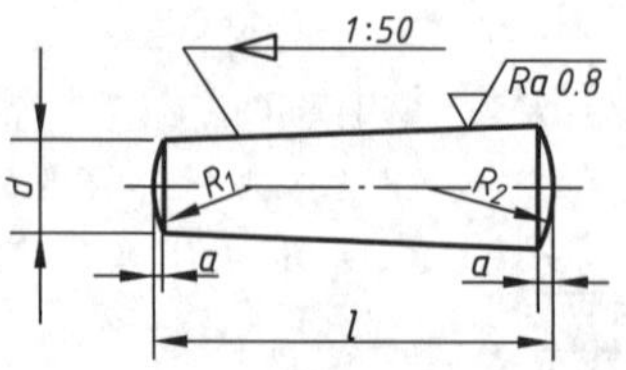

标记示例：

销 GB/T 117　6×30

公称直径 d＝6mm、公称长度 l＝30mm，热处理硬度为 HRC28～38，表面氧化处理的 A 型圆锥销。

开口销（GB/T 91—2000）

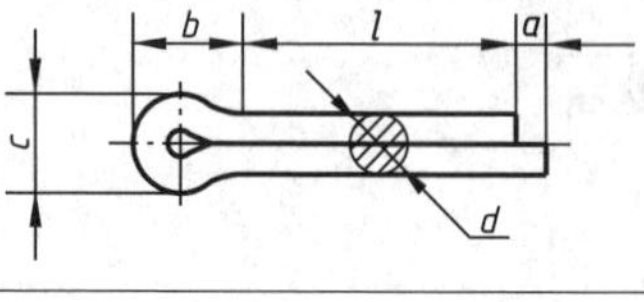

标记示例：

销 GB/T 91　5×50

公称直径 d＝5mm、公称长度 l＝50mm，材料为 Q215 钢，不经表面处理的开口销。

续表

名称	公称直径	1	1.2	1.5	2	2.5	3	4	5	6	8	10	12
圆柱销 (GB/T 119.1—2000)	$c\approx$	0.20	0.25	0.30	0.35	0.40	0.50	0.63	0.80	1.2	1.6	2	2.5
圆锥销 (GB/T 117—2000)	$a\approx$	0.12	0.16	0.20	0.25	0.30	0.40	0.50	0.63	0.80	1	1.2	1.6
开口销 (GB/T 91—2000)	d（公称）	0.6	0.8	1	1.2	1.6	2	2.5	3.2	4	5	6.3	8
	c	1	1.4	1.8	2	2.8	3.6	4.6	5.8	7.4	9.2	11.8	15
	$b\approx$	2	2.4	3	3	3.2	4	5	6.4	8	10	12.6	16
	a	1.6	1.6	1.6	2.5	2.5	2.5	2.5	3.2	4	4	4	4
	l(商品规格范围公称长度)	4～12	5～16	6～20	8～26	8～32	10～40	12～50	14～63	18～80	22～100	32～125	40～160
l 系列	4，5，6，8，10，12，14，16，18，20，22，25，28，32，36，40，45，50，56，63，71，80，90，100，112												

附表 9　　滚动轴承

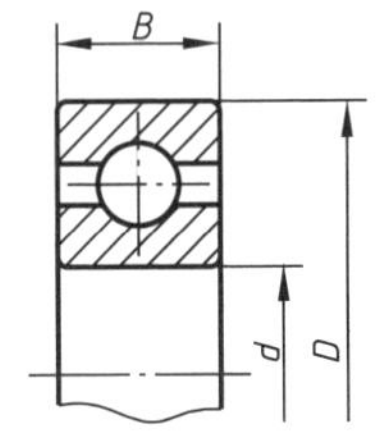

标记示例：

滚动轴承 6206 GB/T 276—2013

尺寸系列代号为 02，内径为 30mm 的深沟球轴承

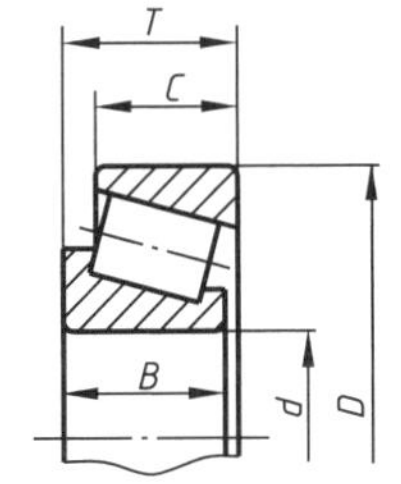

标记示例：

滚动轴承 30206 GB/T 297—2015

尺寸系列代号为 02，内径为 30mm 的圆锥滚子轴承

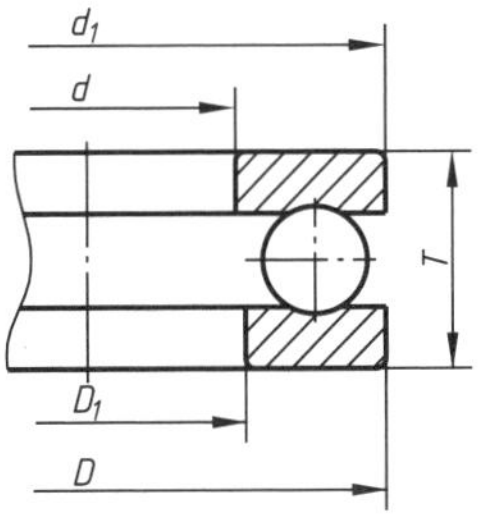

标记示例：

滚动轴承 51206 GB/T 301—2015

尺寸系列代号为 12，内径为 30mm 的推力球轴承

轴承型号	尺寸（mm）		
	d	D	B
尺寸系列［(0)2］			
6202	15	35	11
6203	17	40	12
6204	20	47	14
62/22	22	50	14
6205	25	52	15
62/28	28	58	16
6206	30	62	16
62/32	32	65	17
6208	40	80	18

轴承型号	尺寸（mm）				
	d	D	T	B	C
尺寸系列［02］					
30203	17	40	13.25	12	11
30204	20	47	15.25	14	12
30205	25	52	16.25	15	13
30206	30	62	17.25	16	14
302/32	32	65	18.25	17	15
30207	35	72	18.25	17	15
30208	40	80	19.75	18	16
30209	45	85	20.75	19	16
30210	50	90	21.75	20	17

轴承型号	尺寸（mm）				
	d	D	T	$D_{\max}$	$d_{1\max}$
尺寸系列［12］					
51202	15	32	12	17	32
51203	17	35	12	19	35
51204	20	40	14	22	40
51205	25	47	15	27	47
51206	30	52	16	32	52
51207	35	62	18	37	62
51208	40	68	19	42	68
51209	45	73	20	47	73
51210	50	78	22	52	78

续表

轴承型号	尺寸（mm）			轴承型号	尺寸（mm）					轴承型号	尺寸（mm）				
	d	D	B		d	D	T	B	C		d	D	T	D_{max}	d_{1max}
尺寸系列［(0)2］				尺寸系列［02］						尺寸系列［12］					
6209	45	85	19	30211	55	100	22.75	21	18	51211	55	90	25	57	90
6210	50	90	20	30212	60	110	23.75	22	19	51212	60	95	26	62	95
6211	55	100	21	30213	65	120	24.75	23	20	51213	65	100	27	67	100
6212	60	110	22	30214	70	125	26.75	24	21	51214	70	105	27	72	105
尺寸系列［(0)3］				尺寸系列［03］						尺寸系列［13］					
6303	15	42	13	30303	17	47	15.25	14	12	51304	20	47	18	22	47
6303	17	47	14	30304	20	52	16.25	15	13	51305	25	52	18	27	52
6304	20	52	15	30305	25	62	18.25	17	15	51306	30	60	21	32	60
63/22	22	56	16	30306	30	72	20.75	19	16	51307	35	68	24	37	68
6305	25	62	17	30307	35	80	22.75	221	18	51308	40	78	26	42	78
63/28	28	68	18	30308	40	90	25.25	23	20	51309	45	85	28	47	85
6306	30	72	19	30309	45	100	27.25	25	22	51310	50	95	31	52	95
63/32	32	75	20	30310	50	110	29.25	27	23	51311	55	105	35	57	105
6308	40	80	21	30311	55	120	31.50	29	25	51312	60	110	35	62	110
6309	45	90	23	30312	60	130	33.50	31	26	51313	65	115	36	67	115
6310	50	100	25	30313	65	140	36	33	28	51314	70	125	40	72	125
6311	55	110	27	30314	70	150	38	35	30	51315	75	135	44	77	135
6312	60	120	29	30315	75	160	40	37	31	51316	80	140	44	82	140
尺寸系列［(0)4］				尺寸系列［13］						尺寸系列［14］					
6403	17	62	17	31305	25	62	18.25	17	13	51405	25	60	24	27	60
6404	20	72	19	31306	30	72	20.75	19	14	51406	30	70	28	32	70
6405	25	80	21	31307	35	80	22.75	21	15	51407	35	80	32	37	80
6406	30	90	23	31308	40	90	25.25	23	17	51408	40	90	36	42	90
6407	35	100	25	31309	45	100	27.25	25	18	51409	45	100	39	47	100
6408	40	110	27	31310	50	110	29.25	27	19	51410	50	110	43	52	110
6409	45	120	29	31311	55	120	31.5	29	21	51411	55	120	48	57	120
6410	50	130	31	31312	60	130	33.5	31	22	51412	60	130	51	62	130
6411	55	140	33	31313	65	140	36	33	23	51413	65	140	56	68	140
6412	60	150	35	31314	70	150	38	35	25	61414	70	150	60	73	150
6413	65	160	37	31315	75	160	40	37	26	51415	75	160	65	78	160
6414	70	180	42	31316	80	170	42.5	39	27	51416	80	170	68	83	170
6415	75	190	45	31317	85	180	44.5	41	28	51417	85	180	72	88	177

附表 10　　优先配合中孔的极限偏差

优先配合中孔的极限偏差（摘自 GB/T 1800.2—2020）　　μm

公称尺寸（mm）		公差带												
		C	D	F	G	H				K	N	P	S	U
大于	至	11	9	8	7	7	8	9	11	7	7	7	7	7
—	3	+120 +60	+45 +20	+20 +6	+12 +2	+10 0	+14 0	+25 0	+60 0	0 −10	−4 −14	−6 −16	−14 −24	−18 −28
3	6	+145 +70	+60 +30	+28 +10	+16 +4	+12 0	+18 0	+30 0	+75 0	+3 −9	−4 −16	−8 −20	−15 −27	−19 −31
6	10	+170 +80	+76 +40	+35 +13	+20 +5	+15 0	+22 0	+36 0	+90 0	+5 −10	−4 −19	−9 −24	−17 −32	−22 −37
10	14	+205 +95	+93 +50	+43 +16	+24 +6	+18 0	+27 0	+43 0	+110 0	+6 −12	−5 −23	−11 −29	−21 −39	−26 −44
14	18													
18	24	+240 +110	+117 +65	+53 +20	+26 +7	+21 0	+33 0	+52 0	+130 0	+6 −15	−7 −28	−14 −35	−27 −48	−33 −54
24	30													−40 −61
30	40	+280 +120	+142 +80	+64 +25	+34 +9	+25 0	+39 0	+62 0	+160 0	+7 −18	−8 33	−17 −42	−34 −59	−51 −76
40	50	+290 +130												−61 −86
50	65	+330 +140	+174 +100	+76 +30	+40 +10	+30 0	+46 0	+74 0	+190 0	+9 −21	−9 −39	−21 −51	−42 −72	−76 −106
65	80	+340 +150											−48 −78	−91 −121
80	100	+390 +170	+207 +120	+90 +36	+47 +12	+35 0	+54 0	+87 0	+220 0	+10 −25	−10 −45	−24 −59	−58 −93	−111 −146
100	120	+400 +180											−66 −101	−131 −166
120	140	+450 +200	+245 +145	+106 +43	+54 +14	+40 0	+63 0	+100 0	+250 0	+12 −28	−12 −52	−28 −68	−77 −117	−155 −195
140	160	+460 +210											−85 −125	−175 −215
160	180	+480 +230											−93 −133	−195 −235
180	200	+530 +240	+285 +170	+122 +50	+61 +15	+46 0	+72 0	+115 0	+290 0	+13 −33	−14 −60	−33 −79	−105 −151	−219 −265
200	225	+550 +260											−113 −159	−241 −287
225	250	+570 +280											−123 −169	−267 −313
250	280	+620 +300	+320 +190	+137 +56	+69 +17	+52 0	+81 0	+130 0	+320 0	+16 −36	−14 −66	−36 88	−138 −190	−295 −347
280	315	+650 +330											−150 −202	−330 −382
315	355	+650 +330	+350 +210	+151 +62	+75 +18	+51 0	+89 0	+140 0	+360 0	+17 −40	−16 −73	−41 −98	−169 −226	−369 −426
355	400	+760 +400											−187 −244	−414 −471
400	450	+840 +440	+385 +280	+165 +68	+83 +20	+63 0	+97 0	+155 0	+400 0	+18 −45	−17 −80	−45 −108	−209 −272	−467 −530
450	500	+880 +480											−229 −292	−517 −580

附表 11　　优先配合中轴的极限偏差

优先配合中轴的极限偏差(摘自 GB/T 1800. 2—2020)　　μm

公称尺寸(mm)		公差带												
		c	d	f	g	h				k	n	p	s	u
大于	至	11	9	7	6	6	7	9	11	6	6	6	6	6
—	3	−60 −120	−20 −45	−6 −16	−2 −8	0 −6	0 −10	0 −25	0 −60	+6 0	+10 +4	+12 +6	+20 +14	+24 +18
3	6	−70 −145	−30 −60	−10 −22	−4 −12	0 −8	0 −12	0 −30	0 −75	+9 +1	+16 +8	+20 +12	+27 +19	+31 +23
6	10	−80 −170	−40 −76	−13 −28	−5 −14	0 −9	0 −15	0 −36	0 −90	+10 +1	+19 +10	+24 +15	+32 +23	+37 +28
10	14	−95 −205	−50 −93	−16 −34	−6 −17	0 −111	0 −18	0 −43	0 −110	+12 +1	+23 +12	+29 +18	+39 +28	+44 +33
14	18													
18	24	−110 −240	−65 −117	−20 −41	−7 −20	0 −13	0 −21	0 −52	0 −130	+15 +2	+28 +15	+35 +22	+48 +35	+54 +41
24	30													+61 +48
30	40	−120 −280	−80 −142	−25 −50	−9 −25	0 −16	0 −25	0 −62	0 −160	+18 +2	+33 +17	+42 +26	+59 +43	+76 +60
40	50	−130 −290												+86 +70
50	65	−140 −330	−100 −174	−30 +60	−10 −29	0 −19	0 −30	0 −74	0 −190	+21 +2	+39 +20	+51 +32	+72 +53	+106 +87
65	80	−150 −340											+78 +59	+121 +102
80	100	−170 −390	−120 −207	−36 −71	−12 −34	0 −22	0 −35	0 −87	0 −220	+25 +3	+45 +23	+59 +37	+93 +71	+146 +124
100	120	−180 −400											+101 +79	+166 +144
120	140	−200 −450	−145 −245	−43 −83	−14 −39	0 −25	0 −40	0 −100	0 −125	+28 +3	+52 +27	+68 +43	+177 +92	+195 +170
140	160	−210 −460											+125 +100	+215 +190
160	180	−230 −480											+133 +108	+235 +210
180	200	−240 −530	−170 −285	−50 −96	−15 −44	0 −29	0 −46	0 −115	0 −290	+33 +4	+60 +31	+79 +50	+151 +122	+265 +236
200	225	−260 −550											+159 +130	+287 +258
225	250	−280 −570											+169 +140	+313 +284
250	280	−330 −650	−190 −320	−56 −108	−17 −49	0 −32	0 −52	0 −130	0 −320	+36 +4	+66 +34	+88 +56	+190 +158	+347 +315
280	315	−330 −650											+202 +170	+382 +350
315	355	−360 −720	−210 −350	−62 119	−18 −54	0 −36	0 −57	0 −140	0 −360	+40 +4	+73 +37	+98 +62	+226 +190	+426 +390
355	400	−400 −880											+244 +208	+471 +435
400	450	−440 −880	−230 −385	−68 −131	−20 −60	0 −40	0 −63	0 −155	0 −400	+45 +5	+80 +40	+108 +68	+272 +232	+530 +490
450	500	−480 −880											+292 +252	+580 +540

附表 12　　　　标准公差值（摘自 GB/T 1800.1—2020）

公称尺寸（mm）		标准公差等级																			
		IT01	IT0	IT1	IT2	IT3	IT4	IT5	IT6	IT7	IT8	IT9	IT10	IT11	IT12	IT13	IT14	IT15	IT16	IT17	IT18
大于	至	标准公差值																			
		μm													mm						
—	3	0.3	0.5	0.8	1.2	2	3	4	6	10	14	25	40	60	0.1	0.14	0.25	0.4	0.6	1	1.4
3	6	0.4	0.6	1	1.5	2.5	4	5	8	12	18	30	48	75	0.12	0.18	0.3	0.48	0.75	1.2	1.8
6	10	0.4	0.6	1	1.5	2.5	4	6	9	15	22	36	58	90	0.15	0.22	0.36	0.58	0.9	1.5	2.2
10	18	0.5	0.8	1.2	2	3	5	8	11	18	27	43	70	110	0.18	0.27	0.43	0.7	1.1	1.8	2.7
18	30	0.6	1	1.5	2.5	4	6	9	13	21	33	52	84	130	0.21	0.33	0.52	0.84	1.3	2.1	3.3
30	50	0.6	1	1.5	2.5	4	7	11	16	25	39	62	100	160	0.25	0.39	0.62	1	1.6	2.5	3.9
50	80	0.8	1.2	2	3	5	8	13	19	30	46	74	120	190	0.3	0.46	0.74	1.2	1.9	3	4.6
80	120	1	1.5	2.5	4	6	10	15	22	35	54	87	140	220	0.35	0.54	0.87	1.4	2.2	3.5	5.4
120	180	1.2	2	3.5	5	8	12	18	25	40	63	100	160	250	0.4	0.63	1	1.6	2.54	4	6.3
180	250	2	3	4.5	7	10	14	20	29	46	72	115	185	290	0.46	0.72	1.15	1.85	2.9	4.6	7.2
250	315	2.5	4	6	8	12	16	23	32	52	81	130	210	320	0.52	0.81	1.3	2.1	3.2	5.2	8.1
315	400	3	5	7	9	13	18	25	36	57	89	140	230	360	0.57	0.89	1.4	2.3	3.6	5.7	8.9
400	500	4	6	8	10	15	20	27	40	63	97	155	250	400	0.63	0.97	1.55	2.5	4	6.3	9.7
500	630			9	11	16	22	32	44	70	110	175	280	440	0.7	1.1	1.75	2.8	4.4	7	11
630	800			10	13	18	25	36	50	80	125	200	320	500	0.8	1.25	2	3.2	5	8	12.5
800	1000			11	15	21	28	40	56	90	140	230	360	560	0.9	1.4	2.3	3.6	5.6	9	14
1000	1250			13	18	24	33	47	66	105	165	260	420	660	1.05	1.65	2.6	4.2	6.6	10.5	16.5
1250	1600			15	21	29	39	55	78	125	195	310	500	780	1.25	1.95	3.1	5	7.8	12.5	19.5
1600	2000			18	25	35	46	65	92	150	230	370	600	920	1.5	2.3	3.7	6	9.2	15	23
2000	2500			22	30	41	55	78	110	175	280	440	700	1100	1.75	2.8	4.4	7	11	17.5	28
2500	3150			26	36	50	68	96	135	210	330	540	860	1350	2.1	3.3	5.4	8.6	13.5	21	33

参考文献

[1] 张桂云．机械制图．北京：中国电力出版社，2007.
[2] 欧阳波仪，程美，廖卓．机械制图．北京：高等教育出版社，2022.
[3] 杨晓红，胡佳英．机械制图．北京：高等教育出版社，2021.
[4] 王冰，于建国，王斌．机械制图．南京：东南大学出版社，2015.
[5] 吕思科，周宪珠．机械制图．5 版．北京：北京理工大学出版社，2022.
[6] 王冰，李莉．机械制图及测绘实训．4 版．北京：高等教育出版社，2019.
[7] 张元越，林金兰，王力，等．机械制图．成都：西南交通大学出版社，2014.

全国电力行业“十四五”规划教材

JIXIE ZHITU

机械制图（附习题集）

· 习题集 ·

主　编　袁训东
副主编　陈　伟　谢洪德　蒋积良
参　编　高红莉　刘　明　贾德凯
　　　　高　彤　王　波
主　审　尹开勤

中国电力出版社
CHINA ELECTRIC POWER PRESS

目　录

项目一　抄画零件图

1-1 字体练习。

制图审核标准日期材料重量比例图号技术要求备

螺栓螺母垫圈电机螺钉明细表立柱箱体横梁焊接齿数模数压力角精度圆锥

0123456789ABCDEFGHIJKLMNOPQRSTUVWX

lmnopqrstuvwxyz I II III IV V VI VII VIII X XI XII α β ε φ Ø

1-2 按照左图的示样在右边做图线练习（注意线条的粗度和均匀性）。

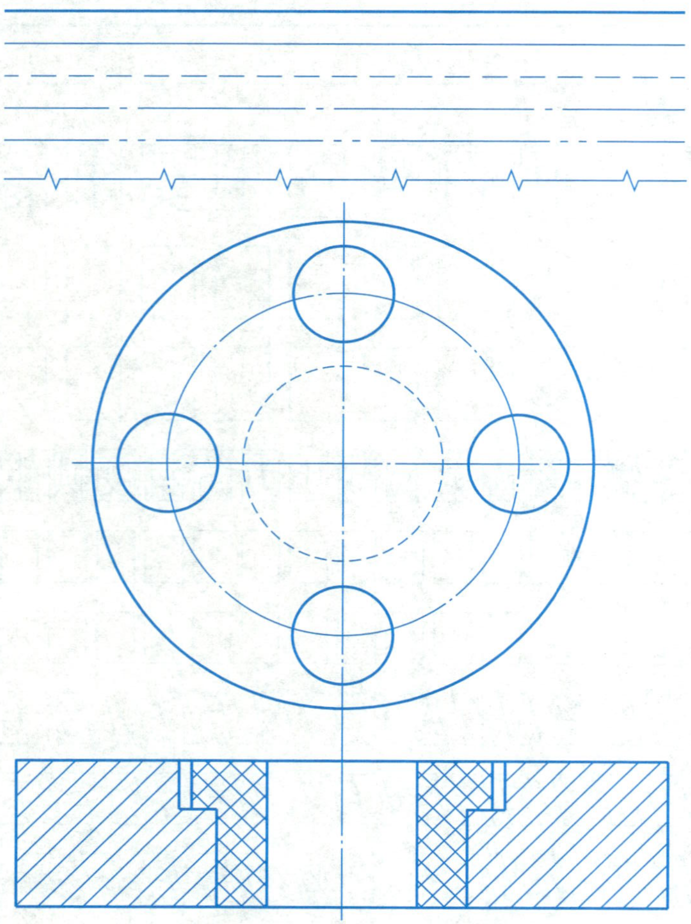

1-3 在平面图形上量取尺寸并标注（1：1取整）。

(1)

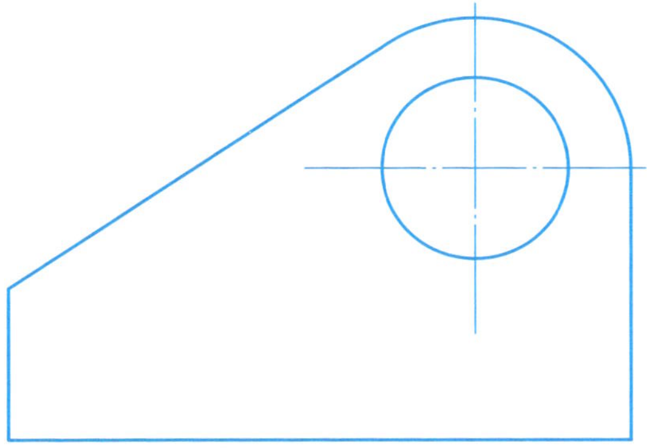

(2)

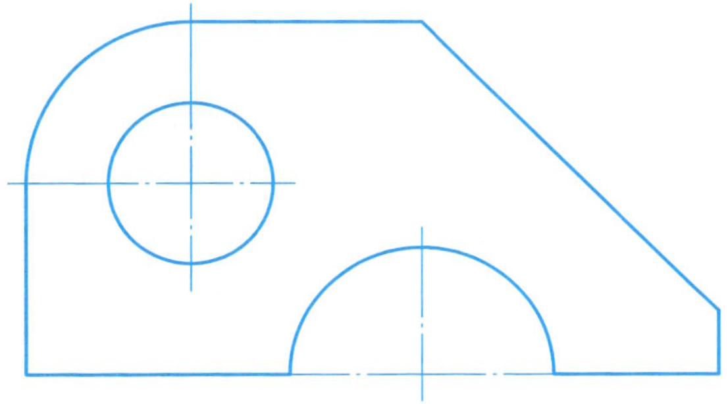

1-4 上图尺寸标注有错误，请在下图正确标注尺寸。

(1)

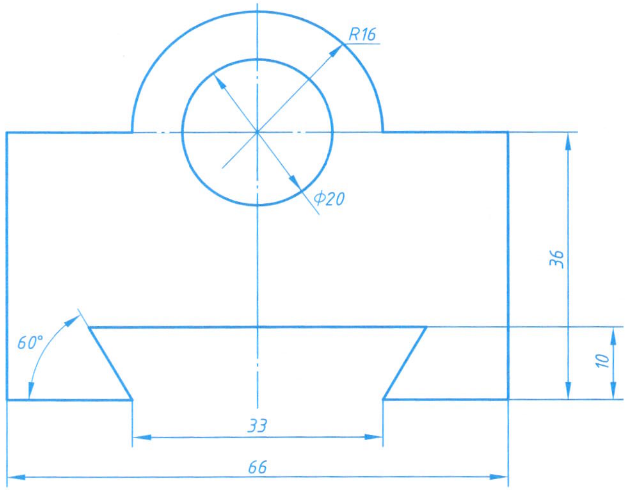

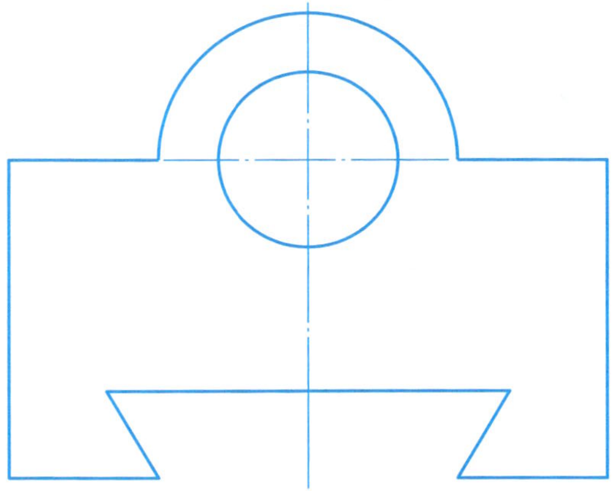

1-4 上图尺寸标注有错误，请在下图正确标注尺寸。

(2)

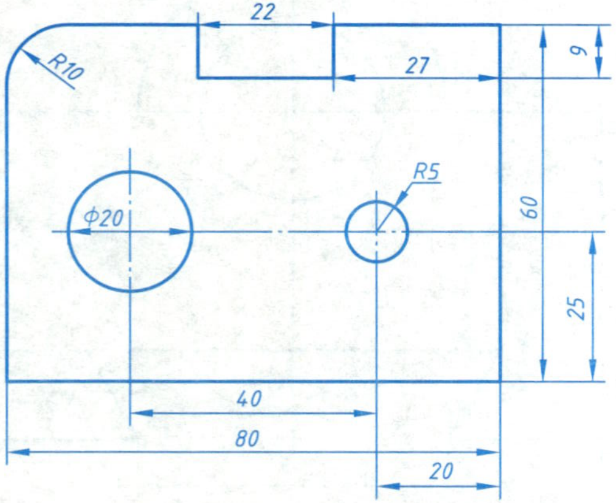

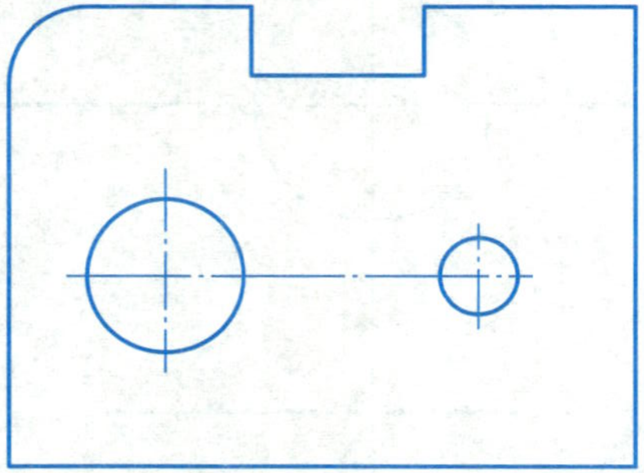

(3)

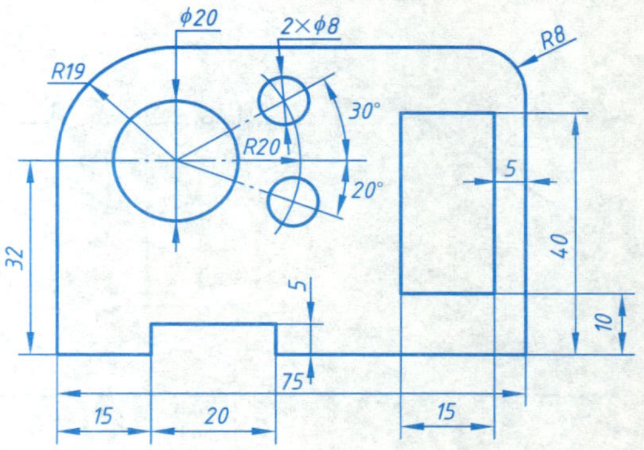

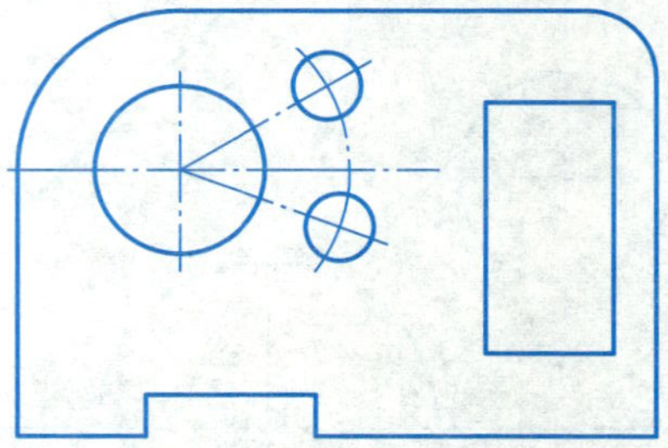

1-5 用适当的比例在A4图纸上抄画下图，并标注尺寸。

（1）

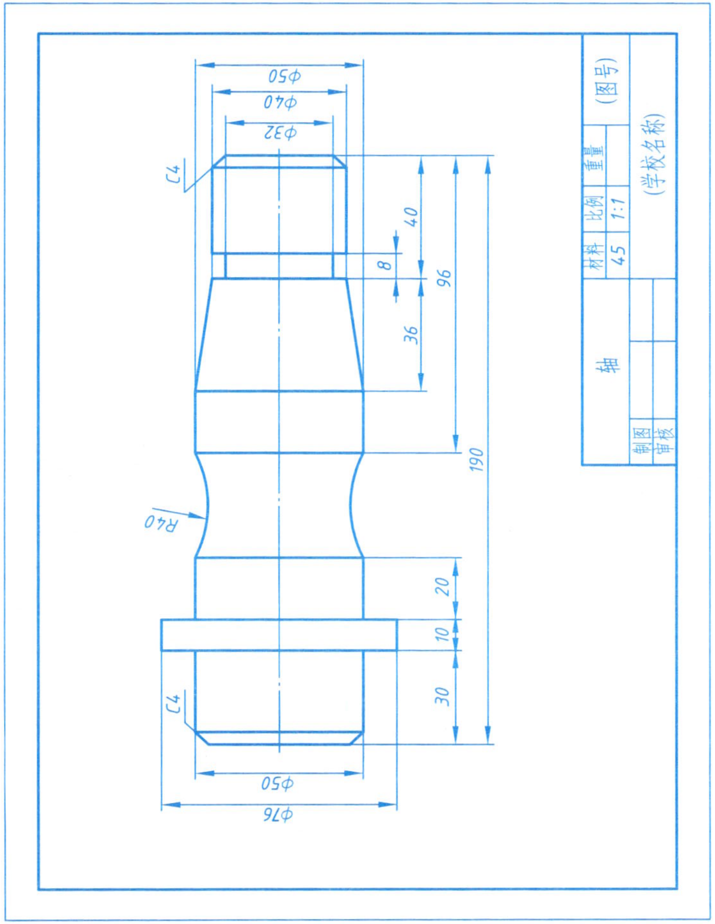

（2）

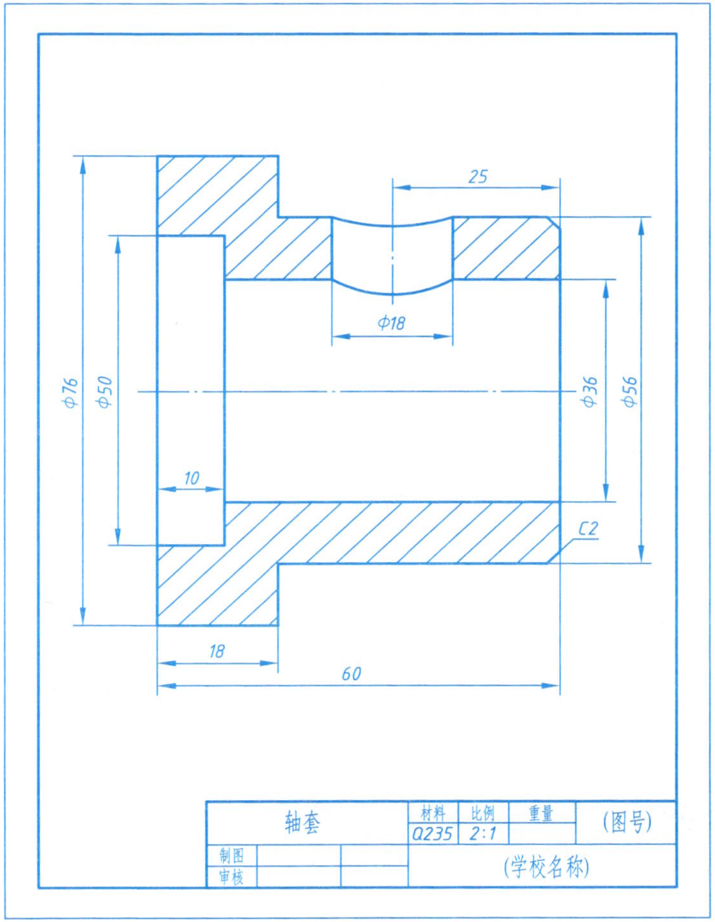

1-6 几何作图。

(1)作圆的内接正六边形。

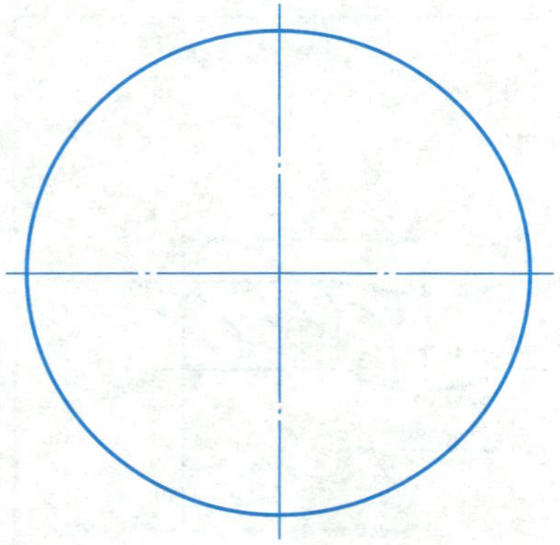

(2)作圆的内接正八边形。

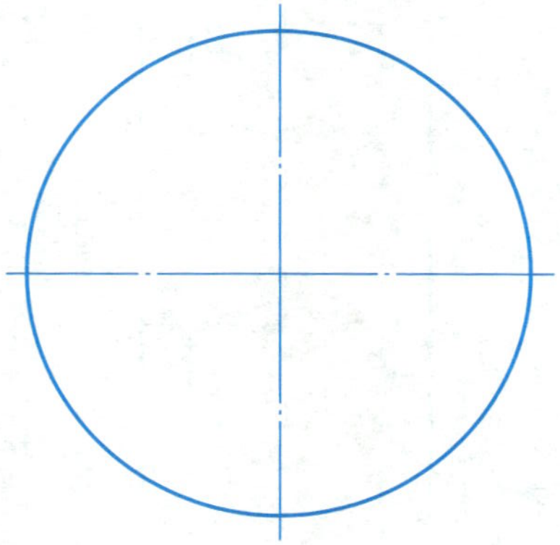

(3)用近似法作椭圆(长轴80，短轴50)。

(4)参照图例用给定的尺寸作圆弧连接。

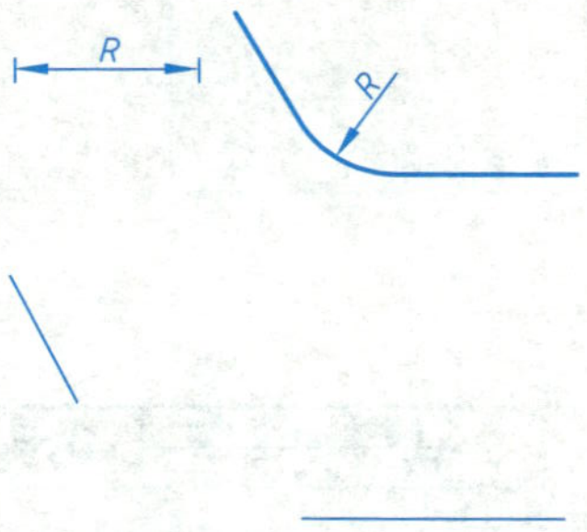

(5)参照右上角示意图，作1:4的斜度图。

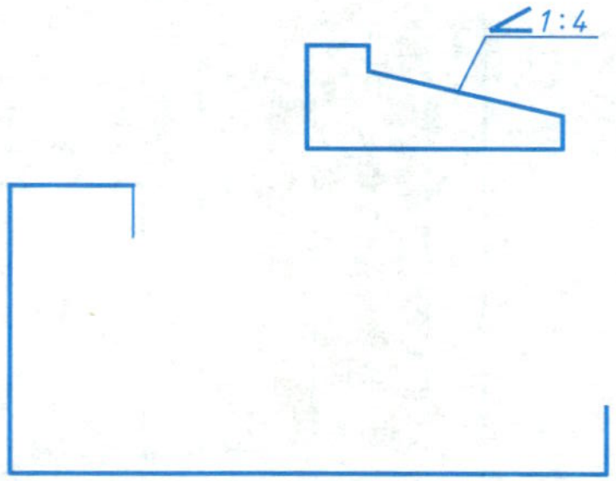

(6)参照右上角示意图，作1:3的锥度图。

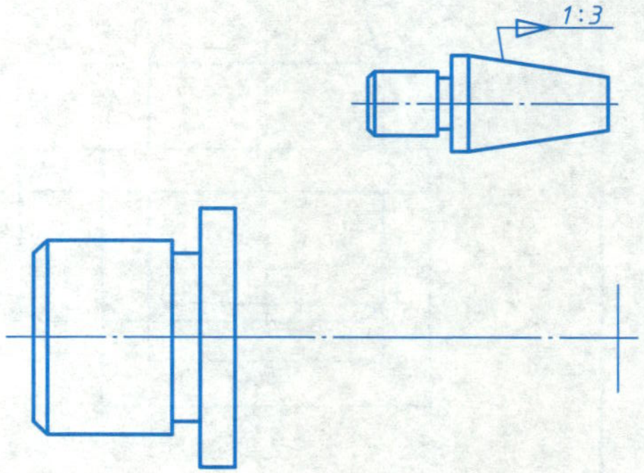

1-6 几何作图。

(7)参照上图尺寸作圆弧连接。

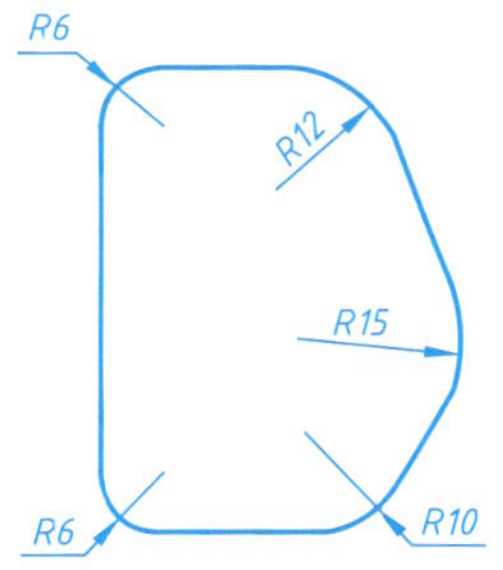

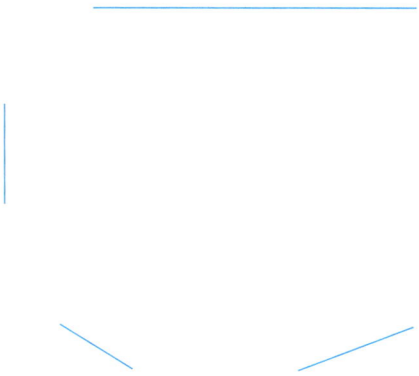

(8)参照上图完成下图圆弧连接。

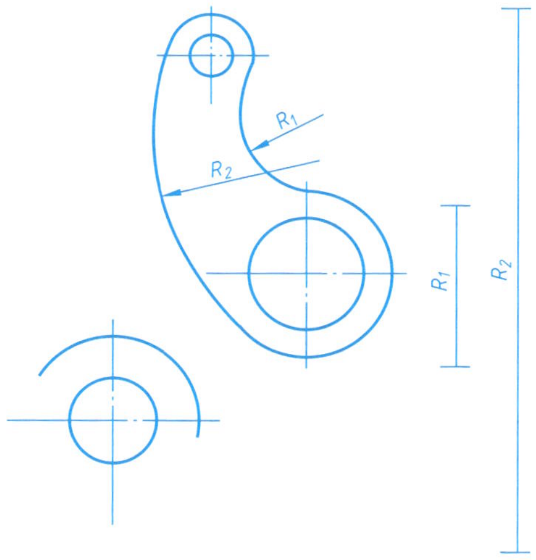

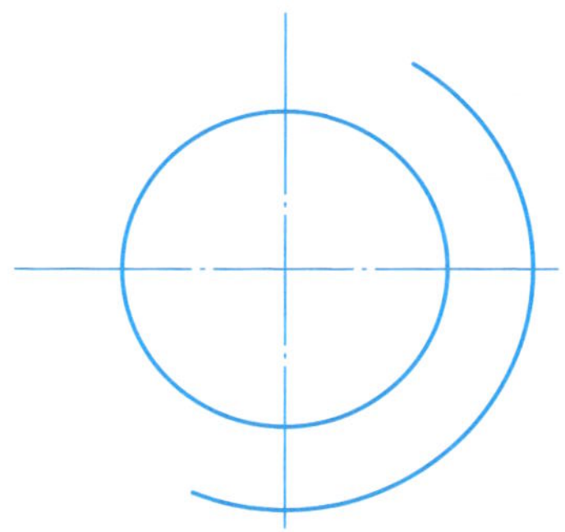

(9)参照上图尺寸完成下图圆弧连接。

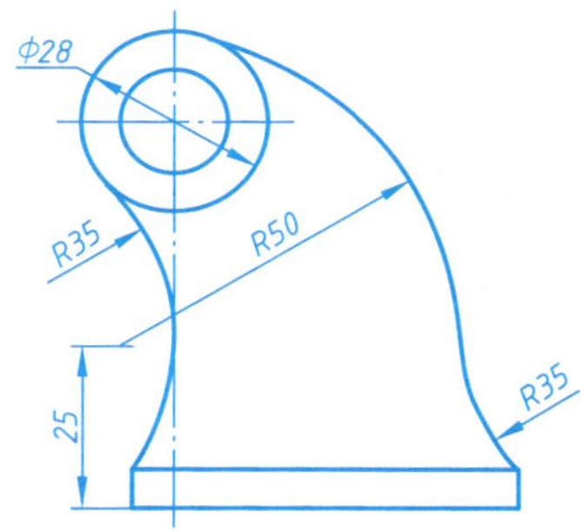

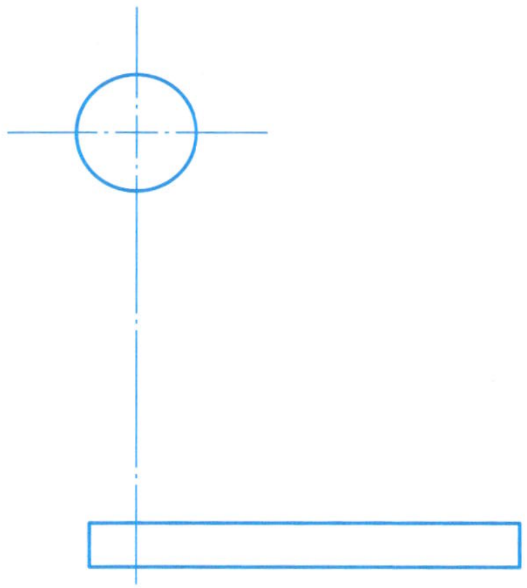

1-7 以适当的比例在A4图纸上完成下图（画图框、标题栏）。

(1)

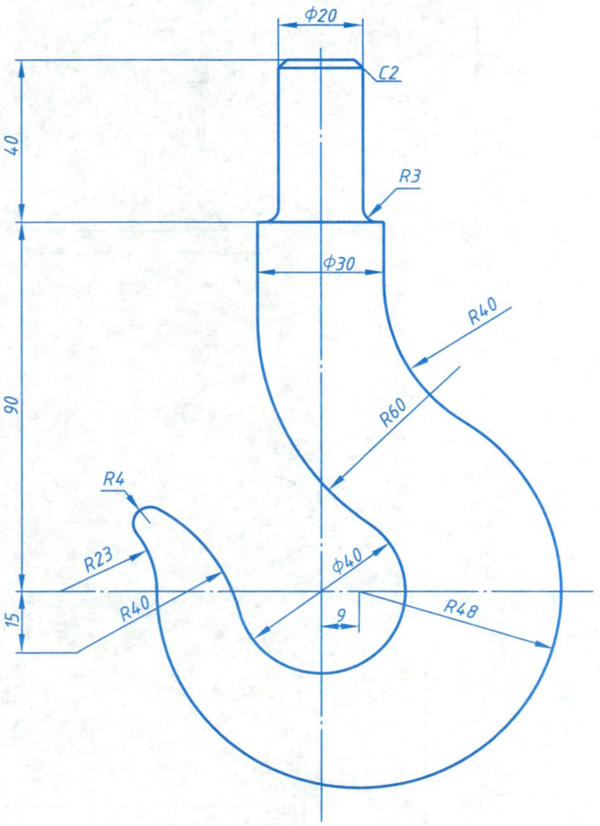

(2)

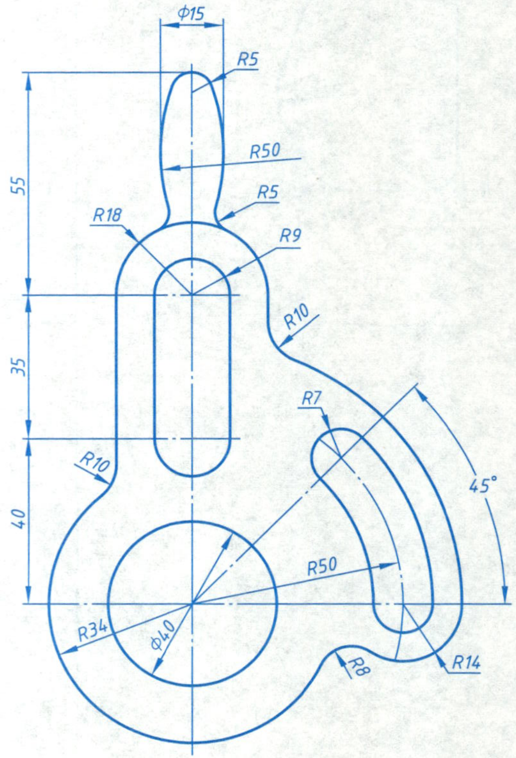

1-8 目测比例，在空白处徒手绘图。

（1）

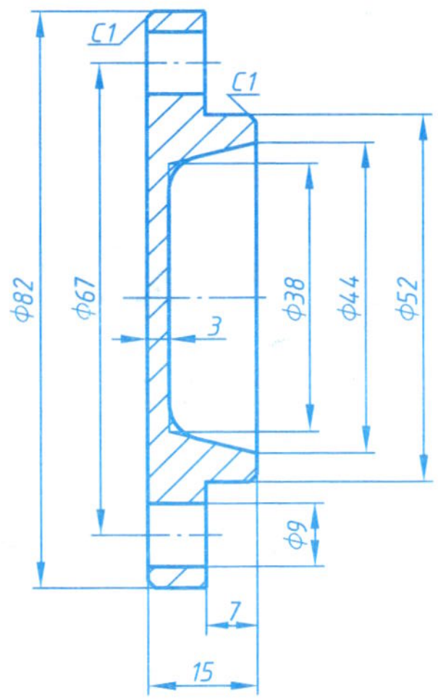

（2）

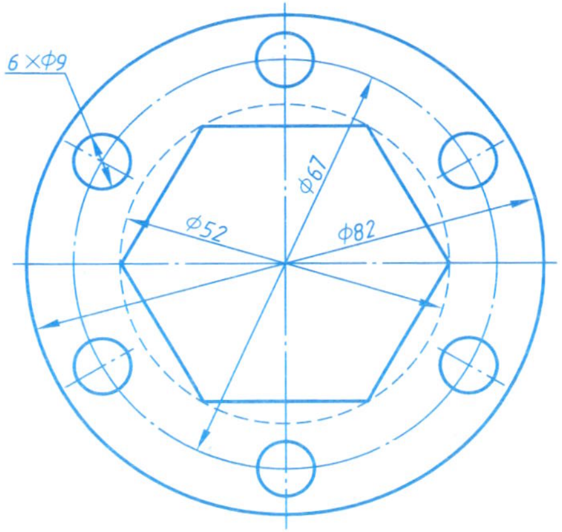

项目二　绘制平面体的三视图

2-1 已知正等轴测图，量取尺寸，画出三视图。

(1)

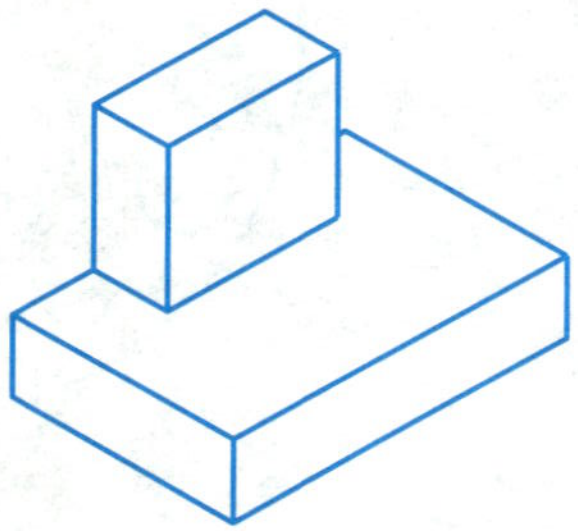

(2)

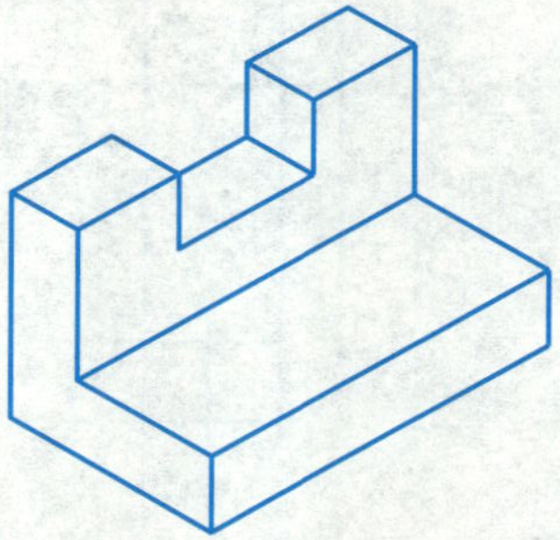

(3)

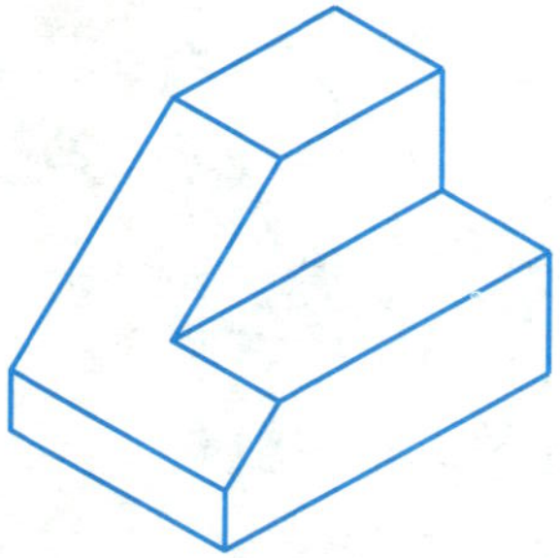

(4)

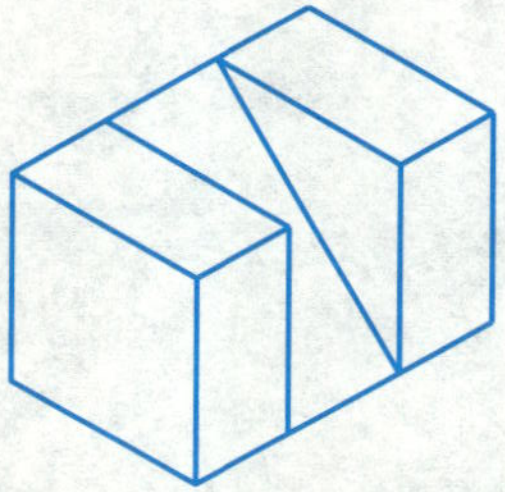

2-2 根据点的直观图，画点的三面投影。

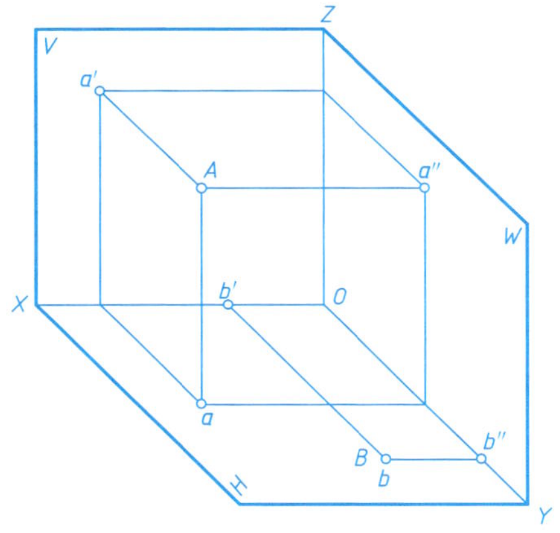

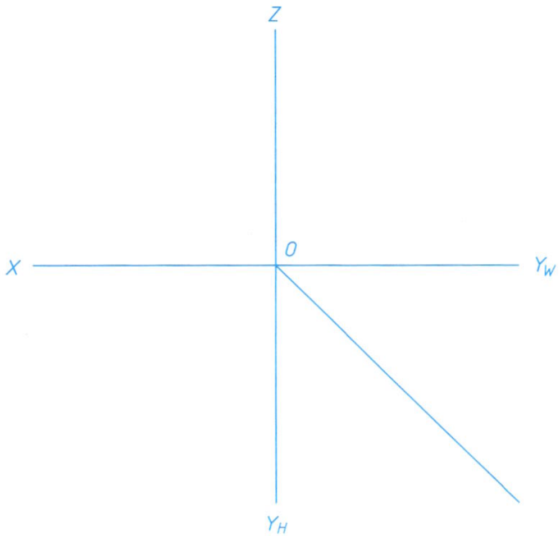

2-3 作出点的投影图和直观图。

已知点*B*在点*A*之左15，之前10，之下15，作出点*B*的三面投影和直观图。

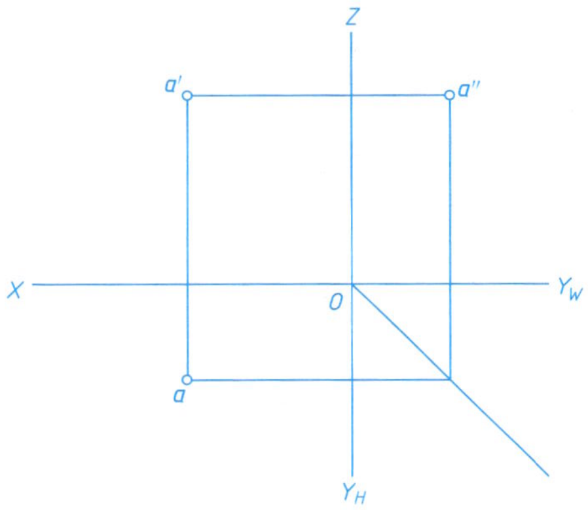

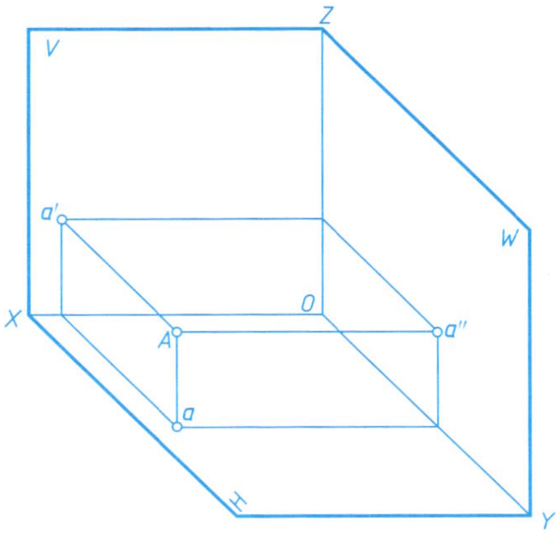

2-4 根据各点的坐标值，作它们的三面投影。

点	X	Y	Z
A	40	25	20
B	25	0	30
C	0	25	0
D	15	10	35

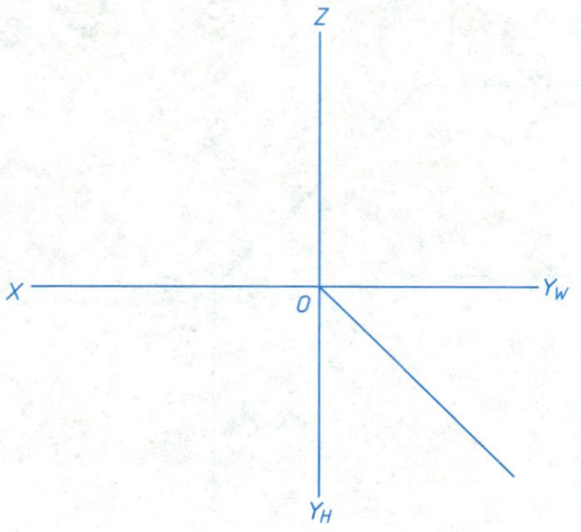

2-5 根据点的三面投影，分别写出点到投影面的距离。

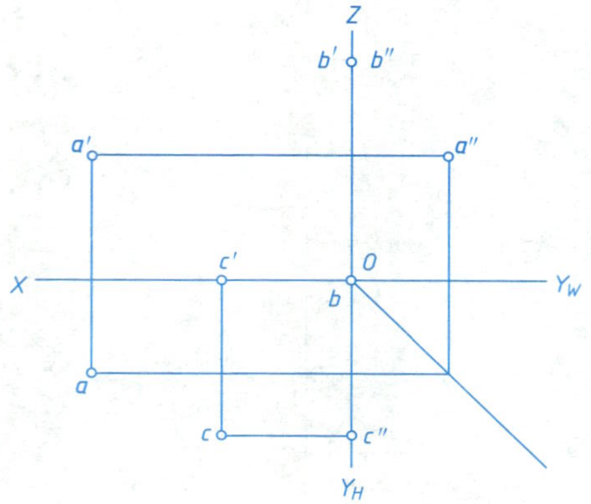

点	距H面	距V面	距W面
A			
B			
C			

2-6 已知点的两面投影，求作第三投影。

(1)

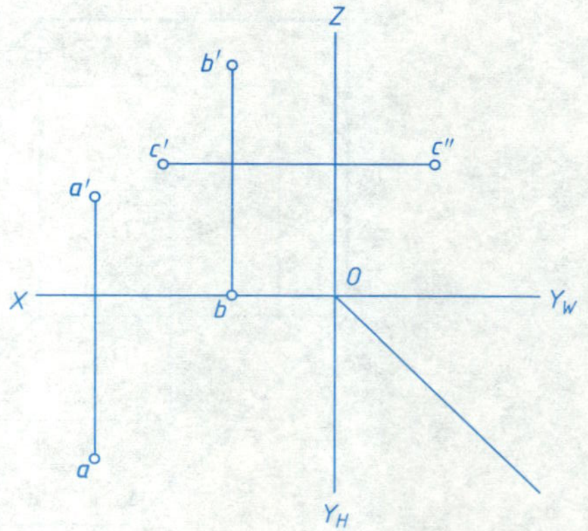

(2)

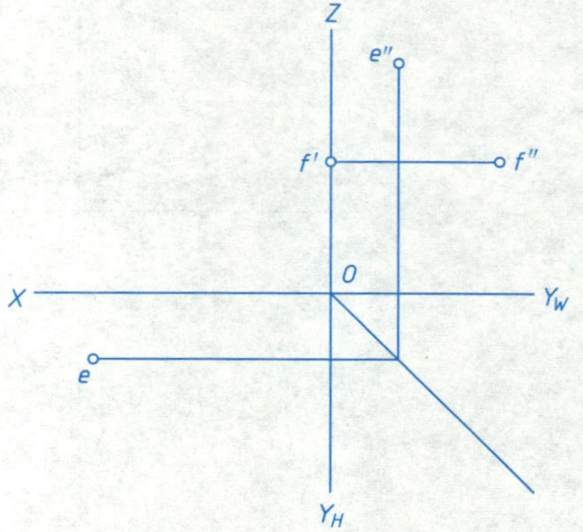

2-7 判断B、C两点相对A点的位置。

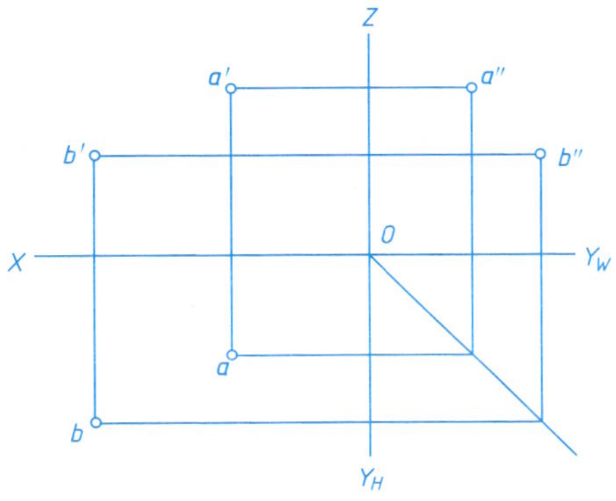

点B在点A的(　　　　　　)

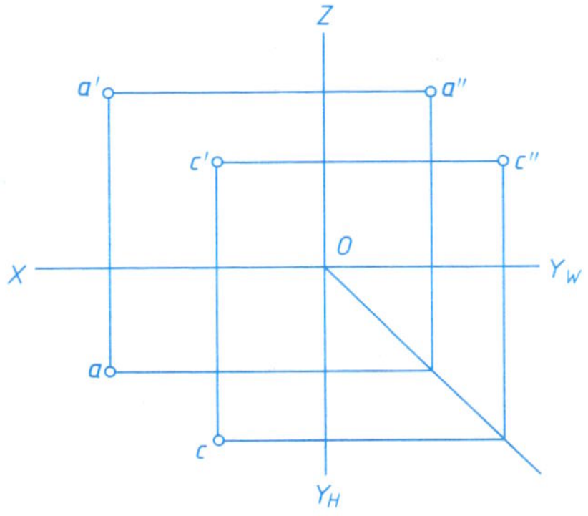

点C在点A的(　　　　　　)

2-8 作出B、D两点的投影，并判别重影点的可见性。

(1)点B在点A的正下方15mm。

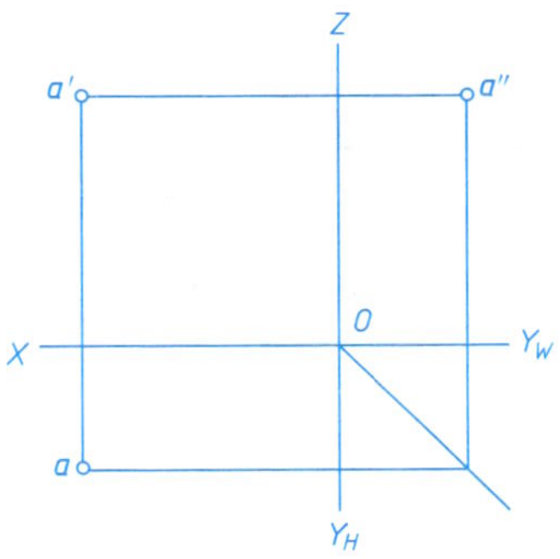

(2)点D在点C的正右方15mm。

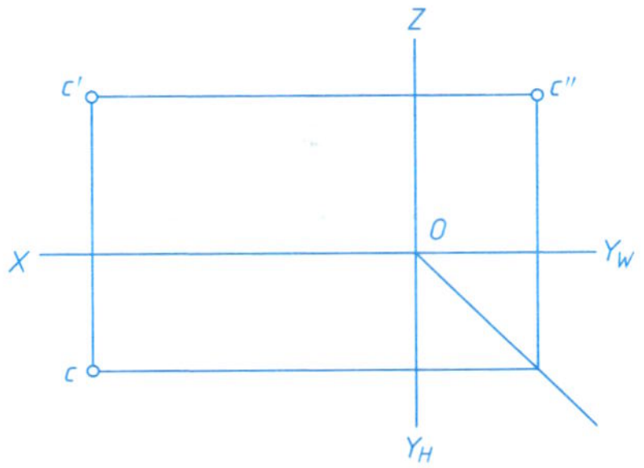

2-9 补全点B的另两个投影，使其距点A为15mm。

(1)

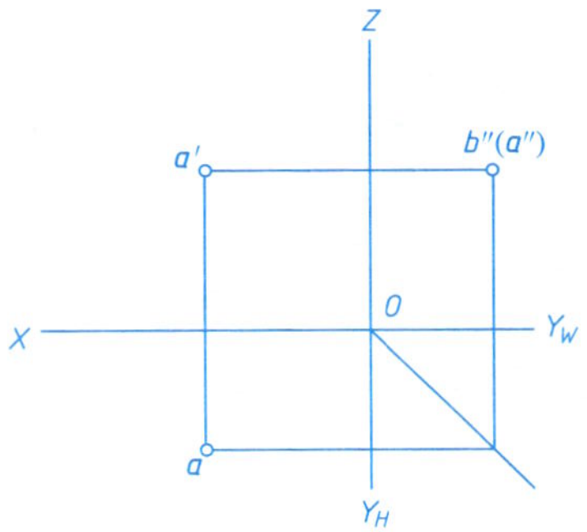

(2)

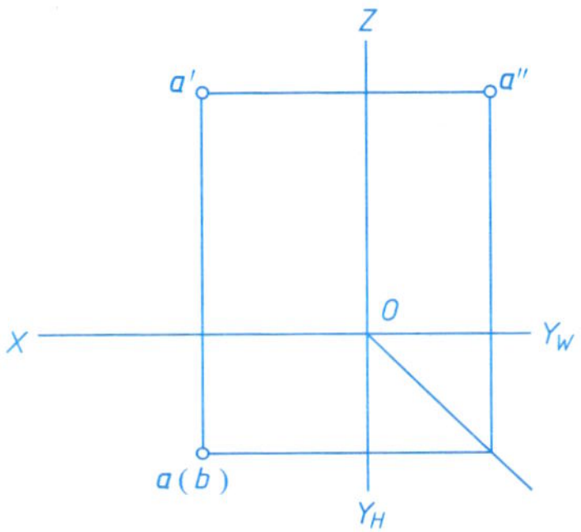

2-10 作出直线的第三投影，判断直线对投影面的位置。

(1)

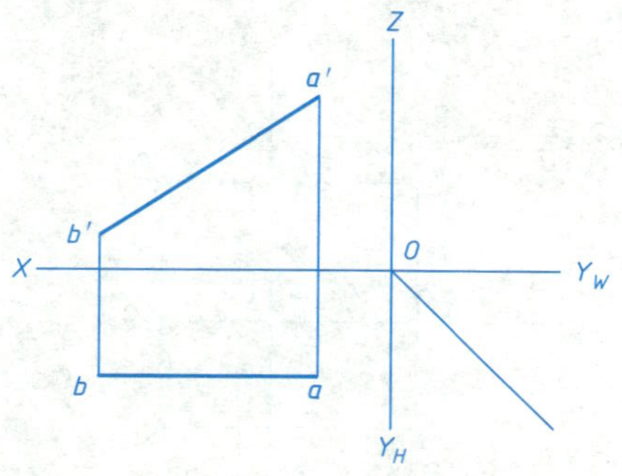

AB是(　　　　　　)线

(2)

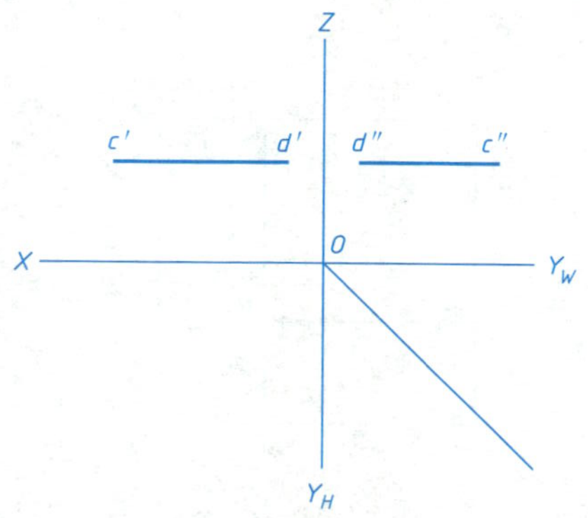

CD是(　　　　　　)线

(3)

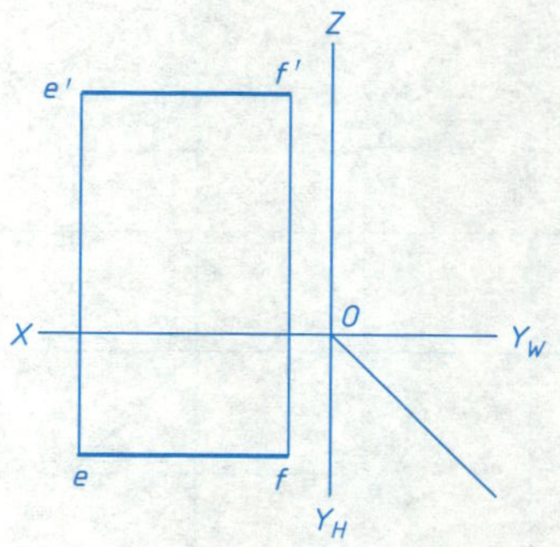

EF是(　　　　　　)线

(4)

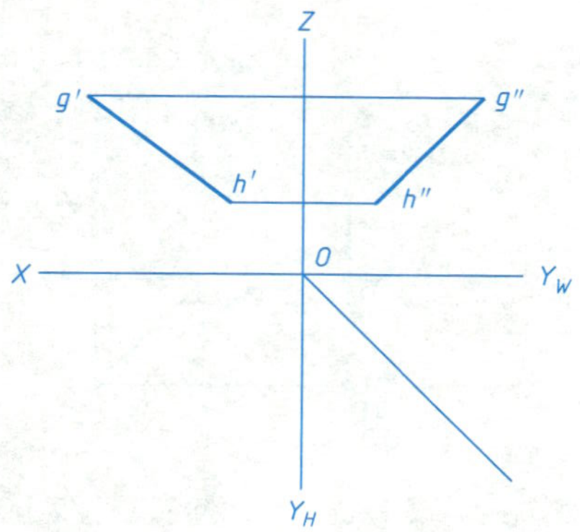

GH是(　　　　　　)线

(5)

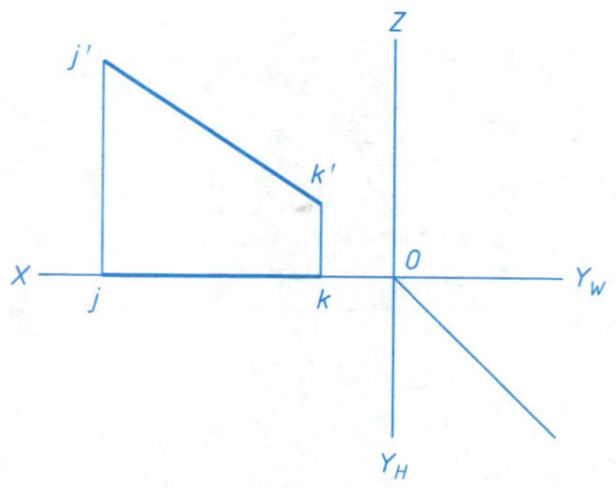

JK是(　　　　　　)线

(6)

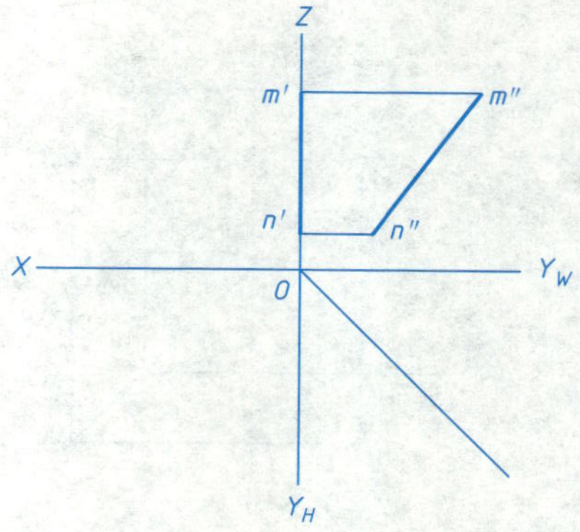

GH是(　　　　　　)线

2-11 根据已知条件，完成直线 AB 三面投影。

(1) 已知 AB 平行 H 面。

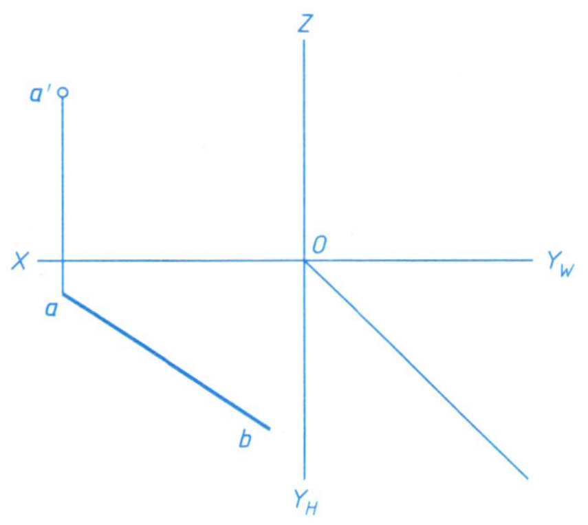

(2) 已知 AB 平行 W 面。

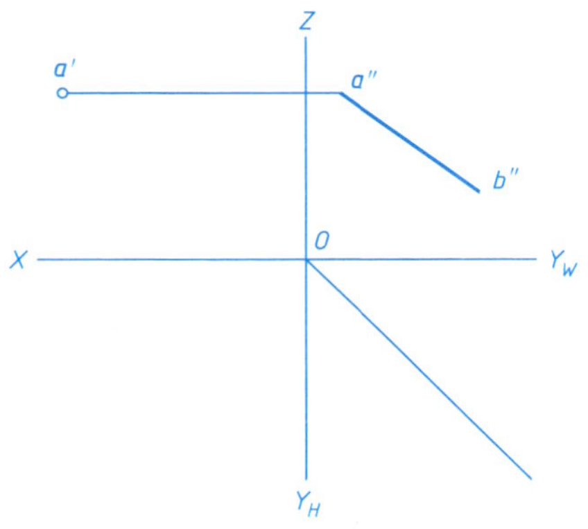

(3) 已知 AB 垂直于 V 面，距 W 面20mm。

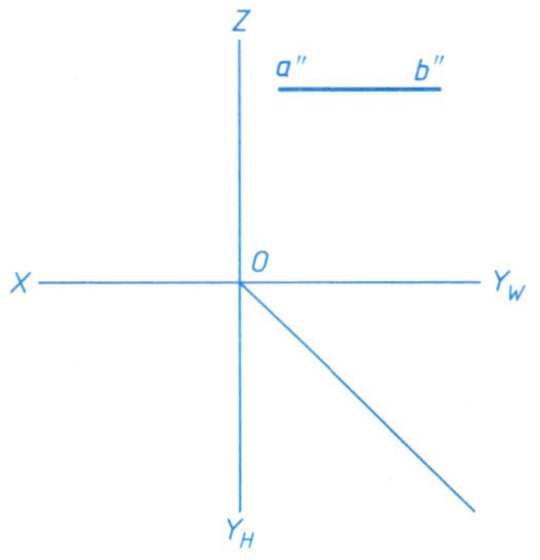

(4) 已知 AB 为水平线，从点 A 向左、向前，$\beta=30°$，长25。

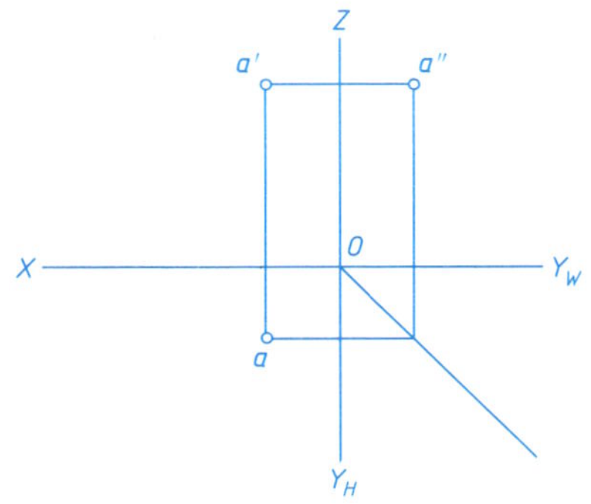

(5) 已知点 B 在 V 面上。

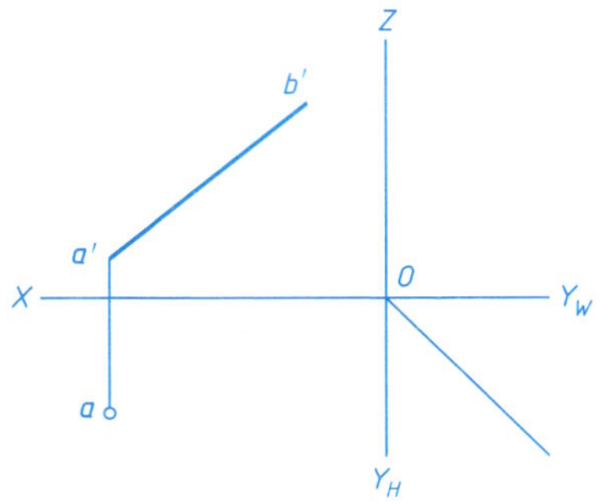

(6) 已知 AB 长30mm。

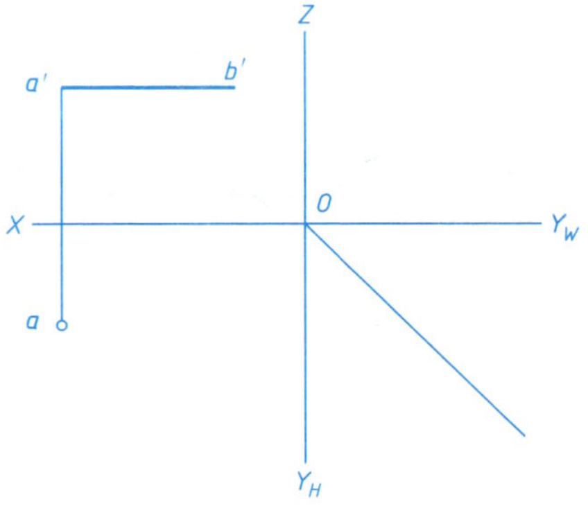

2-12 根据已知条件，作直线或点的投影。

(1) 已知直线 AB 和 CD 相交，求作 CD 的水平投影。

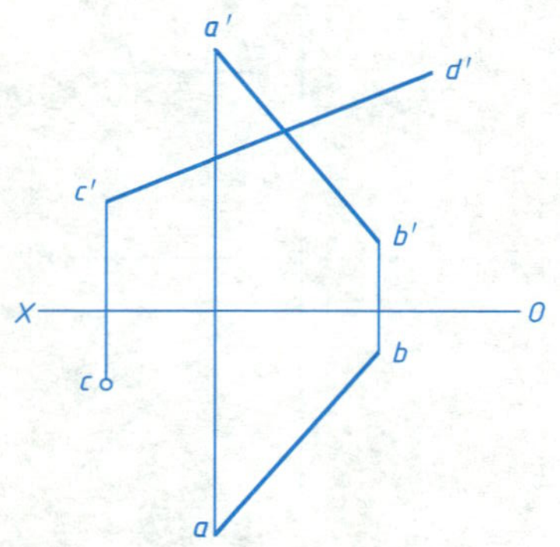

(2) 在直线 AB 上求一点 C，使 $AC:CB=3:2$。

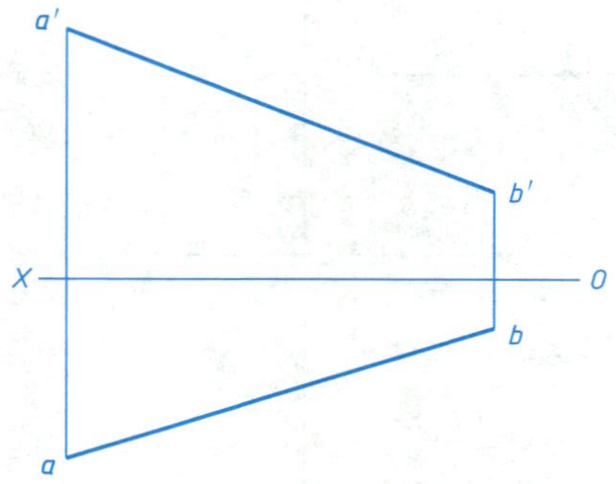

(3) 过点 A 作直线 AB 与 CD 相交，其交点离 V 面 20mm。

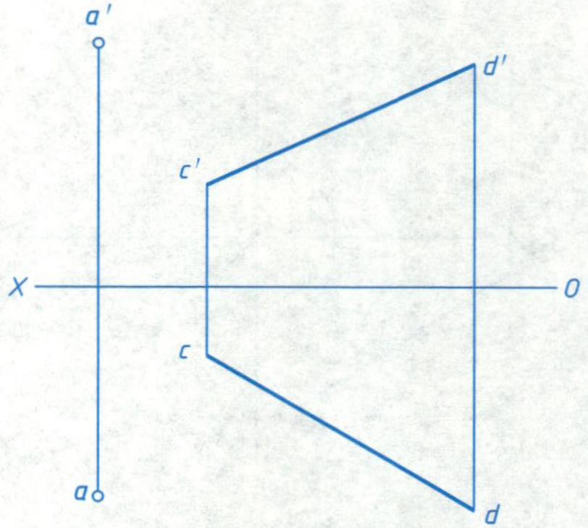

(4) 在直线 AB 上找一点 K，使点 K 到 V、H 面的距离相等，并作出第三面投影。

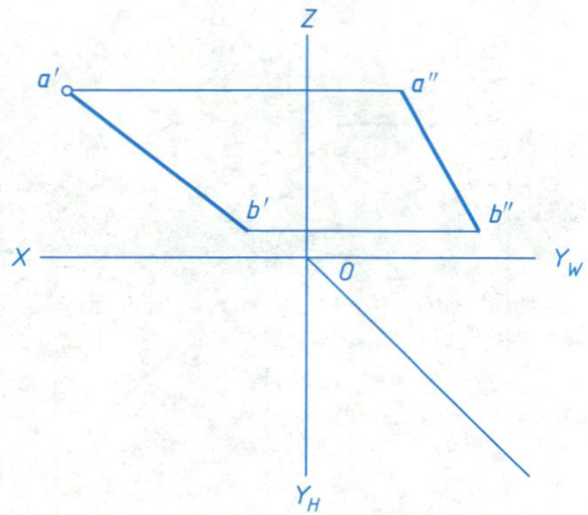

(5) 已知点 B 在 V 面上。

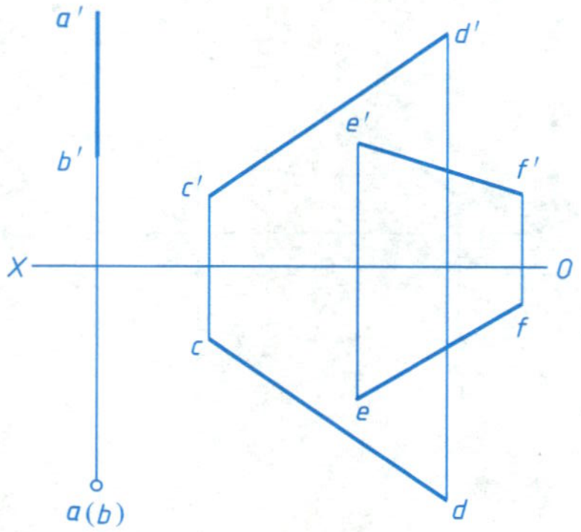

(6) 已知直线 AB 与 CD 相交，求作 cd。

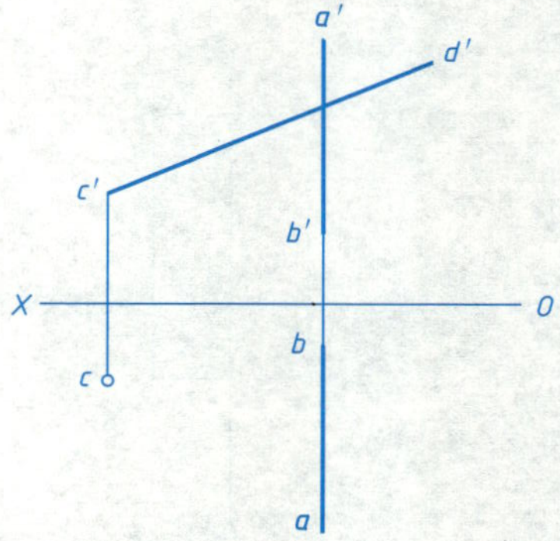

2-13 判断下列两直线的相对位置（平行、相交、交叉）。

(1)

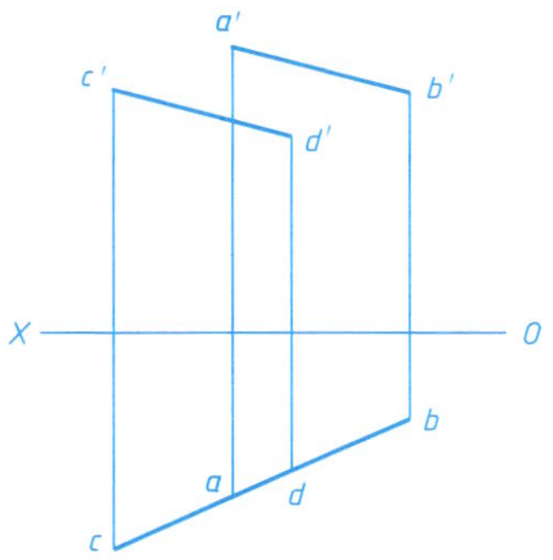

(　　　　)

(2)

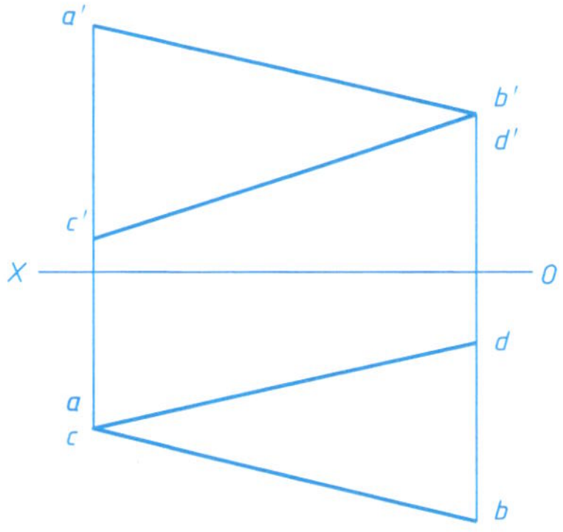

(　　　　)

(3)

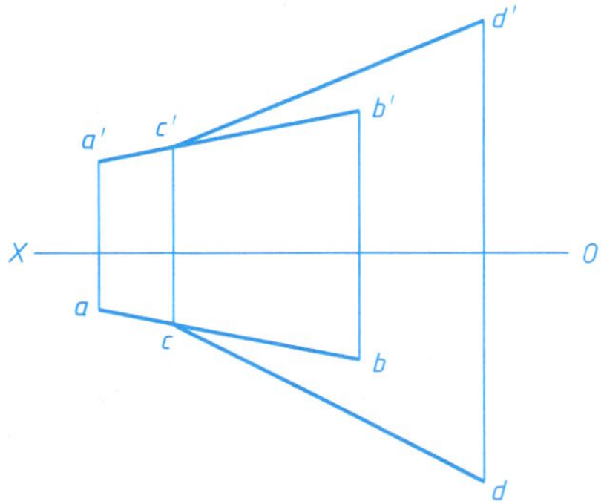

(　　　　)

(4)

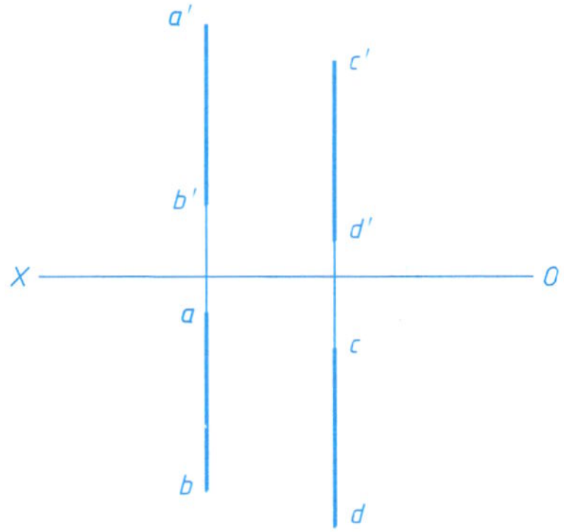

(　　　　)

2-14 用字母标出重影点的投影并判别可见性。

(1)

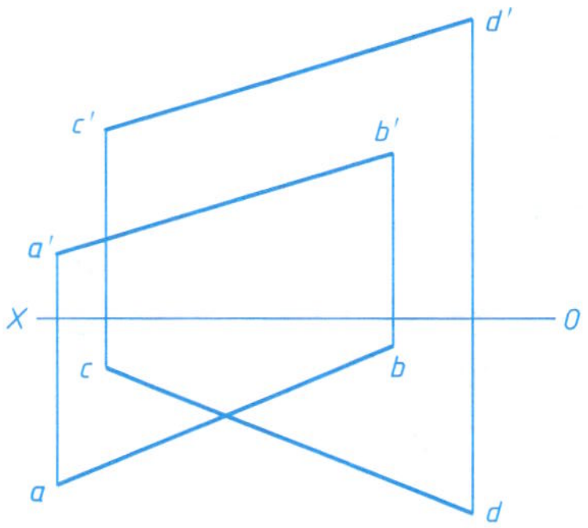

(2)

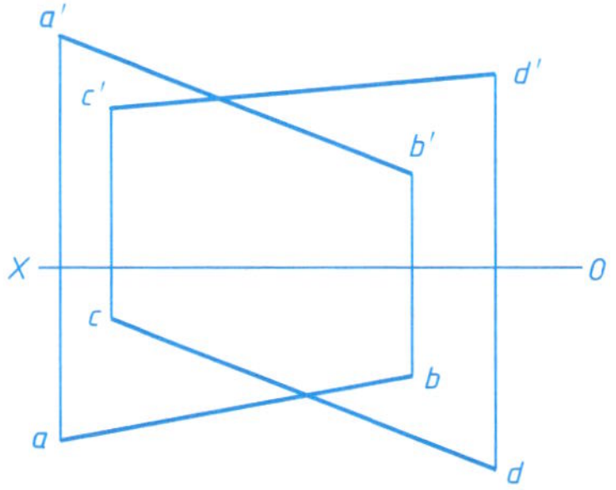

2-15 判断下列平面相对投影面的位置。

(1)

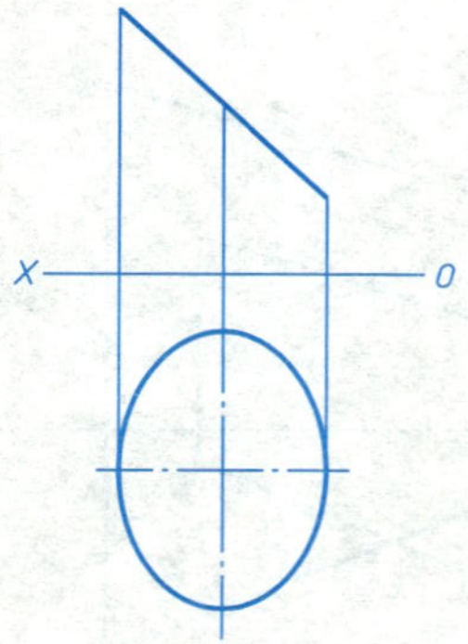

(　　　　　)面

(2)

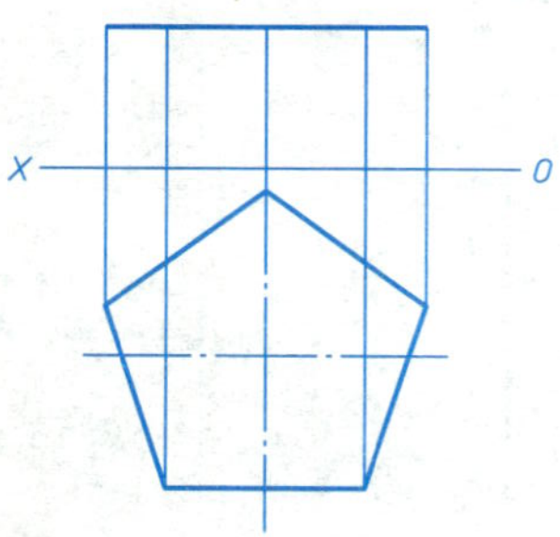

(　　　　　)面

(3)

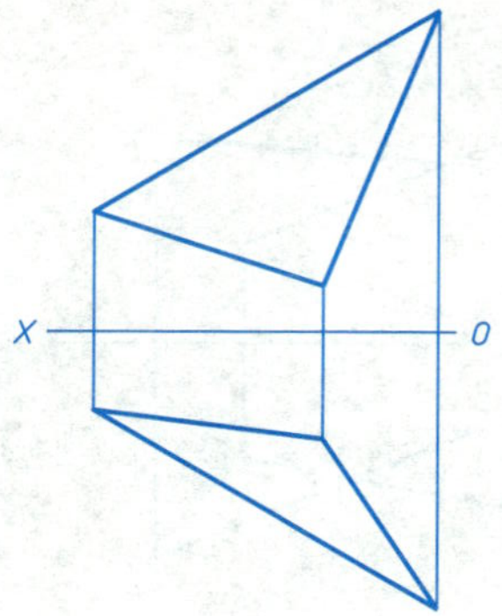

(　　　　　)面

(4)

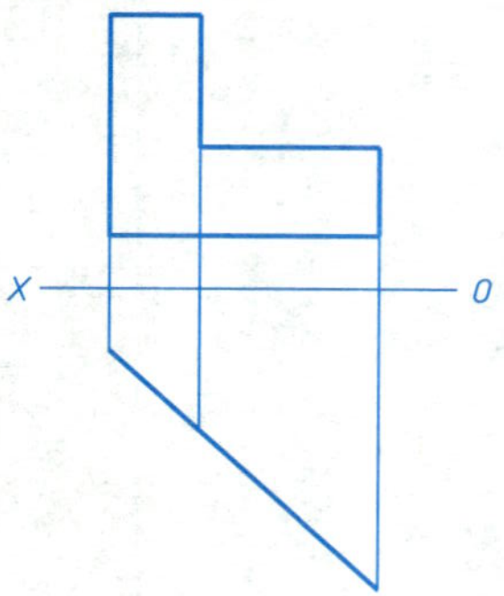

(　　　　　)面

2-16 补画出平面的第三投影，判断对投影面的位置并填写倾角。

(1)

△ABC是(　　　　　)平面

α=(　　　　)

β=(　　　　)

γ=(　　　　)

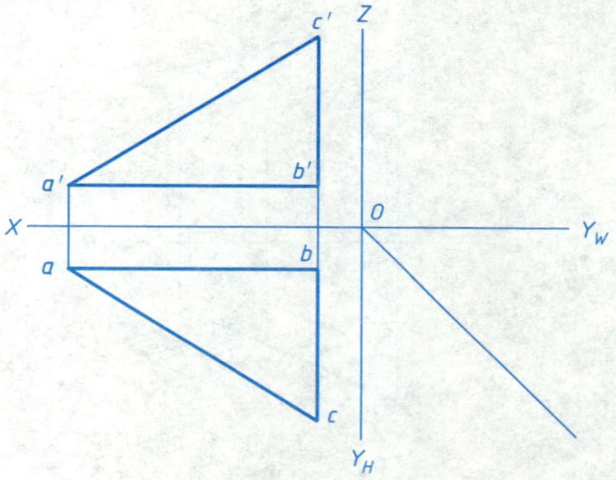

(2)

ABCDE是(　　　　　)面

α=(　　　　)

β=(　　　　)

γ=(　　　　)

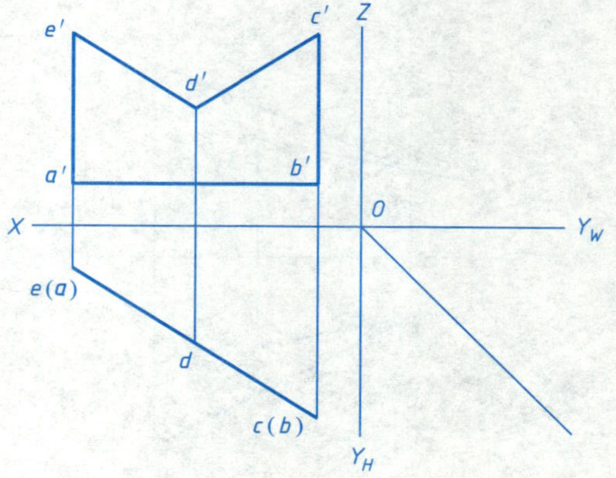

2-17 已知正垂面 P 与 H 面倾角为45°，作出 V 面、W 面的投影。

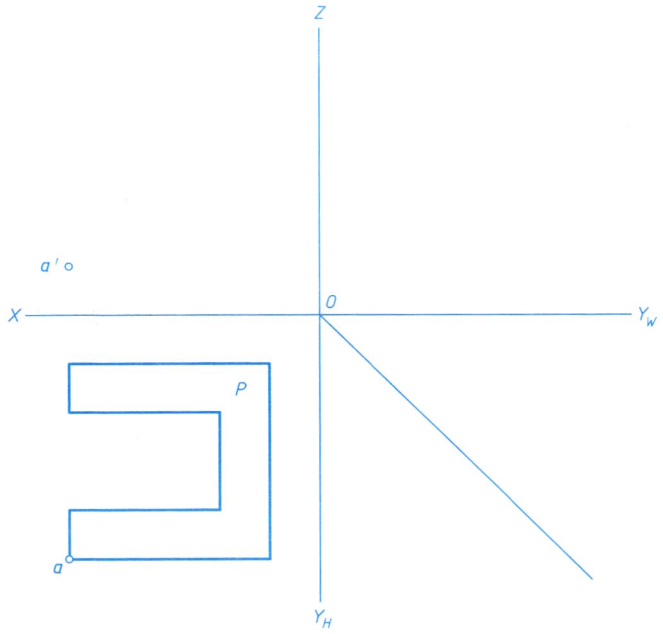

2-18 判断各点、直线是否在平面 ABC 上。

(1) 点 D(　　　　) 平面 ABC 上

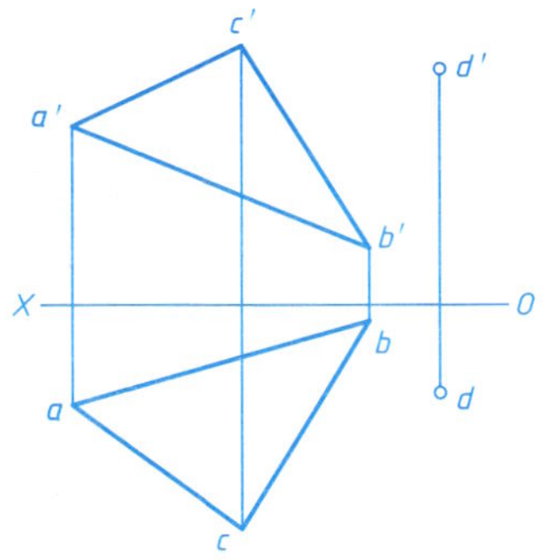

(2) 点 K(　　　　) 平面 ABC 上

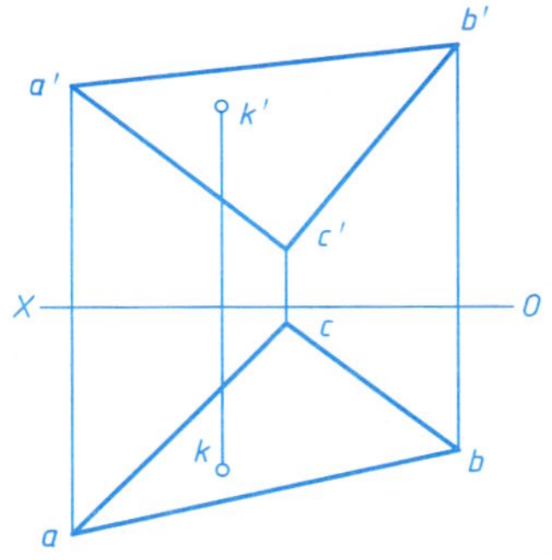

(3) 直线 BD(　　　　) 平面 ABC 上

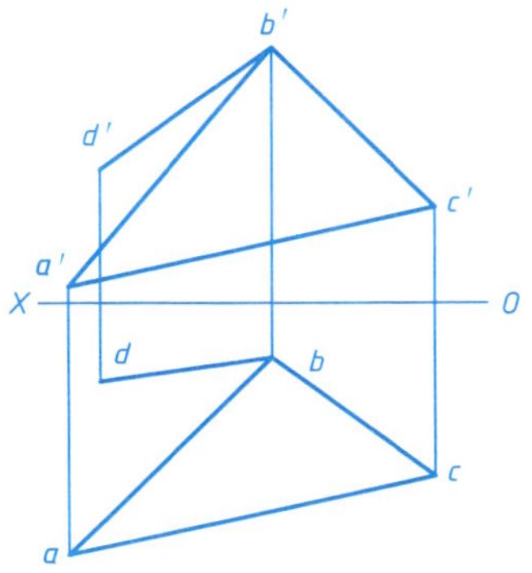

(4) 直线 DE(　　　　) 平面 ABC 上

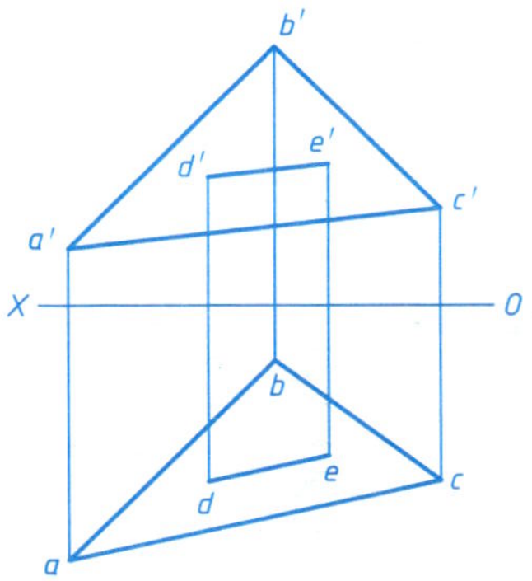

2-19 已知点或直线分别在给定的平面内，求其投影。

(1)已知平面上点K的一个投影，求另一个投影。

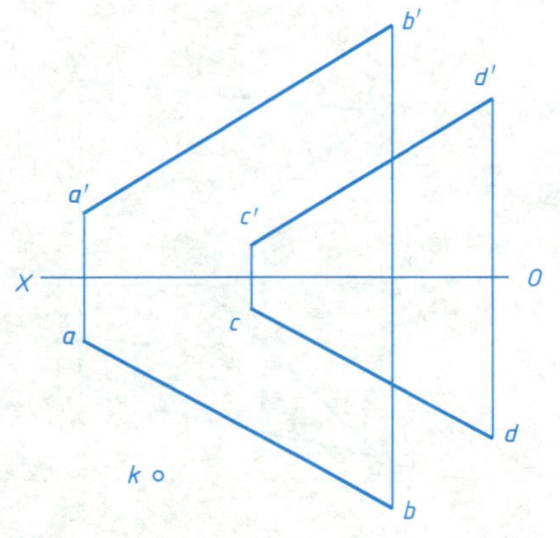

(2)在△ABC上作一点K，使点K到V面、H面的距离均为25mm。

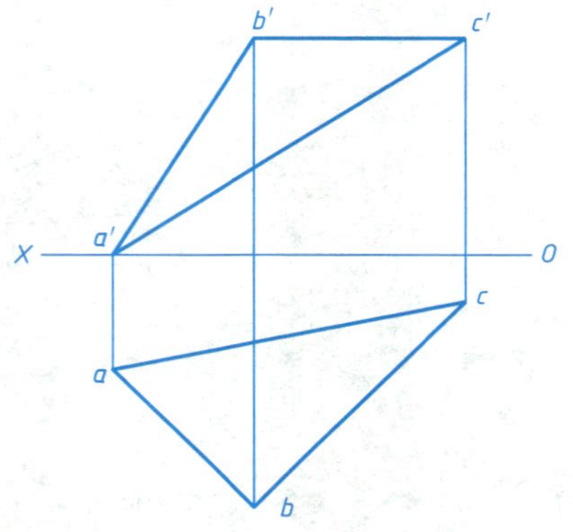

(3)已知直线MN在平面$ABCD$内，求MN的水平投影。

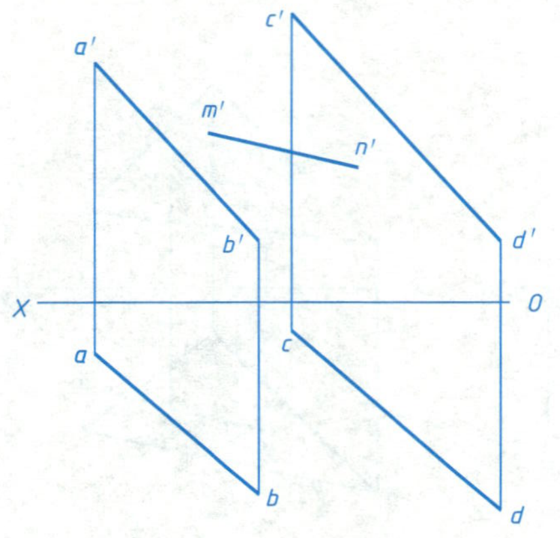

(4)已知A字在平面内，试完成A字的水平投影。

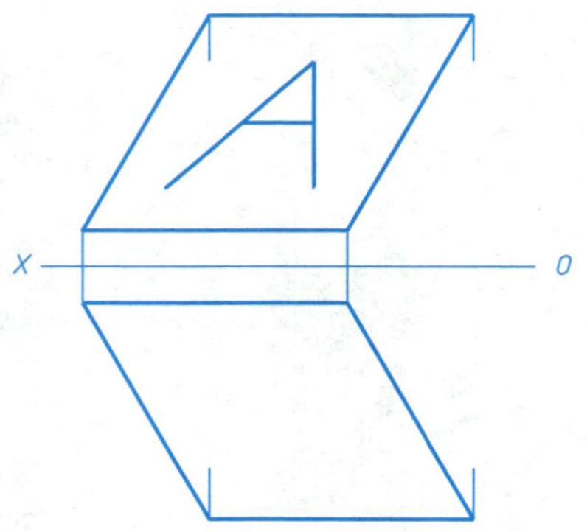

2-20 完成直线或平面的投影。

(1) 在平面ABC上作正平线EF，EF离V面20mm。

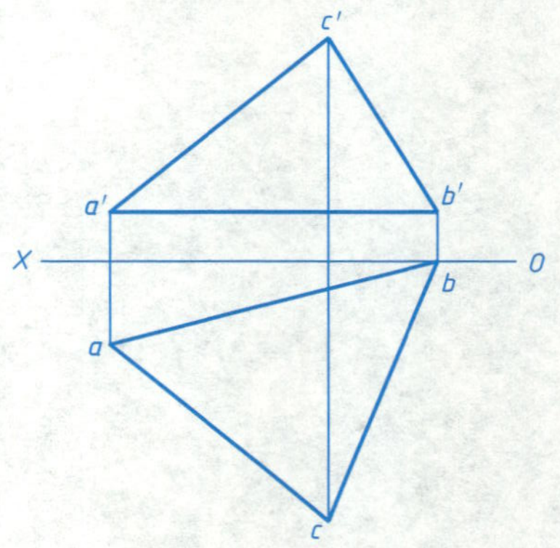

(2) 在四边形$ABCD$上过点M作水平线MN，完成其两面投影。

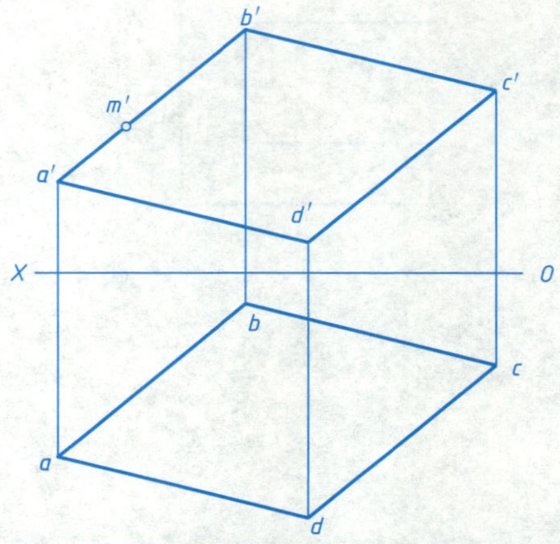

2-20 完成直线或平面的投影。

(3) 已经△ABC，点A在V面上，点B在H面上，点C在W面上，完成△ABC的三面投影。

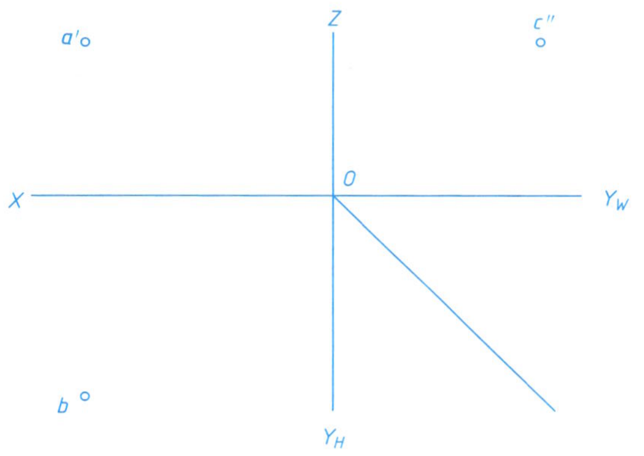

(4) AD是△ABC内的正平线，AE是△ABC内的水平线，完成△ABC三面投影。

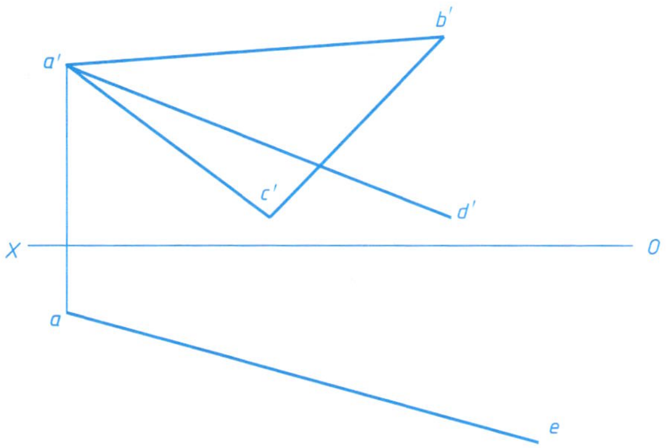

(5) 完成平面五边形的正面投影。

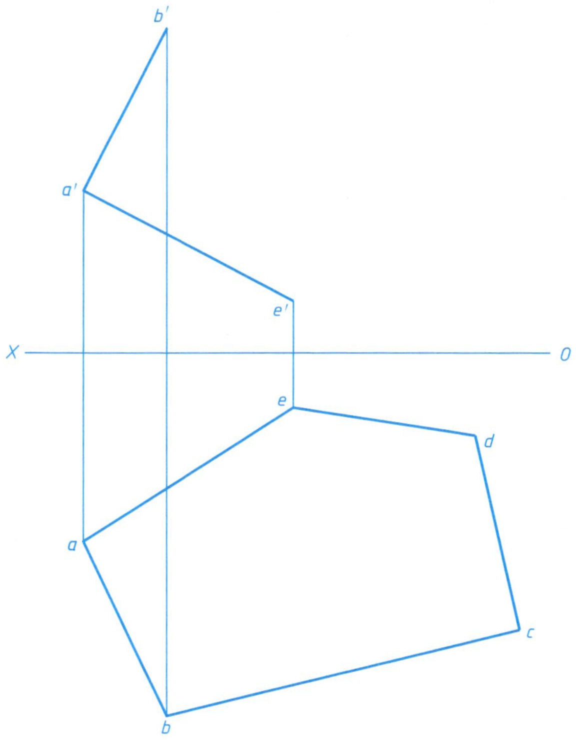

2-21 已知几何体的两面投影，求作第三投影及表面上点、线的另两投影(保留作图线)。

(1)

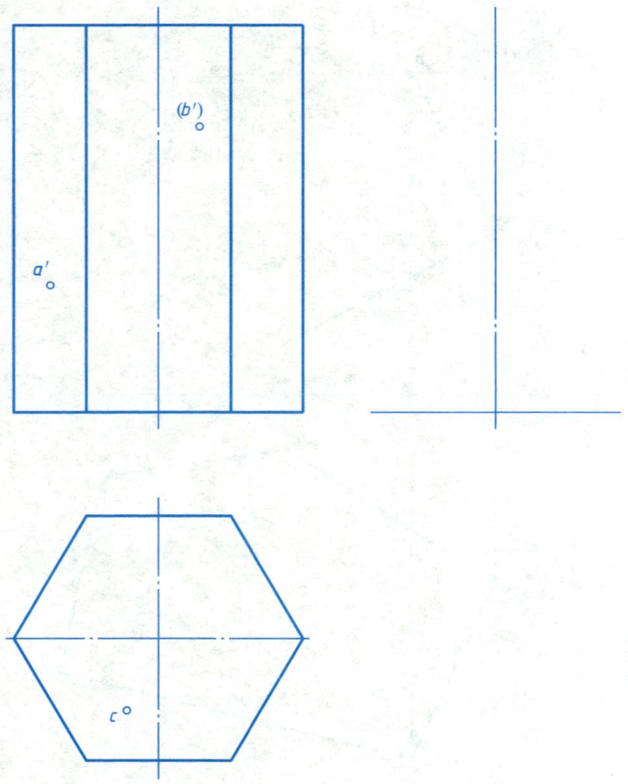

(2)

2-22 根据给出的一个或两个完整视图，完成或补画其他视图。

(1)

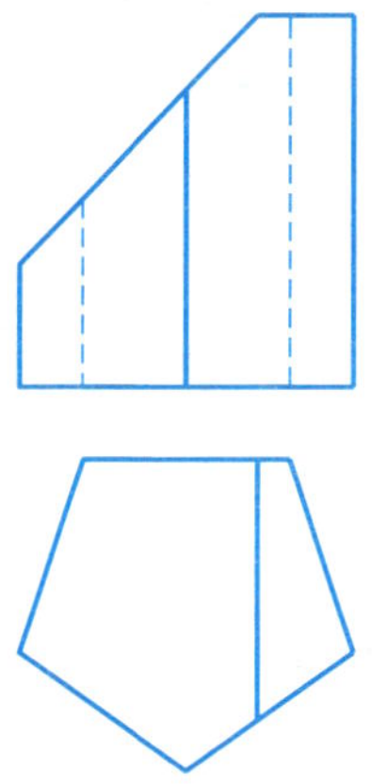

(2)

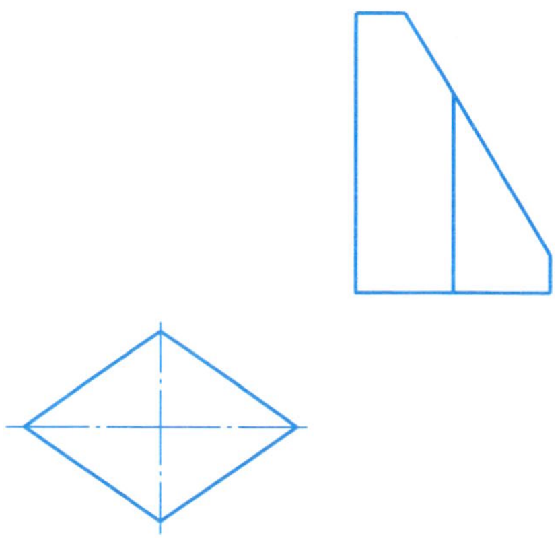

(3)

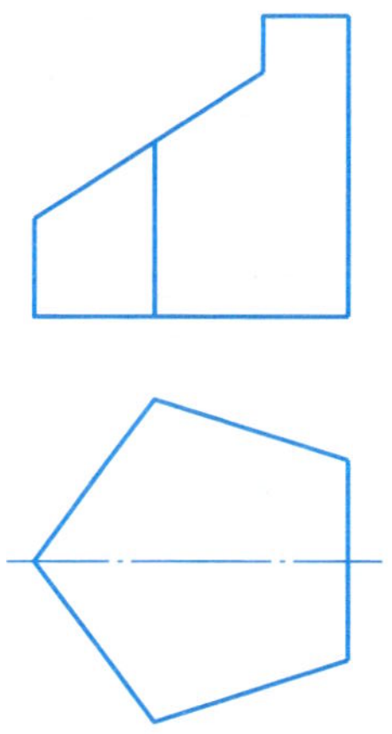

(4)

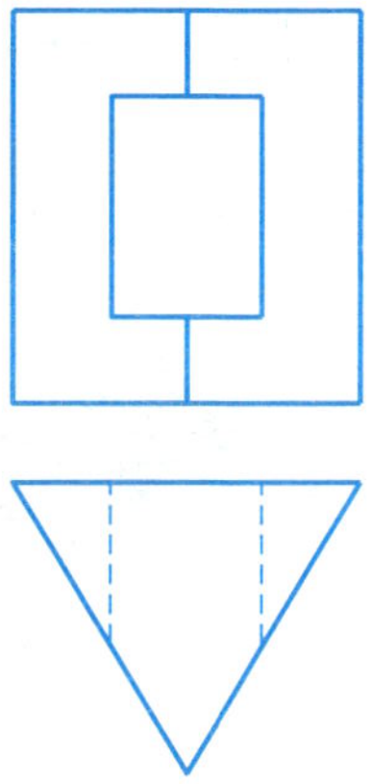

(5)

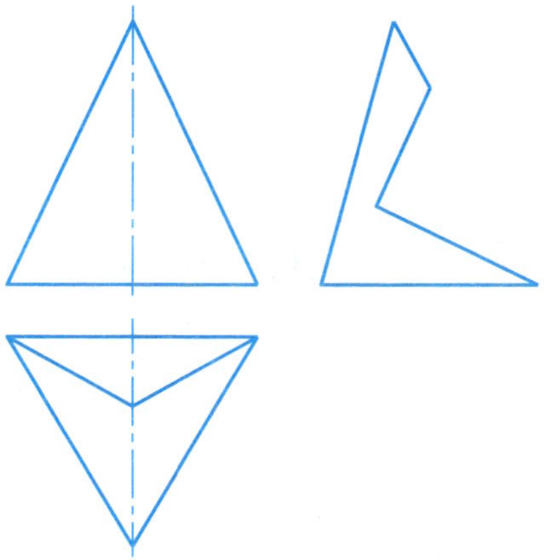

(6)

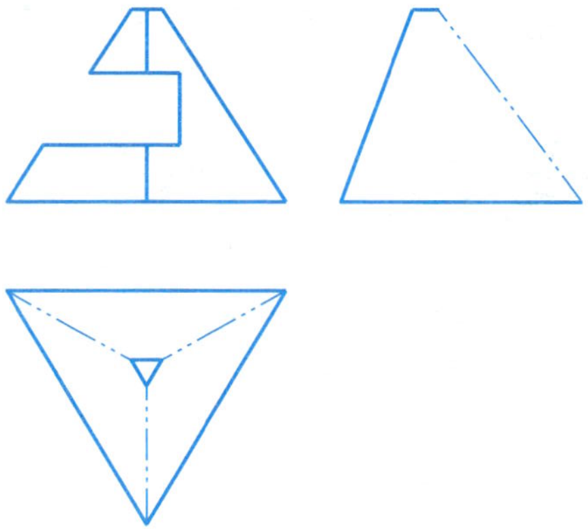

项目三　绘制曲面立体的三视图

3-1 已知几何体的两面投影，求作第三投影及表面上点、线的另两投影（保留作图线）。

(1)

(2)

3-1 已知几何体的两面投影，求作第三投影及表面上点、线的另两投影（保留作图线）。

(3)

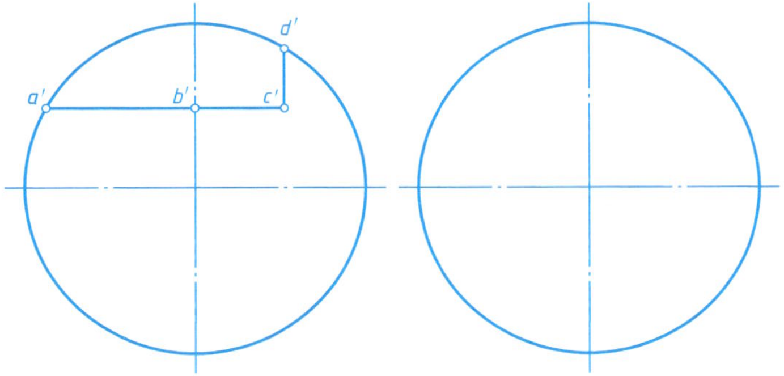

(4)

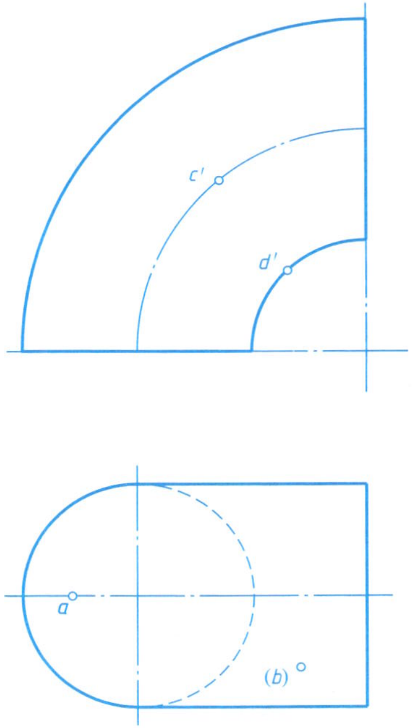

3-2 对照轴测图补画第三视图。

(1)

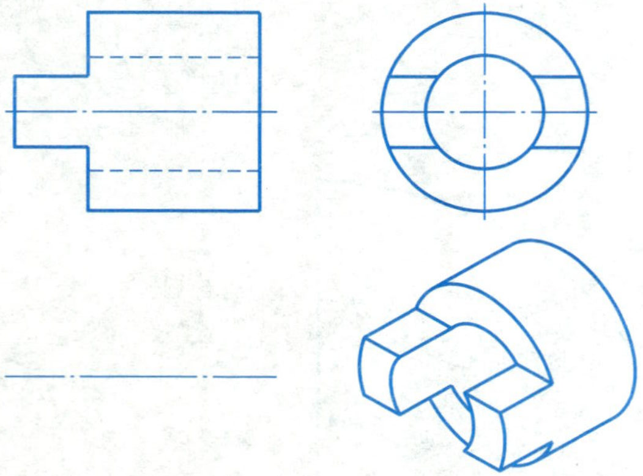

(2)

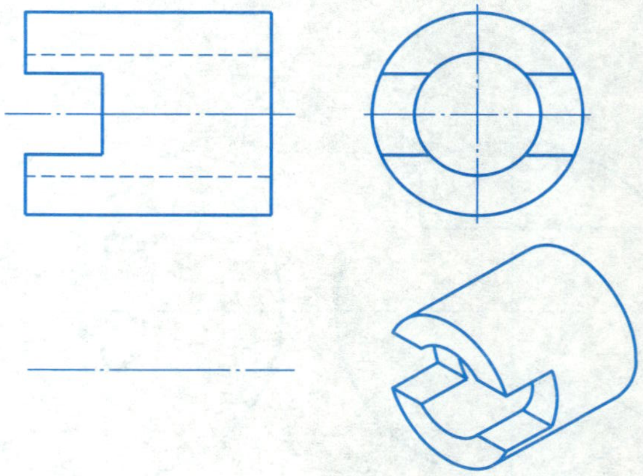

(3)

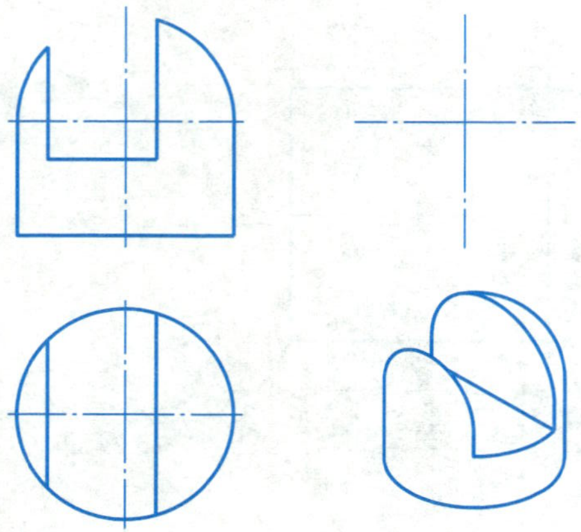

(4)

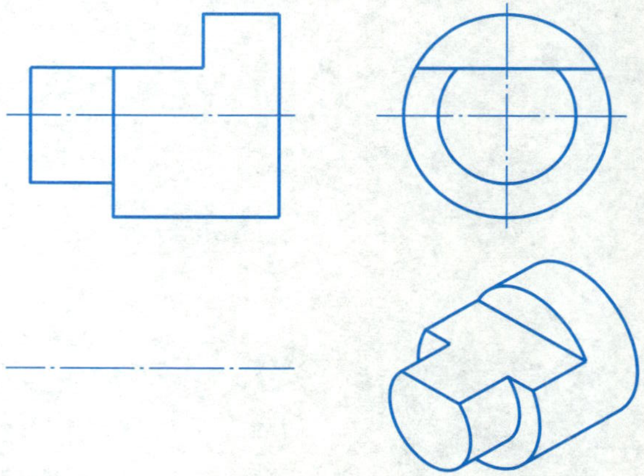

3-3 根据给出的一个或两个完整视图，完成或补画其他视图。

(1)

(2)

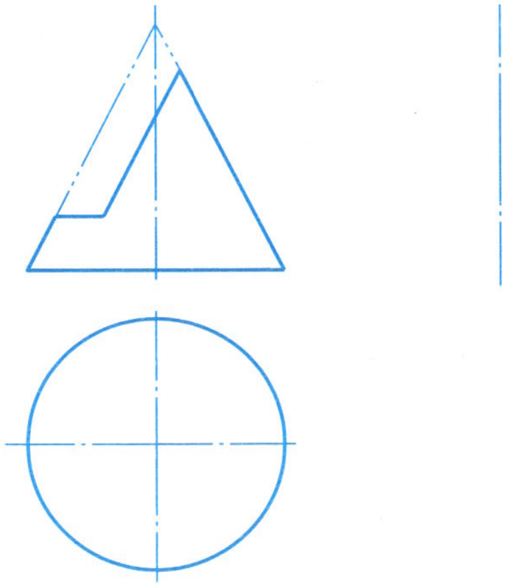

(3)

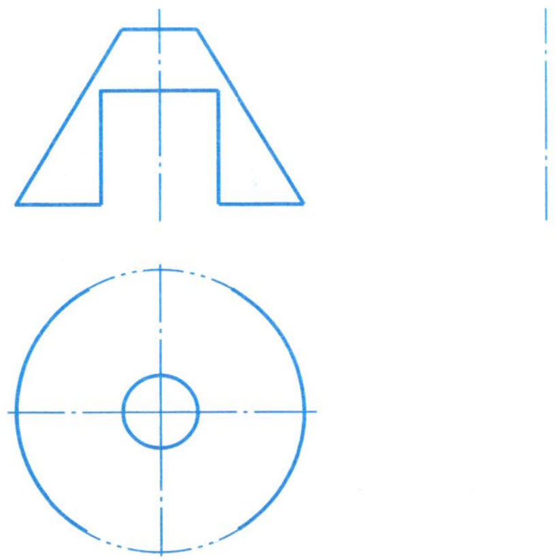

(4)

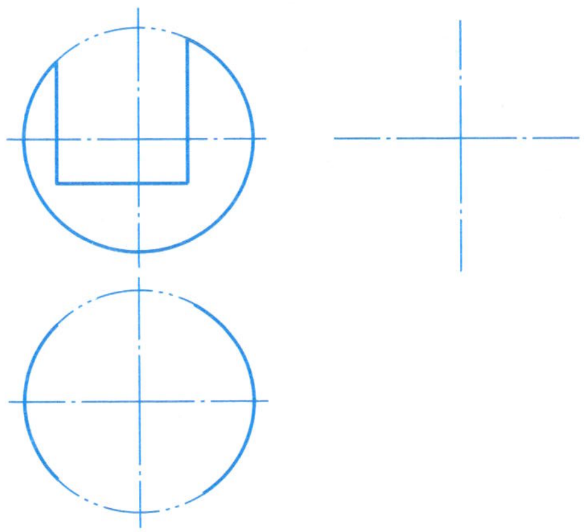

3-3 根据给出的一个或两个完整视图，完成或补画其他视图。

(5)

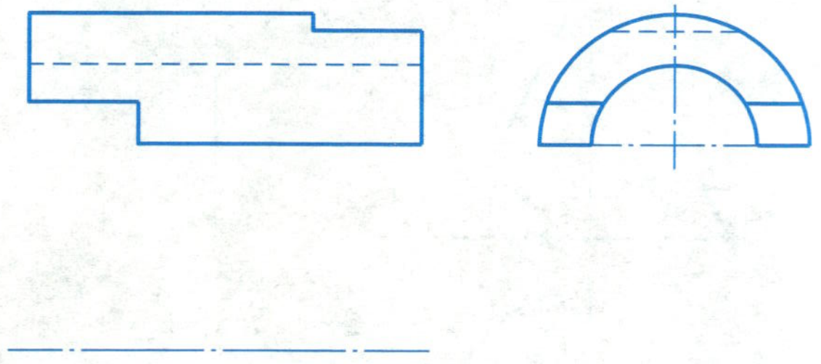

(6)

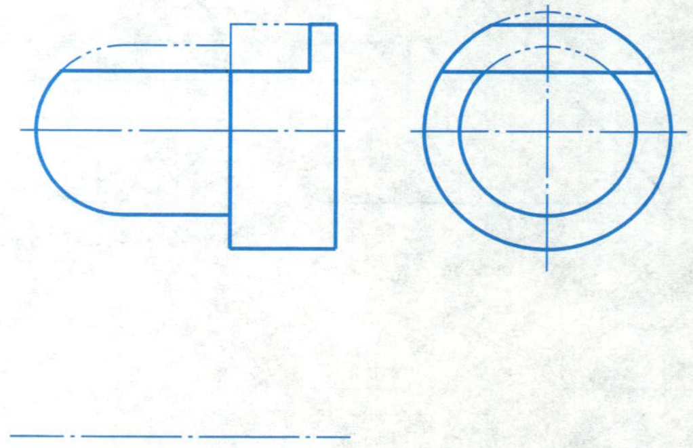

(7)

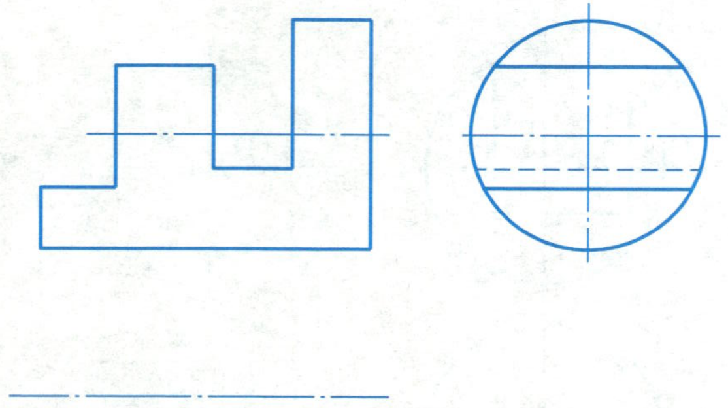

(8)

3-4 求相贯线的投影(保留作图线)。

(1)

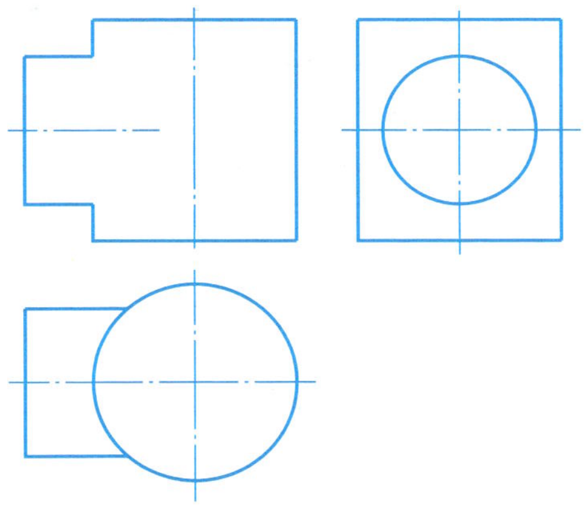

(2)

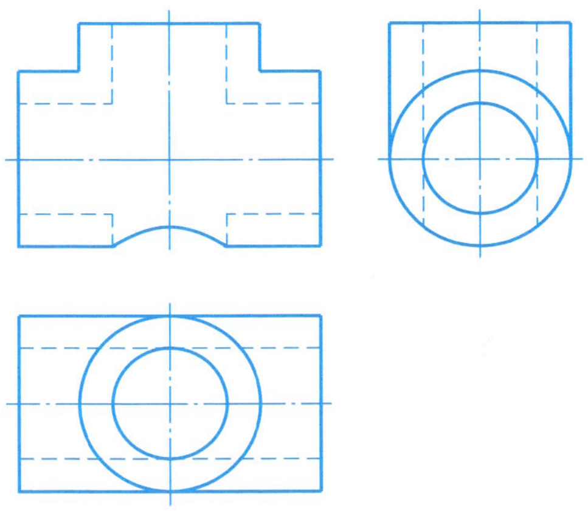

(3)

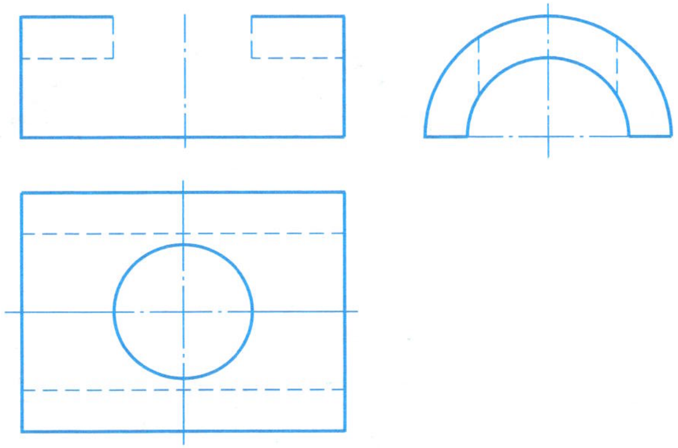

(4)

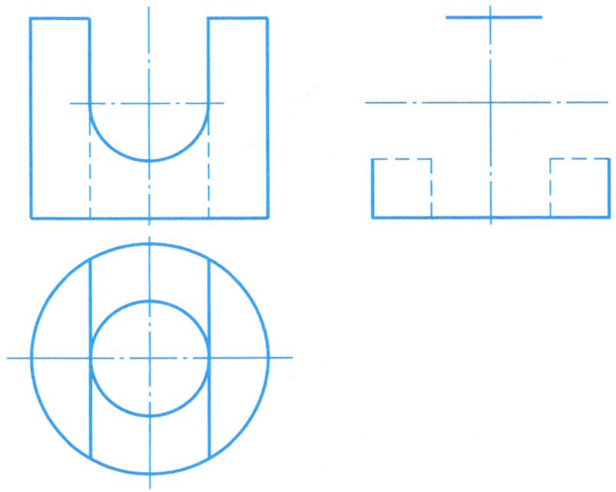

3-4 求相贯线的投影(保留作图线)。

(5)

(6)

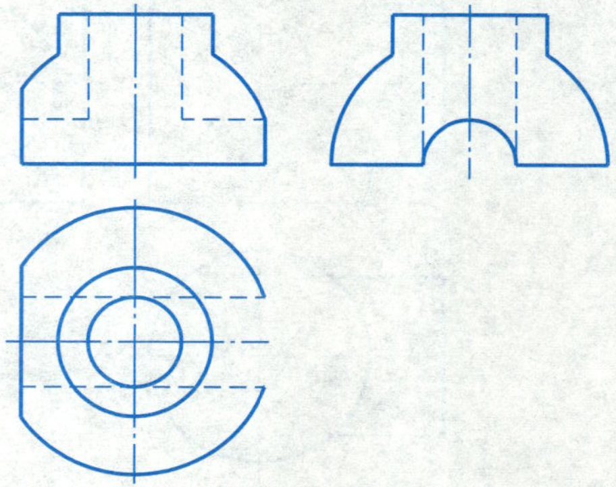

(7)

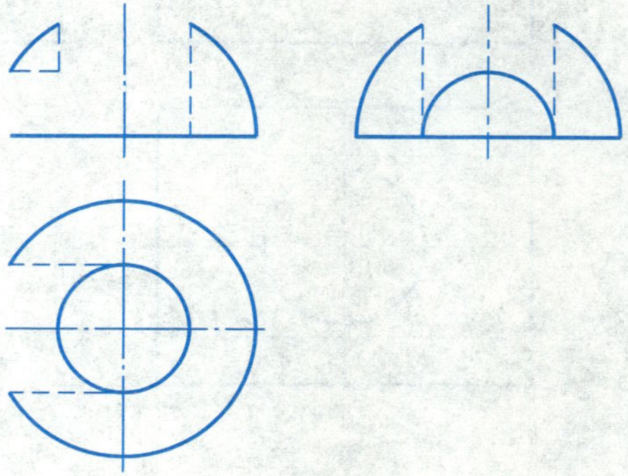

3-4 求相贯线的投影（保留作图线）。

（8）

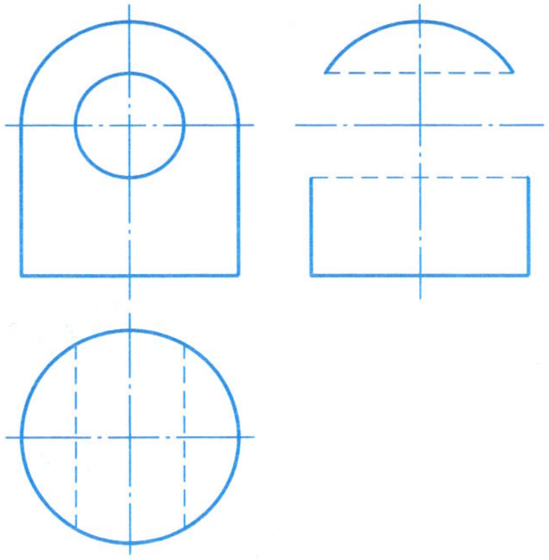

（9）

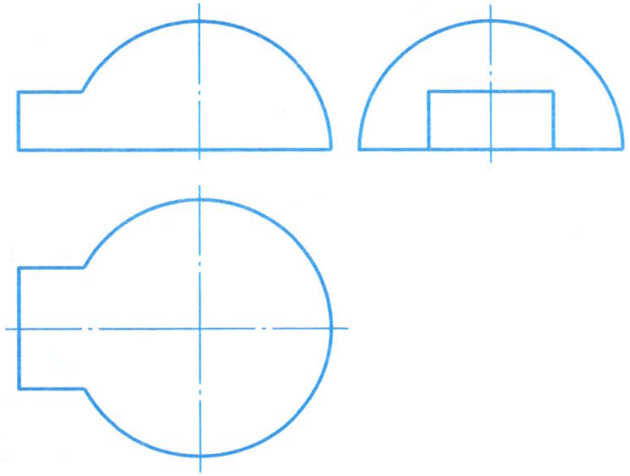

（10）

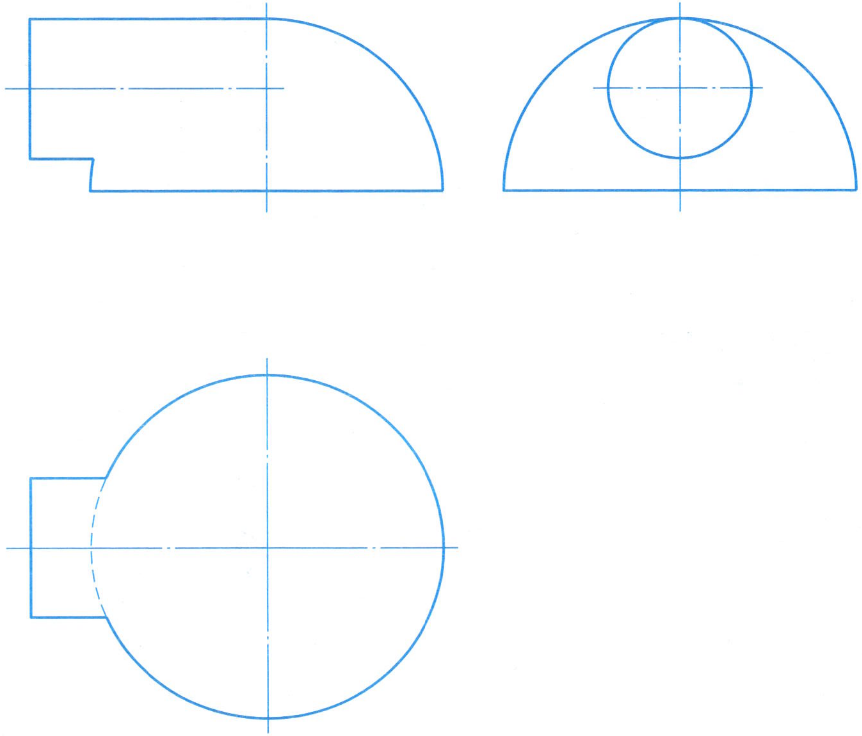

项目四　绘制组合体三视图

4-1 对照轴测图，补画组合体另外两个视图。

(1)

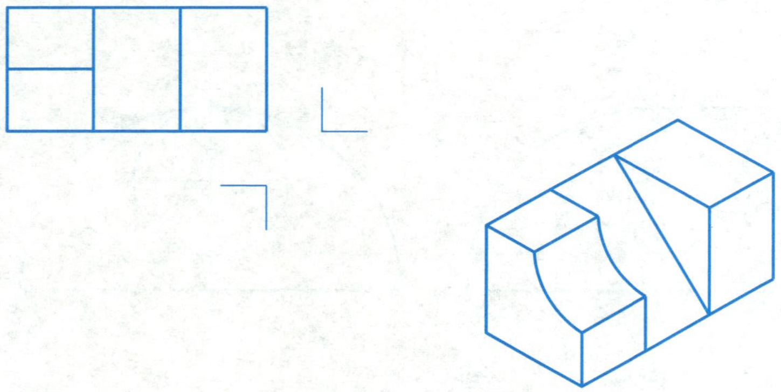

(2)

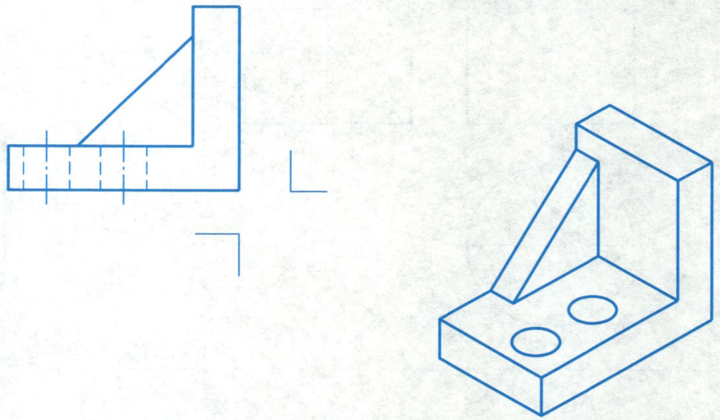

(3)

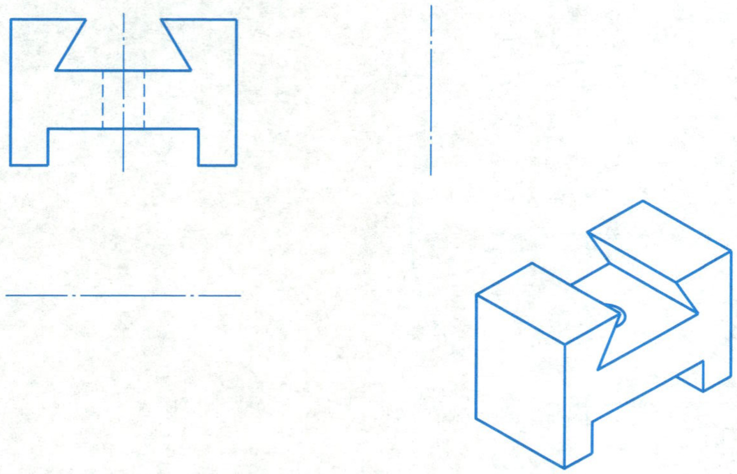

(4)

4-1 对照轴测图，补画组合体另外两个视图。

(5)

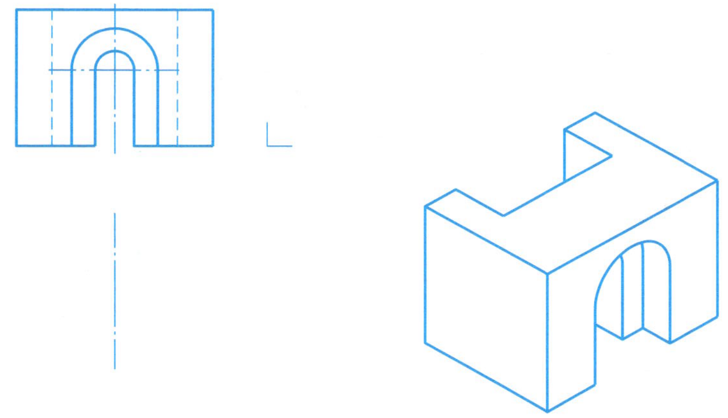

(6)

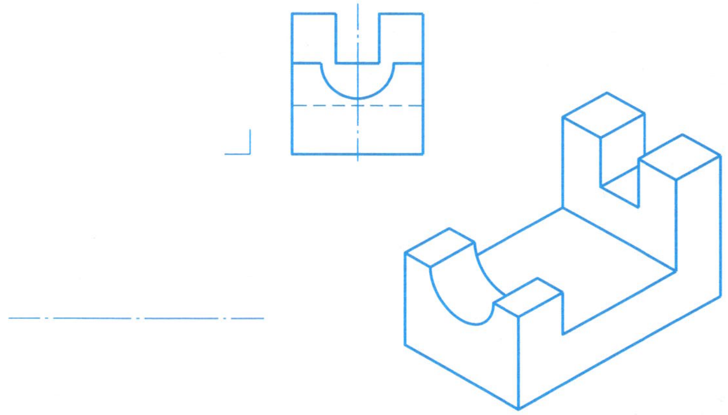

(7)

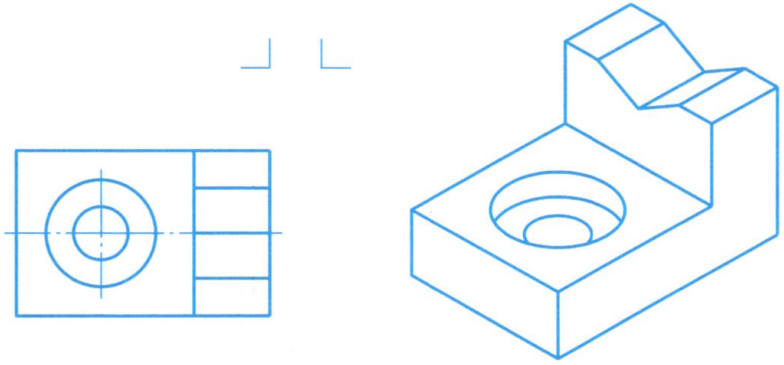

(8)

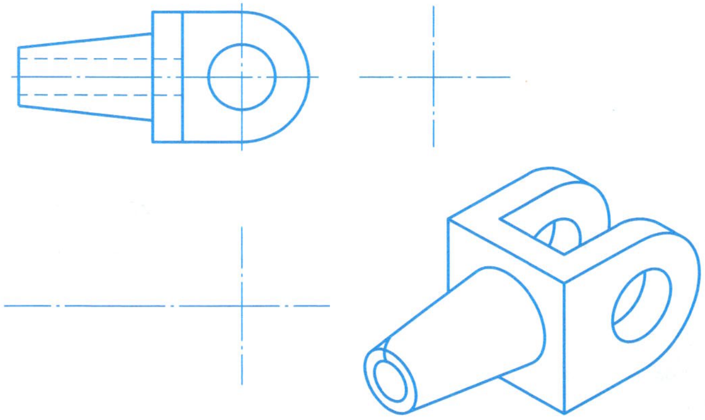

4-2 根据轴测图画出组合体的三视图(尺寸从图中量取)。

(1)

(2)

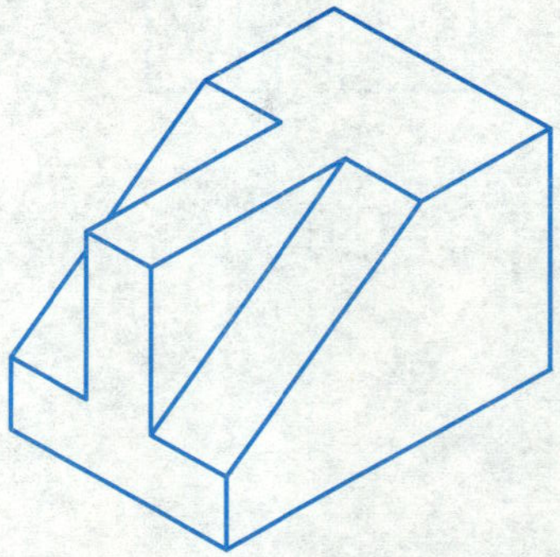

(3)

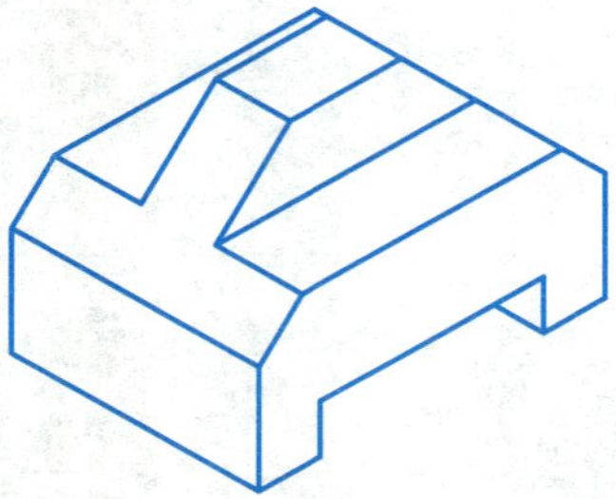

(4)

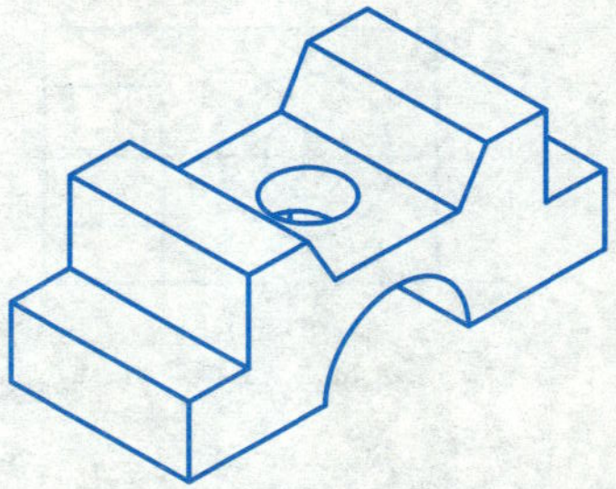

4-2 根据轴测图画出组合体的三视图（尺寸从图中量取）。

(5)

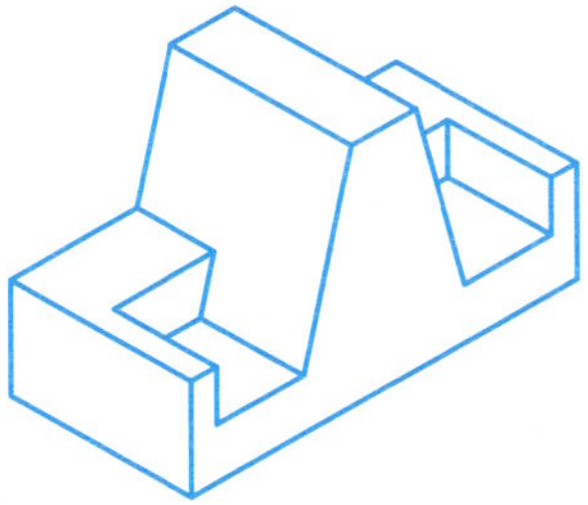

(6)

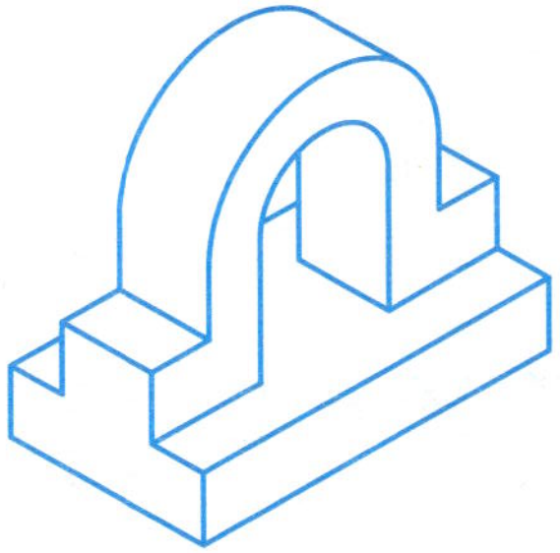

(7)

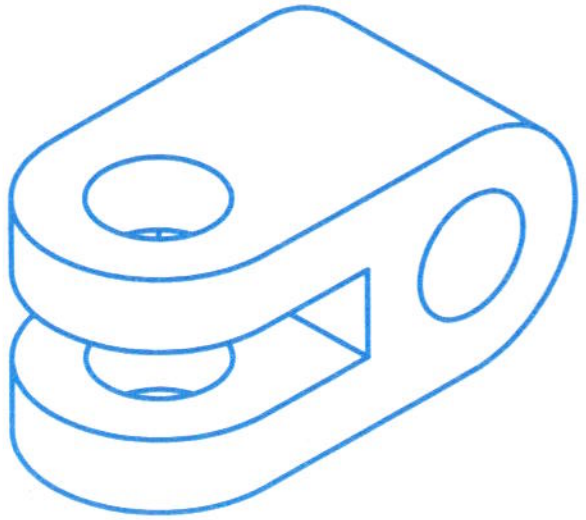

(8)

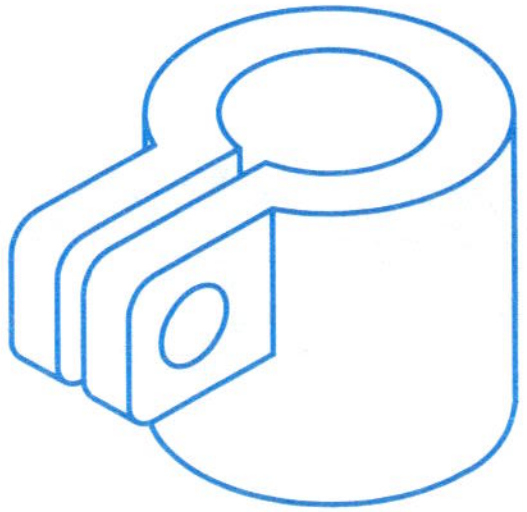

4-3 根据轴测图，按所注尺寸1：1画出组合体的三视图。

(1)

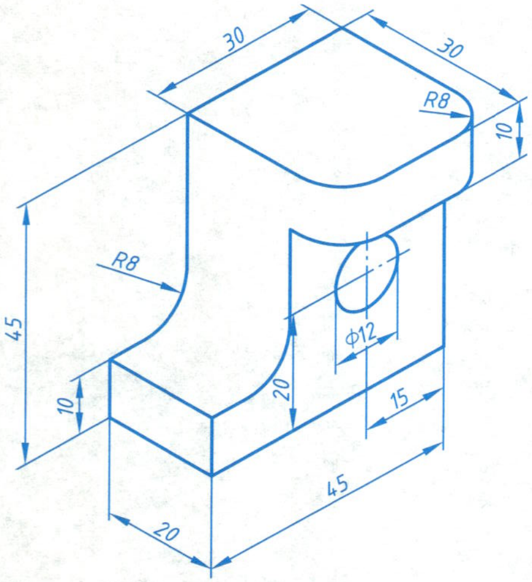

(2)

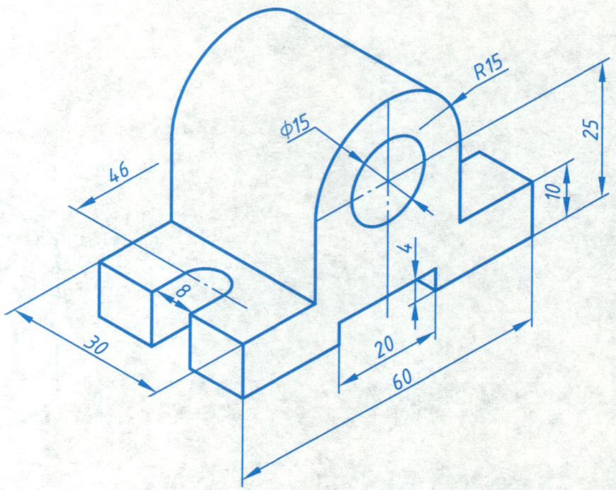

4-3 根据轴测图，按所注尺寸1：1画出组合体的三视图。

(3)

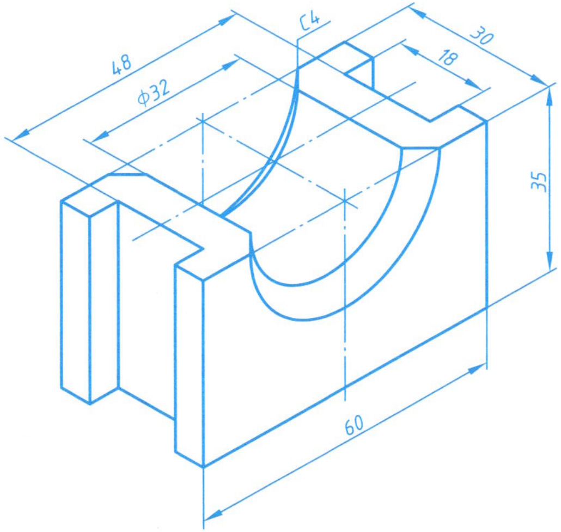

(4)

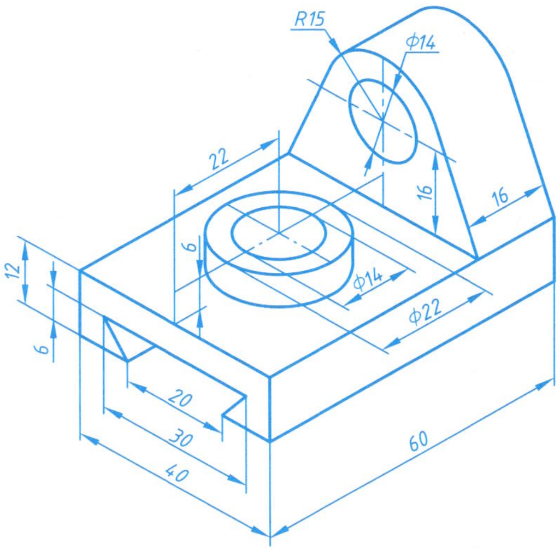

4-4 徒手画出组合体三视图。

(1)

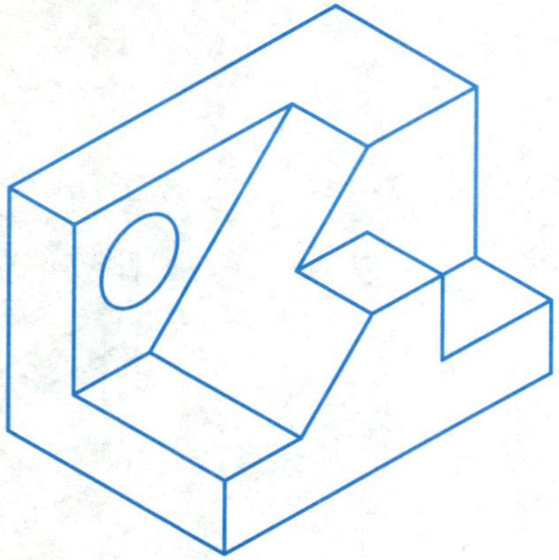

(2)

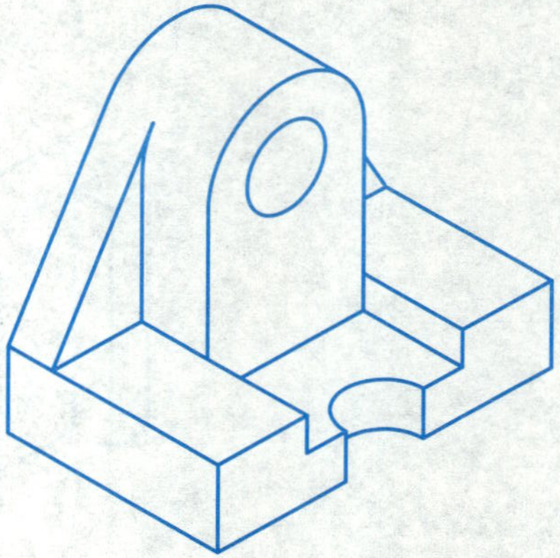

4-4 徒手画出组合体三视图。

(3)

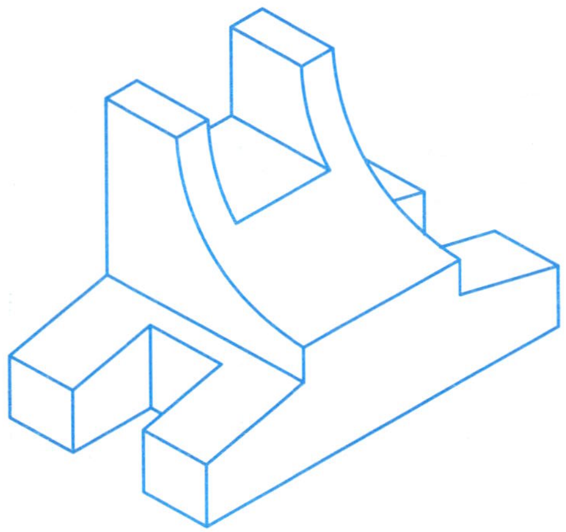

(4)

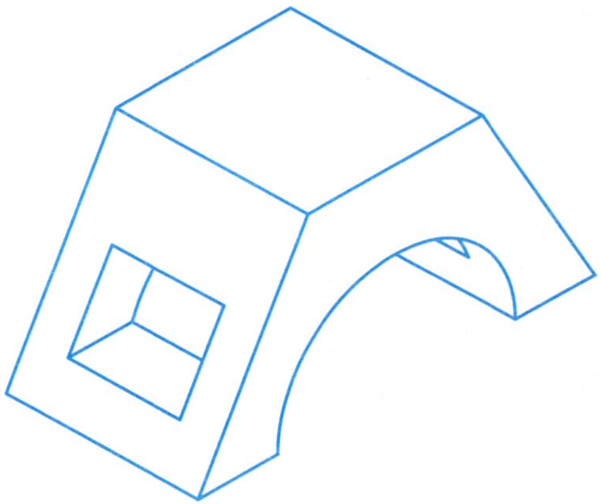

4-5 在给出的视图上标注尺寸（尺寸数值从图中按1：1量取整数）。

(1)

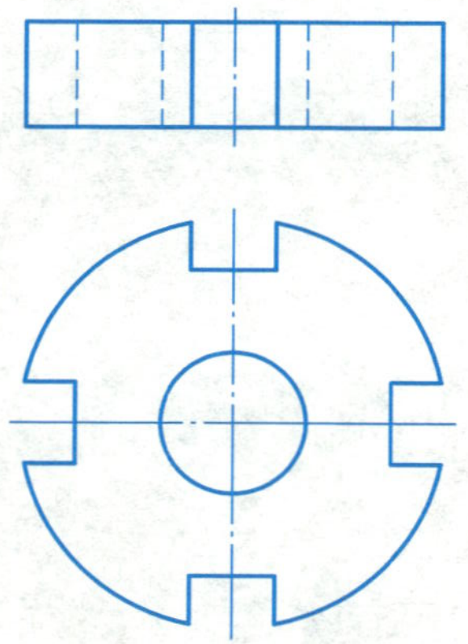

(2)

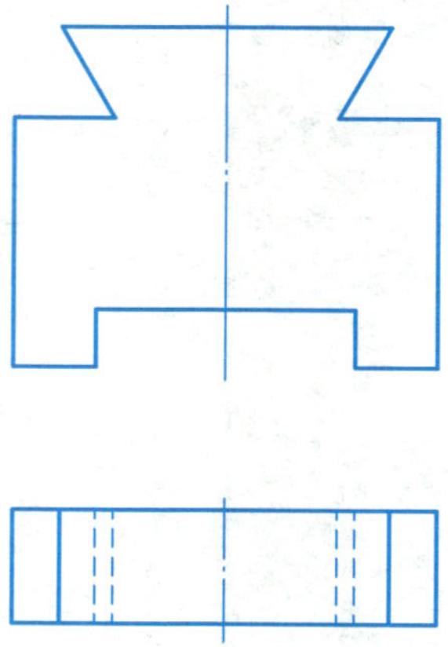

(3)

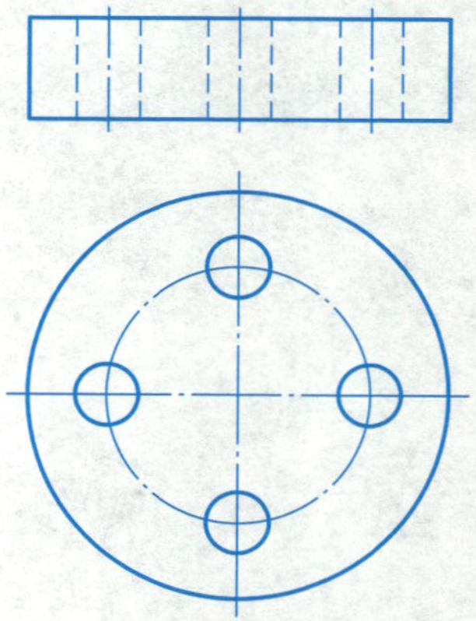

(4)

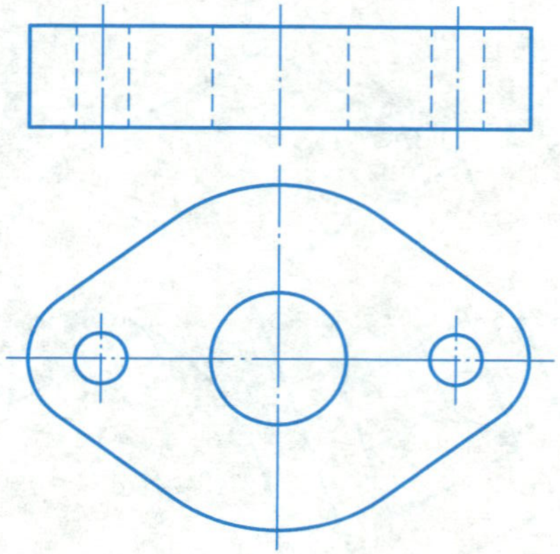

(5)

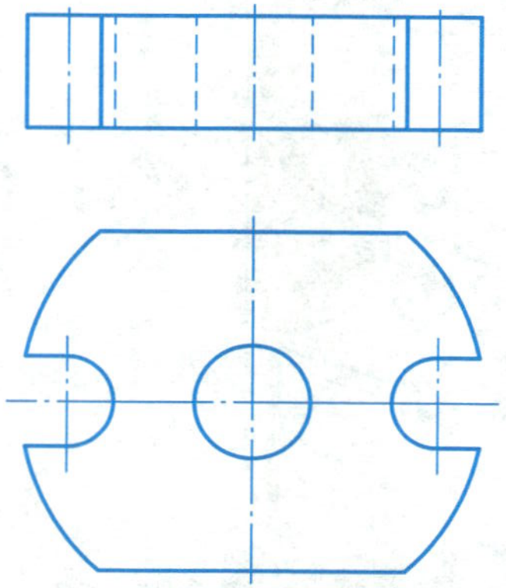

(6)

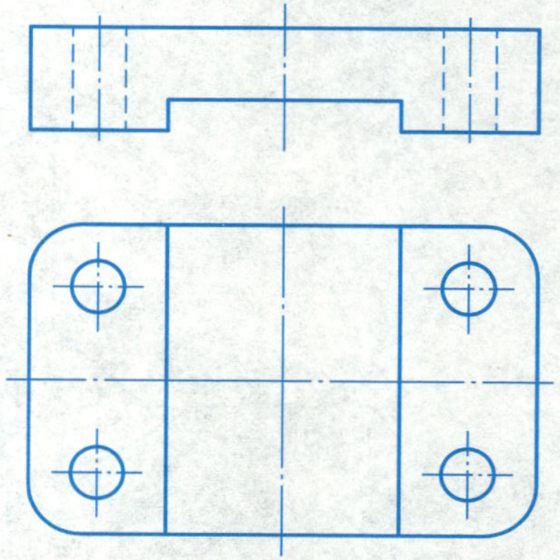

4-6 根据视图，想象出组合体形状并标注尺寸(尺寸数值从图中按1：1量取整数)。

(1)

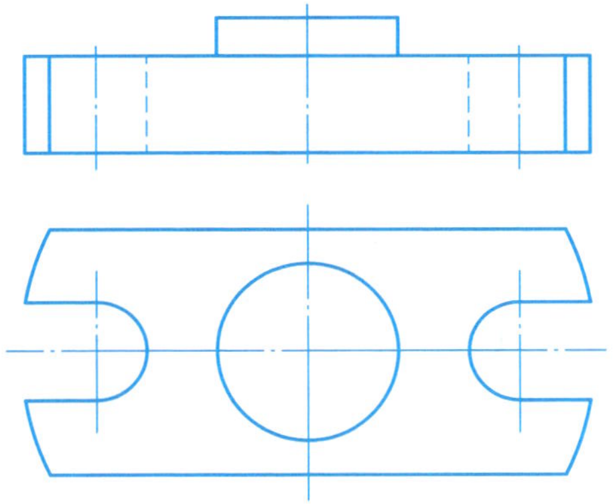

(2)

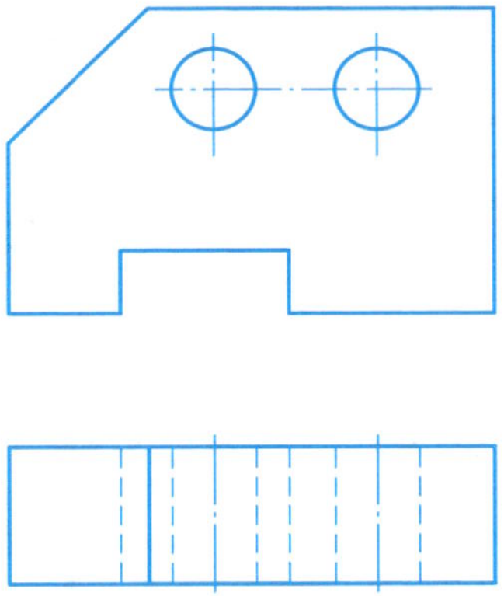

(3)

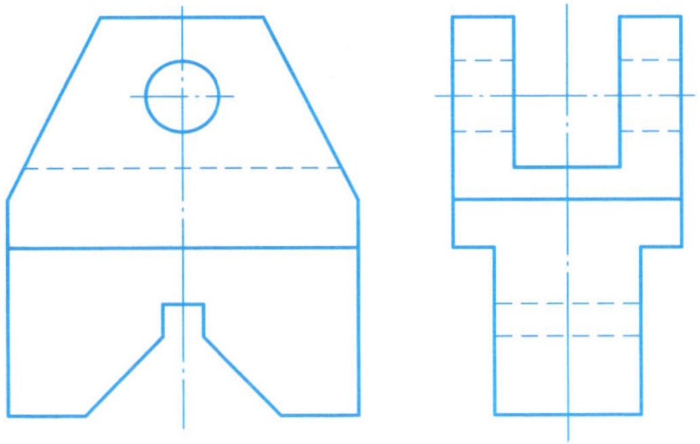

(4)

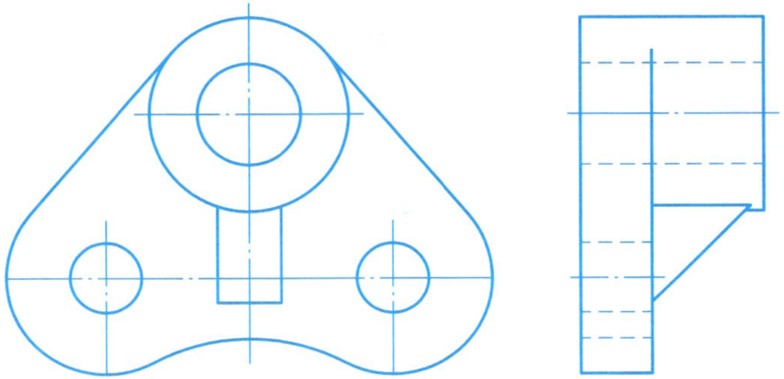

4-7 分析左图中尺寸标注的错误，在右图中正确注出尺寸。

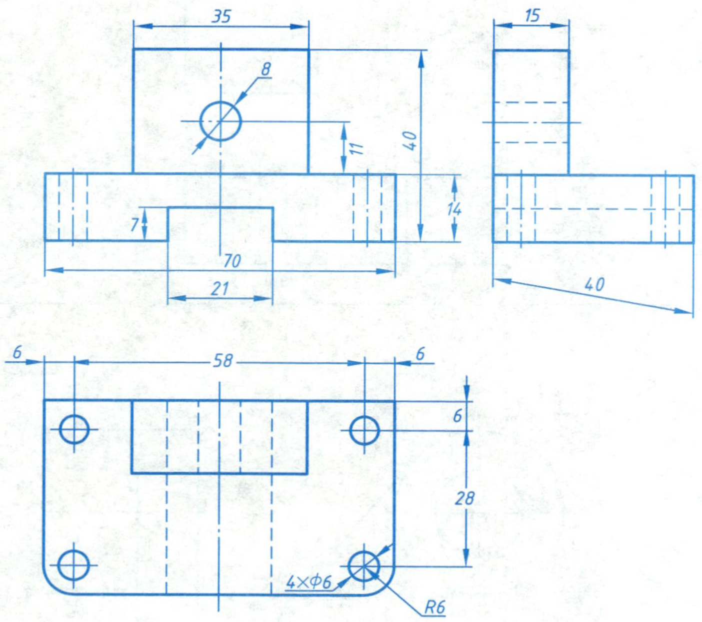

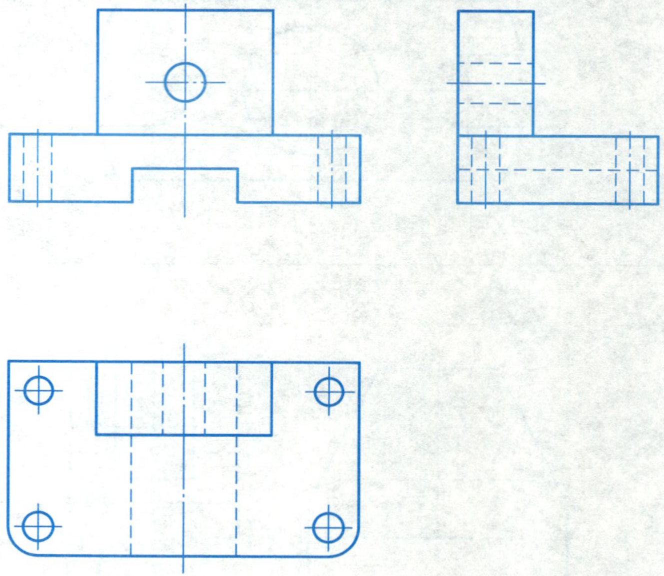

4-8 根据轴测图，补齐视图中所缺的图线。

(1)

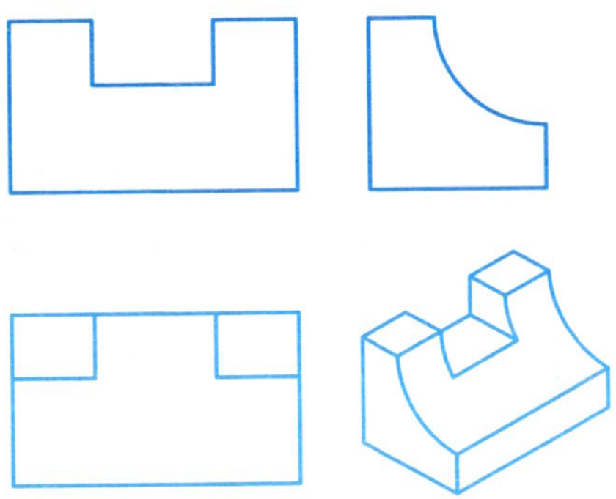

(2)

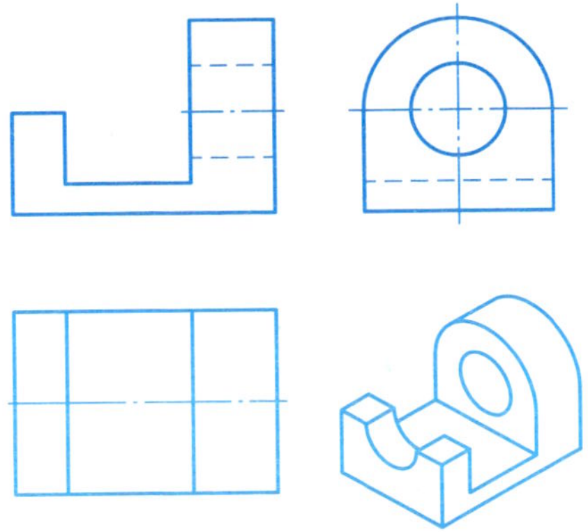

(3)

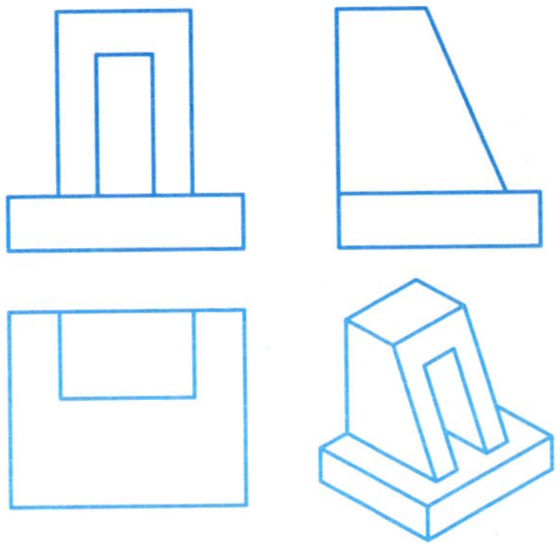

(4)

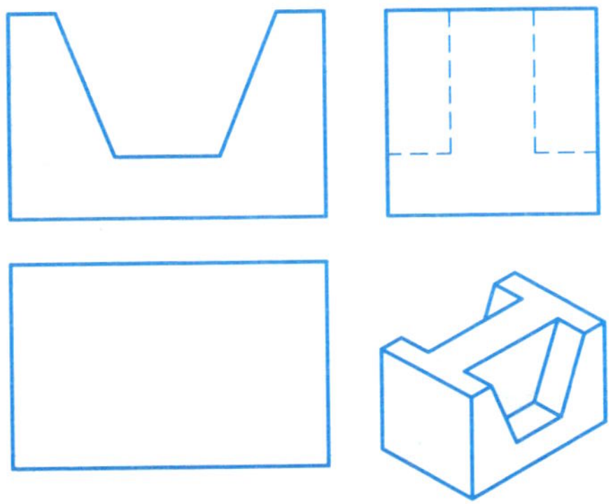

(5)

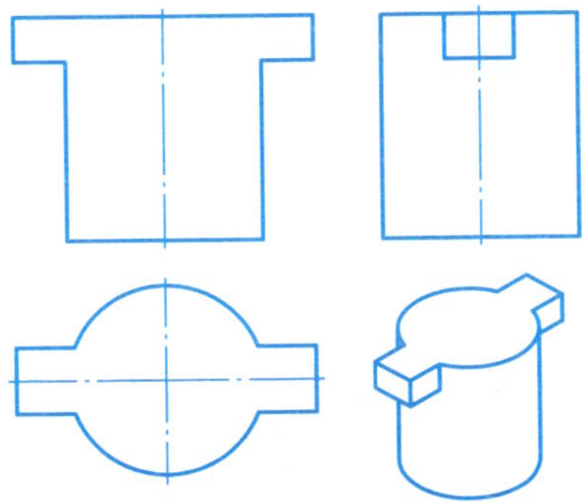

(6)

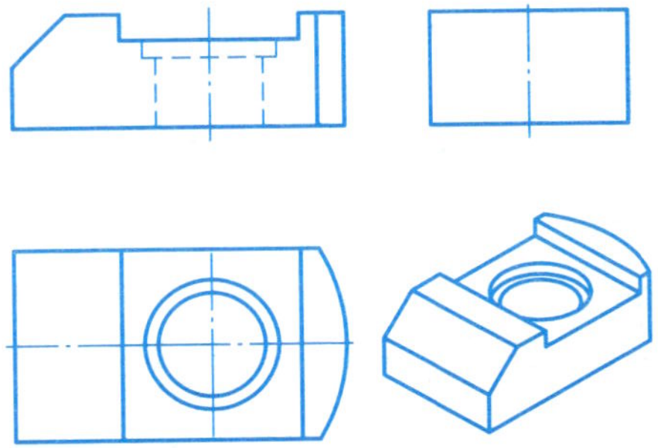

4-9 根据形状的变化，补全视图中所缺的图线。

(1)

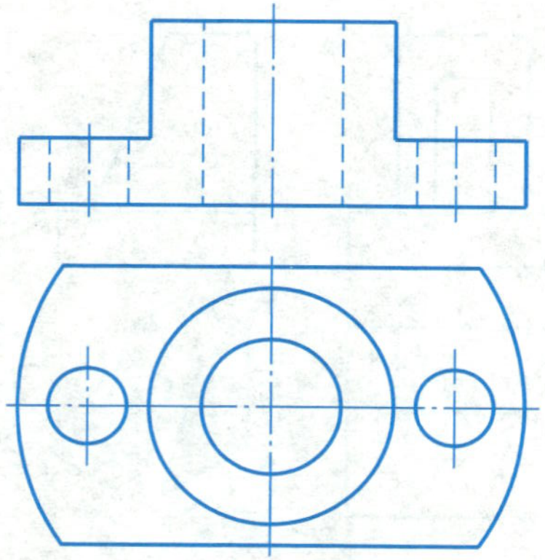

(2)

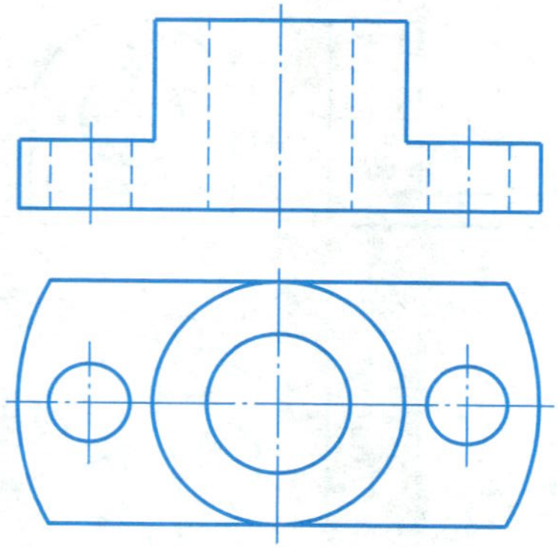

(3)

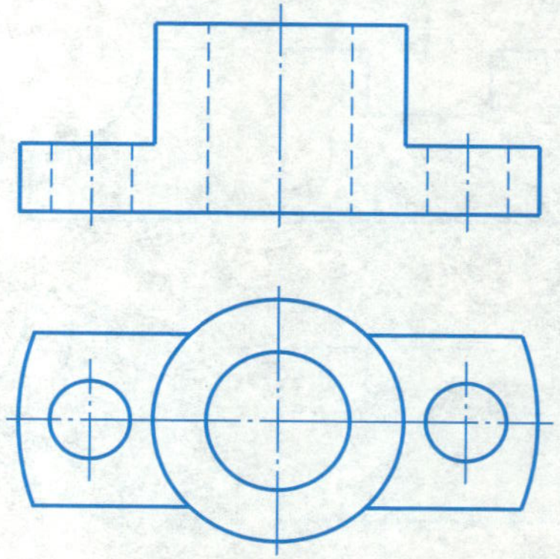

(4)

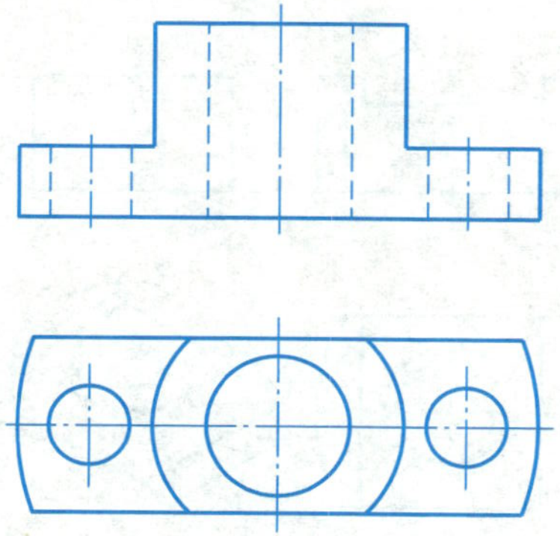

(5)

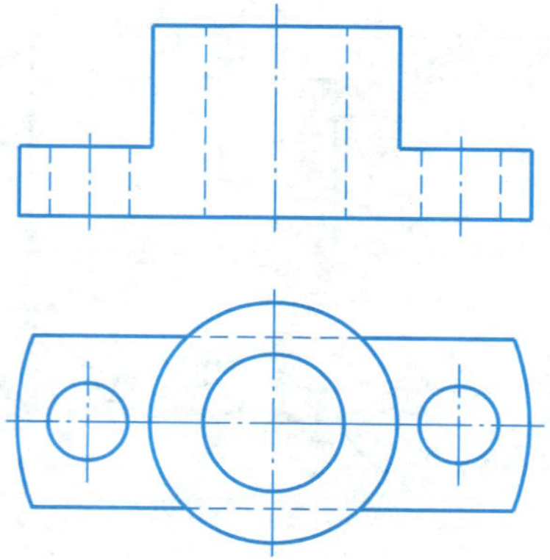

(6)

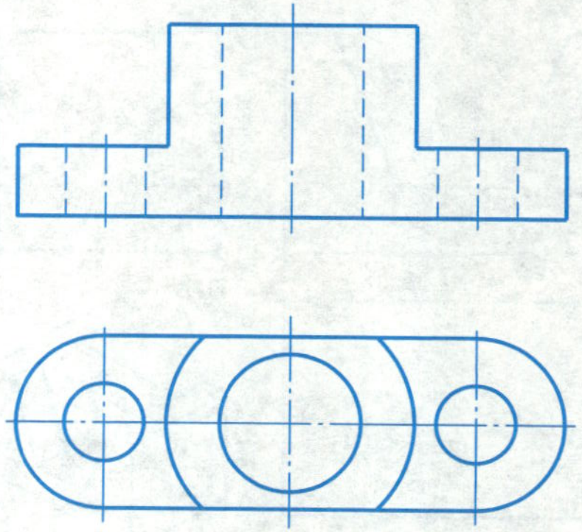

4-9 根据形状的变化，补全视图中所缺的图线。

(7)

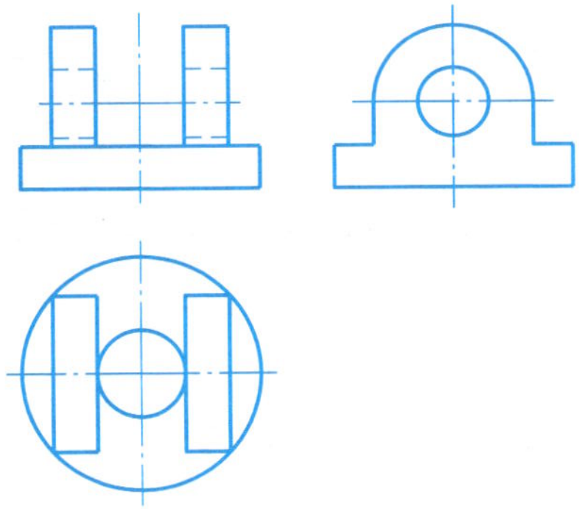

(8)

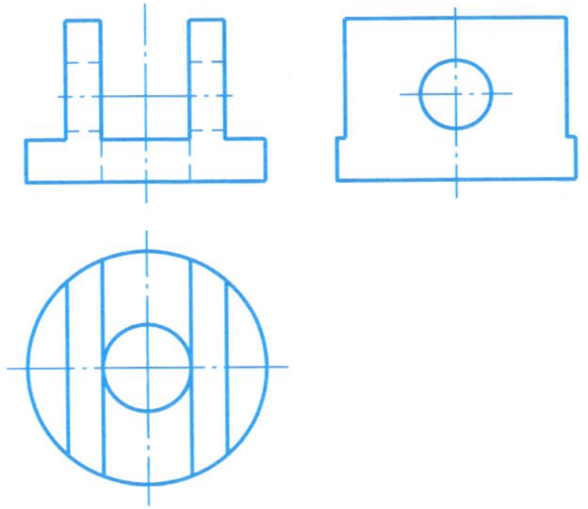

(9)

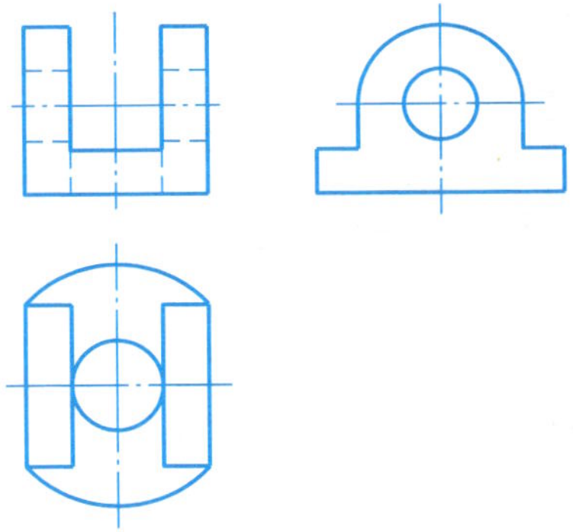

(10)

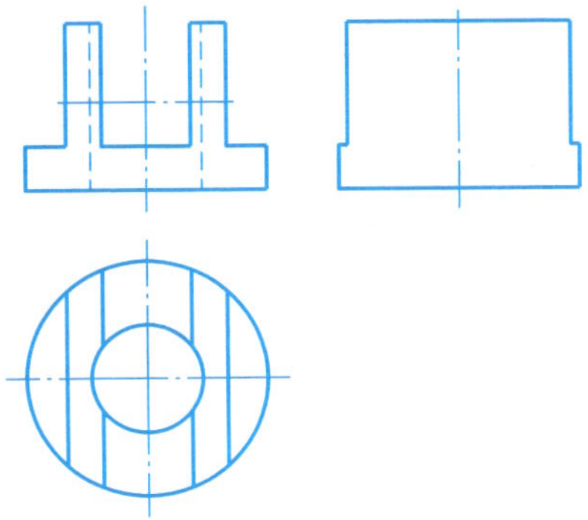

(11)

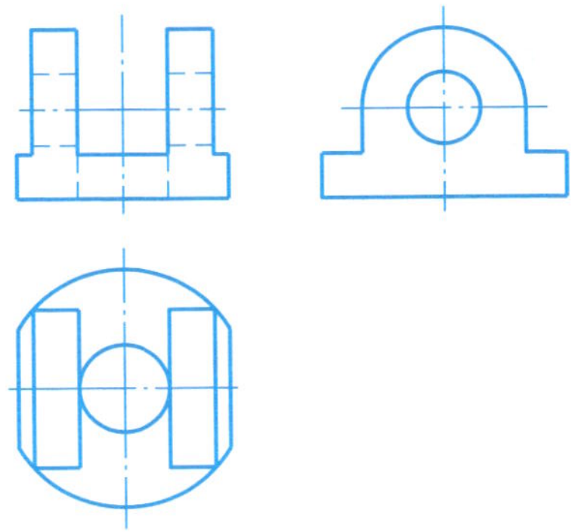

(12)

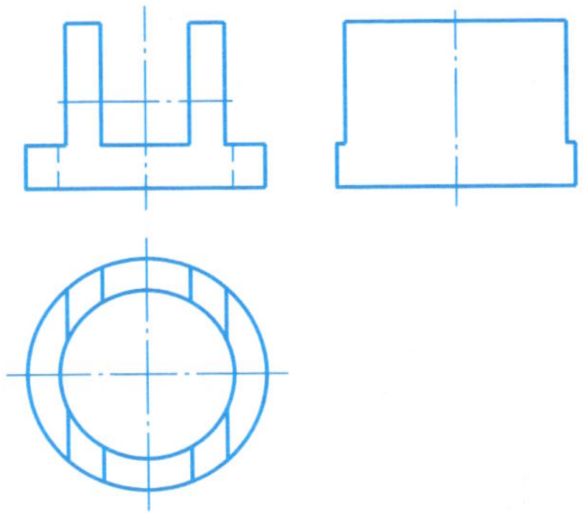

4-10 分析视图，想象物体的形状，补画视图中所缺的图线。

(1)

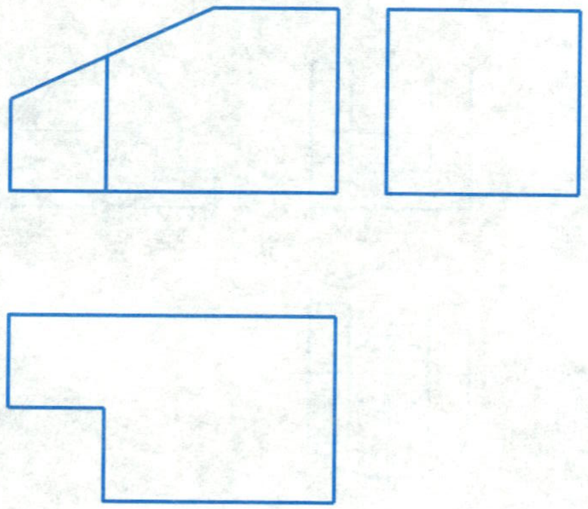

(2)

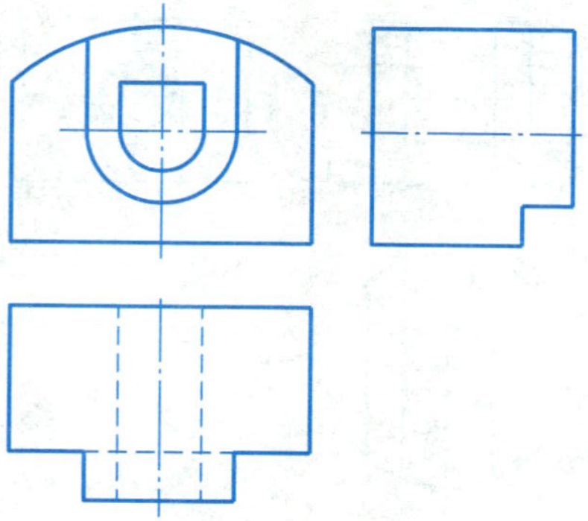

(3)

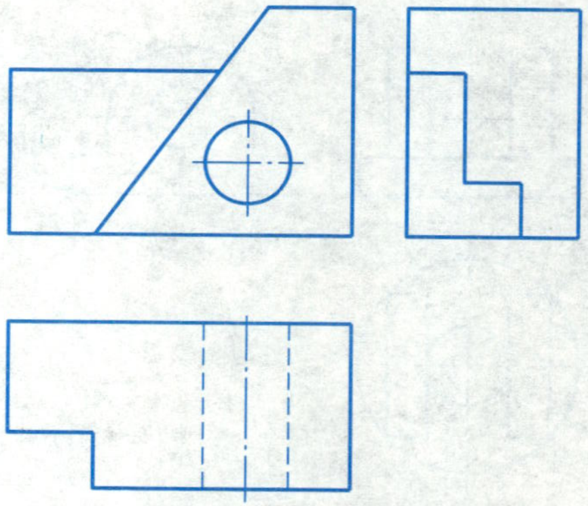

(4)

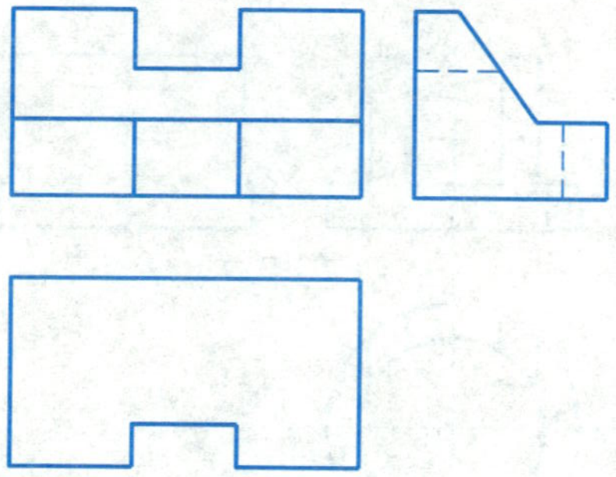

(5)

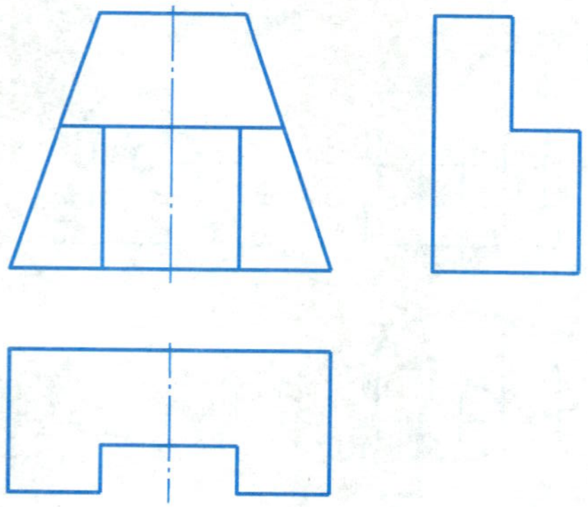

(6)

4-10 分析视图，想象物体的形状，补画视图中所缺的图线。

(7)

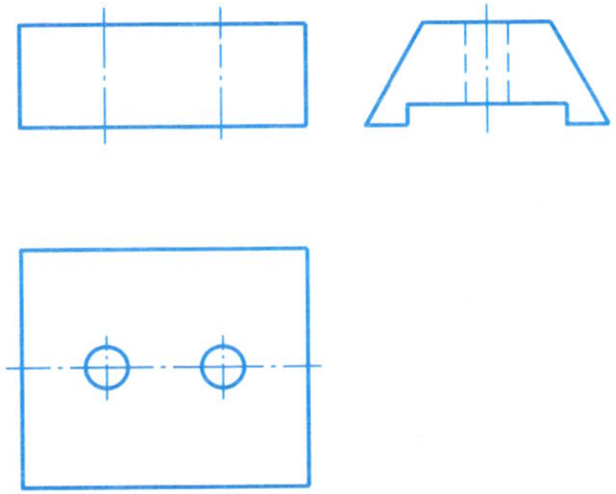

(8)

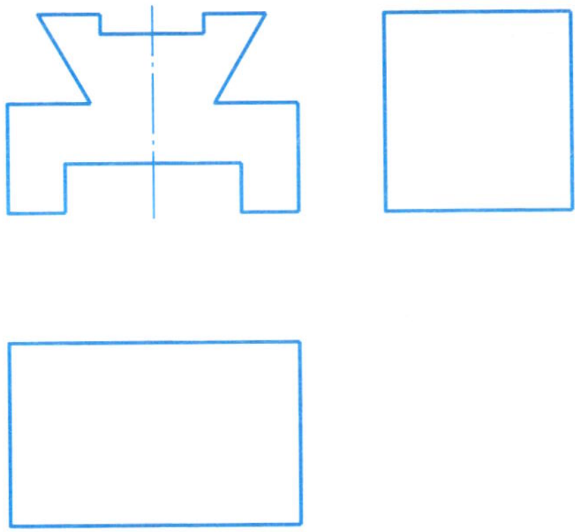

(9)

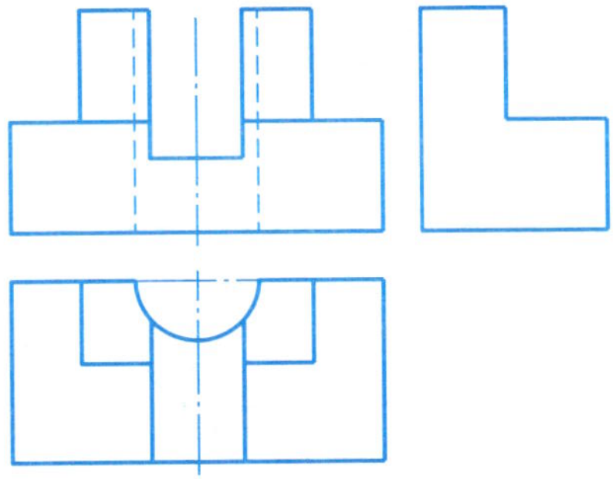

(10)

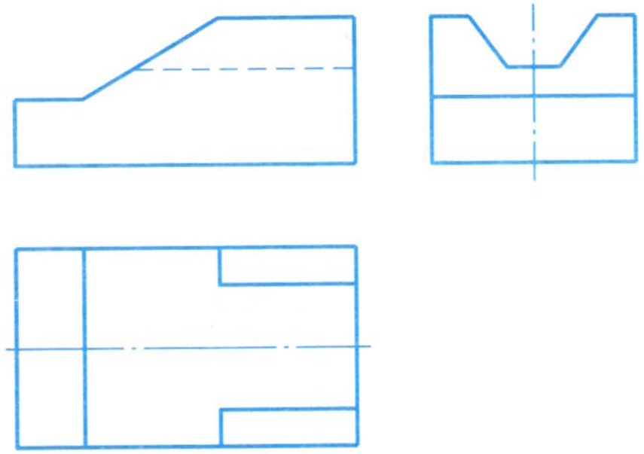

(11)

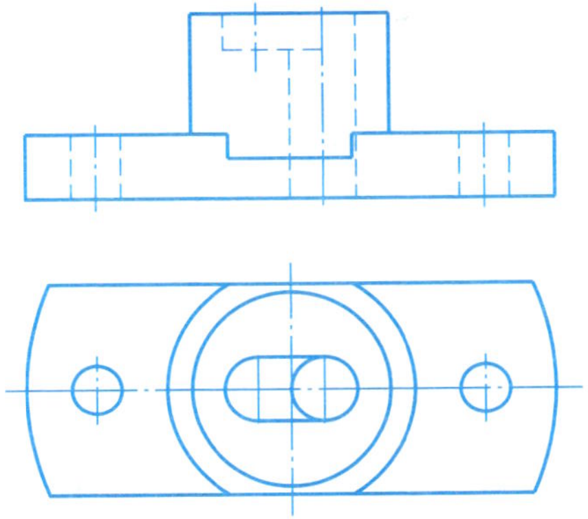

(12)

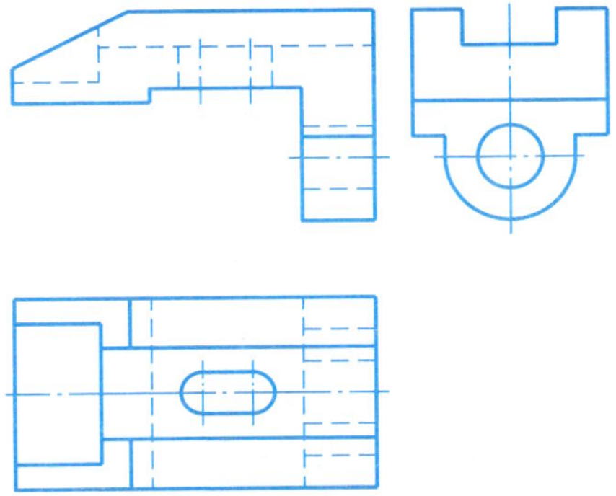

4-11 分析视图，补画视图中所缺的图线(相贯线用简化画法)。

(1)

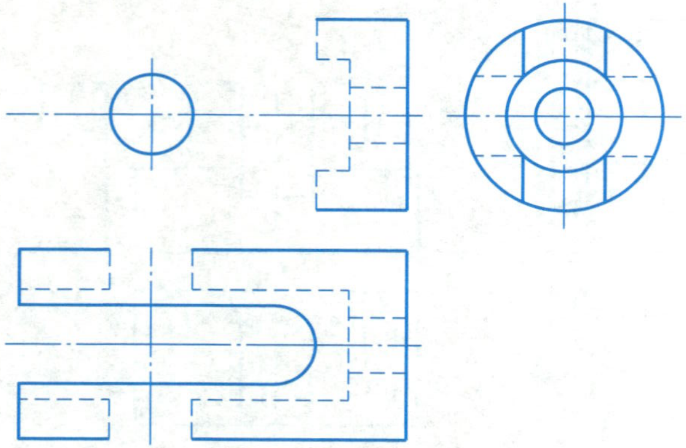

(2)

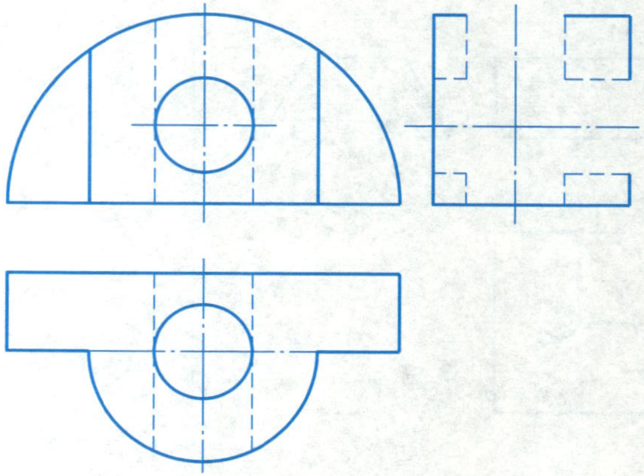

(3)

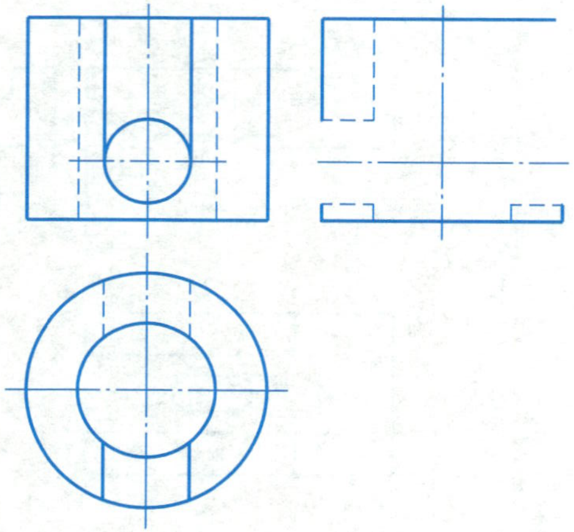

(4)

4-12 根据两视图，想象物体的形状，画出第三视图。

（1）

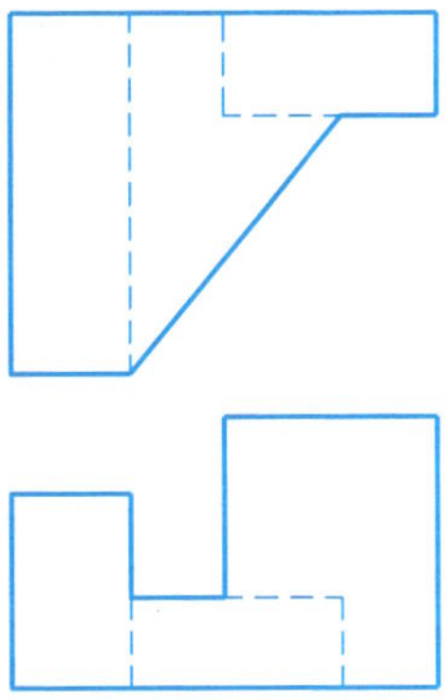

（2）

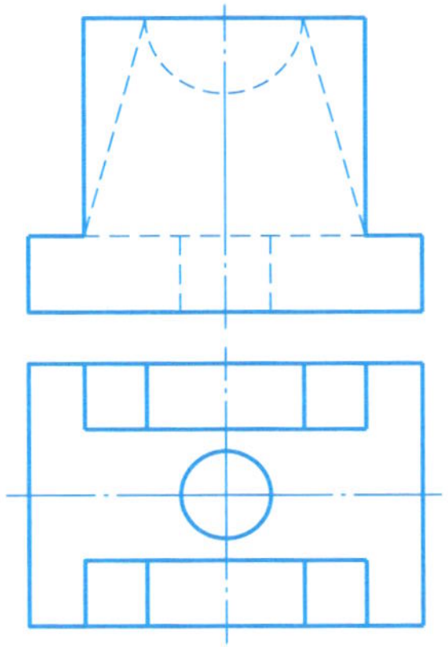

（3）

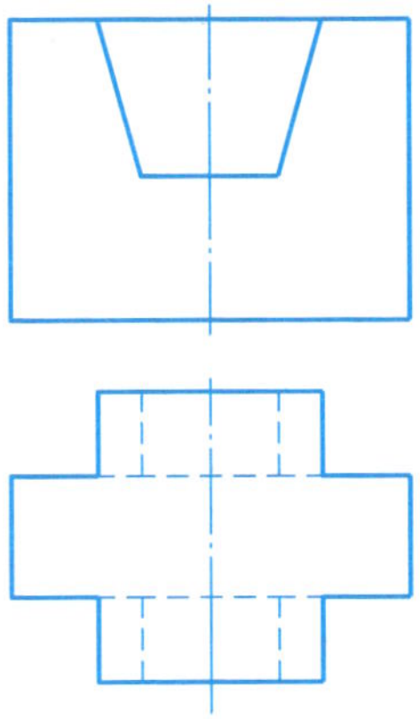

（4）

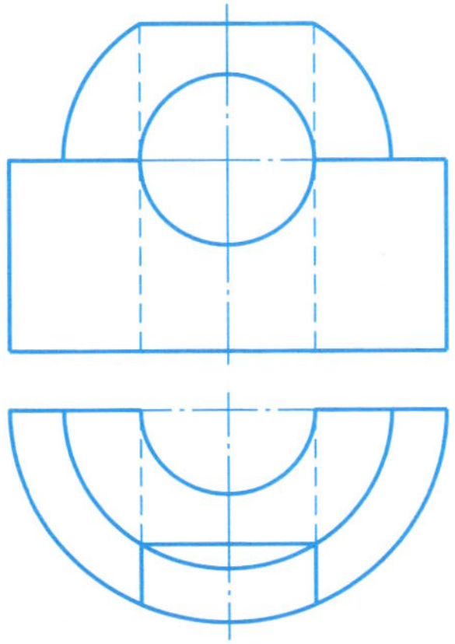

（5）

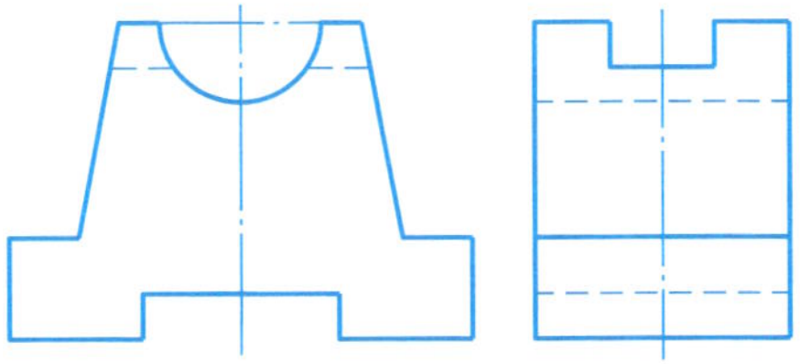

（6）

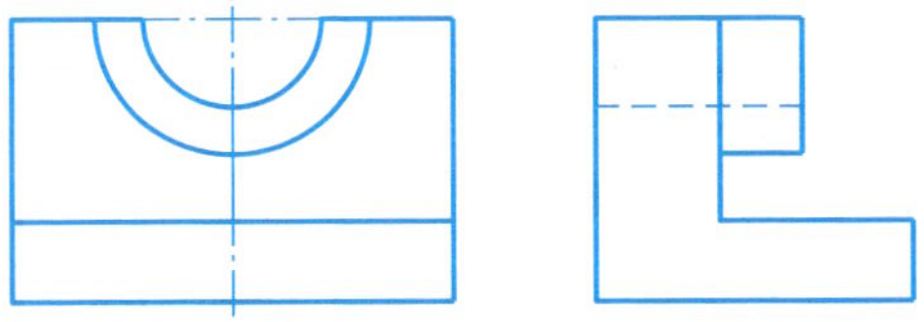

4-12 根据两视图，想象物体的形状，画出第三视图。

(7)

(8)

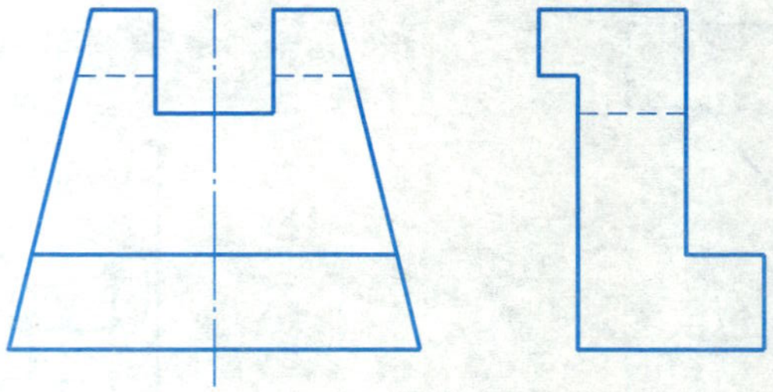

(9)

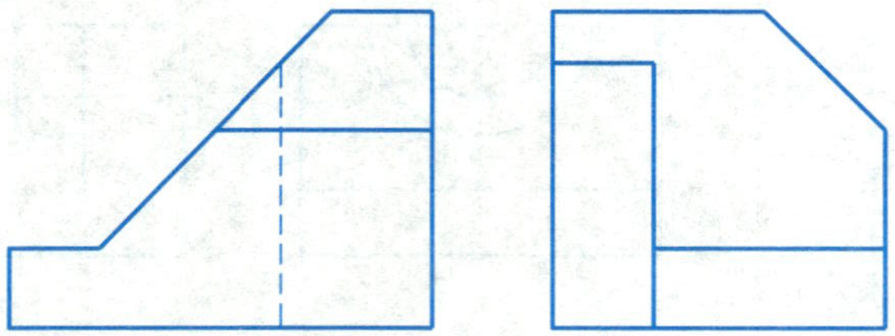

(10)

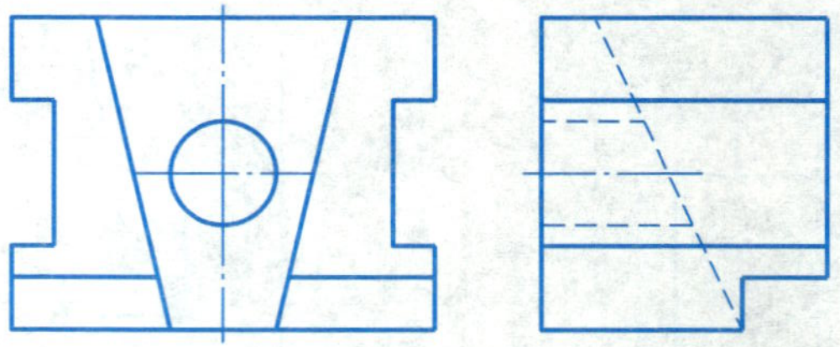

4-12 根据两视图，想象物体的形状，画出第三视图。

(11)

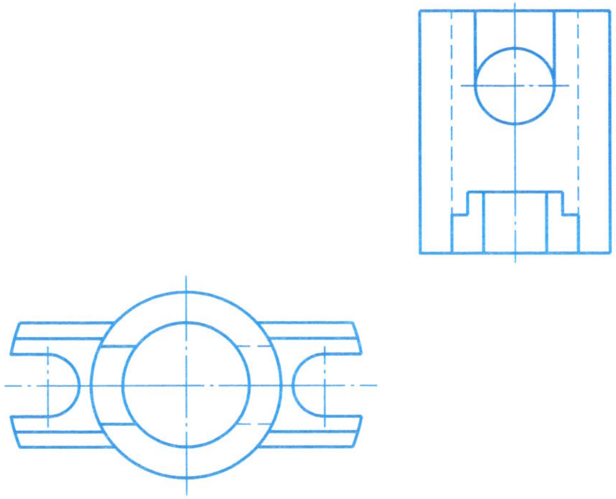

(12)

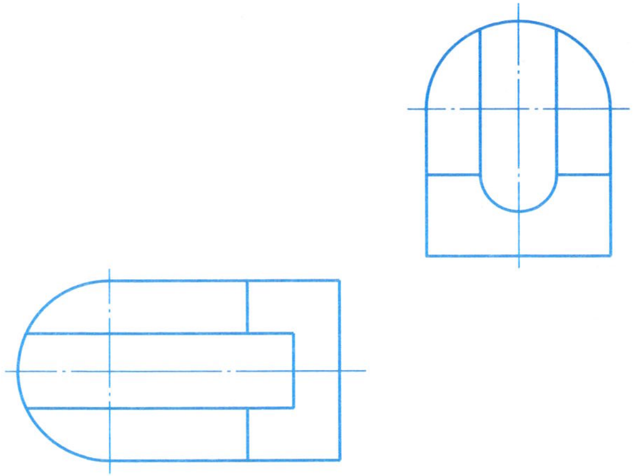

(13)

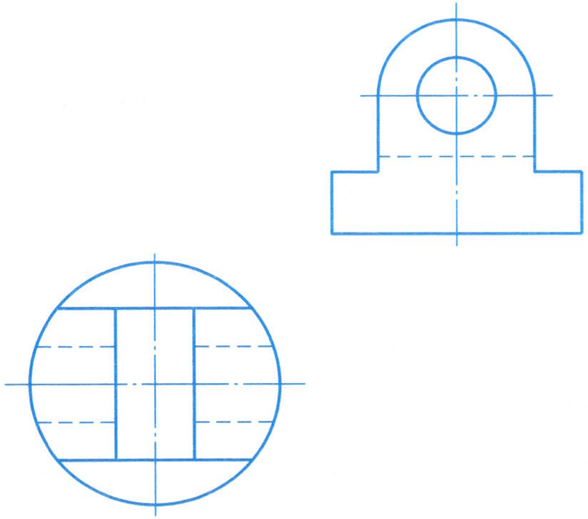

(14)

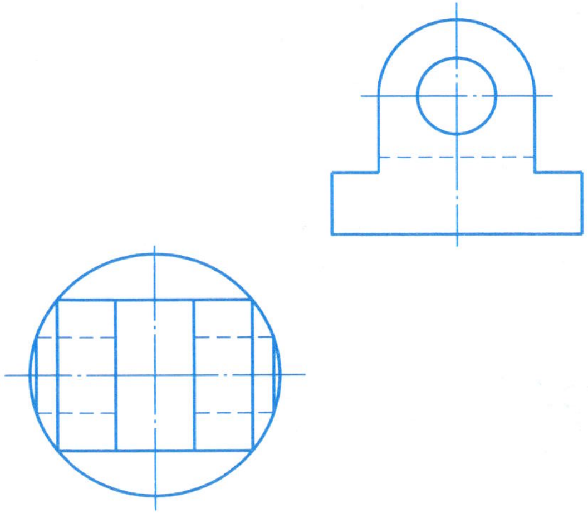

4-12 根据两视图，想象物体的形状，画出第三视图。

(15)

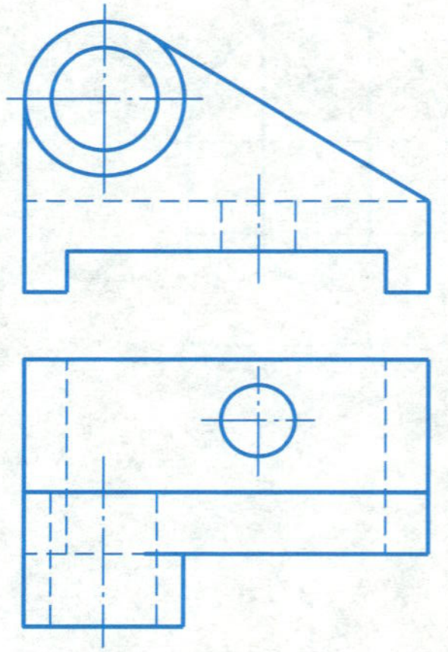

(16)

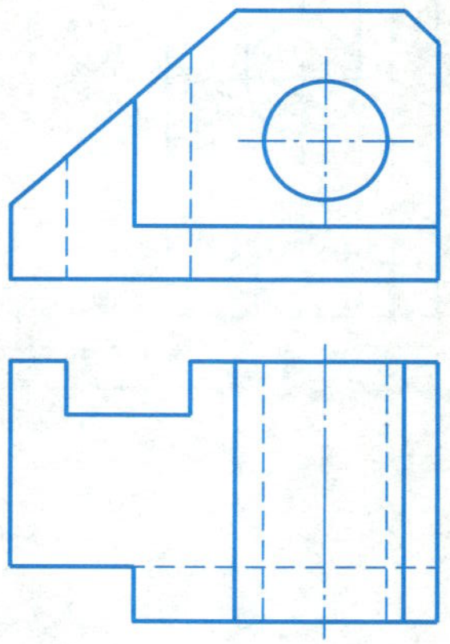

(17)

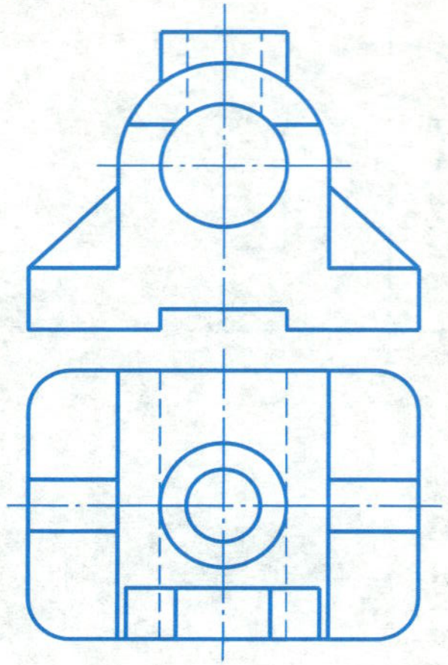

(18)

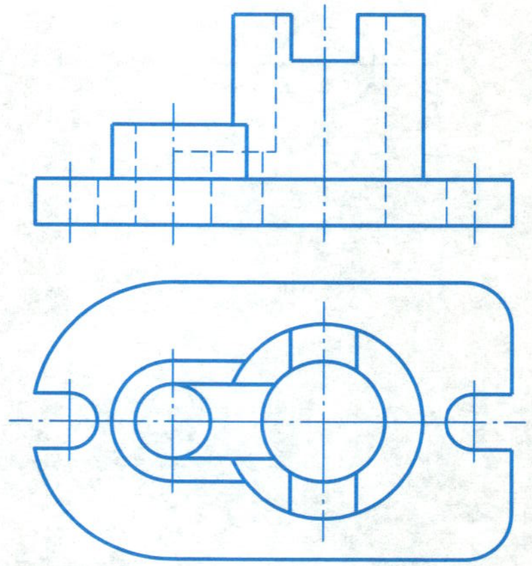

4-13 根据给出的视图，构思不同形状的组合体，补画其他视图。

(1)

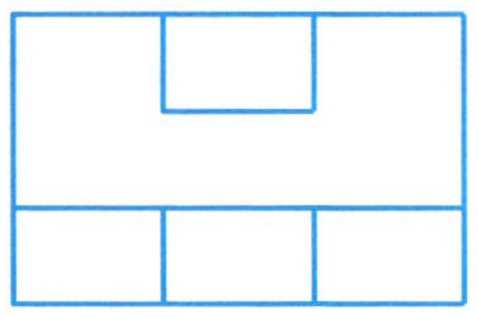

(2)

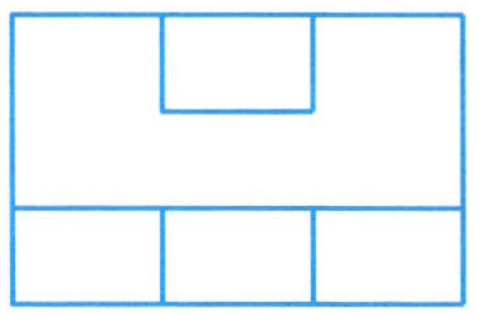

(3)

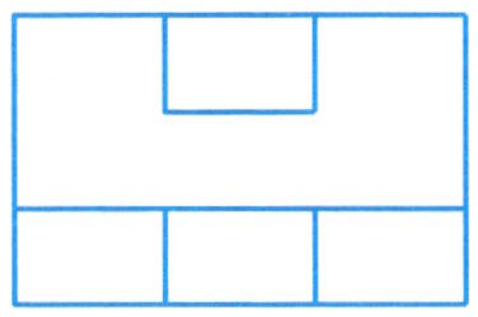

(4)

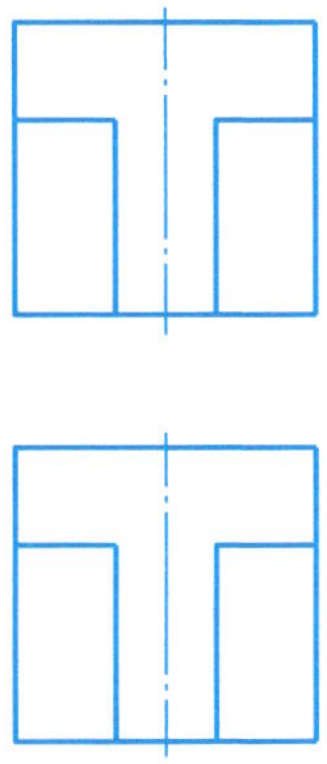

(5)

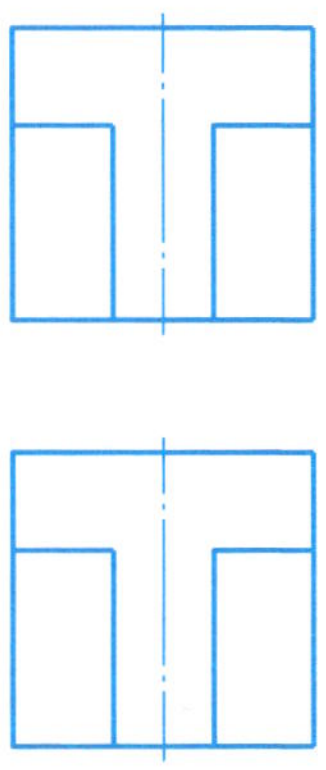

(6)

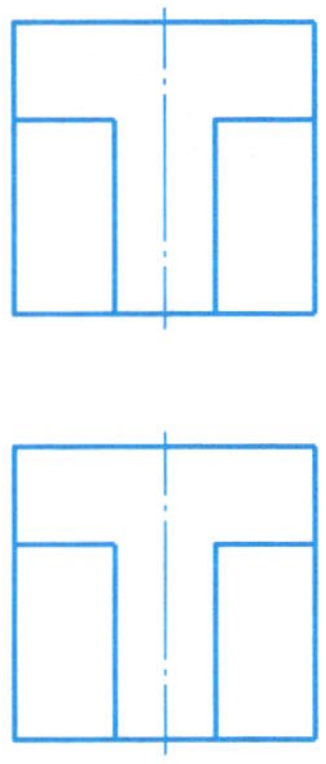

4-14 根据轴测图，选取适当的图幅和比例，画出组合体的三视图并标注尺寸。

(1)

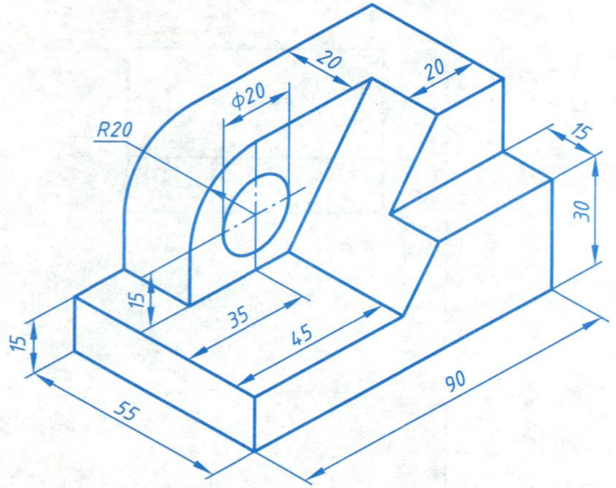

(2)

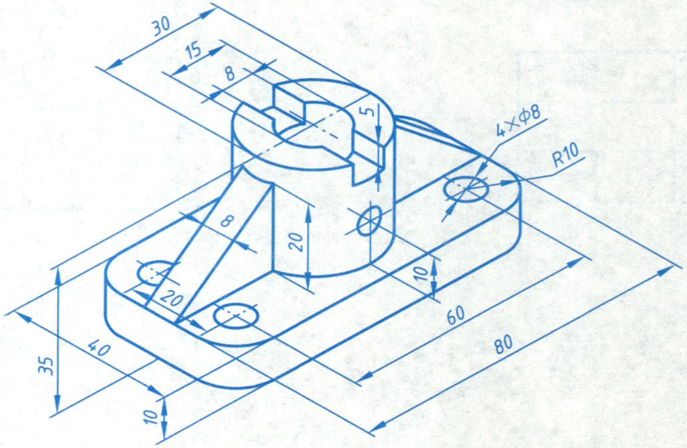

(3)

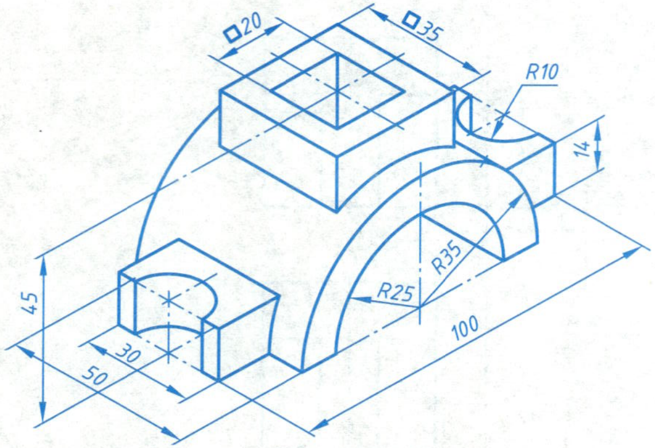

(4)

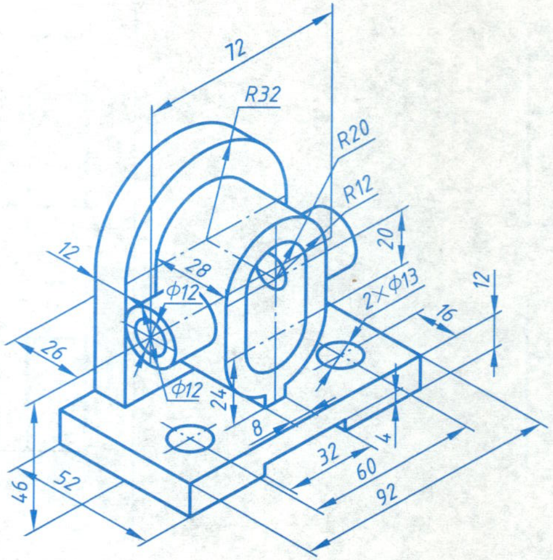

项目五　绘制轴测图

5-1 根据两视图，画正等轴测图。

(1)

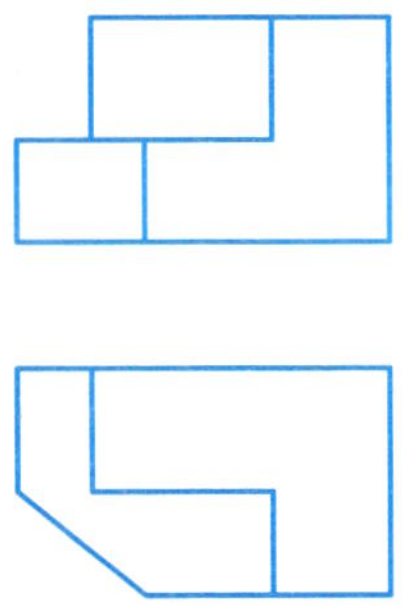

(2)

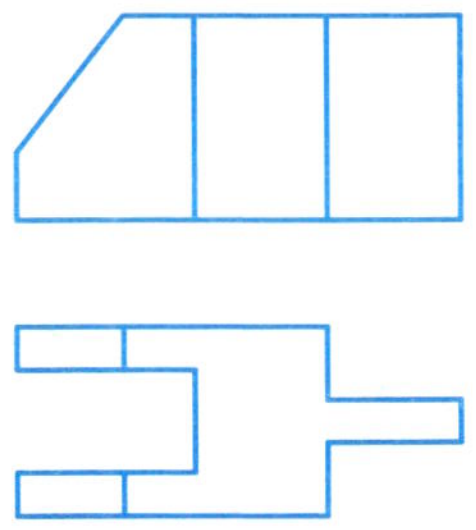

(3)

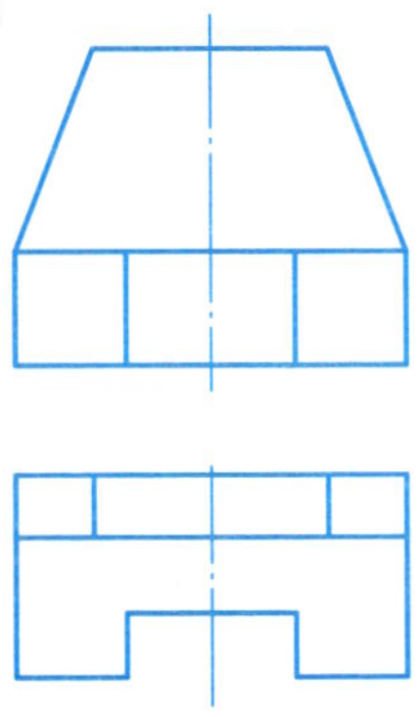

(4)

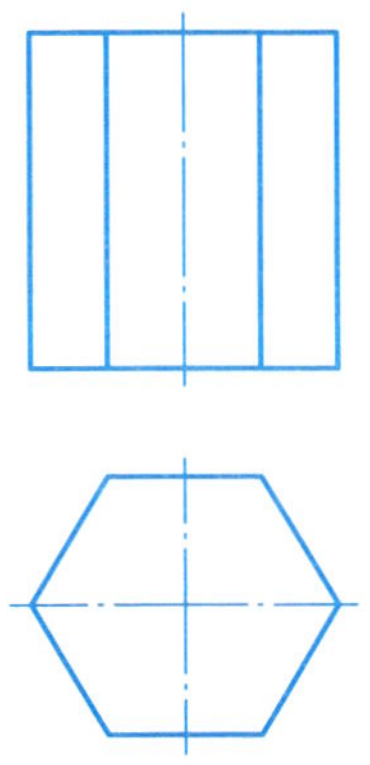

5-1 根据两视图，画正等轴测图。

(5)

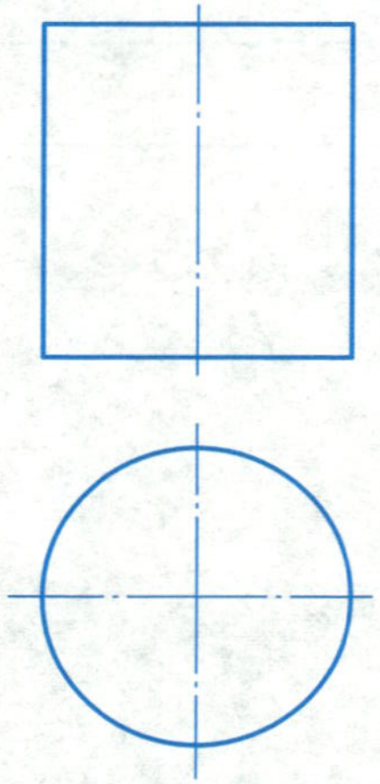

(6)

(7)

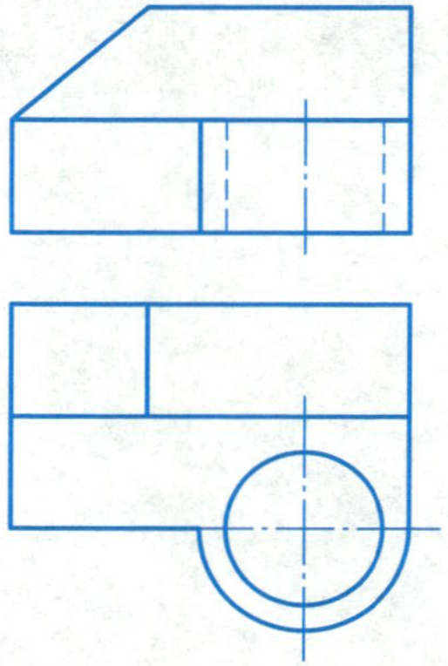

(8)

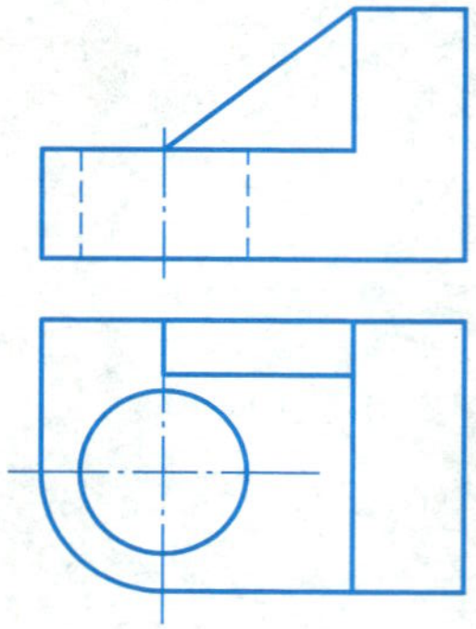

5-2 根据两视图，画斜二等轴测图。

(1)

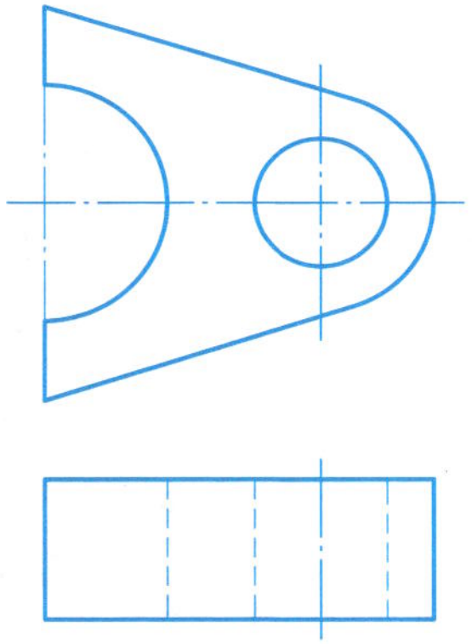

(2)

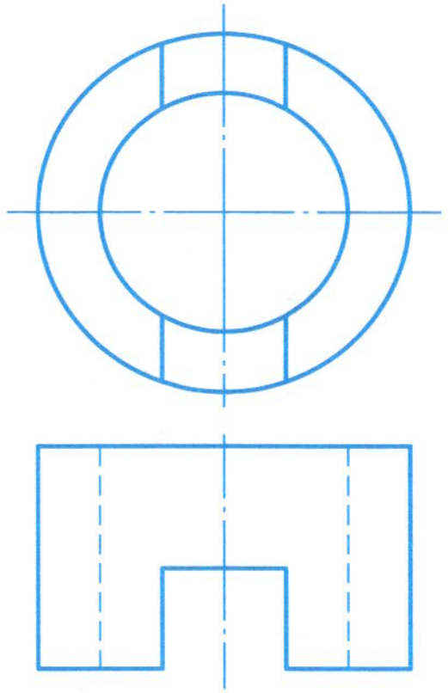

(3)

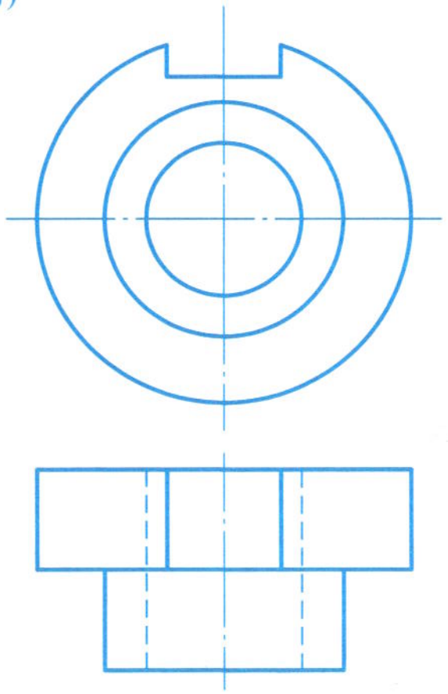

(4)

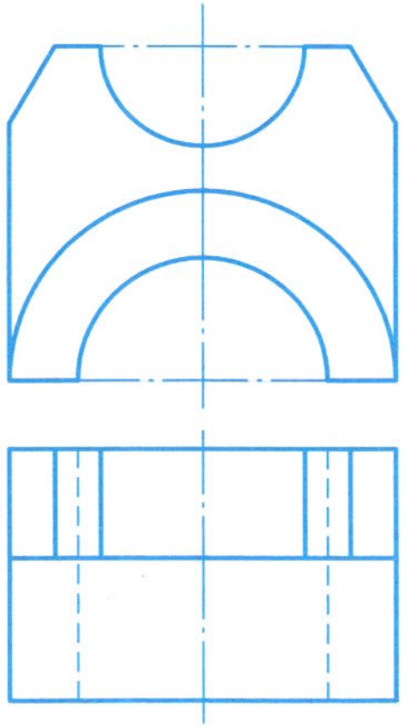

项目六　绘制零件图样

6-1 根据主、俯、左视图，补画其余三个基本视图。

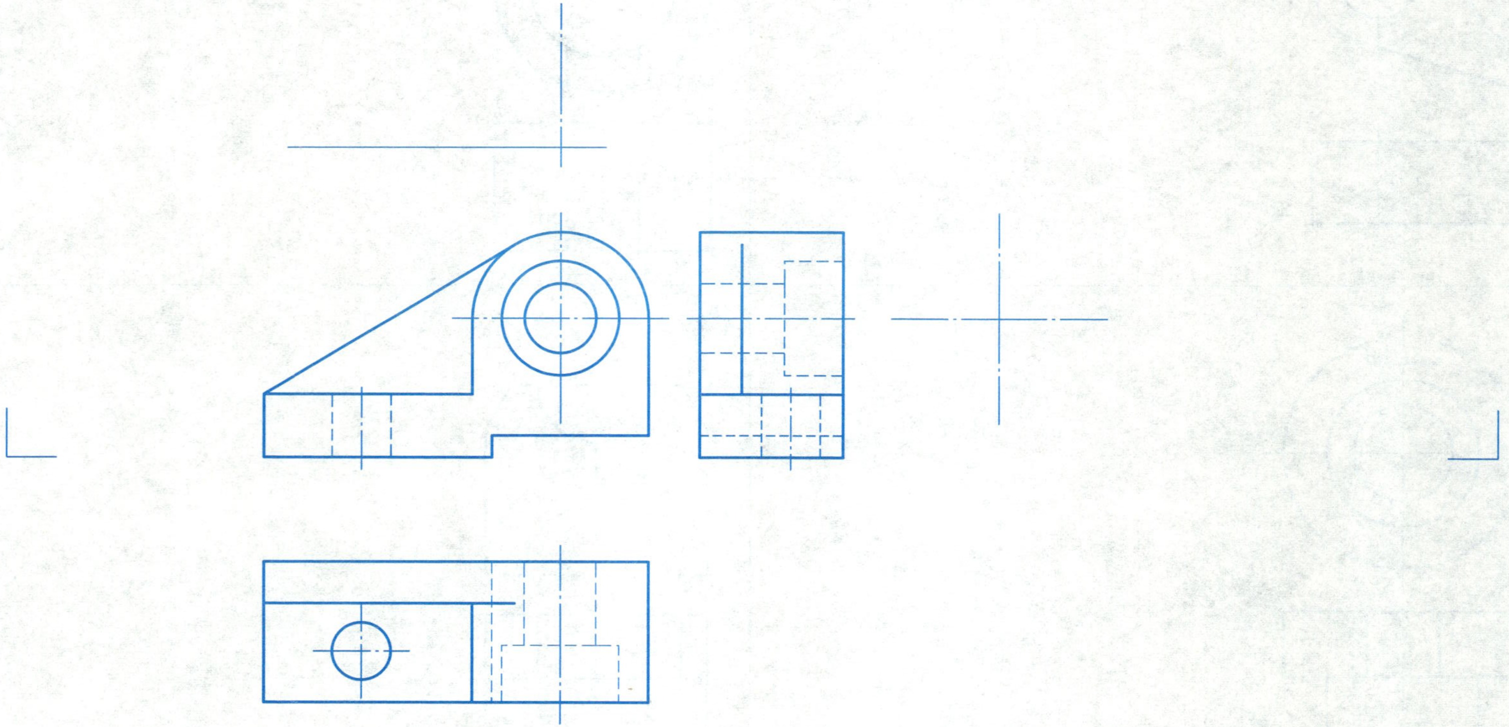

6-2 根据机件的三视图，画出 *D*、*E*、*F* 三个方向的向视图，并标注。

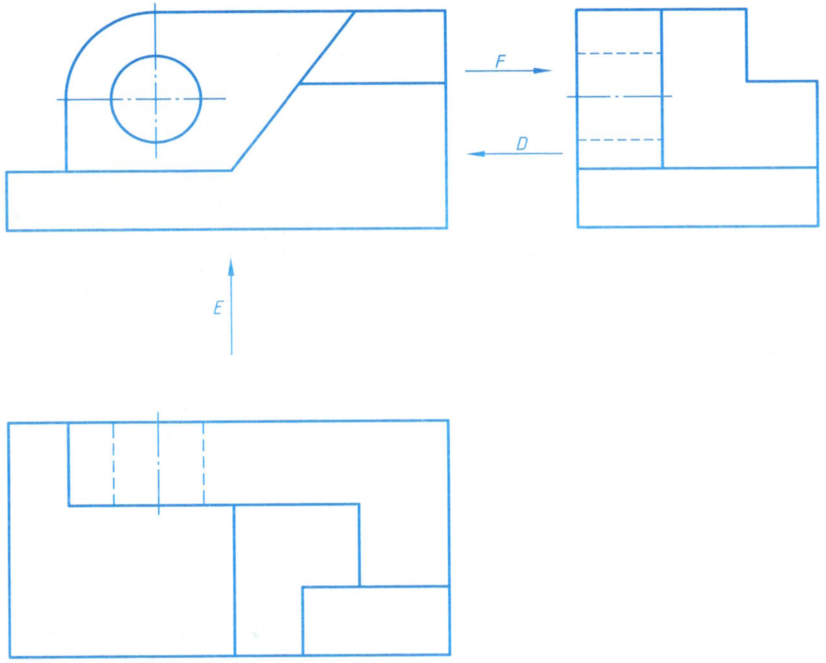

6-3 对照轴测图，画出A向斜视图。

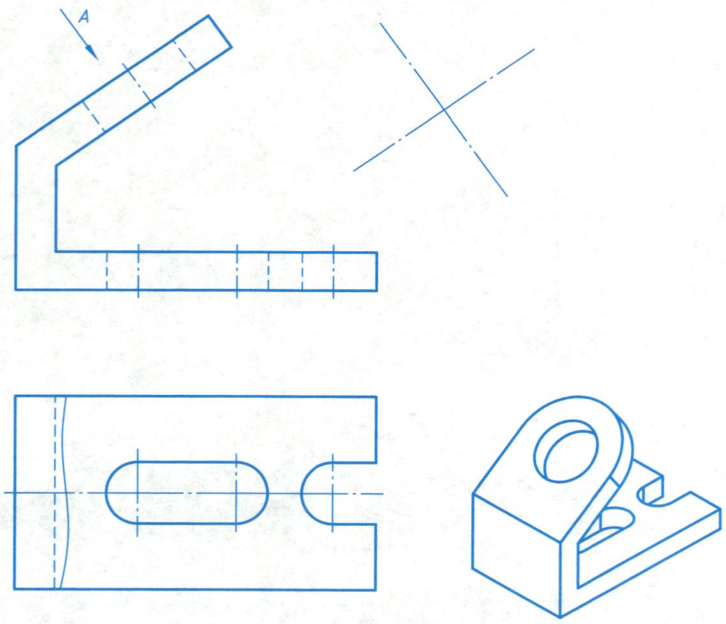

6-4 对照轴测图，画出A向局部视图。

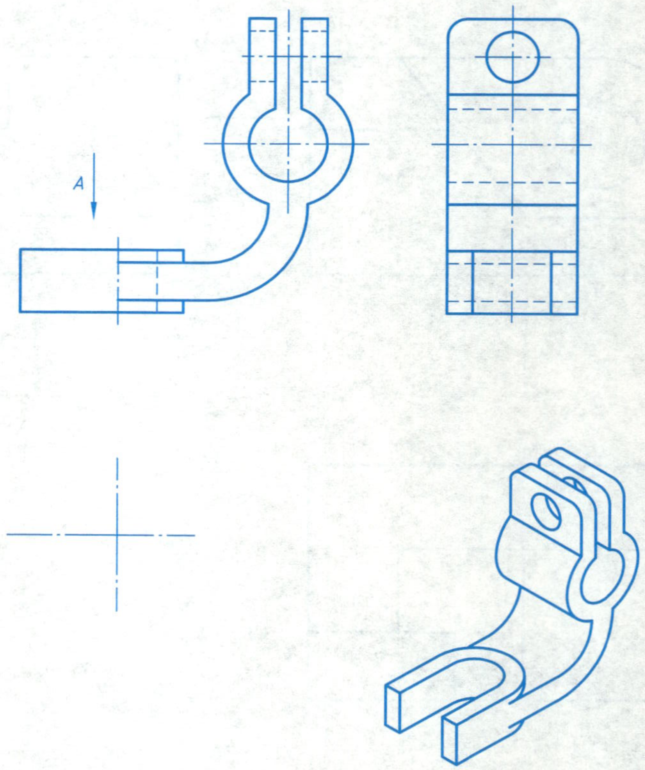

6-5 画出*A*向斜视图和*B*向局部视图。

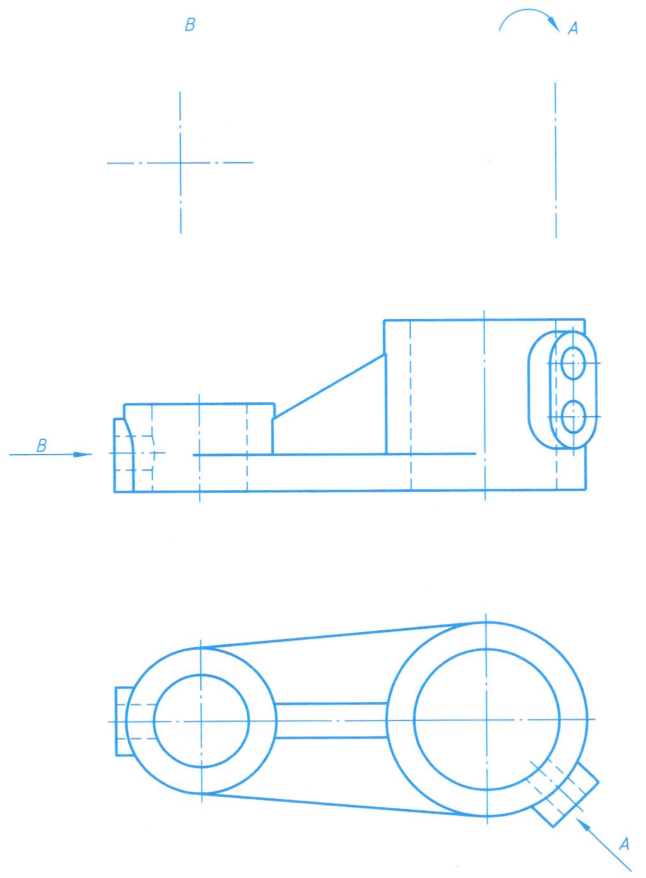

6-6 将主视图改画成旋转视图。

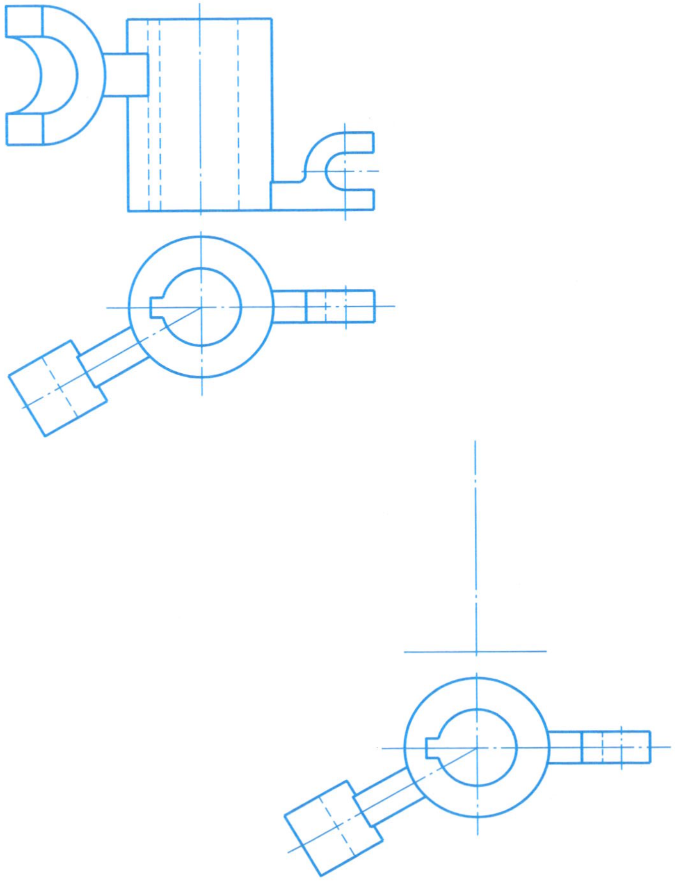

6-7 补画剖视图中所缺的图线。

(1)

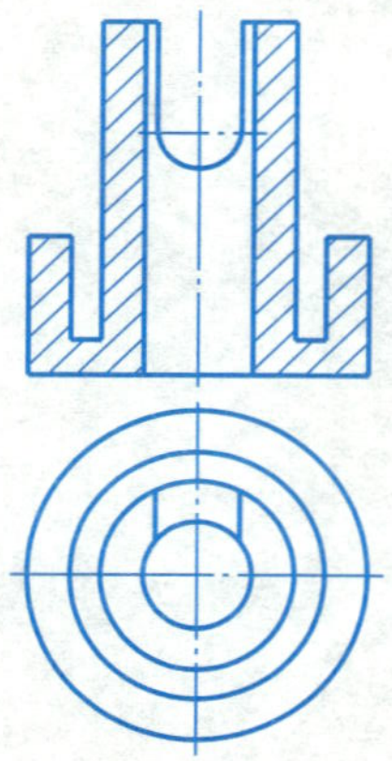

(2)

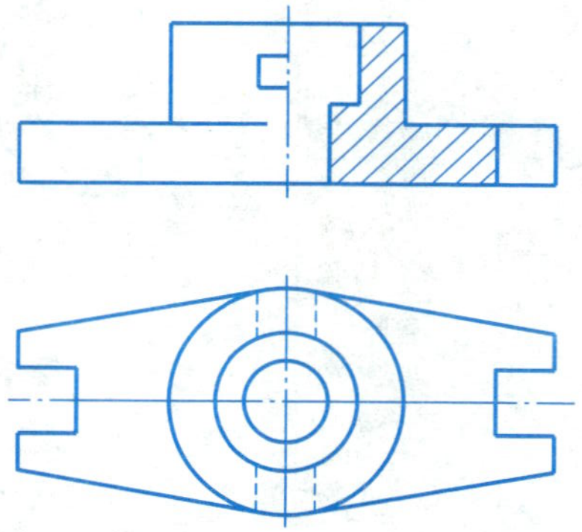

(3)

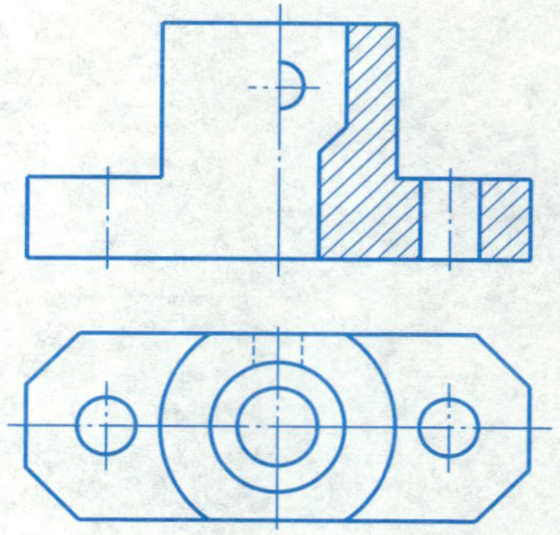

(4)

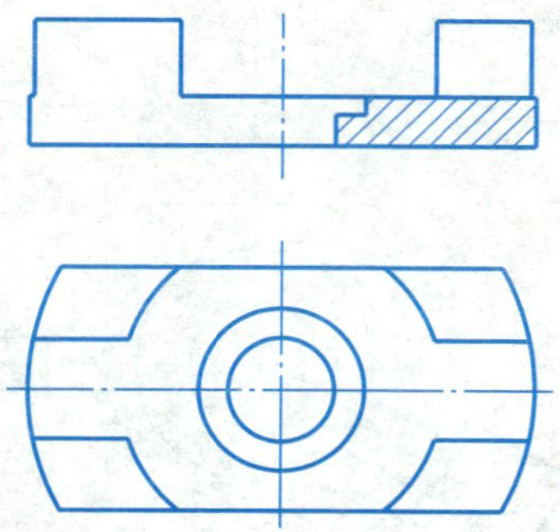

(5)

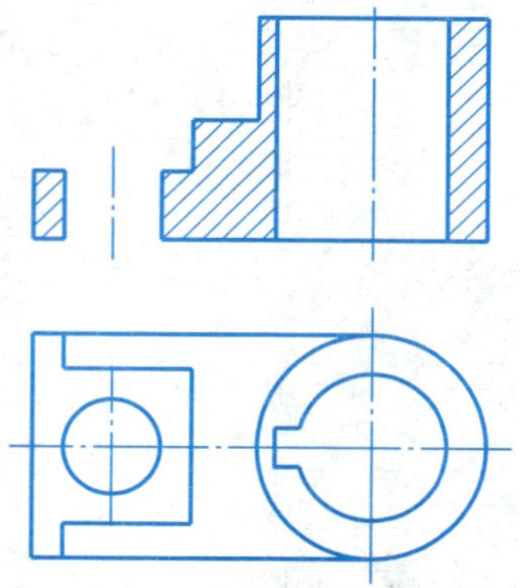

(6)

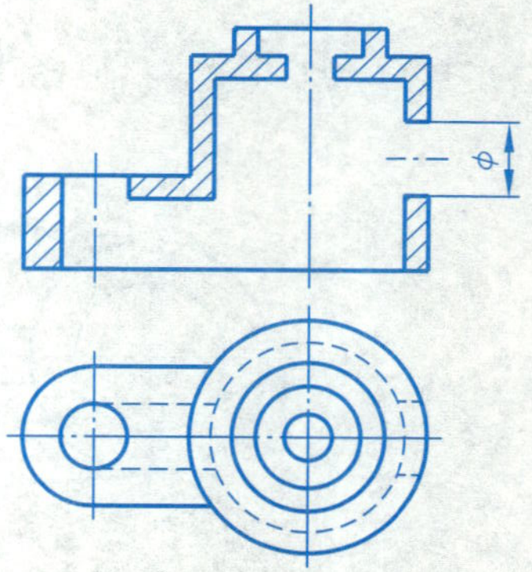

6-8 在指定位置将主视图画成全剖视图。

(1)

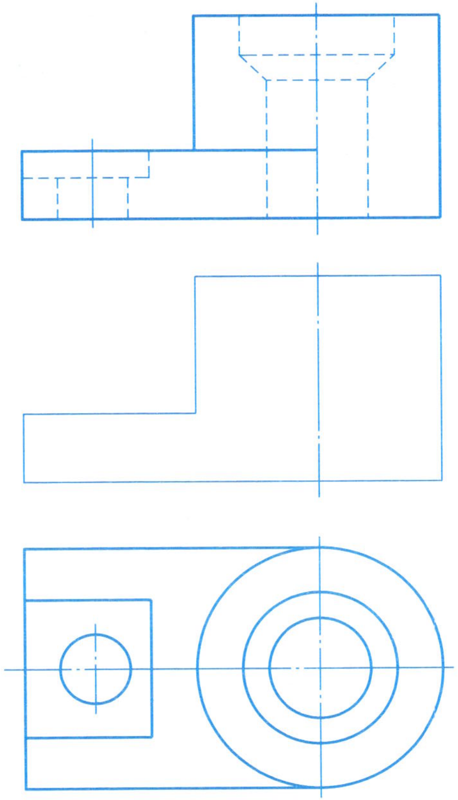

(2)

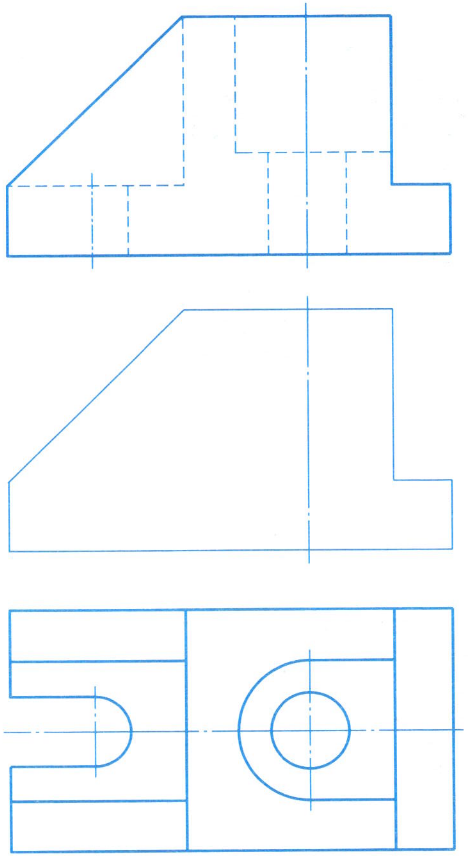

6-9 将左视图画成全剖视图。

(1)

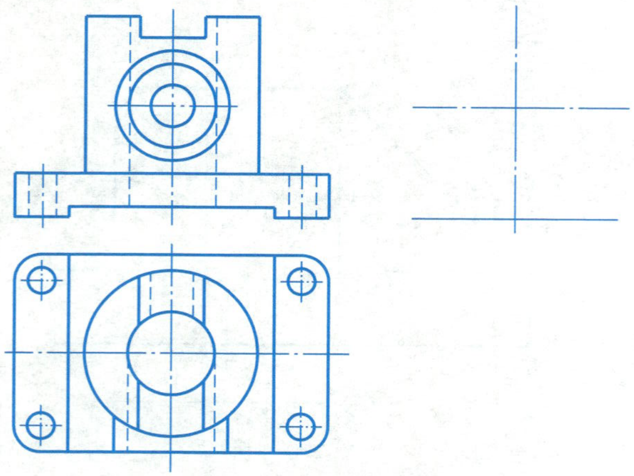

(2)

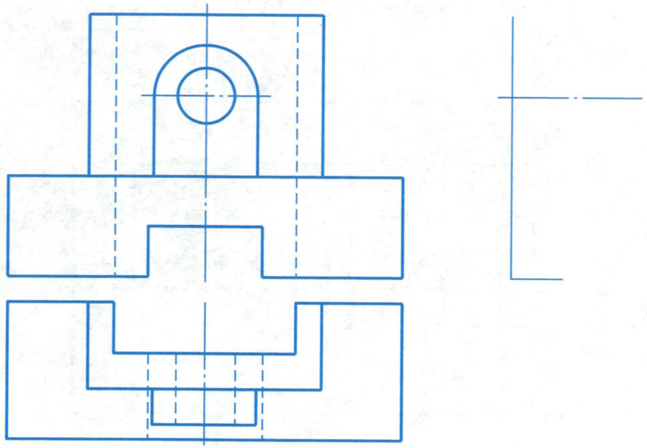

6-10 完成半剖左视图。

(1)

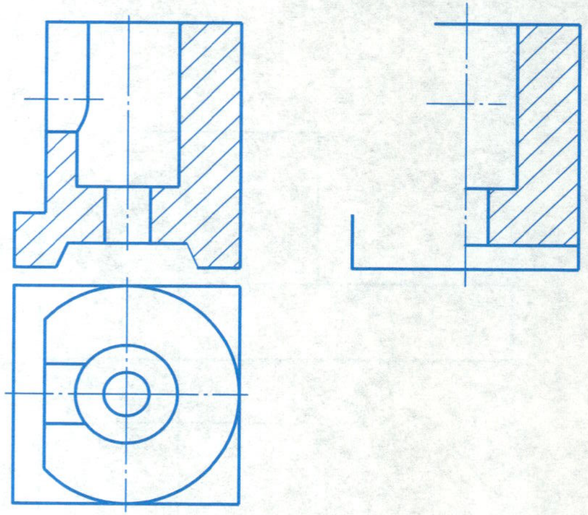

(2)

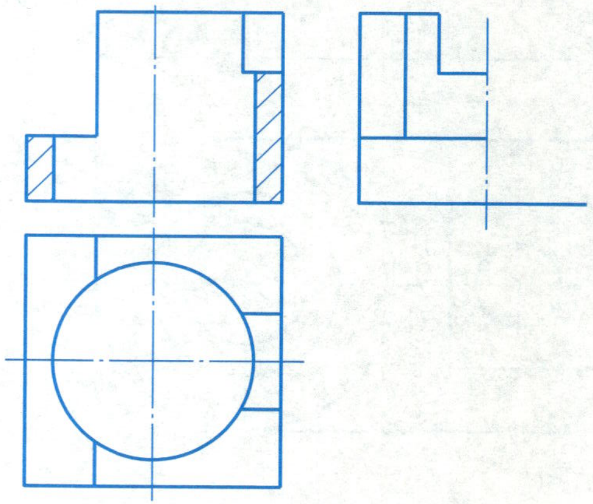

6-11 在指定位置将主视图画成半剖视图。

(1)

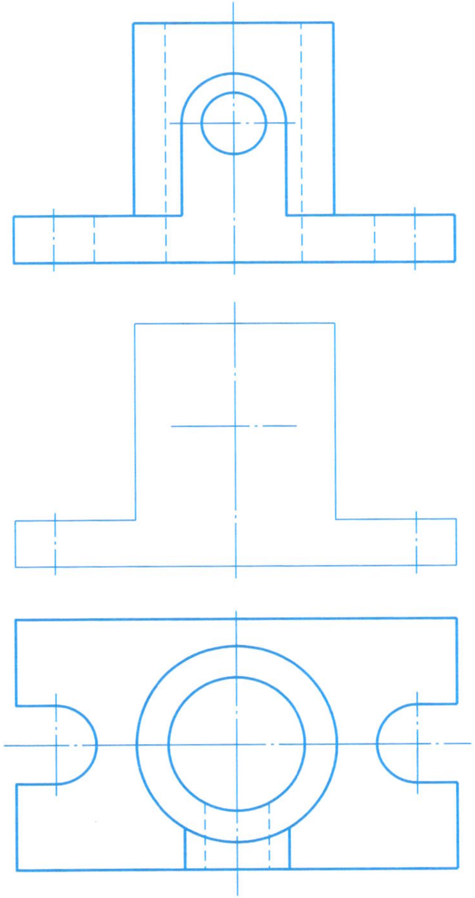

(2)

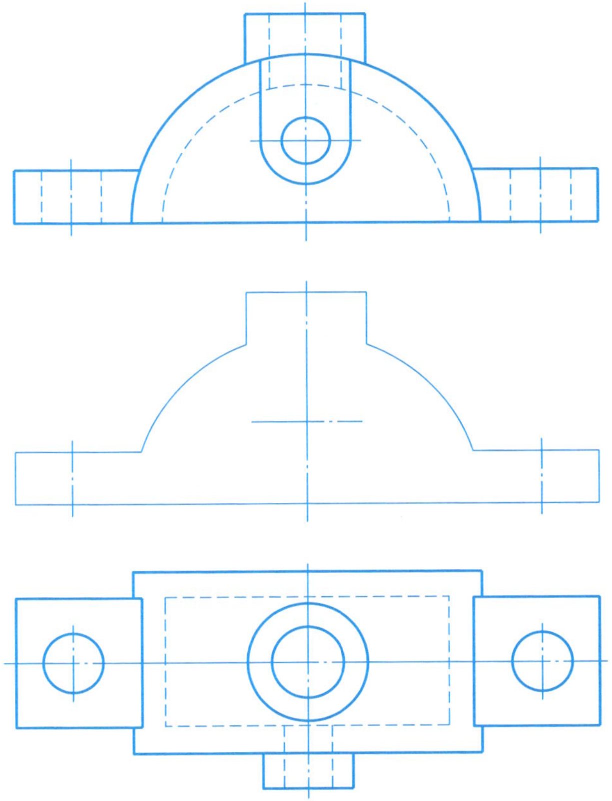

6-12 在指定位置将三个视图都画成半剖视图。

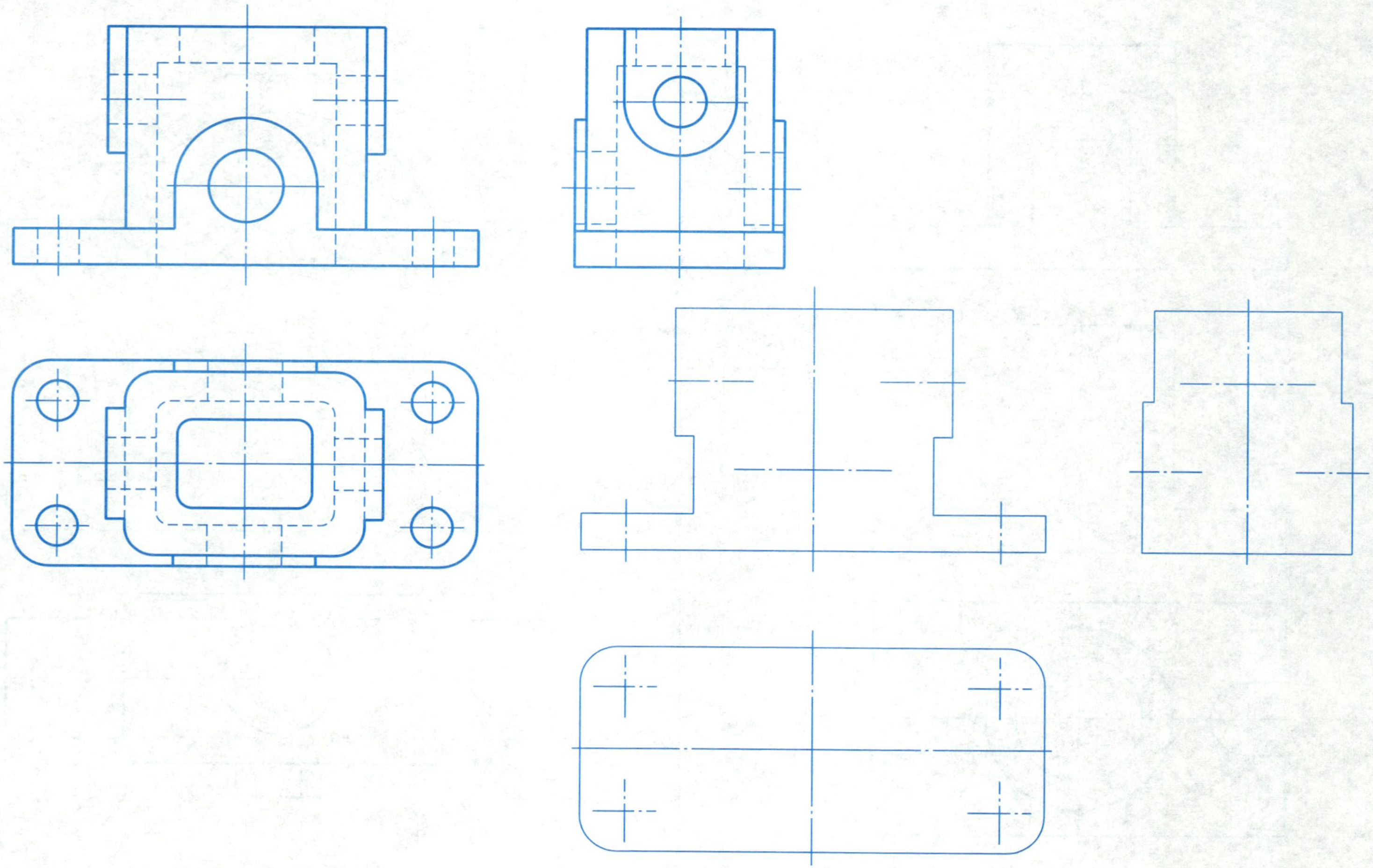

6-13 将机件的视图改画成局部剖视图（多余的线画“×”）。

(1)

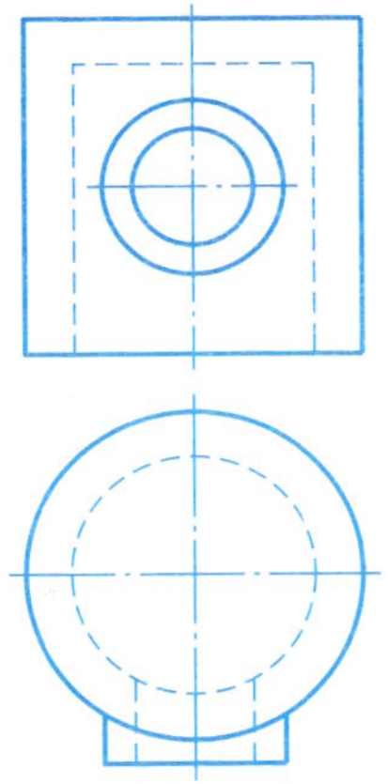

(2)

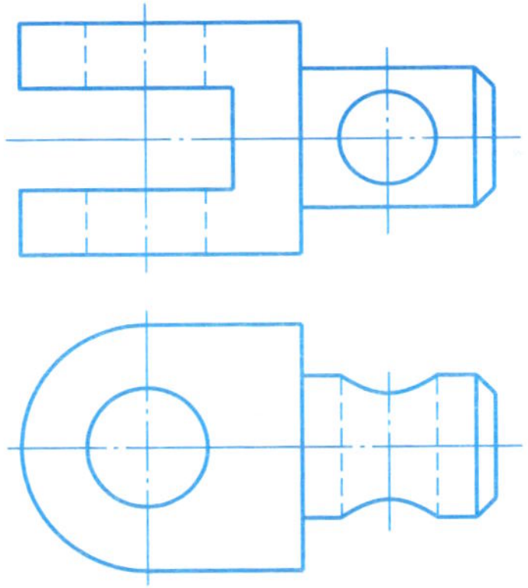

(3)

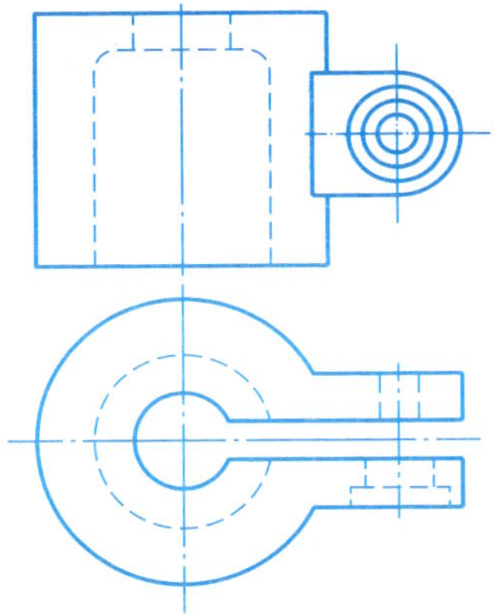

(4)

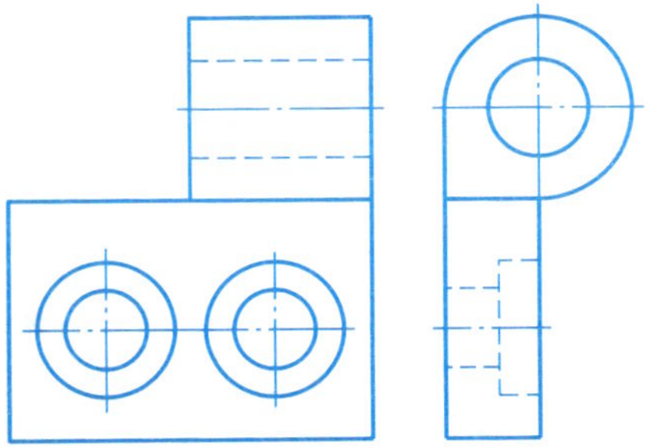

(5)

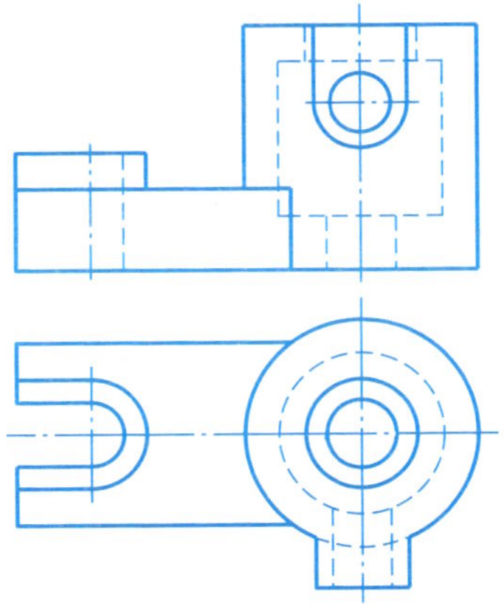

(6)

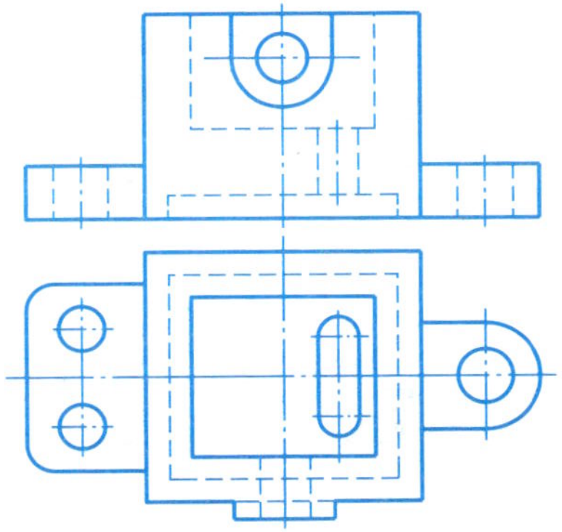

6-14 在指定位置把机件的主、俯视图改画成局部剖视图。

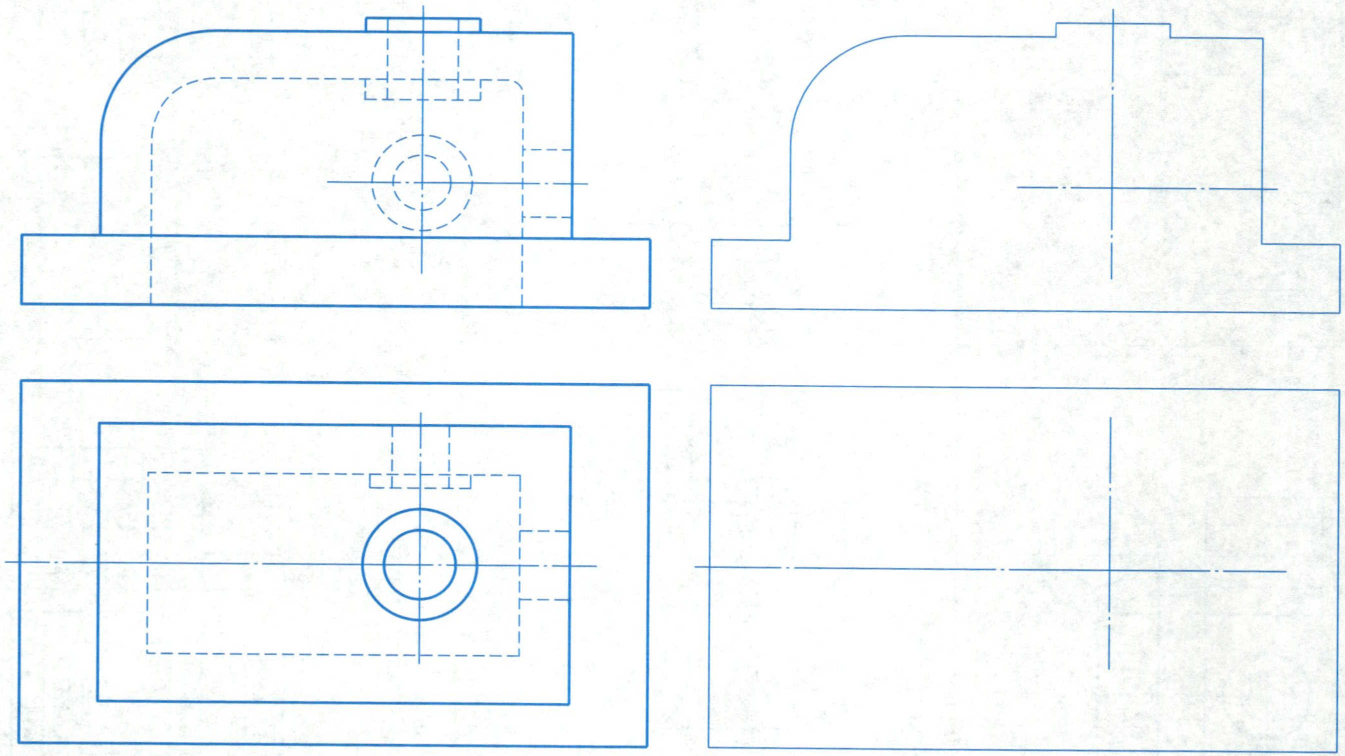

6-15 在指定位置把机件的三个视图改画成适当的剖视图。

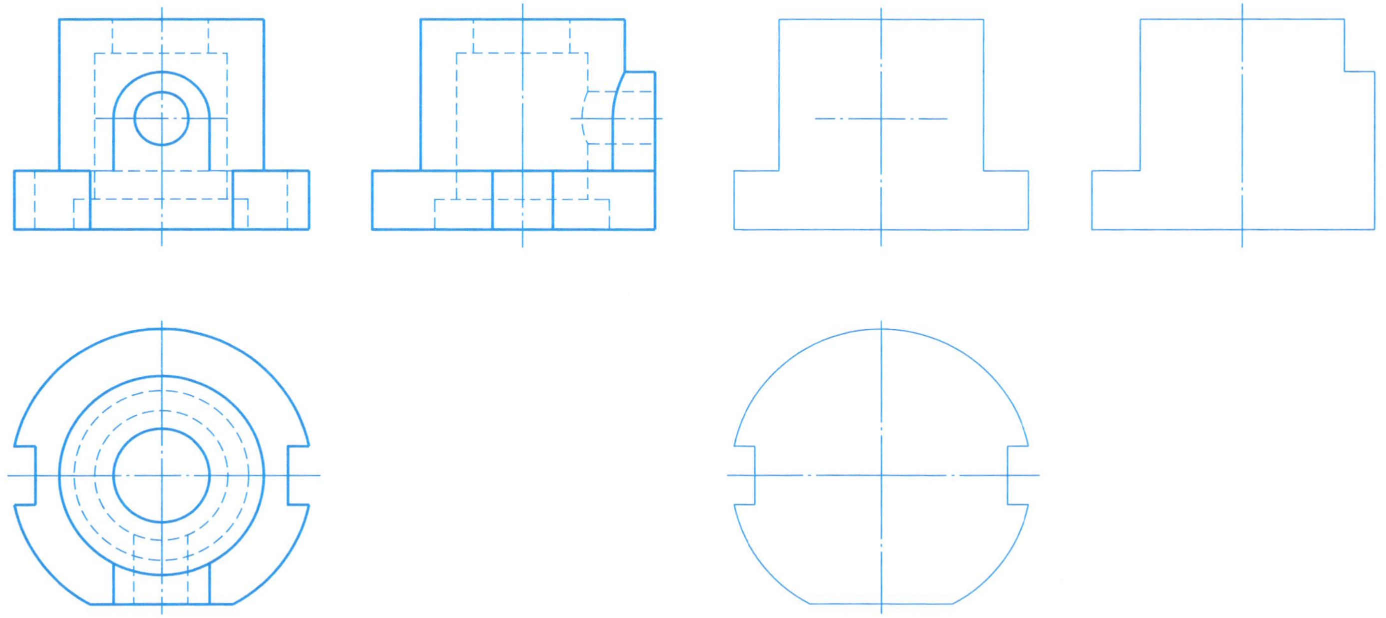

6-16 在指定位置将主视图画成阶梯剖视图，并标注。

(1)

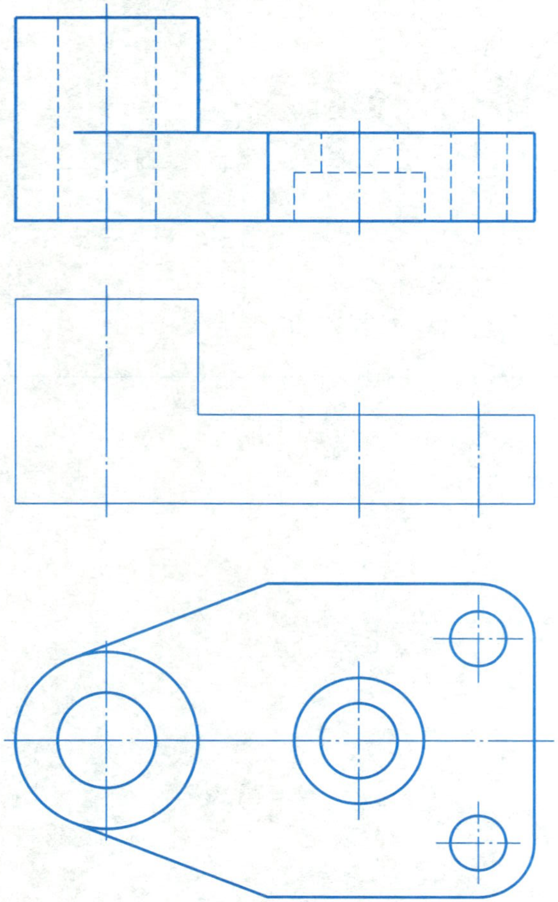

(2)

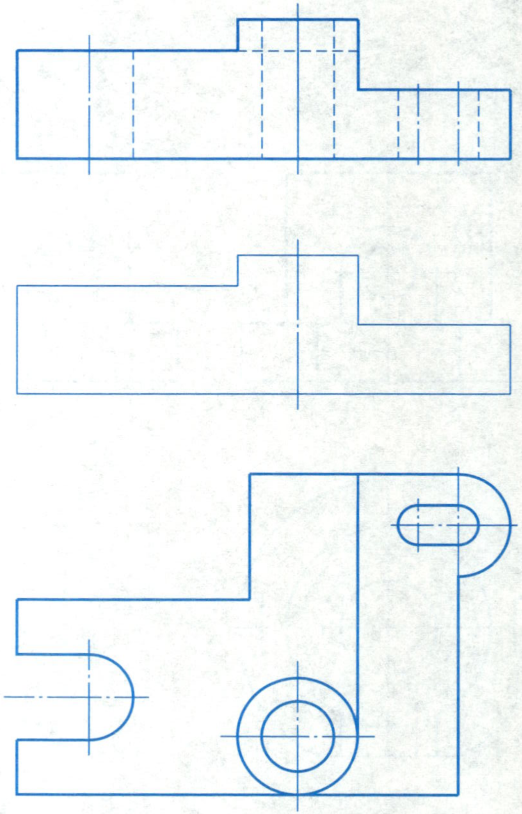

6-16 在指定位置将主视图画成阶梯剖视图，并标注。

(3)

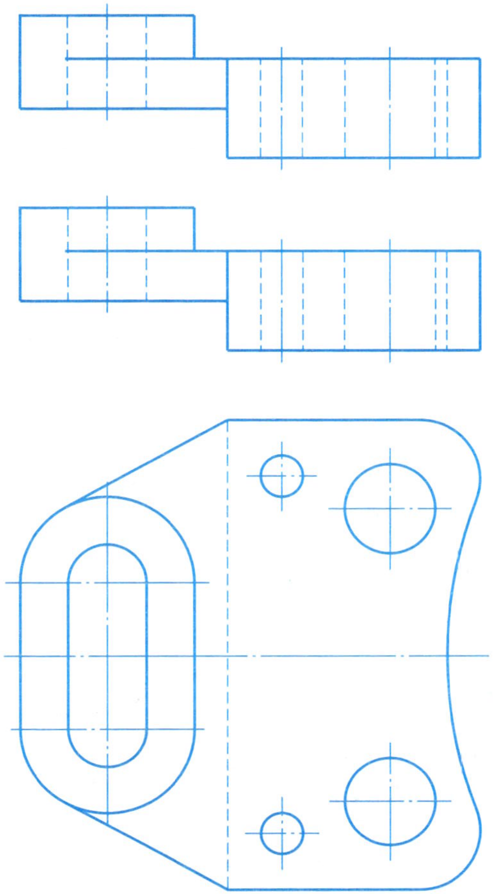

(4)

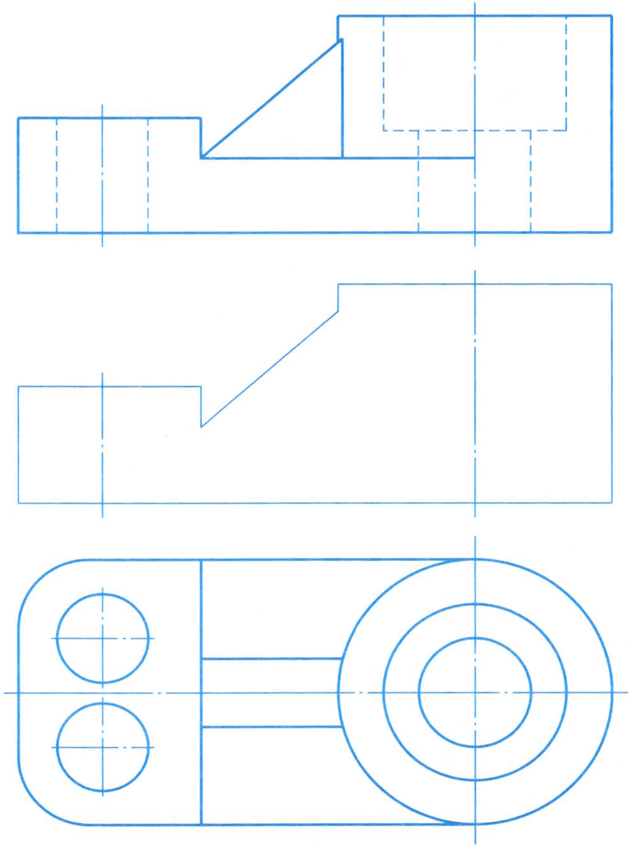

6-17 在指定位置把相关视图画成旋转剖视图。

(1)

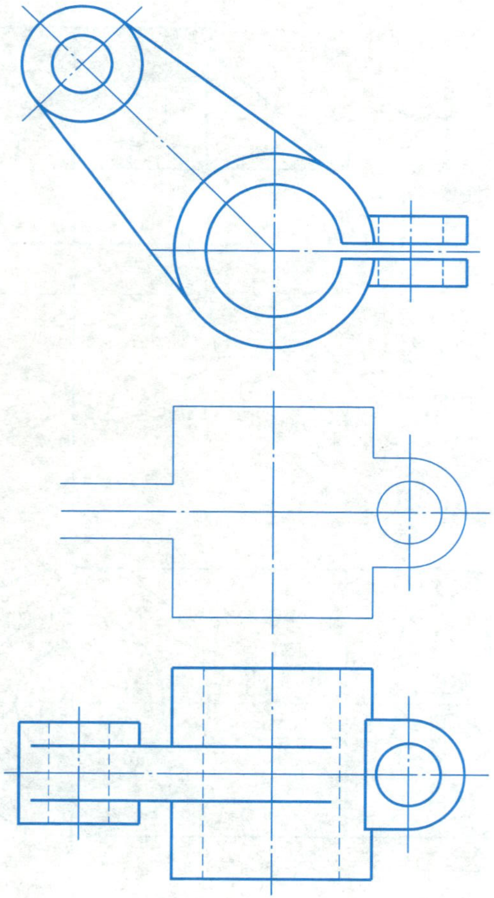

(2)

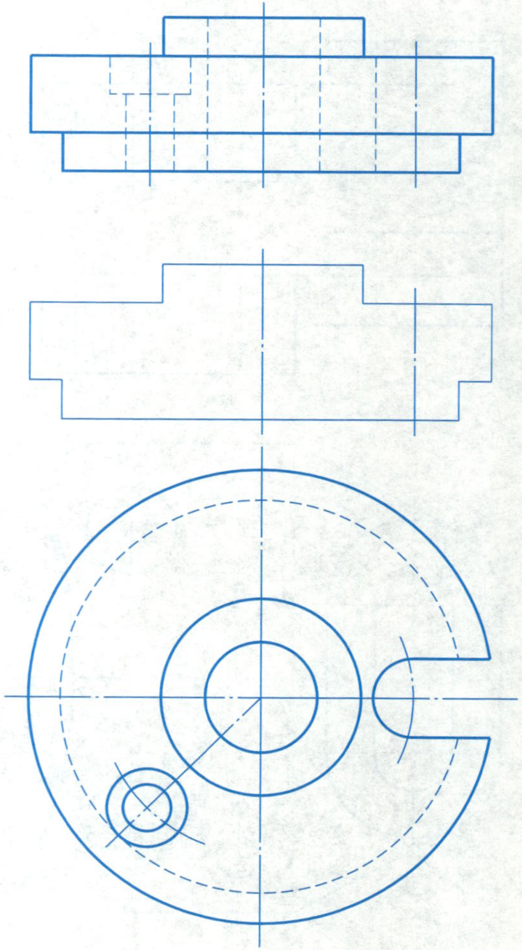

6-17 在指定位置把相关视图画成旋转剖视图。

(3)

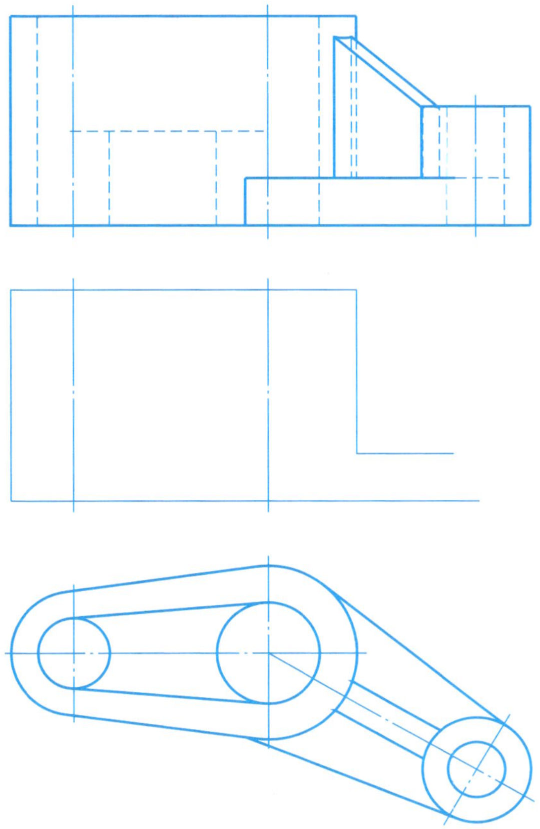

(4)

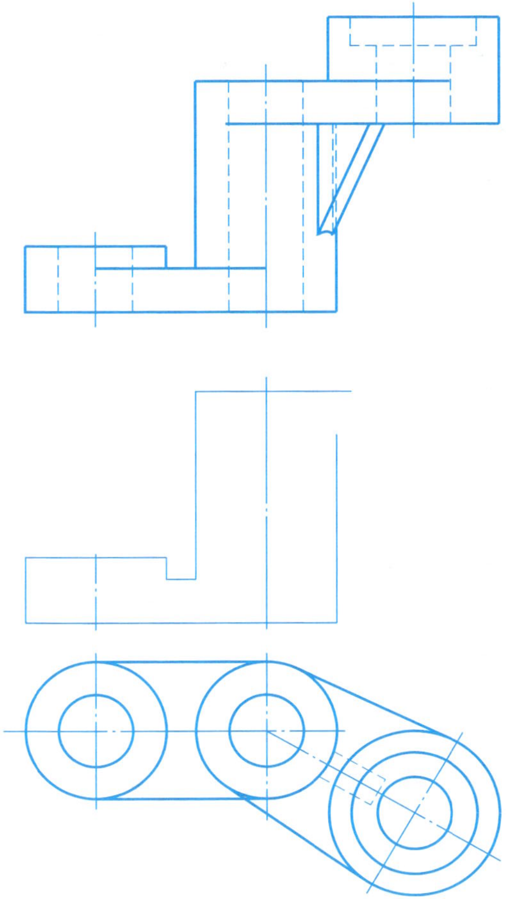

6-18 用斜剖的方法，在指定位置画出$A—A$全剖视图。

(1)

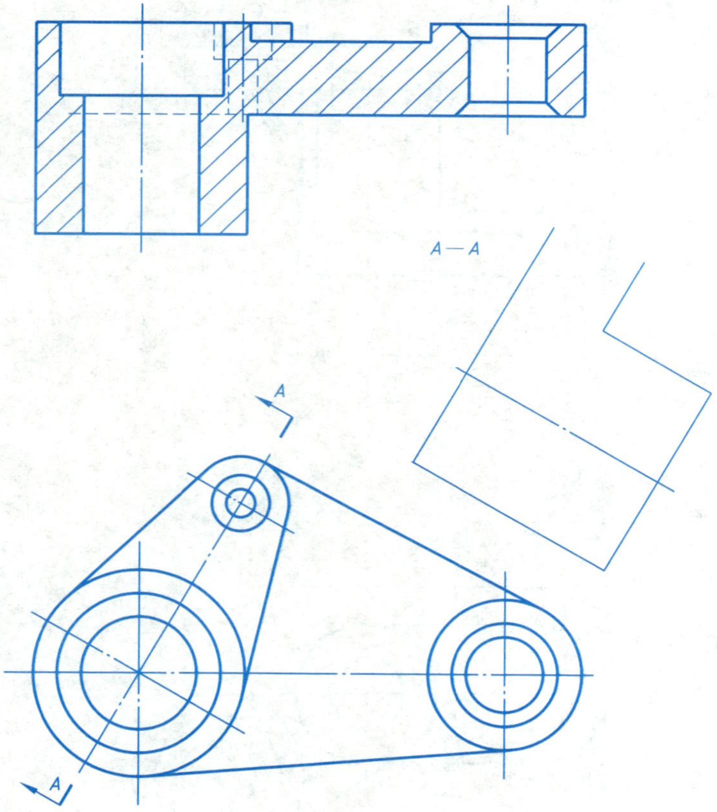

(2)

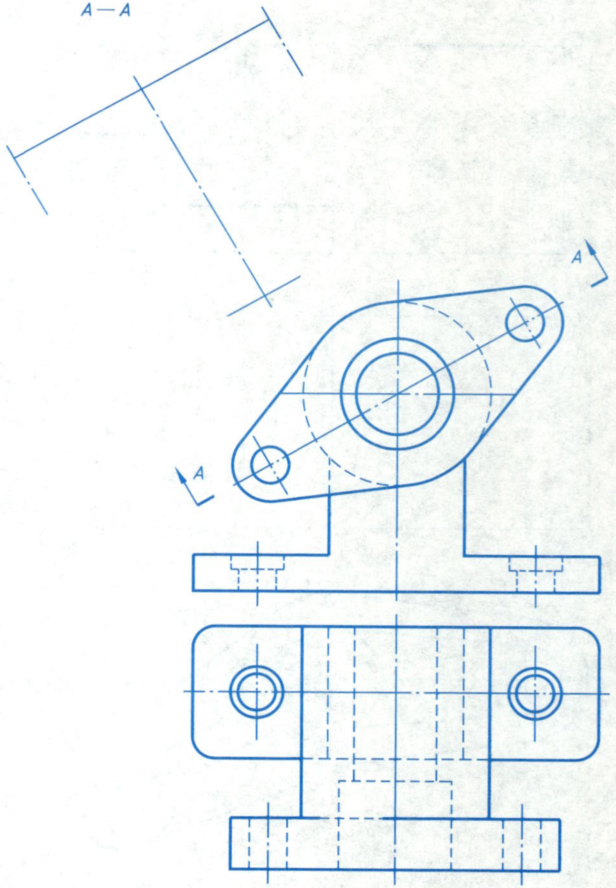

6-19 在指定位置，用复合剖的方法将主视图画成*A*—*A*全剖视图。

（1）

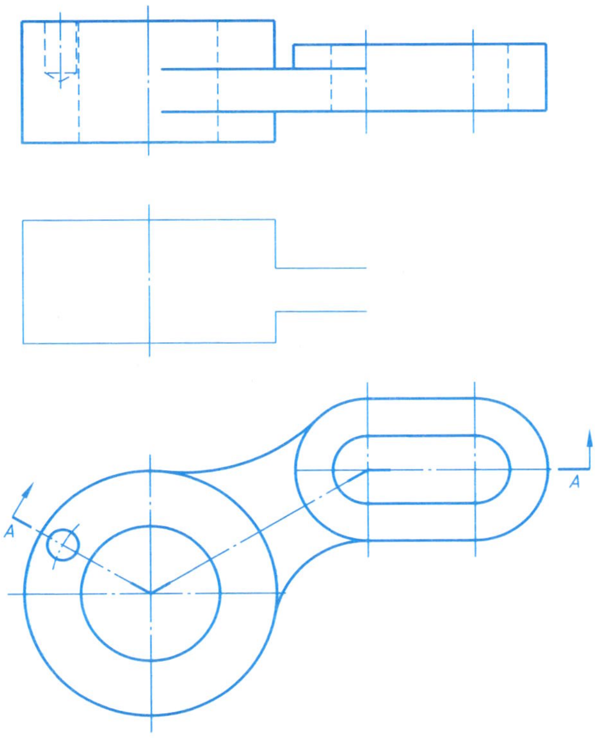

（2）

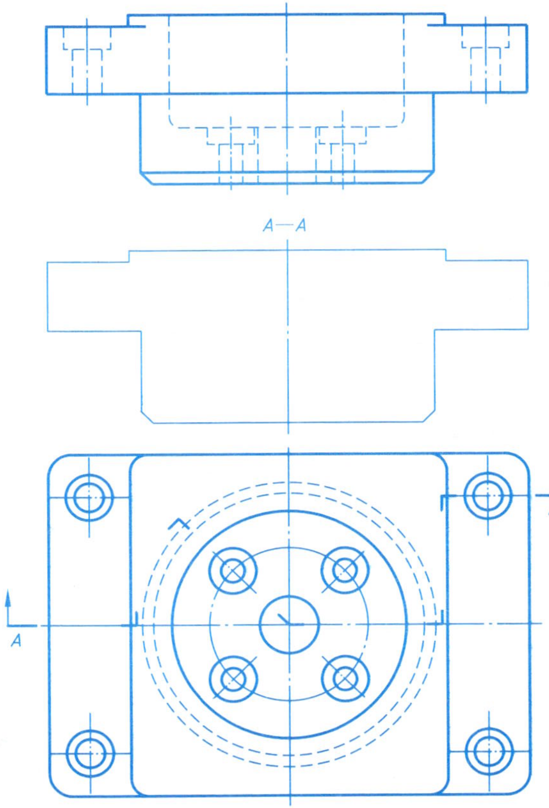

6-20 作$A—A$、$B—B$移出断面。

(1)

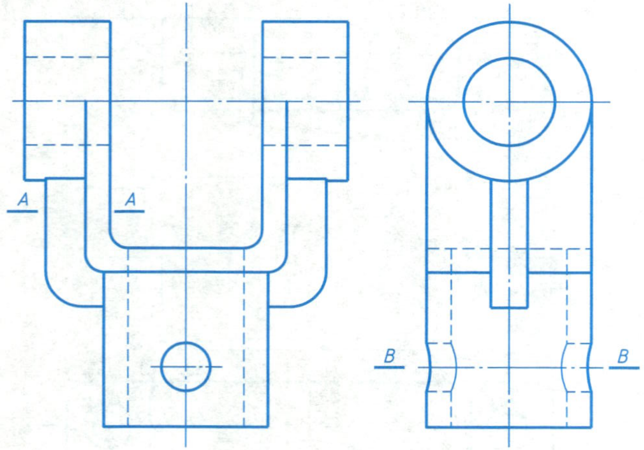

(2)

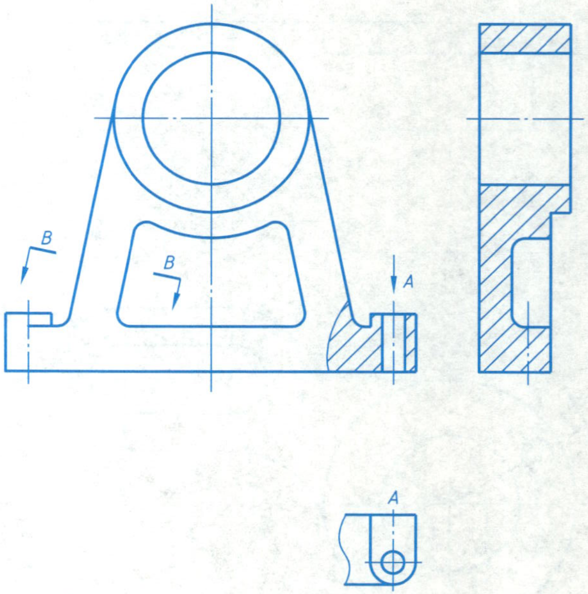

6-21 画出指定位置的移出断面图（左、右键槽深分别为4mm、3mm）。

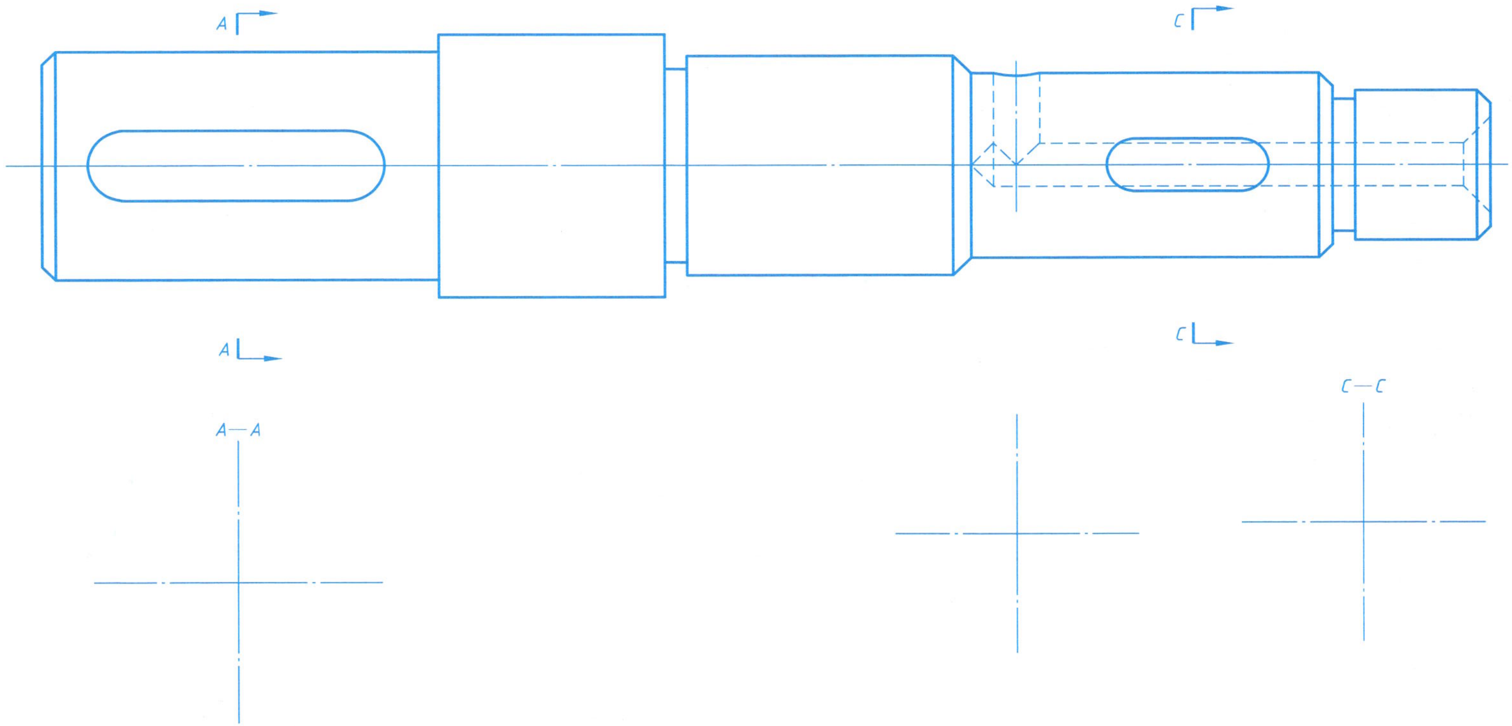

6-22 按图示的剖切迹线画出移出断面。

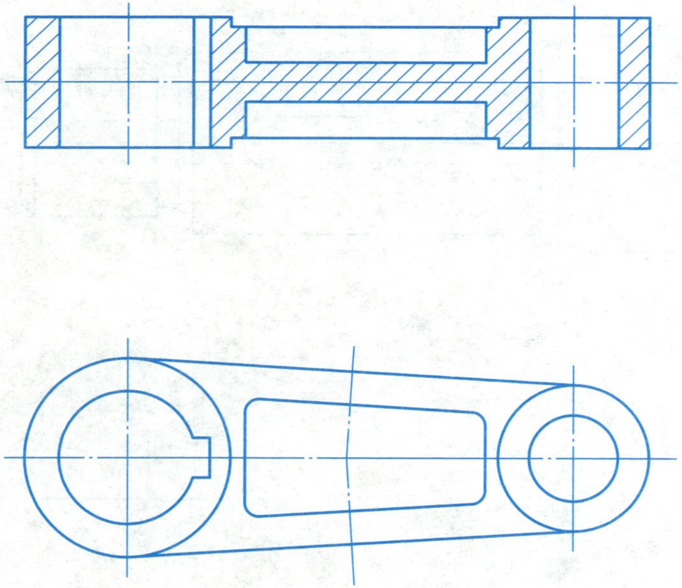

6-23 画出肋板的重合断面。

(1)

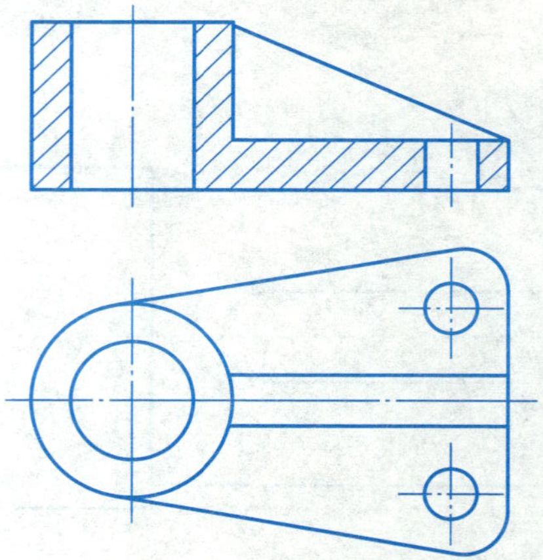

(2)

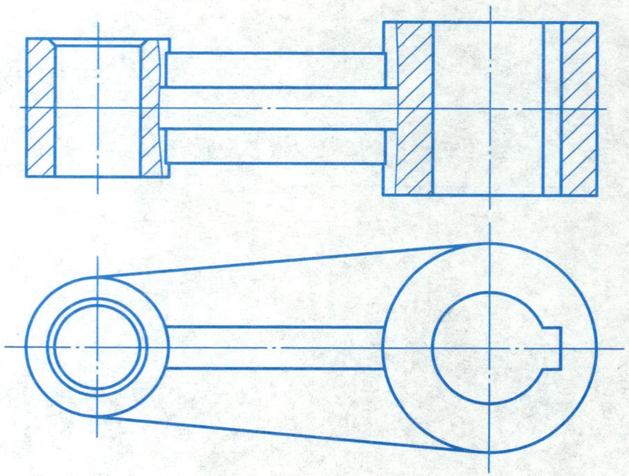

6-24 找出正确的断面图。

(1)

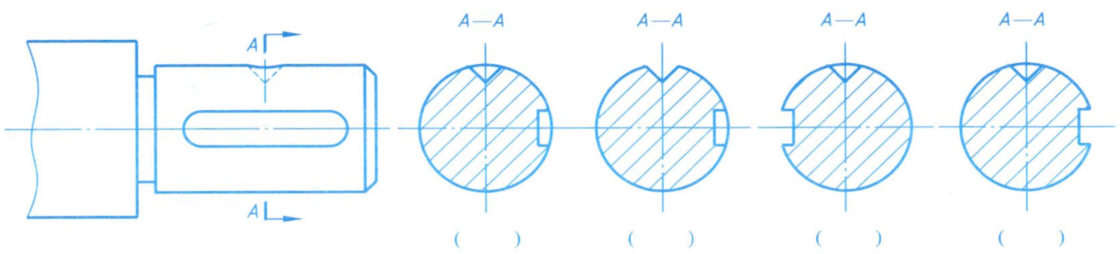

(2)

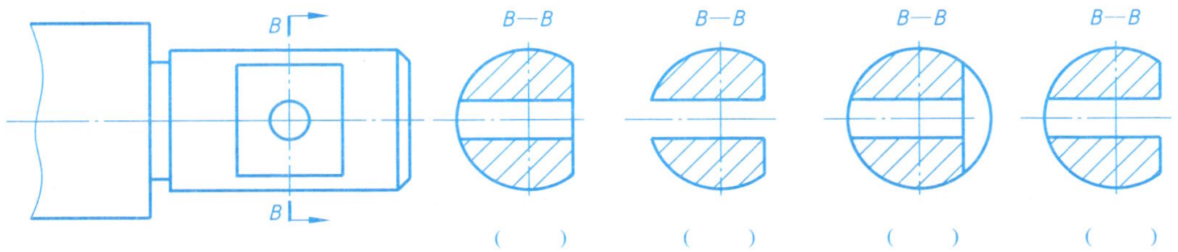

(3)

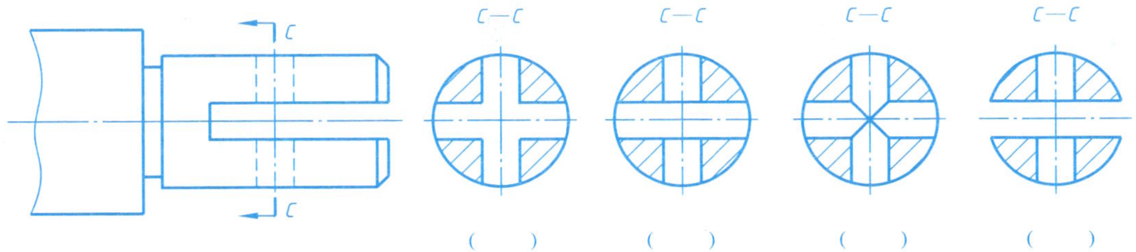

(4)

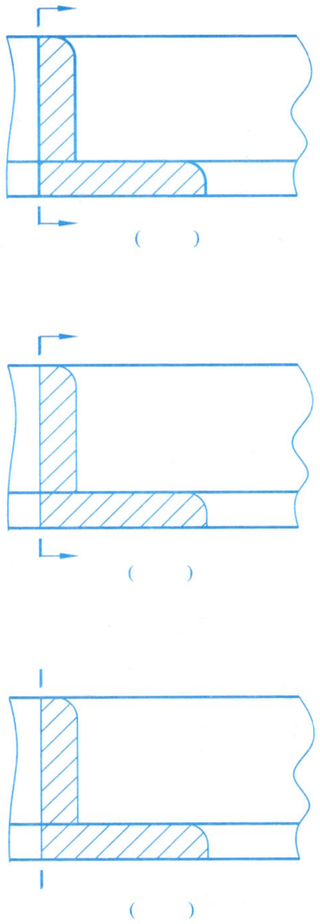

6-25 在指定位置画出正确的剖视图。

(1)

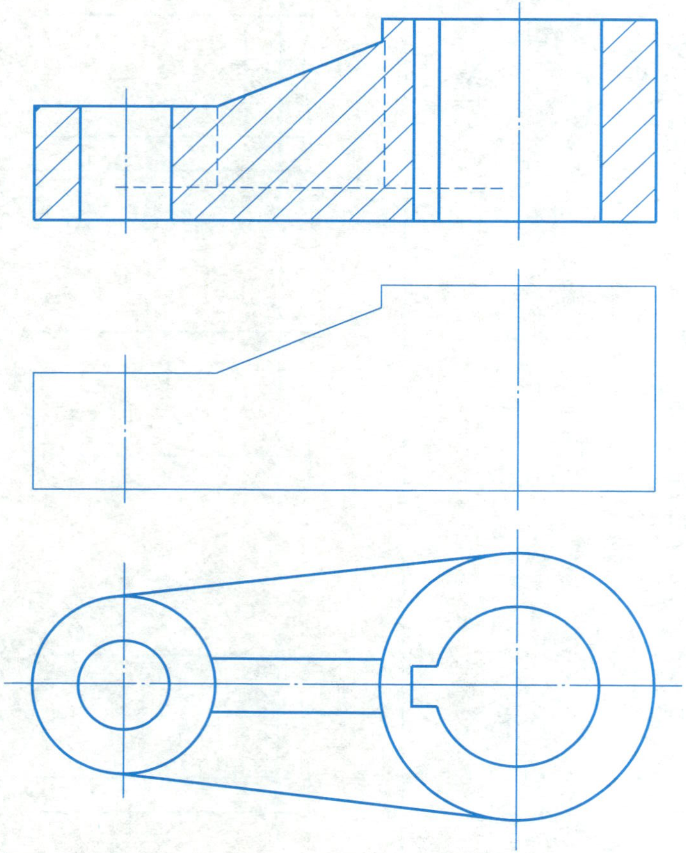

(2)

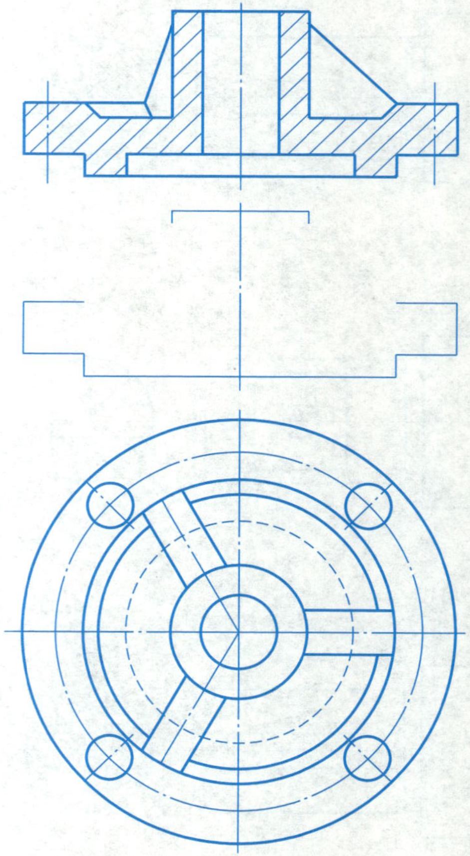

6-26 根据轴测图，选用适当的比例、图幅和表达方法，将机件的内外形状表达清楚，并标注尺寸。

(1)

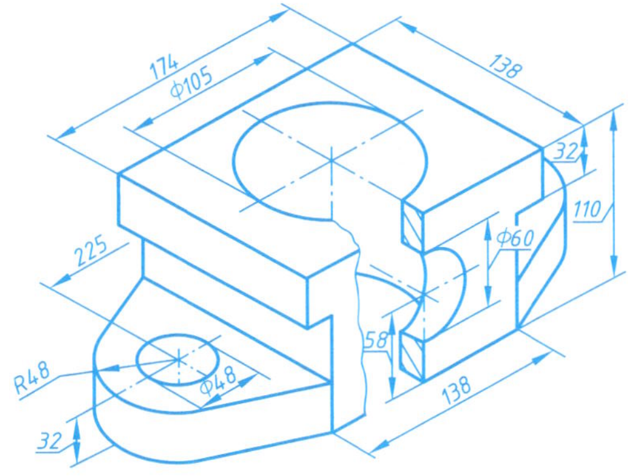

(2)

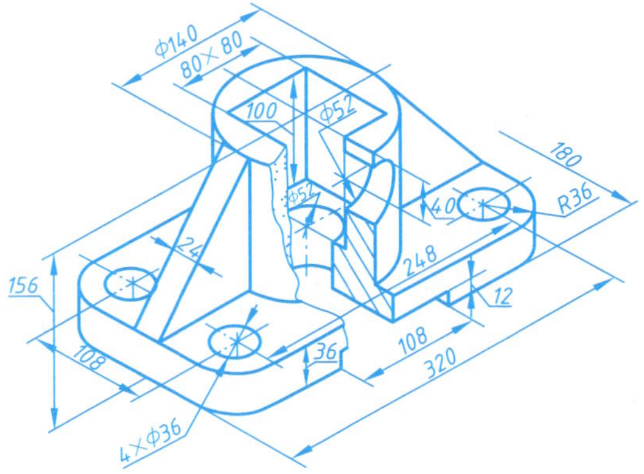

(3)

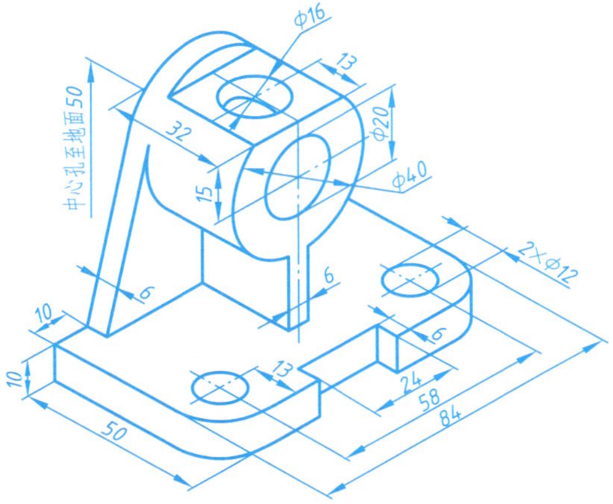

(4)

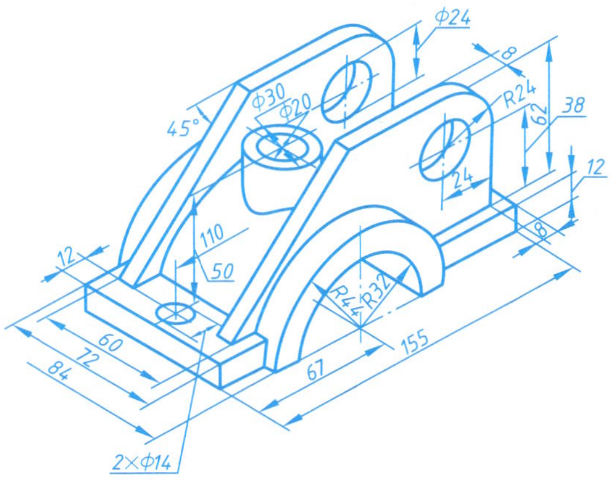

6-27 根据两视图，用适当的表达方法重新表达机件，并标注尺寸(A3图幅、适当的比例)。

(1)

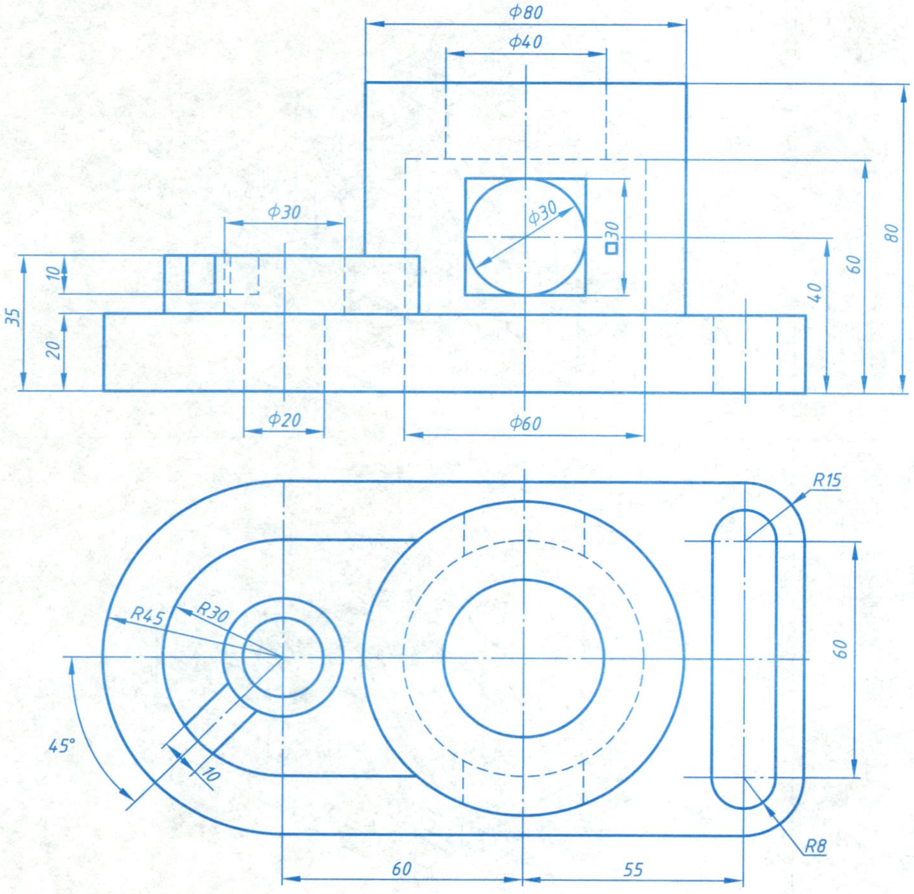

(2)

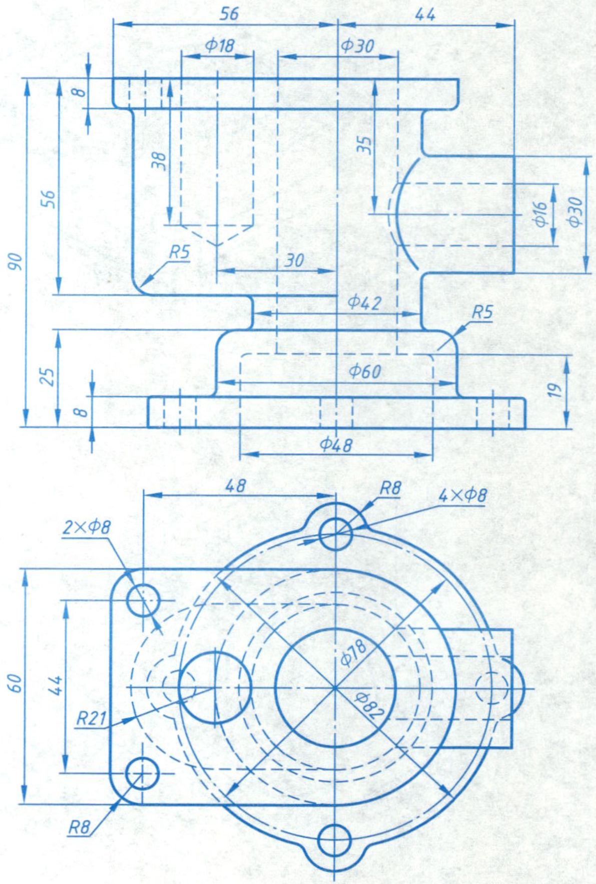

项目七　绘制标准件与常用件

7-1 改正螺纹中的错误画法。

(1)

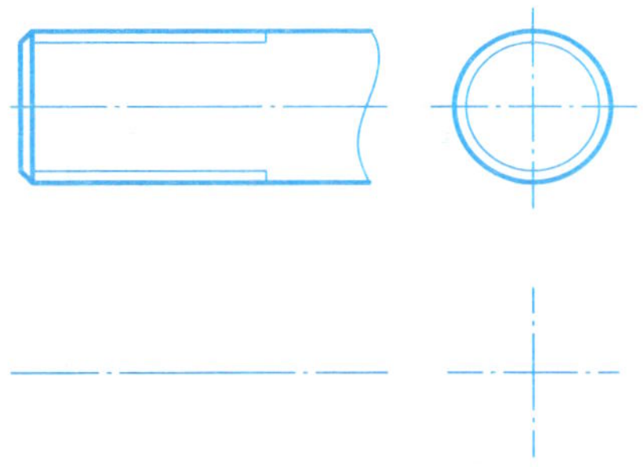

(2)

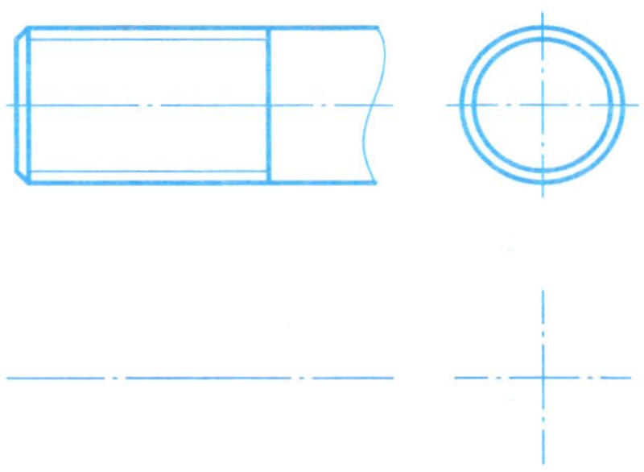

(4)

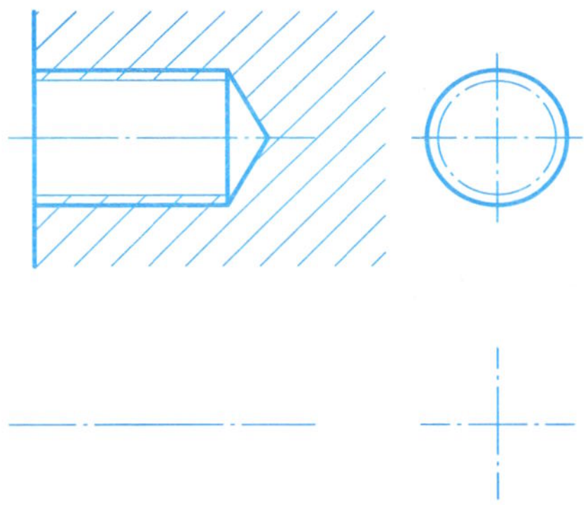

(3)

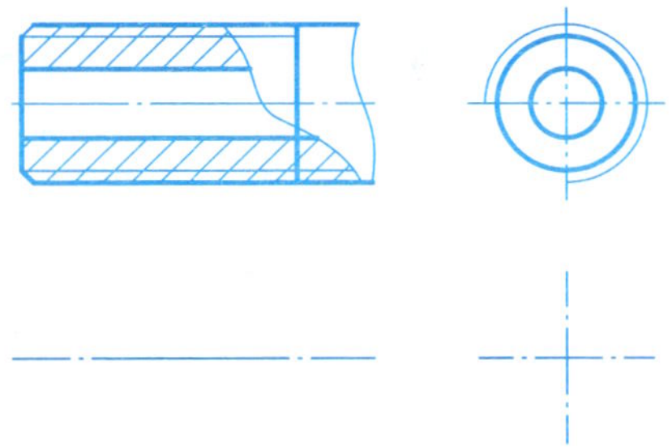

(5)

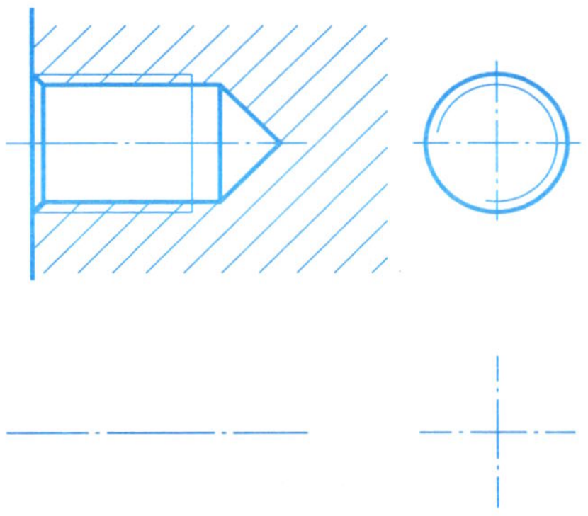

(6)

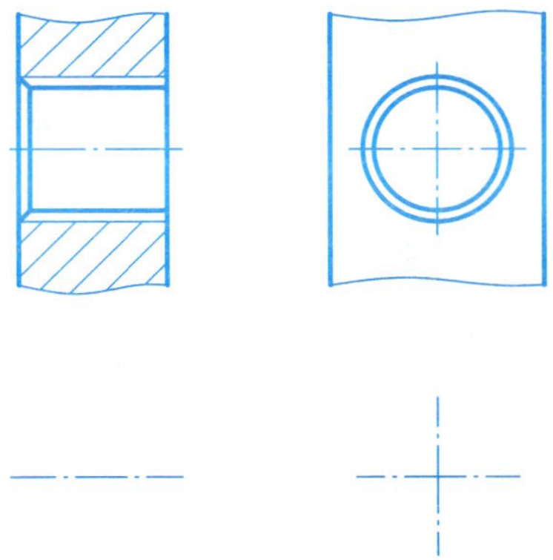

7-2 分析螺纹连接画法的错误，并在空白处画出正确的图形。

(1)

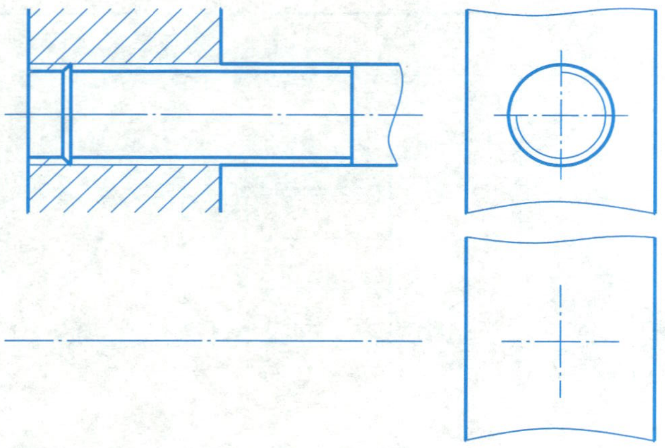

(2)

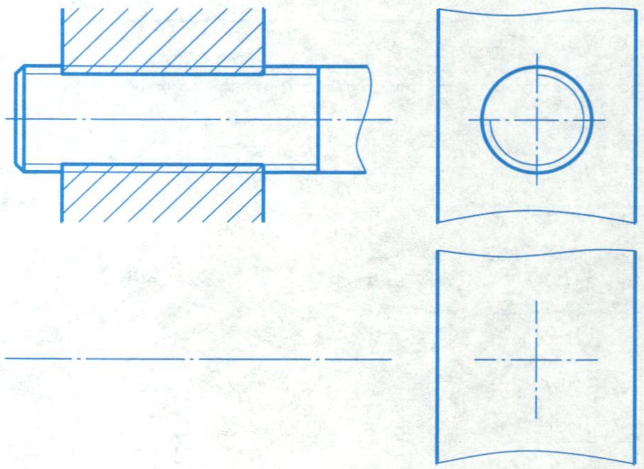

(3)

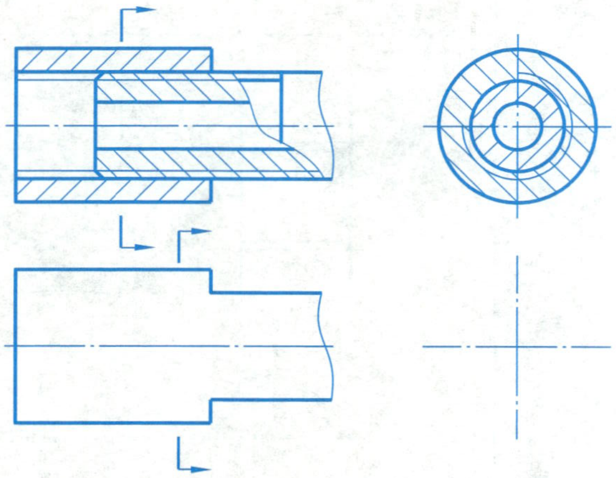

(4)

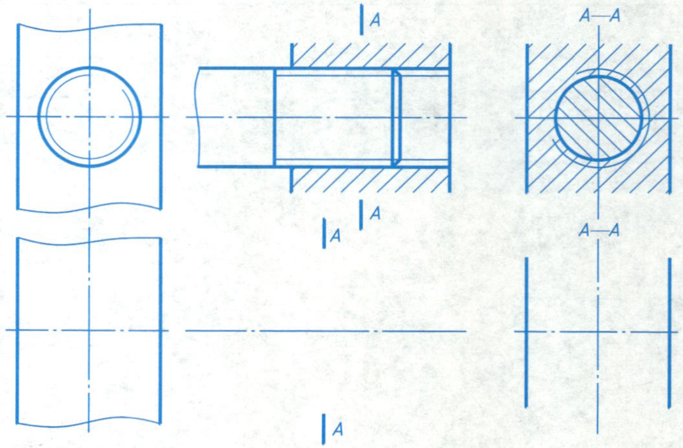

7-3 标注符合国家标准规定的螺纹标记和代号。

(1) 粗牙普通螺纹，公称直径20mm，螺距2.5mm，右旋，螺纹公差带中径为5g，顶径为6g。

(2) 细牙普通螺纹，公称直径 20mm，螺距1.5mm，右旋，螺纹公差带中径、顶径均为6H。

(3) 梯形螺纹，公称直径 24mm，螺距 6mm，双线，左旋，中径公差带为 7e。

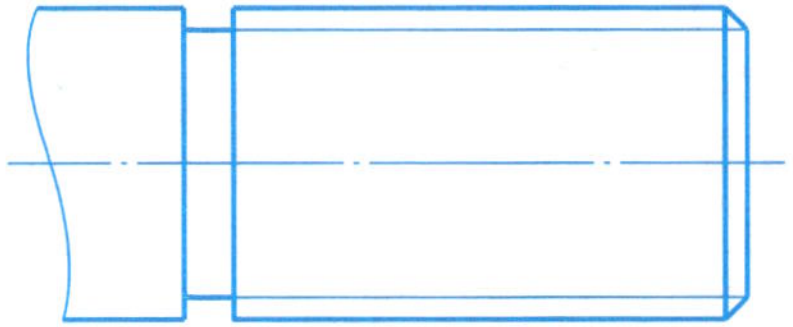

(4) 锯齿形裂纹，公称直径24mm，螺距6mm，右旋，中径公差带为8e。

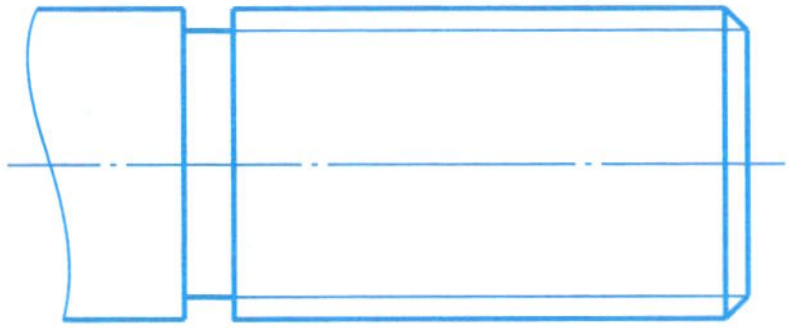

(5) 用螺纹密封的圆锥管螺纹，尺寸代号1/2′。

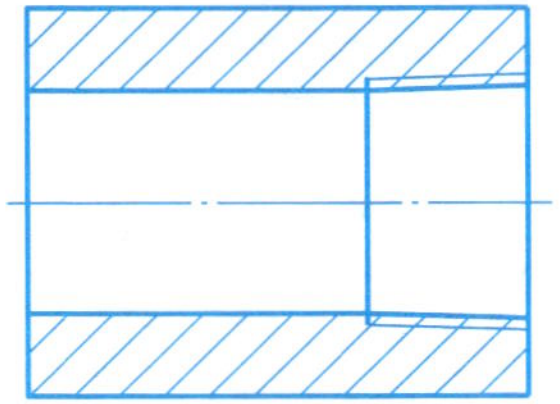

(6) 非螺纹密封的管螺纹，尺寸代号1/2′。

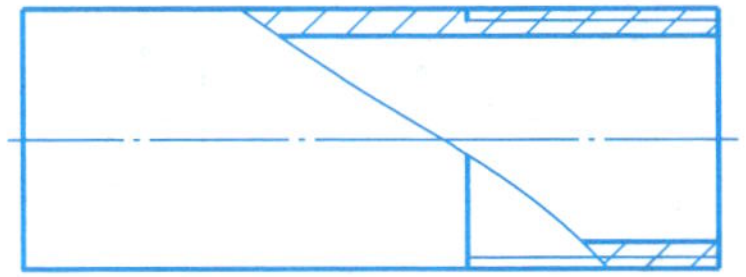

7-4 查表完成下列标准件的尺寸标注，并写出规定标记。

(1) 六角头螺栓，A级，GB/T 5872—2016。

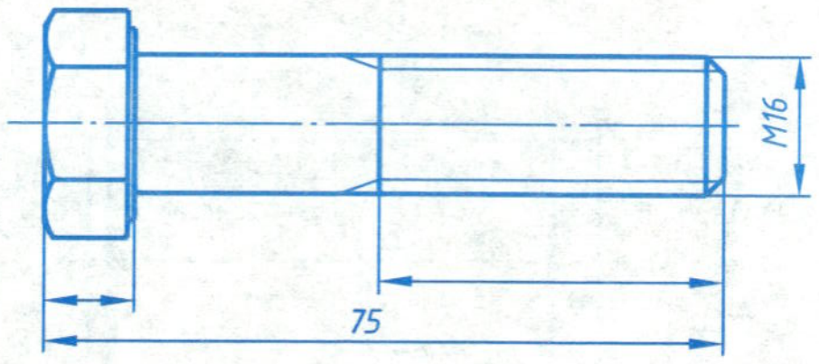

标记____________________

(2) 双头螺柱 GB 899—1988。

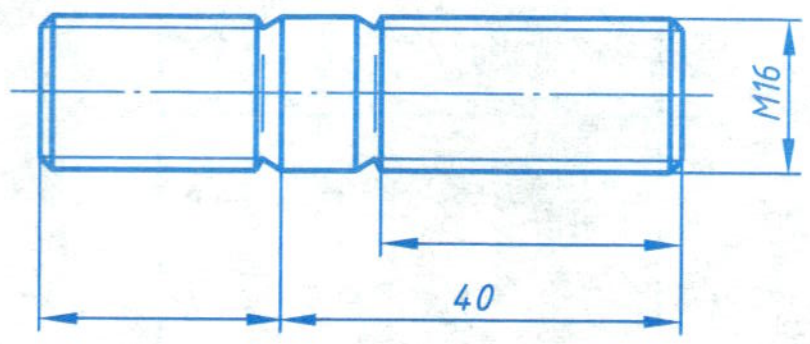

标记____________________

(3) 开槽沉头螺钉，GB/T 68—2016。

标记____________________

(4) 开槽长圆柱端紧定螺钉 GB/T 75—2018。

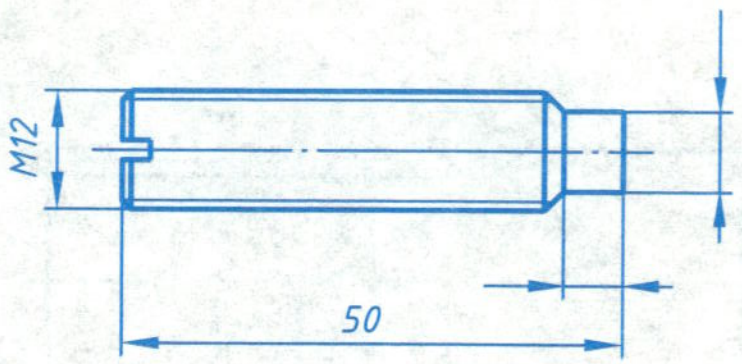

标记____________________

(5) 平垫圈，A级，GB/T 97.1—2002，公称直径30mm。

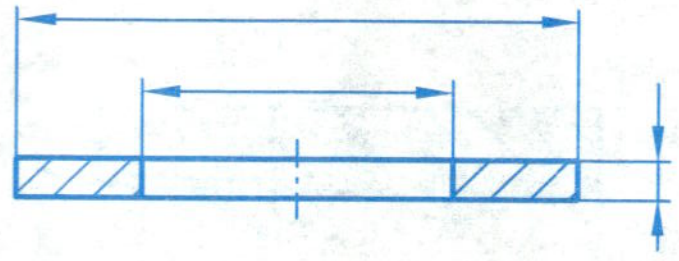

标记____________________

(6) 六角螺母，A级，GB/T 6710—2015。

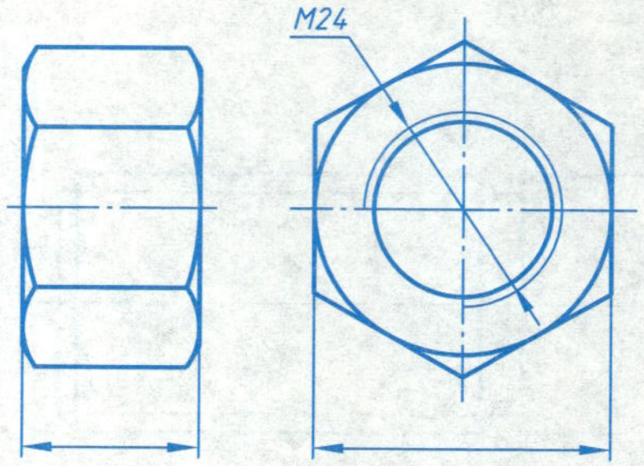

标记____________________

7-5 分析螺纹连接图中的错误，在旁边画出正确的螺纹连接图。

(1)

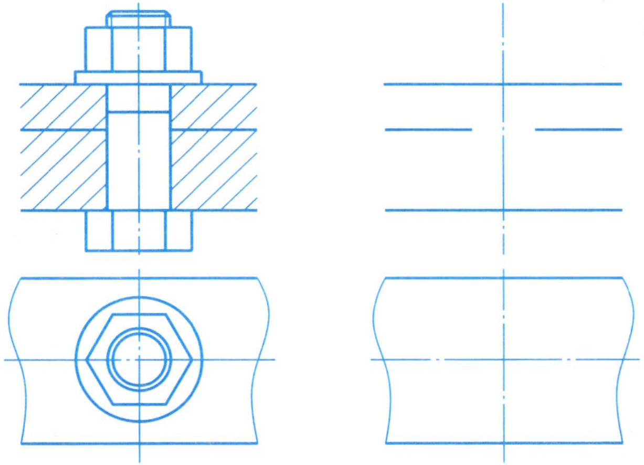

(2)

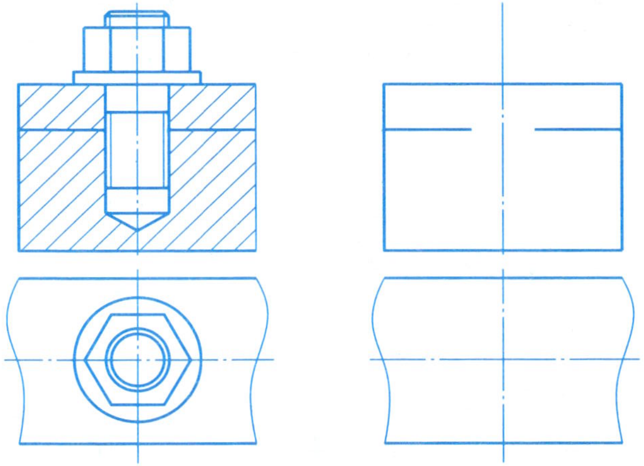

(3)

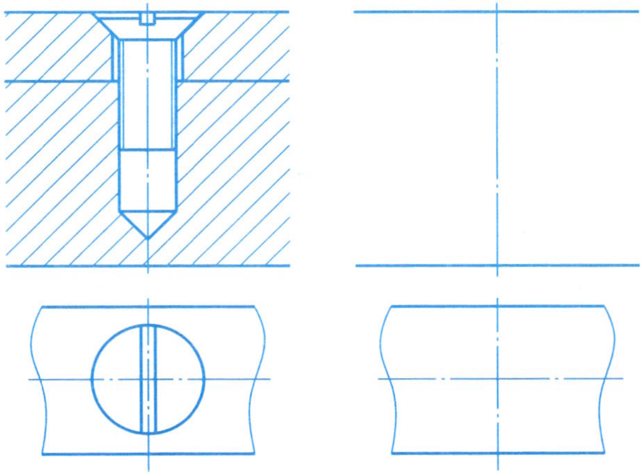

(4)

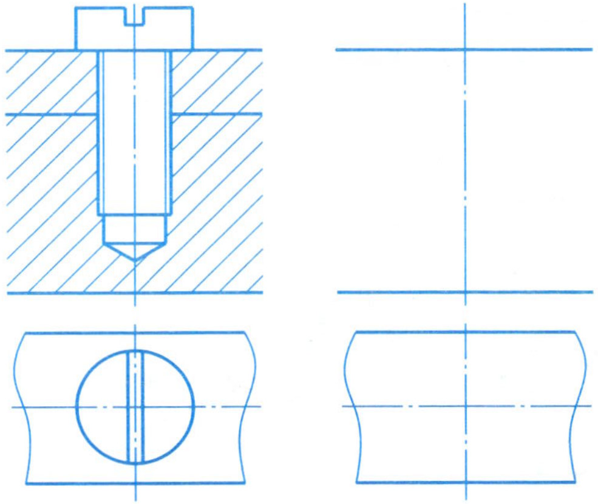

7-6 用简化画法画螺栓连接图。

已知：GB/T 5782—2016 螺栓 M10× ______（计算选取标准长度），
GB/T 6170—2015 螺母 M10，
GB/T 97.1—2002 垫圈 10，主视图画成全剖视图，其余画成视图。

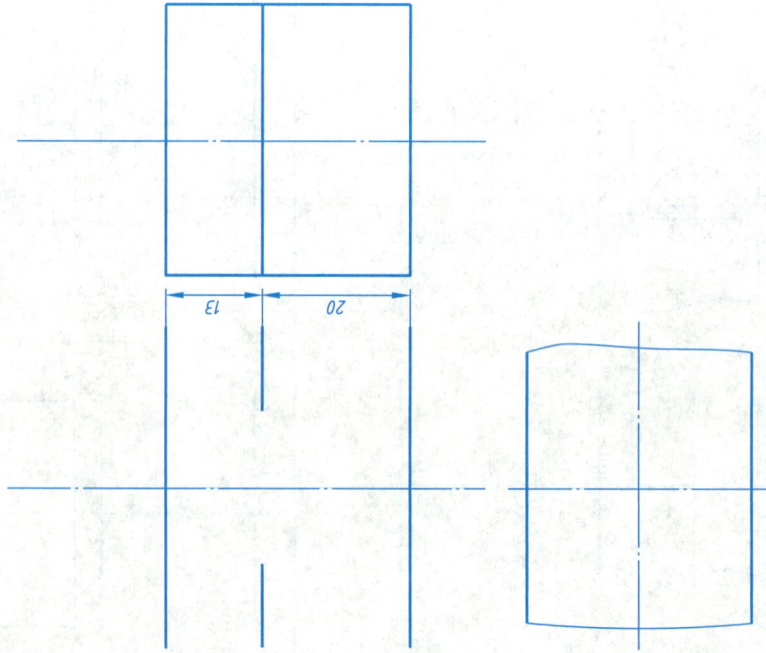

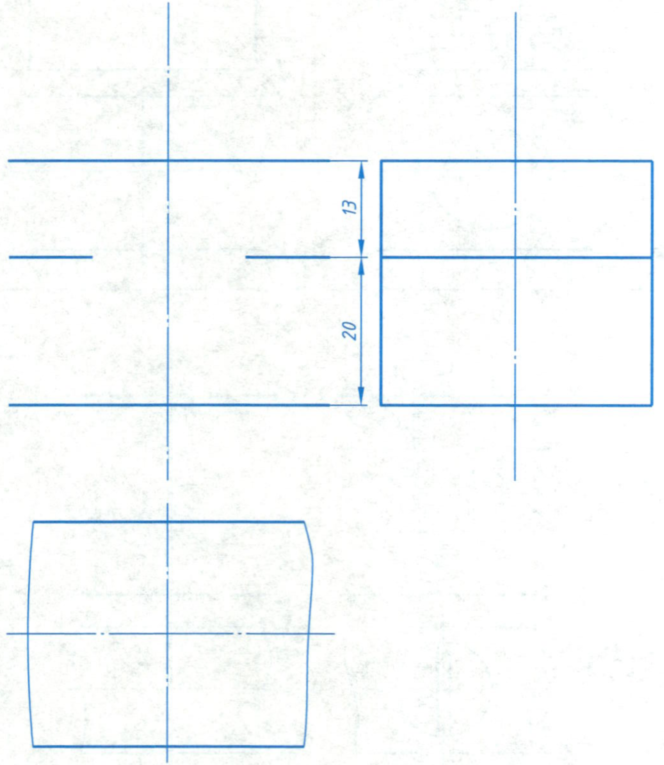

7-7 用简化画法画螺柱连接图。

已知：GB 898—1988 螺柱 M10× ______（计算选取标准长度），
GB/T 6170—2015 螺母 M10，
GB/T 97.1—2002 垫圈 10，主视图画成全剖视图，其余画成视图。

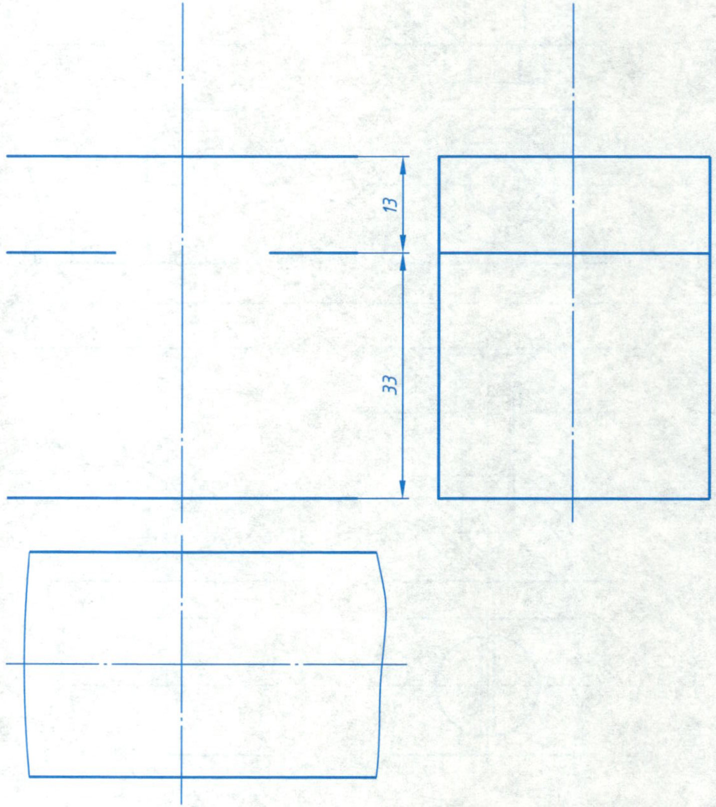

7-8 确定键槽尺寸，画出键连接装配图。

已知齿轮和轴用 A 型普通平键连接，轴孔直径为 $\phi20$，键的长度为 22。

（1）查表确定键和键槽的尺寸，用 1:1 的比例画全各图，并标注键槽的尺寸。

（2）画出键的连接图。

（3）写出键的规定标记 ______________ 。

（2）齿轮

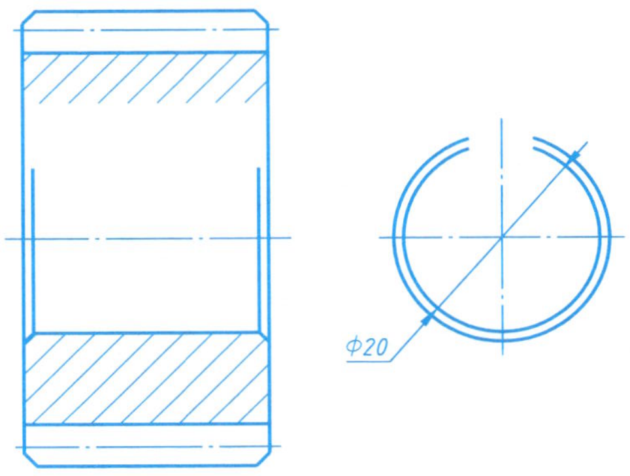

（1）轴

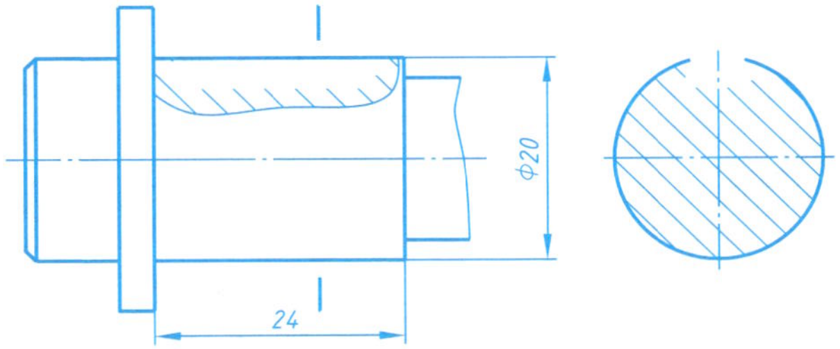

（3）齿轮与轴的平键连接

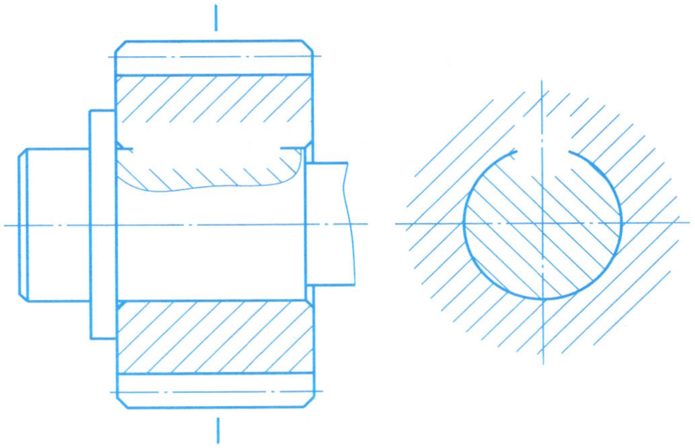

7-9 销连接。

(1) 用公称直径 d=16mm 的 A 圆柱销连接图示零件，比例1:1，查表确定其长度后画其连接图，并写出销的标记。

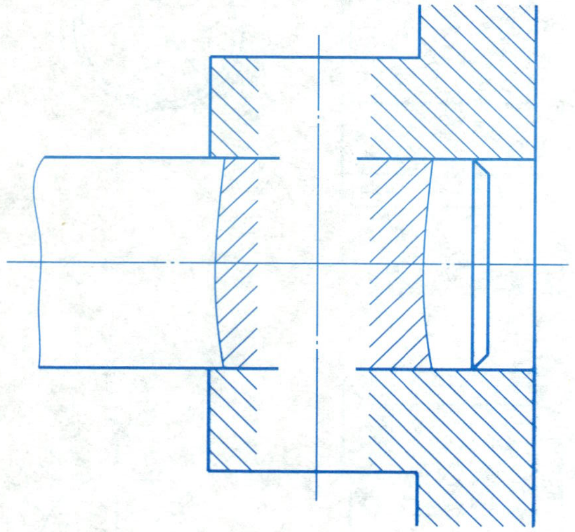

标记：______

(2) 用公称直径 d=6mm的 A 圆柱销连接图示零件，比例 2:1，查表确定其长度后画其连接图，并写出销的标记。

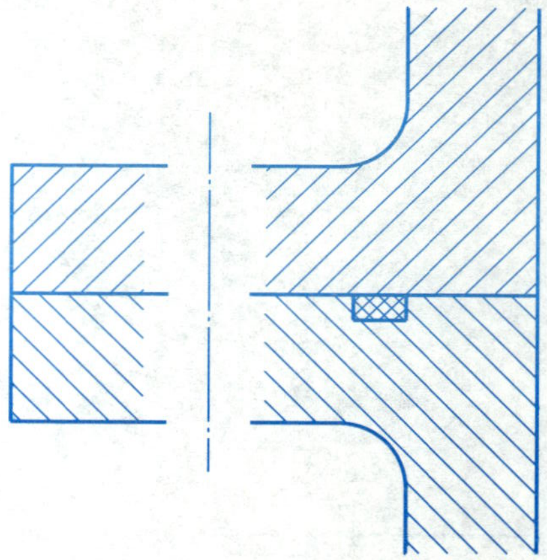

标记：______

7-10 查表确定GB/T 276—2013滚动轴承6312各尺寸，用各种画法画出。

(1) 通用画法。

(2) 特征画法。

(3) 规定画法。

7-11 圆柱齿轮的画法。

计算标准直齿圆柱齿轮的分度圆、齿顶圆、齿根圆直径，完成该齿轮的两视图，并标注上述计算尺寸及键槽尺寸(查表确定)。

已知：模数$m=4$，齿数$z=24$，轮孔直径$D=20$mm。

计算：

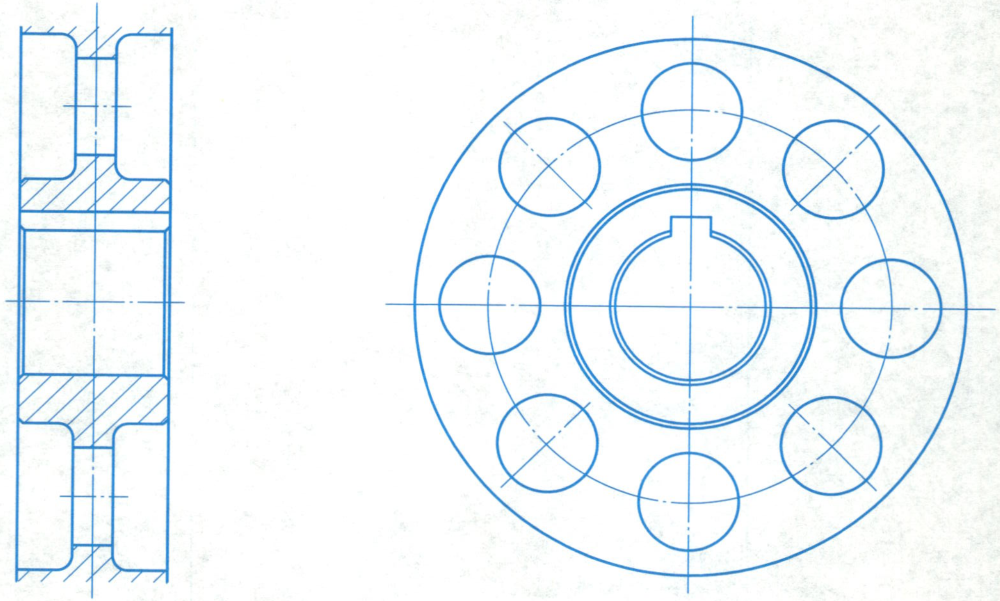

7-12 圆锥齿轮的画法。

已知直齿圆锥齿轮的模数$m=4$，齿数$z=22$，分度圆锥度45°。试计算确定圆锥齿轮轮齿部分的尺寸，用1:1比例完成他的两视图。

计算：

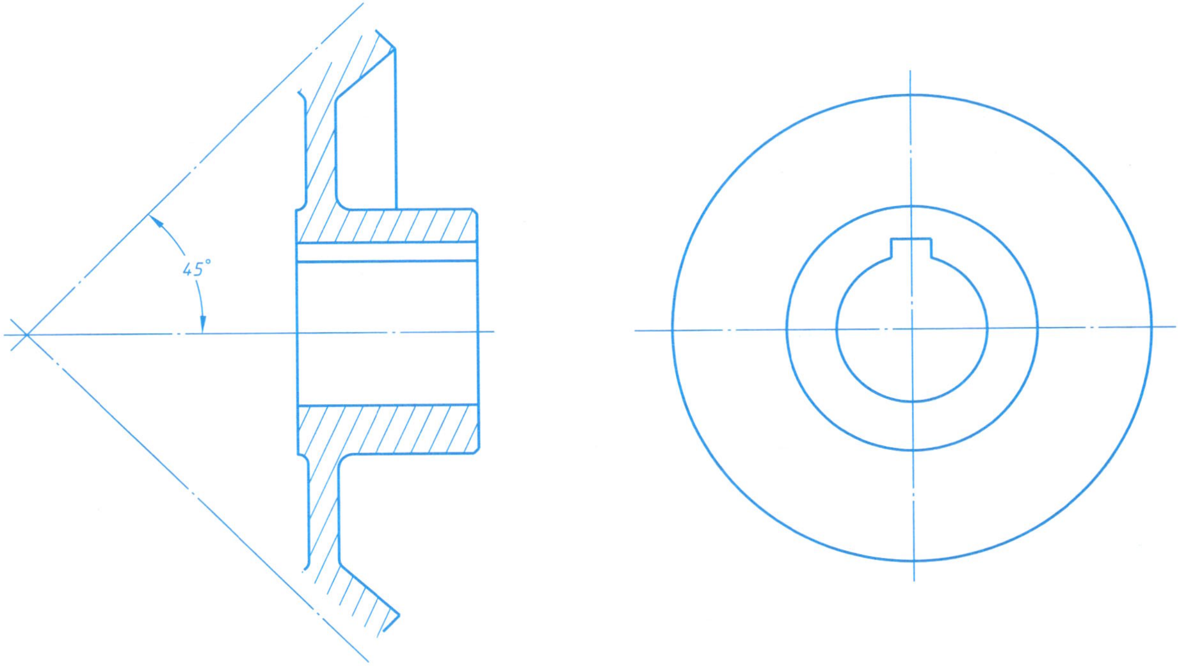

7-13 直齿圆柱齿轮的啮合画法。

已知大齿轮的模数 $m=2.5$，齿数 $z_2=26$，两齿轮的中心距 $a=50°$。试计算大小两齿轮的分度圆、齿顶圆、齿根圆直径，并用1:1的比例画出两齿轮的啮合图。

计算：

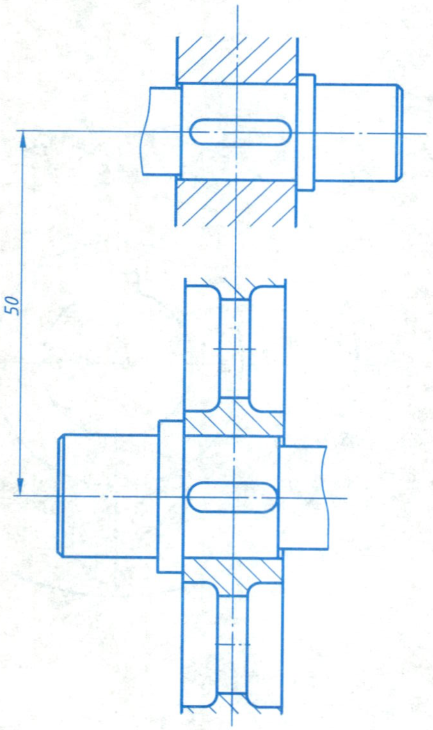

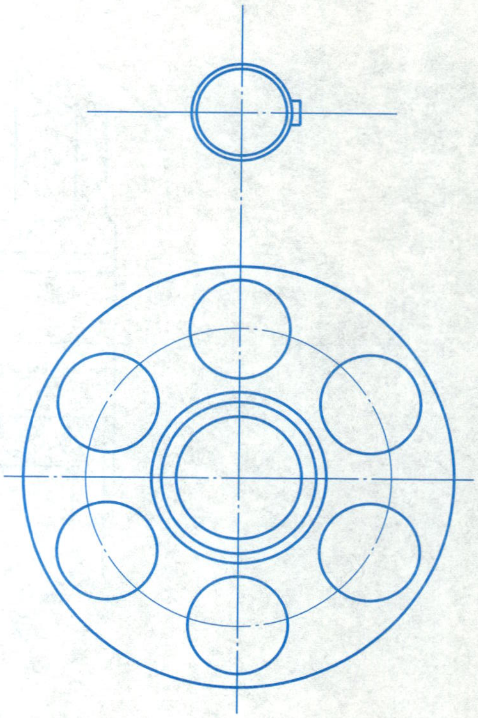

7-14 弹簧的画法。

已知圆柱螺旋压缩弹簧簧丝的直径 d=12mm，弹簧外径 D=112mm，节距 t=20mm，有效圈数 n=8，支承圈数 n_2=2.5，左旋。用1:1比例画出弹簧的全剖视图。

项目八　标注零件的技术要求

8-1 将轴测图上所给出的粗糙度符号正确地标注在零件图上。

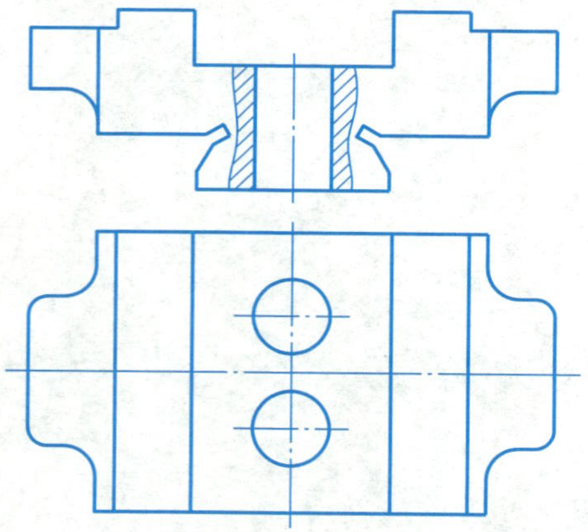

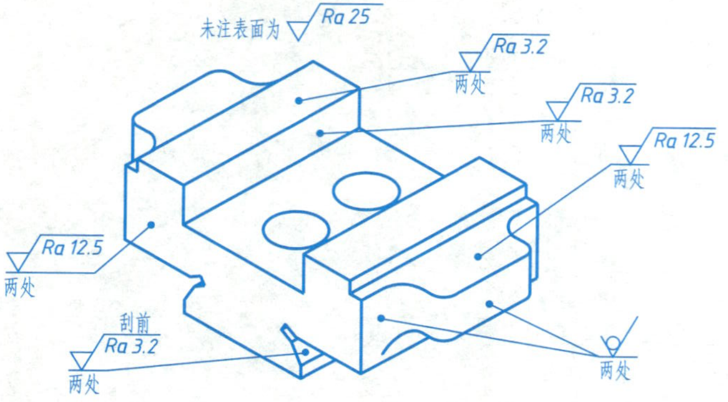

8-2 把粗糙度符号标注在相应表面上。

A — MRR　Ra 3.2
B — MRR　Ra 6.3
C — MRR　Ra 1.6
D — MRR　Ra 12.5
其余MRR　Ra 25

注：APA为允许任何工艺，MRR为去除材料，NMR为不去除材料。

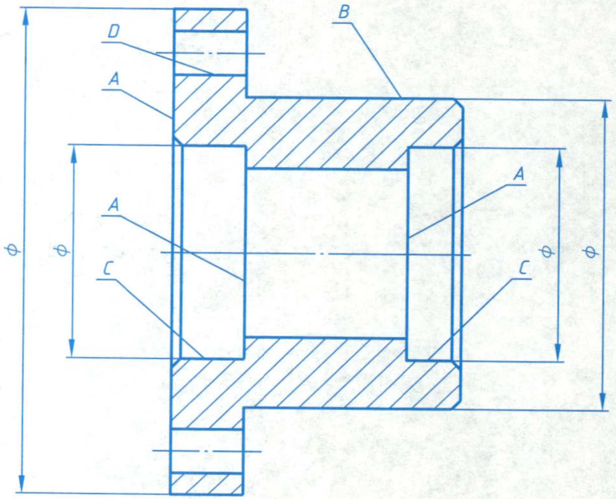

8-3 根据配合公差填空，并画出公差带图。

(1)

$\phi 50\frac{H10}{d9}$

$\phi 50H10\begin{pmatrix}+0.100\\0\end{pmatrix}$

$\phi 50d9\begin{pmatrix}-0.080\\-0.142\end{pmatrix}$

______制______配合

画出公差带图

(2)

$\phi 50\frac{G7}{h6}$

$\phi 50G7\begin{pmatrix}+0.034\\+0.009\end{pmatrix}$

$\phi 50h6\begin{pmatrix}0\\-0.016\end{pmatrix}$

______制______配合

画出公差带图

(3)

$\phi 50\frac{G7}{h6}$

$\phi 50H7\begin{pmatrix}+0.025\\0\end{pmatrix}$

$\phi 50h6\begin{pmatrix}+0.025\\+0.009\end{pmatrix}$

______制______配合

画出公差带图

(4)

$\phi 50\frac{P7}{h6}$

$\phi 50P7\begin{pmatrix}-0.017\\-0.042\end{pmatrix}$

$\phi 50h6\begin{pmatrix}0\\-0.016\end{pmatrix}$

______制______配合

画出公差带图

(5)

$\phi 50\frac{H7}{t6}$

$\phi 50H7\begin{pmatrix}+0.025\\0\end{pmatrix}$

$\phi 50t6\begin{pmatrix}+0.070\\+0.054\end{pmatrix}$

______制______配合

画出公差带图

(6)

$\phi 50\frac{H7}{u6}$

$\phi 50H7\begin{pmatrix}+0.025\\0\end{pmatrix}$

$\phi 50u6\begin{pmatrix}+0.086\\+0.070\end{pmatrix}$

______制______配合

画出公差带图

8-4 查表填空，并画出公差带图。

$\phi 100\frac{F7}{h6}$

公差带图

项目	孔	轴
公称尺寸		
最大极限尺寸		
最小极限尺寸		
上偏差		
下偏差		
公差		
最大间隙		
最小间隙		

$\phi 100\frac{H7}{u6}$

公差带图

项目	孔	轴
基本尺寸		
最大极限尺寸		
最小极限尺寸		
上偏差		
下偏差		
公差		
最大间隙		
最小间隙		

8-5 根据装配图中的标注，分别在零件图上注出相应的尺寸偏差代号和偏差数值。

(1)

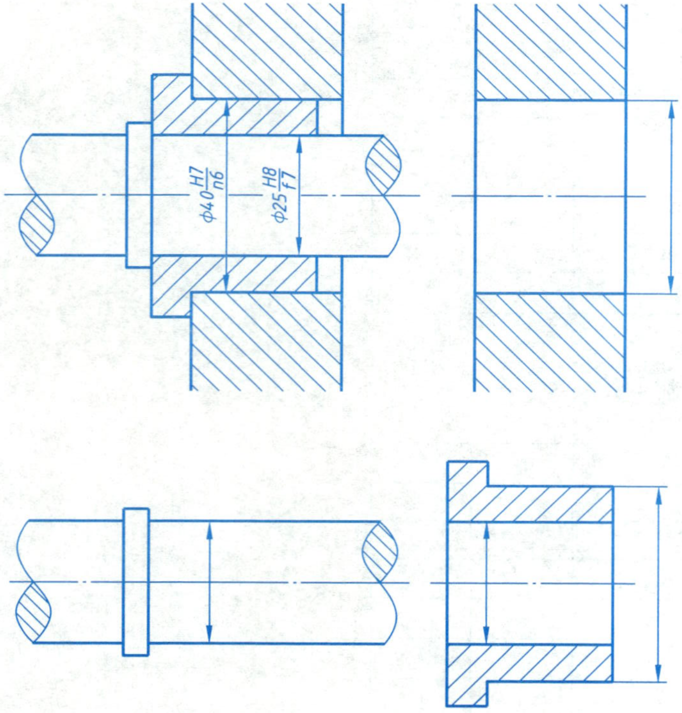

(2)

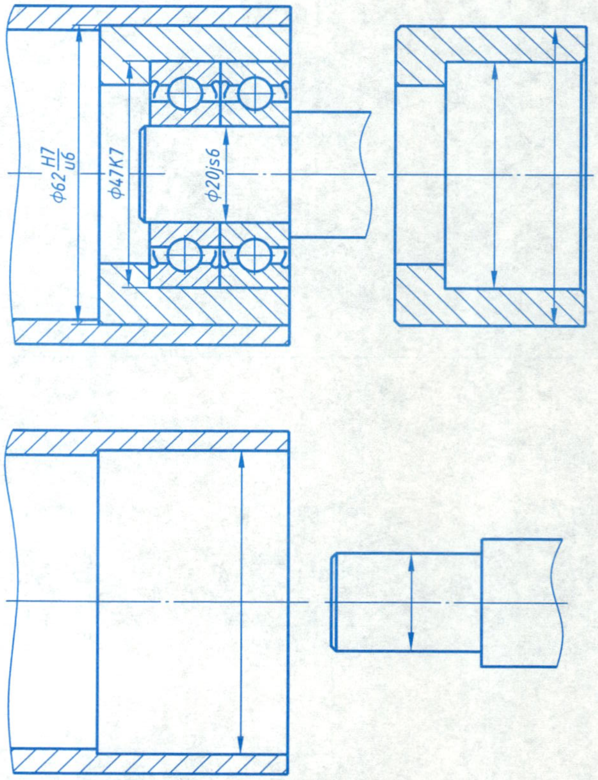

8-6 填空说明图中几何公差代号的含义。

⏥ 0.012	公差项目是 ________，被测要素是 ________，公差值为 ________。
⊥ 0.02 A	公差项目是 ________，被测要素是 ________，基准要素是 ________，公差值为 ________。
↗ 0.04 A	公差项目是 ________，被测要素是 ________，基准要素是 ________，公差值为 ________。
// 0.03 B	公差项目是 ________，被测要素是 ________，基准要素是 ________，公差值为 ________。

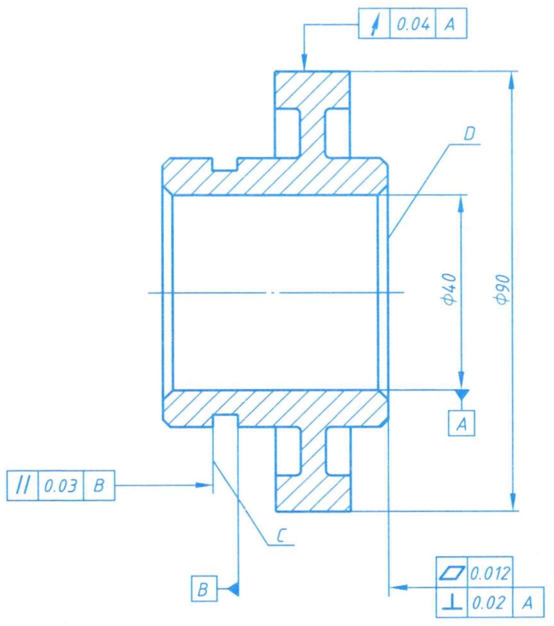

8-7 用几何公差代号将下列要求标注在图中。

(1) φ25k6 的轴线对 φ20k6 和 φ15k6 公共轴线的同轴度公差为0.025。

(2) A面对 φ25k6 轴线垂直度公差为0.05。

(3) B面对 φ25k6 轴线的端面圆跳动公差为0.05。

(4) 键槽对 φ25k6 轴线的对称度公差为0.02。

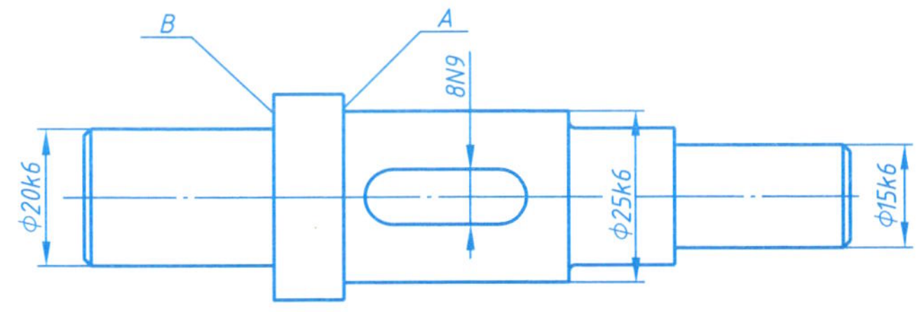

项目九　绘制零件图

9-1 抄画下列轴类零件图。

（1）

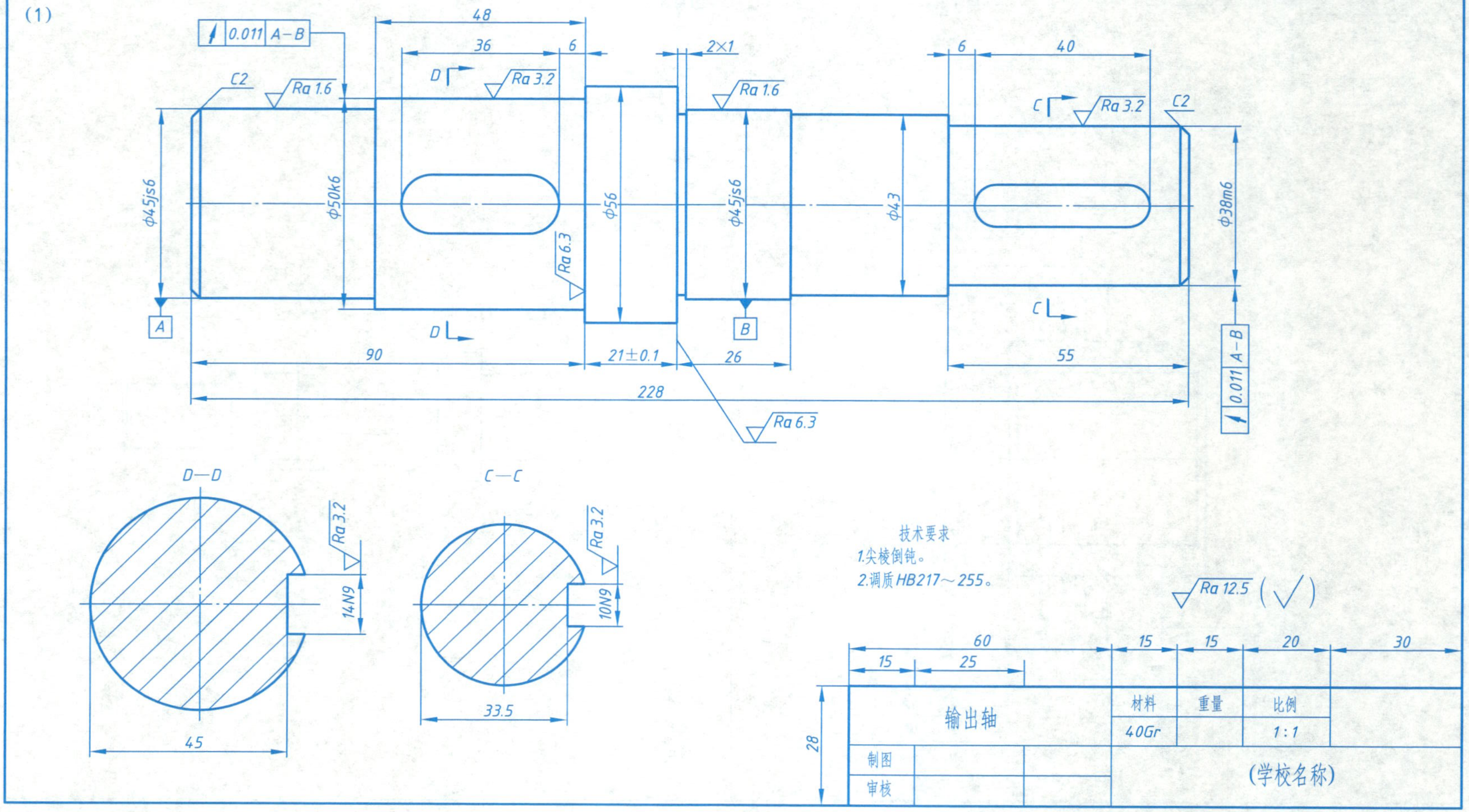

9-1 抄画下列轴类零件图。

(2)

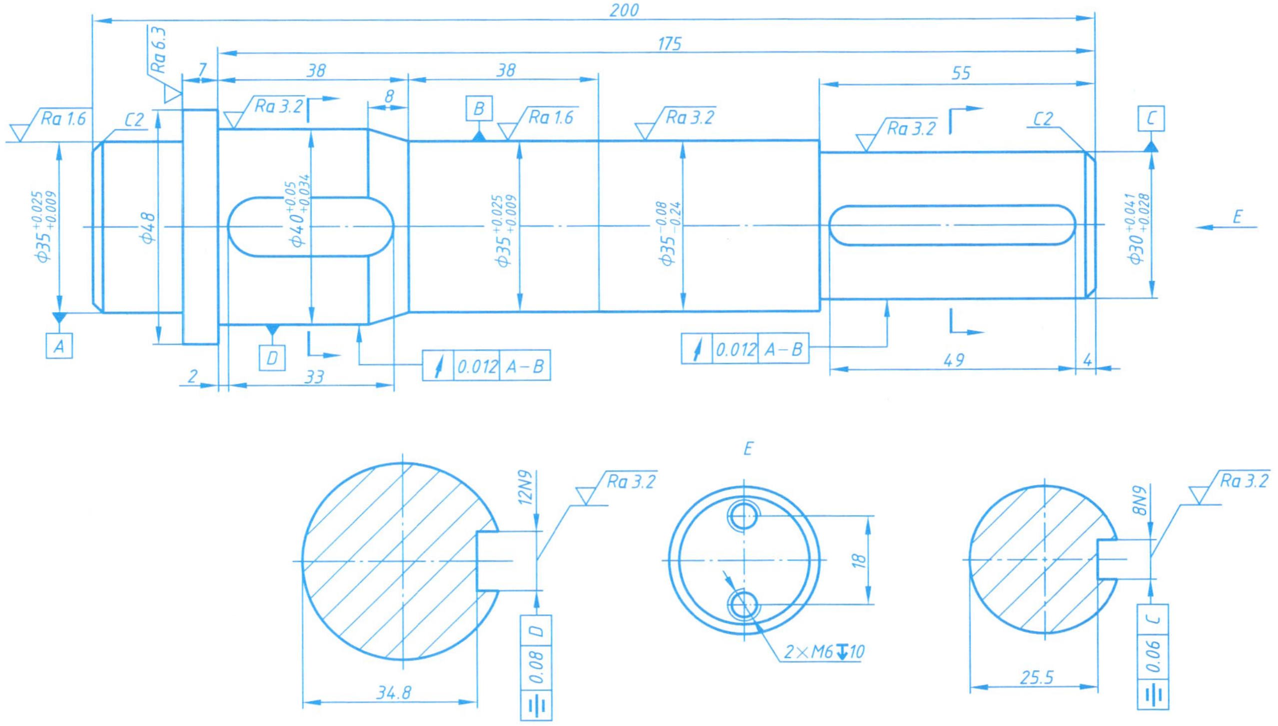

Ra 12.5 (√)

技术要求

1.尖棱倒钝。

2.调质HB217～255。

输出轴			材料	重量	比例
			40Gr		1:1
制图			(学校名称)		
审核					

9-1 抄画下列轴类零件图。

(3)

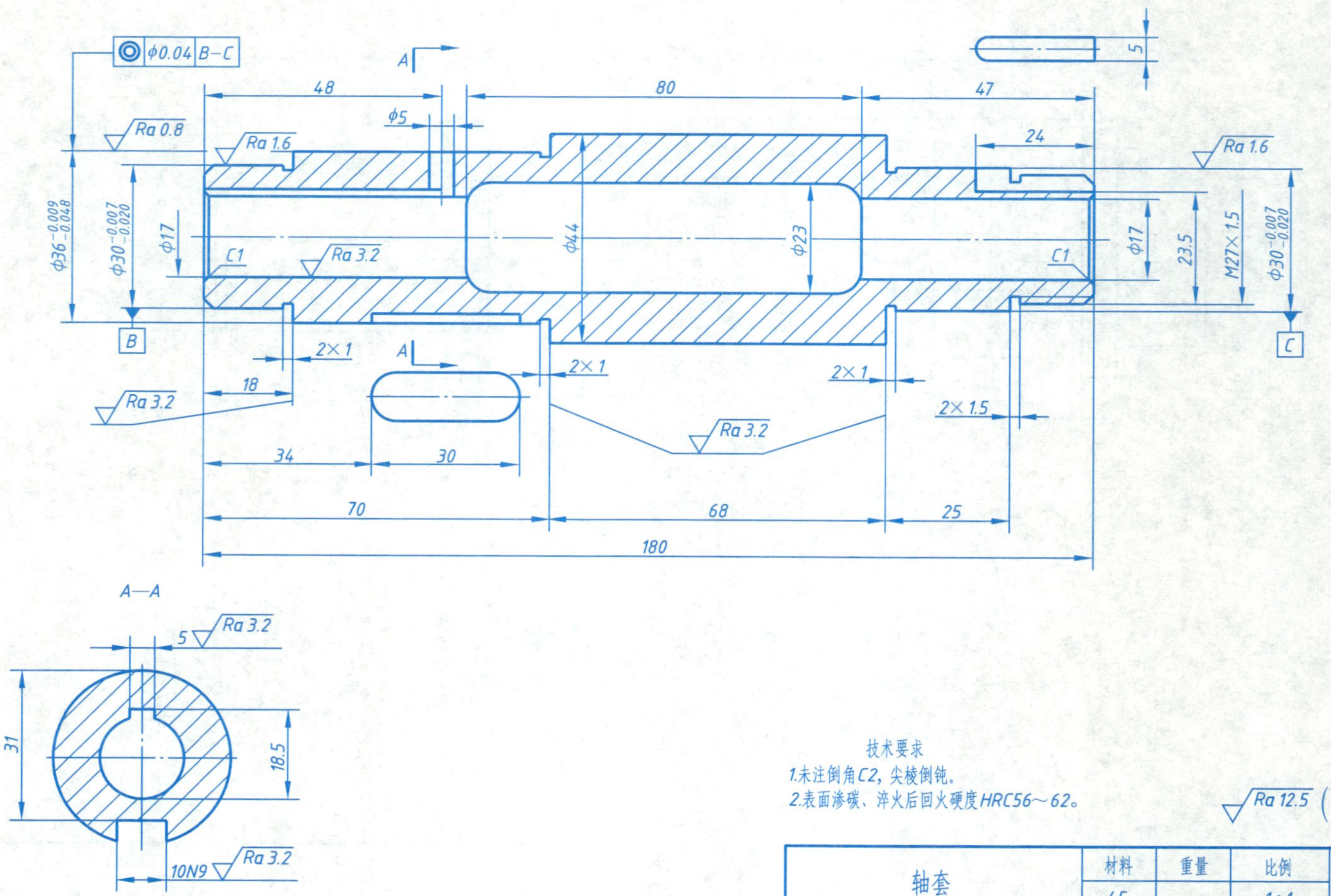

技术要求

1.未注倒角C2，尖棱倒钝。

2.表面渗碳、淬火后回火硬度HRC56～62。

Ra 12.5 (√)

轴套		材料	重量	比例
		45		1:1
制图				
审核		(学校名称)		

9-1 抄画下列轴类零件图。

(4)

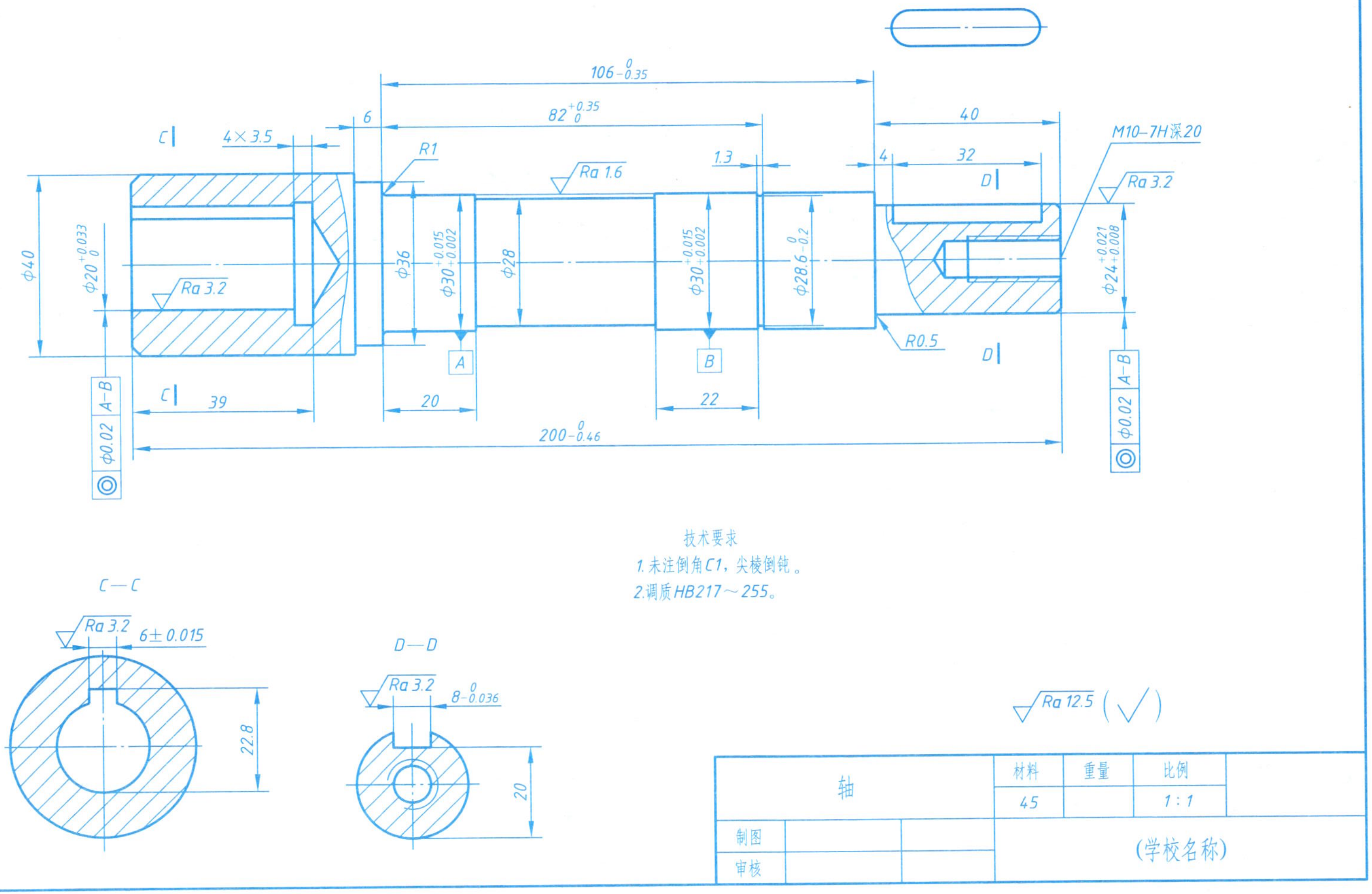

9-2 抄画盘盖零件图。

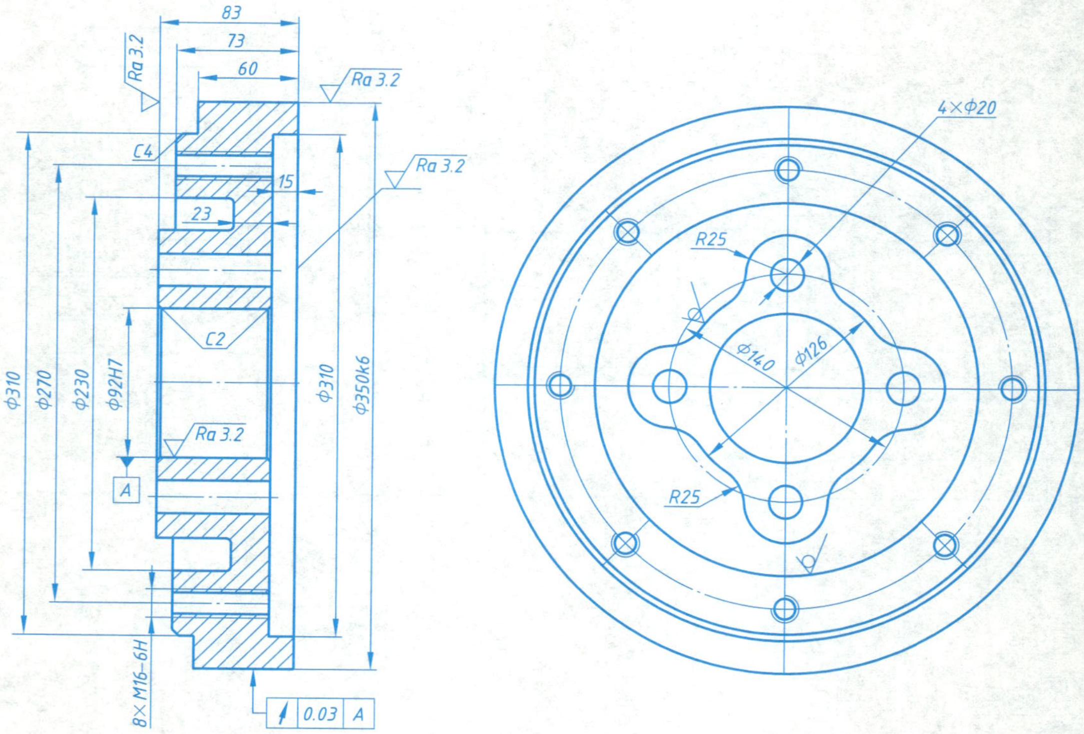

$\sqrt{Ra\ 3.2}$ (√)

技术要求

1.铸件不得有气孔、砂眼等缺陷。
2.未注铸造圆角R3～R5。
3.机加工前进行时效处理。

盖		材料	重量	比例
		HT250		1 : 3
制图		(学校名称)		
审核				

9-3 抄画下列支架类零件图。

(1)

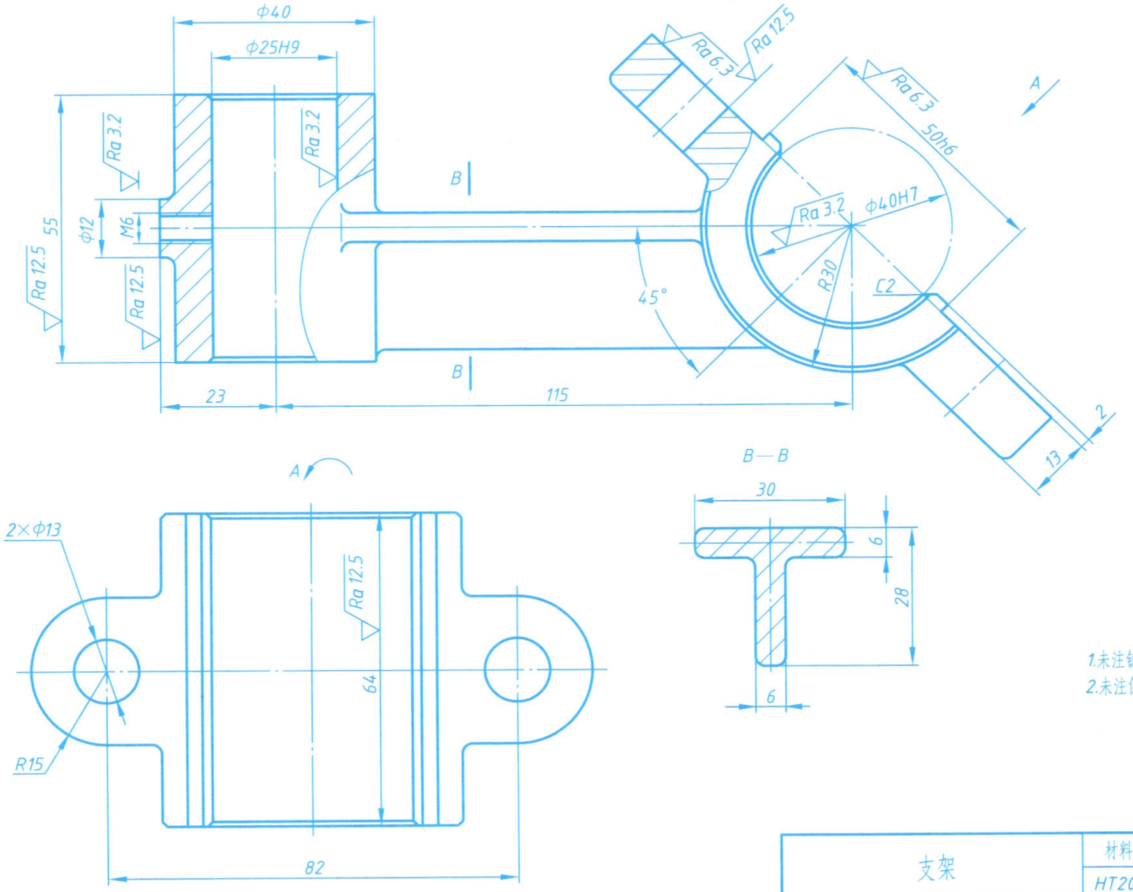

技术要求
1.未注铸造圆角R2～R3。
2.未注倒角C1。

$\sqrt{}$ ($\checkmark$)

支架		材料	重量	比例
		HT200		1:1
制图			(学校名称)	
审核				

9-3 抄画下列支架类零件图。

（2）

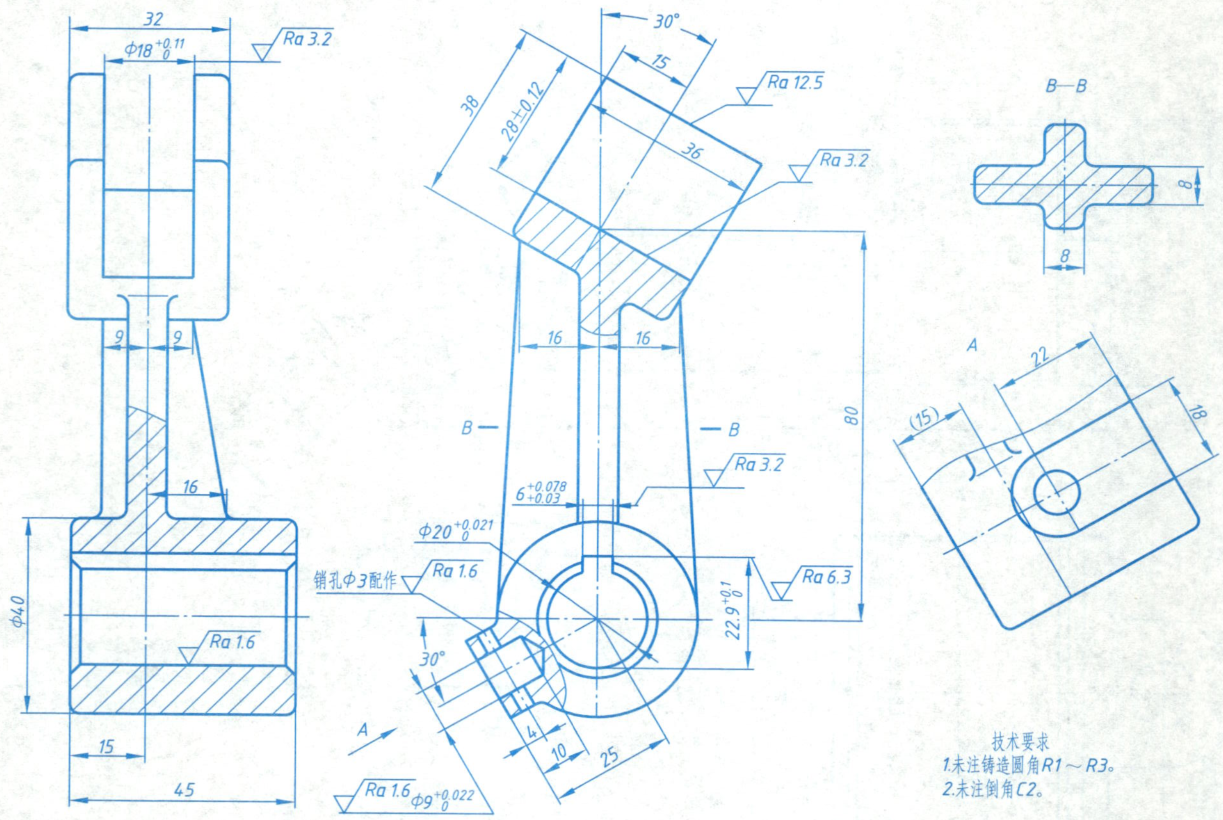

技术要求

1.未注铸造圆角R1～R3。

2.未注倒角C2。

$\sqrt{}$ ($\sqrt{}$)

拔叉		材料	重量	比例
		ZG230		1:1
制图				
审核		（学校名称）		

9-4 零件测绘作业：根据给出的零件轴测图，绘制下列零件工程图。

(1)

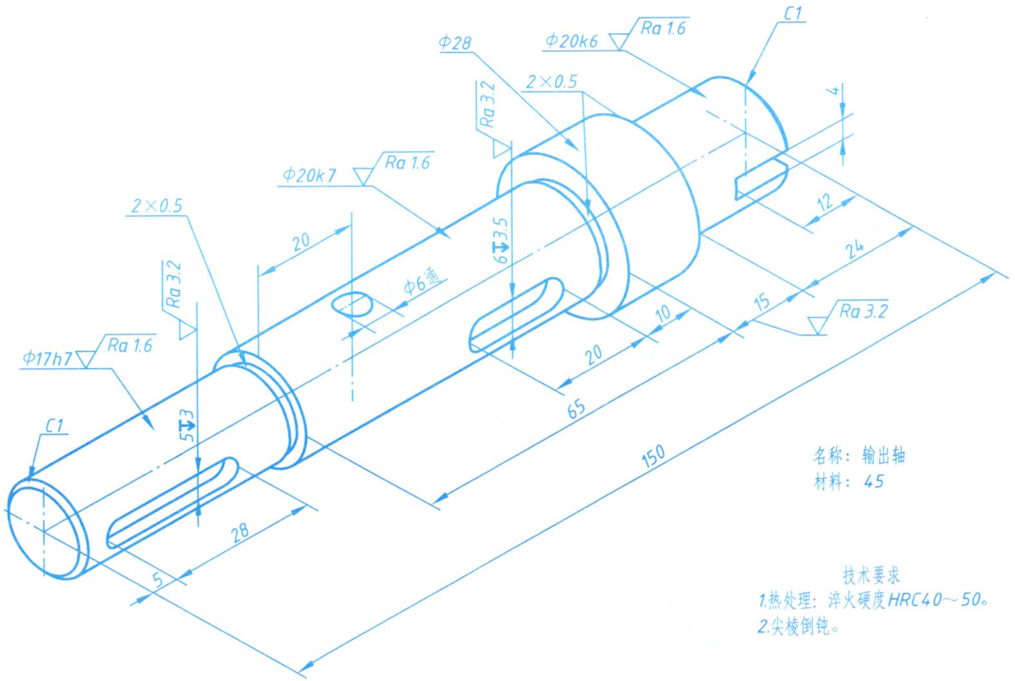

名称：输出轴

材料：45

技术要求

1.热处理：淬火硬度HRC40～50。

2.尖棱倒钝。

$\sqrt{Ra\,6.3}$ ($\sqrt{}$)

9-4 零件测绘作业：根据给出的零件轴测图，绘制下列零件工程图。

(2)

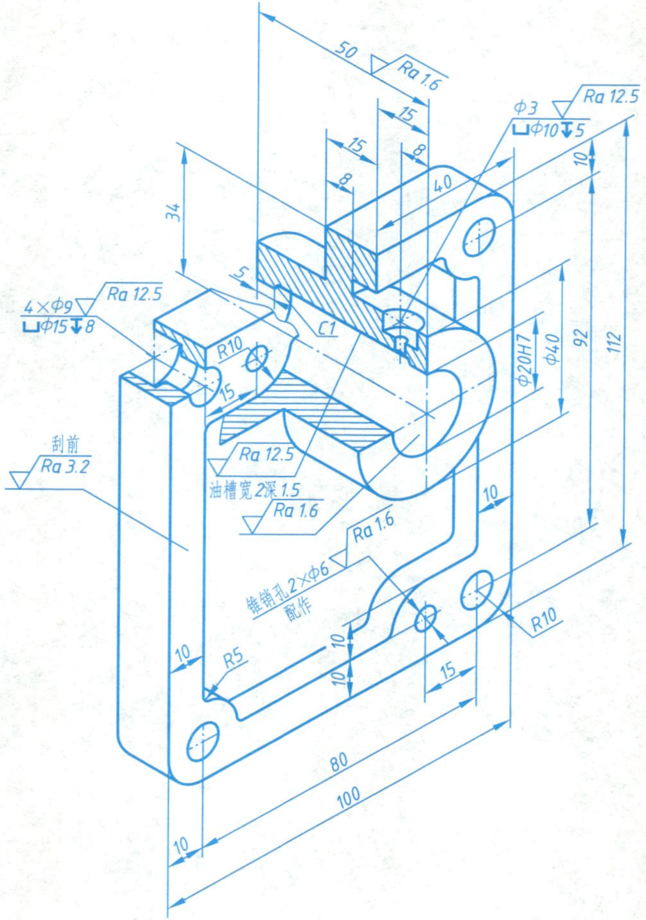

技术要求

1.铸件表面应平滑，无缩孔、气孔等缺陷。

2.锐角倒钝，去除毛刺。

3.未注铸造圆角$R2$。

名称：端盖

材料：HT200

$\sqrt{}$ ($\sqrt{}$)

9-4 零件测绘作业：根据给出的零件轴测图，绘制下列零件工程图。

(3)

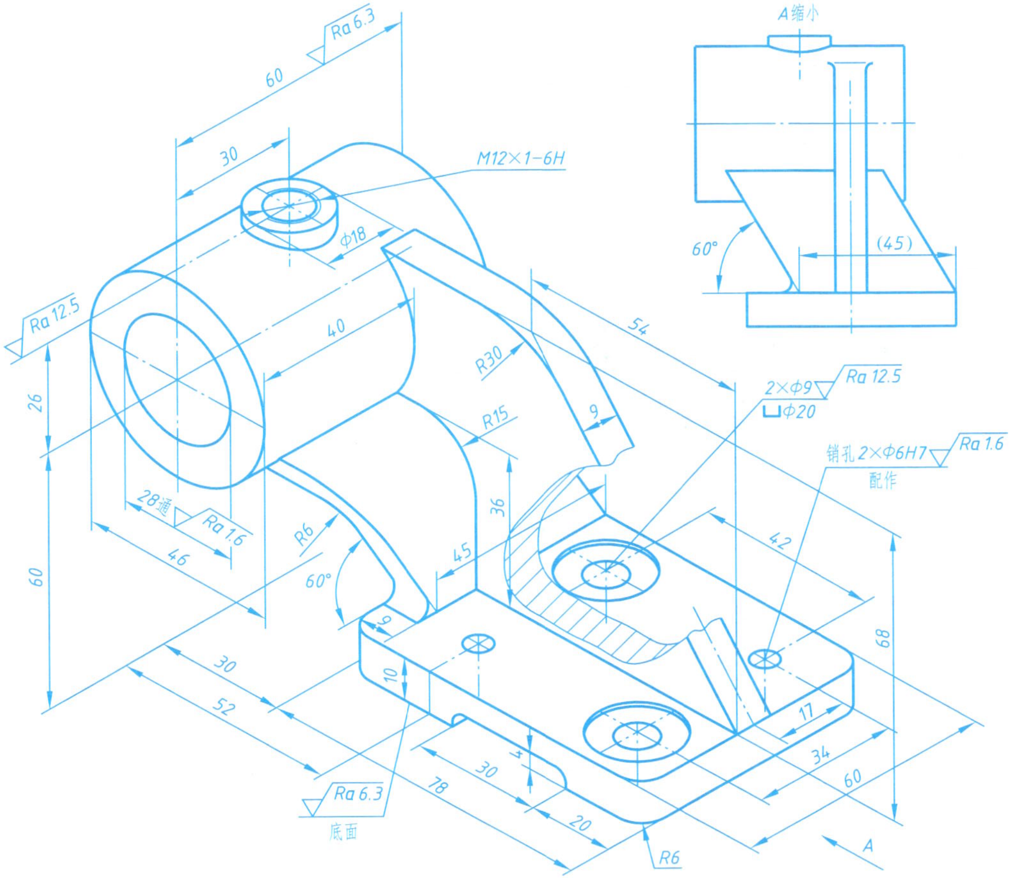

技术要求

1. 铸件无缩孔、气孔等缺陷。
2. 未注铸造圆角R3。

名称：支架

材料：HT200

9-4 零件测绘作业：根据给出的零件轴测图，绘制下列零件工程图。

(4)

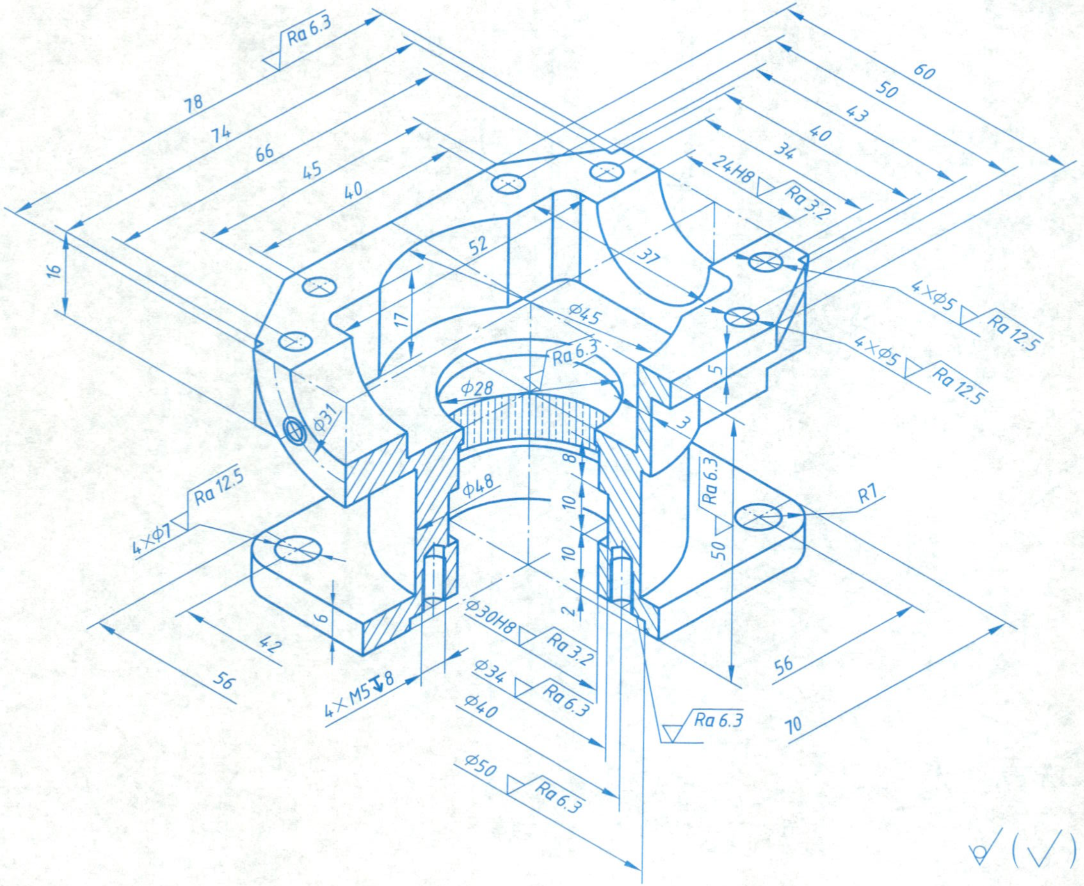

技术要求

1. 铸件无缩孔、气孔等缺陷。
2. 未注铸造圆角 R3。

名称：箱体

材料：HT200

项目十　绘制装配图

10-1 读钻模装配图，回答问题。

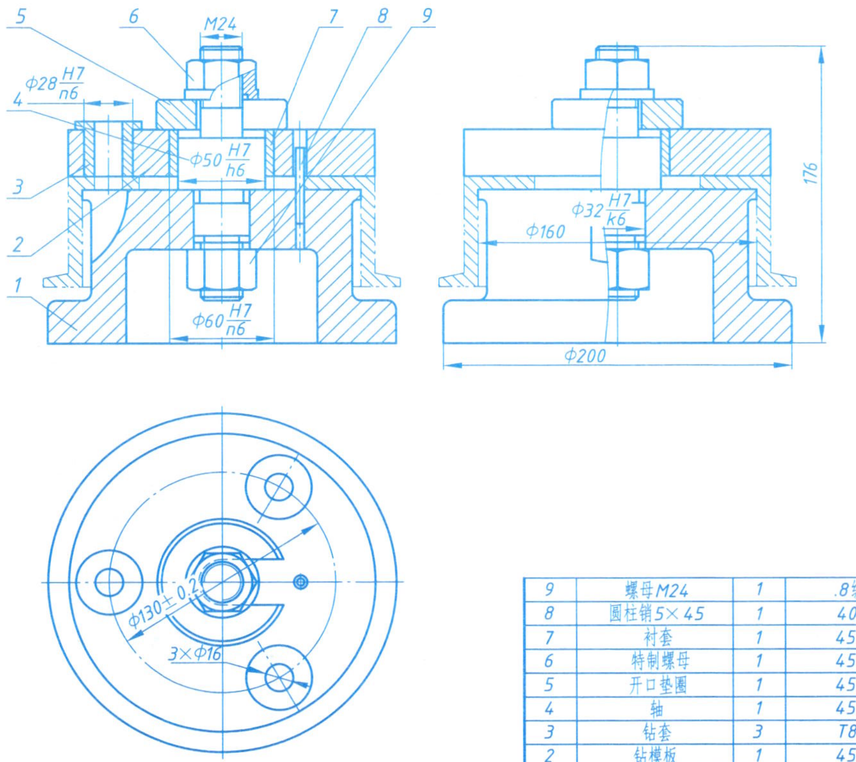

序号	名称	数量	材料	备注
9	螺母M24	1	.8级	GB/T 6170—2015
8	圆柱销5×45	1	40	GB/T 119—2000
7	衬套	1	45	
6	特制螺母	1	45	
5	开口垫圈	1	45	
4	轴	1	45	
3	钻套	3	T8	
2	钻模板	1	45	
1	底座	1	HT250	

钻模		材料	比例	重量
		组件	1:2	
制图		(学校名称)		
审核				

回答问题：

1. 装配体的名称是______。由______种零件组成。
2. 装配图由______个视图组成。主视图采用了______视图，俯视图采用了______视图，左视图采用了______图的表达方法。
3. 2号件与3号件是______配合，4号件与7号件是______配合，7号件与2号件是______配合。
4. 取卸工作时应先旋松______号件，再取下______号件，然后拿下钻模板，取出被加工的零件；钻模上装夹的工作共钻______个孔。

10-2 根据零件图抄画铣刀头装配图。

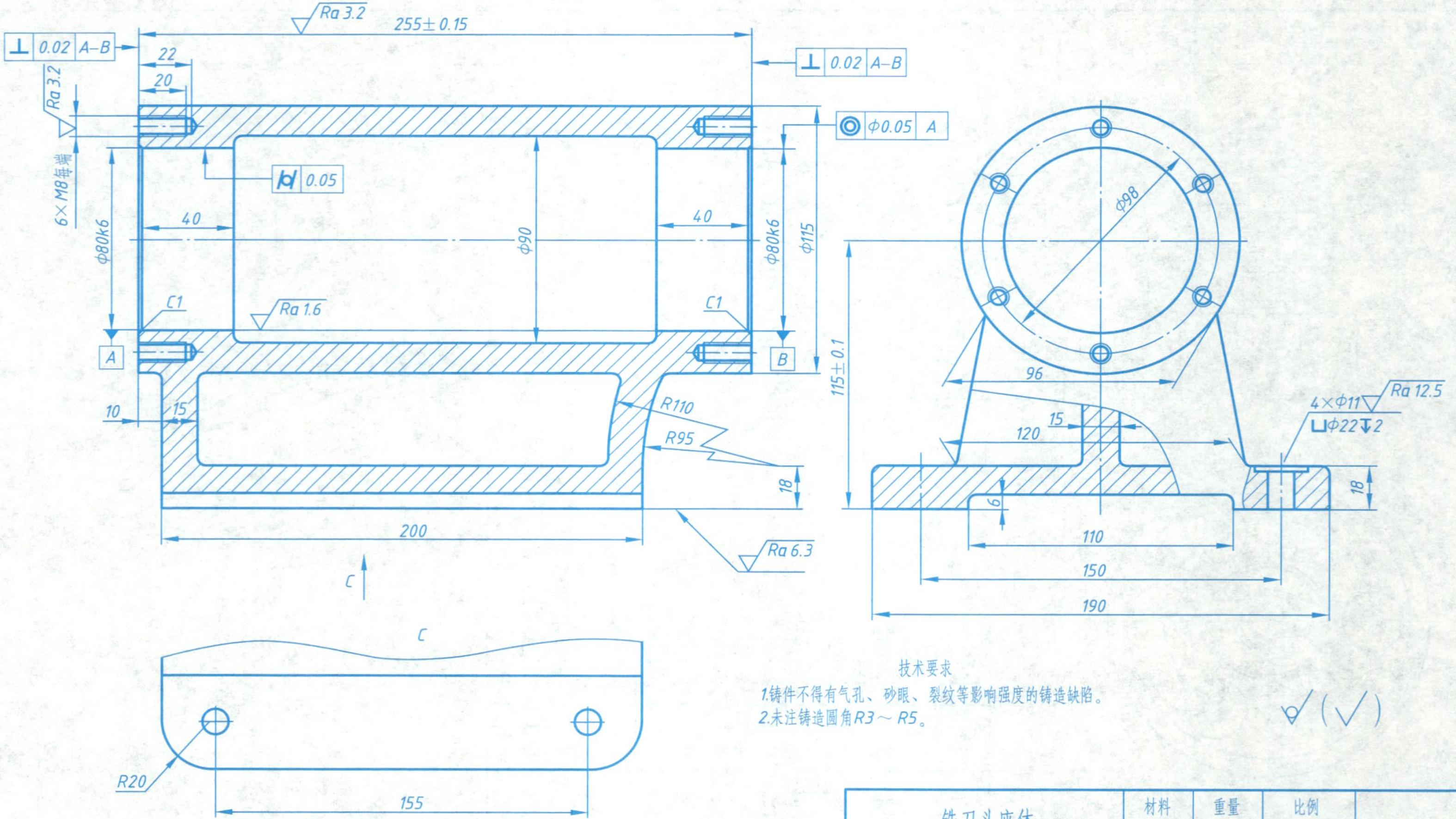

技术要求

1.铸件不得有气孔、砂眼、裂纹等影响强度的铸造缺陷。

2.未注铸造圆角R3～R5。

铣刀头座体		材料	重量	比例
		HT200		1 : 1.5
制图				
审核				

10-2 根据零件图抄画铣刀头装配图。

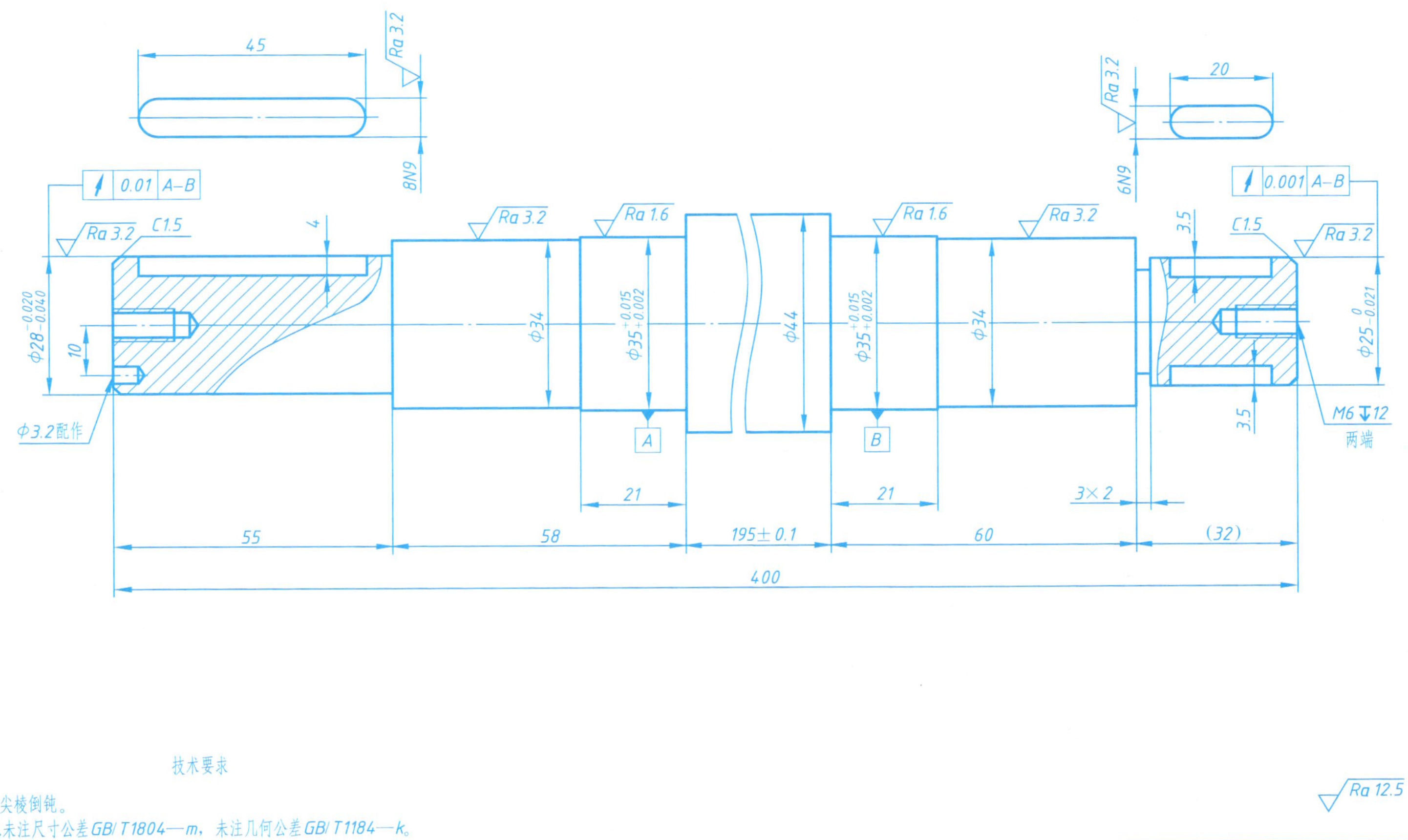

技术要求

1.尖棱倒钝。
2.未注尺寸公差GB/T1804—m，未注几何公差GB/T1184—k。
3.调质HB217~255。

轴		材料	重量	比例	
		45		1:1	
制图			（学校名称）		
审核					

10-2 根据零件图抄画铣刀头装配图。

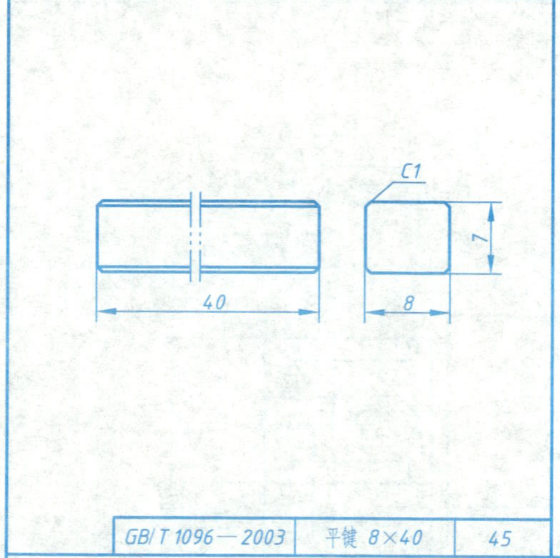

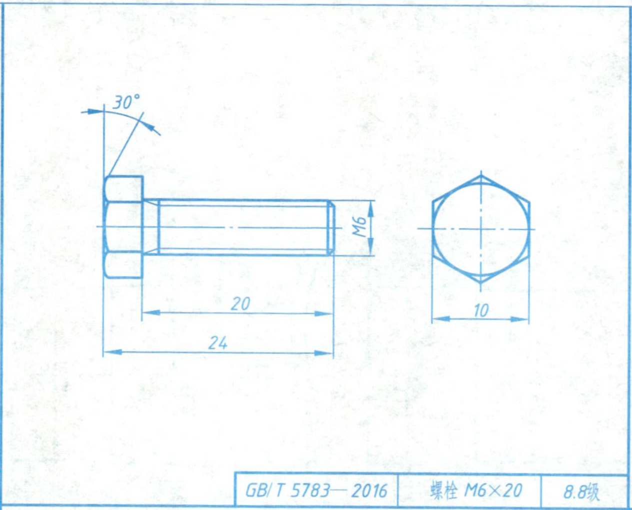

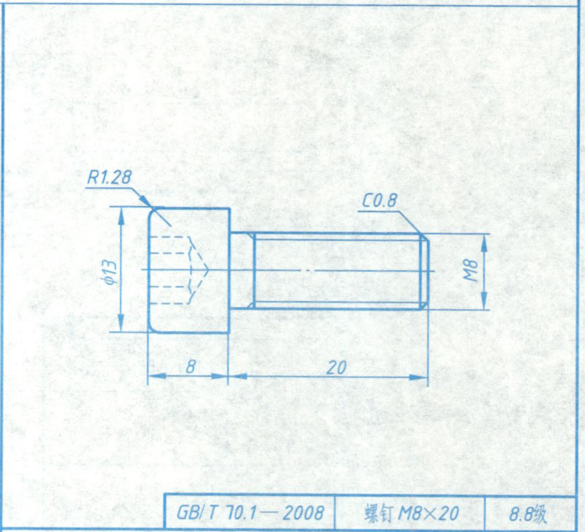

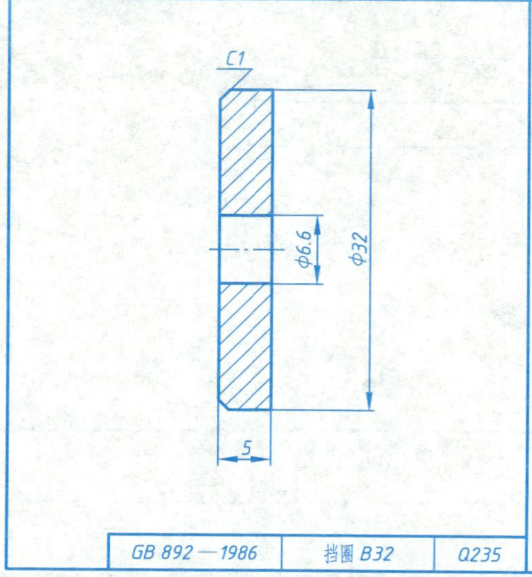

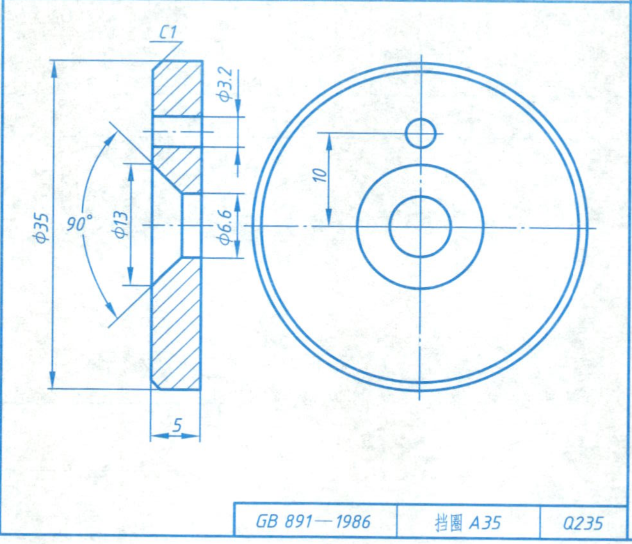

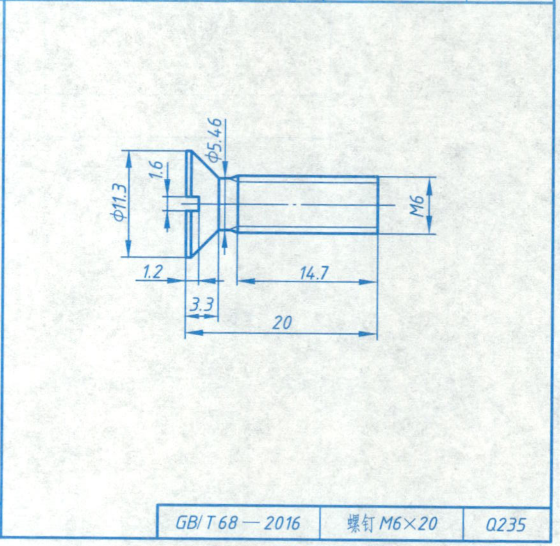

10-2 根据零件图抄画铣刀头装配图。

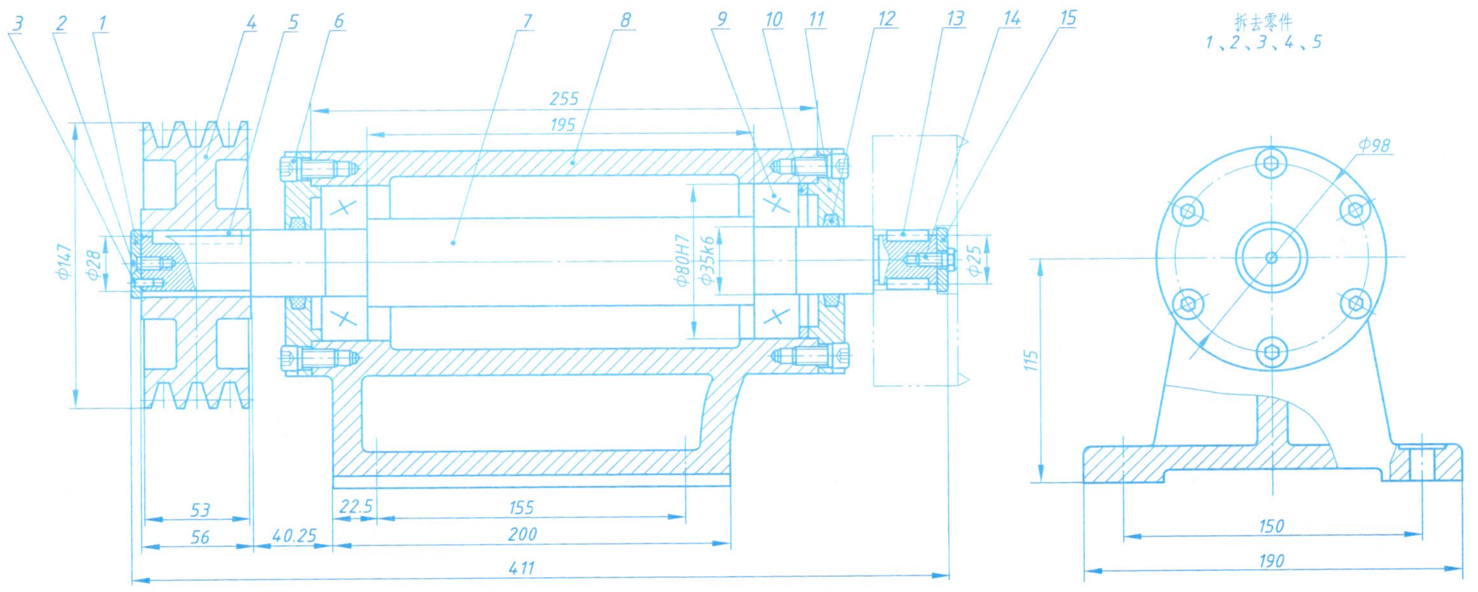

15	挡圈B32	1	Q235	GB 892—1986
14	螺钉M6×20	1	Q235	GB/T 5781—2016
13	键6×20	2	45	GB/T 1096—2003
12	毡圈	2	半粗羊毛毡	
11	端盖	2	HT200	GB/T 5781—2016
10	调整环	1	Q235	
9	轴承30307	2		GB/T 297—2015
8	座体	1	HT200	
7	轴	1	45	
6	螺钉M8×20	12	Q235	GB/T 70.1—2008

5	键8×45	1	45	GB/T 1096—2003
4	带轮	1	HT200	
3	销3×12	1	35	GB/T 119—2000
2	螺钉M6×20	1	Q235	GB/T 68—2016
1	挡圈A35	1	Q235	GB/T 891—1986
序号	名称	数量	材料	备注

铣刀头	材料	重量	比例
	组件		1:2
制图			
审核			

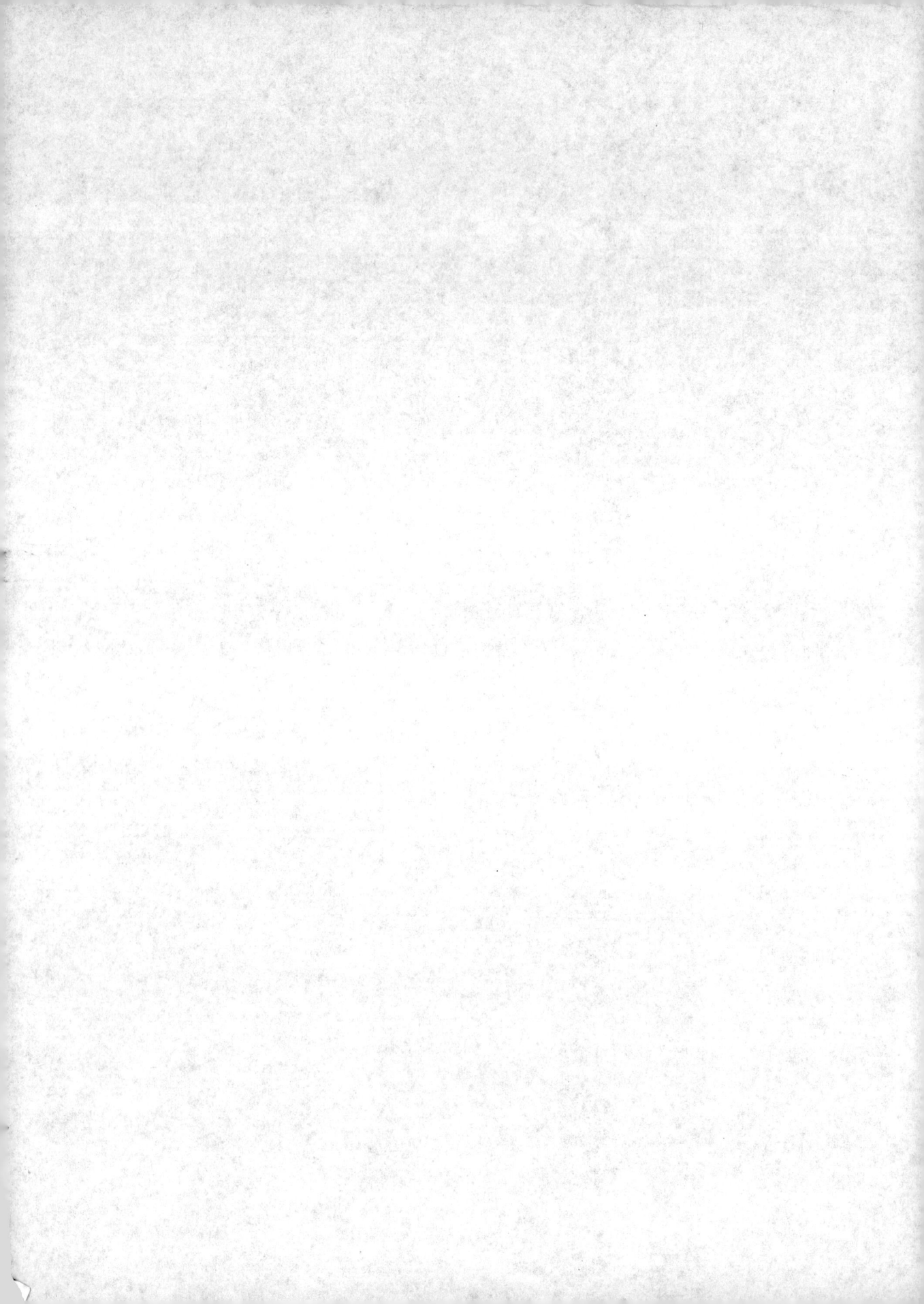